电力系统继电保护技能培训题库

精选与解析

国网新疆电力有限公司　编

中国电力出版社

CHINA ELECTRIC POWER PRESS

图书在版编目（CIP）数据

电力系统继电保护技能培训题库精选与解析 / 国网新疆电力有限公司编 . —北京：中国电力出版社，2022.3

ISBN 978-7-5198-6099-8

Ⅰ．①电… Ⅱ．①国… Ⅲ．①电力系统—继电保护—技术培训—题解 Ⅳ．① TM77-44

中国版本图书馆 CIP 数据核字（2022）第 006834 号

出版发行：中国电力出版社

地　　址：北京市东城区北京站西街 19 号（邮政编码 100005）

网　　址：http://www.cepp.sgcc.com.cn

责任编辑：丁　钊　（010-63412393）

责任校对：黄　蓓　王小鹏　王海南

装帧设计：王红柳

责任印制：杨晓东

印　　刷：三河市航远印刷有限公司

版　　次：2022 年 3 月第一版

印　　次：2022 年 3 月北京第一次印刷

开　　本：787 毫米 ×1092 毫米　16 开本

印　　张：30.75

字　　数：742 千字

定　　价：188.00 元

电力系统继电保护
技能培训题库
精选与解析

本书编委会

编写委员会

主　　任：谢永胜

副 主 任：开赛江　白　伟

委　　员：李　渝　侯　军　王峰强　孙谊嫚　庄红山　殷　峰
　　　　　宋明曙　高　峰　吾甫尔·卡斯木　王晓飞　柳　建
　　　　　郭江涛　高天山

顾　　问：孟兴刚　郝红岩

主编单位：国网新疆电力有限公司

编写组

主　　编：阿地利·巴拉提

副 主 编：冯小萍　崔大林　李巧荣

编写成员：（按姓氏笔画排序）
　　　　　王　兴　王廷旺　王　涛　王　衡　牛　延　牛　征
　　　　　付　妍　曲菁栋　江金成　朱　楠　李　斌　李修军
　　　　　杨远朋　杨海华　杨　斌　何双吉　沈小勇　张良武
　　　　　阿布都卡哈尔·阿布力米提　陈　冬　陈远俊　赵轶帆
　　　　　南东亮　倪宏坤　郭明伟　黄新民　曹　伟　梁　艳
　　　　　董　龙　韩　尧　韩道光　曾　奇　解希群　薛梦娇

前 言

继电保护作为电力系统的"第一道防线",在维护电力系统稳定、保证电力设备安全方面发挥了首要作用。而由于其本身原理复杂、种类较多、危险性高,近二十年国际上发生的许多大停电案例,例如2003年美加大停电、2005年莫斯科大停电、2011年巴西大停电、2012年印度大停电、2018年巴西大停电、2019年纽约大停电等,都与继电保护不正确动作有关。因此,提高继电保护运维、检修及整定计算人员技能水平变得至关重要。

本书从基本原理出发,结合特高压直流电网继电保护实际运维经验及新技术的实践运用,并列举典型事故案例进行编写。希望本书能够帮助广大继电保护工作者更好地开展现场工作,帮助新入职员工能够更快提升业务技能,尤其方便各类人员自学,可切实提高继电保护人员理论水平。

本书共分为十章,第一、二章为继电保护及故障分析相关基础知识习题与解析,第三章至第七章为典型继电保护、元件保护、安全自动化装置原理、相关二次回路及整定计算习题与解析;第八章至第九章为特高压直流及新技术习题与解析;第十章为电力系统波形分析习题与解析。

在本书编写过程中,尤其感谢国网新疆电力科学研究院、国网新疆党校(培训中心)、国网新疆电力有限公司检修公司、国网乌鲁木齐供电公司、国网昌吉供电公司、国网哈密供电公司、国网吐鲁番供电公司、国网喀什供电公司、国网巴州供电公司、南瑞继保电气有限公司团队给予的帮助与指导。

由于笔者水平有限、时间仓促,书中疏漏与不足之处,恳请读者批评指正。

编者
2021 年 8 月

目 录

电力系统继电保护
技能培训题库

精选与解析

第一章
基础知识

第一节　交流电路分析与计算

一、单选题

1. RLC 并联回路发生谐振时，其并联回路的视在阻抗等于（A）。

A. 无穷大　　　　B. 零　　　　C. 电源阻抗　　　　D. 谐振回路中的电抗

【解析】 电感、电容并联回路发生谐振时，有 $\omega L = \dfrac{1}{\omega C}$，即 $\omega L \times \omega C = \omega^2 LC = 1$，并联回路的视在阻抗为 $\dfrac{1}{\dfrac{1}{j\omega L} + j\omega C} = \dfrac{j\omega L}{1 - \omega^2 LC} = \dfrac{j\omega L}{1 - 1} = \infty$，所以纯电感、电容并联回路发生谐振时，其并联回路的视在阻抗等于无穷大

2. 在电气回路中，电阻回路图如图 1-1 所示，试求 MN 间的电阻为（A）。

A. 5Ω　　　　B. 8Ω　　　　C. 12Ω　　　　D. 10Ω

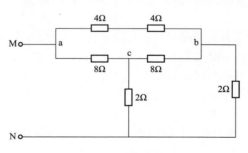

图 1-1　电阻回路图

【解析】

对电路进行等效变换，bc 两点等电位，可绘出如图 1-2 所示等效电路图 1，可得 MN 电阻 R 为 5Ω，或如图 1-3 等效电路 2，有

$$Z_{a0} = \frac{Z_{ab} Z_{ac}}{(Z_{ab} + Z_{ac} + Z_{bc})} = \frac{8}{3}, \quad Z_{b0} = \frac{Z_{ab} \times Z_{bc}}{(Z_{ab} + Z_{bc} + Z_{ac})} = \frac{8}{3}, \quad Z_{c0} = \frac{Z_{ac} Z_{bc}}{(Z_{ac} + Z_{bc} + Z_{ab})} = \frac{8}{3},$$

由此得出 MN 之间的电阻 $R = 5\Omega$。

3. 在某电路中，有一负载 ABC，为三角形接线，其支路阻抗（Z_{AB}、Z_{BC}、Z_{AC}）均为 $3Z$，变换为星形网络 ABC－O，其支路阻抗（Z_{AO}、Z_{BO}、Z_{CO}）均为（B）。

A. $9Z$　　　　B. Z　　　　C. $3Z$　　　　D. $\sqrt{3}Z$

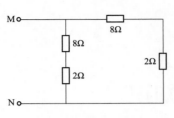

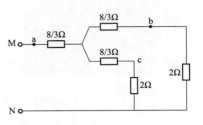

图 1-2　等效电路图 1　　　　　　　图 1-3　等效电路图 2

【解析】 $Z_{A0}=\dfrac{Z_{AB}\times Z_{AC}}{(Z_{AB}+Z_{AC}+Z_{BC})}=Z$

$Z_{B0}=\dfrac{Z_{BA}\times Z_{BC}}{(Z_{BA}+Z_{BC}+Z_{AC})}=Z$

$Z_{C0}=\dfrac{Z_{CA}\times Z_{CB}}{(Z_{CA}+Z_{CB}+Z_{AB})}=Z$

4. 在纯电感的电气回路中，下列说法不正确的是：（D）。

A. 电压超前电流 $90°$　　　　　　B. 电压与电流频率相同

C. 阻抗的大小与电感成正比　　　　D. 电感元件具有"通高频、阻低频"的作用

【解析】 电感回路 $U_m=X_L I_m$；$X_L=\omega L=2\pi fL$；$f\uparrow$，则 $X_L\uparrow$，$I_m\downarrow$，通低频，阻高频；$L\uparrow$，则 $X_L\uparrow$；$u=L\dfrac{\mathrm{d}i}{\mathrm{d}t}=L\dfrac{\mathrm{d}I_m\sin\omega t}{\mathrm{d}t}=U_m\sin(\omega t+90°)$，频率相同，电压超前电流 $90°$。

5. 在 RLC 串联回路中，针对不同电气元件相关特性，下面说法不正确的是（D）。

A. 电感元件、电容元件在回路中所消耗的有功功率为零

B. 当发生谐振时，回路阻抗为 R

C. 当感抗大于容抗时，电流滞后电压

D. 无功功率为无用功率

【解析】 电感瞬时功率为

$$p=ui=U_m\sin(\omega t+90°)I_m\sin\omega t=U_mI_m\cos\omega t\sin\omega t=UI\sin2\omega t$$

一个周期有功功率为 $p=\dfrac{1}{T}\displaystyle\int_0^T p\mathrm{d}t=\dfrac{1}{T}\int_0^T UI\sin2\omega t\mathrm{d}t=0$；$\dot U=[R+\mathrm{j}(X_L-X_C)]\dot I$，当发生谐振时，即 $X_L=X_C$，RLC 串联回路只有 R 阻值元件；当 $X_L>X_C$ 时，$U_L>U_C$，$\varphi=\arctan\dfrac{U_X}{U_R}=\arctan\dfrac{U_L-U_C}{U_R}>0°$，电流滞后电压 φ 角；无功功率不是无用功率，可理解成无功元件与电源之间能量交换的规模。

6. 如图 1-4 所示电气回路试验接线，合上开关 S，电压表、电流表、功率表均有读数，打开 S 时电压表读数不变，但电流表和功率表的读数都增加了，由此可判负载是（A）。

A. 感—阻性　　B. 容—阻性　　C. 纯阻性　　D. 其他

【解析】 合上 S 时将电容器短路，$\dot U_0=Z\dot I_0$；打开 S 后电容元件串入回路，$\dot U=(Z+\mathrm{j}X_C)\dot I'$，根据分合 S 前后电压幅值相等，$|\dot U|=|(Z+\mathrm{j}Z_C)\dot I'|=|Z\dot I_0|$，得出 $|\dot I'|/$

$|\dot{I}_0|=|Z|/|(Z+jZ_C)|$，因电流表读数增加，即$|\dot{I}'|>|\dot{I}|$，$|Z|>|(Z+jZ_C)|$，$Z$存在感性负载。

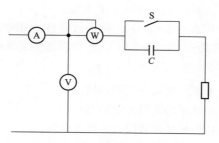

图 1-4　电气回路试验接线

7. 有一感性负载接在 220V 的工频交流电源上，吸收的有功功率 $P=10\text{kW}$，功率因数为 0.7。现要求把功率因数提高到 0.9，所需要并联电容器的电容量为（A）。

  A. 352μF   B. 483μF   C. 872μF   D. 174μF

【解析】　$C=\dfrac{P}{U^2\omega}(\tan\varphi_1-\tan\varphi_2)=352\mu\text{F}$，如图 1-5 所示。

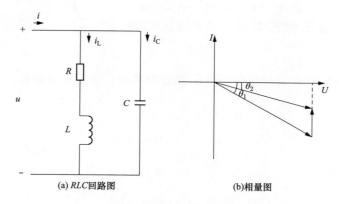

(a) RLC回路图　　　　　　　(b)相量图

图 1-5　RLC 电气回路图

8. 以 A 相为参考，三相电源的电压瞬时值表达式下列错误的是（B）。

  A. $u_A=U_m\sin\omega t$ B. $u_B=U_m\sin(\omega t-240°)$

  C. $u_C=U_m\sin(\omega t+120°)$ D. $u_B=U_m\sin(\omega t-120°)$

【解析】　三相的相位差120°正相序的交流量。

9. 对于星形接线的对称交流电源，所接为星形方式的三相对称负载，那么中性线上电流为（C）。

  A. I_m B. $\sqrt{3}I_m$ C. 0   D. $2I_m$

【解析】　$3I_0=I_a+I_b+I_c=\dfrac{U_a}{R_a}+\dfrac{U_b}{R_b}+\dfrac{U_c}{R_c}=\dfrac{U_a+U_b+U_c}{R}=0$

10. 关于星形接线的三相电源，下列说法不正确的是（A）。

  A. 线电压等于相电压   B. 线电流等于相电流

C. 线电压超前相应相电压 30°　　　D. 中性点电压等于 0

【解析】 星形接线方式的三相电源，线电流等于相电流，线电压等于 $\sqrt{3}$ 倍相电压 $U_{AB}=U_A-U_B=\sqrt{3}U_A\angle30°$，超前 30，中性点无电压。

11. 三相负载 $Z_A=Z_B=Z_C=8+j6\,\Omega$，接于线电压为 380V 的对称三相电源上，当负载由星形接线方式改为三角形接线方式后，下列说法不正确的是 （C）。

　　A. 每相负载上的电压是星形接线方式的 $\sqrt{3}$ 倍

　　B. 每相负载上的电流是星形接线方式的 $\sqrt{3}$ 倍

　　C. 每相负载上的线电流是星形接线方式的 $\sqrt{3}$ 倍

　　D. 每相负载上的有功功率是星形接线方式的 3 倍

【解析】 负载接线方式由星形改成三角形后，负载两侧电压为 $\sqrt{3}$ 倍相电压，相电流为 $\sqrt{3}$ 倍相电流。

12. 有一组正序对称相量，彼此间相位角是 120°，它按 （A）方向旋转。

　　A. 顺时针　　　　B. 逆时针　　　　C. 平行方向　　　　D. 其他

【解析】 正序对称相量，彼此间相位角是 120°，按顺时针方向旋转。

13. 有一组负序对称相量，彼此间相位角是 120°，它按 （B）方向旋转。

　　A. 顺时针　　　　B. 逆时针　　　　C. 平行方向　　　　D. 其他

14. 对称分量法所用的运算因子 α 用指数形式表示为 （A）。

　　A. $e^{j120°}$　　　　B. $e^{-j120°}$　　　　C. $e^{-j240°}$　　　　D. $e^{j240°}$

【解析】 单位相量因子 $e^{j120°}$。

15. 把三相不对称相量分解为正序、负序及零序三组对称分量时，其中正序分量 A_1 （B）。（说明：$\alpha=e^{j120°}=-\dfrac{1}{2}+j\dfrac{\sqrt{3}}{2}$）

　　A. $\dfrac{1}{3}(A+\alpha^2B+\alpha C)$　　　　B. $\dfrac{1}{3}(A+\alpha B+\alpha^2 C)$

　　C. $\dfrac{1}{3}(A+B+C)$　　　　D. $\dfrac{1}{3}(A+\alpha B+\alpha C)$

【解析】 $A=A_1+A_2+A_0$　$B=B_1+B_2+B_0$　$C=C_1+C_2+C_0$

$B_1=\alpha^2A_1$　$C_1=\alpha A_1$　$B_2=\alpha A_2$　$C_2=\alpha^2A_2$　$A_0=B_0=C_0$

$B=\alpha^2A_1+\alpha A_2+A_0$　$C=\alpha A_1+\alpha^2A_2+A_0$

$A_1=\dfrac{1}{3}(A+\alpha B+\alpha^2 C)$　　$A_2=\dfrac{1}{3}(A+\alpha^2B+\alpha C)$　　$A_0=\dfrac{1}{3}(A+B+C)$

16. 设 A、B、C 为三个相量，其角标 1、2、0 分别表示为正序、负序、零序，下式正确的是 （B）。

　　A. $A_1=\dfrac{1}{3}(A+\alpha^2B+\alpha C)$　　　　B. $A_2=\dfrac{1}{3}(A+\alpha^2B+\alpha C)$

　　C. $A_0=\dfrac{1}{3}(A+\alpha^2B+\alpha C)$　　　　D. 以上均不确定

【解析】 $A=A_1+A_2+A_0$　$B=B_1+B_2+B_0$　$C=C_1+C_2+C_0$

$B_1=\alpha^2A_1$　$C_1=\alpha A_1$　$B_2=\alpha A_2$　$C_2=\alpha^2A_2$　$A_0=B_0=C_0$

$B=\alpha^2A_1+\alpha A_2+A_0$　$C=\alpha A_1+\alpha^2A_2+A_0$

$$A_1=\frac{1}{3}\ (A+\alpha B+\alpha^2 C)\qquad A_2=\frac{1}{3}\ (A+\alpha^2 B+\alpha C)$$

17. 对称分量法中，αU_C 表示 （B）。

A. 将 U_C 顺时针旋转 120° B. 将 U_C 逆时针旋转 120°

C. 将 U_C 逆时针旋转 240° D. 以上均不确定

【解析】 $\alpha=e^{j120°}$

18. 表达式 $\frac{1}{3}\ (\dot{U}_{BC}+e^{-j60°}\dot{U}_{CA})$ 代表的是 （B）。

A. A相负序电压 B. B相负序电压 C. C相负序电压 D. 以上都不是

【解析】 $\frac{1}{3}\ (\dot{U}_{BC}+e^{-j60°}\dot{U}_{CA})=\frac{1}{3}\ [\dot{U}_B-\dot{U}_C+e^{-j60°}\ (\dot{U}_C-\dot{U}_A)]$

$=\frac{1}{3}\Big[\dot{U}_B+\Big(-\frac{1}{2}-j\frac{\sqrt{3}}{2}\Big)\dot{U}_C+\Big(-\frac{1}{2}+j\frac{\sqrt{3}}{2}\Big)\dot{U}_A\Big]=\frac{1}{3}\ (\alpha U_A+U_B+\alpha^2 U_C)$，由上述公式

得出该表达式为 B 相负序。

19. 用实测法测定线路的零序参数，假设试验时无零序干扰电压，电流表读数为 20A。电压表读数为 20V，功率表读数为 137W，零序阻抗的计算值为 （B）。

A. $0.34+j0.94\Omega$ B. $0.68+j1.88\Omega$ C. $1.03+j2.82\Omega$ D. $2.06+j5.64\Omega$

【解析】 $\cos\theta=\frac{P}{UI}$，$R=\frac{U}{P\cos\theta}^2$，求得零序阻抗为 C。

20. 非正弦周期电流电路吸收的平均功率 （B） 其直流分量和各次谐波分量吸收的平均功率之和。

A. 小于 B. 等于 C. 大于 D. 其他

【解析】 非正弦周期电流可分解为直流分量和各次谐波分量，非正弦周期电流电路吸收的平均功率等于其直流分量和各次谐波分量吸收的平均功率之和。

21. 我国电力系统中性点接地方式主要有 （B） 三种。

A. 直接接地方式、经消弧线圈接地方式和经大电抗器接地方式

B. 直接接地方式、经消弧线圈接地方式和不接地方式

C. 直接接地方式、经消弧线圈接地方式和经大电阻接地方式

D. 以上都是

22. RL 串联电路的时间常数 τ （A）。

A. 与 L 成正比，与 R 成反比 B. 与 R 成正比，与 L 成反比

C. 与 L、R 成正比 D. 与 L、R 成反比

【解析】 RL 串联电路的时间常数为 $\tau=\frac{L}{R}$。

23. RC 串联电路的时间常数 τ （C）。

A. 与 C 成正比，与 R 成反比 B. 与 R 成正比，与 C 成反比

C. 与 C、R 成正比 D. 与 C、R 成反比

24. 三相负载 $Z_A=Z_B=Z_C=19+j11\Omega$，接于相电压为 220V 的对称三相电源上，负载做星形连接时相电流为 （A）。

A. 10A B. 17.3A C. 20A D. 8.66A

【解析】 $I=\dfrac{U}{R}=\dfrac{380/\sqrt{3}}{19+\text{j}11}=10$ （A）

25. 有 $R=30\Omega$， $L=127\text{mH}$ 的线圈与 $C=39.8\mu\text{F}$ 电容串联， 接到 50Hz、 220V 的正弦交流电源上， 电容器上的电压是 （A）。

  A. 352V   B. 220V   C. 117.3V   D. 58.7V

【解析】 $Z=R+\text{j}\left(X_L-X_C\right)=30+\text{j}\left(2\pi fL-\dfrac{1}{2\pi fC}\right)=30-\text{j}40$ $I=\dfrac{U}{Z}$ $U_C=I\times X_C$

26. 把 $L=100\text{mH}$ 的电感接到 $u=\sqrt{2}\times220\sin\left(314t-\dfrac{\pi}{6}\right)\text{V}$ 的交流电源上， 电感的无功功率是 （B）。

  A. 770var   B. 1540var   C. 1333.7var   D. 0

【解析】 $Q=\dfrac{U^2}{X_C}$

27. 已知正弦电压 $u=33\sin\left(314t-\dfrac{\pi}{6}\right)\text{V}$， 有一正弦电流 $i=70.7\sin\left(314t+\dfrac{\pi}{3}\right)\text{A}$，它们之间的相位差为 （A）。

  A. 电压滞后电流 $\dfrac{\pi}{2}$ B. 电压超前电流 $\dfrac{\pi}{2}$

  C. 电压滞后电流 $\dfrac{\pi}{6}$ D. 电压超前电流 $\dfrac{\pi}{6}$

【解析】 $\varphi=\theta_u-\theta_i=-\dfrac{\pi}{2}<0$，表示在相位上 u 滞后 i $\dfrac{\pi}{2}$。

28. 输电线路空载时， 其末端电压比首端电压 （A）。

  A. 高   B. 低   C. 相同   D. 比一定

【解析】 空载时线路对地电容，导致其末端电压比首端电压高 $\dot{U}=\left(Z+\text{j}X_C\right)\dot{I}$。

29. 中性点经消弧线圈系统采用过补偿方式， 发生接地后故障电流呈 （C）。

  A. 阻性   B. 容性   C. 感性   D. 以上不确定

【解析】 中性点经消弧线圈接地均采用过补偿方式，补偿感性电流大于容性电流，故障时补偿后电流为感性。

30. 我国 220kV 及以上系统的中性点均采用 （A）。

  A. 直接接地方式   B. 经消弧圈接地方式

  C. 经大电抗器接地方式   D. 不接地方式

【解析】 110kV 以上系统中性点均采用直接接地方式。

31. 在大电流接地系统中发生接地短路时， 保护安装点的 $3U_0$ 和 $3I_0$ 之间的相位角取决于 （C）。

  A. 该点到故障点的线路零序阻抗角

  B. 该点正方向到零序网络中性点之间的零序阻抗角

  C. 该点背后到零序网络中性点之间的零序阻抗角

  D. 以上都不是

32. 当小接地系统中发生单相金属性接地时， 中性点对地电压为 （B）。

  A. U_φ B. $-U_\varphi$ C. 0   D. $\sqrt{3}U_\varphi$

【解析】 中性点位置偏移，中性点对地电压为—U_φ。

33. 在微机保护中经常用全周傅氏算法计算工频量的有效值和相角，请选择当用该算法时正确的说法是 （C）。

A. 对直流分量和衰减的直流分量都有很好的滤波作用

B. 对直流分量和所有的谐波分量都有很好的滤波作用

C. 对直流分量和整数倍的谐波分量都有很好的滤波作用

D. 对衰减的直流分量和整数倍的谐波分量都有很好的滤波作用

【解析】 函数 $f(t)$ 的傅里叶级数为 $f(t)=a_0+\sum\limits_{k=1}^{\infty}(a_k\cos k\omega t+b_k\sin k\omega t)$

$$a_0=\frac{1}{T}\int_0^T f(t)\mathrm{d}t \quad a_k=\frac{2}{T}\int_0^T f(t)\cos k\omega t\mathrm{d}t \quad b_k=\frac{2}{T}\int_0^T f(t)\sin k\omega t\mathrm{d}t \quad k=1,2,3\cdots$$

二、 多选题

1. 正弦交流电的三要素是 （ABCD）。

A. 最大值　　　　B. 角频率　　　　C. 初相位　　　　D. 以上都是

【解析】 正弦交流电基本概念 $i=I_\mathrm{m}\sin(\omega t+\theta)$，$I_\mathrm{m}$ 为最大值，ω 为角频率，θ 为初相位。

2. 关于交流电相关的频率说法正确的是 （ABCD）。

A. 1s 内重复变化的次数，用 f 表示　　　B. 周期与频率成倒数关系

C. 我国工业的标准频率为 50Hz　　　　D. 以上都是

【解析】 交流电频率基本概念为 $f=\dfrac{1}{T}$。

3. 在电气回路中， 所带负载仅为纯电阻元件， 下列说法正确的是 （ABCD）。

A. 若电压为正弦量，电阻元件所流过的电流应为同频率的正弦量

B. 电阻元件上电压和电流同相位

C. 电阻元件电压和电流幅值成正比

D. 回路中有功功率 P 为 U^2/R

【解析】 纯电阻回路的基本概念 $\dot{U}_\mathrm{m}=R\dot{I}_\mathrm{m}$ 　 $P=I^2R=U^2/R$

4. 对称分量法所用的运算因子 α 正确的表达式是 （AC）。

A. $\mathrm{e}^{\mathrm{j}120°}$　　　　B. $\mathrm{e}^{-\mathrm{j}120°}$　　　　C. $-\dfrac{1}{2}+\mathrm{j}\dfrac{\sqrt{3}}{2}$　　　　D. $-\dfrac{1}{2}-\mathrm{j}\dfrac{\sqrt{3}}{2}$

【解析】 $\alpha=\mathrm{e}^{\mathrm{j}120°}=-\dfrac{1}{2}+\mathrm{j}\dfrac{\sqrt{3}}{2}$ 　 $\alpha^2=-\dfrac{1}{2}-\mathrm{j}\dfrac{\sqrt{3}}{2}$

5. 对称分量法中， $\dfrac{U}{\alpha}$ 表示 （AD）。

A. 将 U 顺时针旋转 120°　　　　B. 将 U 顺时针旋转 240°

C. 将 U 逆时针旋转 120°　　　　D. 将 U 逆时针旋转 240°

【解析】 $\dfrac{U}{\alpha}=U\alpha^2$，相当于顺时针旋转 120°，逆时针旋转 240°。

6. 设 A、 B、 C 为一组相量， A_1、 A_2、 A_0 为 A 相三序分量， 则下列表达式正确的是 （AD）。

A. $B=A_0+\alpha^2 A_1+\alpha A_2$ B. $B=A_0+\alpha A_1+\alpha^2 A_2$

C. $C=A_0+\alpha^2 A_1+\alpha A_2$ D. $C=A_0+\alpha A_1+\alpha^2 A_2$

【解析】 对称分量法为

$F_A=A_1+A_2+A_0$ $F_B=\alpha^2 A_1+\alpha A_2+A_0$ $F_C=\alpha A_1+\alpha^2 A_2+A_0$，所以 AD 正确。

7. 关于对称三相电路中的高次谐波，下列说法正确的是 （ABCD）。

  A. 电源作星形连接时，线电压有效值小于相电压的$\sqrt{3}$倍

  B. 电源作星形连接时，线电压不含零序谐波分量

  C. 电源作三角形接线时，线电流的有效值小于相电流的$\sqrt{3}$倍

  D. 电源做三角形接线时，线电流中不含零序谐波

【解析】 对称三相电路中，电源星形接线回路中，$u_{A3}=U_{m3}\sin3\omega t$，$u_{B3}=U_{m3}\sin3\omega t$，$u_{C3}=U_{m3}\sin3\omega t$ 各相三次谐波电压大小相等、相位相同，构成零序对称量，在线电压中无三次、九次等零序谐波分量，所以线电压有效值小于相电压的$\sqrt{3}$倍；电源三角形接线回路中三相线电流相量和为零，线电流中不含三次、九次等零序谐波。

8. 某 RL 串联电路 （见图 1-6） 中，U_L 和 i 的衰减速度取决于元件R、L 的参数，以下描述正确的是 （AC）。

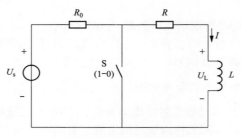

图 1-6 RL 串联回路

A. L 越大、R 越小，则 U_L 和 i 衰减越慢   B. L 越小、R 越大，则 U_L 和 i 衰减越慢

C. L 越小、R 越大，则 U_L 和 i 衰减越快   D. L 越大、R 越小，则 U_L 和 i 衰减越快

【解析】 RL 串联电路的时间常数 $\tau=\dfrac{L}{R}$，τ 越大，衰减得越慢；τ 越小，衰减的越快。

9. 在高压端与地短路的情况下，电容式电压互感器二次电压峰值应在额定频率的 （B） 个周期内衰减到低于短路前电压峰值的 （C），称之为电容式电压互感器的 "暂态响应"。

  A. 半   B. 一   C. 10%   D. 20%

10. 在容性负载的电气回路中，下列说法正确的是 （ABD）。

A. 电压滞后电流 90°   B. 电压与电流频率相同

C. 容抗的大小与电容成正比   D. 电感元件具有 "通高频、阻低频、隔直流" 的作用

【解析】 电容回路 $U_m=\dfrac{I_m}{X_C}$，$X_C=\dfrac{1}{\omega C}=\dfrac{1}{2\pi fC}$ $f\uparrow$，则 $X_C\downarrow$，$I_m\uparrow$，通高频，阻低频，隔直流；$X_C=\dfrac{1}{2\pi fC}$，$C\uparrow$，则 $X_C\downarrow$；$i=L\dfrac{du}{dt}=L\dfrac{dU_m\sin\omega t}{dt}=I_m\sin(\omega t+90°)$，电压、电流频率相同，电流超前电压90°。

11. 关于三角形接线的三相电源，所带三相平衡负载，下列说法正确的是（ACD）。

A. 线电压等于相电压
B. 线电流等于相电流
C. 相电流滞后对应线电流 30°
D. 三角形电源绕组回路中电流为 0

【解析】 三角形接线方式的三相电源，线电压等于相电压。线电流等于 $\sqrt{3}$ 倍相电流 $I_{AB}=I_A-I_B=\sqrt{3}I_A\angle 30°$，超前 30°。绕组回路电压为 $3U_0=U_A+U_B+U_C=0$，$3I_0=\dfrac{3U_0}{R}=0$，则三角形绕组回路无电流。

12. 对于远距离超高压输电线路，一般在输电线路的两端或一端变电站内装设三相对地的并联电抗器，其作用是（AB）。

A. 为吸收线路容性无功功率，限制系统的操作过电压
B. 提高单相重合闸的成功率
C. 限制线路故障时的短路电流
D. 消除长线路低频振荡，提高系统稳定性

【解析】 线路并联电抗器，可吸收线路容性无功功率，限制系统的操作过电压，通过限制潜供电流以提高单相重合闸的成功率。

13. 设 I_a、I_b、I_c 为一组工频负序电流，当采样频率是 600Hz 时，采样电流表示为

I_a（0） I_b（0） I_c（0）
I_a（1） I_b（1） I_c（1）
I_a（2） I_b（2） I_c（2）
I_a（12） I_b（12） I_c（12）
I_a（13） I_b（13） I_c（13）

下列正确的等式是（BC）。

A. I_a（3）$=I_b$（9）$=I_c$（12）
B. I_a（2）$=I_b$（10）$=I_c$（6）
C. I_a（4）$=I_b$（12）$=I_c$（8）
D. I_a（7）$=I_b$（11）$=I_c$（15）

【解析】 $f=600Hz$，即每个周期内采样 12 个点，每 4 个点角度为 120°，负序电流 $I_a-I_c-I_b$ 顺时针旋转，以此得出 BC 选项正确。

14. 某输电线路发生 BC 两相短路时（不计负荷电流），下列属于故障处的边界条件是（ACD）。

A. $\dot{I}_A=0$ B. $\dot{I}_B=\dot{I}_C$ C. $\dot{I}_B=-\dot{I}_C$ D. $\dot{U}_B=\dot{U}_C$

【解析】 两相短路的边界条件为 $\dot{I}_A=0$，$\dot{I}_B=-\dot{I}_C$，$\dot{U}_B=\dot{U}_C$。

三、判断题

1. 正弦交流电的三要素为最大值、频率、周期。 （×）
2. 微机保护每个周期采样 12 点，则采样率为 600Hz。 （√）

【解析】 采样率等于每周波采样点乘以工频 50Hz 即可，12×50=600Hz。

3. 交流电有效值可用相同阻值下，同一时间内产生热量相等的直流电流值表示。 （√）
4. 我国电力工业的标准频率为 60Hz，周期为 0.02s。 （×）

【解析】 标准频率为 50Hz，周期为 0.02s。

5. 交流电的幅值是最大值，但实际是个最大的瞬时值，很难进行测量，现场工作中测量的是有效值。 （√）

【解析】 现场万用表测量的均为有效值。

6. 两个不同频率的正弦量相位差等于它们的初相之差。 （×）

【解析】 只有同频率的相位差等于初相之差。

7. 已知 $u = U_m \sin(\omega t + \theta_u)$，$i = I_m \sin(\omega t + \theta_i)$，当 $\theta_u \geq \theta_i$ 时，电流超前电压。 （×）

【解析】 $\varphi = \theta_u - \theta_i \geq 0$，表示在相位上 u 超前或等于 i。

8. 在纯电阻回路中，电流和电压同频率且相位一致。 （√）

【解析】 $R = \dfrac{U}{I}$，正比关系。

9. 电路在任一时刻吸收和消耗的功率为有功功率。 （×）

【解析】 电路在任一时刻吸收和消耗的功率为瞬时功率，有功功率是通过一个周期内平均值来测量的。

10. 在电气回路中负载为纯电感负荷，此时回路中电流和电压同频率和角度仍然是相同的。 （×）

【解析】 纯电感回路中，根据 $u = L\dfrac{di}{dt} = L\dfrac{dI_m\sin\omega_i}{dt} = \omega L I_m\cos\omega_o = U_m\sin(\omega_i + 90°)$，可得出电压、电流的频率是相同的，电压在相位上超前电流 $90°$。

11. 在电气回路中，电感元件阻抗 X_L 的大小与电感和电源频率 f 成正比，f 越高，阻抗越大，回路中电流就越小。 （√）

【解析】 由 $U = X_L I = \omega L I = 2\pi f L I$ 可得 $I = U/2\pi f L$，阻抗与频率成正比，电流与频率成反比。

12. 在电气回路中，电容元件阻抗 X_C 的大小与电感和电源频率 f 成反比，f 越高，阻抗越小，回路中电流就越大。 （√）

【解析】 由 $U = X_C I = \dfrac{I}{\omega C} = \dfrac{I}{2\pi f C}$ 可得 $I = 2\pi f C U$，阻抗与频率成正比，电流与频率成反比。

13. 只要电源是正弦波，则电路中各部分的电流和电压未必是正弦波。 （√）

【解析】 回路存在非线性元件，比如二极管、铁芯等。

14. 在 RLC 电气回路中，各部分电流与电压的波形是完全不同的。 （×）

【解析】 对于并联电阻元件上的电流与电压成正比。

15. 当流过某负载的电流 $i = 20\sin\left(314t + \dfrac{\pi}{12}\right)$ A 时，其端电压为 $u = 141\sin\left(314t - \dfrac{\pi}{12}\right)$ V 那么这个负载一定是容性负载。 （√）

【解析】 电压与电流的相位差为 $\varphi = \theta_u - \theta_i = -\dfrac{\pi}{12} - \dfrac{\pi}{12} = -\dfrac{\pi}{6}$；电压滞后电流 $\dfrac{\pi}{6}$；或说是电流超前电压 $\dfrac{\pi}{6}$，是容性负载。

16. 在运行线路中，功率因数的大小对设备运行无影响。 （×）

【解析】 依据公式 $I=\dfrac{P}{U\cos\varphi}$ ，可得出，功率因数 $\cos\varphi$ 越小，电流就越大，线路电阻 r_L 的损耗 $I^2 r_\mathrm{L}$ 就越大，线路阻抗的电压降就越大，使用户端电压降低就越严重。

17. 电力系统为了提高功率因数， 通常在电源端加装电容器。 （ × ）

【解析】 在负载侧并联电容器就地补偿，减少电源对负载的无功供给，降低线路电流及线路损耗。

18. 在对称的三相交流回路中， 三相电压瞬时值应为 $u_\mathrm{A}=U_\mathrm{m}\sin\omega t$ ， $u_\mathrm{B}=U_\mathrm{m}\sin（\omega t+120°）$ ， $u_\mathrm{C}=U_\mathrm{m}\sin（\omega t-120°）$ 。 （ × ）

【解析】 三相交流回路，三相电压瞬时值为 $u_\mathrm{A}=U_\mathrm{m}\sin\omega t$ ， $u_\mathrm{B}=U_\mathrm{m}\sin（\omega t-120°）$ ， $u_\mathrm{C}=U_\mathrm{m}\sin（\omega t+120°）$ 。

19. 三相交流电源的接线方式有星形和三角形接线方式。 （ √ ）

【解析】 电源接线方式：星形和三角形接线方式。

20. 在对称的星形接线方式的电源回路中， 如果负荷也是三相对称的星形负载， 电源的中性线上无电流。 （ √ ）

【解析】 $3I_0=I_\mathrm{A}+I_\mathrm{B}+I_\mathrm{C}$ ，电源及负载均对称，三相电流和为 0，即中性线电流为零。

21. 对于星形接线方式的三相电源， 线电压为相电压的 $\sqrt{3}$ 倍， 线电流等于相电流。 （ √ ）

【解析】 $\dot U_\mathrm{AB}=\dot U_\mathrm{A}-\dot U_\mathrm{B}=\sqrt{3}\dot U_\mathrm{A}\angle 30°$ ，线电流等于相电流。

22. 在三相四线制电气回路， 无论负载是否对称， 中性线电流均为 0。 （ × ）

【解析】 $3\dot I_0=\dot I_\mathrm{A}+\dot I_\mathrm{B}+\dot I_\mathrm{C}=\dfrac{\dot U_\mathrm{A}}{Z_\mathrm{A}}+\dfrac{\dot U_\mathrm{B}}{Z_\mathrm{B}}+\dfrac{\dot U_\mathrm{C}}{Z_\mathrm{C}}$ ，当负载不对称时 $\dot I_\mathrm{Z}\neq 0$ 。

23. 动态稳定是指电力系统受到小的扰动 （如负荷和电压较小的变化） 后， 能自动恢复到原来运行状态的能力。 （ × ）

【解析】 动态稳定是指电力系统受到小的或大的干扰后，在自动调节和控制装置的作用下，保持长期的运行稳定性。

24. 暂态稳定是电力系统受到小的扰动后， 能自动恢复到原来运行状态的能力。 （ × ）

【解析】 暂态稳定，即电力系统暂态稳定，指的是电力系统受到大干扰后，各发电机保持同步运行并过渡到新的或恢复得到原来稳定运行状态的能力，通常指第一摆或第二摆不失步。

25. 电力系统有功出力不足时， 不只影响系统的频率， 对系统电压的影响更大。 （ × ）

【解析】 电力系统无功功率与系统电压相关。

26. 无论线路末端断路器是否合入， 始端电压必定高于末端电压。 （ × ）

【解析】 空载长线充电时，因线路电容影响，导致末端电压高于始端电压。

27. 电力系统正常运行和三相短路时， 三相是对称的， 即各相电动势是对称的正序系统， 发电机、 变压器、 线路及负载的每相阻抗都是相等的。 （ √ ）

【解析】 三相对称回路相应的阻抗均相等。

28. 我国 66kV 及以下电压等级的电网中， 中性点采用中性点不接地方式或经消弧线圈接地方式。 这种系统被称为小接地电流系统。 （ √ ）

【解析】 中性点不接地或经消弧线圈接地属于小接地电流系统。

29. 电力系统常见的中性点有三种接地方式：①中性点直接接地；②中性点经间隙接地；③中性点不接地。 （×）

【解析】 电力系统常见的中性点接地有三种方式：有效接地系统（又称大电流接地系统）、小电流接地系统（包含不接地和经消弧线圈接地）、经电阻接地系统（含小电阻、中电阻和高电阻）。

30. 中性点经消弧线圈接地系统采用过补偿方式时，由于接地点的电流是感性的，熄弧后故障相电压恢复速度加快。 （×）

【解析】 中性点经消弧线圈接地系统采用过补偿方式时，由于接地点的电流是感性的，熄弧后故障相电压恢复速度减缓。

31. 中性点经消弧线圈接地系统普遍采用全补偿运行方式，即补偿后电感电流等于电容电流。 （×）

【解析】 中性点经消弧线圈接地系统普遍采用过补偿运行方式。

32. 小接地电流系统，当频率降低时，过补偿和欠补偿都会引起中性点过电压。 （×）

【解析】 小接地电流系统，当频率降低时，过补偿不会引起中性点过电压。

33. 把三相不对称相量分解为正序、负序及零序三组对称分量时，其中正序分量和负序分量的计算式分别为 $B_1 = \frac{1}{3}(\alpha^2 A + B + \alpha C)$， $B_2 = \frac{1}{3}(\alpha A + B + \alpha^2 C)$。 （√）

【解析】 $A_1 = \frac{1}{3}(A + \alpha B + \alpha^2 C)$，$A_2 = \frac{1}{3}(A + \alpha^2 B + \alpha C)$，$B_1 = \alpha A_1$，$B_2 = \alpha^2 A_2$。

34. 把三相不对称相量分解为正序、负序及零序三组，对称分量时，其中正序分量 A_1 和负序分量 A_2 的计算式分别为 $A_1 = \frac{1}{3}(A + \alpha^2 B + \alpha C)$， $A_2 = \frac{1}{3}(A + \alpha B + \alpha^2 C)$。 （×）

【解析】 $A_1 = \frac{1}{3}(A + \alpha B + \alpha^2 C)$，$A_2 = \frac{1}{3}(A + \alpha^2 B + \alpha C)$。

四、填空题

1. 频率为 50Hz 的两个正弦交流电源，相位差是 $\frac{\pi}{2}$ 弧度，其时间差为 5ms。

【解析】 $T = \frac{1s}{50Hz} = 0.02s = 20ms$，$\frac{\pi}{2}$ 对应时间为 5ms。

2. 二次及以上的谐波统称为高次谐波。

【解析】 高次谐波定义。

3. 在阻值相等的电路中，分别通入直流电流和交流电流，相同时间内两个电流所产生的热量相同，则直流电流的大小等于交流电的有效值。

【解析】 交流电流有效值定义。

4. 额定电压为 220V，功率为 100W 的照明灯接在 220V 的交流电源上，该白炽灯的电阻为 484Ω。

【解析】 $R = \frac{U^2}{P} = \frac{220^2}{100} = 484$（Ω）。

5. 已知在某线圈上施加直流电压 100V 时，消耗的功率为 500W；若施加交流电压 150V 时，消耗的有功功率为 720W。则该线圈的电阻为 20Ω，电抗为 15Ω。

【解析】 施加直流电压时，此时电感类似于短路无阻值，则电阻阻值为 $R=\dfrac{U^2}{P}=$ 20（Ω），施加交流电压时 $P=\dfrac{U^2}{R}\cos\theta=\dfrac{150^2}{\sqrt{20^2+X_L^2}}\times\dfrac{20}{\sqrt{20^2+X_L^2}}=720$（W），得出 $X_L=$ 15Ω。

6. 在不对称三相四线制正弦交流电路中，中性线是相电流的零序分量的通路。在三相三线制电路中，如果线电压不对称，是由于有了负序分量的缘故。

【解析】 $3I_0=I_a+I_b+I_c$，$3U_0=U_a+U_b+U_c$。

7. 一个 10V 的恒压源两端接一个 5Ω 的电阻，输出电压为 10V，电阻消耗的功率为 20W。

【解析】 恒压源输出电压为 10V，消耗功率为 $P=\dfrac{U^2}{R}=\dfrac{10^2}{5}=20$（W）。

8. 在纯电感回路中，电压相位较电流相位超前 90°，纯电容回路中电压相位较电流相位滞后 90°。

【解析】 纯电感回路 $u=L\dfrac{di}{dt}=L\dfrac{dI_m\sin\omega t}{dt}=\omega LI_m\cos\omega t=U_m\sin(\omega t+90°)$

纯电容回路 $i=L\dfrac{du}{dt}=L\dfrac{dU_m\sin\omega t}{dt}=\omega CU_m\cos\omega t=I_m\sin(\omega t+90°)$

9. 基于元件固有的感性特征，电感阻抗随着频率升高而变大，存在通低频，阻高频的作用；电容阻抗随着频率升高而降低，存在通高频，阻低频，隔直流的作用。

【解析】 电感元件 $U=X_LI=\omega LI=2\pi fLI$ 可得 $X_L=\omega L=2\pi fL$，阻抗与频率成正比；电容元件 $U=X_CI=\dfrac{I}{\omega C}=\dfrac{I}{2\pi fC}$ 可得 $X_C=\dfrac{1}{\omega C}=\dfrac{1}{2\pi fC}$，阻抗与频率成反比。

10. 在一非正弦周期电流回路中，电流的傅里叶级数展开式为 $i=I_0+\sum\limits_{k=1}^{\infty}I_{mk}\sin(k\omega t+\theta_k)$，此时该回路电流的有效值为 $I=\sqrt{I_0^2+I_1^2+I_2^2+\cdots}$。

【解析】 非正弦周期电流有效值。

11. 在电源和负载都是星形连接的对称三相正弦交流回路中，无论中线阻抗有多大，电源中性点与负载中性点之间电压为 0。

【解析】 $\dot U_{NN'}=\dfrac{\dfrac{\dot U_A}{Z_A+Z_L}+\dfrac{\dot U_B}{Z_B+Z_L}+\dfrac{\dot U_C}{Z_C+Z_L}}{\dfrac{1}{Z_A+Z_L}+\dfrac{1}{Z_B+Z_L}+\dfrac{1}{Z_C+Z_L}+\dfrac{1}{Z_N}}=\dfrac{\dfrac{\dot U_A+\dot U_B+\dot U_C}{Z+Z_L}}{\dfrac{3}{Z+Z_L}+\dfrac{1}{Z_N}}$

由于 $\dot U_A+\dot U_B+\dot U_C=0$，可得 $\dot U_{NN'}=0$。

12. 有一感性负载接在 220V 的工频交流回路中，吸收有功功率为 1000W，功率因数为 0.707，要求将功率因数提高至 0.866，需并联电容器的容量为 8.73mF。

【解析】 $C=\dfrac{P}{U^2}(\tan\varphi_1-\tan\varphi_2)=\dfrac{1000}{220^2}(\tan45°-\tan30°)=8.73$（mF），实际上一

般都采用过补偿的运行方式。

13. 电路中使负载获取最大功率的条件是内阻与负载相等。

【解析】 $P = \dfrac{U^2}{(r+z)^2} r = \dfrac{U^2}{z + 2r + \dfrac{r^2}{z}}$，当内阻 r 等于负载 z 时，P 最大。

五、 简答题

1. 中性点经消弧线圈接地系统为什么普遍采用过补偿方式?

【解析】 中性点经消弧线圈接地系统采用全补偿时，无论不对称电压的大小如何，都将因发生串联谐振而使消弧线圈感受到很高的电压。因此，要避免全补偿运行方式的发生，而采用过补偿的方式或欠补偿的方式。实际上一般都采用过补偿的运行方式，其主要原因如下：

（1）欠补偿电网发生故障时，容易出现数值很大的过电压。例如，当电网中因故障或其他原因而切除部分线路后，在欠补偿电网中就可能形成全补偿的运行方式而造成串联谐振，从而引起很高的中性点位移电压与过电压，在欠补偿电网中也会出现很大的中性点位移而危及绝缘。只要采用欠补偿的运行方式，这一缺点是无法避免的。

（2）欠补偿电网在正常运行时，如果三相不对称度较大，还有可能出现数值很大的铁磁谐振过电压。这种过电压是因欠补偿的消弧线圈$\left($ 它的 $\omega L > \dfrac{1}{3\omega C_0} \right)$和线路电容 $3C_0$ 发生铁磁谐振而引起。如采用过补偿的运行方式，就不会出现这种铁磁谐振现象。

（3）电力系统往往是不断发展和扩大的，电网的对地电容亦将随之增大。如果采用过补偿，原装的消弧线圈仍可继续使用一段时期，最多是由过补偿转变为欠补偿运行；但如果原来就采用欠补偿运行，则系统一有发展就必须立即增加补偿容量。

（4）由于过补偿时流过接地点的是电感电流，熄弧后故障相电压恢复速度较慢，因而接地电弧不易重燃。

（5）采用过补偿时，系统频率的降低只是使过补偿度暂时增大，这在正常运行时是毫无问题的；反之，如果采用欠补偿，系统频率的降低将使之接近于全补偿，从而引起中心点位移电压的增大。

2. 串联谐振回路和并联谐振回路哪个呈现的阻抗大?

【解析】 $X_L = \omega L$，$X_C = -\dfrac{1}{\omega C}$，串联谐振时，$X_L + X_C = 0$，串联谐振回路阻抗最小；并联谐振时，有 $\omega L = \dfrac{1}{\omega C}$，即 $\omega L \times \omega C = \omega^2 LC = 1$，并联回路的视在阻抗为 $\dfrac{1}{\dfrac{1}{j\omega L} + j\omega C} = \dfrac{j\omega L}{1 - \omega^2 LC} = \dfrac{j\omega L}{1-1} = \infty$，并联谐振回路阻抗最大。

3. 现用电压表和电流表分别测量高阻抗和低阻抗，请问为保证精确度，这两块表该如何接线?

【解析】 对低阻抗的测量接法，电压表应接在靠负载侧；对于高阻抗的测量接法，电流表应接在靠负载侧。

4. 消弧线圈的作用是什么?

【解析】 消弧线圈的作用是：当中性点不接地系统发生单相接地故障时，通过消弧线圈产生的感性电流补偿接地点非故障相产生的电容电流，使流过接地点的电流变小或为零，从而消除接地处的间歇电弧以及由它所产生的谐振过电压。

5. 发电厂和变电站的主接线方式常见的有哪几种？

【解析】 发电厂和变电站的主接线方式常见的有以下四种：①单母线和分段单母线；②双母线、双母单分段、双母双分段；③3/2 断路器母线；④内桥、外桥接线。

6. 在中性点不接地系统中，各相对地的电容是沿线路均匀分布的，请问线路上的电容电流沿线路是如何分布的？

【解析】 线路上的电容电流沿线路是不相等的。越靠近线路末端，电容电流越小。

7. 在一次设备上可采取什么措施来提高系统的稳定性？

【解析】 措施包括减少线路阻抗、在线路上装设串联电容、装设中间补偿设备和采用直流输电等。

8. 在大接地电流系统中发生单相接地故障，从录波图看，该故障相电流有畸变，请问是否可直接利用对称分量法进行故障分析，为什么？

【解析】 不行。因为对称分量法仅适用于同频率的矢量。因故障相电流有畸变，说明电流含高次谐波分量，不同频率的合成波是不能分解的，只有将畸变电流用付氏级数分解后，将各次谐波分别分解成正、负、零序分量，然后将各次谐波叠加。

9. 什么是消弧线圈的过补偿？

【解析】 中性点装设消弧线圈后，补偿后的感性电流大于电容电流，或者说补偿的感抗小于线路容抗，电网以过补偿方式运行。

10. 在负序滤过器的输出中为什么常装设 5 次谐波滤过器，而不是装设 3 次谐波滤过器？

【解析】 因系统中存在 5 次谐波分量且 5 次谐波分量相当于负序分量，所以在负序滤过器中必须将 5 次谐波过滤掉。系统中同样存在 3 次谐波分量且 3 次谐波分量相当于零序分量，它已在过滤器的输入端将其滤掉，不可能有输出，因此在输出中不必装设 3 次谐波滤过器。

11. 电力系统振荡和短路的区别是什么？

【解析】 （1）电力系统振荡时系统各点电压和电流均作往复性摆动，而短路时电流、电压值是突变的。

（2）振荡时电流、电压值的变化速度较慢；而短路时电流、电压值突然变化量很大。

（3）振荡时系统任何一点电流与电压之间的相位角都随功角 δ 的变化而变化；而短路时，电流和电压之间的相位角基本不变。

12. 大接地电流系统的单端电源供电线路中，在负荷端的变压器（YN/d）空载且中性点接地时，请问线路发生单相接地时，供电端的正、负、零序电流是不是就是短路点的正、负、零序电流？

【解析】 正序、负序电流就是短路点的正序、负序电流，而零序电流不是短路点的零序电流，负荷端也存在零序网络。

13. 为什么 10kV 系统一般不装设动作于跳闸的接地保护？

【解析】 10kV 系统是小接地电流系统，单相接地时短路电流很小，线电压仍然对称，系统还可以运行 1～2h，此时小接地电流检测装置发出信号，可由值班人员处理。

14. 在系统稳定分析和短路电流计算中，通常将某一侧系统的等效母线处看成无穷大系统，那么无穷大系统的含义是什么？

【解析】 无穷大系统指的是等效母线电压恒定不变，母线背后系统的综合阻抗等于0。

15. 有一条线路控制屏上的表计显示该条线路有功功率 P 为负的50MW。无功功率为正的50MVA，请问此时接入该条线路保护的母线电压和线路电流的相位关系。

【解析】 母线相电压超前对应的相电流135°。

六、分析题

1. 已知正弦电压 $u = 311\sin\left(314t - \dfrac{\pi}{6}\right)$（V）。试求：①电压的最大值、有效值、相位及初相位；②角频率、频率及周期；③ $t=0$ 和 $t=0.01$s 时电压的瞬时值各为多少？④如有一正弦电流 $i = 7.07\sin\left(314t + \dfrac{\pi}{3}\right)$（A），那么电压与电流的相位差为多少？

【解析】

① 电压最大值 $U_{\mathrm{m}} = 311$（V），有效值 $U = \dfrac{311}{\sqrt{2}} = 220$（V），相位为 $\left(314t - \dfrac{\pi}{6}\right)$，初相 $\theta_{\mathrm{u}} = -\dfrac{\pi}{6}$。

② 角频率 $\omega = 314\mathrm{rad}/s$，频率 $f = \dfrac{\omega}{2\pi} = \dfrac{314}{2\pi} = 50\mathrm{Hz}$，周期 $T = \dfrac{1}{50} = 0.02\mathrm{s}$。

③ $t=0$s 时，电压的瞬时值为

$$u = 311\sin\left(314 \times 0 - \dfrac{\pi}{6}\right) = 311\sin\left(-\dfrac{\pi}{6}\right) = -155.5(\mathrm{V})$$

$t=0.01$s 时，电压的瞬时值为

$$u = 311\sin\left(314 \times 0.01 - \dfrac{\pi}{6}\right) = 311\sin\left(\pi - \dfrac{\pi}{6}\right) = 311\sin\left(\dfrac{5\pi}{6}\right) = 155.5(\mathrm{V})$$

④ 电压与电流的相位差为

$$\varphi = \theta_{\mathrm{u}} - \theta_{\mathrm{i}} = -\dfrac{\pi}{6} - \dfrac{\pi}{3} = -\dfrac{\pi}{2}$$

电压滞后电流 $\dfrac{\pi}{2}$，或者说是电流超前电压 $\dfrac{\pi}{2}$。

2. 已知 $i_1 = 28.28\sin(314t + 60°)$（A），$i_2 = 14.14\sin(314t - 45°)$（A）。试求①$i_1$、$i_2$ 的向量表示；②求 i_1、i_2；③画出相量图。

【解析】

① i_1、i_2 的向量表示

$$\dot{i}_1 = \dfrac{28.28}{\sqrt{2}} \angle +60° = 20 \angle +60°(\mathrm{A})$$

$$\dot{i}_2 = \dfrac{14.14}{\sqrt{2}} \angle -45° = 10 \angle -45°(\mathrm{A})$$

② 求 $i_1 + i_2$

$$\dot{i}_1 + \dot{i}_2 = 20\angle(+60°) + 10\angle(-45°)$$
$$= 20(\cos60° + \sin60°) + 10[\cos(-45°) + \sin(-45°)]$$
$$= 10 + \text{j}17.32 + 7.07 - \text{j}7.07$$
$$= 17.07 + \text{j}10.25 = 19.91\angle(+30.98°)(\text{A})$$

数学表达式为

$$i_1 + i_2 = \sqrt{2} \times 19.19\sin(314t + 30.98°)(\text{A})$$

③ 相量图如图 1-7 所示。

3. 把 $L=100\text{mH}$ 的电感接到 $u=\sqrt{2}\times220\sin(314t-30°)$ V 的交流电源上, 求: ①该电感的感抗 X_L; ②电感电流的瞬时表达式 i, 并画出 u、 i 的相量图; ③电感的无功功率 Q_L; ④如果电源的频率变成 $f=500\text{Hz}$, 其他条件不变, 此时感抗、 电流的有效值及无功功率为多少? ⑤如果该电感接到 220V 直流电源上, 会产生什么后果? (需画图)

【解析】

① 感抗 $X_\text{L}=\omega L=314\times100\times10^{-3}=31.4$ (Ω)

② 电流 i, 已知 $\dot{U}=220\angle(-30°)$ V

$$\dot{I} = \frac{\dot{U}}{\text{j}X_\text{L}} = \frac{220\angle(-30°)}{\text{j}31.4} = 7\angle(-120°)(\text{A})$$

瞬时值表达式为 $i=\sqrt{2}\times7\sin(314t-120°)$ (A)

电压、电流的相量图如图 1-8 所示。

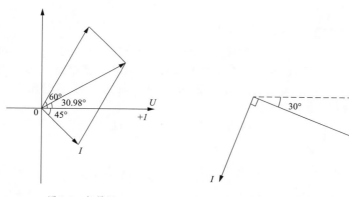

图 1-7 相量图　　　　图 1-8 电压、电流的相量图

③ 无功功率 $Q_\text{L}=UI=220\times7=1540$ (var)

④ 如果 $f=500\text{Hz}$, $X_\text{L}=\omega L=2\pi fL=2\pi\times500\times100\times10^{-3}=314$ (Ω), 则

$$I = \frac{U}{X_\text{L}} = \frac{220}{314} = 0.7(\text{A}), Q_\text{L} = UI = 220\times0.7 = 154(\text{var})$$

⑤ 如果把该电感接到 220V 直流电源上, 因为直流电源的 $f=0$, $X_\text{L}=\omega L=2\pi fL=2\pi\times0\times100\times10^{-3}=0$, 相当于短路, 该电感线圈会长时间有大电流流过, 导致电感线圈烧毁。

4. 现有 47μF、 额定电压为 20V 的电容器, 试问: ①接到工频 20V 的交流电源上工作，电路的电流和无功功率为多少？②将两只这样的电容器串接后接到工频 20V 的交流电源上，电路的电流和无功功率为多少？③将两只这样的电容并联后接到 1000Hz、10V 的交流电源上，电路的电流及无功功率又是多少？

【解析】①$X_C = \dfrac{1}{2\pi fC} = \dfrac{1}{2 \times 3.14 \times 50 \times 47 \times 10^{-6}} \approx 67.76$（Ω）

电流及无功功率为

$$I = \frac{U}{X_C} = \frac{20}{67.76} = 0.30(A) \quad Q_C = UI = 20 \times 0.30 = 6(var)$$

② 两只这样的电容器串联后接入工频 20V 的交流电源上时，串联等效电容及容抗为

$$C = \frac{1}{C_1} + \frac{1}{C_2} = \frac{C_1 C_2}{C_1 + C_2} = \frac{47 \times 10^{-6} \times 47 \times 10^{-6}}{(47+47) \times 10^{-6}} = 23.5 \times 10^{-6}(F)$$

$$X_C = \frac{1}{2\pi fC} = \frac{1}{2 \times 3.14 \times 50 \times 23.5 \times 10^{-6}} \approx 135.5(\Omega)$$

电流及无功功率为

$$I = \frac{U}{X_C} = \frac{20}{135.5} = 0.15(A), Q_C = UI = 20 \times 0.15 = 3(var)$$

③ 两只这样的电容器并联后接入 1000Hz、10V 的交流电源上时，并联等效电容及容抗为

$$C = C_1 + C_2 = 94 \times 10^{-6}(F)$$

$$X_C = \frac{1}{2\pi fC} = \frac{1}{2 \times 3.14 \times 1000 \times 94 \times 10^{-6}} \approx 1.69(\Omega)$$

电流及无功功率为

$$I = \frac{U}{X_C} = \frac{10}{1.69} = 5.92(A) \quad Q_C = UI = 10 \times 5.92 = 59.2(var)$$

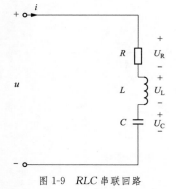

图 1-9 RLC 串联回路

5. 如图 1-9 RLC 串联回路，$R = 30\,\Omega$，$L = 127\text{mH}$，$C = 39.8\mu F$，接到电压为 220V、频率为 50Hz 的正弦交流电源上，试求通过线圈的电流、线圈电压及电容器上电压。

【解析】$X_L = \omega L = 2\pi fL = 2\pi \times 50 \times 127 \times 10^{-3} = 40$（Ω）

$$X_C = \frac{1}{\omega C} = \frac{1}{2\pi fC} = \frac{1}{2\pi \times 50 \times 39.8 \times 10^{-6}} = 80 \text{ (Ω)}$$

$$Z = R + j(X_L - X_C) = 30 + j(40-80) = 30 - j40 = 50\angle(-53.1°) \text{ (Ω)}$$

以电源电压为参考相量 $\dot{U} = 220\angle(0°)$（V）

则通过线圈的电流

$$I = \frac{U}{Z} = \frac{220\angle(0°)}{50\angle(-53.1°)} = 4.4\angle(53.1°) \text{ (A)}$$

线圈两端电压为

$$\dot{U} = \dot{I}Z_{RL} = 4.4\angle(53.1°) \times (30 + j40) = 4.4\angle(53.1°) \times 50\angle(53.1°)$$
$$= 220\angle(106.2°)(V)$$

电容上电压为

$$\dot{U} = -j\dot{X}_c I = -j80 \times 4.4\angle(53.1°) = 352\angle(-36.9°)(V)$$

6. 由 *RLC* 组成的并联电路如图 1-10 *RLC* 并联回路所示，已知 $R=5\Omega$，$L=20\mu H$，$C=0.3\mu F$，端口电流 $I=2A$，$\omega=10^6 rad/s$。试求：①电路总导纳；②端口电压；③流过各元件的电流；④电路的性质。

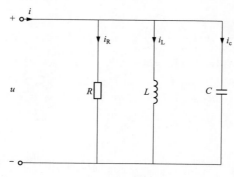

图 1-10 *RLC* 并联回路

【解析】

（1）各支路导纳分别为

$$G = \frac{1}{R} = \frac{1}{5} = 0.2(S)$$

$$B_L = -j\frac{1}{\omega L} = -j\frac{1}{10^6 \times 20 \times 10^{-6}} = -j0.05(S)$$

$$B_C = j\omega C = j10^6 \times 0.3 \times 10^{-6} = j0.3(S)$$

电路中总导纳为

$$Y = G + j(B_C - B_L) = 0.2 + j(0.3 - 0.05) = 0.2 + j0.25S = 0.32\angle51.34°(S)$$

（2）设电流相量 $I = 2\angle0°A$，则端口电压相量为

$$\dot{U} = \frac{\dot{I}}{Y} = \frac{2\angle0°}{0.32\angle51.34°} = 6.25\angle(-51.34°)(V)$$

（3）流过各元件的电流为：

电阻元件 $I_R = G\dot{U} = 0.2 \times 6.25\angle(-51.34°) = 1.25\angle(-51.34°)$ (A)

电感元件 $I_L = -jB_L\dot{U} = -j0.05 \times 6.25\angle(-51.34°) = 0.31\angle(-141.34°)$ (A)

电容元件 $I_C = jB_C\dot{U} = j0.3 \times 6.25\angle(-51.34°) = 1.88\angle38.66°$ (A)

（4）电路的性质

$$\varphi = \theta_i - \theta_u = 0° - (-51.34°) = 51.34°$$

端口电流超前电压 $51.34°$，电路呈电容性。

7. 已知 $R=5\Omega$，$L=0.2H$，$C=100\mu F$ 三个元件，串联接在 $f=50Hz$、$\dot{U}=220\angle0°V$ 的交流电源上。试求：①复阻抗 Z；②电流 I；③视在功率 S、有功功率 P 及无功功率 Q、Q_L、Q_C。

【解析】（1）复阻抗为

$$Z = R + j(X_L - X_C) = R + j\left(\omega L - \frac{1}{\omega C}\right)$$

$$= 50 + j\left(2 \times 3.14 \times 50 \times 0.2 - \frac{1}{2 \times 3.14 \times 50 \times 100 \times 10^{-6}}\right)$$

$$= 50 + j31 = 58.8\angle 31.7°(\Omega)$$

（2）电流为

$$I = \frac{U}{Z} = \frac{220\angle 0°}{58.8\angle 31.7°} = 3.74\angle(-31.7°)(A)$$

（3）视在功率为 $S = UI = 220 \times 3.74 = 822.8$（V·A）

有功功率 $P = S\cos\varphi = UI\cos\varphi = 220 \times 3.74\cos 31.7° = 700$（W）

无功功率 $Q = S\sin\varphi = UI\sin\varphi = 220 \times 3.74\sin 31.7° = 432.4$（var）

感性无功功率 $Q_L = X_L I^2 = 2\pi f L I^2 = 2 \times 3.14 \times 50 \times 0.2 \times 3.74^2 = 878.4$（var）

容性无功功率

$$Q_C = X_C I^2 = \frac{1}{2\pi f C}I^2 = \frac{1}{2 \times 3.14 \times 50 \times 100 \times 10^{-6}} \times 3.74^2 = 445.5(var)$$

8. 一电感性负载接在 220V 的工频交流电源上，吸收的有功功率 $P = 10\text{kW}$，功率因数为 0.7。现要求把功率因数提高到 0.9，求：①所需要并联电容器的电容量；②比较并联电容前后的线路电流。

【解析】（1）感性负载功率因数为 0.7 时

$$I_L = \frac{P}{U\cos\varphi_1}, \quad \varphi_1 = \arccos 0.7 = 45.57°$$

并联电容后 $I = \frac{P}{U\cos\varphi_2}, \quad \varphi_2 = \arccos 0.9 = 25.84°$

需要并联的电容量为

$$I_C = I_L\sin\varphi_1 - I\sin\varphi_2 = \frac{P}{U}(\tan\varphi_1 - \tan\varphi_2) \quad I_C = \frac{U}{X_C} = U\omega C$$

$$C = \frac{P}{U^2\omega}(\tan\varphi_1 - \tan\varphi_2)$$

$$= \frac{10 \times 10^3}{220^2 \times 2 \times 3.14 \times 50}(\tan 45.57° - \tan 25.84°) = 352.56\ (\mu F)$$

（2）未并电容时线路中的电流等于负载电流，即

$$I = I_L = \frac{P}{U\cos\varphi_1} = \frac{10 \times 10^3}{220 \times 0.7} = 64.94(A)$$

并联电容后，线路中的电流为

$$I = \frac{P}{U\cos\varphi_2} = \frac{10 \times 10^3}{220 \times 0.9} = 50.51(A)$$

并联电容后，在等同的负载功率下线路中电流有效值减少了 $64.94 - 50.51 = 14.43$（A）。

9. 某一 220kV 输电线路输送有功 $P = 90\text{MW}$，无功 $Q = 50\text{Mvar}$，电压互感器 TV 变比为 220kV/100V，电流互感器变比为 600/5。试计算出二次负荷电流。

【解析】

线路输送功率为 $S = \sqrt{P^2 + Q^2} = \sqrt{90^2 + 50^2} = 103$（MVA）

线路一次负荷电流 $\qquad I_1 = \dfrac{S}{\sqrt{3}U} = \dfrac{103000}{\sqrt{3} \times 220} = 270.3$（A）

二次负荷电流 $\qquad I_2 = \dfrac{I_1}{n_{CT}} = \dfrac{270.3}{\dfrac{600}{5}} = 2.25$（A）

第二节 电磁与磁路分析计算

一、单选题

1. 磁感应强度 B 的单位是（A）。

A. 特斯拉　　　　B. 韦伯　　　　C. 库仑　　　　D. 安培

【解析】磁感应强度的单位，在国际单位制中是特斯拉（T）。

2. 变压器的铁芯是用（D）材料制作而成。

A. 顺磁性　　　　B. 抗磁性　　　　C. 逆磁性　　　　D. 铁磁性

【解析】按照磁滞回线的形状和工程用途，铁磁物质基本上分为硬磁物质和软磁物质，软磁材料磁滞回线的面积及磁滞损耗小，磁导率高；由于变压器的铁芯都要在反复磁化的情况下恢复，所以都用铁磁性物质做铁芯。

3. 电力变压器的铁芯应用（B）。

A. 硬磁性材料　　B. 软磁性材料　　C. 矩磁性材料　　D. 复合型材料

【解析】由于电力变压器要在反复磁化的情况下工作，所以用硅钢片叠成，其磁滞损耗小，磁导率高，为软磁性材料。

4. 电流互感器本身造成的测量误差是由于有励磁电流存在，磁支路呈现为（C），使电流有不同相位，造成角度误差。

A. 电阻性　　　　B. 电容性　　　　C. 电感性　　　　D. 电磁性

【解析】电流互感器本身造成的测量误差是由于电流互感器励磁电流 I_e 的存在，而 I_e 是输入电流的一部分，它不传变到二次侧，故形成了变比误差。I_e 除在铁芯中产生磁通外，还产生铁芯损耗，包括涡流损耗和磁滞损耗。I_e 所流经的励磁支路的电流呈电感性的支路。

5. 安装于同一面屏上由不同端子对供电的两套保护装置的直流逻辑回路之间（B）。

A. 为防止相互干扰，绝对不允许有任何电磁联系

B. 不允许有任何电的联系，如有需要，必须经空接点输出

C. 一般不允许有电磁联系，如有需要，应加装抗干扰电容等措施

D. 不确定

【解析】《国家电网有限公司十八项电网重大反事故措施》要求。

6. 电力变压器电压的（A）可导致磁通密度的增大，使铁芯饱和，造成过励磁。

A. 升高　　　　B. 降低　　　　C. 变化　　　　D. 不确定

【解析】$U = E = 4.44fN\phi_m$，可见当电源的频率 f 及线圈匝数 N 一定时，若外加在线圈上的电压有效值 U 不变，则主磁通的最大值 ϕ_m 不变。线圈电压的有效值 U 升高时，ϕ_m 与 U 成正比，磁通密度（以下简称磁密）即为磁感应强度，（是穿过单位面积的磁通量），则电压升高，磁通量增大，磁通密度增大，从而导致励磁电流增加，这就是产生变

压器励磁涌流的原因之一。

7. 由开关场至控制室的二次电缆采用屏蔽电缆且要求屏蔽层两端接地，则不能降低（ C ）的影响。

A. 开关场的空间电磁场在电缆芯线上产生感应，对静态型保护装置造成干扰

B. 相邻电缆中信号产生的电磁场在电缆芯线上产生感应，对静态型保护装置造成干扰

C. 由于开关场与控制室的地电位不同，在电缆中产生干扰

D. 本电缆中信号产生的电磁场在相邻电缆的芯线上产生感应，对静态型保护装置造成干扰

【解析】 二次电缆两端接地，开关场与控制室由于距离原因或多或少存在地电位不同的情况，故两端接地无法降低其在电缆中产生的干扰。

8. 在变压器铁芯中，产生铁损的原因是（ D ）。

A. 磁滞现象　　　　B. 涡流现象　　　C. 磁阻的存在　　D. 磁滞现象和涡流现象

【解析】 $P_{Fe}=P_h+P_\omega$，铁芯损耗为磁滞损耗与涡流损耗的总称。

9. 如果运行中的电流互感器二次开路，互感器就成为一个带铁芯的电抗器。一次绕组中的电压降等于铁芯磁通在该绕组中引起的电动势，铁芯磁通由一次电流所决定，因而一次压降会增大。根据铁芯上绕组各匝感应电动势相等的原理，二次绕组（ B ）。

A. 产生很高的工频高压　　　B. 产生很高的尖顶波高压

C. 不会产生工频高压　　　　D. 产生很高的平顶波高压

【解析】 二次绕组开路后，一次绕组的电流就变成励磁电流，使铁芯的磁通密度度增加巨大，磁路高度饱和，损耗猛增，导致铁芯过热绕组烧毁。另外，由于铁芯的磁通很大，二次绕组的匝数又多于一次绕组，这就相当于一个很大的升压变压器，在二次绕组的开路中产生极高的尖峰电压，危及人身安全。

10. 正常运行中 TA 和 TV 铁芯中的磁通密度（ A ）。

A. TV 中高　　　B. TA 中高　　　C. 两者差不多均在饱和值附近　　　D. 无明显区别

【解析】 铁芯磁通密度 B 值是互感器性能状态的本质标志。电压互感器正常运行时 B 值略低于饱和值，故障时 B 值下降；电流互感器在负荷状态下 B 值很低，故障时 B 值升高。

11. 绕组中的感应电动势大小与绕组中的（ D ）。

A. 磁通的大小成正比　　　　B. 磁通的大小成反比

C. 磁通的变化率成反比　　　D. 磁通的大小无关，而与磁通的变化率成正比

【解析】 $e(t)=-N\dfrac{d}{dt}(\phi_m\sin\omega t)=\omega N\phi_m\sin(\omega t-90°)$，可见磁通 ϕ 为正弦量，感应电动势 e 也为正弦量且感应电动势 e 的相位比磁通的相位滞后 $90°$，即铁芯中的磁通交变才感应出电动势。

二、多选题

1. 由开关场至控制室的二次电缆采用屏蔽电缆且要求屏蔽层两端接地是为了降低（ ABD ）。

A. 开关场的空间电磁场在电缆芯线上产生的感应，以防对静态型保护装置造成干扰

B. 相邻电缆中信号产生的电磁场在电缆芯线上产生的感应，以防对静态型保护装置造成干扰

C. 由于开关场与控制室的地电位不同，在电缆中产生的干扰

D. 本电缆中信号产生的电磁场在相邻电缆的芯线上产生的感应，以防对静态型保护装置造成干扰

【解析】 二次电缆两端接地，但开关场与控制室由于距离原因或多或少存在地电位不同的情况，故两端接地无法降低其在电缆中产生的干扰，故不选 C。

2. 暂态特性良好的电流互感器与普通电流互感器相比，具有良好的抗饱和性能，这在制造中可通过 （BD）等办法来改变磁路特性。

A. 减小铁芯截面积　　　　　B. 选用高导磁材料

C. 铁芯中加入磁性间隙　　　D. 铁芯中加入非磁性间隙

【解析】 影响磁路特性的因素有材料性质。当在磁路中插入非磁性间隙后，由于间隙的磁阻很大，由直流电流产生的直流磁势大部分在非磁性间隙上，使铁芯中的直流磁势大幅下降，铁芯磁导率上升。

3. 关于磁通量与磁感应强度说法正确的是 （ABD）。

A. 磁通量是穿过与磁场方向垂直的某一面积的磁感线数量

B. 磁感应强度是垂直穿过单位面积的磁感线数量

C. 磁通量反映了磁场的强弱，而磁感应强度不能反映磁场的强弱

D. 单位面积上的磁通就是磁感应强度

【解析】 磁通量表示磁场分布情况的物理量，磁通量不能反映磁场的强弱，而磁感应强度才能反应磁场的强弱。

三、判断题

1. 对于保护用电流互感器，当被保护线路发生短路故障时，铁芯中的磁感应强度会增大。 （√）

【解析】 发生短路时，磁感应强度是增大的，增大到一定程度时会饱和。

2. 继电保护装置的电磁兼容性是指它具有一定的耐受电磁干扰的能力，同时对周围电子设备产生较小的干扰。 （√）

【解析】 电磁兼容性是指设备或系统在其电磁环境中能正常工作且不对该环境中任何事物构成不能承受的电磁骚扰的能力。

3. 电磁型继电器，如电磁力矩小于弹簧力矩，则继电器返回；如电磁力矩大于弹簧力矩，则继电器动作。 （×）

【解析】 继电器的返回过程与之相反，返回的条件变为在闭合位置时弹簧的反拉力矩大于电磁力矩与摩擦力矩之和。

4. 高低压电磁环网运行可给变电站提供多路电源，提高对用户供电的可靠性和稳定性，应尽可能采用这种运行方式。 （×）

【解析】 电磁环网易造成系统热稳定破坏。如果主要的负荷中心用高低压电磁环网供电，当高一级电压线路断开后，则所有的负荷通过低一级电压线路送出，容易出现导线热稳定电流问题且易造成系统稳定破坏。正常情况下，两侧系统间的联系阻抗将略小高压线路的阻抗，当高压线路因故障断开，则最新系统阻抗将显著增大，易超过该联络线的暂态稳定极限而发生系统振荡。

5. 变压器如果是带负载合闸，由于二次电流的去磁作用，变压器铁芯不会饱和，

所以产生的励磁涌流不会很大。 （√）

【解析】 变压器空载合闸时才会产生很大的励磁涌流。

6. 变压器发生过励磁故障时，不一定每次都造成设备大的损坏，但多次反复过励磁将会降低变压器的使用寿命。 （√）

【解析】 空载变压器在合闸瞬间的过渡过程有过励磁，当铁芯中有剩磁通且在外施电压过零时的瞬间合闸，过励磁最大，是最不利的空载合闸状态。变压器过励磁运行时，铁芯饱和，励磁电流急剧增加，励磁电流波形发生畸变，产生高次谐波，从而使内部损耗增大，铁芯温度升高，会影响变压器的使用寿命。

7. 保证 220kV 及以上电网微机保护不因干扰引起不正确动作，现场无需采取其他措施，选用电磁兼容性更强的微机保护装置即可。 （×）

【解析】 现场需采取相应措施来防止干扰引起不正确动作。

8. 断路器在一次系统交流电流过零点处切断电流时，如果二次回路的负荷是纯电容性，则此时对应的二次感应电压为最大值，磁通为 0，互感器不发生剩磁。 （×）

【解析】 过零点切除电流时，负荷为纯感性，剩磁的方向与之前相反，则互感器不发生剩磁现象。

9. 在正常运行时，由于电流小，电流互感器铁芯剩磁不会影响电流的正确传变，但在发生故障时，剩磁容易引起电流互感器饱和，导致保护装置采样不准确，进而影响保护的正确动作。 （√）

【解析】 剩磁是指剩余磁化强度的简称，符号 B_r。将铁磁性材料磁化后去除磁场，被磁化的铁磁体上所剩余的磁化强度。发生故障时，会使电流互感器饱和从而导致保护装置采样不准确影响保护正确动作。

10. 变压器铁芯的总磁通密度有周期磁通密度、非周期磁通密度和剩磁磁通密度三项共同组成。总磁通密度低于饱和时，二次电流不再正确反映一次电流，造成差动保护内部故障时，轻则延迟动作，重则拒动，也可能造成外部短路时误动后果。 （×）

【解析】 当总磁通密度超过饱和磁通密度后，二次电流已不能准确地反映一次电流了，从而会使保护装置采样不正确，导致差动保护不正确动作。

11. 变压器差动保护的动态不平衡电流，是由于短路电流的非周期分量主要为电流互感器的励磁电流，使其铁芯励磁，误差增大而引起。 （×）

【解析】 变压器差动保护的暂态不平衡电流，是由于短路电流的非周期分量主要为电流互感器的励磁电流，使其铁芯励磁，误差增大而引起。

12. 变压器正常运行时，磁通是暂态的，数值并不大，励磁支路不饱和，阻抗较大，励磁电流很小。 （×）

【解析】 变压器正常运行时，磁通是稳态的，数值并不大，励磁支路不饱和，阻抗较大，励磁电流很小。

13. 当变压器空载合闸或外部故障切除电源恢复时，磁通突变后，会产生暂态磁通，再加上剩磁和稳态磁通，经过一个较短时间后会达到峰值，导致铁芯饱和，励磁阻抗急剧增加。 （×）

【解析】 磁通不能突变。变压器铁芯中的磁通相位落后电压 90°，所以此时铁芯中的磁通为最大，但磁通是不能突变的，所以铁芯中会产生一个方向相反随时间衰减的直流磁通来抵消这个最大值。经过半个周期后，这个直流磁通又与交流磁通方向相同，二者相加，就使得铁芯饱和，就会产生很大的励磁涌流。

四、填空题

1. 磁场中各点的磁场强度大小与介质的性质<u>无关</u>。

【解析】 在均匀无限大的磁场中，磁场强度只取决于产生这个磁场的电流分布而与介质无关。

2. 铁磁物质根据其磁化过程的特性与使用条件的需要可分为<u>软磁性物质</u>和<u>硬磁性物质</u>。

【解析】 按照磁滞回线的形状和工程上的应用，铁磁物质基本可分为软磁性物质和硬磁性物质。磁滞回线面积较大的属于硬磁性物质，磁滞回线面积较小的属于软磁性物质。

3. 我们把通过铁磁材料构成磁路闭合的磁通称为<u>主磁通</u>，而把那些通过磁路周围非铁磁材料而闭合的磁通称为<u>漏磁通</u>。

【解析】 绝大部分磁通通过磁路而闭合，但也有很少部分磁通通过周围的非铁磁材料闭合，通过磁路闭合的称为主磁通，通过周围非铁磁材料闭合的称为漏磁通。此为主磁通与漏磁通的定义。

4. 电磁环网是指不同电压等级运行的线路，通过变压器<u>电磁回路</u>的连接而构成的环路。

【解析】 电磁环网是指不同电压等级运行的线路，通过变压器电磁回路的连接而构成的环路。一般情况中，往往在高一级电压线路投入运行初期，由于高一级电压网络尚未形成或网络尚不坚强，需要保证输电能力或为保重要负荷而又不得不电磁环网运行。

5. 变压器的空载试验测得的损耗即为<u>铁芯损耗</u>。

【解析】 铁芯损耗可由试验测得，变压器的空载试验测得损耗即为铁芯损耗。

6. 铁芯磁密 B 值是互感器性能状态的本质标志。电压互感器正常运行时 B 值略低于饱和值，故障时 B 值<u>下降</u>；电流互感器在负荷状态下 B 值很低，故障时 B 值升高。

【解析】 磁通密度即为磁感应强度，当电压互感器正常运行时磁感应强度略低于饱和值，故障时下降。电压互感器与电流互感器线圈一、二次匝数比相反。

7. 110kV 及 220kV 系统采用带有均压电容的断路器开断连接有电磁式电压互感器的空载母线，经验算有可能产生铁磁谐振过电压时，宜选用<u>电容式</u>电压互感器。

【解析】 系统对地一般为电容性，当互感器为电磁式时，可能会因为阻抗匹配产生铁磁谐振，当采用电容式互感器后则无此问题。

8. 影响线圈工作的因素有磁饱和、<u>磁滞</u>、<u>涡流</u>、漏磁通。

【解析】 磁滞、涡流、磁饱和、漏磁通造成铁芯损耗，影响线圈工作。

9. 磁滞损耗与频率大小成<u>正比</u>。

【解析】 磁滞损耗为磁畴在交流磁场的作用下反复转向，引起铁磁物质内部的摩擦，从而引起的损耗，磁滞损耗的表达式为 $P_h = k_h f B_m^n V$ （W），故与频率成正比。

10. 为了降低磁滞损耗，常选用磁滞回线较狭长的<u>软磁</u>材料制作铁芯，如硅钢片就是制造变压器、电机铁芯的常用材料，其磁滞损耗较小。

【解析】 磁滞回线面积小得为软磁材料，硅钢片属于软磁材料，其磁滞损耗小。

五、简答题

1. 什么是涡流损耗、铁芯损耗、磁滞损耗?

【解析】 当穿过大块导体的磁通发生变化时，在其中产生感应电动势。由于大块导体可自成闭合回路，因而在感生电动势的作用下产生感生电流，这个电流就称为涡流。涡流所造成的发热损失就称为涡流损耗。为了减小涡流损耗，电气设备的铁芯常用互相绝缘的 0.35mm 或 0.5mm 厚的硅钢片叠成。

在交流电产生的磁场中，磁场强度的方向和大小都不断地变化，铁芯被反复地磁化和去磁。铁芯在被磁化和去磁的过程中，有磁滞现象，外磁场不断地驱使磁畴转向时，为克服磁畴间的阻碍作用就需要消耗能量。这种能量的损耗就称为磁滞损耗。为了减少磁滞损耗，应选用磁滞回线狭长的磁性材料（如硅钢片）制造铁芯。

铁芯损耗是指交流铁芯线圈中的涡流损耗和磁滞损耗之和。

2. 在运行电网中电压互感器产生铁磁谐振的原因及危害有哪些?

【解析】 电磁式电压互感器的唯一缺陷是铁磁谐振。在电网的所有元件中，入端阻抗为容抗（X_C）的有：输电线对地、耦合电容、少油断路器断口的并联电容及电容式电压互感器。入端阻抗为电抗（感抗 X_L）的有：电磁式电压互感器、变压器及电抗器。当电网正常操作（断路器投切）出现的操作过电压或大气过电压时，电网会因容抗与感抗相等会在某些元件中产生铁磁谐振而烧毁。分析电网中呈现感抗的元件可见：变压器和电抗器在工作电压及过电压时其产品处于铁芯饱和状态，产品的入端阻抗值在出现过电压过程中是基本不变的，因此它不可能与电网中的容抗相等。而电磁式电压互感器的工作磁通密度在拐点以下，当电网出现过电压过程中，电磁式电压互感器的入端阻抗随之变化，可能会与电网的容抗值相等发生铁磁谐振烧毁电磁式电压互感器。因此电磁式电压互感器必须要解决或避免铁磁谐振问题，才能安全运行。

3. 电抗变压器和电流互感器有什么区别?

【解析】 电抗变压器的励磁电流大，二次负载阻抗大，处于开路工作状态；电流互感器的励磁电流小，一次负载阻抗小，处于短路工作状态。

4. 电流互感器在运行中为什么要防止二次开路?

【解析】 如果二次回路开路，二次电流的去磁作用消失，电流互感器的一次电流全变成励磁电流，引起铁芯内磁通剧增，在二次绕组中感应很高的电压，损坏二次绕组的绝缘，危及设备、人身安全，而且还使铁芯损耗增大，严重发热，烧坏绝缘。所以电流互感器在运行中要防止二次开路。

5. 请简述电磁环网对电网运行的影响。

【解析】 电磁环网对电网运行主要影响有：①易造成系统热稳定破坏：如果主要的负荷中心用户高低压电磁环网供电，当高一级电压线路断开后，则所有的负荷通过低一级电压线路送出，容易出现导线热稳定电流问题；②易造成系统稳定破坏：正常情况下，两侧系统间的联系阻抗将略小于高压线路，当高压线路因故障断开，则联系阻抗将显著增大，易超过该联络线的暂态稳定极限而发生系统振荡；③不利于经济运行：由于不同电压等级线路的自然功率值相差极大，因此系统潮流分配难以达到最经济；④需要架设高压线路：因故障停运后连锁切机、切负荷等安全自动装置的拒动、误动影响电网的安全运行。一般情况下，往往在高一级电压线路投入运行初期，由于高一级电压网络未形成或网络尚薄弱，需要保证输电能力或为保重要负荷而不得不电磁环网运行。

6. 用电缆芯线两端接地的方式替代电缆屏蔽层的两端接地方式来提高抗干扰能力是否合理，为什么？

【解析】　不合理。电缆屏蔽层在开关场及控制室两端接地可抵御空间电磁干扰的机理是：当电缆为干扰源电流产生的磁通所包围时，如屏蔽层两端接地，则可在电缆的屏蔽层中感应出电流，屏蔽层中感应电流所产生的磁通与干扰源电流产生的磁通方向相反，从而可抵消干扰源磁通对电缆芯线上的影响。

由于发生接地故障时开关场各处地电位不等，则两端接地的备用电缆芯会流过电流，对称排列的工作电缆芯会感应出不同的电动势，从而对保护装置形成干扰。

六、分析题

铸钢圆环磁路如图 1-11 所示，其截面积为 $S=5\text{cm}^2$，平均磁路长度 $l=200\text{cm}$，如果要产生磁通 $\Phi=7.5\times10^{-4}\text{Wb}$，试求所需磁动势。

【解析】　此为已知磁通求磁动势问题。铁磁材料组成的磁路是一个回路，而且磁路中各处的材料和截面积均相同，这种磁路称为无分支均匀磁路。

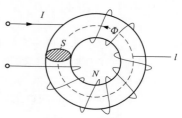

图 1-11　铸钢圆环磁路图

$$B=\frac{\Phi}{S}=\frac{7.5\times10^{-4}}{5\times10^{-4}}=1.5\text{T}$$

查铸钢的磁化曲线图，可得 $B=1.5\text{T}$ 时，$H=3000\text{A/m}$。

$$F=Hl=3500\times100\times10^{-2}=7000(\text{A})$$

第三节　微机保护基础

一、单选题

1. （C）要求在继电保护设计要求它动作的异常或故障状态下，能够准确地完成动作。

A. 安全性　　　　B. 选择性　　　　C. 可信赖性　　　　D. 快速性

2. CPU 是按一定规律工作的，在计算机内必须有一个（D）产生周期性变化的信号。

A. 控制器　　　　B. 运算器　　　　C. 寄存器　　　　D. 时钟发生器

【解析】　时钟发生器的作用就是使 CPU 按一定规律工作。

3. 在微机保护中，掉电会丢失数据的主存储器是（A）。

A. RAM　　　　B. ROM　　　　C. EPROM　　　　D. EEPROM

【解析】　RAM 的特点是进行读写操作非常方便，执行速度快，缺点是 +5V 工作电源消失后，其原有数据、报告等内容亦消失，所以 RAM 中不能存放定值等掉电不允许丢失的信息。

4. 二进制 1010 1101 0111 0111 用十六进制表示为（C）。

A. 9B86　　　　B. 9C65　　　　C. AD77　　　　D. AD86

【解析】　可根据"1、2、4、8"分析法得出结论：第一位对应为1，第二位对应为2、第三位对应为4、第四位对应为8，为1的位对应值相加，以 1011 为例，8+2+1=B。

5. 两点乘积算法仅需知道两个采样点的 （D）。

A. 最小值 　　　 B. 有效值 　　　 C. 最大值 　　　 D. 瞬时值

【解析】 两点乘积算法：只要知道任意两个相隔 π/2 的正弦量瞬时值，即可算出该正弦量的有效值和相位。

6. 光耦合器常用于 （C） 的隔离。

A. 电压模拟量 　 B. 电流模拟量 　 C. 开关模拟量 　 D. 电阻模拟量

【解析】 光耦合器常用于开关量信号的隔离，使其输入与输出之间电气上完全隔离，尤其是可实现地电位的隔离，这可有效地抑制共模干扰。

7. 程序存储器用于存放微机保护功能程序代码，常用 EPROM 方式，在 12.5～21V 电压下固化，5V 电压环境下运行。若修改程序或版本升级，需将 EPROM 芯片经专用 （C） 擦除工具擦除后再重新固化。

A. 可见光 　　　 B. 红外线 　　　 C. 紫外线 　　　 D. 激光

【解析】 EPROM 指的是 "可擦写可编程只读存储器"，即 Erasable Programmable Read-Only Memory。它的特点是具有可擦除功能，擦除后即可进行再编程，但是缺点是擦除需要使用紫外线照射一定的时间。

8. 计数式电压频率变换器型 A/D 的基本原理是：将转换电压变换为一串脉冲输出，这串脉冲的重复频率与输入电压的大小 （B），然后在固定的时间间隔内对输出脉冲进行计数，这个时间间隔内计到的脉冲数与输入模拟电压的大小相对应，该计数值即为 A/D 转换结果。

A. 成反比 　　　 B. 成正比 　　　 C. 无关 　　　 D. 成指数关系

【解析】 计数式电压频率变换器是将转换电压变换为一串脉冲输出，电压越高，频率越高，二者呈正比关系。

9. 微机保护中，每周波采样 40 点，则 （A）。

A. 采样间隔为 0.5ms，采样率为 1000Hz

B. 采样间隔为 5/3ms，采样率为 1000Hz

C. 采样间隔为 1ms，采样率为 1200Hz

D. 采样间隔为 1ms，采样率为 2000Hz

【解析】 采样率＝20×50＝1000Hz，采样间隔＝（1/50Hz）/40＝0.5ms。

10. 下列哪一项是提高继电保护装置的可靠性所采用的措施 （D）。

A. 备自投 　　　 B. 自动重合闸 　 C. 重合闸后加速 　 D. 双重化

【解析】 提高继电保护安全性的办法，主要是采用经过全面分析论证，有实际运行经验或经试验确证为技术性能满足要求、元件工艺质量优良的装置；而提高继电保护的可信赖性，除了选用高可靠性的装置外，重要的还可采取装置双重化，实现 "二中取一" 的跳闸方式。

11. 微机线路保护每周波采样 12 点，现负荷潮流为有功功率 $P＝86.6$MW、无功功率 $Q＝-50$Mvar，微机保护打印出电压电流的采样值，在工作正确的前提下，下列各组中 （B） 是正确的。

A. U_a 比 I_a 由正到负过零点超前 4 个采样点

B. U_a 比 I_b 由正到负过零点超前 3 个采样点

C. U_a 比 I_a 由正到负过零点滞后 2 个采样点

D. U_a 比 I_b 由正到负过零点超前 1 个采样点

【解析】 根据有功及无功的大小方向，不难确定电流超前电压 30°，即 I_a 超前 U_a30°，则 U_a 超前 I_b90°，即 3 个采样点。

12. 十六进制数 （A42E）H 转化为二进制数为 （B）。

A. 1010 1000 0010 1110   B. 1010 0100 0010 1110

C. 1010 0010 0010 1110   D. 1001 0010 0100 1110

【解析】 可根据 "1、2、4、8" 分析法得出结论。

13. 两变量与逻辑元件，输入分别为 A、B，输出为 F，以下输入、输出对应关系正确的是 （A）。

A. A=1，B=1，F=1   B. A=1，B=1，F=0

C. A=0，B=1，F=1   D. A=1，B=0，F=1

【解析】 与逻辑元件，输入全部为 1 输出才为 1，否则输出为 0。

14. 两变量或逻辑元件，输入分别为 A、B，输出为 F，以下输入、输出对应关系正确的是 （B）。

A. A=0，B=1，F=0   B. A=1，B=1，F=1

C. A=1，B=1，F=0   D. A=1，B=0，F=0

【解析】 或逻辑元件，输入只要有一个为 1 输出即为 1，输入全部为 0 输出为 0。

15. 非逻辑元件，输入分别为 A，输出为 F，以下输入、输出对应关系正确的是 （B）。

A. A=1，F=1   B. A=1，F=0

C. A=0，F=0   D. 以上均不正确

【解析】 非逻辑元件，输入为 1，输出即为 0；输入为 0，输出即为 1。

16. 两变量禁止逻辑元件，输入分别为 A、B，输出为 F，以下输入、输出对应关系正确的是 （B）。

A. A=1，B=1，F=1   B. A=1，B=1，F=0

C. A=0，B=1，F=1   D. A=1，B=0，F=0

【解析】 禁止逻辑元件，输入 A 为 1，同时输出 B 为 0，则输出为 1，否则输出为 0。

17. 光耦合器常用于开关量信号的隔离，使其输入与输出之间电气上完全隔离，尤其是可实现 （A） 电位的隔离，这可有效抑制共模干扰。

A. 地   B. 正   C. 负   D. 不确定

【解析】 共模干扰是指外引线对地之间的干扰。使输入与输出之间电气上完全隔离，尤其是可实现地电位的隔离，这可有效抑制共模干扰。

18. 逐次逼近型 AD 变换器的转换速度不应小于 （C）。

A. 15μs   B. 20μs   C. 25μs   D. 30μs

【解析】 逐次逼近型 AD 变换器的两个重要指标：①AD 转换的分辨率、AD 转换输出的数字量位数越多，分辨率越高，转换出的数字量的舍入误差越小；②AD 转换的转换速度，微机保护对 AD 转换的转换速度有一定要求，一般应小于 25μs。

19. 傅里叶算法受输入量中 （D） 影响较大，会产生很大误差。

A. 整次谐波   B. 直流分量   C. 周期分量   D. 非周期分量

【解析】 傅里叶算法是数字信号处理的一个重要工具，它源于傅里叶级数。这种算

法一般需要一个周期的数据窗长度，运算工作量属中等。它可滤去各整次谐波，包括直流分量，滤波效果较好。但这种算法受输入模拟量中非周期分量的影响较大，理论分析最不利条件下可产生 15% 以上的误差，因而必要时应予以补偿。

二、多选题

1. 在微机保护中，掉电不会丢失数据的主存储器是（BCD）。
A. RAM   B. ROM   C. EPROM   D. EEPROM

【解析】 RAM 指的是"随机存取存储器"，即 Random Access Memory。它可随时读写，而且速度很快，缺点是断电后信息丢失，通常用来存放各种正在运行的软件、输入和输出数据、中间结果及与外存交换信息等。

2. 微机保护装置一般由（ABCDE）硬件组成。
A. 数据采集系统   B. 输入、输出接口部分
C. 微型计算机系统   D. CPU
E. 电源部分

【解析】 从功能上来划分，微机保护装置可分为六个部分：数据采集系统（或称模拟量输入系统）、数据处理系统（CPU 主系统）、开关量输入/输出系统、人机接口、通信、电源。

3. 微机保护的常用基本算法有（ABCD）。
A. 半周积分法   B. 采样和导数算法
C. 半周傅里叶算法和全周傅里叶算法   D. 微分方程算法

【解析】 半周积分法、采样和导数算法、傅里叶算法、微分方程算法都属于微机保护的常用基本算法。

4. 数据处理系统包括微处理器（A）、只读存储器（B）、随机存储器（C）、定时器（D）。
A. CPU   B. EPROM   C. RAM   D. TIMER

【解析】 数据处理系统包括微处理器 CPU（或 DSP）、只读存储器（EPROM）、随机存取存储器（RAM）及定时器（TIMER）等。CPU 执行存放在 EPROM 中的程序，对由数据采集系统输入至 RAM 区的原始数据进行分析处理，以完成各种继电保护功能。

5. 采样保持器的作用有：（ACD）。
A. 对各个电气量实现同步采样   B. 对输入模拟量进行变比变换
C. 实现阻抗变换   D. 在模数变换中保持输入模拟量保持不变

【解析】 采样保持器的作用有：对各个电气量实现同步采样、在模数变换中保持输入模拟量保持不变、实现阻抗变换。

6. 继电保护的四个基本性能要求中，（AC）主要靠整定计算工作来保证。
A. 选择性   B. 可靠性   C. 灵敏性   D. 快速性

【解析】 继电保护选择性是指在对系统影响可能最小的处所，实现断路器的控制操作，以终止故障或系统事故的发展。继电保护灵敏性是指继电保护对设计规定要求动作的故障及异常状态能可靠动作的能力。故障时通入装置的故障量和给定的装置起动值之比，称为继电保护的灵敏系数。选择性和灵敏性主要靠整定计算工作来保证。

7. 继电保护的可靠性主要靠（CD）来保证。

A. 配置快速主保护　　　　B. 整定计算

C. 正常的运行维护　　　　D. 选用性能优良、质量稳定的产品

【解析】　继电保护可靠性是对电力系统继电保护的最基本性能要求，它又分为两个方面，即可信赖性与安全性。提高继电保护安全性的办法，主要是采用经过全面分析论证，有实际运行经验或经试验确证为技术性能满足要求、元件工艺质量优良的装置；而提高继电保护的可信赖性，除了选用高可靠性的装置外，重要的还可采取装置双重化，实现二中取一的跳闸方式。

8. 电抗变换器的优点是　（BCD）。

A. 放大高频分量　　　　　B. 线性范围大

C. 具有移相的作用　　　　D. 铁芯有气隙而不易饱和

【解析】　电抗变换器的优点是铁芯有气隙而不易饱和、线性范围大、具有移相的作用，缺点是会放大高频分量。

9. 电压频率变换　（VFC）型数据采集系统优点有　（ABCD）。

A. 分辨率高　　　　　　　B. 抗干扰能力强

C. 与 CPU 的接口简单　　　D. 多个 CPU 可共享一套 VFC，且接口简单

【解析】　电压频率变换（VFC）型数据采集系统的优点有：分辨率高，电路简单；抗干扰能力强，积分特性本身具有一定的抑制干扰的能力；采用光耦合器，使数据采集系统与 CPU 系统电气上完全隔离；与 CPU 的接口简单，VFC 的工作根本不需 CPU 控制；多个 CPU 可共享一套 VFC 且接口简单。

10. 傅里叶算法的基本思路来自傅里叶级数，其本身具有滤波作用。它假定被采样的模拟信号是一个周期性时间函数，除　（A）外还含有　（B）和　（D）。

A. 基波　　　　B. 不衰减的直流分量　　　　C. 衰减的直流分量　　　　D. 各次谐波

【解析】　傅里叶算法的基本思路来自傅里叶级数，其本身具有滤波作用。它假定被采样的模拟信号是一个周期性时间函数，除基波外还含有不衰减的直流分量和各次谐波。

三、判断题

1. 全周傅里叶算法相较于半周傅里叶算法，其精度较低。　　　　　　　　　　（×）

【解析】　半周傅里叶算法由于其采样窗口较短，相较于全周傅式算法，其精度较低，但响应速度更快。

2. 用逐次逼近式原理的模数转换器　（AD）的数据采样系统中有专门的低通滤波器，滤除输入信号中的高次分量，以满足采样定律。用电压频率控制器　（VFC）的数据采样系统中，由于用某一段时间内的脉冲个数来进行采样，所以需要增加滤波器。　　　　　　　　　　　　　　　　　　　　　　　　　　　　　　　　　　　　（×）

【解析】　利用 VFC 原理进行模数转换，本身具有滤波作用。从前面分析可看出，由于计数值实质上就是将输入电压在某一区间积分的数学概念是波形在某一段时间里的面积。高次谐波占的面积不大，所以积分的结果将抑制高频分量。如果周期正好为 KT，或 KT 周期整倍数的那些频率分量，其正、负半周的面积正好抵消，其积分的结果为 0，因此将完全不受这些频率分量的影响。因此，VFC 转换计数的结果实质上具有低通滤波的性质，因而无需前置低通滤波器，或只用简单的 RC 网络滤波即可。

3. 各种算法中，只有积分算法的精度与其采样频率无关。　　　　　　　　　　（×）

【解析】 积分算法的精度与其采样频率有关。

4. 半周傅里叶算法可滤去偶次谐波分量，但不能滤去直流分量。 （×）

【解析】 半周傅里叶算法不能滤去直流分量和偶次谐波分量。

5. 微机保护采用的低通滤波器一般滤除频率高于采样频率 1/5 的信号。 （×）

【解析】 微机保护采用的低通滤波器一般滤除频率高于采样频率 1/2 的信号。

6. 微机保护数据采集单元中通常采用变换器，变换器的一次与二次绕组间有屏蔽层，对高频信号的干扰具有很好的抑制作用。 （√）

【解析】 电压形成回路除了电量变换作用外，还起着屏蔽和隔离的作用，使得微机电路在电气上与强电部分隔离，另外在一二次绕组之间还设有屏蔽层，阻止来自强电系统的共模干扰。

7. 微机保护每周期采样 16 点，则采样率为 800Hz。 （√）

【解析】 采样率＝16×50Hz＝800Hz。

8. 数字滤波器通过计算机去执行一种计算程序或算法，无需采用硬件附加于计算机中，从而去掉采样信号中无用的成分，以达到滤波的目的。 （√）

【解析】 数字滤波器是将采样得到的离散数列作为输入，经过一定的数学运算后变成离散数列的输出，该输出的数列保留了输入信号中有用的频率成分，抑制了无用的频率成分，从而达到滤波的目的。

9. 全周傅里叶算法有很好的滤波能力，但数据窗需要一个周期加两个采样周期，相应时间较长。 （×）

【解析】 全周傅里叶算法有很好的滤波能力，但数据窗需要一个周波加一个采样周期，相应时间较长。

10. 半周积分算法具有滤波功能，但不能抑制直流分量。 （√）

【解析】 半周积分算法由于进行的是积分运算，故具有滤波功能，对高频分量有抑制作用，但不能抑制直流分量。

11. 微机保护中的十六进制数 （B5A5）H，将其转化为二进制为 （0011 0101 1010 0101）。 （×）

【解析】 可根据"1、2、4、8"分析法得出结论。

12. 微机保护中模拟量输入回路的一种方式为利用电流/频率变换原理进行 AD 转换。 （×）

【解析】 微机保护中模拟量输入回路的一种方式为利用电压/频率变换原理进行 AD 转换。

13. 微机保护装置为了满足采样定理的要求，使用前置低通滤波器，来滤除输入信号中高于 f_s 的频率成分。 （×）

【解析】 微机保护装置为了满足采样定理的要求，使用前置低通滤波器，来滤除输入信号中高于 $f_s/2$ 的频率成分。

14. 差分滤波器只需要做加法，算法简单，运算量较小。 （×）

【解析】 差分滤波器由于只需要做减法，因此算法简单，运算工作量较小。

15. 积分算法的采样频率越高，误差越小，其精度越高，但误差与初相角无关。 （×）

【解析】 积分算法的采样频率越高，其精度越高，误差越小，但误差与初相角有关。

四、填空题

1. 微机保护定值控制字 KG = <u>747BH</u>，将其转化为二进制为<u>0111 0100 0111 1011B</u>。

【解析】 可根据"1、2、4、8"分析法得出结论。

2. 微机保护的采样频率为 2000Hz，则每个周波有<u>40</u>个采样点，采样间隔时间为 <u>0.5ms</u>。

【解析】 采样点数为 2000/50＝40，采样间隔为 20ms/40＝0.5ms。

3. 按照采样定律，采样频率 f_s 必须大于 <u>2</u> 倍的输入信号中的最高次频率 f_{max}，否则会出现 <u>（频率混叠）</u> 现象。

【解析】 当 $f_s < 2f_0$ 时，频率为 f_0 的输入信号被采样之后，将被错误地认为增加了一个低频信号，我们把这种现象称为"频率混叠"。为了使信号被采样后能不失真还原，采样频率必须不小于 2 倍的输入信号最高频率，这就是奈奎斯特（Nyquist）采样定理的基本思想。

4. 在微机保护数据采集系统中，共用 A/D 转换器条件下采样保持器的作用是保证各通道<u>同步采样</u>，使各模拟量的<u>相位</u>关系经过采样后保持不变。

【解析】 采样保持器的作用有三个：①对各个电气量实现同步采样；②在模数变换过程中输入的模拟量保持不变；③实现阻抗变换。

5. 全周傅里叶算法有很好的滤波能力，但是数据窗需要 <u>1</u> 个周期加 <u>1</u> 个采样周期，相应时间较长。

【解析】 全周傅氏算法有很好的滤波能力，但数据窗需要 1 个周期加 1 个采样周期，响应时间较长。为了加快响应速度，有时可将数据窗缩短到半个周期，即半周傅里叶算法。

6. 光耦合器常用于开关量信号的隔离，使其输入与输出之间电气上完全隔离，尤其是可以实现地电位的隔离，这可有效地抑制共模干扰。

【解析】 共模干扰是指外引线对地之间的干扰。使输入与输出之间电气上完全隔离，尤其是可实现地电位的隔离，可有效地抑制共模干扰。

7. 保护装置往往需要反映多个系统参数工作，各个通道采样是同步的，而各个通道的采样信号是依次进行转换的，每一路信号都需要一定的转换时间，这样就同时满足转换的 <u>（分时性）</u> 和通道采样的<u>同时性</u>要求。

【解析】 保护装置往往要反映多个系统参数工作，例如距离保护必须同时输入各相电流和电压。一般都是多个模拟通道共用一个模数转换器件。对各个通道采样是同步的，而各通道的采样信号是依次通过 AD 回路进行转换的，每转换一路信号都需要一定的转换时间。这样就必须同时满足各通道采样的同时性和转换的分时性要求，因此，就任一通道而言，必须在等待进行模数转换的过程中，保持其采样值不变。

8. 对于微机保护系统，大多数的保护原理是基于<u>工频分量</u>的，因此可在采样之前使输入信号限制在一定的频带之内，即降低输入信号的<u>最高频率</u>，从而降低对硬件的速度要求，而不至于产生频率混叠现象。

【解析】 当 $f_s < 2f_0$ 时，频率为 f_0 的输入信号被采样之后，将被错误地认为增加了一个低频信号，我们把这种现象称为"频率混叠"。显然，在 $f_s > 2f_{max}$（f_{max} 为 f_0 的最大值），采样便不会产生频率混叠现象。

9. 采用了 ALF 消除滤波混叠现象后，采样频率的选择很大程度上取决于保护原理和算法的要求，同时考虑硬件速度。目前，绝大多数微机保护的采样周期为 0.833ms 或 1ms，相应的采样频率为 1200Hz 或 1000Hz。

【解析】 $f_s = 1/T$。

10. 利用 V/f 进行 A/D 转换，电路参数一定时，当输入电压为交流信号时，输出脉冲的频率与输入电压的瞬时值成正比。当输入电压为一随时间变化的信号时，则输出脉冲的频率也随时间的变化而变化。

【解析】 利用 V/f 进行 A/D 转换，电路参数一定时，当输入电压为交流信号时，输出脉冲的频率 f 正比于输入电压的瞬时值大小，对于变化的频率而言，对脉冲串计数就是对频率 f 的积分，在某段时间内对脉冲的计数值就是对在此区间的积分值。

11. 故障时通入装置的故障量和给定的装置起动值之比，称为继电保护的灵敏系数。

【解析】 继电保护灵敏性是指继电保护对设计规定要求动作的故障及异常状态能可靠动作的能力。故障时通入装置的故障量和给定的装置起动值之比，称为继电保护的灵敏系数。

12. 电流变换器的优点是只要铁芯不饱和，其二次电流及并联电阻上电压的波形基本上保持一致与一次侧电流波形相同且同相。

【解析】 对于电流的变换一般采用电流变换器，并在其二次侧并联电阻以取得所需电压，改变电阻值可改变输出电压范围的大小。此外也可采用电抗变换器，二者各有优缺点。电抗变换器的优点是由于铁芯带气隙而不易饱和，线性范围大，同时有移相作用；其缺点是会放大高频分量。因此当一次流过非正弦电流时，其二次电压波形将发生畸变。不过，其抑制非周期分量作用在某些应用场合也可能成为优点。电流变换器最大优点是：只要铁芯不饱和，其二次电流及并联电阻上电压的波形基本保持与一次侧电流波形相同且同相，即它的变换可使原信息不失真。但是，电流变换器在非周期分量的作用下容易饱和，线性度较差，动态范围小。电压形成回路除了上面所述的电量变换作用外，还起着屏蔽和隔离的作用，使得微机电路在电气上与强电部分隔离，另外在一次绕组之间还设有屏蔽层，阻止来自强电系统的共模干扰。

13. 对于逐次逼近式 A/D 转换原理，当输入电压超过转换器的最大值时，使转换结果保持为全 1，从而造成平顶波，这种现象叫溢出。

【解析】 从 A/D 转换的工作原理可看出，对于 4 位的 A/D 转换器而言，数字量 D 的最大输出值 1111，这个最大值经 D/A 后得到一个 u_{Dmax}，通常不超过标准电压 U_R（一般为 10V）。对于输入的模拟电压，要求不超过最大值 u_{Dmax}，如果大于 u_{Dmax}，则 A/D 转换的结果将保持为全 1，从而造成平顶波，这种现象溢出。

14. 快速切除线路与母线的短路故障，是提高电力系统暂态稳定的最重要手段。

【解析】 继电保护快速动作可减轻故障元件的损坏程度，提高线路故障后自动重合闸的成功率，并特别有利于故障后的电力系统同步运行的稳定性。快速切除线路与母线的短路故障，是提高电力系统暂态稳定的最重要手段。

15. 对电力系统继电保护的基本性能要求有可靠性、选择性、快速性、灵敏性。

【解析】 对电力系统继电保护的基本性能要求有可靠性、选择性、快速性、灵敏性。这些要求之间，有的相辅相成，有的相互制约，需要针对不同的使用条件，分别进行协调。

16. 电力元件继电保护的选择性，除了决定于继电保护装置本身的性能外，还要求满足：由电源算起，越靠近故障点的继电保护故障起动值相对越<u>小</u>，动作时间越<u>短</u>。

【解析】 电力元件继电保护的选择性，除了决定于继电保护装置本身的性能外，还要求满足：由电源算起，越靠近故障点的继电保护故障起动值相对越小，动作时间越短，并在上下级之间留有适当的裕度；要具有后备保护作用，如果最靠近故障点的继电保护装置或断路器因故拒绝动作而不能断开故障时，能由紧邻的电源侧继电保护动作将故障断开。

五、简答题

1. 根据国家标准规定，电力系统谐波要监测的最高次数为 18 次谐波。一台录波装置如要达到上述要求，从采样角度出发，每个周期（指工频 50Hz）至少需采样多少点？

【解析】 至少需采样 36 点［谐波频率为 $18 \times 50 = 900$Hz，根据采样定律，采样频率至少为 $f_s = 2 \times 900 = 1800$（Hz），采样点为 $1800 \times 0.02 = 36$ 点］。

2. 简述傅里叶算法的优缺点。

【解析】 傅里叶算法是数字信号处理的一个重要工具，它源于傅里叶级数。这种算法一般需要一个周期的数据窗长度，运算工作量属中等。它可滤去各整次谐波，包括直流分量，滤波效果较好。但这种算法受输入模拟量中的非周期分量的影响较大，理论分析最不利条件下可产生 15% 以上的误差，因而必要时应予以补偿。

3. 数字滤波器与模拟滤波器相比，有哪些特点？

【解析】 数字滤波用程序实现，因此不受外界环境（如温度等）的影响，可靠性高。它具有高度的规范性，只要程序相同，则性能必然一致。它不像模拟滤波器那样会因元件特性的差异而影响滤波效果，也不存在元件老化和负载阻抗匹配等问题。另外，数字滤波器还具有高度灵活性，当需要改变滤波器的性能时，只需重新编制程序即可，因而使用非常灵活。

4. 什么是采样与采样定理？并计算 $N = 10$ 时的采样频率 f_s 和采样周期 T_s 的值。

【解析】 采样就是周期性地抽去连续信号，把连续的模拟信号 A 变为数字量 D，每隔 ΔT 时间采样一次，ΔT 称为采样周期，$1/\Delta T$ 称为采样频率。为了根据采样信号完全重现原来的信号，采样频率 f_s 必须大于输入连续信号最高频率的 2 倍，即 $f_s > 2 f_{max}$，这就是采样定理。$T_s = 2$ms，$F_s = 500$。

5. 微机保护硬件系统通常包括哪些？

【解析】 包括：①数据处理单元，及微机主系统；②数据采集单元，即模拟量输入系统；③字量输入/输出接口，即开关量输入输出系统；④通信接口。

6. 在确定继电保护和安全自动装置的配置和构成方案时，需要进行综合考虑，主要有哪几个方面？

【解析】 需考虑：①电力设备和电力网的结构特点和运行特点；②故障出现的频率和可能造成的后果；③电力系统的近期发展情况；④经济上的合理性；⑤国内和国外的经验。

7. 微机保护对程序进行自检的方法有哪几种?

【解析】 微机保护程序自检常采用以下两种方法:

(1) 累加和校验。即将程序功能代码用 8 位或 16 位累加和(舍弃累加进位)求出累加和结果,并作为自检比较的依据。这种方法的特点是自检以字或字节为单位,算法简单,执行速度快,常用于在线实时自检。缺点是理论上漏检的可能性较大。

(2) 循环冗余码(CRC)校验。即将程序功能代码与一选定的专用多项式相除得到一个特殊代码。它在理论上可反映程序代码的每一位变化,即相当于自检以每一个位为单位,特点是漏检的可能性小,但它算法复杂,执行速度慢,常用于确认程序版本。

8. 请列举微机保护常用的启动元件。

【解析】 相电流启动元件、相电流突变量及相电流差突变量启动元件、零序电流启动元件、负序电流启动元件、差电流启动元件、电压工频变化量启动元件等。

9. 请简述微机保护启动元件的作用?

【解析】 早期微机保护在起动元件动作后,才进入故障计算模块,这样可节约计算能力。同时采用起动元件后还可提高保护的可靠性,只有当起动元件和保护测量元件都动作时,保护才能动作于出口。在微机保护装置中还可利用起动元件来查找故障时标。

10. 请简述相电流差突变量启动元件的优缺点。

【解析】 优点是简单、灵敏、准确、快速,是快速主保护较理想的选相元件。但是由于它利用的是电流的突变量,所以在短路稳态时无法选相。同时该选相元件在转换性故障时可能无法判断出最终的故障类型,在弱电源侧时灵敏度也可能不足,导致无法正确选相。

11. 请列举微机保护常用的选相元件。

【解析】 相电流差突变量选相元件、阻抗选相元件、稳态序分量选相元件、工作电压突变量选相元件和低电压选相元件。

12. 在负序滤过器的输出中为什么不装设 3 次谐波滤过器, 而常装设 5 次谐波滤过器?

【解析】 因系统中存在 5 次谐波分量且 5 次谐波分量相当于负序分量,所以在负序滤过器中必须将 5 次谐波滤波滤掉。系统中同样存在 3 次谐波分量且 3 次谐波分量相当于零序分量,它已在过滤器的输入端将其滤掉,不可能有输出,因此在输出中不必装设 3 次谐波滤过器。

13. RAM、 ROM、 PROM、 EPROM、 EEPROM 和 FLASH 之间的区别是什么?

【解析】 (1) RAM 指的是"随机存取存储器",即 Random Access Memory。它可随时读写,而且速度很快,缺点是断电后信息丢失,通常用来存放各种正在运行的软件、输入和输出数据、中间结果及与外存交换信息等,我们常说的内存主要是指 RAM。

(2) ROM 指的是"只读存储器",即 Read-Only Memory,它只能读出信息,不能写入信息,计算机关闭电源后其内的信息仍旧保存,一般用它存储固定的系统软件和字库等。

(3) PROM 指的是"可编程只读存储器"既 Programmable Red-Only Memory。这样的产品只允许写入一次。

(4) EPROM 指的是"可擦写可编程只读存储器",即 Erasable Programmable Read-

Only Memory。它的特点是具有可擦除功能，擦除后即可进行再编程，但是缺点是擦除需要使用紫外线照射一定的时间。

（5）EEPROM 指的是"电可擦除可编程只读存储器"，即 Electrically Erasable Programmable Read-Only Memory。它的最大优点是可直接用电信号擦除，也可用电信号写入，缺点是写入一个字节较慢，一般写一个字节要花费几个毫秒且每一片 EEPROM 芯片重复擦写的次数有一定限制，一般理论值为几万次左右。

（6）FLASH 存储器与普通 EEPROM 一样，也是在电信号下可重新擦写且掉电不丢失原有内容。它一般也用于存放定值、参数等重要内容，对某些应用，FLASH 存储器亦用于存放程序代码。FLASH 存储器相对普通 EEPROM 而言，其容量更大，写入速度快，一般为几十微秒。

14. 什么叫原码、反码及补码？

【解析】原码就是一个数的机器数。

反码：将原码每位取反，即为反码。更准确的是：正数的反码就等于它的原码，负数的反码就是它的原码除符号位外，各位取反。

补码：反码加 1 就是补码。更准确的是：正数的补码就等于它的原码，负数的补码就是它的反码加 1。

例：X1＝＋1001001，X2＝－1001001

则：$[X1]_原$＝01001001、$[X1]_反$＝01001001、$[X1]_补$＝01001001

　　$[X2]_原$＝01001001、$[X2]_反$＝10110110、$[X2]_补$＝$[X2]_反$＋1＝10110111

15. 请简单介绍与门、或门、非门、与非门、或非门、异或门。

【解析】与门：两个判断条件都是真的时候结果为真，两个输入端为 1 时则输出 1。

或门：只要输入端有个 1 那输出端就会是 1。

非门：非门就是取反，例如输入是 1 那输出就是 0。

与非门：与非门就是与门和非门的结合，先进行逻辑与的运算再将结果进行逻辑非的运算。

异或门：异或门指的是当两个输入不同时输出 1，相同时输出 0。

或非门：或非门先运算或在进行非运算，或非门所得到的结果与或门所得到的结果相反。

注意：计算机中的"1""0"指的是高电平与低电平。

六、分析题

1. 请简述傅里叶算法的基本原理。

【解析】傅里叶算法的基本思路来自傅里叶级数，其本身具有滤波作用。它假定被采样的模拟信号是一个周期性时间函数，除基波外还含有不衰减的直流分量和各次谐波，可表示为：

$$X(t) = \sum_{n=0}^{\infty} [b_n \cos(n\omega_1 t) + a_n \sin(n\omega_1 t)]$$

式中：n 为自然数，n＝0，1，2，…；a_n 和 b_n 分别为各次谐波的正弦项和余弦项的振幅。

由于各次谐波的相位可能是任意的，所以把它们写为分解成有任意振幅的正弦项和余弦项之和。a_1 和 b_1 分别为基波分量的正、余弦项的振幅，b_0 为直流分量的值。根据傅里叶级数的原理，可求出 a_1、b_1 分别为

$$a_1 = \frac{2}{T} \int_0^T x(t) \sin(\omega_1 t \mathrm{d}t), b_1 = \frac{2}{T} \int_0^T x(t) \cos(\omega_1 t \mathrm{d}t)$$

于是 $x(t)$ 中的基波分量为 $\qquad x_1(t) = a_1 \sin(\omega_1 t) + b_1 \cos(\omega_1 t)$

合并正、余弦项，可写为 $\quad x_1(t) = 2X \sin(\omega_1 t + \theta_1)$

式中：X 为基波分量的有效值；θ 为 $t=0$ 时基波分量的相角。

将 $\sin(\omega_1 t + \theta_1)$ 用和角公式展开，不能拿得到 X 和 θ 同 a_1 和 b_1 之间的关系为

$$a_1 = 2X \cos\theta_1 \quad b_1 = 2X \sin\theta_1$$

因此可根据 a_1 和 b_1 求出有效值和相角为

$$2X^2 = a_1^2 + b_1^2, \tan\theta_1 = b_1/a_1$$

在用计算机处理时，积分可用梯形法求得

$$a_1 = \frac{1}{N} 2 \sum_{k=1}^{N-1} x_k \sin\left(k \frac{2\pi}{N}\right), b_1 = \frac{1}{N} x_0 + 2 \sum_{k=1}^{N-1} x_k \cos\left(k \frac{2\pi}{N}\right) + x_n$$

式中：N 为一周期采样点数；x_k 为第 k 次采样值，x_0、x_n 分别为 $k=0$ 和 N 时的采样值。

为了简化运算量，用傅里叶算法时采样间隔 T_s 一般可取 5/3ms，这样 $\omega_1 T_s = 30°$，滤波系数简单，运算工作量小。

2. 请简述半周积分算法的原理。

【解析】 半周积分算法的依据是一个正弦量在任意半个周期内绝对值的积分为一个常数 S，即

$$S = \int_0^{\frac{T}{2}} 2I \mid \sin(\omega t - \alpha) \mid \mathrm{d}t = \frac{2\sqrt{2}I}{\omega}$$

积分值 S 和积分起始点的初相角 α 无关。因为断面线的两块面积显然是相等的，积分也可用梯形法则近似求出

$$S \approx \left[0.5 \mid \dot{I}_0 \mid + \sum_{k=1}^{\frac{n}{2}-1} \mid \dot{I}_k \mid + 0.5 \mid \dot{I}_{\frac{n}{2}} \mid\right] T_s$$

式中：$\dot{I}_k$ 为第 k 次采样值；N 为一周的采样点数；$\dot{I}_0$ 为 $k=0$ 时的采样值；$\dot{I}_{\frac{n}{2}}$ 为 $k=N/2$ 时的采样值；T_s 为采样间隔。

求出积分值 S 后，可得有效值 $I = \frac{\omega}{2\sqrt{2}} S$，只要采样率足够高，用梯形法近似积分的误差可做到很小。

3. 请简述两点乘积算法的原理。

【解析】 以电流为例，设 i_1 和 i_2 分别为两个相隔为 $\pi/2$ 的采样时刻 n_1 和 n_2 的采样值

$$\omega(n_2 T_s - n_1 T_s) = \pi/2$$

由于电流为正弦量，因此有

$$i_1 = \dot{I}(n_1, T_s) = 2I\sin(\omega n_1 T_s + \alpha_{0I}) = 2I\sin\alpha_{0I}$$

$$i_2 = \dot{I}(n_2, T_s) = 2I\sin(\omega n_1 T_s + \alpha_{0I} + \pi/2) = 2I\sin(\alpha_{1I} + \pi/2) = 2I\cos\alpha_{1I}$$

其中 $\alpha_{1I} = \omega n_1 T_s + \alpha_{0I}$

式中：α_{0I} 为 $n=0$ 时的电流相角；α_{1I} 为 n_1 时刻采样电流的相角，可以为任意值。

两式平方后相加，得到 $2I^2 = i_1^2 + i_2^2$，两式相除，得到 $\tan\alpha_{11} = \dfrac{i_1}{i_2}$。

从上式可以看出，只要知道任意两个相隔 $\pi/2$ 的正弦量瞬时值，即可算出该正弦量的有效值和相位。

4. 画出高通、低通、带通、带阻滤波器的幅频特性图，并解释其含义。

【解析】 幅频特性图如图 1-12 所示。

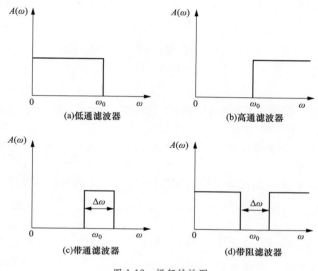

图 1-12　幅频特性图

第一节 故障分析基础

一、 单选题

1. 输电线路中某一侧的潮流是送有功功率, 受无功功率, 它的电压超前电流为 (D)。

A. $0°\sim90°$ B. $90°\sim180°$ C. $180°\sim270°$ D. $270°\sim360°$

【解析】 固定电压角度在 $0°$, 根据 $P=UI\cos\theta$, $Q=UI\sin\theta$, 得电压超前电流为 $270°\sim360°$。

2. 某线路有功、 无功负荷均由母线流向线路, 下面的角度范围正确的是 (C)。

A. $\arg\dfrac{U_a}{I_a}=97°$, $\arg\dfrac{U_a}{U_b}=122°$ B. $\arg\dfrac{U_a}{I_a}=195°$, $\arg\dfrac{U_a}{U_b}=121°$

C. $\arg\dfrac{U_a}{I_a}=13°$, $\arg\dfrac{U_a}{U_b}=119°$ D. 不确定

【解析】 线路有功、无功负荷均由母线流向线路时, 夹角小于 $90°$ 且电流滞后电压。

3. 如果线路送出有功功率与受进无功功率相等, 则线路电流、 电压相位关系为 (B)。

A. 电压超前电流 $45°$ B. 电流超前电压 $45°$

C. 电流超前电压 $135°$ D. 电压超前电流 $135°$

【解析】 如图 2-1 所示, 线路负荷相位角位于第 IV 象限, 线路送出有功与受进无功相等, 则线路电流超前电压 $45°$

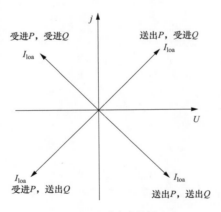

图 2-1　功率象限图

4. 在正常负荷电流下，流入电流保护测量元件的电流，以下描述正确的是 （B）。

A. 电流互感器接成星形时为 $\sqrt{3}I_\varphi$　　　　B. 电流互感器接成三角形接线时为 $\sqrt{3}I_\varphi$

C. 电流互感器接成两相差接时为 0　　　　D. 以上不确定

【解析】 电流互感器接成三角形接线时为 $I=I_A-I_B=\sqrt{3}I_A\angle 30°$。

5. 有一两电源系统如图 2-2 所示，已知 M 侧母线电压和 N 侧母线电压相位相同，M 侧母线电压大于 N 侧母线电压，则有 （C）。

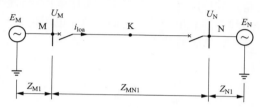

图 2-2　MN 线路等值系统图

A. 线路中有功功率从 M 侧输向 N 侧

B. 线路中有功功率从 N 侧输向 M 侧

C. 线路中无功功率（感性）从 M 侧输向 N 侧

D. 线路中无功功率（感性）从 N 侧输向 M 侧

【解析】 $P_M=P_N=\dfrac{U_M U_N}{Z_{MN1}}\sin\delta_{MN}$　　$Q_M=\dfrac{U_M}{Z_{MN1}}(U_M-U_N)$　　$Q_N=\dfrac{U_N}{Z_{MN1}}(U_M-U_N)$

双端电源有功功率相位超前侧输送至滞后侧，无功功率从电压高侧输送至电压低侧。

6. 输送相同的负荷，提高输送系统的电压等级会 （C）。

A. 提高负荷功率因数　　　　B. 改善电能波形

C. 减少线损　　　　D. 提高供电可靠性

【解析】 由 $S=UI$ 知，输送相同的负荷，提高输送系统的电压，输送电流将减小，此时输电线路上的功率损耗将随着电流的减小而减小。

7. 如果电网提供的无功功率小于负荷需要的无功功率，则电压 （A）。

A. 降低　　　　B. 不变　　　　C. 升高　　　　D. 无影响

【解析】 输电线路 MN，由纵向电压损失 $\Delta U=\dfrac{P_M R_{MN}+Q_M X_{MN}}{U_M}$ 可知，当无功功率 Q_M 增大时，ΔU 将增大，因此电压会降低。

8. 有名值、标幺值和基准值之间的关系是 （A）。

A. 有名值＝标幺值×基准值　　　　B. 标幺值＝有名值×基准值

C. 基准值＝标幺值×有名值　　　　D. 以上都对

【解析】 标幺值是各物理量基准值的相对数值，无单位。

9. 若取相电压基准值为额定相电压，则功率标幺值等于 （C）。

A. 线电压标幺值　　　　　　　　B. 线电压标幺值的 $\sqrt{3}$ 倍

C. 电流标幺值　　　　　　　　　D. 电流标幺值的 $\sqrt{3}$ 倍

【解析】 功率标幺值＝电压标幺值乘以电流标幺值。

10. 电力设备的参数常用以 （C） 为基准的标幺值表示。

A. 100MVA，平均额定电压　　　　B. 1000MVA，平均额定电压
C. 三相额定容量，额定线电压　　　D. 三相额定容量，平均线电压
【解析】 电气设备均以三相额定容量、额定线电压为基准。

11. 在大接地电流系统， 各种类型短路的电压分布规律是 （C）。
A. 正序电压、负序电压、零序电压越靠近电源数值越高
B. 正序电压、负序电压越靠近电源数值越高，零序电压越靠近短路点越高
C. 正序电压越靠近电源数值越高，负序电压、零序电压越靠近短路点越高
D. 正序电压、零序电压越靠近电源数值越高，负序电压越靠近短路点越高
【解析】 故障时，电压、电流的特点如图 2-3 所示。

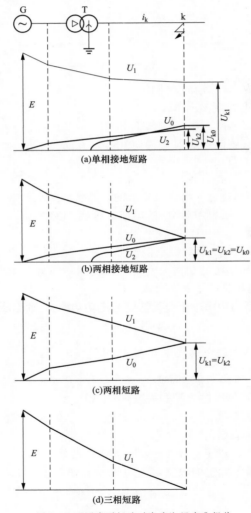

图 2-3　不同类型短路时各序电压变化规律

12. 当标幺值基准容量选取为 100MVA 时， 220kV 基准阻抗为 （B）。
A. 484Ω　　　　B. 529Ω　　　　C. 251Ω　　　　D. 不定

【解析】220kV 电压等级平均额定电压取 230V，由 $Z_B = \dfrac{U_B^2}{S_B}$ 得基准阻抗为 529Ω。

13. 系统发生两相短路，短路点距母线远近与母线上负序电压值的关系是（C）。
A. 与故障点的位置无关　　　　B. 故障点越远负序电压越高
C. 故障点越近负序电压越高　　D. 不确定

【解析】$\dot{U}_{MA2} = -\dot{I}_{MA2} Z_{M2}$，短路点越靠近母线，$\dot{I}_{MA2}$ 就越大，短路点的负序电压就越大。

14. 一条线路 M 侧为系统，N 侧无电源但主变压器（YNyd 接线）中性点接地。当线路 A 相接地故障时，如果不考虑负荷电流，则（C）。
A. N 侧 A 相无电流，B、C 相有短路电流
B. N 侧 A 相无电流，B、C 相电流大小不同
C. N 侧 A 相有电流，与 B、C 相电流大小相等且相位相同
D. 不确定

【解析】负荷侧有电流，三相大小相等均为零序电流。

15. 接地故障时，零序电流的大小（A）。
A. 与零序等值网络的状况和正负序等值网络的变化有关
B. 只与零序等值网络的状况有关，与正负序等值网络的变化无关
C. 只与正负序等值网络的变化有关，与零序等值网络的状况无关
D. 不确定

【解析】复合序网图中零序电流与零序等值网络的状况和正负序等值网络均有关。

16. 若故障点零序综合阻抗大于正序综合阻抗，与两相接地短路故障时的零序电流相比，单相接地故障的零序电流（A）。
A. 较大　　　B. 较小　　　C. 不定　　　D. 不确定

【解析】单相接地 $I_0 = \dfrac{3U_0}{X_1 + X_2 + X_0} = \dfrac{3U_0}{2X_1 + X_0}$，两相接地故障 $I_0 = \dfrac{3U_0}{X_1 + 2X_0}$。

17. 若故障点综合零序阻抗小于正序阻抗，则各类接地故障中的零序电流分量以（B）的为最大。
A. 单相接地　　B. 两相接地　　C. 三相接地　　D. 不确定

【解析】单相接地 $I_0 = \dfrac{3U_0}{X_1 + X_2 + X_0} = \dfrac{3U_0}{2X_1 + X_0}$，两相接地故障 $I_0 = \dfrac{3U_0}{X_1 + 2X_0}$。

18. 大接地电流系统中，发生接地故障时，零序电压在（A）。
A. 接地短路点最高　　B. 变压器中性点最高
C. 各处相等　　　　　D. 发电机中性点最高

【解析】发生接地故障，接地点零序、负序电压最大。

19. 在中性点非直接接地系统中，故障线路的零序电流与非故障线路上的零序电流方向（A）。
A. 相反　　　B. 超前　　　C. 滞后　　　D. 相同

【解析】故障线路的零序电流与非故障线路上的零序电流角度为 180°。

20. 110kV 某一条线路发生两相接地故障，该线路保护所测的正序和零序功率的方向是（C）。

A. 均指向线路　　　　　　　　B. 零序指向线路，正序指向母线

C. 正序指向线路，零序指向母线　　D. 均指向母线

【解析】 发生故障时，正序功率方向指向故障点，零序功率方向由故障点指向母线。

21. 如图 2-4 所示系统图，大电流接地系统反方向发生接地故障（K点）时，在 M 处流过该线路的 $3I_0$ 与 M 母线 $3U_0$ 的相位关系是（B）。

图 2-4　系统图

A. $3I_0$ 超前 M 母线 $3U_0$ 约 80°　　　　B. $3I_0$ 滞后 M 母线 $3U_0$ 约 80°

C. $3I_0$ 滞后 M 母线 $3U_0$ 约 100°　　　D. $3I_0$ 超前 M 母线 $3U_0$ 约 100°

【解析】 故障点在保护安装处背面，$\dot{U}_{M0}=\dot{I}_{M0}(Z_{N0}+Z_{L0})$，$Z_{N0}+Z_{L0}$ 主要决定于线路阻抗，其阻抗角约在 80°，所以零序电压超前零序电流 80° 左右。

22. 如果对短路点的正、负、零序综合电抗为 X_1、X_2、X_0 且 $X_1=X_2$；则两相接地短路时的复合序网是在正序序网中的短路点和中性点间串入如（C）式表达的附加阻抗。

A. X_2+X_0　　　B. X_2　　　C. $X_2//X_0$　　　D. 以上都不正确

【解析】 两相接地短路时的复合序网如图 2-5 所示。

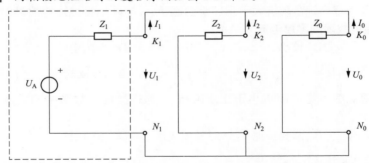

图 2-5　BC 接地短路复合序网图

由图 2-5 可得，正序网图短路点与中性点之间串入 $X_2//X_0$。

23. 双侧电源的输电线路发生不对称故障时，短路电流中各序分量受两侧电势相差影响的是（C）。

A. 零序分量　　B. 负序分量　　C. 正序分量　　D. 都有影响

【解析】 负序故障分量网络、零序故障分量网络均为无源网络，不受两侧电动势影响；只有正序故障网络受两侧电动势差影响 $I_1=\dfrac{E_{MA}-E_{NA}}{Z_M+Z_L+Z_N}=\dfrac{E_{MA}-E_{NA}}{Z_{11}}$。

24. 大电流接地系统经过渡电阻发生相间故障时，随着过渡电阻阻值从 0→∞，两故障相电流（A）。

A. 超前相幅值先变大后变小，滞后相幅值先变小后变大

B. 超前相幅值先变小后变大，滞后相幅值先变大后变小

C. 超前相幅值先变大后变小，滞后相幅值先变大后变小

D. 超前相幅值先变小后变大，滞后相幅值先变小后变大

【解析】 如图 2-6 所示，逆时针定律。

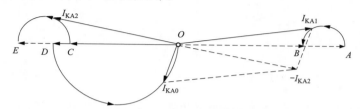

图 2-6　计及 R_g 故障点序电流相量变化图

25. 大电流接地系统发生两相经过渡电阻接地故障时 （D）。

A. 两故障相间阻抗继电器无附加测量阻抗，两故障相接地阻抗继电器无附加测量阻抗

B. 两故障相间阻抗继电器有附加测量阻抗，两故障相接地阻抗继电器无附加测量阻抗

C. 两故障相间阻抗继电器有附加测量阻抗，两故障相接地阻抗继电器有附加测量阻抗

D. 两故障相间阻抗继电器无附加测量阻抗，两故障相接地阻抗继电器有附加测量阻抗

【解析】 两相经过渡电阻接地时，相间阻抗继电器无附加测量阻抗，两相故障接地阻抗继电器有附加测量阻抗。

26. 当双电源侧线路发生经过渡电阻单相接地故障时， 受电侧感受的测量阻抗附加分量是 （C）。

A. 容性　　　　B. 纯电阻　　　　C. 感性　　　　D. 不确定

【解析】 双电源侧线路经过渡电阻单相接地时，送电侧感受测量阻抗附加量为容性，受电侧为感性。

27. 同杆双回线运行时， 第二回线中的零序电流对第一回线零序电抗的作用是 （D）， 架空地线零序电流对线路的零序电抗作用是 （D）。

A. 减少，增大　B. 增大，增大　C. 减少，减少　D. 增大，减少

【解析】 同杆双回线运行，两运行线路相互影响，会使得零序阻抗进一步增大；架空接地线对大地返回的零序电流起到分流去磁作用，使得输电线路阻抗减小。

28. 输电线路 AC 相短路经过渡电阻 R_g 接地， A 相正序电流 I_{A1}， 负序电流 I_{A2}，零序电流 I_0 的相位关系， 正确的是 （B）。

A. $\arg\left(\dfrac{I_{A1}}{I_{A2}}\right) = 60°$，$\arg\left(\dfrac{I_{A1}}{I_0}\right) = 60°$

B. $60° < \arg\left(\dfrac{I_{A1}}{I_{A2}}\right) < 240°$，$120° < \arg\left(\dfrac{I_0}{I_{A2}}\right) < 300°$，$60° < \arg\left(\dfrac{I_0}{I_{A1}}\right) < 240°$

C. $60° < \arg\left(\dfrac{I_{A1}}{I_0}\right) < 240°$，$120° < \arg\left(\dfrac{I_0}{I_{A2}}\right) < 300°$，$60° < \arg\left(\dfrac{I_{A2}}{I_{A1}}\right) < 240°$

D. 以上说法均不正确

【解析】 当过渡电阻 R_g 为零时，AC 两相短路时电流相量如图 2-7 所示。

当过渡电阻 R_g 为∞时，AC 两相短路接地时电流相量如图 2-8 所示。

当 R_g 由 0～∞变化过程中，可得出相位关系为 B 选项。

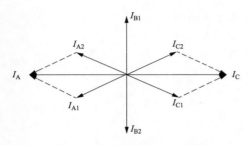 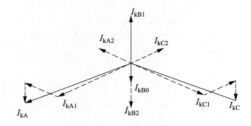

图 2-7　两相短路时电流相量图　　　　　　图 2-8　两相接地短路电流相量图

29. 220kV 环网系统中，发生单相断线故障，断线前负荷电流不为零，假设正、负序阻抗相等，当端口零序电抗大于正序电抗时，断线后健全相电流和零序电流　（B）。

A. 两健全相电流大于断线前负荷电流，$3I_0$ 大于断线前负荷电流

B. 两健全相电流小于断线前负荷电流，$3I_0$ 小于断线前负荷电流

C. 两健全相电流大于断线前负荷电流，$3I_0$ 小于断线前负荷电流

D. 两健全相电流小于断线前负荷电流，$3I_0$ 大于断线前负荷电流

【解析】 断口处非故障相电流，以 A 相断线为例

$$\left| I_{\mathrm{B}}^{(1,1)} \right| = \left| I_{\mathrm{C}}^{(1,1)} \right| = \sqrt{1 - \frac{(Z_{00} - Z_{11})(Z_{00} + 2Z_{11})}{(Z_{11} + 2Z_{00})^2}} \left| I_{\mathrm{loa \cdot A}} \right|$$

$$3I_{\mathrm{A0}}^{(1,1)} = 3 \times \frac{\dfrac{1}{Z_{00}}}{\dfrac{1}{Z_{11}} + \dfrac{1}{Z_{22}} + \dfrac{1}{Z_{00}}} \qquad I_{\mathrm{loa \cdot d}} = \frac{3Z_{11}Z_{22}}{Z_{11}Z_{22} + Z_{11}Z_{00} + Z_{11}Z_{00}} I_{\mathrm{loa \cdot d}} < I_{\mathrm{loa \cdot d}}$$

得出两健全相电流小于断线前负荷电流，$3I_0$ 小于断线前负荷电流。

30. 两相金属性短路故障时，两故障相电压和非故障相电压相位关系为　（B）。

A. 同相　　　　　B. 反相　　　　　C. 相垂直　　　　　D. 不确定

【解析】 以 BC 两相短路故障为例 $U_{\mathrm{KB}}^{(2)} = U_{\mathrm{KC}}^{(2)} = (\alpha^2 + \alpha) \; U_{\mathrm{KA}}^{(2)} = -\dfrac{Z_{\Sigma 2}}{Z_{\Sigma 1} + Z_{\Sigma 2}} U_{\mathrm{KA}}$ 两故障相电压和非故障相电压角度为 $180°$。

31. 两相金属性短路故障时，故障点非故障相电压　（C）。

A. 升高　　　　　B. 降低　　　　　C. 是故障相电压的两倍　　　　　D. 不定

【解析】 以 BC 两相短路故障为例 $U_{\mathrm{KB}}^{(2)} = U_{\mathrm{KC}}^{(2)} = (\alpha^2 + \alpha) \; U_{\mathrm{KA}}^{(2)} = -\dfrac{Z_{\Sigma 2}}{Z_{\Sigma 1} + Z_{\Sigma 2}} U_{\mathrm{KA}}$ [0]，$Z_{\Sigma 1} = Z_{\Sigma 2}$，$U_{\mathrm{KB}}^{(2)} = U_{\mathrm{KB}}^{(2)} = -\dfrac{1}{2} U_{\mathrm{KA}}$ [0]，故障点非故障相电压为故障相电压的 2 倍。

32. 中性点不接地系统，发生金属性两相接地故障时，健全相的电压　（C）。

A. 略微增大　　　　　　　　　B. 不变

C. 增大为正常相电压的 1.5 倍　　　D. 增大为正常相电压的 $\sqrt{3}$ 倍

【解析】 $U_{\mathrm{KA}}^{(1,1)} = 3U_{\mathrm{KA1}}^{(1,1)} = 3[U_{\mathrm{KA[0]}} - I_{\mathrm{KA1}}^{(1,1)} Z_{\Sigma 1}] = U_{\mathrm{KA0}} + \dfrac{Z_{\Sigma 0} - Z_{\Sigma 1}}{2Z_{\Sigma 0} + Z_{\Sigma 1}} U_{\mathrm{KA0}} \quad Z_{\Sigma 0} = \infty$

$U_{\mathrm{KA}}^{(1,1)} = \dfrac{3}{2} U_{\mathrm{KA0}}$。

33. 当线路上发生 BC 两相接地短路时，从复合序网图中求出的各序分量电流是（C）中的各序分量电流。

    A. C 相   B. B 相   C. A 相   D. 不确定

【解析】 BC 两相短路接地，特殊相为 A 相，复合序网图中为 A 相电流各序分量。

34. 线路发生两相金属性短路时，短路点处正序电压 U_{1K} 与负序电压 U_{2K} 的关系为（B）。

    A. $U_{1K}>U_{2K}$ B. $U_{1K}=U_{2K}$ C. $U_{1K}<U_{2K}$ D. 不确定

【解析】 以 BC 两相金属性短路为例，$U_{KA1}^{(2)}=\dfrac{1}{3}[U_{KA}^{(2)}+\alpha U_{KB}^{(2)}+\alpha^2 U_{KC}^{(2)}]=\dfrac{1}{3}[U_{KA}^{(2)}-U_{KB}^{(2)}]$，$U_{KA2}^{(2)}=\dfrac{1}{3}[U_{KA}^{(2)}+\alpha^2 U_{KB}^{(2)}+\alpha U_{KC}^{(2)}]=\dfrac{1}{3}[U_{KA}^{(2)}-U_{KB}^{(2)}]$，得出 $U_{1K}=U_{2K}$。

35. 在下述（C）情况下，系统同一点故障时，单相接地短路电流大于三相短路电流。

    A. $Z_{2\Sigma}<Z_{0\Sigma}$ B. $Z_{2\Sigma}=Z_{0\Sigma}$ C. $Z_{2\Sigma}>Z_{0\Sigma}$ D. 不确定

【解析】 单相接地 $I_0=\dfrac{3U_0}{X_1+X_2+X_0}=\dfrac{3U_0}{2X_1+X_0}$，三相短路 $I_0=\dfrac{U_0}{X_1}$。

36. 发生两相接地故障时，短路点的零序电流大于单相接地故障零序电流的条件是（B）。

    A. $Z_{1\Sigma}<Z_{0\Sigma}$ B. $Z_{1\Sigma}>Z_{0\Sigma}$ C. $Z_{1\Sigma}=Z_{0\Sigma}$ D. 不确定

【解析】 单相接地 $I_0=\dfrac{3U_0}{X_1+X_2+X_0}=\dfrac{3U_0}{2X_1+X_0}$，两相故障 $I_0=\dfrac{3U_0}{X_1+2X_0}$。

37. 线路断相运行时，两健全相电流之间的夹角与系统纵向阻抗 $Z_{1\Sigma}/Z_{0\Sigma}$ 之比有关。若 $Z_{1\Sigma}/Z_{0\Sigma}=1$，此时两电流间夹角（B）。

    A. 大于 120°   B. 为 120°   C. 小于 120°   D. 不确定

【解析】 假设 A 相断线 $I_B^{(1,1)}=\alpha^2 I_{loa\cdot A}+\dfrac{Z_{0\Sigma}-Z_{1\Sigma}}{2Z_{0\Sigma}+Z_{1\Sigma}}I_{loa\cdot A}$，$I_C^{(1,1)}=\alpha I_{loa\cdot A}+\dfrac{Z_{0\Sigma}-Z_{1\Sigma}}{2Z_{0\Sigma}+Z_{1\Sigma}}I_{loa\cdot A}$，当 $\dfrac{Z_{0\Sigma}}{Z_{2\Sigma}}=1$，BC 两相夹角为 120°。

38. 当架空输电线路发生三相短路故障时，该线路保护安装处的电流和电压的相位关系是（B）。

    A. 功率因数角   B. 线路阻抗角   C. 保护安装处的功角   D. 0

【解析】 三相短路故障时，该线路保护安装处电流和电压的角度为线路阻抗角。

39. 输电线路 BC 两相金属性短路时，短路电流 I_{BC}（C）。

    A. 滞后于 C 相间电压—线路阻抗角   B. 滞后于 B 相电压—线路阻抗角
    C. 滞后于 BC 相间电压—线路阻抗角   D. 滞后于 A 相电压—线路阻抗角

【解析】 短路电流滞后于短路电压—线路阻抗角。

40. 在大接地电流系统中，正方向发生接地短路时，保护安装点的 $3U_0$、$3I_0$ 之间的相位角取决于（C）。

    A. 该点到故障点的线路零序阻抗角

    B. 该点正方向到零序网络中性点之间的零序阻抗角

    C. 该点反方向到零序网络中性点之间的零序阻抗角

    D. 不确定

【解析】 正方向发生接地短路时，保护安装点的 $3U_0$、$3I_0$ 之间的相位角为反方向到零序网络中性点之间的零序阻抗角：$3U_0=-3I_0 Z_M$（Z_M 为背后系统零序阻抗）。

41. 当大接地系统发生单相金属性接地故障时，故障点零序电压（B）。
    A. 与故障相正序电压同相位　　　　B. 与故障相正序电压相位相差 $180°$
    C. 超前故障相正序电压 $90°$　　　　D. 不确定

【解析】 当 A 相金属性接地时，故障点零序电压，故障点零序电压与正序电压相位相反，$U_{KA0}^{(1)}=\dfrac{1}{3}\left[U_{KA}^{(1)}+U_{KB}^{(1)}+U_{KC}^{(1)}\right]=\dfrac{1}{3}\left[U_{KB}^{(1)}+U_{KC}^{(1)}\right]=-\rho_0 U_{KA}^{(1)}$，$\rho_0$ 由 $Z_{\Sigma0}$、$Z_{\Sigma1}$ 大小确定的系数，当 $Z_{\Sigma0}\to 0$ 时，$\rho_0\to 0$；当 $Z_{\Sigma0}\to\infty$ 时，$\rho_0\to 1$；当 $Z_{\Sigma0}\to Z_{\Sigma1}$ 时，$\rho_0=\dfrac{1}{3}$。

42. 双侧电源线路上发生经过渡电阻接地，流过保护装置电流与流过过渡电阻电流的相位（C）。
    A. 同相　　　　B. 不同相　　　　C. 不定　　　　D. 不确定

【解析】 单相故障经过渡电阻接地时 $\dot{I}_{KA}^{(1)}=\dfrac{3\dot{U}_{KA[0]}}{j2\,(2X_{\Sigma1}+X_{\Sigma0})}+\dfrac{3\dot{U}_{KA[0]}}{j2\,(2X_{\Sigma1}+X_{\Sigma0})}e^{j2\theta}$，$\theta=\arctan\left(\dfrac{3R_g+2R_{\Sigma1}+R_{\Sigma0}}{2X_{\Sigma1}+X_{\Sigma0}}\right)$；$R_g=0$ 时，$\theta=\theta_0=\arctan\left(\dfrac{2R_{\Sigma1}+R_{\Sigma0}}{2X_{\Sigma1}+X_{\Sigma0}}\right)$；当 $R_g\to\infty$ 时，$\theta\to 90°$，综上电流与流过过渡电阻电流的相位不定。

43. 在大接地电流系统中，当相邻平行线路停运检修并在两侧接地时，电网发生接地故障，此时停运线路（A）零序电流。
    A. 流过　　　　B. 没有　　　　C. 不一定有　　　　D. 不确定

【解析】 相邻平行线路停运检修并两侧接地时，电网接地故障线路通过零序电流将在该停运线路中产生零序感应电流，此电流反过来也将在运行线路中产生感应电动势，使线路零序电流因之增大，相当于线路零序阻抗减小，对于平行双回线，减少的零序阻抗 Z_0 为 $Z_0=Z_{l0}-\dfrac{Z_{0M}^2}{Z_{l0}}$（式中：$Z_{l0}$ 为线路无互感的零序阻抗；Z_{0M} 为平行双回线间的零序互感阻抗）。

44. 在大接地电流系统中，如果当相邻平行线路停运检修时，电网发生接地故障，则运行线路中的零序电流将与检修线路是否两侧接地（A）。
    A. 有关，若检修线路两侧接地，则运行线路的零序电流将增大
    B. 有关，若检修线路两侧接地，则运行线路的零序电流将减少
    C. 无关，无论检修线路是否两侧接地，运行线路的零序电流均相同
    D. 不确定

【解析】 相邻平行线路停运检修并两侧接地时，因互感产生的零序感应电动势，使得线路零序电流增大，故选 A。

45. 在大接地电流系统中的两个变电站之间，架有同杆并架双回线。当其中的一条线路停运检修，另一条线路仍然运行时，电网中发生了接地故障，如果此时被检修线路两端均已接地，则在运行线路上的零序电流将（A）。
    A. 大于被检修线路两端不接地的情况
    B. 与被检修线路两端不接地的情况相同
    C. 小于被检修线路两端不接地的情况
    D. 不确定

【解析】 相邻平行线路停运检修并两侧接地时，因互感产生的零序感应电动势，使

得线路零序电流增大。

46. 对于有零序互感的平行双回线路中的每个回路，其零序阻抗有下列三种，其中最小的是 （B）。

A. 一回路处于热备用状态　　B. 一回路处于接地检修状态
C. 二回路运行状态　　　　　D. 不确定

【解析】 相邻平行线路停运检修并两侧接地时，因互感产生的零序感应电动势，使得线路零序电流增大，零序阻抗减小。

47. 下列说法正确的是 （A）。

A. 振荡时系统各点电压和电流的有效值随 δ 的变化一直在做往复性的摆动，但变化速度相对较慢；而短路时，在短路初瞬电压、电流是突变的，变化量较大，但短路稳态时电压、电流的有效值基本不变

B. 振荡时阻抗继电器的测量阻抗随 δ 的变化，幅值在变化，但相位基本不变，而短路稳态时阻抗继电器测量阻抗在幅值和相位上基本不变

C. 振荡时只会出现正序分量电流、电压，不会出现负序分量电流、电压，而发生接地短路时只会出现零序分量电压、电流，不会出现正序和负序分量电压、电流

D. 振荡时只会出现正序分量电流、电压，不会出现负序分量电流、电压，而发生接地短路时不会出现正序分量电压、电流

【解析】 振荡时，电力系统任何一点电流和电压的相位角都随功角的变化而改变；而短路时，电流与电压之间的相位角是基本不变的。

48. 断路器非全相运行时，负序电流大小与负荷电流大小为 （A）。

A. 成正比　　B. 成反比　　C. 无关　　D. 不确定

【解析】 以 A 相断线为例

$$\dot{I}_{A2}^{(1,1)} = -\frac{\frac{1}{Z_{22}}}{\frac{1}{Z_{11}}+\frac{1}{Z_{22}}+\frac{1}{Z_{00}}}\dot{I}_{\text{loa}\cdot A} = \frac{Z_{11}Z_{00}}{Z_{22}Z_{00}+Z_{11}Z_{00}+Z_{22}Z_{11}}\dot{I}_{\text{loa}\cdot A}$$

负序电流的大小与负荷电流的大小成正比。

49. 直馈输电线路，其零序网络与变压器的等值零序阻抗如图 2-9 所示 （阻抗均换算至 220kV 电压），变压器 220kV 侧中性点接地，110kV 侧不接地，k 点的综合零序阻抗为 （B）。

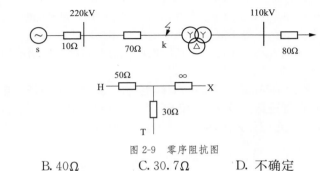

图 2-9　零序阻抗图

A. 80Ω　　B. 40Ω　　C. 30.7Ω　　D. 不确定

【解析】 如图 2-10 所示复合序网图，综合零序阻抗为 40Ω。

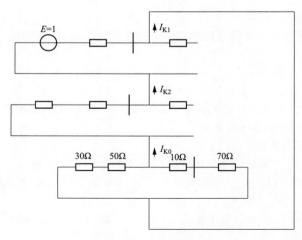

图 2-10 复合序网图

50. 由三只电流互感器组成的零序电流接线， 在负荷电流对称的情况下有一组互感器二次侧断线， 流过零序电流继电器的电流是 （C） 倍负荷电流。

A. 3   B. $\sqrt{3}$ C. 1   D. 不确定

【解析】 互感器二次侧断线，流过零序电流继电器的电流是三相电流的矢量和。

51. 平行架设双回线路中的一回线路， 其零序等值阻抗与单回的相比 （A）。

A. 增大   B. 不变   C. 减小   D. 不确定

【解析】 Z_L 为自感抗； Z_M 为互感抗。单回线 $Z_0 = Z_\mathrm{L} + 2Z_\mathrm{M}$；双回线 $Z_0 = Z_\mathrm{L} + 2Z_\mathrm{M} + \dfrac{3I_{a0}Z_\mathrm{m}}{I_{A0}} = Z_\mathrm{L} + 2Z_\mathrm{M} + Z_{(\mathrm{I-II})0}$。

52. 对称三相星形接线方式电压源的线电压 U_AB 与相电压 U_AN 的关系为 （B）。

A. $U_\mathrm{AB} = U_\mathrm{AN} \angle 30°$ B. $U_\mathrm{AB} = \sqrt{3} U_\mathrm{AN} \angle 30°$

C. $U_\mathrm{AB} = \sqrt{3} U_\mathrm{AN} \angle -30°$ D. $U_\mathrm{AB} = U_\mathrm{AN} \angle -30°$

【解析】 $U_\mathrm{AB} = U_\mathrm{AN} - U_\mathrm{BN} = \sqrt{3} U_\mathrm{AN} \angle 30°$

53. 某 220kV 线路上发生金属性单相接地时， 下列说法正确的是 （A）。

A. 故障点正序电压的幅值等于故障点负序电压与零序电压相量和的幅值且相位与之相反

B. 故障点正序电压的幅值等于故障点负序电压与零序电压相量和的幅值且相位与之相同

C. 故障点正序电压的大小等于故障点负序电压与零序电压相量和

D. 故障点正序电压的大小等于故障点负序电压幅值与零序电压幅值的代数和

【解析】 以 A 相为例， $U_\mathrm{KA1}^{(1)} + U_\mathrm{KA2}^{(1)} + U_\mathrm{KA0}^{(1)} = 0$。

54. 用单相电压整定负电压继电器的动作电压， 即对负电压继电器的任一对输入电压端子间， 模拟两相短路。 如在 A 和 BC 间施加单相电压， 记下此时继电器的动作电压为 U_op， 继电器整定电压为负序线电压 U_op2， 则 $U_\mathrm{op2} = U_\mathrm{op} / $ （B）。

A. 3   B. $\sqrt{3}$ C. 1.5   D. $\dfrac{1}{\sqrt{3}}$

【解析】 负序线电压 U_op2 等于负序相电压 U_op 的 $\sqrt{3}$ 倍。

55. 现场可用模拟两相短路的方法 （单相电压法） 对负序电压继电器的动作电压进行调整试验， 继电器整定电压为负序相电压 U_{op2}， 如果在 A 和 BC 间施加单相电压 U_{op} 时继电器动作， 则 $U_{op2} = U_{op}$ ／ （D）。

A. 1　　　　　　B. $\sqrt{3}$　　　　　　C. 2　　　　　　D. 3

【解析】 $U_{AB} = U_{CA} = U_T$， $U_{BC} = 0$， 得出 $U_{0P} = \frac{1}{3}(U_{AB} + a^2 U_{BC} + a U_{CA}) = \frac{1}{3} U_T (1 - a) = \frac{1}{\sqrt{3}} U_T$， $U_{op2} = \frac{1}{\sqrt{3}} U_{op} = \frac{1}{3} U_T$。

二、多选题

1. 小接地电流系统发生单相接地故障时， 其电流特点有 （ABC）。
A. 故障线路 $3I_0$ 等于所有非故障线路电容电流之和
B. 非故障线路 $3I_0$ 值等于本线路电容电流
C. 接地故障点的 $3I_0$ 等于全系统电容电流的总和
D. 非故障线路 $3I_0$ 等于所有非故障线路电容电流之和

【解析】 小接地电流系统发生单相接地故障时， 非故障线路 $(3\dot{I}_0)_i = j3\omega C_i \dot{U}_0$， 等于本线路电容电流； 故障线路 $(3\dot{I}_0)_m = -j3\omega (C_\Sigma - C_m)\dot{U}_0$， 等于所有非故障线路电容电流之和； 接地故障点的 $3I_0$ 等于全系统电容电流之总和。

2. 小接地电流系统发生单相接地故障时， 其电压特点有 （ABC）。
A. 在接地故障点， 故障相对地电压为零
B. 在接地故障点， 非故障相对地电压升高至线电压
C. 在接地故障点， 零序电压大小等于相电压
D. 在接地故障点， 零序电压大小等于线电压

【解析】 小接地电流系统发生单相接地故障时， 在接地故障点， 故障相对地电压为零， 非故障相对地电压升高至线电压， 零序电压大小等于相电压。

3. 大接地电流系统中， 线路发生经弧光电阻的两相短路故障时， 存在有 （AB） 分量。
A. 正序　　　　B. 负序　　　　C. 零序　　　　D. 不确定

【解析】 相间短路无零序分量。

4. 下列 （AD） 故障将出现零序电压。
A. 单相接地　　B. 相间短路　　C. 三相短路　　D. 两相短路接地

【解析】 只有与大地形成零序回路才能产生零序电压及电流。

5. 中性点接地系统非全相运行对电网的危害有 （ABCD）。
A. 零序电压形成的中性点位移使各相对地电压升高， 容易造成绝缘击穿事故
B. 零序电流在电网内产生电磁干扰， 威胁通信线路安全
C. 电网之间连接阻抗增大， 造成异步运行
D. 负序和零序电流可能引起电网内零序、 非全相等保护误动

【解析】 中性点接地系统非全相运行对电网的危害有： 零序电压形成的中性点位移使各相对地电压升高， 容易造成绝缘击穿事故； 零序电流在电网内产生电磁干扰， 威胁通信线路安全； 电网之间连接阻抗增大， 造成异步运行； 负序和零序电流可能引起电网内零序、 非全相等保护误动。

6. 中性点接地系统非全相运行对设备的危害有 （AB）。

A. 引起发电机定、转子发热，机组振动增大，可能出现过电压

B. 在变压器内部产生附加损耗，引起局部过热，降低变压器的使用效率

C. 在变压器内部产生附加损耗，引起局部过热，但不影响变压器的使用效率

D. 没有危害

【解析】 中性点接地系统非全相运行对设备的危害有：引起发电机定、转子发热，机组振动增大，可能出现过电压；在变压器内部产生附加损耗，引起局部过热，降低变压器的使用效率。

7. 电力系统振荡时，电压、电流的特点是 （ABD）。

A. 电力系统振荡时系统各点电压和电流均进行往复性摆动

B. 振荡时电流、电压值的变化较慢

C. 振荡时电流、电压值的变化较快

D. 振荡时系统任何一点电流与电压之间的相位角都随功角δ的变化而变化

【解析】 电力系统振荡特点是：①电力系统振荡时系统各点电压和电流均进行往复性摆动，振荡时电流、电压值的变化较慢；②振荡时系统任何一点电流与电压之间的相位角都随功角δ的变化而变化。

8. 电力系统发生短路时，电压、电流的特点是 （ABC）。

A. 电流、电压值是突变的

B. 电流、电压值突然变化量很大

C. 电流和电压之间的相位角基本不变

D. 系统任何一点电流与电压之间的相位角都随功角δ的变化而变化

【解析】 电力系统短路的特点是：①电力系统短路时电流、电压值是突变的，电流、电压值突然变化量很大；②短路时系统任何一点电流和电压之间的相位角基本不变。

9. 中性点接地系统非全相运行对人身的危害有 （AB）。

A. 零序电流长期通过大地，接地装置的电位升高，跨步电压与接触电压也升高，对运行人员的安全构成一定的威胁

B. 零序电流可能在沿输电线平行架设的通信线路中产生危险的对地电压，危及人员生命安全

C. 零序电流可能在沿输电线平行架设的通信线路中不会产生危险的对地电压，也不会危及人员生命安全

D. 没有危害

【解析】 中性点接地系统非全相运行对人身的危害有：①零序电流长期通过大地，接地装置的电位升高，跨步电压与接触电压也升高，对运行人员的安全构成一定的威胁；②零序电流可能在沿输电线平行架设的通信线路中产生危险的对地电压，危及人员生命安全。

10. 大接地系统发生故障，下列说法正确的是 （ABC）。

A. 任何故障，都将出现正序电压

B. 同一点发生不同类型故障，单相接地故障正序电压最高

C. 出口单相故障时，零序功率方向元件不会出现死区，采用正序电压极化的方向阻抗继电器也不会出现死区

D. 大接地系统发生单相接地故障，保护安装处正序电压与正序电流的关系及零序电

压和零序电流的关系都与故障点的位置及过渡电阻的大小无关

【解析】 发生不同类型故障时，都会产生正序电压，而且三相短路时母线上正序电压下降最厉害，单相接地短路正序电压下降最少，零序功率方向元件及正序电压极化方向阻抗继电器不会出现死区情况，单相故障中正序、零序电流电压均与故障点位置、过渡电阻大小相关。

11. 如果全系统对短路点的综合正负零序阻抗分别为 Z_1、Z_2、Z_0。则各种短路故障的复合序网图相当于在正序网图的短路点和中性点两点间串入了一个附加阻抗 ΔZ。下列对于不同故障情况下，ΔZ 表示正确的是 （ABCD）。

A. $K(3)$：$\Delta Z=0$ B. $K(2)$：$\Delta Z=Z_{2\Sigma}$
C. $K(1,1)=\Delta Z=Z_{2\Sigma}//Z_{0\Sigma}$ D. $K(1)$：$\Delta Z=Z_{2\Sigma}+Z_{0\Sigma}$

【解析】 如图 2-11 所示，附加阻抗 ΔZ：$K(3)$：$\Delta Z=0$，$K(2)$：$\Delta Z=Z_{2\Sigma}$，$K(1,1)=\Delta Z=Z_{2\Sigma}//Z_{0\Sigma}$，$K(1)$：$\Delta Z=Z_{2\Sigma}+Z_{0\Sigma}$。

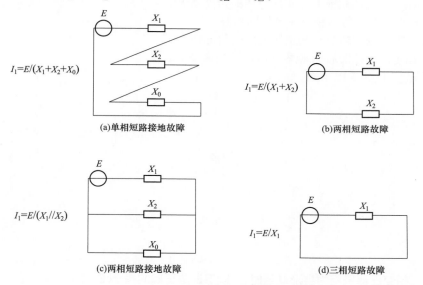

图 2-11 不同短路类型故障简化图

12. 三相输电线路的自感阻抗为 Z_L，互感阻抗为 Z_M，则以下正确的是 （AD）。
A. $Z_0=Z_L+2Z_M$ B. $Z_1=Z_L+2Z_M$ C. $Z_0=Z_L-Z_M$ D. $Z_1=Z_L-Z_M$

【解析】 三相线路感抗，零序阻抗为 $Z_0=Z_L+2Z_M$，正序阻抗为 $Z_1=Z_L-Z_M$。

13. 某输电线路发生 BC 两相短路时 （不计负荷电流），下列属于故障处的边界条件是 （ACD）。

A. $\dot{I}_A=0$ B. $\dot{I}_B=\dot{I}_C$ C. $\dot{I}_B=-\dot{I}_C$ D. $\dot{U}_B=\dot{U}_C$

【解析】 两相短路的边界条件为 $I_{KA}^{(2)}=0$；$I_{KB}^{(2)}+I_{KC}^{(2)}=0$；$U_{KB}^{(2)}=U_{KC}^{(2)}$。

14. 在大接地电流系统中，当系统中各元件的正、负序阻抗相等时，则线路发生单相接地时，下列正确的是 （BC）。
A. 非故障相中没有故障分量电流，保持原有负荷电流
B. 非故障相中除负荷电流外，还有故障分量电流

C. 非故障相电压升高或降低，随故障点综合正序、零序阻抗相对大小而定

D. 非故障相电压保持不变

【解析】 以 A 相接地为例，电压为 $\dot{U}_{KB}^{(1)} = \dot{U}_{KB[0]} + \dfrac{Z_{\Sigma 1} - Z_{\Sigma 0}}{2Z_{\Sigma 1} + Z_{\Sigma 0}} \cdot \dot{U}_{KA[0]}$，$\dot{U}_{KC}^{(1)} = \dot{U}_{KB[0]} + \dfrac{Z_{\Sigma 1} - Z_{\Sigma 0}}{2Z_{\Sigma 1} + Z_{\Sigma 0}} \cdot \dot{U}_{KA[0]}$，非故障相电压与综合正序、零序阻抗有关，当 $Z_{\Sigma 0} > Z_{\Sigma 1}$ 时，非故障相电压升高，$Z_{\Sigma 0} = Z_{\Sigma 1}$ 时，非故障相保持故障前数值，$Z_{\Sigma 0} < Z_{\Sigma 1}$ 时，非故障相电压降低。

电流为 $\dot{I}_{MB} = \dot{I}_{loa \cdot B} + \dfrac{\alpha^2 C_{1M} + \alpha C_{2M} + C_{0M}}{3} \dot{I}_{KA}^{(1)}$，$\dot{I}_{MC} = \dot{I}_{loa \cdot C} + \dfrac{\alpha^2 C_{1M} + \alpha C_{2M} + C_{0M}}{3} \dot{I}_{KA}^{(1)}$，两非故障相中除原有的负荷电流，还有故障分量电流。

15. 大接地电流系统中， BC 相金属性短路直接接地时， 故障点序分量电压间的关系是 （ABC）。

A. A 相负序电压超前 B 相正序电压的角度是 120°

B. C 相正序电压与 B 相负序电压同相位

C. A 相零序电压超前 C 相负序电压的角度是 120°

D. A 相正序电压滞后 A 相零序电压的角度是 120°

【解析】 如图 2-12 所示。

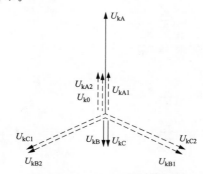

图 2-12　两相短路接地电压相量图

16. 三相变压器绕组为星形联结时， 以下说法正确的是 （BC）。

A. 绕组相电流等于绕组的最大电流

B. 绕组线电压等于 1.732 倍相电压

C. 绕组相电流等于线电流

D. 绕组相电流等于绕组的最小电流

【解析】 星形接线线电压等于 $\sqrt{3}$ 倍的相电压，线电流等于相电流。

17. 以下三绕组变压器中， 零序等值电路基本与正序等值电路相同的有 （ABD）。

A. 三个单相组成的三绕组变压器

B. 外铁型三绕组变压器

C. 内铁型三绕组变压器

D. 三相五柱式三绕组变压器

【解析】 三个单相组成的变压器或外铁型三相变压器、三相五柱式变压器，$X_{\mu 0} = \infty$，则变压器零序阻抗为 $X_0 = X_{T1} + X_{T2} = X_T$，等于变压器的正序阻抗；内铁型三绕组变

压器，变压器零序阻抗 $X_0 = X_{T1} + \dfrac{X_{T2} X_{t0}}{X_{t0} + X_{T2}}$，一般比正序阻抗 X_T 小 10%～30%。

三、判断题

1. 发生各种不同类型短路时，故障点电压各序对称分量的变化规律是：三相短路时正序电压下降最多，单相短路时正序电压下降最少。不对称短路时，负序电压和零序电压是越靠近故障点数值越大。 （√）

【解析】 $I^{(1)} = \dfrac{E}{X_1 + X_2 + X_0}$　$I^{(1,1)} = \dfrac{E}{X_1 + X_2 // X_0}$　$I^{(2)} = \dfrac{E}{X_1 + X_2}$　$I^{(3)} = \dfrac{E}{X_1}$ 综上分析单相接地电流最小，三相短路时电流最大。同样的内阻，单相接地电压降低最小，负序、零序电流越靠近接地点数值越大。

2. 当电网 （$Z_{\Sigma 1} = Z_{\Sigma 2}$） 发生两相金属性短路时，若某变电站母线的负序电压标幺值为 0.55，那么其正序电压标幺值应为 0.45。 （×）

【解析】 两相金属性短路时，$Z_{\Sigma 1} = Z_{\Sigma 2}$，正序电压等于负序电压，标幺值相等。

3. 静止元件 （如线路和变压器） 的负序和正序阻抗是相等的，零序阻抗则不同于正序或负序阻抗。 （√）

【解析】 变压器的负序等值电路完全与正序等值电路相同，零序等值电路与变压器绕组接线方式、中性点接地与否及铁芯结构有关；输电线路负序参数与正序相同，零序阻抗 $Z_0 = R + 0.05 + j(X_\sigma + 3X_M)$，比正序阻抗大得多；旋转元件启动时，$Z_1 = (r_1 + r_2') + j(X_{1\sigma} + X_{2\sigma}')$；负序阻抗 $Z_1 = \left(r_1 + \dfrac{1}{2} r_2'\right) + j(X_{1\sigma} + X_{2\sigma}')$；电动机定子绕组一般接成三角形或不接地星形，零序电流无法导通，所以零序阻抗无穷大

4. 线路发生两相短路时短路点处正序电压与负序电压的关系为 $U_{K1} > U_{K2}$。 （×）

【解析】 以 BC 两相金属性短路为例，$U_{KA1}^{(2)} = \dfrac{1}{3}[U_{KA}^{(2)} + \alpha U_{KB}^{(2)} + \alpha^2 U_{KC}^{(2)}] = \dfrac{1}{3}[U_{KA}^{(2)} - U_{KB}^{(2)}]$，$U_{KA2}^{(2)} = \dfrac{1}{3}[U_{KA}^{(2)} + \alpha^2 U_{KB}^{(2)} + \alpha U_{KC}^{(2)}] = \dfrac{1}{3}[U_{KA}^{(2)} - U_{KB}^{(2)}]$，得出 $U_{K1} = U_{K2}$。

5. BC 相金属性短路时，故障点的边界条件为 $U_{KA} = 0$，$U_{KB} = 0$，$U_{KC} = 0$。 （×）

【解析】 两相金属性短路，故障点的边界条件为 $I_{KA} = 0$，$I_{KB} = -I_{KC}$，$U_{KB} = U_{KC}$。

6. 对于正、负序电压而言，越靠近故障点其数值越小，而零序电压则是越靠近故障点数值越大。 （×）

【解析】 正序电压是越靠近故障点数值越小，负序电压和零序电压是越靠近故障点数值越大。

7. 由母线向线路送出有功功率 100MW，无功功率 100var。电压超前电流的角度是 45°。 （√）

【解析】 送有功功率和送无功功率，电压超前电流，角度为 0°～90°，有功功率等于无功功率，角度为 45°

8. 在中性点直接接地的双侧电源线路上，短路点的零序电压总是最高的，短路点的正序电压总是最低的。 （√）

【解析】 正序电压是越靠近故障点数值越小，负序电压和零序电压是越靠近故障点数值越大。

9. 发生金属性接地故障时，保护安装点距故障点越近，零序电压越高。　　（√）

【解析】 保护安装点的零序电压，等于故障点的零序电压减去由故障点至保护安装点的零序电压降，因此，保护安装点距离故障点越近，零序电压越高。

10. 被保护线路上任一点发生 AB 两相金属性短路时，母线上电压 U_{ab} 将等于零。（×）

【解析】 AB 两相金属性短路时，母线上电压为 $U_{ab} = I_{ab}Z_1$。

11. 三相短路电流大于单相接地故障电流。　　（×）

【解析】 一般情况下，静止设备的正序阻抗等于负序阻抗，单相接地时零序电流等于 $I_0 = \dfrac{3U_0}{X_1 + X_2 + X_0} = \dfrac{3U_0}{2X_1 + X_0}$，三相短路时零序电流等于 $I_0 = \dfrac{U_0}{X_1}$。所以正序综合阻抗大于零序阻抗时三相短路电流小于单相接地短路电流，单相短路零序电流小于两相接地短路零序电流。

12. 同一运行方式的大接地电流系统，在线路同一点发生不同类型短路，那么短路点三相短路电流一定比单相接地短路电流大。　　（×）

【解析】 当 $X_0/X_1 < 1$ 时，单相接地短路电流会大于三相短路电流。

13. 小接地电流系统发生三相短路的短路电流不一定大于发生单相接地故障的故障电流。　　（×）

【解析】 小接地电流系统单相接地故障时，由于系统依然对称，故障相电流等于非故障相电容电流之和，远小于三相故障电流。

14. 在某些情况下，大接地电流系统中同一点发生三相金属性短路故障时的短路电流可能不如发生两相金属性接地短路故障时的短路电流大，也可能小于发生单相金属性接地短路故障时的短路电流。　　（√）

【解析】 当 $X_0/X_1 < 1$ 时，单相接地短路电流会大于三相短路电流。

15. 在大接地电流系统中，如果正序阻抗与负序阻抗相等，则单相接地故障电流大于三相短路电流的条件是：故障点零序综合阻抗小于正序综合阻抗。　　（√）

【解析】 单相接地 $I_0 = \dfrac{3U_0}{X_1 + X_2 + X_0} = \dfrac{3U_0}{2X_1 + X_0}$，三相短路 $I_0 = \dfrac{U_0}{X_1}$。

16. 大接地电流系统中发生接地短路时，在复合序网的零序序网图中没有出现发电机的零序阻抗，这是由于发电机的零序阻抗很小可忽略。　　（×）

【解析】 大接地电流系统中发生接地短路时，在复合序网的零序序网图中没有出现发电机的零序阻抗，是因为发电机中性点不接地，零序电流不流过发电机。

17. 大接地电流系统单相接地故障时，故障点零序电流的大小只与系统中零序网络有关，与运行方式大小无关。　　（×）

【解析】 系统运行方式大小影响零序网络参数分布，影响故障点零序电流的大小。

18. 在电力系统运行方式变化时，如果中性点接地的变压器数目不变，则系统零序阻抗和零序等效网络就是不变的。　　（×）

【解析】 系统运行方式大小影响零序网络参数分布，影响系统零序阻抗和零序等效网络。

19. 流过保护的零序电流大小仅决定于零序序网图中参数，而与电源的正负序阻抗无关。　　（×）

【解析】 单相接地时，零序电流大小与正（负）序阻抗和零序阻抗都有关，所以系统零序阻抗和零序网络不变，不能说明零序电流的分配和零序电流的大小不会发生变化。

20. 系统零序电流的分布与电源点的分布有关，与中性点接地的多少及位置无关。　（×）

【解析】　单相接地时，零序电流大小与正（负）序阻抗和零序阻抗都有关，所以系统零序阻抗和零序网络不变，不能说明零序电流的分配和零序电流的大小不会发生变化。

21. 大接地电流系统发生接地故障时，故障线路零序电流和零序电压的相位关系与其背侧的零序阻抗角有关。
（√）

【解析】　大接地电流系统发生接地故障，零序电流和零序电压的相位关系与其背侧的零序阻抗角有关。

22. 在220kV线路发生接地故障时，故障点的零序电压最高，而220kV变压器中性点的零序电压最低。
（√）

【解析】　发生接地故障时，故障点的零序电压最高，中性点的零序电压最低。

23. 在系统发生接地故障时，相间电压中会出现零序电压分量。　（×）

【解析】　在系统发生接地故障时，每相电压中含有等大且同相的零序电压，相间电压矢量差中零序电压分量相减等于零，无零序电压分量。

24. 线路发生单相接地故障，其保护安装处的正序、负序电流，大小相等，相序相反。
（×）

【解析】　线路发生单相接地故障，故障相保护安装处的正序、负序电流，大小相等，相序相同。

25. 线路发生正方向接地故障时，零序电压滞后零序电流；线路发生反方向接地故障时，零序电压超前零序电流。
（√）

26. 如果系统中各元件的阻抗角都是80°，那么正方向短路时 $3U_0$ 超前 $3I_0$ 约80°，反方向短路时，$3U_0$ 落后 $3I_0$ 约100°。　（×）

【解析】　如果系统中各元件的阻抗角都是80°，那么正方向短路时 $3U_0$ 落后 $3I_0$ 约100°，反方向短路时 $3U_0$ 超前 $3I_0$ 约80°。

27. 在小接地电流系统线路发生单相接地时，非故障线路的零序电流超前零序电压90°，故障线路的零序电流滞后零序电压90°。
（√）

【解析】　在小接地电流系统线路发生单相接地时，非故障线路的零序电流超前零序电压90°，故障线路的零序电流滞后零序电压90°

28. 在中性点不接地系统中，如果忽略电容电流，发生单相接地时，系统一定不会有零序电流。
（√）

【解析】　中性点不接地系统中，系统只有对地电容电流。

29. 零序电流保护能反应各种不对称故障，但不反应三相对称故障。　（×）

【解析】　零序电流保护能反应各种接地的不对称故障，不反应不接地的不对称故障和三相对称故障。

30. 中性点直接接地系统，单相接地故障时，两个非故障相的故障电流一定为零。　（×）

【解析】　以A相为例，非故障相电流为 $\dot{I}_{MB} = \dot{I}_{loa \cdot B} + \dfrac{\alpha^2 C_{1M} + \alpha C_{2M} + C_{0M}}{3} \dot{I}_{KA}^{(1)}$，$\dot{I}_{MC} = \dot{I}_{loa \cdot C} + \dfrac{\alpha^2 C_{1M} + \alpha C_{2M} + C_{0M}}{3} \dot{I}_{KA}^{(1)}$，两非故障相中除原有的负荷电流，还有故障分量电流，不一定为零。

31. 振荡时系统任何一点电流与电压之间的相位角都随功角 δ 的变化而改变；短路时，

系统各点电流与电压之间的角度呈周期性变化。　　　　　　　　　　　　　　　（×）

【解析】 短路时，电流与电压之间的相位角是基本不变的。

32. 系统振荡时，线路发生断相，零序电流与两侧电动势角差的变化无关，与线路负荷电流的大小有关。　　　　　　　　　　　　　　　　　　　　　　　　　　　（×）

【解析】 系统振荡时，线路发生断相，零序电流与两侧电动势角差的变化有关，与线路负荷电流的大小有关。

33. 在完全相同的运行方式下，线路发生金属性接地故障时，故障点距保护安装处越近，保护感受到的零序电压越高。　　　　　　　　　　　　　　　　　　（√）

【解析】 在完全相同的运行方式下，线路发生金属性接地故障时，保护安装处的零序电压等于故障点零序电压减去故障点至保护安装处的零序压降，所以故障点距保护安装处越近，保护感受到的零序电压越高。

34. 大接地电流系统中的空充线路发生 A 相接地短路时，B 相和 C 相的零序电流为零。　　　　　　　　　　　　　　　　　　　　　　　　　　　　　　　　　（×）

【解析】 大接地电流系统中的空充线路发生 A 相接地短路时，B 相和 C 相的零序电流与 A 相相等，不为零。

35. 小接地电流系统中，当 A 相经过渡电阻发生接地故障后，各相间电压发生变化。　　　　　　　　　　　　　　　　　　　　　　　　　　　　　　　　　　（×）

【解析】 小接地电流系统中，当 A 相经过渡电阻发生接地故障后，各相间电压不变。

36. 在小接地电流系统中发生单相接地故障时，其相间电压基本不变。　　（√）

【解析】 单相接地时故障相电压为零，两非故障相电压升高 $\sqrt{3}$ 倍，中性点电压变为相电压。三个线电压的大小和相位与接地前相比不变。

37. 零序电流和零序电压一定是三次谐波。　　　　　　　　　　　　　　（×）

【解析】 零序分量包含三次谐波、九次谐波等。

38. 平行线路之间存在零序互感，当相邻平行线流过零序电流时，将在线路上产生感应零序电动势，但仅对线路零序电流幅值产生影响，不会改变零序电流与零序电压之间的相位关系。　　　　　　　　　　　　　　　　　　　　　　　　　　（×）

【解析】 $Z_{0(\mathrm{I})}=Z_0+Z_{(\mathrm{I}-\mathrm{II})0}$，平行双回线路越靠近，$Z_{(\mathrm{I}-\mathrm{II})0}$ 越大。

39. 有零序互感的平行线路中，一条检修停运，并在两侧挂有接地线，如果运行线路发生了接地故障，出现零序电流，会在停运检修的线路上产生感应电流，反过来又会在运行上产生感应电动势，使运行线路零序电流减小。　　　　　　　　　（×）

【解析】 $Z'_{\mathrm{I}0}=\dfrac{\Delta \dot{U}_{\mathrm{I}0}}{\dot{I}_{\mathrm{I}0}}=\left[Z_{\mathrm{I}0}-\dfrac{Z^2_{(\mathrm{I}-\mathrm{II})0}}{Z_{\mathrm{II}0}}\right]l$，零序阻抗减少，零序电流变大。

40. 线路出现断相，当断相点纵向零序阻抗大于纵向正序阻抗时，单相断相零序电流小于负序电流。　　　　　　　　　　　　　　　　　　　　　　　　　（√）

【解析】 $I^{(1,1)}_{\mathrm{A}2}=-I^{(1,1)}_{\mathrm{A}1}\dfrac{Z_{00}}{Z_{22}+Z_{00}}=-\dfrac{Z_{00}\Delta E_{\mathrm{A}}}{Z_{11}Z_{22}+Z_{11}Z_{00}+Z_{00}Z_{22}}$，$I^{(1,1)}_{\mathrm{A}0}=-I^{(1,1)}_{\mathrm{A}1}\dfrac{Z_{22}}{Z_{22}+Z_{00}}=$
$-\dfrac{Z_{22}\Delta E_{\mathrm{A}}}{Z_{11}Z_{22}+Z_{11}Z_{00}+Z_{00}Z_{22}}$，当 $Z_{00}>Z_{11}=Z_{22}$ 时，$I^{(1,1)}_{\mathrm{A}2}>I^{(1,1)}_{\mathrm{A}0}$。

41. 通常采用施加单相电压模拟两相短路的方法，来整定负序电压继电器的动作电压。例如，将继电器的 B、C 两端短接后对 A 端子施加单相电压 u。若负序继电器动作电压

整定为 3V （相）， 则应将 u 升至 9V 时， 才能使继电器刚好动作。 （√）

【解析】 $U_{AB}=U_{CA}=U_T$，$U_{BC}=0$，得出 $U_{2相}=\dfrac{1}{3}(U_{AB}+\alpha^2 U_{BC}+\alpha U_{CA})=\dfrac{1}{3}U_T(1-\alpha)=\dfrac{1}{\sqrt{3}}U_T$；$U_{2线}=\dfrac{1}{\sqrt{3}}U_{2相}=\dfrac{1}{3}U_T$。

四、 填空题

1. 故障点正序综合阻抗<u>大于</u>零序综合阻抗时， 三相短路电流小于单相接地短路电流， 单相短路零序电流<u>小于</u>两相接地短路零序电流。

【解析】 一般情况下， 静止设备的正序阻抗等于负序阻抗。

单相接地时短路电流为 $I_{KA}^{(1)}=\dfrac{3U_{KA}}{X_1+X_2+X_0}=\dfrac{3U_{KA}}{2X_1+X_0}$， 零序电流为 $I_{k0}^{(1)}=\dfrac{U_k}{2Z_{k1}+Z_{k0}}$ 两相接地短路时短路电流为 $I_{KA}^{(1,1)}=\dfrac{3U_{KA}}{X_1+X_2//X_0}$， 零序电流为 $I_{k0}^{(1,1)}=\dfrac{U_k}{Z_{k1}+2Z_{k0}}$，三相短路时短路电流为 $I_{KA}^{(3)}=\dfrac{U_{KA}}{X_1}$，所以正序综合阻抗大于零序阻抗时三相短路电流小于单相接地短路电流，单相短路零序电流小于两相接地短路零序电流。

2. 小接地电流系统单相接地时， 故障相对地电压为零， 非故障相对地电压升至<u>线电压</u>， 零序电压大小等于<u>相电压</u>。

【解析】 故障相对地电压为零，非故障相对地电压升至线电压，零序电压大小等于相电压。

3. 电网中的工频过电压一般是由<u>线路空载</u>、 接地故障和甩负荷等引起。

【解析】 线路空载时， 由于线路对地电容效应， 造成线路末端过电压。

4. 大接地电流系统中发生接地故障时， 故障点零序电压最高， 变压器中性点接地处零序电压为零； 系统电源处正序电压<u>最高</u>， 越靠近故障点， 正序电压数值<u>越小</u>。

【解析】 大电流接地系统发生接地故障时，故障电压如图 2-13 所示。

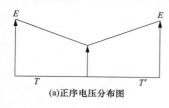 

图 2-13 正序、负序、零序电压分布图

5. 故障点综合零序阻抗大于正序阻抗时， <u>三相</u>短路电流值居于各类短路电流之首；反之为<u>单相</u>短路电流值居首。

【解析】 计算电抗：单相接地 $X_{(1)}=X_1+X_2+X_0$，两相接地 $X_{(1,1)}=X_1+\dfrac{X_2 X_0}{X_2+X_0}$两相接短路，$X_{(2)}=X_1+X_2$，三相接短路，$X_{(3)}=X_1$。

综上， 故障点综合零序阻抗大于正序阻抗时，三相短路电流值居于各类短路电流之首；反之为单相短路电流值居首。

6. 在故障点零序综合阻抗<u>小于</u>正序综合阻抗时， 单相接地故障电流大于三相短路电流。 在故障点零序综合阻抗小于正序综合阻抗时， 两相接地故障电流的零序电流大于单相接地故障的零序电流。

【解析】 一般情况下，静止设备的正序阻抗等于负序阻抗，单相接地时短路电流为

$I_{KA}^{(1)} = \dfrac{3U_{KA}}{X_1 + X_2 + X_0} = \dfrac{3U_{KA}}{2X_1 + X_0}$，零序电流为 $I_{k0}^{(1)} = \dfrac{U_k}{2Z_{k1} + Z_{k0}}$；两相接地短路时短路电流为

$I_{KA}^{(1,1)} = \dfrac{3U_{KA}}{X_1 + X_2 // X_0}$，零序电流为 $I_{k0}^{(1,1)} = \dfrac{U_k}{Z_{k1} + 2Z_{k0}}$；三相短路时短路电流为 $I_{KA}^{(3)} = \dfrac{U_{KA}}{X_1}$，所以正序综合阻抗大于零序阻抗时，三相短路电流小于单相接地短路电流，单相短路零序电流小于两相接地短路零序电流。

7. 当故障点综合零序阻抗大于综合正序阻抗时，单相接地故障零序电流<u>大于</u>两相短路接地故障零序电流。当零序阻抗<u>小于</u>正序阻抗时，则反之。

【解析】 单相接地时零序电流为 $I_{k0}^{(1)} = \dfrac{U_k}{2Z_{k1} + Z_{k0}}$，两相接地短路时零序电流为

$I_{k0}^{(1,1)} = \dfrac{U_k}{Z_{k1} + 2Z_{k0}}$。

8. 正序电压是越靠近故障点数值越小，负序电压和零序电压是越接近故障点数值越大。

9. 小接地电流系统发生单相接地时，故障线路的零序电流为<u>非故障线路电容电流之和，但不包括故障线路本身</u>，其电容性无功功率的方向为由线路流向母线。非故障线路的零序电流为<u>本线路电容电流之和</u>，电容性无功功率方向为由母线流向线路，故障点的零序电流为<u>系统总接地电容电流</u>。

【解析】 小接地电流系统发生单相接地时，故障相的电容电流通过接地点构成环流，非故障相的电容电流通过故障点与大地构成回路，非故障线路的零序电流为本线路电容电流之和。非故障相的零序电流流过本线路，故障线路的零序电流为环流，流过故障点，所以故障线路的零序电流为非故障线路电容电流之和，故障点的零序电流为系统总接地电容电流。

10. 设正、负、零序网在故障端口的综合阻抗分别是 X_1、X_2、X_0，简单故障时的正序电流计算公式中 $I_1 = \dfrac{E}{X_1 + \Delta Z}$ 的附加阻抗 ΔZ 为：当三相短路时为<u>0</u>，当单相接地时为 <u>$X_2 + X_0$</u>，当两相短路时为 <u>X_2</u>，两相短路接地为 <u>$X_2 // X_0$</u>。

【解析】 如图 2-14 所示。

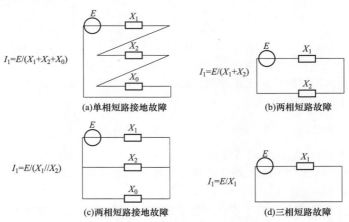

$I_1 = E/(X_1 + X_2 + X_0)$ (a)单相短路接地故障

$I_1 = E/(X_1 + X_2)$ (b)两相短路故障

$I_1 = E/(X_1 // X_2)$ (c)两相短路接地故障

$I_1 = E/X_1$ (d)三相短路故障

图 2-14　不同故障类型序网图

11. 从一保护安装处看，母线向线路送有功 10MW，受无功 10Mvar，那么本线路电压超前电流的角度为<u>45°</u>。

【解析】　送有功，受无功，有功和无功数值相等，则电流超前电压 45°。

12. 如果电力系统各元件的正序阻抗等于负序阻抗，且各元件的阻抗角相等，当线路发生单相接地短路时，流过保护的两个非故障相电流与故障相电流同相位的条件是：零序电流分配系数<u>大于正（负）序电流分配系数</u>。

【解析】　一相接地时，故障点的零序电流等于正（负）序电流，流过元件的电流与分配系数成正比。零序电流分配系数大于正（负）序电流分配系数，非故障相正序与负序合成电流与零序反向且小于零序电流，合成电流与零序同向，故障相电流与零序同向，此时流过保护的两个非故障相电流与故障相电流同相位。

13. 两相经过渡电阻接地时，相间测量阻抗<u>无</u>附加测量阻抗，两故障相测量阻抗<u>存在</u>测量阻抗。

【解析】　继电保护教材中线路两相经过渡电阻接地时，相间测量阻抗无附加测量阻抗，两故障相存在测量阻抗。

14. 在线路空载运行过程中两相经过渡电阻接地时，超前相附加测量阻抗呈现<u>阻容性</u>，滞后相附加测量阻抗呈现<u>阻感性</u>。

【解析】　继电保护教材中线路空载运行时两相经过渡电阻接地，超前相附加测量阻抗呈现阻容性；滞后相附加测量阻抗呈感性。

15. 在线路正常运行过程中两相经过渡电阻接地时，在电源保护安装处超前相附加测量阻抗容性程度<u>增加</u>，受电端滞后相附加测量阻抗感性程度<u>增大</u>。

【解析】　继电保护教材中线路正常运行时，两相经过渡电阻接地，在电源保护安装处超前相附加测量阻抗容性增加；受电端滞后相附加测量阻抗感性程度增大。

16. 一个负序电流滤过器，A、B、C 为电流输入端子，N 为零线端子，若 AN 间通入 12A 的正弦波形电流，要使该滤波器有同样大小的输出，则 A、B 间需通入的正弦波形电流为<u>6.93A</u>。

【解析】　因为 $\frac{I_\varphi}{3}=\frac{I_{\varphi\varphi}}{\sqrt{3}}$，所以 $I_{\varphi\varphi}=\frac{\sqrt{3}}{3}I_\varphi=\frac{\sqrt{3}}{3}\times 12=6.93$（A）。

17. 负序电流继电器在现场可用模拟两相短路来整定，若负序电流定值为 1A，则此时继电器的动作电流应为<u>$\frac{1}{\sqrt{3}}$</u>A。

【解析】　以 BC 两相短路为例 $I_{KA2}^{(2)}=\frac{1}{3}\left[I_{KA}^{(2)}+\alpha^2 I_{KB}^{(2)}+\alpha I_{KC}^{(2)}\right]=-\mathrm{j}\frac{I_{KB}^{(2)}}{\sqrt{3}}$；负序电流是短路电流的 $\frac{1}{\sqrt{3}}$，当负序电流定值为 1A 时，继电器负序动作电流为 $\frac{1}{\sqrt{3}}$A。

18. 负序电流继电器往往用模拟单相短路来整定，即单相接地短路时的负序电流分量为短路的<u>$\frac{1}{3}$</u>倍。

【解析】　以 A 相短路接地为例，$I_{KA1}^{(1)}+I_{KA2}^{(1)}+I_{KA0}^{(1)}=I_{KA}^{(1)}$；$I_{KA1}^{(1)}=I_{KA2}^{(1)}=I_{KA0}^{(1)}=\frac{1}{3}I_{KA}^{(1)}$ 负序电流是短路电流的 $\frac{1}{3}$。

五、 简答题

1. 什么是标幺值?

【解析】 标幺值无量纲,是以基准值为基数的相对值来表示的量值。

2. 我们在变压器铭牌上经常看到一个参数叫做短路电压百分比 $U_K\%$, 请问 $U_K\%$ 的含义是什么? 知道 $U_K\%$ 后, 我们能否知道短路电抗标幺值?

【解析】:$U_K\%$ 的含义是变压器短路电流等于额定电流时产生的相电压降与额定相电压之比的百分值。$U_K\%$ 除以 100 后乘以基准容量与变压器额定容量的比值,便可得到该变压器短路电抗标幺值。

3. 小接地电流系统当发生一相接地时, 其他两相的电压数值和相位发生什么变化?

【解析】 其他两相电压幅值升高 $\sqrt{3}$ 倍,超前相电压再向超前相移 $30°$,而落后相电压再向落后相移 $30°$。

4. 小接地电流系统中, 故障线路的零序电流、 零序电压的相位关系如何? 非故障线路呢?

【解析】 故障线路的零序电流滞后零序电压 $90°$,非故障线路的零序电流超前零序电压 $90°$。

5. 当中性点不接地电力网中发生单相接地故障时, 故障线路与非故障线路零序电流的大小有何特点?

【解析】 非故障线路流过的零序电流为本线路的对地电容电流,故障线路流过的零序电流为所有非故障线路对地电容电流之和。

6. 请简述发生不对称短路故障时, 负序电压、 零序电压大小与故障点位置的关系。

【解析】 负序电压和零序电压越靠近故障点数值越大。

7. 大接地电流系统发生接地故障时, 三相短路电流是否一定大于单相短路电流? 为什么?

【解析】 不一定。当故障点零序综合阻抗 $(Z_{0\Sigma})$ 小于正序综合阻抗 $(Z_{1\Sigma})$ 时,单相接地故障电流大于三相短路电流。

8. 电力系统常见的短路故障有哪些?

【解析】 单相接地故障、二相短路故障、二相短路接地故障、三相短路故障,其中三相短路故障为对称故障,其他是不对称故障。

9. 试分析小接地电流系统单相接地的特征。

【解析】 (1) 非故障线路 $3I_0$ 的大小等于本线路的接地电容电流,故障线路 $3I_0$ 的大小等于所有故障线路的 $3I_0$ 之和,也就是所有非故障线路的接地电容电流之和。

(2) 非故障线路的零序电流超前零序电压 $90°$,故障线路的零序电流滞后零序电压 $90°$。故障线路的零序电流与非故障线路的零序电流相位相差 $180°$。

(3) 接地故障处的电流大小等于所有线路(包括故障线路和非故障线路)接地电容电流的总和,并超前零序电压 $90°$。

10. 当小接地电流系统发生单相接地时, 为什么可继续运行 1~2h(小时)?

【解析】 小接地电流系统单相接地时故障电流为该系统对地容性电流之和,故障电流很小,而且三相之间的线电压仍然对称,对负荷的供电没有影响,因此在一般情况下允许继续运行 1~2h,不必立即跳闸,这也是采用中性点非直接接地运行的主要优点。但在单相接地以后，其他两相对地电压升高√3倍，为了防止故障进一步扩大成两点接地短路或母线设备绝缘能力不足导致烧毁，应及时发出接地信息，运维人员依据小电流接地选线装置选线信息尽快拉路隔离，检查接地原因。

11. 在大接地电流系统之中，什么条件下，故障点单相接地故障零序电流大于两相接地故障零序电流？

【解析】 故障点综合零序阻抗 Z_{K0} 大于综合正序阻抗 Z_{K1}。

12. 大接地电流系统中，在线路任何地方的单相接地故障时，短路点的 I_1、I_2、I_0 大小相等、相位相同，那么一条线路两端保护安装处的 I_1、I_2、I_0 是否也一定大小相等、相位相同呢？为什么？

【解析】 不一定。因为各序电流是按各序网络的分配系数进行分配的，如各序网络的分配系数不同，大小也就不同，如果各序网络的阻抗角不同，其相位也不会相同。

13. 大接地电流系统接地短路时，零序电压的分布有什么特点？

【解析】 故障点的零序电压最高，变压器中性点接地处的零序电压为零。

14. 发生接地故障时，电力系统中的零序电压（电流）与相电压（电流）是什么关系？

【解析】 当电力系统发生单相及两相接地短路时，系统中任一点的三倍零序电压（或电流）都等于该处三相电压（或电流）的相量和，即 $3U_0=U_A+U_B+U_C$；$3I_0=I_A+I_B+I_C$。

15. 有一中性点接地系统中某点 C 相断线故障的边界条件是什么？

【解析】 C 相断线故障的边界条件为 $\Delta U_{KA}=\Delta U_{KB}=0$，$I_{KC}=0$。

16. 小接地电流系统发生单相接地故障时其电流、电压有何特点？

【解析】 （1）电压。在接地故障点，故障相对地电压为零，非故障相对地电压升高至线电压，零序电压大小等于相电压。

（2）电流。非故障线路 $3I_0$ 值等于本线路电容电流，故障线路 $3I_0$ 等于所有非故障线路电容电流之和，接地故障点的 $3I_0$ 等于全系统电容电流之总和。

（3）相位。接地故障点的 $3I_0$ 超前于零序电压 90°。

17. 某一 110kV 运行线路 A 相发生单相接地故障，在其接地过程中 $K_A^{(1)}$ 边界条件是什么？

【解析】 单相接地故障的边界条件为 $I_b=0$，$I_c=0$，$U_a=0$。

18. 某一 220kV 运行线路 BC 两相发生相间短路故障，在其接地过程中 $K_{BC}^{(2)}$ 边界条件是什么？

【解析】 相间短路故障的边界条件为 $I_b=-I_c$，$I_a=0$，$U_b=U_c$。

19. 某一运行系统 BC 两相发生相间短路接地故障，在其接地过程中 $K_{BC}^{(1,1)}$ 边界条件是什么？

【解析】 $I_a=0$，$U_b=U_c=0$。

20. 什么叫对称分量法？

【解析】 由于三相电气量系统是同频率按 120° 电角度布置的对称旋转矢量，当发生不对称时，可以将一组不对称的三相系统分解为三组对称的正序、负序、零序三相系统；反之，将三组对称的正序、负序、零序三相系统也可合成一组不对称三相系统。

21. 一般短路电流计算采用哪些假设条件？

【解析】 （1）忽略发电机、调相机、变压器、架空线路、电缆线路等阻抗参数的电阻部分，并假定旋转电机的负序电抗等于正序电抗。66kV 及以下的架空线路和电缆，当

电阻和电抗之比 $R/X > 0.3$ 时，宜采用阻抗值 $Z = \sqrt{R^2 + X^2}$。

（2）发电机及调相机的正序电抗可采用 $t = 0$ 时的瞬时值（X''_{d} 的饱和值）。

（3）发电机电动势标幺值可假定等于 1 且两侧发电机电动势相位一致。只有计算线路非全相运行电流和全相振荡电流时，才考虑线路两侧电动机综合电动势间有一定的相位差。

（4）不考虑短路电流的衰减。对机端电压励磁的发电机出口附近故障，应从动作时间上满足保护可靠动作的要求。

（5）各级电压可采用标称电压值或平均电压值，而不考虑变压器分接头实际位置的变动。

（6）不计线路电容和负荷电流的影响。

（7）不计故障点的相间电阻和接地电阻。

（8）不计短路暂态电流中的非周期分量，但具体整定时间应考虑其影响。对有针对性的专题分析（如事故分析）和某些装置的特殊需要的计算，可根据需要采用某些更符合实际情况的参数和数据。

22. 当大接地电流系统的线路正方向发生非对称接地短路时，可把短路点的电压和电流分解为正、负、零序分量，请问在保护安装处的正序电压、负序电压和零序电压各是多少？

【解析】 正序电压为保护安装处到短路点的阻抗正序压降与短路点的正序电压之和，即正序电流乘以从保护安装处到短路点的正序阻抗加上短路点的正序电压。负序电压为负的负序电流乘以保护安装处母线背后的综合负序阻抗。零序电压为负的零序电流乘以保护安装处母线背后的综合零序阻抗。

23. 现场试验可采用模拟相间短路，即在 A 相与 BC 相间加单相电压模拟相间短路来试验负序电压继电器的动作电压值，分析试验电压值与整定值的关系（提示：负序继电器动作电压为负序相间电压）。

【解析】 设试验电压为 U_{T}，由于施加在 A 相输入端与 BC 相输入端之间，所以

$$U_{\mathrm{AB}} = U_{\mathrm{CA}} = U_{\mathrm{T}} \quad U_{\mathrm{BC}} = 0$$

于是

$$U_{2\varphi\varphi} = \frac{1}{3}(U_{\mathrm{AB}} + \alpha^2 U_{\mathrm{BC}} + \alpha U_{\mathrm{CA}}) = \frac{1}{3}U_{\mathrm{T}}(1-\alpha) = \frac{1}{\sqrt{3}}U_{\mathrm{T}}$$

$$U_{2\phi} = \frac{1}{\sqrt{3}}U_{2\phi\phi} = \frac{1}{3}U_{\mathrm{T}}$$

根据上述分析可知：如果将负序继电器的 BC 相输入端短接，在其 A 相输入端与 BC 相输入端之间加入试验电压 U_{T}，则继电器感受的负序电压为 $\frac{1}{3}U_{\mathrm{T}}$；换言之，当负序电压继电器的动作电压整定值为 A 时，使继电器临界动作的外加试验电压 U_{T}，应为 $\frac{A}{\sqrt{3}}$。

24. 线路零序电抗为什么大于线路正序电抗或负序电抗？

【解析】 线路的各序电抗都是线路某一相自感电抗 X_{L} 和其他两相对应相序电流所产生互感电抗 X_{M} 的相量和。对于正序或负序分量而言，因三相幅值相等，相位角互为 $120°$，任意两相电流正（负）序分量的相量和均与第三相正（负）序分量的大小相等、方向相反，故对于线路的正负序电抗有 $X_1 = X_2 = X_{\mathrm{L}} - X_{\mathrm{M}}$。而由于零序分量三相同向，零

序自感电动势和互感电动势相位相同，故线路的零序电抗 $X_0=X_L+2X_M$，因此线路的零序电抗 X_0 大于线路正序电抗 X_1 或负序电抗 X_2。

25. 发生接地故障时，零序电流与零序电压的相位关系是怎样的？

【解析】　正方向接地故障时，$3\dot{U}_0=-3\dot{I}_0Z_{M0}$，$Z_{M0}$ 主要取决于背后中性点接地变压器的零序阻抗，阻抗角约在 $85°$ 以上。零序电压滞后零序电流约 $95°$。

反方向接地故障时，$3\dot{U}_0=3\dot{I}_0(Z_{N0}+Z_{L0})$，$Z_{N0}+Z_{L0}$ 主要取决于线路阻抗，其阻抗角约为 $80°$，故零序电压超前零序电流 $80°$ 左右。

26. 变压器的零序阻抗与什么有关？

【解析】　继电保护教材中变压器的零序阻抗与绕组的连接方式、变压器中性点的接地方式及磁路结构等有关。

27. 在大接地电流系统中，为什么要保持变压器中性点接地的稳定性？

【解析】　接地故障时零序电流的分布取决于零序网络的状况，保持变压器中性点接地的稳定性，也就保证了零序等值网络的稳定，对零序方向电流保护的整定非常有利。

28. 线路零序电抗为什么大于线路正序电抗或负序电抗？

【解析】　①线路正序电抗和负序电抗都是线路一相自感电抗和其他两相正序、负序电流所产生的互感电抗之间相量和；②由于三相电流对称，任何两相的电流相量和与第三相相量相反，故综合互感电动势和自感电动势相反，因此 $X_1=X_2$，零序分量是三相同向，故自感电动势和互感电动势相量相同，这样就显得零序电抗大。故 X_0 大于 X_1（X_2）。

29. 中性点接地系统非全相运行对电网、设备及人身将造成怎样的危害？

【解析】　（1）对电网的危害。

1）零序电压形成的中性点位移使各相对地电压升高，容易造成绝缘击穿事故。

2）零序电流在电网内产生电磁干扰，威胁通信线路安全。

3）电网之间连接阻抗增大，造成异步运行。

4）负序和零序电流可能引起电网内零序、非全相等保护误动。

（2）对设备的危害。

1）引起发电机定、转子发热，机组振动增大，可能出现过电压。

2）在变压器内部产生附加损耗，引起局部过热，降低变压器的使用效率。

（3）对人身的危害。

1）零序电流长期通过大地，接地装置的电位升高，跨步电压与接触电压也升高，对运行人员的安全构成一定的威胁；

2）零序电流可能在沿输电线平行架设的通信线路中产生危险的对地电压，危及人员生命安全。

30. 试分析比较负序、零序分量和工频变化量这两类故障分量的异同及在构成保护时应特别注意的地方。

【解析】　（1）零序和负序分量及工频变化量都是故障分量，正常时为零，仅在故障时出现，它们仅由施加于故障点的一个电动势产生。

（2）但它们是两种类型的故障分量。零序、负序分量是稳定的故障分量，不对称故障存在，负序分量就存在；当不对称故障发生接地，零序电流就存在，它们只能保护不对称故障。

（3）工频变化量是短暂的故障分量，只能短时存在，但在不对称、对称故障开始时都存在，可保护各类故障，尤其是它不反应负荷和振荡，是其他反应对称故障量保护无法比拟的。

（4）由它们各自特点决定。由零序、负序分量构成的保护既可实现快速保护，也可实现延时的后备保护；工频变化量保护一般只能作为瞬时动作的主保护，不能作为延时的保护。

31. 电压互感器在运行电网中产生铁磁谐振的原因及危害是什么？

【解析】 电磁式电压互感器的唯一缺陷是铁磁谐振。在电网的所有元件中，入端阻抗为容抗（X_C）的有：输电线对地、耦合电容、少油断路器断口的并联电容及电容式电压互感器。入端阻抗为电抗（感抗 X_L）的有：电磁式电压互感器和变压器及电抗器。当电网正常操作（断路器投切）出现的操作过电压或大气过电压时，电网会因容抗与感抗相等会在某些元件中产生铁磁谐振而烧毁。分析电网中呈现感抗的元件可见：变压器和电抗器在工作电压及过电压时其产品处于铁芯饱和状态，产品的入端阻抗值在出现过电压过程中是基本不变的，因此它不可能与电网中的容抗相等。而电磁式电压互感器的工作磁通密度在拐点以下，当电网出现过电压过程中，电磁式电压互感器的入端阻抗随之变化，可能会与电网的容抗值相等发生铁磁谐振烧毁电磁式电压互感器。因此电磁式电压互感器必须应解决或避免铁磁谐振问题，才能安全运行。

32. 什么是计算电力系统故障的叠加原理？

【解析】 在假定是线性网络的前提下，将电力系统故障状态分为故障前的负荷状态和故障引起的附加状态分别求解，然后将这两个状态叠加起来，就得到故障状态。

33. 为什么说在单相接地短路故障时，零序电流保护比三相星形接线的过电流保护灵敏度高？

【解析】 系统正常运行及发生相间短路时，不会出零序电流，因此零序电流保护整定时不需考虑负荷电流，可整定的较低；而过电流保护整定时必须考虑负荷电流。

34. 根据录波图怎样简单判别系统接地故障？

【解析】（1）配合观察相电压、相电流及零序电流、零序电压的波形变化来综合分析。

（2）零序电流、零序电压与某相电流骤升，R 同名相电压下降，则可能是该相发生单相接地故障。

（3）零序电流、零序电压出现时，某两相电流骤增且同名相电压减小，则可能发生两相接地故障。

35. 大接地电流系统中，在线路任何地方的单相接地故障时，短路点的 I_1、I_2、I_0 大小相等、相位相同，那么一条线路两端保护安装处的 I_1、I_2、I_0 是否也一定大小相等、相位相同呢？为什么？

【解析】 不确定。因为各序电流是按各序网络的分配系数进行分配的，如各序网络的分配系数不同，大小也就不同，如果各序网络的阻抗角不同，其相位也不会相同。

36. 大接地电流系统中，在线路任何地方的单相接地故障时，短路点的正序、负序、零序电流大小相等、相位相同，那么一条线路两端保护安装处的正序、负序、零序电

流是否也一定大小相等、相位相同呢？为什么？

【解析】 不确定。因为各序电流是按各序网络的分配系数进行分配的，如各序网络的分配系数不同，大小也就不同，如果各序网络的阻抗角不同，其相位也不会相同。

六、分析题

1. 画出线路出口 A 相单相接地时，零序电压和零序电流的向量图。

【解析】 $I_A = I_K$ $I_B = I_C = 0$ $3I_0 = I_A + I_B + I_C = I_A$

$U_A = 0$，$3U_0 = U_A + U_B + U_C = U_B + U_C = -U_A$

A 相接地零序电压、电流相量图如图 2-15 所示。

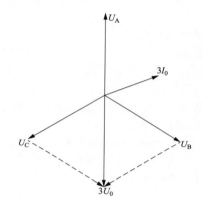

图 2-15 A 相接地零序电压、电流相量图

2. 如图 2-16 所示，系统在 k 点两相短路时，请绘出正、负序电压的分布图。

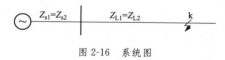

图 2-16 系统图

【解析】 正序和负序电压分布图如图 2-17 所示。

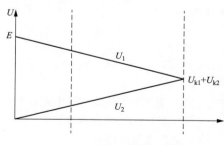

图 2-17 正序和负序电压分布图

3. 请绘出中性点接地系统 BC 两相短路时的 A 相等值复合序网图，BC 两相短路时 B 相电流的相量图。

【解析】 A 相等值复合序网图及 B 相电流相量图如图 2-18 所示。

其中 a 是 B 相正序电流、c 是 B 相负序电流。

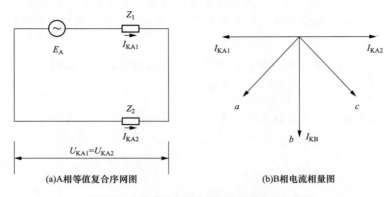

(a)A相等值复合序网图　　　　　　(b)B相电流相量图

图 2-18　A 相等值复合序网图及 B 相电流相量图

4. 在大电流接地系统中发生 BC 两相接地短路故障，写出此时故障点的边界条件，并画出此时故障点的电压、电流向量图。

【解析】　大电流系统发生 BC 两相接地短路时故障点的边界条件为

$$I_{kA} = 0 \quad U_{kB} = U_{kC} = 0$$

此时故障点的电流、电压相量如图 2-19 所示。

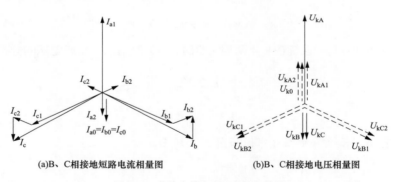

(a)B、C相接地短路电流相量图　　　(b)B、C相接地电压相量图

图 2-19　故障点的电流、电压相量图

由相量图可知，A 相电流为零，B、C 相电流增大；A 相电压增大，B、C 相电压为零。

5. 在大电流接地系统中，两个区域电网的联络线发生 A 相断线故障。请用序分量表示出此故障点的边界条件，并画出 A 相复合序网图。

【解析】　A 相断线故障的序分量边界条件为

$$I_{A1}^{(1,1)} + I_{A2}^{(1,1)} + I_{A0}^{(1,1)} = 0$$

$$\Delta U_{A1}^{(1,1)} = \Delta U_{A2}^{(1,1)} = \Delta U_{A0}^{(1,1)} = \frac{1}{3} \Delta U_{A}^{(1,1)}$$

此时 A 相复合序网图如图 2-20 所示。

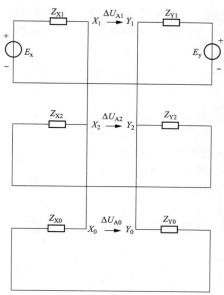

图 2-20　A 相复合序网图

6. 一条两侧均有电源的 220kV 线路 k 点 A 相单相接地短路，两侧电源、线路阻抗的标幺值如图 2-21 所示，设正、负序电抗相等。绘出在 k 点 A 相接地短路时，包括两侧的复合序网图。

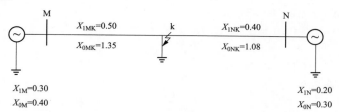

图 2-21　系统图

【解析】

复合序网图如图 2-22 所示。

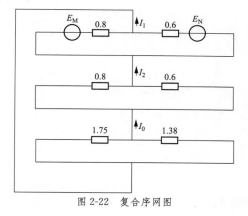

图 2-22　复合序网图

7. 如图 2-23 所示系统图，220kV 线路 k 点发生 A 相单相接地短路。电源、线路阻抗标幺值已注明在图 2-23 中，设正、负序电抗相等，基准电压为 230kV，基准容量为 1000MVA。

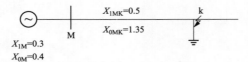

图 2-23 系统图

（1）绘出 k 点 A 相接地短路时复合序网图。

（2）计算出短路点的全电流（有名值）。

【解析】（1）复合序网图如图 2-24。

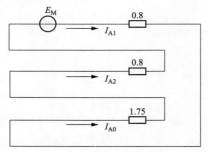

图 2-24 复合序网图

（2）$X_{1\Sigma} = X_{1M} + X_{1MK} = 0.3 + 0.5 = 0.8$ $X_{1\Sigma} = X_{2\Sigma} = 0.8$

$X_{0\Sigma} = X_{0M} + X_{0MK} = 0.4 + 1.35 = 1.75$

基准电流为 $I_j = \dfrac{S_j}{\sqrt{3}U_j} = \dfrac{1000}{\sqrt{3} \times 230} = 2.51$（kA）

短路点的全电流为

$$I_A = I_{A1} + I_{A2} + I_{A0} = 3 \times \frac{I_j}{2X_{1\Sigma} + X_{0\Sigma}} = 3 \times \frac{2.51}{2 \times 0.8 + 1.75} = 2.25(\text{kA})$$

8. 系统图如图 2-25 所示。

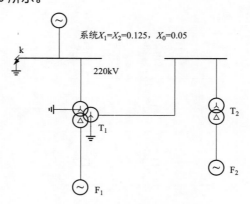

图 2-25 系统图

F_1 和 F_2 的 $S_e = 200$MVA，$U_e = 10.5$kV，$X''_d = 0.2$。

T_1 的接线 YNynd11， S_e＝200MVA， U_e＝230kV/115kV/10.5kV。

$U_{k高-中}$ % ＝15%， $U_{k高-低}$ % ＝5%， $U_{k低-中}$ % ＝10% （均为全容量下）。

T_2： 接线 yd11， S_e＝100MVA， U_e＝115kV/10.5kV， U_k % ＝10%。

基准容量： S_j＝100MVA， 基准电压 230、 115、 10.5kV。

假设： ①发电机、 变压器 $X_1 = X_2 = X_0$； ②不计发电机、 变压器电阻值。

求： ①计算出图中各元件的标幺阻抗值； ②画出在 220kV 母线处 A 相接地短路时，包括两侧的复合序网图； ③计算出短路点的全电流 （有名值）； ④计算出流经 F_1 的负序电流 （有名值）。

【解析】 （1）计算各元件标幺阻抗。

F_1、 F_2 的标幺值为 $X_F'' = X_d'' \dfrac{S_j}{S_e} = 0.2 \times \dfrac{100}{200} = 0.1$

T_1 的标幺值为

$$X_{\text{I}*} = \frac{U_{kI}\%}{100} \times \frac{100}{200} = \frac{1}{2}(0.15 + 0.05 - 0.1) \times \frac{1}{200} = 0.025$$

$$X_{\text{II}*} = \frac{U_{kII}\%}{100} \times \frac{100}{200} = \frac{1}{2}(0.15 + 0.1 - 0.05) \times \frac{1}{200} = 0.05$$

$$X_{\text{III}*} = \frac{U_{kIII}\%}{100} \times \frac{100}{200} = \frac{1}{2}(0.1 + 0.05 - 0.15) \times \frac{1}{200} = 0$$

T_2 的标幺值为 $X_{T*} = \dfrac{U_k\%}{100} \times \dfrac{S_j}{S_e} = \dfrac{10}{100} \times \dfrac{100}{100} = 0.1$

（2）220kV 母线 A 相接地短路包括两侧的复合序网，如图 2-26 所示。

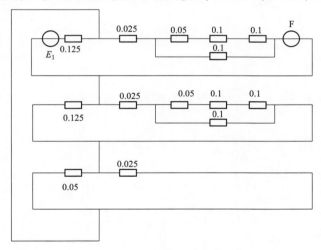

图 2-26 复合序网图

（3）220kV 母线 A 相接地故障，故障点总的故障电流为

$$X_{1\Sigma*} = 0.125 /\!/ [0.1/(0.05 + 0.1 + 0.1) + 0.025] = 0.0544$$

$$X_{1\Sigma*} = X_{2\Sigma*}；X_{0\Sigma*} = 0.05 /\!/ 0.025 = 0.0617$$

220kV 电流基准值为 $I_{B1} = \dfrac{S_B}{\sqrt{3}U_B} = \dfrac{100 \times 1000}{\sqrt{3} \times 230} = 251$ （A）

10.5kV 电流基准值为 $I_{B2} = \dfrac{S_B}{\sqrt{3}U_B} = \dfrac{100 \times 1000}{\sqrt{3} \times 10.5} = 5499$ （A）

故障点总的故障电流为 $I_k = \dfrac{3I_{B1}}{X_{\Sigma *}} = \dfrac{3 \times 251}{2 \times 0.054 + 0.0167} = 6002$ （A）

（4）流过 F_1 的负序电流

故障点总的故障电流为 $I_{k2} = \dfrac{1}{3}I_k = \dfrac{6002}{3} = 2000.7$ （A）

折算到 10.5kV 侧负序电流为 $I_2 = I_{k2}\dfrac{I_{B2}}{I_{B1}} = 2000.7 \times \dfrac{5499}{251} = 43831$ （A）

流过 F_1 的负序电流为

$$I_{F2} = I_2 \times \dfrac{0.125}{0.125 + 0.025 + \dfrac{0.1 \times (0.1+0.1+0.05)}{0.1+0.1+0.1+0.05}} \times \dfrac{0.1+0.1+0.05}{0.1+0.1+0.1+0.05}$$

$$= 43831 \times 0.403 = 17673 \text{(A)}$$

9. 单侧电源线路图如图 2-27 所示。 在线路上 k 点发生 BC 两相短路接地故障， 变压器 T 为 YNd11 接线组别， 中性点直接接地运行。

（1）求 k 点三相电压和故障支路的电流。

（2）求 N 侧母线的三相电压和流经 N 侧保护的各相电流和零序电流。

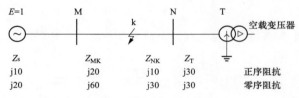

图 2-27 单侧电源线路图

【解析】 （1） k 点三相电压和故障支路的电流。复合序网如图 2-28 所示。

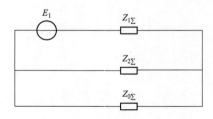

图 2-28 复合序网图

$$Z_{1\Sigma} = Z_{S1} + Z_{MK1} = j10 + j20 = j30$$

$$Z_{2\Sigma} = Z_{S2} + Z_{MK2} = j10 + j20 = j30$$

$$Z_{0\Sigma} = \dfrac{(Z_{S0} + Z_{MK0}) \times (Z_{NK0} + Z_{T0})}{Z_{S0} + Z_{MK0} + Z_{NK0} + Z_{T0}} = \dfrac{(j20 + j60) \times (j30 + j30)}{j20 + j60 + j30 + j30} = j34.3$$

故障点各序电压为

$$\dot{I}_{k1} = \frac{1}{Z_{1\Sigma} + \dfrac{Z_{2\Sigma} Z_{0\Sigma}}{Z_{2\Sigma} + Z_{0\Sigma}}} = \frac{1}{j30 + \dfrac{j30 \times j34.3}{j30 + j34.3}} = \frac{1}{j30 + j16} = -j0.0217$$

$$\dot{U}_{k1} = \dot{U}_{k2} = \dot{U}_{k0} = \dot{I}_{k1} \times \frac{Z_{2\Sigma} Z_{1\Sigma}}{Z_{2\Sigma} + Z_{1\Sigma}} = (-j0.0217) \times j16 = 0.35$$

故障点三相电压为

$$\dot{U}_{kA} = \dot{U}_{k1} + \dot{U}_{k2} + \dot{U}_{k0} = 3 \times 0.35 = 1.05 \quad \dot{U}_{kB} = 0 \quad \dot{U}_{kC} = 0$$

故障支路零序电流为

$$\dot{I}_{k0} = -\dot{I}_{k1} \frac{Z_{2\Sigma}}{Z_{0\Sigma} + Z_{2\Sigma}} = j0.0217 \times \frac{j30}{j30 + j34.3} = j0.01$$

（2）流经 N 侧保护的各相电流和零序电流。因正序和负序网在 N 侧均断开，故只有零序，则

$$\dot{I}_{NA} = \dot{I}_{NB} = \dot{I}_{NC} = \dot{I}_{N0} = \dot{I}_{k0} \frac{Z_{S0} + Z_{MK0}}{Z_{S0} + Z_{MK0} + Z_{T0} + Z_{NK0}} = j0.01 \times \frac{j80}{j80 + j60} = j0.0057$$

$$\dot{U}_{NA} = \dot{U}_{Ak} + \dot{I}_{N0} Z_{Nk0} = 1.05 + (j0.0057 \times j30) = 0.879$$

$$\dot{U}_{NA} = \dot{U}_{NA} == \dot{I}_{N0} Z_{Nk0} = j0.0057 \times j30 = -0.171$$

10. 如图 2-29 所示的系统回路中。

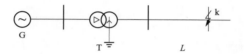

图 2-29　系统回路图

已知：　G：$S_N = 171MVA$，$U_N = 13.8kV$，$X_d\% = 24$。

T：$S_N = 180MVA$，$U_N = 13.8/242kV$，$U_k\% = 14$。

主变压器从 220kV 侧看入的零序阻抗实测值为 38.7Ω/相。

L：$L = 150km$，$X_1 = 0.406\,\Omega/km$，$X_0 = 3X_1$。

求：　（1）k 点发生三相短路时，线路和发电机的短路电流。

（2）k 点发生 A 相接地故障时，线路的短路电流。

【解析】（1）将所有参数统一归算到以 100MVA 为基准的标幺值

$$X_G = \frac{X_d''\%}{100} \times \frac{S_B}{S_N} = \frac{24}{100} \times \frac{100}{171} = 0.14$$

$$X_T = \frac{X_k''\%}{100} \times \frac{S_B}{S_N} \times \left(\frac{U_N}{U_B}\right)^2 = \frac{14}{100} \times \frac{100}{180} \times \left(\frac{242}{220}\right)^2 = 0.094$$

$$X_{0.T} = \frac{38.7}{484} = 0.08$$

$$X_L = X_1 \frac{L}{484} = 0.486 \times \frac{150}{484} = 0.126$$

$$X_{0.L} = 3 \times 0.126 = 0.378$$

（2）k 点三相短路时短路电流标幺值。

220kV 基准电流为 $I_{b1}=263$（A）

13.8kV 侧基准电流为 $I_{B2}=\dfrac{100}{\sqrt{3}\times 13.8}=4.19$（kA）

线路短路电流 I_L 为 $I_L=2.78\times 263=731$（A）

发电机短路电流 I_G 为 $I_G=2.78\times 4190=1165$（A）

（3）k 点 A 相接地故障时，单相接地故障的复合序网如图 2-30 所示。

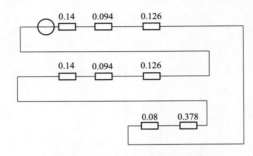

图 2-30 单相接地故障的复合序网图

接地故障电流标幺值为

$$I_a=3I_0=\frac{3E}{X_1+X_2+X_0}=\frac{3}{0.36+0.36+0.458}=2.547$$

则线路故障电流为 $I_a=2.547\times 236=670$（A） $I_b=0$ $I_c=0$

11. 如图 2-31 所示， 在 FF′ 点 A 相断开， 求 A 相断开后， B、 C 相流过的电流并和断相前进行比较。

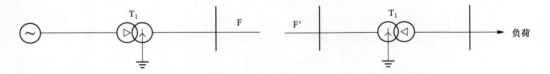

	发电机	T_1	线路	T_2	负荷
X1	0.25	0.2	0.15	0.2	1.2
X2	0.25	0.2	0.15	0.2	0.35
X0		0.2	0.57	0.2	

图 2-31 系统图

设备元件参数已归算到以 $S_b=100MVA$，U_b 为各级电网平均额定电压为基准的标幺值表示 $E_{a1}=j1.43$。

【解析】 （1）A 相断线时的复合序网如图 2-32 所示。

（2）系统各序阻抗为

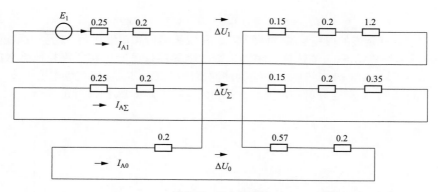

图 2-32　复合序网图

$$X_{1\Sigma} = 0.25 + 0.2 + 0.15 + 0.2 + 1.2 = 2$$
$$X_{2\Sigma} = 0.25 + 0.2 + 0.15 + 0.2 + 0.35 = 1.15$$
$$X_{0\Sigma} = 0.2 + 0.57 + 0.2 = 0.97$$

（3）断线相 A 相各序电流为

$$\dot{I}_{A1} = \frac{\dot{E}_{a1}}{j(X_{1\Sigma} + X_{2\Sigma}//X_{0\Sigma})} = \frac{j1.43}{j(2 + 1.15//0.97)} = 0.565$$

$$\dot{I}_{A2} = -\dot{I}_{A1}\frac{X_{0\Sigma}}{X_{2\Sigma} + X_{0\Sigma}} = -0.565 \times \frac{0.97}{1.15 + 0.97} = -0.258$$

$$\dot{I}_{A0} = -\dot{I}_{A1}\frac{X_{2\Sigma}}{X_{2\Sigma} + X_{0\Sigma}} = -0.565 \times \frac{1.15}{1.15 + 0.97} = -0.307$$

（4）非故障相电流为

$$\dot{I}_{B} = \alpha^2\dot{I}_{A1} + \alpha\dot{I}_{A2} + \dot{I}_{A0} = 0.85\angle 237°$$

$$\dot{I}_{C} = \alpha\dot{I}_{A1} + \alpha^2\dot{I}_{A2} + \dot{I}_{A0} = 0.85\angle 123°$$

（5）故障前各相电流为

$$\dot{I}_{A} = \dot{I}_{B} = \dot{I}_{C} = \frac{\dot{E}_{a1}}{X_{1\Sigma}} = \frac{j1.43}{j2} = 0.715$$

12. 设电流互感器变比为 200/1，微机故障录波器预先整定好正弦电流波形基准值（峰值）为 1.0A／mm。在一次线路接地故障中录得电流正半波为 17mm，负半波为 3mm，试计算其一次值的直流分量、交流分量及全波的有效值。

【解析】已知电流波形基准峰值为 1.0A/mm，则有效值基准值为 $\frac{1}{\sqrt{2}}$A/mm。

直流分量为

$$I_- = \frac{17 - 3}{2} \times 1.0 \times \frac{200}{1} = 7 \times 200 = 1400(\text{A})$$

交流分量为

$$I_\sim = \frac{17 + 3}{2} \times 1.0 \times \frac{1}{\sqrt{2}} \times \frac{200}{1} = \frac{10}{\sqrt{2}} \times 200 = 1414(\text{A})$$

全波有效值为

$$I = \sqrt{I_\sim^2 + I_\sim^2} = \sqrt{1400^2 + 1414^2} = 1990(\text{A})$$

13. 对于同杆架设的具有互感的两回路，在双线运行和单线运行（另一回线两端接地）的不同运行方式下，试计算在线路末端故障零序等值电抗和零序补偿系数的计算值。设 $X_{01} = 3X_1$，$X_{0M} = 0.6X_{01}$（X_{01} 为线路零序电抗，X_{0M} 线路互感电抗）。

【解析】（1）双线运行时一次系统示意图及等值电路如图 2-33 所示。

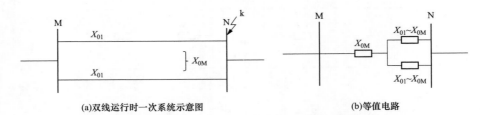

(a)双线运行时一次系统示意图　　　　(b)等值电路

图 2-33　双线运行时一次系统示意图及等值电路图

双线运行时零序等值电抗为

$$X_0 = X_{0M} + \frac{1}{2}(X_{01} - X_{0M}) = 0.6X_{01} + \frac{1}{2} \times 0.4X_{01} = 0.8X_{01} = 2.4X_1$$

零序补偿系数为 $K = \dfrac{X_0 - X_1}{3X_1} = 0.47$

（2）单回线运行另一回线两端接地时一次系统示意图及等值电路如图 2-34 所示单回线运行另一回线两端接地时零序等值电抗为：

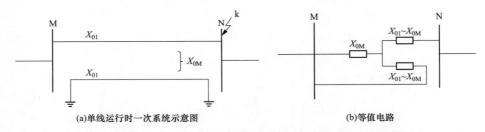

(a)单线运行时一次系统示意图　　　　(b)等值电路

图 2-34　单回线运行另一回线两端接地时一次系统示意图及等值电路图

$$X_0 = \frac{X_{0M}(X_{01} - X_{0M})}{X_{0M} + (X_{01} + X_{0M})} + (X_{01} - X_{0M}) = X_{01} - \frac{X_{0M}^2}{X_{01}}$$

$$= X_{01} - \frac{(0.6X_{01})^2}{X_{01}} = 0.64X_{01} = 1.92X_1$$

零序补偿系数为 $K = \dfrac{X_0 - X_1}{3X_1} = 0.31$。

14. 双侧电源线路，参数如图 2-35 所示，在线路上 k 点发生 BC 两相断线，试问 N 侧的相间、接地距离继电器（整定阻抗均为 j0.8，$K_z = 0.67$）能否动作？

【解析】如图 2-36 所示复合序网（规定电流的正方向为母线 N 流向故障点 k）。简化为图 2-37 等效回路。

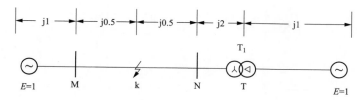

图 2-35　双电源线路图

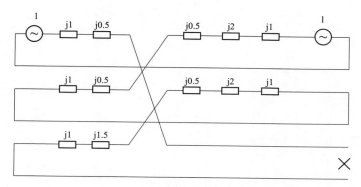

图 2-36　复合序网图

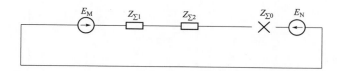

图 2-37　等效回路图

$$Z_{\Sigma 1} = j1 + j0.5 + j0.5 + j2 + j10 = j14$$
$$Z_{\Sigma 2} = j1 + j0.5 + j0.5 + j2 + j3.5 = j7.5$$
$$Z_{\Sigma 0} = \infty \quad I_{KA1} = I_{KA2} = I_{KA0} = 0$$

所以系统中流过 N 侧电流为 0，保护将不会动作。

15. 单侧电源线路，低压侧无电源，但带负荷，参数如图 2-38 所示，在线路上 k 点发生 BC 两相短路，试问受电端 N 侧的相间距离继电器（整定阻抗为 j0.8）能否动作？

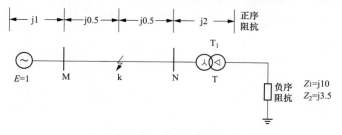

图 2-38　单电源系统图

【解析】 （1）如图 2-39 所示（规定电流的正方向为母线 N 流向故障点 k）。

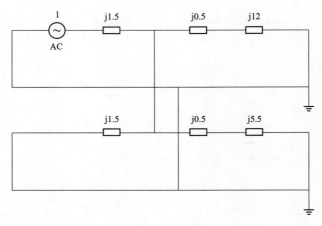

图 2-39 复合序网

等效回路图 1 如图 2-40 所示。

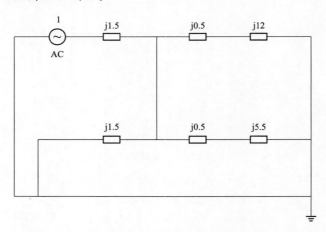

图 2-40 等效回路图 1

等效回路图 2 如图 2-41 所示。

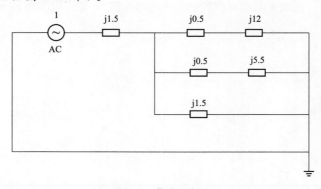

图 2-41 等效回路图 2

（2）计算 k 点正负序电压、母线 N 的正负序电压和流经 N 侧的正、负序电流。先求图的并联阻抗值

$$\text{j}1.5\times\text{j}(0.5+5.5)/(\text{j}1.5+\text{j}0.5+\text{j}5.5)=\text{j}1.2$$
$$\text{j}1.2\times\text{j}12.5/(\text{j}1.2+\text{j}12.5)=\text{j}1.095$$
$$U_{KA1}=U_{KA2}=1/(\text{j}1.5+\text{j}1.095)\times\text{j}1.095=0.422$$
$$I_{NA1}=-0.422/\text{j}12.5=\text{j}0.034\quad U_{NA1}=(12/12.5)U_{K1}=0.405$$
$$I_{NA2}=-0.422/\text{j}6=\text{j}0.07\quad U_{NA2}=(5.5/6)U_{K2}=0.387$$

因为 N 母线的正负序电流规定的方向与短路点的正序电压规定方向相反，因此需增加一个负号。

（3）计算母线 N 处的 U_{NB}、U_{NC} 及 U_{NBC}

$$U_{NB}=\alpha^2U_{NA1}+\alpha U_{NA2}=0.405e^{-\text{j}120°}+0.387e^{\text{j}120°}$$
$$U_{NC}=\alpha U_{NA1}+\alpha^2U_{NA2}=0.405e^{\text{j}120°}+0.387e^{-\text{j}120°}$$
$$U_{NBC}=U_{NB}-U_{NC}=-\text{j}\sqrt{3}\times0.405+\text{j}\sqrt{3}\times0.387=-\text{j}\sqrt{3}\times0.018$$

（4）计算母线 N 处的 I_{NB}、I_{NC} 及 I_{NBC}

$$I_{NB}=\alpha^2I_{NA1}+\alpha I_{NA2}=\text{j}0.034e^{-\text{j}120°}+\text{j}0.07e^{\text{j}120°}=0.034e^{-\text{j}30°}+0.07e^{\text{j}210°}$$
$$I_{NC}=\alpha I_{NA1}+\alpha^2I_{NA2}=\text{j}0.034e^{\text{j}120°}+\text{j}0.07e^{-\text{j}120°}=0.034e^{\text{j}210°}+0.07e^{-\text{j}30°}$$
$$I_{NBC}=I_{NB}-I_{NC}=0.034\sqrt{3}+(-0.07\sqrt{3})=-0.036\sqrt{3}$$

计算母线 N 处的 $Z_{NBC}=U_{NBC}/I_{NBC}$，判断继电器能否动作。

$Z_{NBC}=U_{NBC}/I_{NBC}=-\text{j}\sqrt{3}\times0.018/(-0.036\sqrt{3})=\text{j}0.5$，正确测量故障距离。

Z_{NBC} 小于整定阻抗 j0.8，正确动作。

第二节　不对称故障时变压器两侧电流、电压相量关系

一、单选题

1. Yd11 接线的变压器低压侧（三角形侧）发生两相短路时，星形侧有两相电流比另外一相电流小，该相是（B）。

A. 同名故障相中的超前相　　B. 同名故障相中的滞后相
C. 同名的非故障相　　D. 以上任一答案均不正确

【解析】以低压侧 bc 相短路为例，三角形侧向星形侧转角时，$I_A=(I_a-I_c)/\sqrt{3}$，$I_B=(I_b-I_a)/\sqrt{3}$，$I_C=(I_c-I_b)/\sqrt{3}$，当 bc 相短路时，$I_a=0$，$I_b=-I_c$，因此有 $I_A=I_B=-0.5I_C$。

2. 设 Yyn12 的升压变压器，不计负荷电流情况下，当星形侧外部 A 单相接地时，星形侧三相电流的说法正确的是（B）。

A. 星形侧 A 相有故障电流，B、C 两相无故障电流
B. 星形侧三相均有电流，A 相电流与另两相电流可能同相位
C. 星形侧三相均有电流，故障相电流最大，另两相也有故障电流且大小各不相同
D. 以上说法均不正确

【解析】当线路 A 相接地故障时，若星形侧无电源，则该侧只有零序网络存在通路，

正、负序网络均开路，因此该侧 A 相有电流，与 B、C 相电流大小相等且相位相同，均为零序分量；若星形侧有电源，则星形侧三相均有电流，但大小不同。所以星形侧三相均有流，A 相电流与另两相电流可能同相位。

3. 在 Yd11 接线变压器的三角形侧发生两相 AB 短路时，则星形侧 C 相短路电流为 B 相短路电流的 （D）。

A. 2　　　　B. $2/\sqrt{3}$　　　　C. $1/\sqrt{3}$　　　　D. $1/2$

【解析】 三角形侧向星形侧转角时，$I_A=（I_a-I_c）/\sqrt{3}$，$I_B=（I_b-I_a）/\sqrt{3}$，$I_C=（I_c-I_b）/\sqrt{3}$，当 ab 相短路时，$I_c=0$，$I_a=-I_b=I_k$，因此有 $I_A=I_C=-0.5I_B=（1/\sqrt{3}）I_k$，$I_B=（2/\sqrt{3}）I_k$。

4. 变压器差动保护需要特殊考虑相位平衡，相位平衡主要有两种方式，即以三角形侧为基准和以星形侧为基准，以下对于选择不同的相位平衡基准说法错误时是 （D）。

A. 不同的相位平衡基准，对三相短路故障的灵敏度相同
B. 在相间短路时，星形侧向三角形侧转换方式比三角形侧向星形侧转换方式的灵敏度高
C. 在单相接地时，三角形侧向星形侧转换方式比星形侧向三角形侧转换方式的灵敏度高
D. 在相间短路时，三角形侧向星形侧转换方式比星形侧向三角形侧转换方式的灵敏度高

【解析】 以 BC 相短路为例，假设高压侧短路电流为 I_e，三角形侧向星形转换时，$I_{cd}=I_e$；星形向三角形侧转换时，$I_{cd}=2/\sqrt{3}I_e>I_e$。因此在相间短路时，星形向三角形侧转换方式比三角形侧向星形转换方式的灵敏度高。

5. 一台 YNd11 型变压器，低压侧无电源，当其高压侧内部发生故障电流大小相同的三相短路故障和两相短路故障时，其差动保护的灵敏度 （B）。

A. 相同　　　　　　　　　B. 两相短路的灵敏度大于三相短路的灵敏度
C. 不定　　　　　　　　　D. 三相短路的灵敏度大于两相短路的灵敏度

【解析】 假设短路电流大小为 I_e，三相短路故障：$I_{cd}=I_e$，两相短路故障：$I_{cd}=2/\sqrt{3}I_e>I_e$，故两相短路的灵敏度大于三相短路的灵敏度。

6. 某 35/10.5kV 变压器的接线形式为 Yd11，若 10kV 侧发生 AB 相间短路时，该侧 A、B、C 相短路电流标幺值分别为 I_K、$-I_K$、0，则高压侧的 A、B、C 相短路电流的标幺值为 （D）。

A. I_K、I_K、0　　B. $\dfrac{I_K}{\sqrt{3}}$、$-\dfrac{I_K}{\sqrt{3}}$、0　　C. $-\dfrac{I_K}{\sqrt{3}}$、$-\dfrac{2I_K}{\sqrt{3}}$、$-\dfrac{I_K}{\sqrt{3}}$　　D. $\dfrac{I_K}{\sqrt{3}}$、$-\dfrac{2I_K}{\sqrt{3}}$、$\dfrac{I_K}{\sqrt{3}}$

【解析】 三角形侧向星形侧转角时，$I_A=（I_a-I_c）/\sqrt{3}$，$I_B=（I_b-I_a）/\sqrt{3}$，$I_C=（I_c-I_b）/\sqrt{3}$

7. YNd5 接线的变压器高压侧发生 BC 两相短路时，低压侧 （B） 相电流是其他两相电流的 2 倍。

A. A 相　　　B. B 相　　　C. C 相　　　D. 不确定

【解析】 对于 5 点接线，星形向三角形侧侧转角时，$I_a=（I_B-I_A）/\sqrt{3}$，$I_b=（I_C-I_B）/\sqrt{3}$，$I_c=（I_{CA}-I_C）/\sqrt{3}$，故 B 相为其他两相电流的 2 倍。

8. Yd11 组别变压器配备微机型差动保护，两侧电流互感器回路均采用星形接线，星形侧二次电流分别为 i_A、i_B、i_c；三角形侧二次电流分别为 i_a、i_b、i_c，软件中 B 相差

动元件采用 （B） 经接线系数、 变比折算后计算差流。

A. $\dot{I}_A - \dot{I}_B$ 与 $\dot{I}_a$ B. $\dot{I}_b - \dot{I}_a$ 与 $\dot{I}_B$ C. $\dot{I}_A - \dot{I}_C$ 与 $\dot{I}_a$ D. $\dot{I}_A - \dot{I}_C$ 与 $\dot{I}_b$

【解析】 三角形侧向星形侧转角时，$I_A = (I_a - I_c)/\sqrt{3}$，$I_B = (I_b - I_a)/\sqrt{3}$，$I_C = (I_c - I_b)/\sqrt{3}$；星形向三角形侧转角时，$I_a = (I_A - I_B)/\sqrt{3}$，$I_b = (I_B - I_C)/\sqrt{3}$，$I_c = (I_C - I_A)/\sqrt{3}$。

9. 某 Yy12 的变压器， 其高压侧电压为 220kV 且变压器的中性点接地， 低压侧为 6kV 的小接地电流系统 （无电源）， 变压器差动保护采用内部未进行星/三角变换的静态型变压器保护， 如两侧电流互感器二次均接成星形接线， 则 （B）。

A. 此种接线无问题

B. 高压侧区外发生故障时差动保护可能误动

C. 低压侧区外发生故障时差动保护可能误动

D. 高、低压侧区外发生故障时差动保护均可能误动

【解析】 当高压侧区外发生接地故障时，由于无消零措施，则差动保护可能误动，差流即为零序电流。

10. PCS-978 型保护装置， 用于 Yyd11 接线的变压器。 当在高压侧通三相对称电流和单相电流时 （A）。

A. 动作值不一样，两者之间的比值是 $1:\sqrt{3}$，通单相电流动作值大，三相对称电流动作值小

B. 动作值不一样，两者之间的比值是 $1:\sqrt{3}$，通单相电流动作值小，三相对称电流动作值大

C. 动作值不一样，两者之间的比值不确定

D. 动作值一样

【解析】 假设通入电流为 I_e，高压侧通单相电流时，$I_{cd} = I_e/\sqrt{3}$，高压侧通三相对称电流时，$I_{cd} = I_e$，由于定值相同，因此通单相电流需比通三相对称电流大 $\sqrt{3}$ 倍。

11. YNd1 接线的变压器低压侧发生 BC 两相短路时， 高压侧 （B） 相电流是其他两相电流的 2 倍。

A. A   B. B   C. C   D. 不确定

【解析】 1点接线：三角形侧向星形侧转角时，$I_A = (I_a - I_b)/\sqrt{3}$，$I_B = (I_b - I_c)/\sqrt{3}$，$I_C = (I_c - I_a)/\sqrt{3}$。

12. 下面有关 YNd11 接线变压器的纵差动保护说法正确的是： （D）。

A. 只能反映变压器三角形绕组的断线故障

B. 只能反映星形侧一相的断线故障

C. 既能反应变压器三角形绕组的断线故障，也能反应星形侧一相的断线故障

D. 既不能反映变压器三角形绕组的断线故障，也不能反映星形侧一相的断线故障

【解析】 由于低压侧中性点不接地，因此断线时高、低压测零序网络无通路，故障电流为 0，所以既不能反映变压器三角形绕组的断线故障，也不能反映星形侧一相的断线故障。

13. 一台 Yd11 型变压器， 低压侧无电源， 当其高压侧差动保护范围内引线发生三相短路故障和两相短路故障时， 对相位补偿为星形向三角形侧移相方式的 PCS978 变压器差

动保护，其差动电流（A）。

    A. 相同   B. 三相短路大于两相短路

    C. 两相短路大于三相短路   D. 不定

【解析】 由于低压侧无源，则差流仅由高压侧提供。以 BC 相短路为例，星形向三角形侧转角时，$I_a = (I_A - I_B)/\sqrt{3}$，$I_b = (I_B - I_C)/\sqrt{3}$，$I_c = (I_C - I_A)/\sqrt{3}$，三角形侧三相短路时：$I_A = \alpha^2 I_B = \alpha I_C = U[KA0]/Z_1$；星形侧两相短路时 $I_B = -I_C = (\sqrt{3}/2)U[KA0]/Z_1$，带入转角公式后可知发生三相短路故障和两相短路故障时，最大相差动电流大小相同，均为 $U[KA0]/Z_1$。

14. 终端变电站的变压器中性点直接接地，在向该变电站供电的线路上发生两相接地故障，若不计负荷电流，则下列说法对的是（B）。

    A. 线路终端侧有正、负序电流   B. 线路供电侧有正、负序电流

    C. 线路终端侧三相均没有电流   D. 线路供电侧非故障相没有电流

【解析】 可根据题中条件画出复合序网图，终端侧正、负序网回路开路，仅零序序网回路正常，故终端侧只有零序分量电流；而供电侧有源，故正、负序网回路均增产，线路供电侧有正、负序电流，零序视接地情况可能存在，三相均有电流。

15. 变压器外部发生单相接地时，有大电流向自耦变压器中性点（YNynd 接线）的零序电流与高压母线零序电压的相位关系是（D）。

    A. 零序电流滞后零序电压   B. 零序电流超前零序电压

    C. 与接地点位置无关   D. 接地点位置与高、中压侧零序阻抗大小变化

【解析】 在高压侧发生单相接地故障时，中性点电流取决于二次绕组所在电网零序综合阻抗 $Z_{\Sigma0}$，当 $Z_{\Sigma0}$ 为某一值时，一、二次电流将在公用的绕组中完全抵消，因而中性点电流为零；当 $Z_{\Sigma0}$ 大于此值时，中性点零序电流将与高压侧故障电流同相；当 $Z_{\Sigma0}$ 小于此值时，中性点零序电流将与高压侧故障电流反相。

16. 一条线路 M 侧为系统，N 侧无电源但主变压器（YNynd 接线）中性点接地，当线路 A 相接地故障时，如果不考虑负荷电流，则（C）。

    A. N 侧 A 相无电流，B、C 相有短路电流

    B. N 侧 A 相无电流，B、C 相电流大小不同

    C. N 侧 A 相有电流，与 B、C 相电流大小相等且相位相同

    D. N 侧 A 相有电流，与 B、C 相电流大小相等且相位相反

【解析】 由于 N 侧无电源，因此当线路 A 相接地故障时，N 侧只有零序网络存在通路，正、负序网络均开路，因此 N 侧 A 相有电流，与 B、C 相电流大小相等且相位相同，均为零序分量。

17. 容量 50MVA、接线为 YNd11、变比为 $115 \pm 2 \times 2.5\%/10.5$kV 的降压变压器，低压侧无源，构成差动保护的电流互感器两侧均为星形接线，差动保护装置的相位补偿采用星形侧移相方案。当 YN 侧保护区内 A 相接地时，下列说法正确的是（A）。

    A. A、C 相差动保护继电器动作   B. A、B 相差动保护继电器动作

    C. 仅 A 相差动保护继电器动作   D. 不确定

【解析】 星形侧向三角形侧转角时 $I_a = (I_A - I_B)/\sqrt{3}$，$I_b = (I_B - I_C)/\sqrt{3}$，$I_c = (I_C - I_A)/\sqrt{3}$

二、多选题

1. 某 110kV 双侧电源线路 MN， 两侧装有距离保护。 由于某种原因 N 侧电源消失， N 侧母线仅接有一个 YNd1 接线的空载变压器 （110kV 侧中性点接地）， 当该线路 M 侧始端出口处发生单相金属性接地时， 就 N 侧保护行为， 下列正确的是 （AB）。

A. N 侧相电流突变量起动元件动作　　　B. N 侧接地距离Ⅱ段阻抗元件动作
C. N 侧相间距离Ⅱ段阻抗元件动作　　　D. N 侧相间距离Ⅲ段阻抗元件动作

【解析】 由于 N 侧电源消失且 N 侧有中性点接地的变压器，所以 N 侧只有零序网络，N 侧 A、B、C 三相电流大小、方向相同，均为零序分量电流。所以 N 侧相电流突变量起动元件动作，接地距离Ⅱ段阻抗元件动作，相间距离不会动作。

2. 变压器差动保护需要特殊考虑相位平衡， 相位平衡主要有两种方式， 即以三角形侧为基准和以星形侧为基准， 当高压侧短路时， 以下对于选择不同的相位平衡基准说法正确时是 （ABC）。

A. 不同的相位平衡基准，对三相短路故障的灵敏度相同
B. 在相间短路时，星形→三角形转换方式比三角形→星形转换方式的灵敏度高
C. 在单相接地时，三角形→星形转换方式比星形→三角形转换方式的灵敏度高
D. 在相间短路时，三角形→星形转换方式比星形→三角形转换方式的灵敏度高

【解析】 假设短路电流为 I_e，三相短路时，无论哪种转换方式均有 $I_{cd}=I_e$；相间短路时：星形→三角形转换方式：$I_{cd}=2/\sqrt{3}I_e$，三角形→星形转换方式 $I_{cd}=I_e$，故前者灵敏度高；单相接地时，星形→三角形转换方式 $I_{cd}=1/\sqrt{3}I_e$，三角形→星形转换方式 $I_{cd}=I_e$，故后者灵敏度高。

3. 220kV 单线送终端变电站的变压器中性点直接接地， 在该变电站送电线路上发生单相接地故障， 不计负荷电流时， 下列正确的是 （BCD）。

A. 线路终端侧有正序、负序、零序电流
B. 线路终端侧只有零序电流，没有正序、负序电流
C. 线路送电侧有正序、负序、零序电流
D. 线路终端侧三相均有电流且相等

【解析】 由于终端侧无源且有中性点接地的变压器，所以终端侧只有零序网络，A、B、C 三相电流大小、方向相同，均为零序分量电流。而送电侧正、负、零序网络均存在，故有正序、负序、零序电流。

4. 某 110kV 双侧电源线路 MN， 两侧装有距离保护。 由于某种原因 N 侧电源消失， N 侧母线仅接有一个 YNd1 接线的空载变压器 （110kV 侧中性点接地）， 当该线路 M 侧始端出口处发生单相金属性接地时， 就 N 侧保护行为， 下列正确的是 （BD）。

A. N 侧相间距离Ⅲ段阻抗元件动作　　　B. N 侧接地距离Ⅱ段阻抗元件动作
C. N 侧相间距离Ⅱ段阻抗元件动作　　　D. N 侧相电流突变量起动元件动作

【解析】 由于 N 侧电源消失且 N 侧有中性点接地的变压器，所以 N 侧只有零序网络，N 侧 A、B、C 三相电流大小、方向相同，均为零序分量电流。所以 N 侧相电流突变量起动元件动作、接地距离Ⅱ段阻抗元件动作，相间距离不会动作。

5. 下面有关 YNd11 接线变压器的纵差动保护说法错误的是 （ABD）。

A. 只反映变压器三角形绕组的断线故障

B. 只反映 YN 侧一相的断线故障

C. 变压器三角形绕组的断线故障、YN 侧一相的断线故障均不能反映

D. 变压器三角形绕组的断线故障、YN 侧一相的断线故障均能反映

【解析】 变压器差动保护无法反映绕组断线故障。

6. 220kV 单线送终端变电站的变压器中性点直接接地，在该变电站送电线路上发生单相接地故障，不计负荷电流时，下列正确的是 （ACD）。

A. 线路终端侧三相均有电流且相等

B. 线路终端侧有正序、负序、零序电流

C. 线路送电侧有正序、负序、零序电流

D. 线路终端侧只有零序电流，没有正序、负序电流

【解析】 由于终端侧无源且有中性点接地的变压器，所以终端侧只有零序网络，A、B、C 三相电流大小、方向相同，均为零序分量电流。而送电侧正、负、零序网络均存在，故有正序、负序、零序电流。

7. 下列说法正确的是：（BC）。

A. 两侧的零序分量电流电压相互独立，可从一侧传变到另一侧

B. 两侧的零序分量电流电压相互独立，不能从一侧传变到另一侧

C. 正序分量电流、电压可从变压器的一侧传变到另一侧

D. 正序分量电流、电压不可从变压器的一侧传变到另一侧

【解析】 由于低压侧为三角形接法，零序分量在内部环流，无法流出，故不能从一侧传变到另一侧，正序分量则可从变压器的一侧传变到另侧。

8. 变压器发生匝间短路时，下列说法错误的是：（BCD）。

A. 变压器出现负序功率，其功率方向与变压器外部不对称故障时功率方向相反

B. 对于 YNd 接线的变压器，即使匝间短路发生在 d 侧时，YN 也将出现零序电流

C. 匝间短路时，差动保护会动作

D. 匝间短路时，差动保护不会动作

【解析】 变压器出现负序功率，方向流出主变压器，变压器外部不对称故障时，方向流入主变压器。匝间短路发生在 d 侧时，由于零序在 d 侧形成环流，YN 不会出现零序电流。如变压器绕组发生少数线匝的匝间短路，虽然短路匝内短路电流很大会造成局部绕组严重过热，产生强烈的油流向油枕方向冲击，但表现在相电流上其量值却并不大，差动保护可能动作，也可能不动作。

9. "12 点接线" 的变压器，其高压侧线电压和低压侧线电压 （A）；"11 点接线" 的变压器，其低压侧线电压超前高压侧线电压 （C）。

A. 同相   B. 反相   C. 30°   D. 150°

【解析】 "12 点接线" 的变压器高低压侧无角差，线电压同相位；"11 点接线" 的变压器，低压侧位于高压侧 11 点位置，故高压侧线电压滞后低压侧线电压 30°。

10. 在超高压电网中的电压互感器，可视为一个变压器，就零序电压来说，下列错误的是 （ABC）。

A. 电压互感器二次星形侧发生单相接地时，该侧无零序电压，所以一次电网中也无零序电压

B. 超高压电网中发生单相接地时，一次电网中无零序电压，所以电压互感器二次星

形侧无零序电压

C. 电压互感器二次星形侧发生单相接地时，该侧出现零序电压，因电压互感器相当于一个变压器，所以一次电网中也有零序电压

D. 超高压电网中发生单相接地时，一次电网中有零序电压，所以电压互感器二次星形侧出现零序电压

【解析】 超高压电网中发生单相接地时，一次电网中有零序电压，电压互感器二次星形侧开口绕组可正确测量出零序电压，但电压互感器二次星形侧发生单相接地时，由于一次电网中没有接地故障，故没有零序电压。

11. YNd 接线变压器的差动保护对 YN 侧绕组单相短路不灵敏的原因有 （CD）。

A. 单相短路时故障电流较小

B. YNd 接线变压器的差动保护对各种故障均不灵敏

C. 单相短路的零序电流经二次△接线时被滤掉，所以对单相短路不灵敏

D. YN 绕组单相短路，YNd 变压器两侧电流的相位可能具有外部短路特征

【解析】 通常作相间短路用的差动保护，一次为 YN 接线，其二次用三角形接线，而单相短路的零序电流经二次三角形接线时被滤掉，所以对单相短路不灵敏；YN 绕组单相短路，YNd 变压器两侧电流的相位可能具有外部短路特征，所以差动保护不灵敏。可在 YN 绕组侧装设零序差动保护的方法解决这一问题。

12. 设 Yd11 变压器，不计负荷电流情况下，低压侧（三角形侧）K 点两相短路时，星形侧的三相电流为（AC）。

A. 星形侧最大相电流等于 K 点三相短路时星形侧电流

B. 星形侧最大相电流等于 K 点三相短路时星形侧电流的 $\sqrt{3}/2$

C. 星形侧最大相电流等于最小相电流的 2 倍

D. 星形侧最大相电流等于最小相电流的 1.5 倍

【解析】 三角形向星形侧转角时 $I_A=(I_a-I_c)/\sqrt{3}$，$I_B=(I_b-I_a)/\sqrt{3}$，$I_C=(I_c-I_b)/\sqrt{3}$

13. 在 YNd11 变压器差动保护中，变压器带额定负荷运行，在 TA 断线闭锁退出的情况下，下列说法正确的是（BD）。

A. YN 侧绕组断线，差动保护不会动作

B. YN 侧 TA 二次一相断线，差动保护要动作

C. d 侧绕组一相断线，差动保护要动作

D. d 侧 TA 二次一相断线，差动保护要动作

【解析】 变压器差动保护无法反映绕组断线故障，但若二次回路出现异常，如某侧发送二次断线，则装置采样出现差流，差动保护是可能会动作的。

三、判断题

1. 对 Yd11 接线的变压器，当变压器三角形侧出口故障，星形侧绕组低电压接相间电压，则主变压器高压侧不能正确反映故障相间电压。　　　　　　　　（√）

【解析】 当变压器三角形侧出口故障时，由于需要转角，故主变压器高压侧三相均有故障电流，三相电压均会不同程度降低，故不能正确反映故障相间电压。

2. YNd11 接线变压器差动保护，YN 侧保护区内单相接地时，接地电流中必有零序分量

电流， 那么差动保护电流中也必有零序分量电流。 （×）

【解析】 微机保护软件算法中，为防止保护误动会对星形侧进行消零计算，故 YN 侧保护区内单相接地时差动电流中不会有零序分量电流。

3. YNd11 两侧电源变压器的高压侧绕组发生单相接地短路， 两侧电流相位相同。 （×）

【解析】 由于 YNd11 变压器两侧有电源，当变压器差动保护区内故障时，低压侧有两相均有故障电流，一相与高压侧相位相同，另一相相反。

4. 变压器差动保护中会产生暂态不平衡电流的原因有： 变压器各侧电流互感器型号不同、 电流互感器变比与计算值不同、 变压器调压分接头不同。 （×）

【解析】 变压器各侧电流互感器型号不同，电流互感器变比与计算值不同，变压器调压分接头不同，所以在变压器差动保护中会产生稳态不平衡电流。

5. YNd1 型接线方式的变压器纵差动保护可以反映变压器三角形绕组的断线故障。 （×）

【解析】 纵差动保护不能反映变压器内部断线故障。

6. Yyn 接线变压器要比 YNd 接线的零序阻抗大得多。 （√）

【解析】 Yyn 接线变压器与 YNd 接线的零序阻抗等值网络中的区别为：前者低压侧零序等值回路可能为开路或串接系统零序阻抗，后者低压侧零序等值回路为短路。故 Yyn 接线变压器的零序阻抗比 YNd 接线的大得多。

7. 变比 $K = 30$ 的 YNd11 变压器， 星形侧发生 BC 相短路， 短路电流为 I_d， 则三角形侧的 A、 C 相电流应同相且等于 $10I_d$。 （×）

【解析】 三角形侧的 A、C 相电流应同相且等于 $30I_d/\sqrt{3}$。

8. 变压器纵差保护经 Yd 相位补偿后， 滤去了故障电流中的零序电流， 故不能反映变压器 YN 侧内部单相接地故障。 （×）

【解析】 YN 侧内部单相接地故障时，除了零序分量外，还有正、负序分量故障电流，补偿后只是滤去了故障电流中的零序电流，不影响短路电流（正、负序分量）的计算。

9. 在变压器中性点直接接地系统中， 当系统中发生单相接地故障时， 将在变压器中性点产生很大的零序电压。 （×）

【解析】 中性点直接接地系统中，当发生单相接地故障时，中性点电压为零。

10. YNd5 接线的变压器， 若三角形侧发生单相接地故障时， 装于星形侧的零序电流保护会误动。 （×）

【解析】 星形侧基本没有零序电流，所以不会误动。

11. 对于 YNynd5 变压器， yn 侧发生金属性短路时， 接在两个故障相上的相间阻抗元件和接在接地相上的接地阻抗元件分别可准确测量相间短路点和接地短路点到保护安装处的正序阻抗。 （×）

【解析】 若 yn 侧系统无中性接地点，则该侧零序网络开路，接地阻抗元件采集不到模拟量。

12. 正确的双绕组变压器差动保护接线， 应该是正常及外部故障时， 高、 低压侧二次电流相位相同， 流入差动继电器差动线圈的电流为变压器高、 低压侧二次电流之相量和。 （×）

【解析】 双绕组变压器差动保护的正确接线，应该是正常及外部故障时，高、低压侧二次电流相位相反，流入差动继电器差动线圈的电流为变压器高、低压侧二次电流之相量差。

13. "11 点接线" 的变压器, 其高压侧线电压滞后低压侧线电压 30°; "12 点接线" 的变压器, 其高压侧线电压和低压侧线电压同相。　　　　　　　　　　　　（√）

【解析】 12 点接线、11 点接线均以高压侧为固定 12 点方向, 低压侧按接线方式定义点数。

14. 对于全星形接线的三相三柱式变压器, 由于各侧电流同相位差动电流互感器无需相位补偿。　　　　　　　　　　　　　　　　　　　　　　　　　　　　（×）

【解析】 对于全星形接线的三相三柱式变压器, 若不进行转角处理, 则可能会由于某一侧发生接地性故障时差动保护误动。

15. 变压器微机保护所用的电流互感器二次侧采用△接线, 其相位补偿和电流补偿系数由软件实现。　　　　　　　　　　　　　　　　　　　　　　　　　　（×）

【解析】 目前变压器微机保护所用的电流互感器二次侧采用星形接线。

16. YNynd11 接线的三绕组变压器, 中压侧发生接地故障时, 低压侧绕组中无环流电流。　　　　　　　　　　　　　　　　　　　　　　　　　　　　　　　（×）

【解析】 YNynd 接线的三绕组变压器中压侧有零序接地点, 当中压侧发生接地故障时, 中压侧零序网络形成回路, 有零序电流产生, 故低压侧绕组中有环流电流。

17. 35kV 变电站改变进线线路一次相序后, 变压器差动保护用 TA 的二次接线也应做相应改动。　　　　　　　　　　　　　　　　　　　　　　　　　　　　　　（×）

【解析】 在变压器差动保护 TA 范围以外改变一次电路的相序时, 变压器差动保护用 TA 的二次接线不应做改动, 保持原接法即可, 否则将产生差流。

18. 变压器接线为 YNd11 接线, 某差动保护装置采用三角形向星形侧移相方式, 该变压器在额定运行时, 高压侧 （星形侧） 一相 TA 二次回路断线, 三个差动保护继电器只有一个处于动作状态, 其余两个因差动保护回路无电流仍处制动状态。　　　（×）

【解析】 三角形向星形侧转角时, $I_A = (I_a - I_c)/\sqrt{3}$, $I_B = (I_b - I_a)/\sqrt{3}$, $I_C = (I_c - I_b)/\sqrt{3}$, 假设 A 相发生断线时, 则 A 相有差流处动作状态, B、C 相无差流仍处制动状态。

19. YNd11 接线变压器, 一过电流保护安装于高压侧 （星形侧）, 则当变压器低电压侧发生两相短路时, 采用三相三继电器的接线方式比两相两继电器的接线方式灵敏度高。　　　　　　　　　　　　　　　　　　　　　　　　　　　　　　　　　（√）

【解析】 三角形向星形侧转角时, $I_A = (I_a - I_c)/\sqrt{3}$, $I_B = (I_b - I_a)/\sqrt{3}$, $I_C = (I_c - I_b)/\sqrt{3}$, 假设低压侧发生 AB 相短路 （A、C 相有 TA 时）, 短路电流为 I_e, 对于三相三继电器的接线方式: $I_k = 2/\sqrt{3} I_e$, 对于两相两继电器的接线方式 $I_k = 1/\sqrt{3} I_e$, 故前者灵敏度高。

20. 变压器接线为 YNd11 接线, 微机差动保护采用三角形向星形侧移相方式, 变压器比率差动保护启动值为 $0.4I_e$, 当该变压器在额定运行时, YN 侧 TA 的 B 相二次回路断线, 则 B 相差动元件动作, 其余两相差动元件处于制动状态 （TA 二次回路断线不闭锁比率差动保护）。　　　　　　　　　　　　　　　　　　　　　　　　　（√）

【解析】 三角形向星形侧转角时, $I_A = (I_a - I_c)/\sqrt{3}$, $I_B = (I_b - I_a)/\sqrt{3}$, $I_C = (I_c - I_b)/\sqrt{3}$, B 相发生断线时, 则 B 相有差流处动作状态, A、C 相无差流仍处制动

状态。

四、填空题

1. 变压器故障主要类型有： 单相绕组部分线匝之间发生的<u>匝间短路</u>、 各相绕组之间发生的<u>相间短路</u>、 单相绕组或引出线通过外壳发生的单相接地故障等。

【解析】 各相绕组之间发生的故障称为相间短路、单相绕组部分线匝之间发生的故障称为匝间短路。

2. YNd 接线变压器纵差保护需要进行<u>相位</u>校正和<u>电流平衡</u>调整， 以使正常运行时流入差动回路中的电流为 0。

【解析】 相位校正的目的是解决因接线方式产生的角度差，电流平衡调整解决的是变压器两侧变比不同及额定电压不同产生的幅值差。

3. 在一台 Yd11 接线变压器， 三角形侧 AB 相短路时， 星形侧<u>B</u> 相电流为其他两相短路电流的两倍， B 相电压为零。

【解析】 三角形侧出口发生两相短路时，星形侧同名故障的滞后相最大，为其他两相的 2 倍。低压侧 AB 短路时，边界条件为 $U_{c1}=U_{c2}$，转换至高压侧有 $U_{C1}=U_{c1}\mathrm{e}^{-\mathrm{j}30°}$，$U_{C2}=U_{c2}\mathrm{e}^{\mathrm{j}30°}$，因此 $U_{B1}=U_{c1}\mathrm{e}^{\mathrm{j}90°}$，$U_{B2}=U_{c2}\mathrm{e}^{-\mathrm{j}90°}$，因此 $U_B=U_{B1}+U_{B2}+U_{B0}=0\mathrm{V}$。

4. 某变压器差动保护电流互感器采用全星形接线方式， 保护对单相接地故障的灵敏度比电流互感器接成三角形时高$\sqrt{3}$倍； 但电流互感器接成三角形的负载比接成星形时大 3 倍。

【解析】 假设一次故障电流为 I_k，互感器变比为 n，电流互感器接成星形时，流入继电器的电流为 I_k/n，电流互感器接成角形时，流入继电器的电流为 $I_k/(\sqrt{3}n)$，故电流互感器接成星形比接成角形灵敏度大$\sqrt{3}$倍。由于互感器容量固定，根据 $S=\sqrt{3}I^2R$，电流互感器接成三角形的负载比接成星形大 3 倍。

5. 变电站切除一台中性点直接接地的负荷变压器， 在该变电站母线出线上发生单相接地故障时， 该出线的零序电流相较未切除该主变压器时<u>变小</u>。

【解析】 变电站切除一台中性点直接接地的负荷变压器后，系统零序阻抗变大，零序电流变小。

6. 经过 YNd1 接法的变压器并且由三角形侧到星形侧时， 电流的正序分量<u>逆时针</u>方向转过 30°， 负序分量<u>顺时针</u>方向转过 30°。

【解析】 YNd1 型接线低压侧线电压滞后高压侧同相线电压 30°，指的是正序分量的角度关系，负序分量与此相反。正序分量逆时针旋转，负序分量顺时针旋转。

7. 有一台组别为 YNd11 变压器， 在该变压器高压侧配置 A、 C 两相式过电流保护， 假设低压侧母线 AB 相短路故障时高压侧 B 相实际短路电流为 3A， 高压侧过电流保护定值整定为 2A， 则高压侧过电流保护的实际灵敏度为<u>0.75</u>。

【解析】 A、C 两相式过电流保护中 A、C 相采集到的电流为 B 相的一半，假设短路电流为 I_d，高压侧过电流保护定值整定为 I_{gdz}，则灵敏度为 $I_d/2I_{gdz}$。

8. 在 Yd1 接线的变压器的三角形侧发生两相短路时， Y 侧<u>同名故障相中的超前相</u>电流比另外两相的电流大一倍。

【解析】 此题考点在于 Yd1 接线，与 Yd11 转角公式不同。

9. 多台变压器在高压侧并网， 变压器中性点有的接地、 有的不接地运行。 当高压母线发生单相接地故障时，母线出现零序电压 U_0，中性点接地的变压器中性点电压为 0，而中性点不接地变压器的中性点电压为 $-U_0$。

【解析】　由于中性点直接接地，故中性点电压为 0，若中性点不接地，则单相接地故障时，由于三相仍对称，故障相对地电压为 0，中性点电压偏移，升高为故障相电压，方向与相电压反相。

10. 某站结构为线变组，变压器接线形式为 YNd11，线路倒相过程不完全，导致接入变压器时 BC 相接反，若变压器原有相别标注不变，此时变压器相当于 YNd1 变压器。

【解析】　可根据转角公式计算 $I_A = (I_a - I_c) / \sqrt{3}$，$I_B = (I_b - I_a) / \sqrt{3}$，$I_C = (I_c - I_b) / \sqrt{3}$，当 BC 相接反时，$I_A = (I_a - I_b) / \sqrt{3}$，$I_B = (I_c - I_a) / \sqrt{3}$，$I_C = (I_b - I_c) / \sqrt{3}$，方向正好变为 1 点方向。

11. 降压变压器接线为 YNd11，容量为 40MVA、变比为 115/35kV，装设的微机型纵差动保护在该变压器带上一定量负荷后发生误动。经查：TA 接线正确、整定值设置正确，打印出的 YN 侧上臂 A、B、C 相电流值见表 2-1，分析其误动原因为相序接错。

表 2-1　　　　　　　　　　YN 侧上臂 A、B、C 相电流值

采样点	1	2	3	4	5	6	7	8
A 相电流	0.868	3.124	4.698	4.924	3.830	1.710	−0.868	−3.124
B 相电流	3.830	1.710	−0.868	−3.124	−4.698	−4.924	−3.830	−1.710
C 相电流	−4.698	−4.924	−3.830	−1.710	0.868	3.124	4.698	4.924
采样点	9	10	11	12	13	14	15	16
A 相电流	−4.698	−4.924	−3.830	−1.710	0.868	3.124	4.968	4.924
B 相电流	0.868	3.124	4.698	4.924	3.830	1.710	−0.868	−3.124
C 相电流	3.830	1.710	−0.868	−3.124	−4.968	−4.924	−3.830	−1.710

【解析】　可根据采样点画出波形图，得出 A、B 相接反；也可根据过零点的顺序得出：A 相为第 6 个采样点，B 相为第 2 个采样点，C 相为第 10 个采样点，也可得出 A、B 相相序接错的结论。

12. 一台 YNd11 型变压器，低压侧空载且无电源，当其高压侧内部发生故障电流大小相同的三相短路故障和两相短路故障时，其差动保护的灵敏度，两相短路的灵敏度大于三相短路的灵敏度。

【解析】　假设短路电流大小为 I_e，三相短路故障：$I_{cd} = I_e$，两相短路故障：$I_{cd} = 2 / \sqrt{3} I_e > I_e$，故两相短路的灵敏度大于三相短路的灵敏度。

13. 在同样情况下，YNyn 接线变压器一次侧看进去的零序电抗比 Y0d 接线变压器的零序电抗大。

【解析】　YNyn 接线变压器低压侧为零序等值阻抗与外回路的串联或开路，YNd 接线变压器低压侧的零序电抗无外回路，故前者大。

14. YNd-1 变压器，在 Y 侧发生 A 相接地故障时，三角形侧 C 相电流为零。

【解析】　YNd1 接线，星形侧向三角形侧转角时，$I_a = (I_A - I_C) / \sqrt{3}$，$I_b = (I_B - I_A) / \sqrt{3}$，$I_c = (I_C - I_B) / \sqrt{3}$，故三角形侧 C 相为 0。

五、 简答题

1. 某 YNd5 接线的变压器星形侧发生单相接地故障, 其三角形侧的零序电流如何分布? 若三角形侧发生单相接地故障时, 装于星形侧的零序电流保护可能会误动吗?

【解析】 ①在变压器三角形侧绕组形成零序环流, 但三角形侧的出线上无零序电流; ②星形侧基本没有零序电流所以不会误动。

2. YNd11 接线的变压器, 相间功率方向继电器接 $-90°$ 接线, 其电流采用三角形侧 $I_{A\triangle}$、 $I_{B\triangle}$、 $I_{C\triangle}$ 电流, 则如何采用星形侧的电压?

【解析】 A 相功率继电器, $I_{A\triangle} \sim -U_{CY}$；B 相功率继电器, $I_{B\triangle} \sim -U_{AY}$；C 相功率继电器 $I_{C\triangle} \sim -U_{BY}$。

3. 110kV/35kV/10kV 变压器绕组为 YNynd-11 接线, 10kV 侧没负荷, 也没引线, 变压器实际当作双绕组变压器用, 采用的保护为微机双侧差动保护。 问这台变压器差动的二次电流需不需要转角 （内部转角或外部转角）? 为什么?

【解析】 对高、中压侧二次电流必须进行转角。一次变压器内部有一个内三角形绕组, 在电气特性上相当于把三次谐波和零序电流接地, 使之不能传变。二次接线电气特性必须和一次特性一致, 所以必须进行转角, 无论是采用内部软件转角方式还是外部回路转角方式。若不转角, 当外部发生不对称接地故障时, 差动保护会误动。

4. 两台绕组接线组别相同 （均为 Yyn0） 的变压器短时并联运行, 高压500kV, 低压220kV。 1 号变压器额定容量 800MVA、 阻抗电压 4.5%, 2 号变压器额定容量 400MVA、 阻抗电压 4%, 两台主变压器的负载情况如何?

【解析】 因为容量比等于电流比, 所以有

$$\frac{S_1}{S_2} = \frac{\dfrac{U^2}{400} \times 0.04}{\dfrac{U^2}{800} \times 0.045} = 1.78 \quad S_1 + S_2 = 1200$$

解得：$S_1 = 768$ (MVA), $S_2 = 432$ (MVA), 则主变压器 1 欠载, 主变压器 2 超载。

5. 变压器接线形式为 Yd7 的差动继电器, 为了实现相位补偿, 其电流互感器二次应怎样接线; 当星形侧负荷 $P \neq 0$, $Q = 0$ （电流以母线流向变压器为正）。 以星形侧 U_A 电压为基准, 流入继电器的 I_A 电流相位如何?

【解析】 电流互感器二次按 D7y12 接线。I_A 电流滞后 $U_A 150°$。

6. Y0d 接线变压器的差动保护对 Y0 侧绕组单相短路是否灵敏? 为什么? 如何解决?

【解析】 （1） 通常作相间短路用的差动保护, 一次为 Y0 接线, 其二次用三角形接线, 而单相短路的零序电流经二次三角形接线时被滤掉, 所以对单相短路不灵敏。

（2） YN 绕组单相短路, YNd 变压器两侧电流的相位可能具有外部短路特征, 所以差动保护不灵敏。

（3） 在 YN 绕组侧装设零序差动保护。

7. 在 Yd11 接线的变压器选用二次谐波制动原理的差动保护, 当主变压器空载冲击时, 由于一次采用了相电流差进行转角, 某一相的 2 次谐波可能很小, 为防止误动目前一般采取的是什么措施? 该措施有什么缺点?

【解析】 可采用三相 "或" 闭锁的措施, 但存在空投伴随故障时保护动作延时的缺点。

8. 请根据变压器正、 负、 零序分量传变规律, 简述在不对称短路时, 分析变压器两

侧电流分布及其电压、 电流相量关系的具体方法。

【解析】 (1) 先求出短路故障处的各序分量电压、电流，并根据短路故障类型、短路相别求出相互间关系，而后作出短路侧的电压、电流相量图。

(2) 根据变压器的接线组别，确定变压器另一侧（非短路侧）的各序分量电压、电流的表示式。

(3) 应用计算公式或相量图，将变换后的各序分量电压、电流进行叠加，最后求得变压器另一侧的各相电压和电流。

(4) 对于变压器两侧电流的分布，各相电流应以故障相的电流表示，以便进行各相电流大小的比较。在画电压、电流相量关系时，认为电路参数是纯电感，不计电阻；对于变压器内部电抗上的压降，在通过的电流较小时，为简单明了，可不考虑，而当通过的电流较大，特别是通过短路电流时，应计及其影响。

9. 有一台变压器 Ynd11 接线， 在其差动保护带负荷检查时， 测得星形侧电流互感器电流相位关系为 I_B 超前 I_A 60°， I_A 超前 I_C 150°， I_C 超前 I_B 150° 且 I_C 为 8.65A， $I_A = I_B = 5A$（接线方式见图 2-42）， 请指出变压器星形侧电流互感器是否有接线错误， 并分析改正后的电流值。

【解析】 变压器星形侧 B 相接反。分析图如图 2-43 所示。

$$I_a = I_{a1} + I_{b1} = 5, I_b = -I_{b1} - I_{c1} = 5, I_c = I_{c1} - I_{a1} = 8.66$$

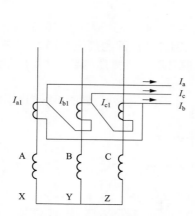

图 2-42 星形侧电流互感器接线方式

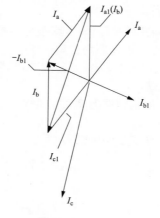

图 2-43 分析图

改正后 $I_a = I_{a1} - I_{b1} = 8.66$， $I_b = I_{b1} - I_{c1} = 8.66$， $I_c = I_{c1} - I_{a1} = 8.66$。

10. YD11 接线的变压器， 在使用标幺值进行故障分析计算时， 低压侧套管电流与高压侧绕组电流满足什么数量关系？ 为什么？

【解析】 $I_H = I_L / \sqrt{3}$，主变压器的变比等于低压侧外附 TA 电流与高压侧外附 TA 电流的比值，而正常工作时，低压侧外附 TA 的电流等于低压侧两相套管电流的向量差，故存在 $\sqrt{3}$ 的关系，换算至标幺值时，需保留 $\sqrt{3}$ 的数量关系。

11. 对某变电站 Yd11 降压变压器， 三角形侧区外 B、 C 两相短路时， 请分别画出高、 低压侧电流相量图。

【解析】 变压器高压侧（即星形侧）B、C 两相短路电流相量如图 2-44 所示。

对于 Yd11 接线组别， 正序电流应向导前方向转 30°，负序电流应向滞后方向转 30° 即可得到低压侧（即三角形侧）电流相量，如图 2-45 所示。

两侧电流数量关系可由图 2-45 求得。设变比 $n=1$，高压侧正序电流标幺值为 1，则有：高压侧 $I_B=I_C=\sqrt{3}$，$I_A=0$；低压侧 $I_a=I_c=1$，$I_b=2$。

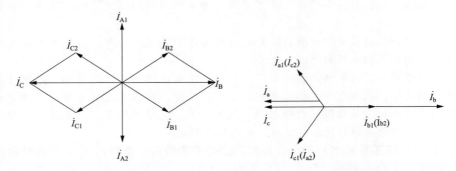

图 2-44 变压器高压侧 B、C 两相短路电流相量   图 2-45 变压器低压侧电流相量

12. YNd1 接线的降压变压器， 在三角形侧发生单相接地故障时， 装于星形侧的零序电流保护可能会误动吗?

【解析】 因为星形侧基本没有零序电流，所以不会误动。

六、 分析题

1. 一台三相变压器， 其额定容量为 $S_N=40.5\text{MVA}$， 变比为 10.5/121kV， 高压侧为星形接线， 低压侧为三角形连接。 为了判别该变压器的接线组别， 将三角形侧三相短路并接入电流表， 在高压侧 AB 相接入单相电源， 使高压侧电流达到额定值， 如图 2-46 所示。 请问:

（1） 如何根据电流表的读数 I_A、 I_B、 I_C 来判断该变压器的接线组别是 YNd11 还是 YNd1?

（2） 电流表的读数 I_A、 I_B、 I_C 应是多少?

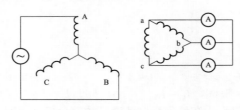

图 2-46 接线图

【解析】 （1） 若电流表读数 $I_b=I_c=\dfrac{1}{2}I_a$， 则为 Ynd11 接线，若电流表读数 $I_a=I_c=\dfrac{1}{2}I_b$，则为 Ynd1 接线。

（2） Ynd11 接线， $I_b=I_c=1.286\text{kA}$， $I_a=2.572\text{kA}$，Ynd1 接线， $I_a=I_c=1.286\text{kA}$， $I_b=2.572\text{kA}$。

2. 在单侧电源线路上发生 B 相接地短路， 假设系统如图 2-47 所示。 T 变压器 YNy12 接线， Yn 侧中性点接地。 T′ 变压器 YNd11 接地， YN 侧中性点接地。 T′ 变压器空载。

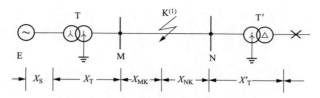

图 2-47 单侧电源线路 B 相接地短路系统图

1）请画出复合序网图。
2）求出短路点的零序电流。
3）求出 M 母线处的零序电压。
4）分别求出流过 M、N 侧线路上的各相电流值。

电源电动势 $E = 1$，各元件电抗为 $X_{Sl} = j10$，$X_{T1} = j10$，$X_{MK1} = j20$，$X_{NK1} = j10$，$X_{T'1} = X_{T'0} = j10$，输电线路 $X_0 = 3X_1$。

【解析】（1）根据题目给定的条件在绘制复合序网络图时应注意：由于是单侧电源系统且变压器 T' 空载运行，因此可认为故障的正、负序网络图中 k 点右侧开路。进而故障点正序综合阻抗和负序综合阻抗只计及 k 点左侧的阻抗。而由于变压器 T 绕组接线为 YNy12 接线，尽管中性点直接接地运行，但无法构成零序通路。变压器 T' 绕组接线为 YNd11 且中性点接地运行，可构成零序通路。因此零序综合阻抗只计及 k 点右侧的部分。

以 B 相为特殊相，依据单相接地故障边界条件，绘出复合序网图如图 2-48 所示。

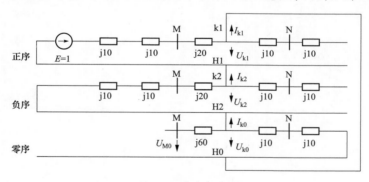

图 2-48 复合序网图

（2）短路点的零序电流。

综合正序阻抗 $X_{1\Sigma} = j10 + j10 + j20 = j40$
综合负序阻抗 $X_{2\Sigma} = j10 + j10 + j20 = j40$
综合零序阻抗 $X_{0\Sigma} = j10 + j30 = j40$

短路点的零序电流为

$$\dot{I}_{k1} = \dot{I}_{k2} = \dot{I}_{k0} = \frac{\dot{E}}{X_{1\Sigma} + X_{2\Sigma} + X_{0\Sigma}} = \frac{1}{j40 + j40 + j40} = \frac{1}{j120} = -j0.00833$$

（3）M 母线处的零序电压。因为流过 MK 线路的零序电流为零，所以在 X_{MK0} 上的零序电压降为零，M 母线处的零序电压 U_{M0} 与短路点的零序电压相等。因此 M 母线处的零序电压为

$$\dot{U}_{M0} = \dot{U}_{k0} = -\dot{I}_{k0}X_{0\Sigma} = j0.00833 \times j40 = -0.3332$$

（4）流过 M、N 侧线路上的各相电流值。流过 M 侧线路电流只有正序、负序电流

$$\dot{I}_{MB} = \dot{I}_{k1} + \dot{I}_{k2} = 2 \times (-j0.00833) = -j0.0166$$

$$\dot{I}_{MC} = \alpha^2\dot{I}_{k1} + \alpha\dot{I}_{k2} = j0.00833$$

$$\dot{I}_{MA} = \alpha\dot{I}_{k1} + \alpha^2\dot{I}_{k2} = j0.00833$$

流过 N 侧线路中的电流只有零序电流，没有正负序电流，故

$$\dot{I}_{NA} = \dot{I}_{NB} = \dot{I}_{NC} = -j0.00833$$

3. 求在 Yd11 接线降压变压器三角形侧发生 BC 两相短路时，星形侧的三相电流。用同一点发生三相短路的电流表示（变压器的变比为 1）。

【解析】 该题目可采用两种方法解答。

方法一：如图 2-49 所示，三角形侧发生 BC 两相短路时，在三角形侧有 $I_a = 0$，$I_b + I_c = 0$，序分量电流有 $I_{1a} + I_{2a} = 0$，$I_{1a} = \frac{1}{2}I_a^{(3)}$，$I_a^{(3)}$ 为三相短路电流，$I_{2a} = -\frac{1}{2}I_a^{(3)}$。

星形侧电流与三角形侧电流有相位差，如果正序电流相位越前 30°，则负序电流相位落后 30°。

星形侧正序电流为 $I_{1A} = \frac{1}{2}I_a^{(3)}e^{j30°}$，$I_{1B} = \frac{1}{2}I_a^{(3)}e^{-j90°}$，$I_{1C} = \frac{1}{2}I_a^{(3)}e^{j150°}$

负序电流为 $I_{2A} = -\frac{1}{2}I_a^{(3)}e^{-j30°}$，$I_{2B} = -\frac{1}{2}I_a^{(3)}e^{j90°}$，$I_{2C} = -\frac{1}{2}I_a^{(3)}e^{-j150°}$

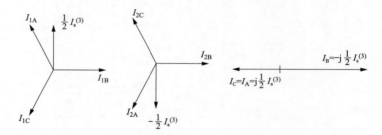

图 2-49 方法一分析图

于是得星形侧三相电流为

$$I_A = I_{1A} + I_{2A} = j\frac{1}{2}I_a^{(3)} \quad I_B = I_{1B} + I_{2B} = -jI_a^{(3)} \quad I_C = I_{1C} + I_{2C} = j\frac{1}{2}I_a^{(3)}$$

方法二：如图 2-50 所示变比为 1，则 $W_\Delta = \sqrt{3}W_Y$，根据变压器两侧绕组安匝数平衡有 $I_A = \sqrt{3}I_\alpha$，$I_B = \sqrt{3}I_\beta$，$I_C = \sqrt{3}I_\gamma$；在三角形侧有 $I^{(2)} = \frac{\sqrt{3}}{2}I^{(3)}$，$I^{(2)}$、$I^{(3)}$ 分别为两相和三相短路电流，还有 $I_\beta = I_\gamma$，$I_\alpha + I_\beta = I^{(2)}$；在星形侧有 $I_B + I_C = I_A$。

以上关系可得

$$I_B = I_C = \frac{1}{2}I_A \quad I_\alpha = 2I_\beta = 2I_\gamma \quad I_A = \sqrt{3}I_\alpha = \sqrt{3}\frac{2}{3}I^{(2)} = \sqrt{3}\frac{2}{3} \times \frac{\sqrt{3}}{2}I^{(3)} = I^{(3)}$$

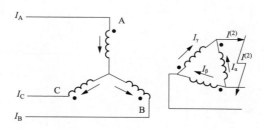

图 2-50　方法二分析图

4. 某单条 330kV 电源线路带一台联结组别为 Yyd12/11 的负荷变压器（中低压侧无电源但有负荷）。请用序分量法定性分析在该线路电源侧断路器 AB 相短路故障跳闸后，流经该断路器的 A、B、C 相各序电流（考虑变压器高压侧中性点接地和不接地两种情况）。要求绘出等值序网图。

【解析】等值序网图如图 2-51 所示。

（1）变压器高压侧中性点接地情况。由图 2-51 可看出，该线路电源侧断路器两相跳闸后，流经该断路器健全相的正、负、零序电流相等。

（2）设变压器高压侧中性点不接地运行情况。由图 2-51 可看出，该线路电源侧断路器两相跳闸后，由于主变压器零序阻抗为无穷大，故流经该断路器各相各序电流为零。

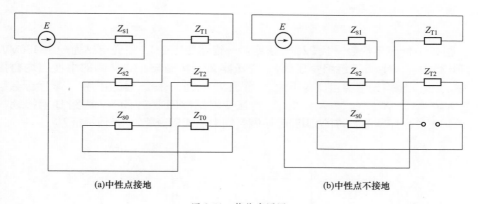

(a)中性点接地　　　　　　　　　　　(b)中性点不接地

图 2-51　等值序网图

5. 如图 2-52 所示，请画出变压器的接地开关 QSI 合、QS2 断时，其正序、零序阻抗图（变压器用星形等值电路表示）。已知发电机 X_d'' 变压器高压侧 X_I，中压侧 X_{II}，低压侧 X_{III}。画出线路出口 B 相单相接地时零序电压和电流的相量图。

【解析】正序阻抗如图 2-53 所示。零序阻抗如图 2-54 所示。

由于是线路出口发生 B 相接地故障，其边界条件如下

$$\dot{I}_B = \dot{I}_k \text{、} \dot{I}_A = \dot{I}_C = 0$$

所以 $3\dot{I}_0 = \dot{I}_B$、$\dot{U}_B = 0$，$3\dot{U}_0 = \dot{U}_A + \dot{U}_B + \dot{U}_C = \dot{U}_A + \dot{U}_C$

相量如图 2-55 所示。

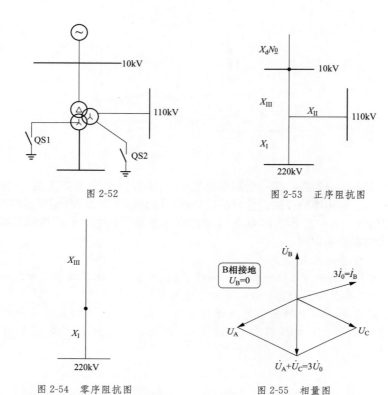

图 2-52

图 2-53 正序阻抗图

图 2-54 零序阻抗图

图 2-55 相量图

6. 图 2-56 所示系统经一条 220kV 线路供一终端变电站, 该变电站为一台 180MVA、220/110/35kV、 YNynd 三绕组变压器, 变压器 220kV 侧与 110kV 侧的中性点均直接接地, 中、 低压侧均无电源且负荷不大。 系统、 线路、 变压器的正序、 零序标幺阻抗分别为 X_{1S}/X_{0S}、 X_{1L}/X_{0L}、 X_{1T}/X_{0T}, 当在变电站出口发生 220kV 线路 B 相接地故障时, 请画出复合序网图, 并说明变电站侧各相电流如何变化? 有何特征?

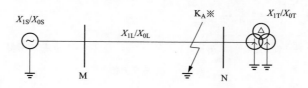

图 2-56 系统图

【解析】 (1) 复合序网图如图 2-57 所示。

(2) 变电站侧的各相电流及特征。由 B 相接地短路的边界条件 $\dot{U}_B = 0$, $\dot{I}_A = \dot{I}_C$ 得

$$\dot{I}_1 = \dot{I}_2 = \dot{I}_0 = \frac{\dot{E}}{j(X_{1\Sigma} + X_{2\Sigma} + X_{0\Sigma})}$$

$$X_{1\Sigma} = X_{1S} + X_{1L} \quad X_{2\Sigma} = X_{2S} + X_{2L} = X_{1S} + X_{1L} \quad X_{0\Sigma} = (X_{0S} + X_{0L}) // X_{0T}$$

由于中低压侧无电源且负荷不大, 可近似认为负荷阻抗为无穷大, 故可得变压器侧的各序电流为

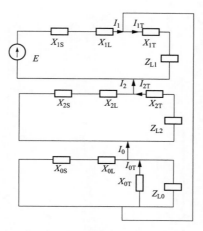

图 2-57　系统等值序网图

$$I_{1T} = I_{2T} = 0 \quad I_{0T} = I_0 (X_{0S} + X_{0L})/(X_{0S} + X_{0L} + X_{0T})$$

若忽略 A、C 相的负荷电流，则各相电流可近似为 $I_A = I_B = I_C = I_{0T}$。

7. 在如图 2-58 所示系统中Ⅰ、Ⅱ两台发变组容量、参数完全相同，但Ⅰ号变压器中性点接地，Ⅱ号变压器中性点不接地。M 母线对侧没有电源也没有中性点接地的变压器。各元件的各序阻抗角相同，短路前没有负荷电流。在 MN 线路上发生 A 相单相接地短路，分析 P、Q 处电流回答下述问题。

（1）P、Q 处有没有零序电流？

（2）P、Q 处 B、C 相上为什么有电流？该电流与 A 相电流什么相位关系？请画出相量图进行分析。

（3）P 处 A 相电流与 Q 处 A 相电流满足什么关系？

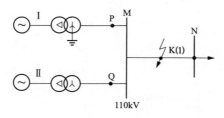

图 2-58　系统图

【解析】（1）P 处有零序电流，因为变压器中心点接地；Q 处没有零序电流，因为变压器中心点不接地。

（2）故障线路中 A 相的正序、负序、零序电流大小、相位都相同，故障线路中 B、C 相电流为零。上述正序、负序电流在Ⅰ、Ⅱ机组中平均分配，但零序电流只流入Ⅰ号变压器，不流入Ⅱ号变压器。由于两台机组正序、负序、零序电流分配系数不相等，所以 P 处的 B、C 相电流不为零，但相位与 A 相电流相同。Q 处的 B、C 相电流也不为零，相位与 A 相电流相反。P、Q 处相量图分别如图 2-59、图 2-60 所示。

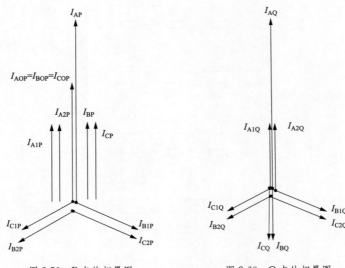

图 2-59　P 点处相量图　　　　图 2-60　Q 点处相量图

（3）由 P、Q 处相量图可知，P 处 A 相电流 I_{AP} 是 Q 处 A 相电流 I_{AQ} 的 2 倍。

8. 微机变压器保护的比例制动特性如图 2-61 所示。

动作值 $I_{cd}=2A$（单相）、制动拐点 $I_G=5A$（单相）、比例制动系数 $K=0.75$。

差流 $I_{cd}=BL_1 \times I_1+BL_2 \times I_2+BL_3 \times I_3$。

制动电流：$I_{zd}=\max（BL_1 \times I_1,\ BL_2 \times I_2,\ BL_3 \times I_3）$。

注：$BL_1=BL_2=BL_3=1$。

请计算当在高中压侧 A 相分别通入反相电流作制动特性时，$I_1=10A$，I_2 通入多大电流正好是保护动作边缘（I_1 高压侧电流，I_2 中压侧电流，I_3 低压侧电流，BL 为平衡系数）。

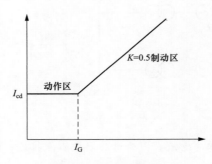

图 2-61　比例制动特性

【解析】根据比例制动特性，设高压侧电流 I_1 大于中压侧电流 I_2，即 I_1 作为制动电流。

$$K=\frac{I_1-I_2-I_{cd}}{I_1-I_G}=0.5,\quad \frac{10-I_2-2}{10-5}=0.75,\quad \text{可求出 } I_2=4.25A。$$

设高压侧电流 I_1 小于中压侧电流 I_2，即 I_2 作为制动电流。

$$K = \frac{I_2 - I_1 - I_{cd}}{I_2 - I_G} = 0.5, \frac{I_2 - 10 - 2}{I_2 - 5} = 0.75,可求出 I_2 = 33A$$

9. 如图 2-62 所示，一电源经某变电站 YNd11 变压器及断路器 DL1 接入 220kV 母线，在准备用断路器 DL2 与系统电源并网前，该站内 220kV 母线发生了 A 相接地短路，假设短路电流为 I_{AK}，变压器配置的分相差动保护是两侧 TA 接线为星—角接线方式，并设变压器零序阻抗小于正序阻抗。

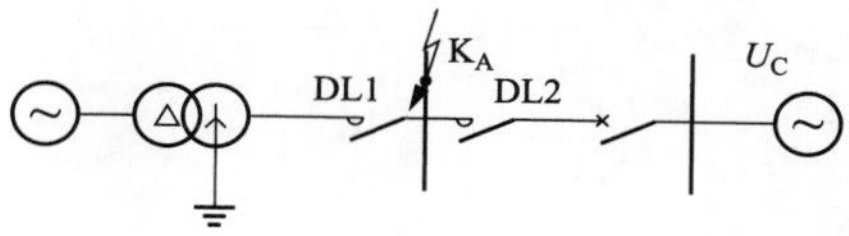

图 2-62　系统图

（1）画出差动保护两侧 TA 二次原理接线图（标出相对极性及差动继电器差流线圈）。

（2）画出故障时变压器两侧的电流、电压相量图及序分量图。

（3）计算差动保护各侧每相的电流及差流（折算到一次）。

（4）写出故障时各序功率的流向。

【解析】（1）画出的差动保护 TA 二次原理图如图 2-63 所示。

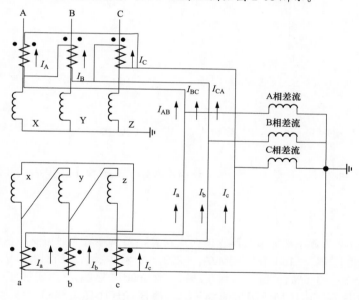

图 2-63　TA 二次原理图

（2）变压器高压侧接地故障时，设 A 相短路电流为 I_{AK}，则变压器高压侧电流、电压及序量向量图、变压器低压侧电流、电压向量图如图 2-64～图 2-67 所示。

（3）变压器低压侧各相短路电流

$$\dot{I}_{ak} = 2 \times \frac{\dot{I}_{AK}}{3}\cos30° = \frac{2}{3} \times \frac{\sqrt{3}}{2}\dot{I}_{AK} = \frac{\dot{I}_{AK}}{\sqrt{3}}, \dot{I}_{bk} = 0, \dot{I}_{ck} = -\dot{I}_{ak} = \frac{\dot{I}_{AK}}{\sqrt{3}}$$

由变压器高压侧流入各相差动继电器的电流为：

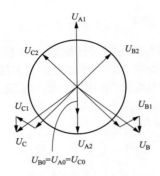

图 2-64 高压侧电压向量图

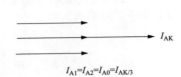

$I_{A1}=I_{A2}=I_{A0}=I_{AK/3}$

图 2-65 高压侧电流向量图

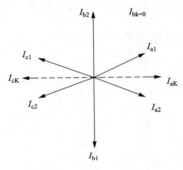

图 2-66 低压侧电压向量图

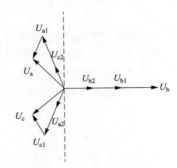

图 2-67 低压侧电流向量图

$$\text{A 相} \frac{\dot{I}_{BK} - \dot{I}_{AK}}{\sqrt{3}} = \frac{\dot{I}_{AK}}{\sqrt{3}}, \text{B 相} \frac{\dot{I}_{CK} - \dot{I}_{BK}}{\sqrt{3}} = 0, \text{C 相} \frac{\dot{I}_{AK} - \dot{I}_{CK}}{\sqrt{3}} = \frac{\dot{I}_{AK}}{\sqrt{3}}$$

A 相差动保护差流为 $I_{Ad} = \dfrac{\dot{I}_{AK}}{\sqrt{3}} - \dfrac{\dot{I}_{AK}}{\sqrt{3}} = 0$，B 相差动保护差流为 $I_{Bd} = 0$，C 相差动保护差流

为 $I_{Cd} = -\dfrac{\dot{I}_{AK}}{\sqrt{3}} + \dfrac{\dot{I}_{AK}}{\sqrt{3}} = 0$。

（4）零序功率及负序功率由故障点流向变压器，而正序功率则由变压器流向故障点。

10. 一台变压器：180/180/90MVA，$220 \pm 8 \times 1.25\%/121/10.5kV$，$U_{K1} - 2 = 13.5\%$，$U_{K1} - 3 = 23.6\%$，$U_{K2} - 3 = 7.7\%$，YNyn0d11 接线，高压加压中压开路阻抗值为 65Ω，高压开路中压加压阻抗值为 7Ω，高压加压中压短路阻抗值为 38Ω，高压短路中压加压阻抗值为 4Ω。计算主变压器正序、零序阻抗参数，用标幺值表示。基准容量 $S_j = 1000MVA$，三侧基准电压 230、121、10.5kV。

【解析】 主变压器正序阻抗参数为

高压侧

$$U_{K1}\% = \frac{1}{2}(U_{K1-2}\% + U_{K1-3}\% - U_{K2-3}\%) = \frac{1}{2}(0.135 + 0.236 - 0.077) = 14.7\%$$

中压侧

$$U_{K2}\% = \frac{1}{2}(U_{K1-2}\% + U_{K2-3}\% - U_{K1-3}\%) = \frac{1}{2}(0.135 + 0.077 - 0.236) = -1.2\%$$

低压侧

$$U_{K3}\% = \frac{1}{2}(U_{K1-3}\% + U_{K2-3}\% - U_{K1-2}\%) = \frac{1}{2}(0.236 + 0.077 - 0.135) = 8.9\%$$

高压侧正序阻抗 $X_{I*} = \frac{U_{K1}\%}{100} \times \frac{S_j}{S_e} \times \frac{U_e^2}{U_j^2} = 0.147 \times \frac{1000}{180} = 0.817$

中压侧正序阻抗 $X_{II*} = \frac{U_{K2}\%}{100} \times \frac{S_j}{S_e} \times \frac{U_e^2}{U_j^2} = -0.012 \times \frac{1000}{180} = -0.067$

低压侧正序阻抗 $X_{III*} = \frac{U_{K3}\%}{100} \times \frac{S_j}{S_e} \times \frac{U_e^2}{U_j^2} = 0.089 \times \frac{1000}{180} = 0.494$

高压加压中压开路阻抗 $Z_a = 65\Omega$

$$Z_a\% = \frac{Z_a}{Z_j} \times 100\% = \frac{65}{\frac{230^2}{180}} \times 100\% = 22.1\%$$

高压加压中压短路阻抗 $Z_d = 38\Omega$

$$Z_d\% = \frac{Z_d}{Z_j} \times 100\% = \frac{38}{\frac{230^2}{180}} \times 100\% = 12.9\%$$

中压加压高压开路阻抗 $Z_b = 7\Omega$

$$Z_b\% = \frac{Z_b}{Z_j} \times 100\% = \frac{7}{\frac{121^2}{180}} \times 100\% = 8.6\%$$

中压加压高压短路阻抗 $Z_c = 4\Omega$

$$Z_c\% = \frac{Z_d}{Z_j} \times 100\% = \frac{4}{\frac{121^2}{180}} \times 100\% = 4.9\%$$

低压侧零序阻抗 $Z_D = \sqrt{Z_b\% \times (Z_a\% - Z_d\%)} = 8.9\%$

高压侧零序阻抗 $Z_G = Z_a\% - Z_D\% = 13.2\%$

中压侧零序阻抗 $Z_Z = Z_b\% - Z_D\% = -0.3\%$

高压侧正序阻抗 $X_{I0*} = \frac{Z_G}{100} \times \frac{S_j}{S_e} \times \frac{U_e^2}{U_j^2} = 0.132 \times \frac{1000}{180} = 0.733$

中压侧正序阻抗 $X_{II0*} = \frac{Z_z}{100} \times \frac{S_j}{S_e} \times \frac{U_e^2}{U_j^2} = -0.003 \times \frac{1000}{180} = -0.017$

低压侧正序阻抗 $X_{III0*} = \frac{Z_D}{100} \times \frac{S_j}{S_e} \times \frac{U_e^2}{U_j^2} = 0.089 \times \frac{1000}{180} = 0.494$

11. 试分析 YNd11 变压器 Y0 侧断路器一相断开时 （见图 2-68） 两侧线电流的相量关系， 并绘图。

【解析】 当 Y0 侧 A、B 两相未断开作两相运行时，则变压器 Y0 侧有 $\dot{I}_{C1} + \dot{I}_{C2} + \dot{I}_{C0} = 0$ 且 $\dot{I}_{C2}$、$\dot{I}_{C0}$ 对 $\dot{I}_{C1}$ 的相位为 $180°$，Y0 侧各序电流如图 2-69 所示。

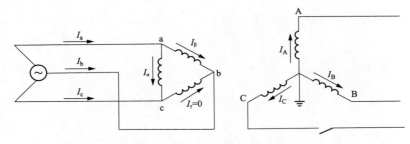

图 2-68 Y0/△-11 变压器系统图

三角形侧电流与 YN 侧电流之间的关系为 $\dot{I}_a = \dot{I}_\alpha - \dot{I}_\beta = (\dot{I}_A - \dot{I}_B)/\sqrt{3}$，对于序分量，易得以下关系 $\dot{I}_{a1} = \dot{I}_{A1} \angle 30°$，$\dot{I}_{a2} = \dot{I}_{A2} \angle -30°$，可得三角形侧相量关系如图 2-70 所示。

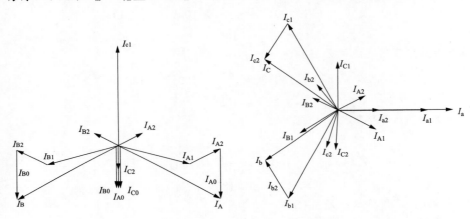

图 2-69 Y0 侧各序电流   图 2-70 △侧各序电流

12. 在 YNd11 组别变压器三角形侧发生 BC 两相短路时，对星形侧过电流、低电压保护有何影响？设变压器变比为 1。

（1）作出变压器正常运行时的电流相量图。

（2）求三角形侧故障电压及故障电流相量。

（3）用对称分量图解法分析，对星形侧过电流、低电压保护的影响。

（4）反映三角形侧两相短路的星形侧过电流元件、低电压元件、阻抗元件应如何接法。

【解析】（1）YNd11 组别变压器正常运行时：$I_{a\triangle} = I_{AY} - I_{BY}$、$I_{b\triangle} = I_{BY} - I_{CY}$、$I_{c\triangle} = I_{CY} - I_{AY}$，电流相量如图 2-71 所示。

（2）三角形侧 BC 故障，故障电流相量分析。设短路电流为 I_k，则三角形侧 $I_{a1} = -I_{a2} = I_k/\sqrt{3}$，$I_b = -I_c = I_k$

星形侧 $I_A = I_B = I_k/\sqrt{3}$，$I_C = 2I_k\sqrt{3}$，相量图如图 2-73 所示。

从图 2-72、图 2-73 可看出，星形侧有两相电流为 $I_K/\sqrt{3}$，有一相为 $2I_K/\sqrt{3}$，如果只有两相电流继电器，则有 1/3 的两相短路机会短路电流减少一半。

（3）故障电压相量分析。三角形侧 $U_b = U_c = -U_a/2$，相量图如图 2-74 所示。

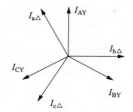

图 2-71　电流相量图

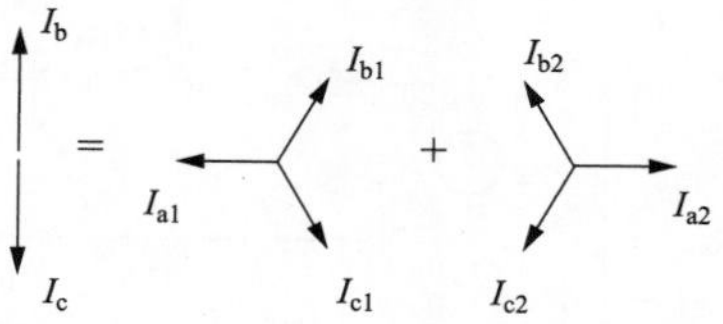

图 2-72　三角形侧电流相量图

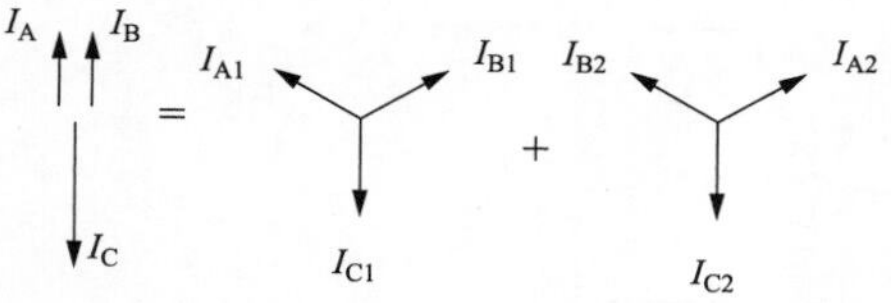

图 2-73　星形侧电流相量图

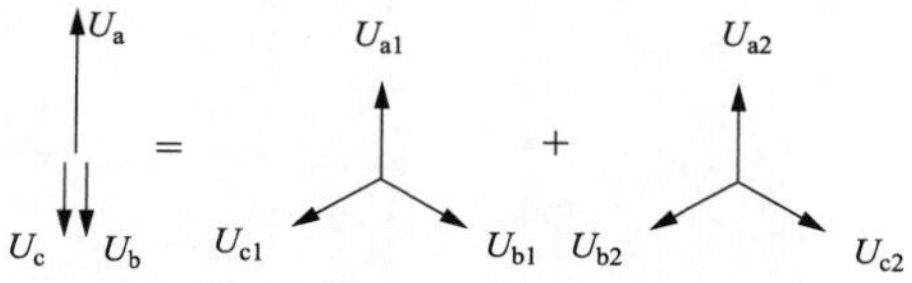

图 2-74　三角形侧电压相量图

星形侧 $U_A = -U_B = \sqrt{3}U_a/2$，相量图如图 2-75 所示。

在星形侧的相电压，有一相为 0，另两相为大小相等、方向相反的电压。

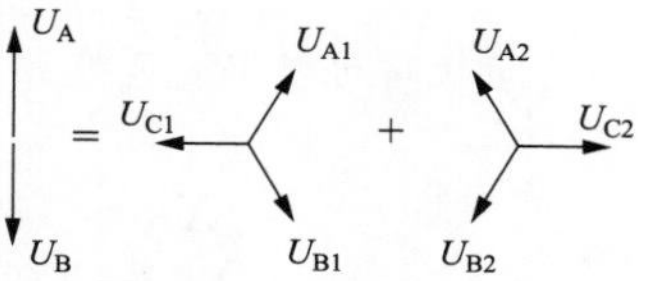

（4）反映三角形侧两相短路的星形侧过电流元件、低电压元件、阻抗元件，通过分析应采取如下接法：

电流元件：如果星形侧的 TA 为星形接线，则每侧均设电流元件；如果为两相式 TA，则 B 相电流元件接中性线电流（－B）相。

电压元件：三个电压元件接每相电压。

阻抗元件：按相电压和相电流接法。

图 2-75　星形侧电压相量图

13. 某 Ynd 接线组别变压器，三角形侧单相匝间短路，请画出复合序网图并计算短路匝绕组中的电流 I_W。

主变压器额定电压 35/10kV，容量 5MVA，短路匝数绕组 W_K，短路匝数比 $\alpha = 0.1$，经试验测量得各绕组间的短路阻抗分别为 $X_{K(1-2)} = 10\%$，$X_{K(1-K)} = 18\%$，$X_{K(2-K)} = 6\%$，M 侧系统正序阻抗 $Z_{M1} = 22.05\Omega$，$Z_{N1} = 4.2\Omega$（一次值），系统三序阻抗相等，励磁电流忽略不计，计算时可忽略所有电阻量，包括电弧电阻等（系统图见图 2-76）。

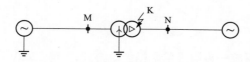

图 2-76　系统图

【解析】　以 5MVA 为基准容量，M 侧 $Z_B = 35^2/5 = 245\Omega$，N 侧 $Z_B = 10^2/5 = 20\Omega$，$Z_M^* = 0.09$，$Z_N^* = 0.21$。忽略励磁电流，主变压器各侧负序阻抗，零序阻抗与正序阻抗相等。复合序网图如图 2-77 所示。

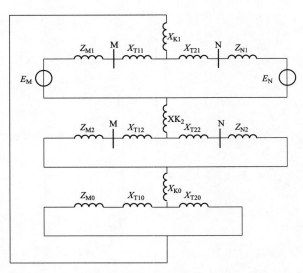

图 2-77 复合序网图

匝间短路可将 W_K 匝绕组看作 YN 接线的第三绕组，在该绕组端部单相接地。

$$X_{T1} = 1/2 \times [X_{K(1-2)} + X_{K(1-K)} - X_{K(2-K)}] = 0.11$$
$$X_{T2} = 1/2 \times [X_{K(1-2)} + X_{K(2-K)} - X_{K(1-K)}] = -0.01$$
$$X_{TK} = 1/2 \times [X_{K(1-K)} + X_{K(2-K)} - X_{K(1-2)}] = 0.07$$

可由此计算出

$$I_{K1} = I_{K2} = I_{K0} = 1/(Z_1 + Z_2 + Z_0 + Z_K) = 1/(0.1 + 0.1 - 0.01 + 3 \times 0.07) = 2.5$$
$$I_K^* = 3 \times I_{K1} = 7.5$$

低压侧基准电流 $I_B = S_B / (\sqrt{3} U_B) = 289$（A）

折算到低压侧有名值 $I_{KN} = I_K^* I_B = 2167.5$（A）

考虑到低压侧绕组三角形接线，得故障点电流为 $I_K = I_{KN}/\sqrt{3} = 12514$（A）

有低压侧故障电流为 $I_N^* = I_{N1} + I_{N2} + I_{N0} = 2.5/2 + 2.5/2 + 2.5 \times 0.2/0.19 = 5.14$，

$I_N = 3.37 \times 289 = 1485$（A），$I_W = I_K - I_N/\sqrt{3} = 11657$（A）。故障电流简图如图 2-78 所示。

图 2-78 故障电流简图

14. 目前铁路供电系统一般均采用两相供电方式，某 220kV 牵引站的变压器 T 为单相变压器，系统如图 2-79 所示。

图 2-79 系统图

假设变压器 T 满负荷运行，母线 M 的运行电压和三相短路容量分别为 220kV 和 1000MVA，输电线路为两相供电线路，线路长度对系统阻抗的影响可忽略不计，断路器 QF 保护设有负序电压和负序电流稳态启动元件，定值分别为 18kV 和 115A（一次值）。变压器参数为 220kV/27.5kV，50MVA。

问：（1）忽略谐波因素，该供电系统对一、二次系统有何影响？

（2）负序电压和负序电流启动元件能否启动？

【解析】（1）由于正常运行时，有负序分量存在，所以负序电流对一次系统的发电机有影响，负序电压和负序电流对采用负序分量的保护装置有影响。

（2）计算负序电流。正常运行的负荷电流为 $I = \dfrac{S}{U} = \dfrac{50 \times 1000}{220} = 227$（A）

负序电流为 $I_2 = \dfrac{I}{\sqrt{3}} = \dfrac{227}{\sqrt{3}} = 131$（A）

可知，正常运行的负序电流值大于负序电流稳态启动元件的定值 115A，所以负序电流启动元件能启动。

系统等值阻抗为

$$Z = \frac{U_B{}^2}{S_B} = \frac{220^2}{1000} = 48.4(\Omega)$$

负序电压为 $U_2 = ZI_2 = 48.4 \times 131 = 6340V = 6.34$（kV）

可知，正常运行的负序电压值小于负序电压启动元件的定值 18kV，所以负序电压启动元件不能启动。

第三节　电力系统稳定

一、单选题

1. 原理上不受电力系统振荡影响的保护有：（D）。

A. 电流保护　　　　B. 距离保护

C. 电压保护　　　　D. 电流差动纵联保护和相差保护

【解析】振荡时电流、电压均会随功角变化而变化，但差动保护不会受到影响。

2. 系统发生振荡时，（A）可能发生误动作。

A. 距离保护　　B. 零序电流保护　　C. 电流差动保护　　D. 不会有保护动作

【解析】振荡时电流、电压均会随功角变化而变化，但差动保护不会受到影响。

3. 电力系统发生振荡时，各点电压和电流（B）。

A. 均会发生突变　　　　　　　　B. 均作往复性摆动

C. 在振荡的频率高时会发生突变　　　　D. 之间的相位角基本不变

【解析】（1）振荡时，电压、电流及测量阻抗幅值均做周期性的变化，变化缓慢；而短路时电流突然增大，电压突然减小，变化速度快。

（2）振荡时，三相完全对称，无负序或零序分量；短路时，总要长期（不对称短路）或间断（对称短路）出现负序电流（接地故障时还有零序电流）。

4. 系统短路时电流、电压是突变的，而系统振荡时电流、电压的变化是（D）。

A. 缓慢的　　　　　　　　　B. 与三相短路一样快速变化

C. 之间的相位角基本不变   D. 缓慢的且与振荡周期有关

【解析】 见振荡特征。

5. 超高压输电线单相跳闸熄弧较慢是由于 （D）。

A. 短路电流小   B. 短路电流大   C. 单相跳闸慢   D. 潜供电流影响

【解析】 超高压输电线单相跳闸熄弧较慢受潜供电流影响最大。

6. 需要振荡闭锁的继电器有 （D）。

A. 零序电流继电器　　　　　　　B. 工频变化量距离继电器

C. 多相补偿距离继电器　　　　　D. 极化量带记忆的阻抗继电器

【解析】 振荡一般会导致距离继电器误动作，但是振荡时由于三相仍对称、不突变、不产生序分量，故工频变化量距离继电器和零序电流继电器均不会误动。此外，多相补偿距离继电器反映相间补偿电压的三角形面积，该距离继电器最大的优点就是在系统振荡时不会误动作，以及不受过负荷的影响。

7. 电力系统在很小的干扰下，能独立地恢复到它初始运行状况的能力，称为 （C）。

A. 暂态稳定   B. 动态稳定   C. 静态稳定   D. 系统的抗干扰能力

【解析】 为使系统正常运行，按静态稳定要求，系统中任一输电回路在正常情况和规定的事故后传输的有功功率，必须低于稳定运行所允许的最大传输极限，并保留合理裕度，不因传输功率或系统电压等的正常波动而使所连接的两端电源系统间的电动势角差非周期性地增大，导致同步运行稳定性的破坏。

8. 电力系统振荡时，母线电压与线路振荡电流间的夹角，特点为 （A）。

A. 母线电压与线路振荡电流间的夹角在很大范围内变化

B. 母线电压超前振荡电流的角度等于原有负荷阻抗角

C. 母线电压超前振荡电流的角度等于线路阻抗角

D. 不确定

【解析】 系统振荡时保护安装处电压、电流随 δ 而周期变化；输电线路发生短路故障时，保护安装处的电压降低、电流增大是突变的。因此，对于保护安装处测量阻抗 $Z_m = U_M / I$ 来说，短路故障时 Z_m 由负荷阻抗突变为线路阻抗；系统振荡时 Z_m 是缓慢变化的。顺便指出，Z_m 的阻抗角 $\varphi_m = \arg(U_M / I)$，即 φ_m 就是保护安装处电压与电流间的相角差。系统振荡时，φ_m 随 Z_m 的变化在大范围内变化，而短路故障时 $\varphi_m = \varphi_{Line}$ 不发生变化。

9. 电力系统振荡时，若振荡中心在本线内，三段阻抗元件的工作状态是 （B）。

A. 不会动作   B. 周期性地动作及返回   C. 一直处于动作状态   D. 不确定

【解析】 假如系统振荡时阻抗继电器会误动，继电器也并不是在振荡期间一直处于动作状态的。继电器只有在两侧电动势的夹角在 180°左右时才会误动。

10. 在振荡中发生对称故障时，下面哪一个判据可开放保护? （A）

A. 振荡轨迹半径检测法   B. 序分量法   C. 阻抗不对称法   D. 多相补偿法

【解析】 振荡轨迹半径检测法可在振荡中发生对称故障时，开放保护。

11. 系统的 （B） 电力是指系统在发生故障或断开线路等大的扰动后仍能保持同步稳定运行。

A. 静稳定   B. 暂态稳定   C. 动态稳定   D. 同步稳定

【解析】 暂态稳定是电力系统发生故障或断开线路等引起大扰动的操作时，保持事件后系统的同步运行稳定性，即过渡到新的或恢复到原来的稳定运行状态。暂态稳定定义为要求在事件后的第一个或第二个摆动周期内，受影响发电机组（或部分系统）不对系统其余部分失去同步。

12. 电力系统发生振荡时，振荡中心电压的波动幅度　（C）。

A. 不变　　　　B. 最小　　　　　　C. 最大　　　　　　　　D. 不一定

【解析】 振荡中心电压 $U_z = E_\varphi |\cos(\delta/2)|$，当 δ 在 $0° \sim 360°$ 范围内变化时，U_z 随 δ 角的变化十分剧烈，当 $\delta = 180°$ 时，$U_z = 0$，相当于在该点上发生了三相短路。

13. 除大区系统间的弱联系联络线外，系统最长振荡周期可按　（B）　考虑。

A. 1s　　　　　B. 1.5s　　　　　　C. 2s　　　　　　　　D. 2.5s

【解析】 当电力系统发生振荡时，两侧电动势之间的夹角 δ 将在 $0° \sim 360°$ 间不断变化，δ 在两个 $180°$ 变化一周（总共 $360°$）所需要的时间称为振荡周期。工程中最长的振周期按 1.5s 考虑。面对于两大系统间的振荡一般是低频振荡，振荡周期可能达到 3 或更长一些。

14. 某线路保护装置距离保护定值整定为 I、II 段经振荡闭锁，III 段不经振荡闭锁，则当在 I 段保护范围内发生单相故障且 0.25s 之后，发展成三相故障，此时将由距离保护　（C）　切除故障。

A. III 段　　　　B. II 段　　　　　C. I 段　　　　　　D. 无保护会动作

【解析】 在正常运行情况下发生短路时振荡闭锁应开放保护，允许距离保护去切除区内故障。但是如果振荡闭锁在短路后长期开放保护，那么假如系统由于区外短路后失去暂态稳定引起振荡的时候，距离保护又将会误动。所以在短路后振荡闭锁既要开放保护，但又不能长期开放。由于阻抗继电器在振荡时是在两侧电动势的夹角拉开得比较大时才会误动的。例如保护线路 80% 的距离保护第 I 段，其阻抗继电器一般在两侧电动势的夹角大于 $120° \sim 130°$ 后才开始动作。而振荡时第一个振周期是较长的，据统计，实际记录到的在第一个振荡周期中两侧电动势的夹角到达 $180°$ 前的前半个振荡周期最短的时间也有 0.4s，而到达 $120°$ 前的时间也在 0.2s 以上。所以由于短路引起系统振荡，并导致阻抗继电器在第一个振荡周期误动，发生在短路后的 200ms 以后。所以如果在 200ms 前振荡闭锁又重新将保护闭锁，即可避免在随后的振荡中距离保护的误动。所以短时开放保护的时间不能大于 200ms。但是，开放保护的时间也不能太短，应保证在距离保护第 I 段范围内发生短路时距离保护第 I 段能可靠切除故障。考虑到足够的裕度后，这时间应大于 100ms。所以短时开放保护的时间应控制在 $120 \sim 200$ms 内，例如短时开放 160ms。

15. 对于距离保护振荡闭锁回路　（D）。

A. 先振荡而后故障时保护可不动作
B. 先故障而后振荡时保护可无选择动作
C. 先振荡而后故障时保护可无选择动作
D. 先故障而后振荡时保护不致无选择动作

【解析】 对于正常运行时发生的第一次短路，振荡闭锁实行短时开放保护的方法：在正常运行情况下发生短路时振荡闭锁应开放保护，允许距离保护去切除区内故障。对于区外短路在上述短时开放保护时间（例如 160ms）以后又紧接着发生区内短路、在振荡中又发生区内短路以及在非全相运行中运行相上又发生短路这三种情况下，振荡闭锁都应开放保护，允许距离保护 I、II 段切除区内故障。

16. 当电力系统振荡时，阻抗继电器的工作状态是（D）。

A. 继电器不会动作

B. 继电器一直处于动作状态

C. 继电器周期性地动作及返回

D. 继电器可能不动作，也可能周期性地动作及返回

【解析】 假如系统振荡时阻抗继电器会误动，继电器也并不是在振荡期间一直处于动作状态的。继电器只有在两侧电动势的夹角在 $180°$ 左右时才会误动。

17. 具有相同整定值的下列阻抗继电器中，受系统振荡影响最大的是（D）。

A. 四边形方向阻抗继电器　　　　B. 方向阻抗继电器

C. 偏移圆阻抗继电器　　　　　　D. 全阻抗继电器

【解析】 全阻抗继电器包含振荡区域的面积最大，故受系统振荡影响最大。

18. 并列运行的发电机之间，在小干扰下发生的频率在（C）Hz 范围内的持续振荡现象称为低频振荡。

A. 0.2～0.5　　　　B. 2.5～5　　　　C. 0.2～2.5　　　　D. 1.5～2.5

【解析】 低频振荡产生的原因是电力系统的负阻尼效应常出现在弱联系、远距离重负荷输电线路上在采用快速、高放大倍数励磁系统的条件下更容易生。

19. 下面的说法中正确的是（B）。

A. 系统发生振荡时电流和电压值都往复摆动，并且三相严重不对称

B. 有一电流保护其动作时限为 4s，在系统发生振荡时它不会误动作

C. 零序电流保护在电网发生振荡时容易误动作

D. 距离保护在系统发生振荡时容易误动作，所以系统发生振荡时应断开距离保护投退连接片

【解析】 考虑系统振荡最长周期一般为 1.5s，电流保护动作时限为 4s 时，能躲过振荡，不会误动作。

二、多选题

1. 对于远距离超高压输电线路，一般在输电线路的两端或一端变电所内装设三相对地的并联电抗器，其作用是（BC）。

A. 限制线路故障时的短路电流

B. 对于使用单相重合闸的线路，限制潜供电容电流、提高重合闸的成功率

C. 为吸收线路容性无功功率、限制系统的操作过电压

D. 消除长线路低频振荡，提高系统稳定性

【解析】 其作用是：削弱空载或轻负载线路中的电容效应，降低工频暂态过电压，并限制操作过电压的幅值；改善沿线电压分布，提高负载线路中的母线电压，增加了系统稳定性及送电能力；改善轻负载线路中的无功分布，降低有功损耗，提高送电效率；降低系统工频稳态电压，便于系统同期并列；有利于消除同步电动机带空载长线路时可能出现的自励磁谐振现象；采用电抗器中性点经小电抗接地的办法来补偿线路相间及相对地的电容，加速潜供电流导致电弧自熄灭，有利于单相快速重合闸的实现。

2. 电力系统振荡时，电压要降低、电流要增大，与短路故障时相比，特点为（CD）。

　　A. 振荡时电流增大与短路故障时电流增大相同，电流幅度值增大保持不变

　　B. 振荡时电压降低与短路故障时电压降低相同，电压幅值减小保持不变

　　C. 振荡时电流增大是缓慢的，与振荡周期大小有关，短路故障电流增大是突变的

　　D. 振荡时电流增大与短路故障时电流增大不同，前者幅值要变化，后者进入稳态后幅值不再发生变化

　　【解析】　电力系统振荡时系统各点电压和电流均作往复性摆动，而短路时电流、电压值是突变的。此外，振荡时电流、电压值的变化速度较慢；而短路时电流、电压值突然变化量很大。

　　3. 电力系统容易发生低频振荡的情况是 （BC）。

　　A. 强联系、近距离的输电线路上

　　B. 弱联系、远距离、重负荷的输电线路上

　　C. 在采用快速、高放大倍数的励磁系统上

　　D. 在采用慢速、低放大倍数的励磁系统上

　　【解析】　并列运行的发电机间在小干扰下发生的频率为 $0.2 \sim 2.5\,Hz$ 范围内的持续振荡现象低频振荡。低频振荡产生的原因是电力系统的负阻尼效应常出现在弱联系、远距离重负荷输电线路上在采用快速、高放大倍数励磁系统的条件下更容易生。

　　4. 不需要考虑振荡闭锁的继电器有 （BC）。

　　A. 极化量带记忆的阻抗继电器　　B. 工频变化量距离继电器

　　C. 多相补偿距离继电器　　D. 序分量距离继电器

　　【解析】　工频变化量距离继电器：系统振荡时保护范围末端电压的变化相隔一个周期的两个电压差很小，其值总是小于额定电压的，所以继电器不动作。多相补偿距离继电器反映相间补偿电压的三角形面积，该距离继电器最大的优点就是在系统振荡时不会误动作，以及不受过负荷的影响。

　　5. 在超高压系统中，提高系统稳定水平措施为 （ACD）。

　　A. 尽可能快速切除故障　　B. 电网结构已定，提高线路有功传输

　　C. 采用快速重合闸或采用单重　　D. 串补电容适当配置稳控装置

　　【解析】　提高电力系统暂态稳定水平的主要措施有：串联电容补偿、中间并联补偿、增设线路、快速切除短路故障、自动重合闸。

　　6. 衡量电能质量的指标是 （ABC）。

　　A. 电压　　　　B. 频率　　　　C. 波形　　　　D. 网损率

　　【解析】　衡量电能质量的指标是电压、频率、波形。

　　7. 下列保护在系统发生振荡时会误动作 （ABD）。

　　A. 距离保护　　B. 高频距离保护　　C. 电流差动保护　　D. 过电流保护

　　【解析】　系统振荡时保护安装处电压、电流随 δ 而周期变化，因此以电流、电压为判据的保护均有可能误动，但差动保护是对各侧电流量进行同一时刻的差值运算，故不受振荡的影响。

　　8. 电力系统发生全相振荡时，（CD） 不会发生误动。

　　A. 阻抗元件　　B. 电流速断元件　　C. 分相电流差动元件　　D. 零序电流速断元件

　　【解析】　系统振荡时保护安装处电压、电流随 δ 而周期变化，因此以电流、电压为判据的保护均有可能误动，但差动保护是对各侧电流量进行同一时刻的差值运算，故不

受振荡的影响；同时由于全相振荡时不产生零序、负序分量，故零序电流速断元件也不会误动。

9. MN 线路为双侧电源线路，振荡中心落在本线路上，当两侧电源失去同步发生振荡时，对圆或四边形阻抗特性的方向阻抗元件，下列说法正确的是（AC）。

A. Ⅱ、Ⅲ段阻抗元件均要动作

B. Ⅱ段阻抗元件返回时两侧电势的夹角一定小于180°

C. Ⅱ段阻抗元件动作期间，有 $\left|\dfrac{dR_m}{dt}\right| > \left|\dfrac{dX_m}{dt}\right|$，$R_m$、$X_m$ 为继电器的测量电阻和电抗

D. 以上均不正确

【解析】 Ⅱ、Ⅲ段保护线路全长，故当振荡中心落在本线路上时，其阻抗元件均会动作；Ⅱ段阻抗元件返回时两侧电动势的夹角一定大于180°；振荡过程中，测量阻抗中的电阻变化率大于电抗变化率。

10. 双电源系统发生振荡时，两侧等值电动势夹角 δ 进行 0°～360° 变化，其电气量变化特点为（AC）。

A. 离振荡中心越近，电压变化越大

B. 测量阻抗中的电抗变化率大于电阻变化率

C. 测量阻抗中的电阻变化率大于电抗变化率

D. δ 偏离 180° 越大，测量阻抗变化率越小

【解析】 测量阻抗（率）变化图如图 2-80 所示。振荡中心电压 $U_Z = E_\varphi |\cos(\delta/2)|$，当 δ 在 0°～360° 范围内变化时，U_Z 随 δ 角的变化最为剧烈。

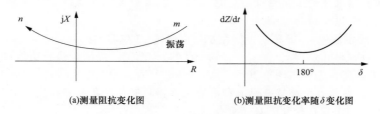

(a)测量阻抗变化图　　　　　　　(b)测量阻抗变化率随 δ 变化图

图 2-80　测量阻抗（率）变化图

11. 对于采用 $|\dot{I}_2| + |\dot{I}_0| > m|\dot{I}_1|$ 振荡闭锁开放判据的距离保护，在振荡时下列动作行为说法正确的是（ABCD）。

A. 如果振荡中心 C 在区内，在区内 F 点发生不对称故障，距离保护能动作，但切除故障可能略带延时

B. 如果振荡中心 C 在区外，在区内 F 点发生不对称故障，距离保护能动作，但切除故障可能略带延时

C. 如果振荡中心 C 在区内，而在区外 F 点发生不对称故障，距离保护可能误动

D. 如果振荡中心 C 在区外，而在区外 F 点发生不对称故障，距离保护不会误动

【解析】 对于采用 $|\dot{I}_2| + |\dot{I}_0| > m|\dot{I}_1|$ 振荡闭锁开放判据的距离保护，如果振荡中心 C 在区内，在区内 F 点发生短路，此时要求振荡闭锁开放保护；如果振荡中心 C 在区

外，在区内 F 点发生短路，此时也要求振荡闭锁开放保护；如果振荡中心 C 在区内，而在区外 F 点发生短路，此时阻抗继电器的动作行为是：对于金属性短路，故障相或故障相间的阻抗继电器是不动作的，对于经过渡电阻短路，分析表明，故障相或故障相间的阻抗继电器在振荡期间，当角在 180°左右时可能会误动，其余角度可靠不动。而非故障相或非故障相间的阻抗继电器在振荡期间由于振荡中心在区内，当 δ 角在 180°左右时也可能会误动，其余角度可靠不动作；如果振荡中心 C 在区外，而在区外 F 点发生短路，此时阻抗继电器的动作行为是：无论是金属性短路还是经过渡电阻短路，分析表明故障相或故障相间的阻抗继电器在振荡期间是一直不动作的，而非故障相或非故障相间的阻抗继电器在振荡期间由于振荡中心也在区外，继电器也一直不动作，此时振荡闭锁无论是否开放，保护都不会造成距离保护的误动作。

三、判断题

1. 在电力系统中，负荷吸取的有功功率与系统频率的变化呈正比，系统频率升高时，负荷吸取的有功功率随着增高，频率下降时，负荷吸取的有功功率随着下降。（√）

【解析】有功功率与系统频率的变化有关，无功功率与系统电压的变化有关。

2. 电力系统的不对称故障有系统振荡、三种单相接地、三种两相短路接地、三种两相短路和断线故障。（×）

【解析】系统振荡不属于不对称故障。

3. 系统振荡时，变电站现场观察到表计每秒摆动两次，系统的振荡周期应该是 0.2s。（×）

【解析】$T=1/2=0.5s$。

4. 所有减小加速面积、增大减速面积的措施，均可提高发电机高电力系统动态稳定水平。（×）

【解析】所有减小加速面积、增大减速面积的措施，均可提高发电机高电力系统暂态稳定水平。

5. 在电力系统调节设备中，发电机的快速励磁装置有利于系统的动态稳定。（×）

【解析】在电力系统调节设备中，发电机的快速励磁装置有害于系统的动态稳定。

6. 振荡时母线电压变化与距离振荡中心位置有关，离振荡中心越远变化越小，越靠近电源则母线电压基本不变。（√）

【解析】振荡时母线电压变化与母线离振荡中心位置有关，位于振荡中心处时变化最大，严重时与三相短路相似，距离振荡中心越远，变化越小。

7. 非全相振荡时产生的零序电流不可能大于此时再发生接地故障时，故障分量中的零序电流。（×）

【解析】非全相振荡时的零序电流有可能大于此时再发生接地故障时故障分量中的零序电流。

8. 同样的整定值，在系统发生振荡情况下，全阻抗继电器受振荡的影响最大，而椭圆继电器所受的影响最小。（√）

【解析】在振荡过程中椭圆继电器受影响的面积最小，故所受的影响最小。

9. 外部故障转换时的过渡过程是造成距离保护稳态超越的因素之一。（×）

【解析】外部故障转换时的过渡过程是造成距离保护暂态超越的因素之一。在线路发生短路故障时，由于各种原因，会使得保护感受到的阻抗值比实际线路的短路阻抗值小，使得下一条线路出口短路（即区外故障）时，保护出现非选择性动作，即所谓超越。超越有暂态超越和稳态超越两种：暂态超越是由短路的暂态分量引起的，继电器仅短时动作，一旦暂态分量衰减继电器就返回；稳态超越是由短路处的过渡电阻引起的。

10. 暂态稳定是电力系统受到小的扰动后，能自动的恢复到原来运行状态的能力。
（×）

【解析】 静态稳定是电力系统受到小的扰动后，能自动恢复到原来运行状态的能力。

11. 电力系统发生振荡时可能会导致阻抗元件误动作，因此突变量阻抗元件需经振荡闭锁元件控制。
（×）

【解析】 突变量阻抗元件不反映系统振荡。

12. 在构成环网运行的线路中，允许设置预定的一个解列点或一回解列线路。 （√）

【解析】 为保证系统稳定运行，在构成环网运行的线路中，允许设置预定的一个解列点或一回解列线路。

13. 双电源系统发生振荡时，对于安装在送电侧的距离继电器，阻抗轨迹将由右向左运动，这种变化方式说明保护安装侧运行频率高于系统频率，本侧为加速侧，反之，本侧为减速侧。
（√）

【解析】 双电源系统发生振荡时，在系统图中连接 E_S、E_R，阻抗轨迹在连线右侧时，送电角（两侧电动势夹角）小于 $180°$，此时送电侧的距离继电器阻抗轨迹由右向左运动，E_S 侧电源系统加速，δ 角增大 E_S 侧频率 E_R 侧频率。

14. 距离保护的整定值大于保护安装点至振荡中心之间的阻抗值，则在系统发生故障而振荡时不会误动作。
（×）

【解析】 距离保护的整定值小于保护安装点至振荡中心之间的阻抗值则不会误动作。

15. 当系统最大振荡周期为 1.5s 时，动作时间不小于 0.5s 的距离 I 段，不小于 1s 的距离保护 II 段和不小于 1.5s 的距离保护 III 段均可不经振荡闭锁控制。 （√）

【解析】 当系统最大振荡周期为 1.5s 时，动作时间不小于 0.5s 的距离 I 段，不小于 1s 的距离保护 II 段和不小于 1.5s 的距离保护 III 段均可以靠延时躲过振荡的影响。

16. 阻抗继电器的工作电压在区外故障和系统振荡时，继电器的工作电压总是对应于一次系统保护整定点的电压。
（√）

【解析】 阻抗继电器的工作电压不应受系统振荡和区外故障的影响。

17. 系统振荡时，线路发生断相，零序电流与两侧电势角差的变化无关。 （×）

【解析】 系统振荡时，线路发生断相，零序电流与两侧电势角差的变化有关。

18. 工频变化量阻抗继电器不反应系统振荡，但可能在系统振荡情况下解列点解列时误动。
（×）

【解析】 工频变化量阻抗继电器在解列点因系统振荡而解列时也不会误动。

19. 一般距离保护振荡闭锁工作状态是正常与振荡时不动作、闭锁保护，系统故障时开放保护。
（√）

【解析】 为防止距离保护因振荡而误动作，需要在可能受影响的距离保护工作机制中增加振荡闭锁，这种闭锁时只有在故障时对距离保护开放的，其余时间均闭锁。

20. 当电力系统发生振荡时，一般第一个和最后一个振荡周期比较长。 （√）

【解析】 两侧电源频差越大，振荡周期越短，振荡越严重，频差越小，振荡周期越长，振荡越容易平息。第一个和最后一个振荡比较平缓，故周期较长。

21. 系统振荡时各点电流值均作往复性摆动，过电流保护有可能误动，由于一般情况下振荡周期较短，当保护装置的时限大于 0.5～1s 时，就能躲过振荡误动。　　　（×）

【解析】　当系统最大振荡周期为 1.5s 时，保护装置的时限必须大于此值，才能躲过振荡影响。

22. 零序电流保护不反应电网正常负荷、全相振荡和相间短路。　　　（√）

【解析】　正常负荷、振荡时系统三相仍对称，不产生零序分量，相间短路时只有正、负序分量，无零序分量。

四、填空题

1. 两侧电源频差越大，振荡周期越<u>短</u>，振荡越严重，频差越小，振荡周期越<u>长</u>，振荡越容易平息。

【解析】　振荡周期 $T=1/(f_M-f_N)$。

2. 要加强电网安全稳定性，就要从<u>电网结构</u>上完善振荡、低频、低压解列等装置的配置。

【解析】　有一个合理的电网结构是电网安全稳定运行的基本条件。

3. 电力系统振荡时继电保护不能发生<u>误动作</u>，但在振荡过程中发生对称或不对称短路故障时，继电保护应<u>有选择性</u>的动作，快速切除短路故障。

【解析】　由于振荡可通过一些措施加以解决，可有效防止一个大系统解列成若干个小系统，因此我国一般规定保护此时不能误动作（预置为解列点的除外），但在振荡时发生短路时，保护应能可靠、有选择性动作。

4. 电气制动是故障切除后在电厂母线上短时投入一个电阻器，以吸收发电机组因故障获得的加速能量，使发电机组在故障切除后快速减速，减小最大摇摆角，达到提高<u>暂态稳定</u>水平的目的。

【解析】　电阻器可用于吸收能量，提高暂态稳定水平。

5. 某系统发生振荡，两侧电源夹角在 120°～240° 期间阻抗继电器误动作，当振荡周期为 1.8s 时，当阻抗继电器动作时间小于<u>0.6s</u>会误动作。

【解析】　$T=(120/360)\times1.8$。

6. 合理确定重合闸时间，可显著提高重合于故障未消失线路上时的系统<u>暂态稳定性</u>。

【解析】　自动重合闸可恢复因瞬时故障断开的线路，而且在连续故障情况下保持系统完整性，避免扩大事故。自动重合闸可增大减速面积，因而可提高系统暂态稳定水平，因此，确定合理的重合闸时间，可使减速面积增大到最大值，从而提高系统暂态稳定。

7. 快速励磁如果不采取特别措施，会使发电机出现负阻尼效应，可能引发系统的<u>低频振荡</u>事故。

【解析】　并列运行的发电机间在小干扰下发生的频率为 0.2～2.5Hz 范围内的持续振荡现象叫低频振荡。低频振荡产生的原因是电力系统的负阻尼效应常出现在弱联系、远距离重负荷输电线路上在采用快速、高放大倍数励磁系统的条件下更容易生。

8. 提高静态稳定的措施是增大运行中发电机的同步力矩储备，主要是减小发电机到系统的联系总阻抗值和提高送受端的<u>运行电压</u>，或降低发电机的<u>有功功率</u>。

【解析】 表征系统静态稳定"牢固性"的静态稳定储备系数 $K_R = (P_{max} - P_0) / P_{max}$，其中 $P_{max} = EU/X$，因此减小发电机到系统的联系总阻抗值和提高送受端的运行电压，均可提高静态稳定性。

9. 动态稳定是不因系统运行状态的<u>正常波动</u>或在<u>系统发生短路故障</u>等大的扰动后，引起系统电源间电动势角差的周期性振荡发散，导致同步运行稳定性的破坏。

【解析】 电力系统动态稳定的定义。

10. 暂态稳定是电力系统发生<u>故障</u>或<u>断开线路</u>等引起大扰动的操作时，保持事件后系统的同步运行稳定性，即过渡到新的或恢复到原来的稳定运行状态。

【解析】 暂态稳定的定义。

11. 电力系统中的保护装置，除了预先规定的解列点外，都不允许因<u>系统振荡</u>引起误动作。

【解析】 保护装置不允许因系统振荡误动作，以防止大系统解列成若干小系统后恢复时间较长。

12. <u>动态稳定</u>是不因系统运行状态的正常波动或在系统发生短路故障等的大扰动后，引起系统电源间电动势角差的周期性振荡发散，导致同步运行稳定性的破坏。

【解析】 电力系统的动态稳定性，是包括系统调节设备（发电机组的调速器和调压器）与电力系统本身（包括电源及负荷）在内的整个电力系统的综合调节稳定性。

13. 在同样情况下某一点发生<u>三相短路</u>时暂态稳定最严重，单相接地短路时暂态稳定要好得多。

【解析】 三相短路对系统的破坏水平是最大的。

14. 按照我国现行规程，电力系统同步运行稳定分为三类，即<u>静态稳定</u>、<u>暂态稳定</u>和<u>动态稳定</u>。

15. 电力系统在运行中，必须同时满足三种稳定性，即<u>同步运行稳定</u>、<u>频率稳定</u>和<u>电压稳定</u>。

【解析】 失去同步运行稳定，后果是系统发生失步，引起系统中枢点电压、输电设备中的电流和电压大幅度周期性波动，电力系统因不能继续向负荷正常供电而不能继续运行，当处理不好时，其后果是电力系统大面积停电；失去频率稳定，后果是系统发生频率崩溃，引起系统全停电；失去电压稳定，后果是系统的电压崩溃，使受影响的地区停电。

五、简答题

1. 并联电抗器一般安装于超、特高压线路中，请简述其主要用途。

【解析】 主要用途为：①补偿容性无功；②降低线路上的工频过电压；③中性点连接小电抗使单相接地时的潜供电流幅值降低而易于自灭，提高重合闸成功率；④有利于消除同步电机带空载长线时可能出现的自励磁现象。

2. 请简述电力系统振荡和短路的区别。

【解析】

（1）电力系统振荡时系统各点电压和电流均作往复性摆动，而短路时电流、电压值是突变的。此外，振荡时电流、电压值的变化较慢，而短路时电流、电压值突然变化量很大。

（2）振荡时系统任何一点电流与电压之间的相位角都随功角δ的变化而变化；而短路时，电流和电压之间的相位角基本不变。

3. 低频低压解列装置有什么作用？ 防止低频减载装置误动作的措施有哪些？

【解析】 功率缺额的受端小电源系统中，当大电源切除后，发、供功率严重不平衡，将造成频率或电压的降低，如用低频减载不能满足发供电安全运行时，须在发供平衡的地点装设低频低压解列装置。

防误动的闭锁措施有：时限闭锁、频率闭锁、滑差闭锁、电压闭锁（电流闭锁）。

4. 负荷调节效应是否对系统运行有积极作用， 为什么？

【解析】 系统中发生有功功率缺额而引起频率下降时，负荷调节效应的存在会使相应的负荷功率也跟着减小，从而对功率缺额起着自动补偿的作用，系统才得以稳定在一个较低的频率上继续运行；否则，缺额得不到补偿，变成不再有新的有功功率平衡点，频率势必一直下降，系统必然瓦解。故负荷调节效应对系统起着积极作用。

5. 请解释静态稳定、 暂态稳定的含义， 提高静态稳定的措施是什么？

【解析】（1）静态稳定。电力系统在运行中受到微小扰动后独立地恢复到它原来运行状态的能力。

（2）暂态稳定。电力系统在正常运行时受到一个大的扰动，能否从原来的运行状态不失去同步的过渡到新的运行状态，并在新的状态下稳定运行的能力。

（3）提高静态稳定的措施。增大运行中发电机的同步力矩储备，减小发电机到系统的联系总阻抗值，提高送受端的运行电压。

6. 什么是谐振？

【解析】 所谓谐振，是指振荡回路的固有自振频率与外加电源频率相等或接近时出现的一种周期性的运行状态，其特征是某一个或几个谐波幅值急剧上升。复杂的电感、电容电路可以有一系列的自振频率，而非正弦电源则含有一系列的谐波，因此，只有某部分电路的自振频率与电源的谐振频率之一相等（或接近），该部分电路就会出现谐振。

7. 什么是非全相运行？

【解析】 非全相运行是指单相断相或两相断线后的非正常运行状态。这时三相不对称可应用对称分量法计算各相的故障电流。造成非全相运行的原因很多，例如一相或两相的导线断线；断路器在合闸过程中三相触头不同时接通；某一线路单相接地后，故障断路器跳闸；装有串补电容器的线路上电容器一相或两相击穿以及三相参数不平衡等。电力系统发生纵向不对称故障时，虽然不会引起过电压，一般也不会引起大电流（非全相运行伴随振荡情况除外），但是系统中会产生具有不利影响的负序和零序分量。负序电流流过发电机时，会使发电机转子过热和绝缘损坏，影响发电机出力；零序电流的出现对附近通信系统产生干扰。另外，电力系统非全相运行产生的负序分量和零序分量，会对反应负序和零序分量的继电保护装置产生影响，可能会造成保护误动作（与故障前的负荷电力大小有关）。

8. 减小线路电抗、 装设串联电容、 装设中间补偿设备、 采用直流输电可提高电力系统稳定性的原因是什么？

【解析】（1）减小线路电抗。可采用增加并联运行输电线的回路数和复合导线等方法，以减小系统的总阻抗，改善系统稳定性及电压水平。

（2）线路上装设串联电容。在线路上装设串联电容，可有效减小线路电抗，比增加多回线路要经济，但技术较复杂。

（3）装设中间补偿设备。在线路中间装设同步调相机或电容器，能有效保持变电站母线电压及提高系统稳定性。近年发展的静止补偿器，可快速地调整和供给系统无功功率，是提高系统稳定性的重要手段。

（4）采用直流输电。由于直流电源不存在相位问题，所以用直流远距离输电就不存在由发电机间相角确定的功率极限问题，不受系统稳定的限制。

9. 提高电力系统暂态稳定水平的主要措施有哪些？

【解析】 串联电容补偿、中间并联补偿、增设线路、快速切除短路故障、自动重合闸、发电机的快速励磁、电气制动、连锁切机与火电机组压出力、切集中负荷、终端系统解列重合闸、合理调整系统运行接线。

10. 使用于 220～750kV 电网的线路保护，其振荡闭锁应满足什么要求？

【解析】 （1）系统发生全相或非全相振荡，保护装置不应误动作跳闸。

（2）系统在全相或非全相振荡过程中，被保护线路如发生各种类型的不对称故障，保护装置应有选择性地动作跳闸，纵联保护仍应快速动作。

（3）系统在全相振荡过程中发生三相故障，故障线路的保护装置应可靠动作跳闸，并允许带短延时。

11. 请简述低频运行会给电力系统带的危害。

【解析】 频率的轻度下降将会给电力系统运行带来不良影响，当频率严重下降时，可造成更严重的后果。

（1）致使汽轮机叶片断裂。系统长期在 49～49.5Hz 运行时，不仅使系统内各行各业生产率下降且对某些汽机的叶片易造成损伤；当频率低于 45Hz 时，汽机的一些叶片可能因共振而引起断裂。

（2）产生"频率崩溃"。频率下降至 47～48Hz 时，由于火电厂厂用机械出力明显减小，风机、水泵及球磨机等的生产率显著下降。几分钟之内使发电厂出力减少，功率缺额更为严重，致使频率再下降，这一恶性循环将引起频率崩溃现象。

（3）产生"电压崩溃"。频率的下降会使发电机电压下降。经验表明，当频率下降到 45～46Hz 时，全系统发电机转子及励磁机的转速显著下降，使发电机电动势下降，系统电压水平受严重影响，运行稳定性受破坏而出现电压崩溃，导致系统瓦解，这对电力系统将是灾难性的。

因此，即使系统发生事故，也不允许系统频率长期停留在 47Hz 以下，瞬时值绝对不能低于 45Hz。

12. 请简述线路距离保护经振荡闭锁的控制原则。

【解析】

（1）单侧电源线路和无振荡可能的双侧电源线路距离保护不应经振荡闭锁。

（2）35kV 及以下线路距离保护不考虑系统振荡误动问题。

（3）预定作为解列点上的距离保护不应经振荡闭锁控制。

（4）躲过振荡中心的距离保护瞬时段不宜经振荡闭锁控制。

（5）动作时间大于振荡周期的距离保护段不应经振荡闭锁控制。

（6）当系统最大振荡周期为 1.5s 时，动作时间不小于 0.5s 的距离保护Ⅰ段、不小于 1.0s 的距离保护Ⅱ段和不小于 1.5s 的距离保护Ⅲ段不应经振荡闭锁控制。

13. 请简述在 "先振荡后操作" 时, 距离保护如何防止误动?

【解析】 在静稳破坏造成振荡过程中由安全稳定控制装置或手动跳某些断路器时即所谓的"先振荡后操作"时, 由于断路器三相不同时出现负序电压时也将开放保护。而此时系统正处于振荡状态, 只要阻抗继电器一动作将造成距离保护误动。在后来的整流型以及晶体管型的距离保护中, 振荡闭锁原理按"四统一"的要求做了改进, 振荡闭锁不再用负序电压起动, 而改用负序、零序电流和负序、零序电流的增量起动。这样当电压互感器二次回路断线时振荡闭锁不会再开放保护。另外用负序、零序电流(和负序、零序电流增量)元件与按躲最大负荷电流整定的相电流元件动作的时间差来区别系统中发生短路和系统中的"先振荡后操作"。在发生短路时负序、零序电流元件先于相电流元件动作或至少是同时动作, 振荡闭锁就开放保护。在振荡时随着 δ 角度的增大, 相电流元件先动作, 此时负序、零序电流元件还没动作, 振荡闭锁就从此不再开放保护。因此在第一个振荡周期的前半个周期中就把距离保护长期闭锁直至整组复归。这样在"先振荡后操作"时距离保护就不再会误动。

14. 请简述短路及振荡时测量阻抗变化率随功角 δ 的变化情况, 通过画图分析。

【解析】 测量阻抗变化率: 短路故障时测量阻抗变化率 $\dfrac{\mathrm{d}Z_\mathrm{m}}{\mathrm{d}t}$ 为零, 振荡时测量阻抗变化率 $\dfrac{\mathrm{d}Z_\mathrm{m}}{\mathrm{d}t}$ 随功角 δ 的变化而变化; δ＝180°附近变化平缓且有较小值, 如图 2-81 所示。

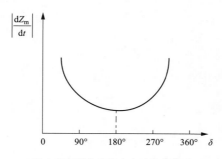

图 2-81 阻抗变化率与功角的关系

六、 分析题

1. 如图 2-82 所示, 求三相系统振荡时相间阻抗继电器 KR 的测量阻抗轨迹, 并用图表示。 方向阻抗继电器在 δ＝90°时动作, δ＝240°时返回 (δ 为 EM、 EN 两相间的夹角), 系统最长振荡周期为 1.2s, 则方向阻抗继电器动作时间应整定何值能躲过振荡?

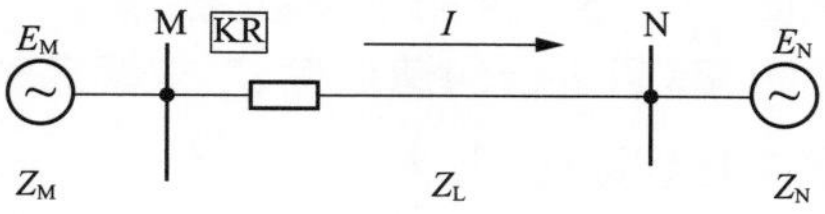

图 2-82 系统图

提示: $|E_\mathrm{M}| = |E_\mathrm{N}|$, $1-\mathrm{e}^{-\mathrm{j}\delta} = \dfrac{2}{1-\dfrac{\delta}{2}}$。

【解析】 在 M 侧的阻抗继电器可用同名相电压和电流来分析，以下分析各电气量均为相量。

$$I = \frac{(E_M - E_N)}{Z_M + Z_L + Z_N} = \frac{E_M - E_N}{Z_\Sigma}$$

设 $Z_M = mZ_\Sigma$ $(m<1)$，$U_M = E_M - IZ_M = E_M - ImZ_\Sigma$。

则继电器的测量阻抗 $Z_K = \dfrac{U_M}{I} = \dfrac{E_M - ImZ_\Sigma}{I} = \dfrac{E_M Z_\Sigma}{E_M - E_M} - mZ_\Sigma$

设 E_M、E_N 两相量间的夹角为 δ 且 $|E_M| = |E_N|$，$1 - e^{-j}\delta = \dfrac{2}{1 - j\text{ctg}\dfrac{\delta}{2}}$

则 $Z_K = \dfrac{Z_\Sigma}{1 - e^{-j\delta}} - mZ_\Sigma = \left(\dfrac{1}{2} - m\right)Z_\Sigma - j\dfrac{1}{2}Z_\Sigma \text{ctg}\dfrac{\delta}{2}$

可知 Z_K 的轨迹在 R-X 复平面上是一直线，在不同的 δ 下，相量 $-j\dfrac{1}{2}Z_\Sigma\text{ctg}\dfrac{\delta}{2}$ 是一条与 $\left(\dfrac{1}{2} - m\right)Z_\Sigma$ 垂直的直线。

反映在继电器的端子上，测量阻抗 Z_K 的相量末端应落在直线上。

当 $\delta = 180°$ 时，$Z_K = \left(\dfrac{1}{2} - m\right)Z_\Sigma$ 即保护安装地点到振荡中心之间的阻抗，如图 2-83 所示。

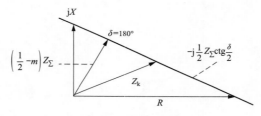

图 2-83 阻抗图

系统振荡时，进入方向阻抗继电器的动作区时间为 t，则

$$t = \frac{\delta_2 - \delta_1}{360}T_s = \frac{240 - 90}{360} \times 1.2 = 0.5\text{s}$$

则方向阻抗继电器动作时间应大于 0.5s，即可用延时来躲开振荡误动。

2. 系统各元件的参数如图 2-84 所示，阻抗角都为 80°，两条线路各侧距离保护 I 段均按本线路阻抗的 0.8 倍整定，继电器都用方向阻抗继电器。

（1）请求出距离保护 1、2、3、4 的 I 段阻抗定值。

（2）如果振荡周期 $T = 1.8$s 且进行匀速振荡，求振荡时距离保护 3 的 I 段阻抗继电器会不会误动，若误动请求出误动时间（提示：$\sqrt{4^2 + 7^2} \approx 8$）。

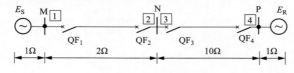

图 2-84 系统图

答：　（1）求各保护距离Ⅰ段定值

$$Z_{1I}=Z_{2I}=0.8\times2=1.6(\Omega)\quad Z_{3I}=Z_{4I}=0.8\times10=8(\Omega)$$

（2）求振荡中心位置。因为 $|E_S|=|E_R|$，振荡中心在 $Z_\Sigma/2$ 处，$Z_\Sigma/2=$（1+2+10+1）/2=7Ω，位于 NP 线路距 N 母线 4Ω 处。振荡中心不在 1、2 阻抗Ⅰ段的动作特性内，所以 1、2 阻抗Ⅰ段继电器不误动。振荡中心在 3、4 阻抗Ⅰ段的动作特性内，所以 3、4 阻抗Ⅰ段继电器误动。

按系统参数振荡中心正好位于 3 号阻抗Ⅰ段动作特性圆的圆心，动作特性如图 2-85 所示。振荡时测量阻抗端点变化的轨迹是 SR 线的垂直平分线。

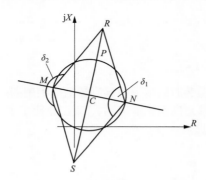

图 2-85　荡时测量阻抗端点变化轨迹图

$R_{CN}=4\Omega$，$R_{SC}=7\Omega$，$R_{SN}=\sqrt{4^2+7^2}=\sqrt{16+49}\approx8\Omega$，$\angle CSN=30°$，故$\angle CNS=60°$，$\angle RNS=\delta_1=120°$。

同理求得 $\delta_2=240°$，两侧电动势夹角在 $\delta_1\sim\delta_2$ 期间阻抗继电器误动。

误动时间 $t=\left[(\delta_2-\delta_1)/360\right]\times T_s=0.6$（s）。

3. 某系统主接线如图 2-86 所示，系统阻抗、线路阻抗如图 2-86 所示，试确定距离保护 1、2、3、4 中Ⅰ段方向阻抗是否需经振荡闭锁控制（距离保护Ⅰ段均按本线路阻抗的 0.8 倍整定）。

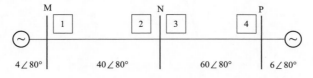

图 2-86　系统主接线图

【解析】　系统综合阻抗为 $Z_\Sigma=4+40+60+6=110$（Ω）

振荡中心在 $Z_\Sigma/2$ 处，即 110/2=55（Ω），振荡中心在 NP 线路靠近 N 侧的 55－（40+4）=11（Ω）处。

1、2 保护中的Ⅰ段：不需要振荡闭锁控制，按整定阻抗 80% 计算。

3 保护中的Ⅰ段：保护区为 60×80%=48（Ω），振荡中心在Ⅰ段保护区内，故需振荡闭锁控制。

4 保护中的Ⅰ段：保护区为 60×80%=48（Ω），保护区伸到离 N 母线处 60－48=12（Ω），

振荡中心在Ⅰ段保护区外，故不需振荡闭锁控制。

4. 下面的双侧电源系统中（见图2-87），阻抗继电器装在 M 侧。设 $|\dot{E}_S| = |\dot{E}_R| = E$，保护背后电源阻抗为 Z_S，保护正方向的等值阻抗为 Z_R，两侧电动势间的总阻抗为 Z_Σ，各元件的阻抗角相同。

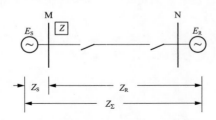

图 2-87　双侧电源系统图

（1）请画出系统发生振荡时阻抗继电器测量阻抗相量端点的变化轨迹。

（2）如果阻抗继电器是方向阻抗继电器，其整定阻抗为 $Z_{ZD} = 5\Omega$，请问在下述情况下系统振荡时阻抗继电器是否会误动？

情况一：$Z_S = 2\Omega$，$Z_R = 14\Omega$

情况二：$Z_S = 1\Omega$，$Z_R = 7\Omega$

情况三：$Z_S = 8\Omega$，$Z_R = 6\Omega$

【解析】（1）系统发生振荡时阻抗继电器测量阻抗相量端点的变化轨迹是 SR 线的中垂线（垂直平分线）mn，SR 相量为 Z_Σ，如图2-88所示。

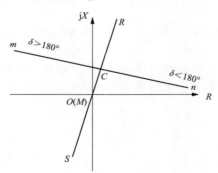

图 2-88　测量阻抗相量端点变化轨迹图

（2）判断继电器是否误动，方法是看振荡中心在不在动作特性内，如果在动作特性内，则测量阻抗相量端点变化的轨迹一定穿过动作特性，阻抗继电器在振荡时就会误动。

情况一：$Z_S = 2\Omega$，$Z_R = 14\Omega$ 时，振荡中心在 $(Z_\Sigma/2) = [(2+14)/2] = 8\Omega$ 处，也就是在继电器正方向的 6Ω 处，位于动作特性外，继电器在振荡时不会误动。

情况二：$Z_S = 1\Omega$，$Z_R = 7\Omega$ 时，振荡中心在 $(Z_\Sigma/2) = [(1+7)/2] = 4\Omega$ 处，也就是在继电器正方向 3Ω 处，位于动作特性内，继电器在振荡时将会误动。

情况三：$Z_S = 8\Omega$，$Z_R = 6\Omega$ 时，振荡中心在 $(Z_\Sigma/2) = [(8+6)/2] = 7\Omega$ 处，也就是在继电器反方向 1Ω 处，位于动作特性外，继电器在振荡时不会误动。

第三章
输电线路保护及重合闸

第一节 纵联差动保护

一、单选题

1. 纵联差动保护的通道异常时，其后备保护中的距离、零序电流保护应（A）。

A. 继续运行 　　　　　　　　B. 同时停用

C. 只允许零序电流保护运行 　D. 只允许距离保护运行

【解析】 在通道断链等通道异常状况时两侧均发相应告警报文并闭锁纵联差动保护，对后备保护中的距离、零序电流保护无影响，故可以继续运行。

2. 能切除线路区内任一点故障的主保护是（B）。

A. 相间距离保护 　B. 纵联差动保护 　C. 零序电流保护 　D. 接地距离保护

【解析】 所谓输电线的纵联差动保护，就是用某种通信通道将输电线两端的保护装置纵向联结起来，将各端的电气量（电流、功率的方向等）传送到对端，将两端的电气量比较，以判断故障在本线路范围内还是在线路范围外，从而决定是否切断被保护线路。因此，理论上这种纵联差动保护具有绝对的选择性。而相间距离、接地距离及零序电流保护都是单侧电气量保护，还存在测量误差的影响，无法保护线路全长。

3. 双重化的线路纵联差动保护应配置两套独立的通信设备（含复用光纤通道，独立纤芯，微波，载波等通道及加工设备等），两套通信设备（A）电源。

A. 分别使用独立的 　B. 可共用一个 　　C. 只能共用一个 　D. 可根据现场条件

【解析】 见 Q/GDW 441—2010《智能变电站继电保护技术规范》5.1 一般要求 a)。

4. 对 220kV 及以上电压等级的线路保护描述错误的是（A）。

A. 对单相重合闸的线路，在线路发生单相经高阻接地故障时，保护动作三跳

B. 每套保护应能对全线路内发生的各种类型故障均快速动作切除

C. 防止由于零序功率方向元件的电压死区导致零序功率方向纵联差动保护拒动

D. 以上均错误

【解析】 见《国家电网有限公司十八项电网重大反事故措施》15.2.3.1。

5. 继电保护基建验收应按相关规程要求，检验线路和主设备的所有保护之间的相互配合关系，对线路（D）还应与线路对侧保护进行一一对应的联动试验。

A. 光差保护 　　　　　B. 高频保护 　　　　　C. 后备保护 　　　　　D. 纵联差动保护

【解析】 见 Q/GDW 11486—2015《智能变电站继电保护和安全自动装置验收规范》中 7.8.4。

6. 纵联差动保护的原理依据（C）。

A. 外部故障时线路两侧电流方向均为负　　　B. 外部故障时线路两侧电流方向均为正
C. 内部故障时线路两侧电流方向均为正　　　D. 内部故障时线路两侧电流方向均为负

【解析】 线路保护内电流回路二次回路接线极性，在电流流入线路时为正，流出线路为负。线路内部故障时，故障电流由两侧母线流向线路，线路保护两侧电流方向均为正；线路外部故障时，故障电流从线路穿过，一侧流入线路为正，另一侧流出线路为负。

7. 线路保护装置至少设 （D） 个定值区， 其余保护装置至少设置 （D） 个定值区。
A. 10，5　　　　　B. 10，6　　　　　C. 12，6　　　　　D. 16，5

【解析】 见 Q/GDW 10766—2015《10kV～110（66）kV 线路保护及辅助装置标准化设计规范》5.1.9。

8. 任何情况下差流大于 （D） A 时纵差保护应动作。
A. 300　　　　　B. 500　　　　　C. 600　　　　　D. 800

【解析】 见 Q/GDW 1161—2013《线路保护及辅助装置标准化设计规范》的增补说明 5.2.2a。

9. 关于线路纵联差动保护的 "弱馈保护"， 以下说法对的是 （C）。
A. 是指该线路的负荷电流很轻
B. 仅指该线路为单端馈供线路，线路受电端无任何电源接入（除本线对侧）
C. 是指该线路有一侧无电源或虽有电源但其在线路内部故障时提供的短路电流不足以可靠启动该侧线路纵联差动保护启动元件
D. 是指当该线路内部故障时，其两侧纵联差动保护启动元件均不能保证可靠启动。

【解析】 在满足"弱馈"条件下，允许用差流启动弱电源侧差动保护。

10. 线路各侧或主设备差动保护各侧的电流互感器相关特性宜一致， 避免在遇到较大短路电流时因各侧电流互感器的 （A） 不一致导致保护不正确动作。
A. 暂态特性　　　B. 静态特性　　　C. 稳态特性　　　D. 以上都不对

【解析】 见《国家电网有限公司十八项电网重大反事故措施》15.1.10。

11. 下列不是超高压线路光纤纵联电流差动保护防止电容电流造成保护误动的措施是 （D）。
A. 提高差动保护定值　　　B. 加短延时
C. 进行电容电流补偿　　　D. 采用比率差动保护

【解析】 采用比率差动保护，引入制动电流，制动电流增大时抬高动作电流，是为了防止外部故障穿越性电流形成的不平衡电流导致保护误动。其余三项均是差动保护为了防止电容电流造成保护误动的措施。

12. 传输线路纵联差动保护信息的数字式通道传输时间应不大于 （C）， 点对点的数字式通道传输时间应不大于 （C）。
A. 15ms，8ms　　　B. 12ms，8ms　　　C. 12ms，5ms　　　D. 8ms，3ms

【解析】 见 GB/T 14285—2006《继电保护和安全自动装置技术规程》，6.7.6a）。

13. 比率制动差动继电器动作门槛电流 2A， 比率制动系数为 0.5， 拐点电流 5A。本差动继电器的动作判据 $I_D Z = |I_1 + I_2|$， 制动量为 $\{I_1, I_2\}$ 取较大者。 模拟穿越性故障， 当 $I_1 = 7A$ 时测得差电流 $I_C = 2.8A$，此时， 该继电器 （B）。
A. 动作　　　B. 不动作　　　C. 处于动作边界　　　D. 不确定

【解析】 （1）当 I_1 大于 I_2 时，制动电流 $I_R = I_1 = 7A$，计算可得对应比率制动边界动作电流为 3A，大于差流 $I_C=2.8A$，差动继电器不动作。

（2）当 I_1 小于 I_2 时，由 $I_C=2.8A$，可得制动电流 $I_R=I_2=7+2.8=9.8$（A），计算可得对应比率制动边界动作电流为 4.4A，大于差流 $I_C=2.8A$，差动继电器不动作。

14. 全线速断的线路保护，其主保护的整组动作时间 （B）。

A. 近端故障不大于 20ms，远端故障不大于 30ms（含通道时间）

B. 近端故障不大于 20ms，远端故障不大于 30ms（不含通道时间）

C. 近端故障不大于 10ms，远端故障不大于 20ms（含通道时间）

D. 近端故障不大于 10ms，远端故障不大于 20ms（不含通道时间）

【解析】 见 GB/T 14285—2006《继电保护和安全自动装置技术规程》4.6.2.1f。

二、多选题

1. 输电线路纵联电流差动保护中所用的差动继电器种类有 （ABC）。

A. 稳态量的分相差动继电器 B. 工频变化量的分相差动继电器

C. 零序差动保护继电器 D. 负序差动保护继电器

【解析】 输电线路纵联电流差动保护中包含稳态量的分相差动、工频变化量的分相差动、零序差动保护，无负序差动保护原理。

2. 国家电网有限公司 "六统一" 纵联差动保护装置包含 （ABC） 保护。

A. 距离保护 B. 纵联差动保护 C. 零序保护 D. 失灵保护

【解析】 见 Q/GDW 1161—2013《线路保护及辅助装置标准化设计规范》5.3.2。

3. 采用比率制动式的差动保护继电器，可以 （BC）。

A. 躲开励磁涌流 B. 提高保护内部故障时的灵敏度

C. 提高保护对于外部故障的安全性 D. 防止电流互感器二次回路断线时误动

【解析】 所谓比率制动特性差动保护，简单说就是使差动保护电流定值随制动电流的增大而成某一比率的提高。使制动电流在不平衡电流较大的外部故障时有制动作用，具有较高的安全性。而在内部故障时，制动作用最小，具有较高的灵敏度。故选 BC。

4. 光纤纵联差动保护中远方跳闸的作用是 （AB）。

A. 当本侧断路器和电流互感器之间故障，母差保护正确动作跳开本侧断路器，但故障并未切除，此时依靠远方跳闸回路，使对侧断路器加速跳闸

B. 当母线故障，母差保护正确动作，但本侧断路器失灵保护拒动时，依靠远方跳闸回路，使对侧断路器加速跳闸

C. 当线路故障，线路保护依靠远方跳闸回路，使对侧断路器加速跳闸

D. 当线路故障，线路保护拒动时依靠远方跳闸回路，使对侧断路器跳闸以切除故障

【解析】 所谓远方跳闸保护就是当超高压电网发生过电压或线路故障时，在本侧保护动作跳闸的同时，还起动本侧保护的远方跳闸保护通过高频等通道发信号给对侧，使对侧的断路器跳闸，并闭锁其重合闸。主要作用：①当本侧断路器和电流互感器之间故障，母差保护正确动作跳开本侧断路器，但故障并未切除，此时依靠远方跳闸回路，使对侧断路器加速跳闸；②当母线故障，母差保护正确动作，但本侧断路器失灵保护拒动时，依靠远方跳闸回路，使对侧断路器加速跳闸。

5. 220kV 线路光纤差动保护装置调试时做法正确的是 （ABCD）。

A. 投入通道自环控制字 B. 用单模尾纤将保护通道自环

C. 将保护定值中本侧和对侧纵联码改为一致　　D. 投入光线差动保护连接片

【解析】 在装置通道自环的状态下投入差动保护连接片，进行光纤差动保护的调试。

6. 220kV 及以上电压等级的线路保护应满足以下要求 （BCD）。

A. 每套保护均应能对全线路内发生的各种类型故障快速动作切除。对于要求实现单相重合闸的线路，在线路发生单相经高阻接地故障时，应能跳闸

B. 对于远距离、重负荷线路及事故过负荷等情况，继电保护装置应采取有效措施，防止相间、接地距离保护在系统发生较大的潮流转移时误动作

C. 引入两组及以上电流互感器构成合电流的保护装置，各组电流互感器应分别引入保护装置，不应通过装置外部回路形成合电流

D. 应采取措施，防止由于零序功率方向元件的电压死区导致零序功率方向纵联差动保护拒动，但不应采用过分降低零序动作电压的方法

【解析】 见《国家电网有限公司十八项电网重大反事故措施》15.2.3.1。

7. 下列对于纵联电流差动保护的技术原则，说法正确的是 （CD）。

A. 纵联电流差动保护只要本侧启动元件和差动保护元件同时动作就允许差动保护出口

B. 线路两侧的纵联电流差动保护装置均应设置本侧独立的电流启动元件，差动保护电流可作为装置的启动元件

C. 线路两侧纵联电流差动保护装置应互相传输可供用户整定的通道识别码，并对通道识别码进行校验，校验出错时告警并闭锁差动保护

D. 纵联电流差动保护装置应具有通道监视功能，如实时记录并累计丢帧、错误帧等通道状态数据，通道严重故障时告警

【解析】 见 Q/GDW 1161—2013《线路保护及辅助装置标准化设计规范》5.2.2a)。

8. 以下关于 220kV 线路纵联差动保护 TA 断线描述正确的有 （AD）。

A. TA 断线后，发生区内故障差动保护动作，断线侧和非断线侧都将三相跳闸并闭锁重合闸。

B. 若控制字［TA 断线闭锁差动］整定为"1"且断线相差流大于［TA 断线后分相差动定值］，则仍然开放断线相电流差动保护。

C. TA 断线瞬间，断线侧保护装置的启动元件和电流差动保护可能动作，同时对侧保护报"对侧 TA 断线"会闭锁差动保护，从而保证电流差动保护不误动。

D. TA 断线时闭锁零序差动保护。

【解析】 （1）"TA 断线闭锁差动"控制字投入后，纵联电流差动保护闭锁断线相。

（2）TA 断线瞬间，断线侧保护装置的启动元件可能动作，但差动保护由于收不到对侧的允许命令而不会动作。

9. 影响线路差动保护的性能的因素有 （ABCD）。

A. 电流互感器的误差　　　　B. 线路的电容电流

C. 电流互感器饱和　　　　　D. 电流互感器二次回路断线

【解析】 （1）电流互感器的误差会使保护装置感受到电流与一次系统不一致，影响差动保护。

（2）线路电容电流即为差动保护差流，电容电流过大时可能会导致差动保护误动作。

（3）进故障侧电流互感器饱和时，一次电流不能实时传变至二次，在差动保护中产

生的不平衡电流可能会导致保护误动作。

（4）电流互感器二次回路断线后，会在差动保护中形成差流，而一次系统实际无故障，影响差动保护性能。

10. 下面关于通道光纤的说法正确的是 （ABCD）。

A. 双通道保护任一通道故障时，应能发告警信号，单通道故障时不得影响另一通道运行

B. 通道一和通道二双纤都交叉接线时，装置应通道告警，并闭锁差动保护

C. 通道一单纤交叉接线，通道二正常运行时，通道一不应影响通道二的正常运行，不应闭锁差动保护，但装置应及时发出通道告警

D. 内置光纤接口的保护装置和远方信号传输装置均应具有数字地址编码，两侧对地址编码进行校验，校验出错时告警并闭锁保护

【解析】 见 Q/GDW 1161—2013《线路保护及辅助装置标准化设计规范》5.2.2。

11. 输电线路电流差动保护由于两侧电流采样不同步而产生不平衡电流。 为防止在最大外部短路电流情况下保护的误动， 可采用的办法有 （BC）。

A. 提高起动电流定值和提高制动系数　　　B. 调整到两侧同步采样

C. 进行相位补偿　　　　　　　　　　　　D. 以上都对

【解析】 提高起动电流定值和提高制动系数会降低保护的灵敏度，一般不采用此方法。

三、 判断题

1. 对于纵联差动保护， 在被保护范围末端发生金属性故障时， 应有足够的灵敏度。 （√）

【解析】 （1）线路纵联差动保护是当线路发生故障时，使两侧断路器同时快速跳闸的一种保护装置，是线路的主保护。

（2）纵联差动保护的特点。线路纵联差动保护是当线路发生故障时，使两侧断路器同时快速跳闸的一种保护装置，是线路的主保护。它以线路两侧判别量的特定关系作为判据。

2. 对于新投设备， 做整组试验时， 应按相关规程要求， 检验线路和主设备的所有保护之间的相互配合关系， 对线路纵联差动保护还应与线路对侧保护进行联动试验。 （×）

【解析】 见 Q/GDW 11486—2015《智能变电站继电保护和安全自动装置验收规范》7.8.4。

3. 输电线路的纵联电流差动保护本身有选相功能， 因此不必再用选相元件选相。 （√）

【解析】 由于纵联差动电流差动保护可分相构成，具有天然的选相能力，因此不必与选相元件配合，简化了逻辑，提高了可靠性。

4. 纵联差动保护不仅作为本线路的全线速动保护， 还可作为相邻线路的后备保护。 （×）

【解析】 纵联差动保护的特点：线路纵联差动保护是当线路发生故障时，使两侧断路器同时快速跳闸的一种保护装置，是线路的主保护。它以线路两侧判别量的特定关系作为判据，无法作为相邻线路的后备保护。

5. 双通道的线路差动保护， 当一个通道异常时应闭锁差动保护。 （×）

【解析】 见 Q/GDW 1161—2013《线路保护及辅助装置标准化设计规范》5.2.2c）。

6. 线路零差保护允许一侧电流元件电压元件均启动才勾对侧启动。 （√）

【解析】 见 Q/GDW 1161—2013《线路保护及辅助装置标准化设计规范》的增补说

明 5.2.2a。

7. 光纤差动保护重合于故障后宜联跳对侧，零序后加速方向可以整定。　　　（×）

【解析】 见 Q/GDW 1161—2013《线路保护及辅助装置标准化设计规范》的增补说明，光纤差动保护重合于故障后固定联跳对侧，零序后加速固定不带方向。

8. 纵联差动保护应优先采用光纤通道。双回线路可采用不同型号纵联差动保护，或线路纵联差动保护采用双重化配置时，在回路设计和调试过程中应采取有效措施防止保护通道交叉使用。分相电流差动保护可采用不同路由收发、往返延时不同的通道。　　　（×）

【解析】 见《国家电网有限公司十八项电网重大反事故措施》15.1.6。

9. 纵联电流差动保护两侧差动元件和本侧启动元件同时动作才允许差动保护出口。

　　　（×）

【解析】 纵联电流差动保护在两侧启动元件和本侧差动元件均启动才允许差动保护出口。

10. 纵联电流差动保护两侧启动元件和本侧差动保护元件同时动作才允许差动保护出口。线路两侧的纵联电流差动保护装置均应设置本侧独立的电流启动元件，必要时可用交流电压量和跳闸位置触点等作为辅助启动元件，而且应考虑 TV 断线时对辅助启动元件的影响，差动保护电流不能作为装置的启动元件。　　　（√）

【解析】 见 Q/GDW 1161—2013《线路保护及辅助装置标准化设计规范》5.2.2a）。

11. 纵联电流差动保护在 "TA 断线闭锁差动" 控制字投入后，若发生 TA 断线后，则闭锁差动保护三相。　　　（×）

【解析】 见 Q/GDW 1161—2013《线路保护及辅助装置标准化设计规范》5.2.2g）。

四、 填空题

1. 在大接地电流系统中，能对线路接地故障进行保护的主要有：纵联保护、接地距离保护和零序保护。

【解析】 线路发生接地故障后，故障相电压降低，电流增大，同时会出现负序及零序分量，故纵联差动保护、接地距离保护和零序保护均会动作。

2. 在回路设计和调试过程中应采取有效措施防止双重化配置的线路保护或双回线的线路保护通道交叉使用。

【解析】 见《国家电网有限公司十八项电网重大反事故措施》15.1.6。

3. 工频变化量阻抗元件主要具体反映故障分量，它一般用于保护的快速段，及纵联差动保护中的方向比较元件。

【解析】 根据叠加原理，当电力系统发生短路故障时，电流电压可分解为两部分：①故障前负荷状态的电流电压值；②电源等值电动势为零，而在故障点施加一个与故障前带电压数值相等而方向相反的电动势，计算故障状态下的电流电压值。工频变化量指的就是第二部分的电气分量，即故障分量，反映工频变化量的阻抗元件允许过渡电阻能力大，并能有效防止经过过渡电阻短路时对侧电源助增而引起的超越，区内、区外、正向、反向区域明确，动作快，不反映系统振荡。

4. 纵联电流差动保护装置应具有通道监视功能，如实记录累计丢帧、错误帧等通道状态数据，具备通道故障告警功能。

【解析】 Q/GDW 1161—2013《线路保护及辅助装置标准化设计规范》5.2.2c）。

5. 带方向性的保护和差动保护新投入运行时，或变动一次设备、改动二次电流回路后，均应用<u>负荷电流</u>和<u>工作电压</u>来校验其电流电压回路接线的正确性。

【解析】 见 Q/GDW 267—2009《继电保护和电网安全自动装置现场工作保安规定》5.26。

6. 线路光纤电流差动保护使用复用光纤通道，两侧保护装置采用基于通道收发延时相等的"等腰梯形"算法进行数据同步。但实际中因某线路光纤通道路由采用自愈环网，导致收发路由不一致，发送路由延时为 2ms，接收路由延时为 12ms，则两侧保护装置测得的电流相位偏差是<u>90°</u>。若区外故障时流过该线路的穿越性故障电流为 1000A，则两侧保护装置傅里叶差动算法算得的差流为<u>1414A</u>。

【解析】 计算延时为（12−2）/2＝5（ms），对应 90°；差流为 $2 \times 1000 \times \sin 45° = 1414$（A）

7. 保护装置中的零序功率方向元件应采用<u>自产零序电压</u>。纵联零序方向保护不应受零序电压大小的影响，在零序电压较低的情况下应保证方向元件的正确性。

【解析】 见 Q/GDW 1161—2013《线路保护及辅助装置标准化设计规范》5.2.1a)。

8. 纵联距离保护应具备<u>弱馈</u>功能，在正、负序阻抗过大，或两侧零序阻抗差别过大的情况下，允许<u>纵续</u>动作。

【解析】 见 Q/GDW 1161—2013《线路保护及辅助装置标准化设计规范》5.2.1c)。

9. 线路两侧纵联电流差动保护装置应互相传输可供用户整定的<u>通道识别码</u>，并对通道识别码进行校验，校验出错时<u>告警</u>并闭锁差动保护。

【解析】 见 Q/GDW 1161—2013《线路保护及辅助装置标准化设计规范》5.2.2b)。

10. 传输线路纵联差动保护信息的数字式通道传输时间应不大于<u>12ms</u>，点对点的数字式通道传输时间应不大于<u>5ms</u>。

【解析】 见 GB/T 14285—2006《继电保护和安全自动装置技术规程》6.7.6a)。

11. 线路纵联差动保护的通道含<u>光纤</u>、微波、载波等通道及加工设备和<u>供电电源</u>等、远方跳闸及就地判别装置应遵循<u>相互独立</u>的原则按双重化配置。

【解析】 见《国家电网有限公司十八项电网重大反事故措施》15.2.1.6。

12. 具有全线速动保护的线路，其主保护的整组动作时间应为：对近端故障：≤<u>20ms</u>；对远端故障：≤<u>30ms</u> 不包括通道时间。

【解析】 见 GB/T 14285—2006《继电保护和安全自动装置技术规程》4.6.2.1f。

13. 线路保护屏柜硬连接片设置遵循保留必须，<u>适当精简</u>的原则。

【解析】 见 Q/GDW 1161—2013《线路保护及辅助装置标准化设计规范》4.3.13。

14. 输电线路的零序电流差动保护，主要用于反应<u>高阻接地故障</u>，零序电流差动保护一般带 100ms 延时。

【解析】 当线路发生高阻接地时，纵联分相差动保护可能会因为故障电流较小，达不到差动保护比率制动定值而拒动，而零序电流差动电流定值只需要躲过外部接地短路时稳态零序电容电流及外部相间短路（不接地）时稳态零序不平衡电流，所以一般很小，取整套保护的零序启动元件的启动电流定值，因此零序电流差动保护具有很高的灵敏度，可以反映高阻接地，而由于零序保护不具备选相功能，所以用稳态量的分相差动继电器进行选相，构成"与"门延时 100ms 选跳故障相。

五、简答题

1. 纵联差动保护在电网中的重要作用是什么？

【解析】 由于纵联差动保护可实现全线速动，因此它可保证电力系统并列运行的稳定性和提高输送功率、减小故障造成的损坏程度、改善与后备保护的配合性能。

2. 某输电线路光纤分相电流差动保护，一侧 TA 变比为 1200/5，另一侧 TA 变比为 600/1，因不慎误将 1200/5 的二次额定电流错设为 1A，试分析正常运行、发生故障时有何问题发生？

答：（1）正常运行时，因有差流存在，所以当线路负荷电流达到一定值时，差流会告警。

（2）外部短路故障时，此时线路两侧测量到的差动回路电流均增大，制动电流减小，故两侧保护均有可能发生误动作。

（3）内部短路故障时，两侧测量到的差动保护回路电流均减小，制动电流增大，故灵敏感度降低，严重时可能发生拒动。

3. 为什么要加强对纵联差动保护通道设备的检查？

【解析】 对于线路纵联差动保护而言，通道是其重要的组成部分之一，通信设备的异常同样会导致保护装置的不正确动作，因此必须对通信设备的健康水平予以高度重视。如果通信设备在传输信号时设置了过长的展宽时间，则可能在区外故障功率方向转移的过程中，导致允许式保护装置的误动作。为此，应减少不必要的延时或展宽时间，防止保护装置的不正确动作。

4. 列出线路电流差动保护允许对侧跳闸的几种情况（至少 3 种）。

【解析】（1）本侧启动，同时差动方程满足。

（2）本侧未启动，收对侧差动允许信号，判本侧相电压或线电压小于 60%（不同厂家门槛可能不一致）额定电压。

（3）本侧断路器在分位，收对侧差动保护允许信号。

（4）本侧任意保护动作，如零序或距离保护动作。

5. 光纤纵差保护的通道需进行哪些检验？

【解析】（1）用自环方式检查光纤通道是否完好。

（2）光纤与保护相连的附属接口设备的继电器输出接点、电源和接口设备的接地情况进行检查。

（3）通信专业应对光纤通道的误码率、传送时间、衰耗进行检查，其指标应满足有关规程要求。

（4）对于利用专用光纤通道传输保护信息的远方传输设备，应对其发信电平、收信灵敏电平进行测试，并保证通道的裕度满足运行要求。

6. 光纤纵差电流保护不平衡电流产生的原因及防止电容电流造成保护误动的措施。

【解析】（1）原因：①输电线路电容电流；②外部短路或外部短路切除时，两端 TA 变比误差、TA 暂态特性差异和 TA 二次回路时间常数差异；③两端保护采样时间不一致。

（2）措施：①提高起动电流定值；②加短延时；③电容电流补偿。

7. 保护采用线路 TV 时应注意的问题及解决方法是什么？

【解析】（1）在线路合闸于故障时，在合闸前后 TV 都无电压输出，欧姆继电器的极化电压的记忆回路将失去作用。为此在合闸时应使欧姆继电器的特性改变为无方向性（在阻抗平面上特性圆包围原点）。

（2）在线路两相运行时断开相电压很小（由健全相通过静电和电磁耦合产生的），但有零序电流存在，导致断开相的接地距离继电器可能持续动作。所以每相距离继电器都应配有该相的电流元件，必须有电流（定值很小，不会影响距离元件的灵敏度）存在，该相距离元件的动作才是有效的。

（3）在故障相单相跳闸进入两相运行时故障相上储存的能量，包括该相并联电抗器中的电磁能，在短路消失后不会立即释放完毕，而会在线路电感、分布电容和电抗器的电感间振荡以至逐渐衰减，其振荡频率接近50Hz，衰减时间常数相当长。所以两相运行的保护最好不反映断开相的电压。

六、分析题

1. 由 B 站至 K 站的 220kV 双回线中的 BK Ⅰ线因故停电检修，当运行人员拉开 BK Ⅰ线断路器时，BK 双回线的纵联差动保护均动作，K 站侧 BK Ⅱ线断路器、B 站侧 BK Ⅰ线断路器、BK Ⅱ线断路器均跳开，造成 BK 双回线停电。经检查发现，BK 双回线纵差保护的通道在 K 站侧被误交叉使用，当 BK Ⅰ线 K 站侧断路器拉开时，双回线的纵差保护均只感受到线路一侧有电流，故动作跳闸。分析事故，应采取哪些措施？

【解析】 此次事故暴露出在设计、调试、验收过程中没有发现保护通道交叉使用的问题。对应《国家电网有限公司关于印发十八项电网重大反事故措施（修订版）的通知》（国家电网设备〔2018〕979 号）第 15.3.3 条：纵联差动保护应优先采用光纤通道。双回线路采用同型号纵联差动保护，或线路纵联差动保护采用双重化配置时，在回路设计和调试过程中应采取有效措施防止保护通道交叉使用。分相电流差动保护应采用同一路由收发、往返延时一致的通道。

2. 线路光纤电流差动保护使用复用光纤通道，两侧保护装置采用基于通道收发延时相等的 "等腰梯形" 算法进行数据同步。但实际中因某线路光纤通道路由采用自愈环网，导致收发路由不一致，即发送路由延时 t_{d1} 和接收路由延时 t_{d2} 不相等，其中 t_{d1} 固定为 3ms，t_{d2} 数值不定。

线路差动保护的动作方程如下

$$\begin{cases} |i_M + i_N| > K\,(|i_M - i_N|) \\ |i_M + i_N| > 600A \end{cases}$$

式中：$K = 0.51$；I_M 和 I_N 分别为线路两侧电流。

在负荷电流情况下（一次系统线路两侧电流一致），因收发延时不一致导致差动保护动作方程满足时，试求：①t_{d2} 的最小值；②t_{d2} 为最小值情况下的负荷电流幅值？

【解析】 保护装置确定的通道延时为（$t_{d1} + t_{d2}$）/2。由于收发延时不等造成的同步调整时间误差 ΔT 为

$$\Delta T = \left| t_{d1} - \frac{t_{d1} + t_{d2}}{2} \right| = \left| t_{d2} - \frac{t_{d1} + t_{d2}}{2} \right| = |t_{d1} - t_{d2}|/2$$

50Hz 的交流量 1ms 对应角度为 18°，同步调整误差对应的角度为

$$\theta = 18°\Delta T = 9|t_{d1} - t_{d2}|$$

差动电流为 $|\dot{I}_M + \dot{I}_N| = 2I\sin\dfrac{\theta}{2}$，制动电流为 $|\dot{I}_M - \dot{I}_N| = 2I \times \cos\dfrac{\theta}{2}$，当差动电流大于制动电流时，$2I\sin\dfrac{\theta}{2} > K2I\cos\dfrac{\theta}{2}$，即 $\theta > 2\arctan K$。

可得 $\theta>54°$，t_{d2} 的最小值为 9ms。

$\theta=54°$时，根据差动电流 $|\dot{I}_M+\dot{I}_N|=2I\sin\dfrac{\theta}{2}>600A$，推出负荷电流约为 661A。

3. 两端光纤纵联电流差动保护发生采样不同步，从机在采样标号为 ni 的采样时刻 t_{ss} 向主机发送一帧测定通道延时的报文，主机在时刻 t_{mr} 收到该报文；主机在采样标号为mi+1的采样时刻 t_{ms} 向从机回应一帧通道延时测定报文，从机在时刻 t_{sr} 收到该报文，如图 3-1 所示。

已知：①主机发、收报文时间差为 0.08ms；从机收、发报文时间差为 0.36ms；采样周期为 0.2ms；②从机端负荷二次电流表达式为 $i=\sqrt{2}\times5\sin(314t)$（A），在采样标号为 ni 的时刻，负荷电流正好过零。

请计算：①两端保护采样时间差值；②在两端 TA 变比及特性和二次回路特性一致且保护采用了电容电流补偿的措施情况下，采样标号为 ni（mi）时刻的不平衡电流值。

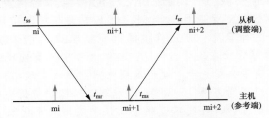

图 3-1 两端光纤纵联电流差动保护采样时刻

【解析】（1）通道传输延时 $T_d=\dfrac{0.36-0.08}{2}=0.14$（ms）

采样时间差值 $\Delta T_s=0.36-(0.14+0.2)=0.02$（ms）

（2）不平衡电流值 $\Delta i=|\sqrt{2}\times5\sin(314\times0.02\times10^{-3})-0|=0.044$（A）。

4. 某线路第一套保护发出差流异常告警，已知保护本地和远方电流采样值，见表 3-1，试计算各相电流差流值，并分析可能存在的故障。

表 3-1　　　　　　　　　差流异常保护各相采样值

相别			A 相	B 相	C 相
第一套保护	本地电流	幅值（mA）	199	210	201
		相位（°）	0	−121	119
	远方电流	幅值（mA）	200	212	198
		相位（°）	−175	75	−57

注　以上相别的相位以 A 相本地电流为基准。

【解析】根据表 3-1 画出电流矢量图如图 3-2 所示。

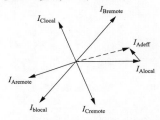

图 3-2 保护装置采样电流矢量图

差动电流计算公式为

$$I_{diff} = |\dot{I}_{local} + \dot{I}_{remote}| = |\dot{I}_{local} + \dot{I}_{remote} + 180°| = \sqrt{I_{local}^2 + I_{remote}^2 - 2I_{local}I_{remote}\cos\theta} \quad (3\text{-}1)$$

式中：I_{local} 为本地电流；I_{remote} 为对侧电流；I_{diff} 为差动电流。

由式（3-1）计算得出：第一套分相电流差动保护 A 相差流为 17.4mA，B 相差流为 58.7mA，C 相差流为 14.2mA。B 相电流差流异常且远方电流相位偏差较大，故可能是远端变电站内该线路保护 B 相电流回路存在异常。

5. 某 110kV 线路保护装置零序电流频繁启动，同时伴随有 TA 断线告警信号，查看装置采样，三相电流为 $I_a = 1.5A$、$I_b = 1.5A$、$I_c = 1.0A$，$3I_0 = 0.5A$，装置显示各相电流相序正常。请说出你的分析处理思路。

【解析】（1）首先要区分是一次系统电流不平衡造成还是二次系统的问题造成，例如核对测控三相电流、该线母差保护中的三相电流、线路对侧装置三相电流等。

（2）确定为二次问题后，应主要查的几个方面：TA 特性、二次线、装置采样计算，应体现先后顺序。

1）C 相电流互感器传变特性异常。可通过对互感器伏安特性、变比、绝缘、直流电阻测试，将测试结果与原始记录进行对比来发现问题，但是运行中的电流互感器特性突然变坏的可能性不大，该项检查可放在最后进行。

2）电流互感器至保护装置二次电流回路检查。包括：①二次电流回路外观检查，有无放电、灼烧等异常痕迹，查相与相之间、相与地之间是否有异物搭碰；②全回路绝缘测试，测试芯对地、芯对芯绝缘，绝缘水平应满足检验规程的标准，应尽可能将测试范围从互感器接线盒到保护装置背板的电流二次回路全部包含进去，检查是否存在两点接地；③C 相互感器二次全回路负载测试，与原始记录比较，查 C 回路负载是否有明显增大现象。

3）保护装置检查。包括：①保护装置交流采样系统硬件故障，更换采样板；②保护装置软件计算错误，更换 CPU。

6. 对于 A、B 两个 500kV 智能变电站，接线关系如图 3-3 所示。线路出线不带隔离开关，A 站侧Ⅰ回、Ⅱ回线路均带并联电抗器；线路保护选用集成过电压远跳功能的光纤差动保护，重合闸方式均为单重方式，试回答以下问题（动作情况分析时，需注明发跳合闸令的保护装置，并指出保护跳闸、合闸对应的断路器）：

（1）请列出图 3-3 中 A 站Ⅰ母、Ⅱ母，第二串设备；B 站第一串设备所需配置的保护类型。

（2）说明当Ⅰ回线路的并联电抗器发生匝间短路故障时，两侧变电站各保护装置的动作情况。

（3）说明当 A 站Ⅱ回线路出口处发生 A 相瞬时接地故障，断路器 DL5 失灵，两侧变电站各保护装置的动作情况。

（4）说明当 A 站Ⅰ母上发生 AB 相故障时，断路器 DL4 失灵，两侧变电站各保护装置的动作情况。

【解析】（1）A 站Ⅰ母、Ⅱ母配置母线保护，第二串配置断路器保护、线路保护、高抗电量保护、高抗非电量保护。B 站第一串配置断路器保护和线路保护。

（2）当Ⅰ回线路的并联电抗器发生匝间短路故障时，高抗保护动作，三跳 QF4 和 QF5，并闭锁重合闸，并通过线路保护的远跳功能，给对侧发远跳命令，对侧线路保护接收到远跳令，三跳 DL7 和 DL8，并闭锁重合闸。

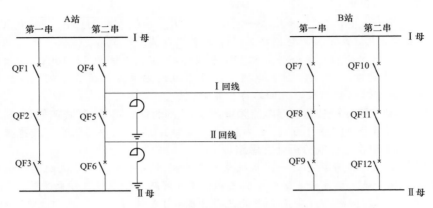

图 3-3　A、B 两智能变电站接线关系

（3）当 Ⅱ 回线路上发生 A 相瞬时接地故障，Ⅱ 回线两侧线路保护单跳，单跳断路器 QF5、QF6、QF8、QF9。由于 QF5 失灵，无法跳开，失灵保护三跳 QF4、QF6，并闭锁 QF4、QF6 断路器保护的重合闸；通过远跳三跳 QF7、QF8，并闭锁 QF7、QF8 断路器保护的重合闸。QF9 断路器保护的重合闸能够重合。

（4）当 A 站 Ⅰ 母上发生 AB 相故障时，Ⅰ 母母线保护动作，三跳断路器 QF1、QF4。此时若断路器 QF4 失灵，断路器失灵保护三跳 QF5，闭锁重合闸，通过线路保护远跳对侧 QF7、QF8 并闭锁重合闸。

第二节　距　离　保　护

一、单选题

1. 对于相阻抗继电器，当正方向发生两相短路并经电阻接地时，超前相阻抗继电器（B）。

A. 其保护范围将会缩短　　　　　B. 其保护范围将会增加

C. 将会拒绝动作　　　　　　　　D. 动作状态不确定

【解析】　当发生两相经过渡电阻接地时，由于过渡电阻流过的电流是两个故障相电流的和，所以在故障相中超前相上的接地阻抗继电器其过渡电阻产生的附加阻抗是阻容性的，其带来的问题是区外短路可能引起超越，保护范围变大。

2. 以下优点中不属于工频变化量阻抗继电器优点的是（C）。

A. 对于反映过渡电阻能力强　　　　B. 对于出口故障时能够快速动作

C. 适用于距离 Ⅰ-Ⅱ-Ⅲ 段使用　　　D. 不需考虑躲避系统振荡

【解析】　工频变化量阻抗继电器反应的电气量变化量，动作时间较快，短路故障后期电流电压基本不变，所以工频变化量阻抗继电器只能作为快速保护，不适用于距离 Ⅱ-Ⅲ 段使用。

3. 对于方向阻抗继电器，受电力系统频率变化的影响较大回路是（C）。

A. 比较幅值回路　　B. 比较相位回路　　C. 记忆类型回路　　D. 执行元件类型回路

【解析】　因方向阻抗继电器中的 R_K、L_K、C_K 记忆回路对频率很敏感，所以频率变化对方向阻抗继电器动作特性有较大的影响，可能导致保护区的变化以及在某些情况下正、反向出口短路故障时失去方向性。

4. 某接地距离保护，不慎将 $\varphi+K3I_0$ 的 K 值由原来的 0.68 误整定为 0.49，则将造成保护区（ B ）。

A. 增大　　　　　B. 减少　　　　　C. 无变化　　　　　D. 不确定

【解析】 测量阻抗 $Z=\dfrac{U_m}{I_m+K3I_0}$，故 K 变小，测量阻抗变大，保护范围减少。

5. 当发生距离保护区内故障时，补偿电压 $U_\varphi'=U_\varphi-(I_\varphi+K3I_0)Z_{ZD}$ 与同名相的母线电压 U_φ 之间关系为（ B ）。

A. 基本处于同相位　B. 基本处于反相位　C. 相差 90°　D. 无法确定

【解析】 $U_\varphi=(I_\varphi+K3I_0)Z_m$，区内故障时，$Z_m<Z_{ZD}$，$Z_m$ 和 Z_{ZD} 角度均为线路阻抗角，故 U_φ 小于保护范围末端电压 $(I_\varphi+K3I_0)Z_{ZD}$。

$U_\varphi'=U_\varphi-(I_\varphi+K3I_0)Z_{ZD}$，方向与 U_φ 相反。

6. 故障点的接地过渡电阻呈现感性附加测量阻抗时，对接地阻抗继电器测量阻抗发生影响，使保护区（ B ）。

A. 伸长　　　　　B. 缩短　　　　　C. 不变　　　　　D. 以上都不对

【解析】 如图 3-4 所示，在线路末端发生区内经过渡电阻接地时，接地过渡电阻呈现感性附加测量阻抗时，阻抗继电器的测量阻抗因其影响而偏向动作区外，导致保护拒动，使保护区缩短。

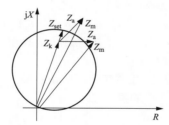

图 3-4　线路末端发生区内经过渡电阻接地测量阻抗

7. 在区外故障时，阻抗继电器因过渡电阻影响发生超越现象，此时阻抗继电器的测量阻抗因过渡电阻影响而增加的附加分量是（ B ）。

A. 电阻性　　　B. 电容性　　C. 电感性　　　D. 不确定

【解析】 如图 3-5 所示，在线路末端发生区外经过渡电阻接地时，阻抗继电器的测量阻抗会因过渡电阻附加阻抗阻容性的影响而进入动作区，导致保护误动，发生超越现象。

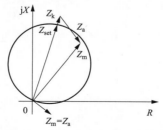

图 3-5　线路末端发生区外经过渡电阻接地测量阻抗

8. 助增电流的存在，对距离继电器的影响是 （B）。

A. 使距离继电器的测量阻抗减小，保护范围增大

B. 使距离继电器的测量阻抗增大，保护范围减小

C. 使距离继电器的测量阻抗增大，保护范围增大

D. 使距离继电器的测量阻抗减小，保护范围减小

【解析】 助增电流会使保护感受到的测量电压大于无助增电流时电压，使测量阻抗增大，保护范围减小。

9. 线路第 I 段保护范围最稳定的是 （A）。

A. 距离保护　　　B. 零序电流保护　　　C. 相电流保护　　　D. 以上都不对

【解析】 距离保护 I 段保护本线路全长的 $80\%\sim85\%$，和系统运行方式无关，而零序电流保护和相电流保护均受系统方式变化影响较大，因此距离保护 I 段保护范围最稳定。

10. 以电压 U 和 （$U-IZ$） 比较，可构成 （B）。

A. 全阻抗特性的阻抗继电器　　　　B. 方向阻抗特性的阻抗继电器

C. 电抗特性的阻抗继电器　　　　　D. 带偏移特性的阻抗继电器

【解析】 电压 U 和 $U-IZ$ 可转换为比相式公式 $90°\leqslant\arg\dfrac{\dot{U}-\dot{I}Z}{\dot{U}}\leqslant270°$。

该公式动作特性为经过圆点的圆，即方向阻抗继电器。

11. 接地距离保护的相阻抗继电器接线为 （C）。

A. U_Φ/I_Φ 　　　B. $U_{\Phi\Phi}/I_{\Phi\Phi}$ 　　　C. $U_\Phi/(I_\Phi+K3I_0)$ 　　　D. $U_{\Phi\Phi}/(I_{\Phi\Phi}+K3I_0)$

【解析】 接地距离相阻抗继电器测量阻抗为线路正序阻抗，需对进行线路的零序电抗进行补偿，接线方式为 $U_\Phi/(I_\Phi+K3I_0)$。

12. 已知零序电抗补偿系数 K_X 和零序电阻补偿系数 K_R，线路正序灵敏角为 φ，则以下零序补偿系数 K 的表达式正确的是 （D）。

A. K 的实部为 $(K_R+K_X)\sin^2\varphi$ 　　　　B. K 的实部为 $K_R\sin^2\varphi+K_X\cos^2\varphi$

C. K 的虚部为 $[(K_X-K_R)\cos(2\varphi)]/2$ 　　　D. K 的虚部为 $[(K_X-K_R)\sin(2\varphi)]/2$

【解析】 计算过程如下

$$K_R=\frac{R_0-R_1}{3R_1} \qquad K_X=\frac{X_0-X_1}{3X_1}$$

$$R_0=(1+3K_R)R_1=(1+3K_R)Z_1\cos\varphi$$

$$X_0=(1+3K_X)X_1=(1+3K_X)Z_1\sin\varphi$$

$$K_Z=\frac{Z_0-Z_1}{3Z_1}=\frac{R_0+jX_0-R_1-jX_1}{3(R_1-jX_1)}$$

$$=\frac{(1+3K_R)Z_1\cos\varphi+j(1+3K_X)Z_1\sin\varphi-Z_1\cos\varphi-jZ_1\sin\varphi}{3(Z_1\cos\varphi+jZ_1\sin\varphi)}$$

$$=\frac{(1+3K_R)\cos\varphi+j(1+3K_X)\sin\varphi-\cos\varphi-j\sin\varphi}{3(\cos\varphi+j\sin\varphi)}$$

$$=\frac{K_R\cos\varphi+jK_X\sin\varphi}{\cos\varphi+j\sin\varphi}=\frac{(K_R\cos\varphi+jK_X\sin\varphi)(\cos\varphi-j\sin\varphi)}{(\cos\varphi+j\sin\varphi)(\cos\varphi-j\sin\varphi)}$$

$$=K_R\cos^2\varphi+K_X\sin^2\varphi-j(K_X-K_R)\sin\varphi\cos\varphi$$

所以 K 的实部为 $K_R\cos^2\varphi+K_X\sin^2\varphi$，$K$ 的虚部为 $\left[\left(K_X-K_R\right)\sin\left(2\varphi\right)\right]/2$。

13. 大电流接地系统的平行双回线，当其中一回两侧接地检修时，对送电侧接地距离保护的影响（C）。

A. 保护区伸长，选择性提高　　B. 保护区缩短，选择性下降

C. 保护区伸长，选择性下降　　D. 保护区缩短，选择性提高

【解析】 当平行双回线其中一回两侧接地检修时，此时两回线为强磁弱电联系，由于零序互感的影响，此时的零序电抗将小于正常运行时，零序电流变大，从而使得测量阻抗变小，使接地距离保护保护区伸长，区外故障时可能误动，选择性下降。

14. 大电流接地系统发生两相经过渡电阻接地故障时：（D）。

A. 两故障相相间阻抗继电器无附加测量阻抗，两故障相接地阻抗继电器无附加测量阻抗

B. 两故障相相间阻抗继电器有附加测量阻抗，两故障相接地阻抗继电器无附加测量阻抗

C. 两故障相相间阻抗继电器有附加测量阻抗，两故障相接地阻抗继电器有附加测量阻抗

D. 两故障相相间阻抗继电器无附加测量阻抗，两故障相接地阻抗继电器有附加测量阻抗

【解析】 大电流接地系统发生两相经过渡电阻接地故障时，过渡电阻在两故障相产生相同的压降，在计算相间测量电压时相互抵消。

15. 当双电源侧线路发生经过渡电阻单相接地故障时，受电侧感受的测量阻抗附加分量是（C）。

A. 容性　　　　B. 纯电阻　　　　C. 感性　　　　D. 不确定

【解析】 双电源线路，受电侧电压相位滞后送电侧，流经过渡电阻故障电流 I_F 超前受电侧电流 I_m，过渡电阻对接地距离继电器产生的附加阻抗为 $Z_a=\dfrac{\dot{I}_F}{\dot{I}_m}R_g=\left|\dfrac{I_F}{I_m}\right|e^{j\theta}$，$R_g$ 附加阻抗超前测量阻抗 θ，成阻感性。

16. 如图 3-6 所示，某长线路最小负荷阻抗为 $100\Omega\angle30°$，线路的正序灵敏角为 75°，按图 3-6 原理躲负荷阻抗的继电器，当最小负荷阻抗位于直线 A 上时，R_{zd} 为（C）Ω。

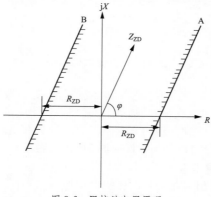

图 3-6　阻抗继电器原理

(A) 69.8　　　　(B) 71.2　　　　(C) 73.2　　　　(D) 70.8

【解析】 R_{ZD}（sin30°＋cos30°）＝100，解得 R_{zd}＝73.2Ω。

17. 某距离保护的动作方程为 90°＜arg［（Z_J－Z_{DZ}）/Z_J］＜270°， 它在阻抗复数平面上的动作特性是以＋Z_{ZD}与坐标原点两点的连线为直径的圆。 特性为以＋Z_{ZD}与坐标原点连线为长轴的透镜的动作方程 （δ＞0°） 是 （B）。

A. 90°＋δ＜arg［（Z_J－Z_{DZ}）/Z_J］＜270°＋δ
B. 90°＋δ＜arg［（Z_J－Z_{DZ}）/Z_J］＜270°－δ
C. 90°－δ＜arg［（Z_J－Z_{DZ}）/Z_J］＜270°＋δ
D. 90°－δ＜arg［（Z_J－Z_{DZ}）/Z_J］＜270°－δ

【解析】 透镜方程说明阻抗圆两侧边界圆弧向阻抗偏移，对应方程为 90°＋δ＜arg［（Z_J－Z_{DZ}）/Z_J］＜270°－δ。

18. 如图 3-7 所示， 由于电源 S2 的存在， 线路 L2 发生故障时， N 点该线路的距离保护所测的测量距离和从 N 到故障点的实际距离关系是 （B） （距离为电气距离）。

A. 相等　　　　　　　　　　B. 测量距离大于实际距离
C. 测量距离小于实际距离　　　D. 不能比较

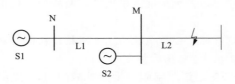

图 3-7　线路故障接线图

【解析】 由于电源 S2 助增电流的存在， 保护感受到的测量阻抗将大于实际测量阻抗， 所以测量距离大于实际距离。

19. 电网中相邻 A、 B 两线路， 线路 A 长度为 100km。 因通信故障使线路 A、 B 的两套快速保护均退出运行。 在距离 B 母线 80km 的 K 点发生三相金属性短路， 流过 A、 B 保护的相电流如图 3-8 所示。 A 处相间距离保护与 B 处相间距离的动作情况为 （D）。

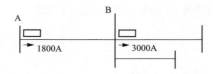

图 3-8　K 点发生三相金属性短路后电流图

注：已知线路单位长度电抗为 0.4Ω/km， 线路 TV 变比为 220/0.1kV。
A 处距离保护定值为：（二次值） TA 为 1200/5， Z_I＝3.5Ω， Z_{II}＝13Ω， t＝0.5s。
B 处距离保护定值为：（二次值） TA 为 600/5， Z_I＝1.2Ω， Z_{II}＝4.8Ω， t＝0.5s。
A. A 保护相间距离Ⅱ段出口跳闸，B 保护Ⅰ段出口跳闸
B. A 保护相间距离Ⅱ段出口跳闸，B 保护不动作
C. B 保护相间距离Ⅰ段出口跳闸，A 保护不动作
D. B 保护相间距离Ⅱ段出口跳闸，A 保护距离Ⅱ段出口跳闸

【解析】

1）计算 B 保护距离Ⅰ段一次值为 $1.2\times\frac{2200}{120}=22$（Ω）。

2）计算 B 保护距离Ⅱ段一次值为 $4.8\times\frac{2200}{120}=88$（Ω）。

3）计算 A 保护距离Ⅱ段一次值为 $13\times\frac{2200}{240}=120$（Ω）。

4）计算 B 保护测量到的 K 点电抗一次值为 $0.4\times80=32\Omega$。

5）计算 A 保护与 B 保护之间的助增系数为 $\frac{3000}{1800}=1.66$。

6）计算 A 保护测量到的 K 点电抗一次值为 $0.4\times100+1.66\times32=93$（Ω）$<120\Omega$。

7）K 点在 B 保护Ⅰ段以外Ⅱ段以内，同时也在 A 保护Ⅱ段的范围之内，所以 A、B 保护相间距离Ⅱ段以 0.5s 出口跳闸。

二、多选题

1. 可防止距离保护Ⅰ段在短线路时发生超越的措施有 （AC）。
A. 适当减小零序补偿系数整定值
B. 采用向 +R 轴方向偏移 30° 的偏移圆特性阻抗继电器
C. 增设零序电抗线
D. 增设负荷电阻限制线

【解析】 减小零序补偿系数整定值，在测量电压和电流一定的情况下，测量阻抗会变大，可防止距离保护超越。

2. 带记忆作用的方向阻抗继电器具有 （ABD）。
A. 增强了这种继电器允许弧光电阻故障的能力
B. 保护正方向经串联电容出口短路的能力
C. 可以区分系统振荡与短路
D. 反向出口三相经小电阻故障不会误动作

【解析】 带记忆作用的方向阻抗继电器在故障发生后，依靠谐振回路的自由衰减供给极化回路电流，使继电器得以在短时间内可靠工作。极化量带记忆作用，将显著改善方向距离继电器的运行性能，而不仅是消除近区故障时的电压死区而已。带记忆作用的方向阻抗继电器动作特性将向三象限偏移，在 R 轴上有更多的保护范围，提高了继电器躲过渡电阻的能力，在反方向三相经小电阻故障不会误动作。

3. 接地距离继电器的测量阻抗，该继电器能正确测量的情况为 （ABCD）。
A. 空载线路首端　　B. 系统振荡　　C. 单电源线路末端　　D. 线路 B 相断线

【解析】 影响阻抗继电器正确测量的因素有：①故障点的过渡电阻；②保护安装处与故障点之间的助增电流和汲出电流；③测量互感器的误差；④电力系统振荡；⑤电压二次回路断线；⑥被保护线路的串联补偿电容器。

在题目中四个选相均对继电器测量阻抗无影响，可正确测量。

4. 距离保护克服 "死区" 的方法有 （AB）。
A. 记忆回路　　　　　　B. 引入非故障相电压
C. 潜供电流　　　　　　D. 引入抗干扰能力强的阻抗继电器

【解析】 记忆回路在故障发生后，依靠谐振回路的自由衰减供给极化回路电流，使继电器得以在短时间内可靠工作。在保护安装处出口三相短路时仍可正确动作。引入非故障相电压，可消除继电器安装处正方向相间短路时继电器的动作死区。

5. 线路发生故障后，假设线路正负序阻抗相等 $Z_1 = Z_2$，保护安装处的 A 相测量电压与测量电流关系式为 $\dot{U}_A = \dot{U}_{kA} + (\dot{I}_A + K3\dot{I}_0)Z_1$，此计算式对于下列类型的故障成立（ABCD）。

    A. A 相接地　　　　B. AB 相接地　　C. BC 接地　　　　　D. ABC 相间故障

【解析】 测量电压等于保护安装处至故障点的压降，此公式对于所有类型故障均适用。

6. 工频变化量继电器的缺陷有（ABC）。

    A. 只能用于快速保护

    B. 电容效应导致线路末端电压升高，工频变化量阻抗继电器误动

    C. 由于暂态电气量影响，工频阻抗继电器离散性大

    D. 系统振荡时继电器会误动

【解析】 系统振荡时，系统电气量缓慢周期性变化，工频变化量阻抗不反应系统振荡。

7. 阻抗继电器中接入第三相电压，是为了（AB）。

    A. 防止保护安装处正向两相金属性短路时方向阻抗继电器不动作

    B. 防止保护安装处反向两相金属性短路时方向阻抗继电器误动作

    C. 防止保护安装处正向三相短路时方向阻抗继电器不动作

    D. 提高灵敏度。

【解析】 阻抗继电器中接入第三相电压的作用：①防止线路正方向相间出口短路时继电器的动作死区；②防止线路反方向相间出口短路时继电器的误动作；③改善继电器的动作特性。

三、判断题

1. 接地距离保护只在当线路发生单相接地路障类型时动作，相间距离保护只在线路发生相间短路类型故障时动作。　　　　　　　　　　　　　　　　　　（×）

【解析】 接地距离继电器的测量阻抗 $Z_m = \dfrac{U_m}{I + k3I_0}$，相间短路时无零序电流，接地距离继电器仍可正确测量故障时正序阻抗，所以在线路发生单相接地路障及相间短路类型故障时接地距离继电器均可正确动作。

2. 某系统中的 II 段阻抗继电器，因其汲出与助增同时存在且相等，故整定阻抗没有考虑它们的影响。若运行中因故助增消失，则 II 段阻抗继电器的保护范围将缩短。　　　　　　　　　　　　　　　　　　　　　　　　　　　　　（×）

【解析】 接地距离继电器的测量阻抗 $Z_m = \dfrac{U_m}{I + k3I_0}$，相间距离继电器的测量阻抗 $Z_m = \dfrac{U_{\varphi\varphi}}{I_{\varphi\varphi}}$，由于汲出电流的影响，测量电压会降低，导致测量阻抗减小，保护范围增大。

3. 某接地距离保护，零序电流补偿系数为 0.67，现错设为 0.89，则该接地距离保护范围将缩短。　　　　　　　　　　　　　　　　　　　　　　　　　（×）

【解析】 接地距离继电器的测量阻抗 $Z_m = \dfrac{U_m}{I + k3I_0}$，零序补偿系数增大，导致测量阻抗减小，保护范围增大。

4. 单相经高阻接地故障一般是因为导线对树枝放电。此故障一般不会破坏系统稳定运行。故当主保护灵敏度不够时，可用简单的反时限零序电流保护来保护。　　　（√）

【解析】 GB/T 14285—2006《继电保护和安全自动装置技术规程》4.6.2.3。

5. 由于助增电流的存在，使距离保护的测量阻抗缩小，保护范围增大。　　（×）

【解析】 由于助增电流的影响，测量电压会升高，导致测量阻抗增大，保护范围缩小。

6. 接地距离保护的零序电流补偿系数 K 应按式 $K = \dfrac{Z_0 - Z_1}{3Z_1}$ 计算获得，线路的正序阻抗 Z_1、零序阻抗 Z_0 参数需进行实测，装置整定值应大于或接近计算值。　（×）

【解析】 为了防止距离保护超越，零序补偿系数 K 装置整定值应小于计算值。

7. 某接地距离保护，零序电流补偿系数 0.617，现错设为 0.8，则该接地距离保护区缩短。　　　　　　　　　　　　　　　　　　　　　　　　　　　（×）

【解析】 测量阻抗 $Z_m = \dfrac{U_m}{I + k3I_0}$，零序补偿系数变大，测量阻抗变小，保护范围变大。

8. 微机型接地距离保护，输入电路中没有零序电流补偿回路，即不需要考虑零序补偿。　　　　　　　　　　　　　　　　　　　　　　　　　　　　　　（×）

【解析】 微机保护通过软件实现零序电流补偿，整定值仍为线路正序阻抗。

9. 助增电流和汲出电流将会对距离保护的Ⅰ、Ⅱ、Ⅲ段产生影响。　　（×）

【解析】 助增电流和汲出电流只出现在距离保护和相邻保护配合时，即距离保护Ⅱ、Ⅲ段有关。

10. 接地距离保护只在线路发生单相接地路障时动作，相间距离保护只在线路发生相间短路故障时动作。　　　　　　　　　　　　　　　　　　　　　　（×）

【解析】 接地距离保护在发生相间接地故障时也会动作。

11. 距离继电器能判别线路的区内、区外故障，是因为加入了带记忆的故障相电压极化量。　　　　　　　　　　　　　　　　　　　　　　　　　　　　　（×）

【解析】 距离继电器通过整定阻抗来区分区内、区外故障，加入了带记忆的故障相电压极化量是为了消除距离继电器动作死区。

12. 接地方向距离继电器在线路发生两相短路接地时超前相的继电器保护范围将发生超越，滞后相的继电器保护范围将缩短。　　　　　　　　　　　　　（√）

【解析】 两相短路接地时，过渡电阻对超前相附加阻抗为阻容性，会使测量阻抗变小，从而使保护范围扩大，发生超越；对滞后相附加阻抗为阻感性，会使测量阻抗变大，缩短保护范围。

13. 正方向不对称故障时，对正序电压为极化量的相间阻抗继电器，稳态阻抗特性圆不包括原点，对称性故障恰好通过原点。　　　　　　　　　　　　　（×）

【解析】 在保护出口处发生三相短路时，正序电压几乎降为零，以正序电压为极化量的相间阻抗继电器出现方向死区，阻抗特性圆恰好通过原点。

四、填空题

1. 方向阻抗类继电器中，消除正方向出口三相短路故障死区采取的措施是<u>记忆功能</u>。

【解析】 当在保护安装地点正方向出口处发生相间短路时，故障线路母线上的残余电压将降低到零。此时，方向阻抗继电器将因加入的电压为零而不能动作，从而出现保护装置的死区。方向阻抗继电器中记忆回路的作用就是消除正向出口三相短路的死区。

2. 距离保护装置一般是由<u>测量部分</u>、<u>启动部分</u>、<u>振荡闭锁部分</u>、<u>二次电压回路断线失压闭锁部分</u>以及逻辑部分组成。

3. 正常运行时阻抗继电器所感受的阻抗为<u>负荷阻抗</u>。

【解析】 接地距离继电器的测量阻抗 $Z_m = \dfrac{U_m}{I + k3I_0}$，相间距离继电器的测量阻抗 $Z_m = \dfrac{U_{\varphi\varphi}}{I_{\varphi\varphi}}$，线路正常运行时，电压为线路正常运行电压，电流为线路正常负荷电流，零序电流为 0，故正常运行时阻抗继电器所感受的阻抗为负荷阻抗。

4. 距离保护中实现短时开放的目的是防止外部故障造成系统振荡时的<u>保护误动</u>。

【解析】 距离保护在保护启动后短时开放，短时开放后长期闭锁，用以防止系统振荡时振荡中心达到距离保护动作定值导致保护误动作。

5. 为防止失压误动作，距离保护通常经由<u>电流</u>或<u>电流差突变量</u>构成的启动元件控制，以防止正常过负荷误动作。

【解析】 为防止失压导致距离保护误动作，距离保护采用电压断线闭锁，电流启动来进行控制。

6. Ⅰ、Ⅱ、Ⅲ段阻抗元件中，Ⅲ段阻抗元件可不考虑受振荡的影响，其原因是<u>靠时间整定躲过振荡周期</u>。

【解析】 线路距离Ⅲ段整定时间应大于振荡周期，靠时间躲过系统振荡周期，不考虑振荡对其的影响。

7. 助增电流一般使测量阻抗<u>增大</u>，汲出电流一般使测量阻抗<u>减小</u>。

【解析】 助增电流使保护装置感受到测量电压变大，从而测量阻抗增大；汲出电流使保护装置感受到测量电压变小，从而测量阻抗减小。

8. 用于串补线路及其相邻线路的距离保护应有防止<u>距离保护Ⅰ段</u>拒动和误动的措施。

【解析】 见 Q/GDW1161—2013《线路保护及辅助装置标准化设计规范》5.2.3b。

9. 对于远距离、重负荷线路及事故过负荷等情况，宜采用设置<u>负荷电阻线</u>或其他方法避免相间、接地距离保护的后备段保护误动作。

【解析】 见《国家电网有限公司十八项电网重大反事故措施》15.2.3.2。

10. 长距离、重负荷线路距离保护应采用基于<u>电压平面</u>判据防止后备距离保护误动作。

【解析】 见《国家电网公司防止变电站全停十六项措施》6.1.12。

11. 当架空输电线路发生三相短路故障时，该线路保护安装处的电压超前电流的角度是<u>线路阻抗角</u>。

【解析】 三相短路时线路均为正序电压和正序电流，电压超前电流角度为线路正序灵敏角，即线路阻抗角。

12. 过渡电阻对距离继电器工作的影响，视条件可能失去方向性，也可能使保护区缩短，还可能发生<u>超越</u>。

【解析】 过渡电阻对距离继电器附加阻抗呈阻容性时，线路末端发生区外故障时，距离保护可能会超越误动；反方向出口处发生经过渡电阻接地时，保护可能失去方向性误动。

过渡电阻对距离继电器附加阻抗呈阻感性时，保护范围末端发生区内故障时，可能会导致保护越级拒动。

13. 接地距离保护中相阻抗继电器的正确接线为 $\dfrac{U_{\mathrm{ph}}}{I_{\mathrm{ph}}+K3I_0}$。

【解析】 接地距离相阻抗继电器测量阻抗为线路正序阻抗，需对进行线路的零序电抗进行补偿，接线方式为 $\dfrac{U_{\mathrm{ph}}}{I_{\mathrm{ph}}+K3I_0}$。

14. 距离保护克服 "死区" 的方法有<u>记忆回路</u>和<u>引入非故障相电压</u>。

【解析】 记忆回路在故障发生后，依靠谐振回路的自由衰减供给极化回路电流，使继电器得以在短时间内可靠工作。在保护安装出口处三相短路时仍可正确动作。

引入非故障相电压，可消除继电器安装处正方向相间短路时继电器的动作死区。

15. 双侧电源供电的线路上<u>受电</u>侧的距离一段在背后母线上发生三相短路会因故障处有小过渡电阻而失去方向性，<u>送电</u>侧不会。

【解析】 当保护安装于受电侧，在背后母线上经小过渡电阻短路。此时流经保护的电流仍是由送电侧电源供给的，过渡电阻上的电流仍受到受电侧电源的助增。此时继电器的测量阻抗将可能落于姆欧继电器动作特性圆而误动，使阻抗继电器保护失去方向性。

五、 简答题

1. 为什么要调整圆特性方向阻抗继电器的最大灵敏角等于被保护线路的阻抗角？

【解析】 被保护线路发生相间短路时，短路电流与继电器安装处电压间的夹角等于线路的阻抗角，即阻抗继电器测量阻抗的阻抗角等于线路的阻抗角。对于圆特性方向阻抗继电器，在线路发生短路故障时应使其工作于最灵敏状态下，故要求的最大灵敏角等于被保护线路的阻抗角。

2. 为什么距离保护的Ⅰ段保护范围通常选择为被保护线路全长的80%～85%？

【解析】 （1）距离保护Ⅰ段的动作时限为保护装置本身的固有动作时间，为了和相邻的下一线路距离保护Ⅰ段有选择性配合，两者的保护范围不能有重叠的部分；否则，本线路Ⅰ段的保护范围会延伸到下一线路，造成无选择性动作。

（2）另外，保护定值计算用的线路参数有误差，电压互感器和电流互感器的测量也有误差。考虑最不利的情况，若这些误差为正值相加，如果Ⅰ段的保护范围为被保护线路的全长，就不可避免地要延伸到下一线路。此时，若下一线路出口故障，则相邻的两条线路Ⅰ段同时动作，造成无选择性的切断故障。因此，距离保护的Ⅰ段通常取被保护线路全长的80%～85%。

3. 影响阻抗继电器正确测量的因素有哪些（至少写出五点）？

【解析】 影响因素包括：①故障点的过渡电阻；②保护安装处与故障点之间的助增电流和汲出电流；③测量互感器的误差；④电力系统振荡；⑤电压二次回路断线；⑥被保护

线路的串补电容。

4. 接地阻抗继电器的零序补偿系数 K 应如何选取？ 请以 A 相故障为例， 写出推导过程。

【解析】 $K = (Z_0 - Z_1) / (3Z_1)$

设系统中某线路发生 A 相故障时 A 相母线处的电压为 $\dot{U}_{MKA}$，故障线路 A 相断路电流为 $\dot{I}_{KA}$，母线至故障点的正、负、零序阻抗分别为 Z_1、Z_2、Z_0 于是有

$$\dot{I}_{KA} = \dot{I}_{KA1} + \dot{I}_{KA2} + \dot{I}_{KA0} \quad \dot{U}_{MKA} = \dot{U}_{MKA1} + \dot{U}_{MKA2} + \dot{U}_{MKA0} \quad \dot{U}_{MKA} = \dot{I}_{KA1}Z_1 + \dot{I}_{KA2}Z_2 + \dot{I}_{KA0}Z_0$$

因为 $Z_1 = Z_2$，所以

$$\begin{aligned}
\dot{U}_{MKA} &= (\dot{I}_{KA1} + \dot{I}_{KA2} + \dot{I}_{KA0})Z_1 + \dot{I}_{KA0}(Z_0 - Z_1) \\
&= \dot{I}_{KA}Z_1 + \dot{I}_{KA0}(Z_0 - Z_1) \\
&= \dot{I}_{KA}Z_1 + \dot{I}_{KA0}(Z_0 - Z_1)(3Z_1/3Z_1) \\
&= \dot{I}_{KA}Z_1 + \dot{I}_{KA0}(Z_0 - Z_1)(3Z_1/3Z_1) \\
&= \dot{I}_{KA}Z_1 + 3\dot{I}_{KA0}Z_1(Z_0 - Z_1)/(3Z_1)
\end{aligned}$$

5. 请表述阻抗继电器的测量阻抗、 动作阻抗、 整定阻抗的含义。

【解析】 （1） 测量阻抗是指其测量（感受）到的阻抗，即为通过对加入到阻抗继电器的电压、电流进行运算后所得到的阻抗值。

（2） 动作阻抗是指能使阻抗继电器临界动作的测量阻抗。

（3） 整定阻抗是指编制整定方案时根据保护范围给出的阻抗，阻抗继电器根据该值对应一个动作区域，当测量阻抗进入整定阻抗所对应的动作区域时，阻抗继电器动作。

6. 方向距离继电器在区外发生过渡电阻接地故障时距离继电器有可能会误动， 而工频变化量距离继电器不会误动， 为什么 （假设系统各点的阻抗角相同）？

【解析】 区外发生过渡电阻接地故障时，过渡电阻附加阻抗呈阻容性，区外正向故障，测量阻抗有可能落在阻抗圆内，导致距离继电器误动；工频变化量距离保护，两侧电流变化量相位相同，故 ΔI 与 ΔI_Σ 相位相同，过渡电阻附加阻抗为纯阻性，所以区外短路不会超越误动。

7. 什么是距离保护的稳态超越和暂态超越？ 并简单介绍防止这两类超越的措施有哪些。

【解析】 （1） 由于过渡电阻的存在，导致区外故障时测量阻抗落入到保护的动作区内而导致保护误动作的现象，称为距离保护的稳态超越。

（2） 由短路所产生的暂态分量造成距离保护误动作的现象，称为距离保护的暂态超越。

（3） 克服稳态超越影响的主要措施有：采用自适应特性的零序电抗继电器，四边形特性继电器。

（4） 克服暂态超越的主要方法是采用性能优良的滤波算法，短时缩短保护范围来躲暂态超越。

8. 构成具有如图 3-9 所示动作特性的接地阻抗继电器， 图中 Z_{zd} 为整定阻抗， 阴影部分为动作区。

（1） 试写出阻抗形式表达的相位比较动作方程。

（2） 该继电器的接线方式是什么？

（3） 写出用以实现的用电压形式表达的相位比较动作方程 （即用加入继电器的电压

U_J 和电流 I_J 表达的动作方程）。

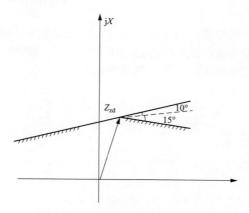

图 3-9　接地阻抗继电器动作特性图

【解析】

(1) $(180°+10°) < \arg \dfrac{Z_J-Z_{zd}}{R} < (360°-15°)$ 即 $190° < \arg \dfrac{Z_J-Z_{zd}}{R} < 345°$

(2) $U_J=U_\varphi \qquad I_J=I_\varphi+K3I_0$

(3) $190° < \arg \dfrac{U_J-I_J Z_{zd}}{I_J R} < 345°$

9. 某阻抗测量元件为了避免过负荷误动，附加一负荷限制线。其测量阻抗动作特性如图 3-10 所示。请写出圆特性和负荷限制线的动作方程，并说明其逻辑关系。

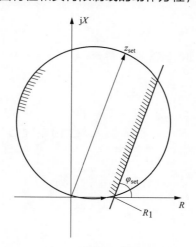

图 3-10　测量阻抗动作特性图

【解析】 动作方程由两个判据组成，圆特性

$$270° \geqslant \arg \frac{\dot U - \dot I Z_{set}}{\dot U} \geqslant 90°$$

负荷限制线 B 为 $180° \geqslant \arg \dfrac{\dot{U} - \dot{I} R_1}{\dot{I} e^{j\varphi_{set}}} \geqslant 0°$ 动作，$T = A \cap B$。

10. 根据图 3-11 线路经过渡电阻故障图写出工频变化量阻抗继电器的动作方程，画出正向短路故障时工频变化量阻抗继电器的动作特性，并说明该保护具有自适应过渡电阻能力的原因（设保护反向阻抗为 Z_s，整定阻抗为 Z_{zd}）。

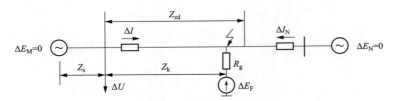

图 3-11　线路经过渡电阻故障图

【解析】

（1）工频变化量阻抗继电器的动作方程。

区内短路为 $Z_k < Z_{zd}$ 或 $|\Delta U_{op}| > |\Delta U_F|$

区外短路为 $Z_k > Z_{zd}$ 或 $|\Delta U_{op}| < |\Delta U_F|$

（2）阻抗继电器在正向短路故障时

$\Delta U_{op} = \Delta U - \Delta I Z_{zd} = -\Delta I (Z_s + Z_{zd})$

$\Delta U_F = \Delta I (Z_s + Z_J)$

得 $|Z_s + Z_{zd}| > |Z_s + Z_J|$

经过变换后得

$$90° < \arg \frac{Z_J - Z_{zd}}{Z_J + 2Z_s + Z_{zd}} < 270°$$

可画出此时得动作向量图，如图 3-12 所示。

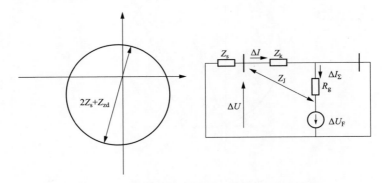

图 3-12　正方向故障时工频变化量继电器动作向量图

考虑过渡电阻时

$$Z_J = Z_k + \frac{\Delta I_\Sigma}{\Delta I} R_g = Z_k + Z_a$$

从以上得分析可知，当保护背后电源运行方式最小（即 $Z_s = Z_{smax}$）时，$\Delta I_\Sigma / \Delta I$ 增大，过渡电阻的附加阻抗 Z_a 也随之增大，所以在背后运行方式最小时过渡电阻的影响最大，内部短路时更易拒动。但其动作特性圆由于 Z_s 的增大，使特性圆上的 B 点向第三象限移动（A 点不动），特性圆的直径增大，特性圆在 R 轴方向上的分量随之增大，保护过渡电阻的能力也随之提高，因此说保护过渡电阻的能力有自适应功能。

11. 设 Z_x 为固定阻抗值，阻抗角与整定阻抗 Z_{set} 的阻抗角相等，Z_m 为测量阻抗，按以下动作方程做出 Z_m 的动作特性，并以阴影线表示 Z_m 的动作区。

(1) $180° < \arg \dfrac{Z_m - Z_{set}}{Z_m + Z_x} < 270°$

(2) $210° < \arg (Z_{set} - Z_m) < 330°$

【解析】 (1) 半圆如图 3-13 所示。

(2) 如图 3-14 所示 $\arg (Z_{set} - Z_m) = \arg (Z_m - Z_{set}) + 180°$

动作方程变为 $30° < \arg (Z_m - Z_{set}) < 150°$

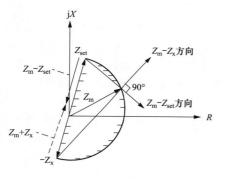

图 3-13　阻抗特性图（一）

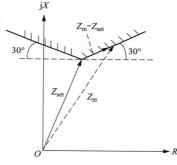

图 3-14　阻抗特性图（二）

12. 有一方向阻抗继电器的整定值 $Z_{set} = 4\,\Omega$，最大灵敏角为 $75°$，当继电器的测量阻抗为 $3 \angle 15° \,\Omega$ 时，继电器是否动作。

【解析】 设整定阻抗在最大灵敏角上，如图 3-15 所示。

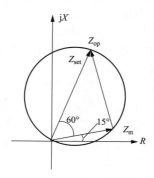

图 3-15　继电器的测量阻抗图

Z_{set} 与测量阻抗 Z_m 相差 $60°$，当测量阻抗落在圆周 $15°$ 处时，其临界动作阻抗为 $Z_{op} = 4\cos 60° = 2\,\Omega$，而继电器的测量阻抗为 $3 \angle 15°\,\Omega$，大于 $2\,\Omega$，故继电器不动作。

13. 距离元件的动作特性，采用多边形特性和小矩形特性，如图 3-16 所示。请说明图 3-16 中距离继电器标明的多边形各角度及小矩形的作用。

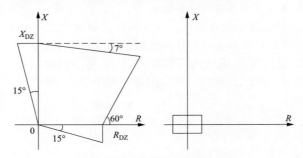

图 3-16 多边形特性和小矩形特性图

【解析】 各角度的功能如下：

（1）第一象限的 60°设计。提高躲负荷阻抗的能力。

（2）第一象限的 7°设计。在双侧电源的线路上，由于助增电流的影响，当线路末端经过渡电阻短路时，易落于水平线内，可能会引起保护超范围动作，为此向下倾斜 7°。

（3）第二象限的 15°设计。能保证发生金属性短路时可靠动作。

（4）第四象限的 15°设计。能保证本线路出口经过渡电阻短路时可靠动作。

小矩形的功能：

（1）在重合或手合到故障时，能保证可靠切除出口故障。因为在出口处短路时，线路 TV 上或母线 TV 上的电压在重合或手合前可能很低或没有，所以不能用记忆电压判方向，此时如果落在小矩形范围内则加速保护出口（做重合后加速时，需要投入瞬时加速Ⅱ段或瞬时加速Ⅲ段距离或纵联阻抗瞬时加速）。

（2）对于距离Ⅲ段的小矩形，不论发生单相故障、相间故障还是三相故障，由于考虑到Ⅲ段是远后备保护，只要进入Ⅲ段小矩形范围之内，保护就按Ⅲ段延时出口。

14. 如果阻抗继电器的动作方程为 $90° \leq \arg \dfrac{Z_\mathrm{J} - Z_\mathrm{zd}}{Z_\mathrm{J}} \leq 270°$

式中：Z_J 为测量阻抗；Z_zd 为整定阻抗。

（1）在阻抗复数平面上画出它的动作特性。

（2）写出继电器用以实现的电压形式动作方程（即用加在继电器上的电压 U_J 电流 I_J 和整定阻抗 Z_zd 表达的动作方程）。

（3）说明该继电器在防止正方向出口短路可能会拒动（出现死区），在反方向出口短路可能会误动方面应采取什么措施？采取措施后，请画出正向短路和反向短路时的暂态动作特性（保护反方向的阻抗为 $Z_\mathrm{s} \angle \Phi$，正方向的所有阻抗为 $Z_\mathrm{R} \angle \Phi$ 保护的整定阻抗为 $Z_\mathrm{d} \angle \Phi$）。

【解析】（1）动作特性如图 3-17 所示。

（2）$90° \leq \arg \dfrac{U_\mathrm{J} - I_\mathrm{J} Z_\mathrm{zd}}{U_\mathrm{J}} \leq 270°$。

（3）应采取的措施为：对极化电压（U）进行记忆，即用短路前的电压作为极化电压。继电器正方向和反方向短路的暂态特性如图 3-18、图 3-19 所示。

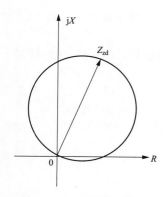

图 3-17　方向阻抗继电器
动作特性图

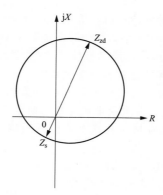

图 3-18　正向短路暂态
动作特性

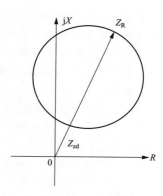

图 3-19　反向短路暂态
动作特性

15. 如果有一个阻抗继电器动作方程为 $90° \leqslant \arg \dfrac{U_J - I_J Z_{zd}}{U_J} \leqslant 270°$。（式中：$U_J$、$I_J$ 为阻抗继电器接线方式中规定的电压电流；Z_{zd} 为整定阻抗）。请画出该继电器的动作特性。为了消除该继电器在正向出口短路时（含近处故障）的死区可采取什么方法？请分别画出此继电器在正向短路和反向短路时的暂态动作特性。并从暂态动作特性图上说明该继电器在暂态动作特性期间是如何消除正向出口短路的死区和避免反向出口短路的误动的。

【解析】　该动作方程分子、分母同除以 I_J 后可得阻抗形式的动作方程为

$$90° \leqslant \arg \frac{Z_J - Z_{zd}}{Z_J} \leqslant 270°$$

继电器的测量阻抗为 Z_J。

它的动作特性如图 3-20 所示。

为了消除正向出口短路时的死区可对极化电压延时性记忆，用短路前的电压作为极化电压记为 U_{JM}，此时动作方程为

$$90° \leqslant \arg \frac{Z_J - Z_d}{Z_J} \leqslant 270°$$

这样，在短路初瞬正向短路、反向短路暂态动作特性如图 3-21、图 3-22 所示。

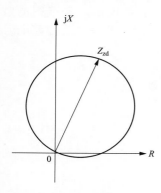

图 3-20　方向阻抗继电器
动作特性图

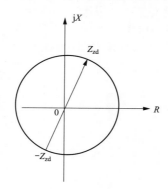

图 3-21　正向短路暂态
动作特性

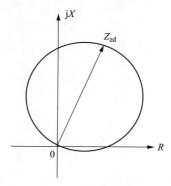

图 3-22　反向短路暂态
动作特性

由图 3-21 可见坐标原点在动作特性内,所以正向出口短路消除了死区;由图 3-22 可见动作特性远离坐标原点,防止了反向出口短路继电器误动。

16. 方向阻抗继电器采用电压记忆量做极化,除了消除死区外,对继电保护特性还带来什么改善? 如果采用正序电压极化有什么优点?

【解析】 反向故障时,继电器暂态特性抛向第一象限,使动作区远离原点,避免因背后母线上经小过渡电阻短路时,受到受电侧电源的助增而失去方向性导致的误动。

正方向故障时,继电器暂态特性为包括电源阻抗的偏移特性,避免相邻线始端经电阻短路使继电器越级跳闸。

在不对称故障时,$U_1 \neq 0$,不存在死区问题。

17. 电气化铁路对常规距离保护有何影响?

【解析】 电铁是单相不对称负荷,使系统中的基波负序分量及电流突变量大大增加;电铁换流的影响,使系统中各次谐波分量骤增。

电流的基波负序分量、突变量以及高次谐波均导致距离保护振荡闭锁频繁开放。

对距离保护的影响是:频繁开放增加了误动作概率;电源开放继电器频繁动作可能使触点烧坏。

18. 正序电压用作极化电压的好处是什么?

【解析】

(1) 故障后各相正序电压的相位始终保持故障前的相位不变,与故障类型无关。作为工作电压要与它来比相的,起着参考标准的极化电压正需要这种相位始终不变的特性。

(2) 除了三相短路以外,幅值一律不会降到零,意味着无死区。

(3) 构成的元件性能好。例如方向元件的极化电压改用正序电压后,其选相性能大大改善。不像过去未用正序电压时,为了消灭多数故障形式下的电压死区,方向元件要用 90°接线。结果是与故障相方向元件动作的同时,健全相也往往动作,即选相性能差。改用正序电压后,健全相的便不会动了。

六、分析题

1. 如图 3-23 所示系统,T1、T2 变压器阻抗相同,系统电源均为 $E \angle 0°$,两侧系统电源阻抗均相同,已知线路正序阻抗为 Z_{L1},零序阻抗 $Z_{L0} = 3Z_{L1}$,线路中点发生经过渡电阻接地时,线路保护接地距离 I 段采用方向圆特性的阻抗继电器,整定阻抗为 $0.8Z_{L1}$,正序灵敏角为线路正序阻抗角 80°,所有元件正负序阻抗相等。当过渡电阻 R_g 满足什么条件时,M 侧线路保护接地距离 I 段拒动?

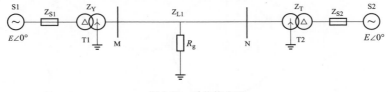

图 3-23 系统接线图

【解析】
计算 M 侧保护的测量阻抗。
故障点电流 $I_{KA1} = I_{KA2} = I_{KA0} = E/(Z_{1\Sigma} + Z_{2\Sigma} + Z_{0\Sigma} + 3R_g)$

由于两侧系统对称，两侧 C_{m1}、C_{m2}，C_{m0} 均为 0.5。所以 $I_{MA}=I_{NA}=1/2I_{kA}$

M 侧母线电压 $U_{MA}=I_{MA}(1+k)Z_{LK}+(I_{MA}+I_{NA})R_g$

线路的零序补偿系数 $K=2/3$

保护测量阻抗为

$$Z_M=\frac{U_{MA}}{I_{MA}(1+k)}=Z_{LK}+\frac{I_{MA}+I_{NA}}{I_{MA}(1+k)}R_g$$

$$=0.5Z_{L1}+\frac{2}{(1+k)}R_g=0.5Z_{L1}+1.2R_g$$

由图 3-24 利用余弦定律有

$$(0.1Z_{L1})^2+(1.2R_g)^2-0.24R_gZ_{L1}\cos100°=(0.4Z_{L1})^2$$

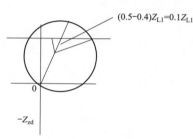

图 3-24　余弦定理原理图

求得 $R_g=0.5325Z_{L1}$。

所以当 $R_g>0.5325Z_{L1}$ 时，M 侧保护接地距离Ⅰ段拒动。

2. 某 500kV MN 线路正序阻抗 $Z_1=$ j40 Ω，零序阻抗 $Z_0=$ j130 Ω 线路全长 153km。线路发生 A 相故障，从录波图上读得同一时刻线路 M 侧 A 相电压为 252∠0° kV，A 相电流为 3.9∠-72.25° kA，零序电流 $3I_0$ 为 4.4∠-72.25° kA；N 侧 A 相电压 196∠0°，A 相电流为 15.4∠-72.25° kA，零序电流 $3I_0$ 为 16.8∠-72.25° kA。

求：1）采用甲站的单端电流电压量求出故障点距离甲侧多少千米。

2）采用双端电流电压量求出故障点距离甲侧多少千米。

【解析】 1）$K_Z=\dfrac{Z_0-Z_1}{3Z_1}=\dfrac{\text{j}130-\text{j}40}{3\times\text{j}40}=0.75$

$$U_{MA}=252∠0°\text{kV} \quad I_{MA}=3.9∠-72.25°\text{kA} \quad 3I_{0M}=4.4∠-72.25°(\text{kA})$$

$$I_{jM}=I_{MA}+K3I_{0M}=(3.9+0.75\times4.4)∠-72.25°=7.2∠-72.25°(\text{kA})$$

$$U_{NA}=196∠0°\text{kV} \quad I_{NA}=15.4∠-77.9°\text{kA} \quad 3I_{0N}=16.8∠-77.9°(\text{kA})$$

$$I_{jN}=I_{NA}+K3I_{0N}=(15.4+0.75\times16.8)∠-72.25°=28.0∠-72.25°(\text{kA})$$

M 侧接地阻抗元件的测量阻抗 $Z_{jM}=\dfrac{U_M}{I_{jM}}=\dfrac{252∠0°}{7.2∠-72.25°}=35.0∠72.25°$（Ω）

N 侧接地阻抗元件的测量阻抗 $Z_{jN}=\dfrac{U_N}{I_{jN}}=\dfrac{196∠0°}{28.0∠-72.25}=7.0∠72.25°$（Ω）

M 侧单端测距的故障点距离 $\dfrac{Z_{jM}}{Z_1}\times153=\dfrac{35}{40}\times153=133.875$（km）

2）故障点过渡电阻的电压 U_k

$$Z_{jM} + Z_{jN} = \frac{U_M}{I_{jM}} + \frac{U_N}{I_{jN}} = \frac{U_{Mk} + U_k}{I_{jM}} + \frac{U_{Nk} + U_k}{I_{jN}}$$

$$= \frac{U_{Mk}}{I_{jM}} + \frac{U_{Nk}}{I_{jN}} + \frac{(I_{MA} + I_{NA})Z_R}{I_{jM}} + \frac{(I_{MA} + I_{NA})Z_R}{I_{jN}}$$

$$= Z_1 + \frac{I_{MA} + I_{NA}Z_R}{I_{jM}} + \frac{(I_{MA} + I_{NA})Z_R}{I_{jN}}$$

设 $a = \dfrac{I_{MA} + I_{NA}}{I_{jM}}$，$b = \dfrac{I_{MA} + I_{NA}}{I_{jN}}$，有

$$a = \frac{I_{MA} + I_{NA}}{I_{jM}} = \frac{3.9\angle -72.25° + 15.4\angle -72.25°}{7.2\angle -72.25°} = 2.6806$$

$$b = \frac{I_{MA} + I_{NA}}{I_{jN}} = \frac{3.9\angle -72.25° + 15.4\angle -72.25°}{28.0\angle -72.25°} = 0.6893$$

$$a + b = \frac{I_{MA} + I_{NA}}{I_{jM}} + \frac{I_{MA} + I_{NA}}{I_{jN}} = \frac{I_{jM} + I_{jN}}{I_{jM}I_{jN}}(I_{MA} + I_{NA})$$

接地电阻 $Z_R = \dfrac{Z_{jM} + Z_{jN} - Z_1}{a+b} = \dfrac{35\angle 72.25° + 7\angle 72.25° - j40}{3.370} \approx 3.8\angle 0.0°$

双端测距 M 侧到故障点阻抗 $Z'_{jM} = \dfrac{U_M - U_k}{I_{jM}} = \dfrac{U_M}{I_{jM}} - aZ_R$

$$Z'_{jM} = 35.0\angle 72.25° - 2.6806 \times 3.8\angle 0.0°$$
$$= 10.6703 + j33.3339 - 10.1863 = 0.484 + j33.3339 = 33.3374\angle 89.2°$$

双端测距 N 侧到故障点阻抗为 $Z'_{jN} = \dfrac{U_N - U_k}{I_{jN}} = \dfrac{U_N}{I_{jN}} - bZ_R$

双端测距故障点距甲侧距离为 $\dfrac{Z'_{jM}}{Z_1} \times 153 = \dfrac{33.3374}{40} \times 153 = 127.5156 \text{km}$

3. 如图 3-25 线路上装有串补电容，在线路上 k 点发生短路时，试问用 TV1 和 TV2 的电压互感器时工频变化量方向继电器的动作行为（不考虑串补电容的保护不对称击穿）。

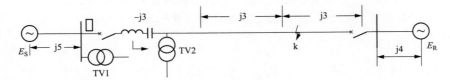

图 3-25 线路上装有串补电容且 K 点发生短路时系统图

【解析】 工频变化量方向继电器的动作方程是 $\Phi+ = \arg\left[(\Delta U / \Delta I)\, Z_D\right]$
设系统阻抗角与 Z_D 的阻抗角一致，则
当 $\Phi+ = 180°$ 时，方向继电器动作；当 $\Phi+ = 0°$ 时，方向继电器不动作。
上述串补线路中，在线路上 K 点发生故障时，若保护电压取自母线 TV1

$$\Phi+ = \arg[(\Delta U / \Delta I)Z_D] = \arg[(-\Delta Ij5 / \Delta I)Z_D] = \arg(-j5/Z_D)$$
$$= 180°$$

方向继电器能正确动作。
若保护电压取自线路 TV2。

$$\Phi+ = \arg[(\Delta U/\Delta I)Z_D] = \arg\{[-\Delta I(j5-j3)/\Delta I]Z_D\} = \arg(-j2/Z_D)$$
$$= 180° \quad \text{方向继电器仍能正确动作。}$$

因此若串补电容器容抗 Z_c 小于本侧系统等效阻抗 Z_s 且串补电容器容抗 Z_c 小于对侧系统等效阻抗 Z_s' 时，工频变化量方向继电器将不受串补电容器的影响，能正确反应故障方向。

若串补电容器容抗 $Z_c<$ 系统等效阻抗 Z_s 或 Z_s' 时，则需要对工频变化量方向继电器的电压进行一定的补偿 $\Delta U-jX_k\Delta I$。

4. 如图 3-26 所示单侧电源供电的大电流接地系统，保护安装处 P 接地距离Ⅱ段定值 30Ω，正序和零序灵敏角 70°，零序补偿系数 0.6，接地距离偏移角为 0°，接地距离保护采用阻抗偏移圆特性。MN 线路全长 40km，每千米线路阻抗 0.5Ω。故障前线路空载，在距离 M 侧 24km 的地方发生 A 相经过渡电阻接地，此时保护记录的 A 相故障电流为 1A、70°。问：

（1）过渡电阻最大为多少时，仍然在接地距离Ⅱ段保护范围内？

（2）保护安装处记录的 A 相电压为多少？

图 3-26 单侧电源供电的大电流接地系统

【解析】

设过渡电阻大小为 r，保护感受到的过渡电阻大小为 $R=r/(1+k)$
$$(R\sin70°)^2 = (R\cos70°+12)(18-R\cos70°)$$
求得 $R_1=15.755$，$R_2=-13.705$ 舍去，故 $r=25.2$。
$$Z = 12e^{j70} + 15.755 = 22.84e^{j29.588}$$
此时仍然在接地距离Ⅱ段保护范围内。

设电流大小为 1A、70°，则电压量临界值为 $U=I(1+k)Z=36.544V$，99.588°。

5. 某线路 MN，发生 C 相高阻接地故障，线路差动保护跳闸，M 侧保护 PCS-931A-G 测距为 25km。现已获取故障后 20ms 的两侧电压电流值（同一时刻）如下：

M 侧：$U_a=62.1V\angle0°$，$U_b=61.5V\angle-121°$，$U_c=60.5V\angle-242°$，$I_a=0.49A\angle0°$，$I_b=0.51A\angle-122°$，$I_c=0.55A\angle-245°$，$3I_0=0.06A\angle107.5°$

N 侧：$I_a=0.49A\angle-179.6°$，$I_b=0.51A\angle58°$，$I_c=0.36A\angle-65°$，$3I_0=0.12A\angle118.5°$。

通过 M 侧电压和两侧电流分析计算，本次保护故障测距是多少，保护测距误差是多少？已知线路每千米零序、正序阻抗分别为 $Z_0=1.032\Omega\angle80°$、$Z_1=0.341\Omega\angle80°$，线路全长 52km，如图 3-27 所示。

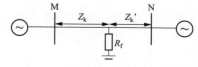

图 3-27 双侧电源供电系统 C 相高阻接地故障图

【解析】 零序补偿系数 $K = (Z_0 - Z_1) / (3Z_0) = 0.6755$

故障电压与故障电流关系为 $U_{MC} = Z_k(I_C + K3I_0) + R_f(I_{MC} + I_{NC})$，

即：$60.5V\angle-242° = Z_k \times (0.55A\angle-245° + 0.6755 \times 0.06A\angle107.5°) +$
$$R_f(0.55A\angle-245° + 0.36A\angle-65°)$$

$60.5V\angle-242° = Z_k \times (0.55A\angle-245° + 0.04053A\angle107.5°) + R_f 0.19A\angle-245°$

设 L_k 为 M 侧到故障点的距离

$318.42\angle3° = L_k \times 0.341\angle80° \times (2.8947 + 0.2133\angle-7.5°) + R_f$

$318.42\angle3° = L_k \times (0.9871\angle80° + 0.0727\angle72.5°) + R_f$

取两侧虚部相同，得

$16.665 = L_k 1.041$

$L_k = 16km$

计算的测距结果为 16km，保护测距误差 9km。

6. 图 3-28 所示输电系统，在线路的 70%（距 M 端）处发生单相（B 相）经过渡电阻接地故障，$R_g = 10\Omega$，计算 M 端 1 处距离保护的测量阻抗，并校验 M 端 1 处正序极化阻抗继电器 I 段（注：$K_{rel} = 0.8$；未考虑相邻线补偿）是否能够动作。系统各元件的参数如下：

发电机：$S_N = 120MVA$，$E_1 = 1.67$，$X_1 = 0.9$，$X_2 = 0.45$；

变压器 T-1：$S_N = 60MVA$，$U_s\% = 10.5$，$k_{T1} = 10.5/115$；T-2：$S_N = 60MVA$，$U_s\% = 10.5$，$k_{T2} = 115/6.3$；

线路 L 每回路 $l = 100km$，$x_1 = 0.4\Omega/km$，每回输电线路本身的零序电抗为 $x_0 = 0.8\Omega/km$，两回平行线路间的零序互感抗为 $0.4\Omega/km$。

负荷 LD-1：$S_N = 40MVA$，$X_1 = 1.2$，$X_2 = 0.35$。

基准：$S_B = 100MVA$，$U_B = U_{AV}$。

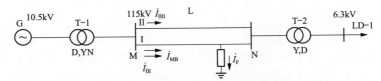

图 3-28 输电系统单相（B 相）经过渡电阻接地故障图

部分测量数据（在上述基准下的标幺值，方向见图 3-28）：

M 母线故障后的正序电压为 $\dot{U}_{B1} = 1.33\angle88$，I 回线路 B 相故障后电流为 $\dot{i}_B = 1.8\angle9$，M 端 I、II 回线路的零序电流分别为 $\dot{i}_{0I} = 0.613\angle10$，$\dot{i}_{0II} = 0.322\angle10$。

【解析】 (1) 参数标幺值计算

$R = 10S_B/U_{av}^2 = 0.091$（$U_{AV} = 105kV$） $x_1 = 0.003629$ $x_0 = 0.003629 \times 2$ $x_{0m} = 0.003629$。

(2) 计算故障点电流。根据零序网络图，故障点电流为

$$\dot{I}_F = 3(\dot{I}_{0I} + \dot{I}_{0II}) = 2.805\angle10°.$$

(3) 保护安装处电压计算

$$\dot{U}_B = 70x_1(\dot{I}_B + 3k\dot{I}_{0I}) + 70x_{0m}\dot{I}_{0II} + R\dot{I}_F = 0.74\angle79°$$

则测量阻抗为 $Z_\mathrm{m}=\dfrac{\dot{U}_\mathrm{B}}{(\dot{I}_\mathrm{B}+3k\dot{I}_{0\mathrm{I}})}=\dfrac{0.74\angle 79}{1.8\angle 9°+0.613\angle 10°}=0.31\angle 73.44°$

（4）正序极化阻抗继电器的动作情况。整定定值为
$$Z_\mathrm{set}=0.3629\times 80\%=0.29$$

动作方程为 $90<\arg\dfrac{\dot{U}_\mathrm{B}-(\dot{I}_\mathrm{B}+3k\dot{I}_{0\mathrm{I}})\,Z_\mathrm{set}}{\dot{U}_{1\mathrm{B}}}<270°$

得 $\dot{U}_\mathrm{op}=\dot{U}_\mathrm{B}-(\dot{I}_\mathrm{B}+3k\dot{I}_{0\mathrm{I}})\,Z_\mathrm{set}=0.2116\angle 10°$

则知 $\arg\dfrac{\dot{U}_\mathrm{B}-(\dot{I}_\mathrm{B}+3k\dot{I}_{0\mathrm{I}})\,Z_\mathrm{set}}{\dot{U}_{1\mathrm{B}}}=10-88=-78$。

阻抗继电器不动作。

7. 双端电源系统如图 3-29 所示，500kV MN 线路配置两套纵联光纤差动保护、三阶段相间和接地距离保护、反时限方向零流保护（TEF）。其中距离保护采用圆特性（为简化考虑，距离保护按灵敏角 90°考虑），系统和线路阻抗如图 3-29 所示（均为经过折算的二次值），$\dot{E}_\mathrm{M}=\dot{E}_\mathrm{N}=57.7\angle 0°$ V。MN 线路距离 M 侧 20% 处（k 点）发生 A 相经过渡电阻 R_g 接地。保护 1 和保护 2 接地和相间距离保护整定值相同 $Z_\mathrm{I}=7\,\Omega$，$t_\mathrm{I}=0.0\mathrm{s}$；$Z_{\mathrm{II}}=16\,\Omega$，$t_{\mathrm{II}}=0.8\mathrm{s}$；$Z_{\mathrm{III}}=24\,\Omega$，$t_{\mathrm{III}}=2.0\mathrm{s}$；$T_\mathrm{EF}$ 的 $3I_0$ 启动门槛为 0.1A，0.25A/3.0s 动作，1.0A/1.2s 动作，大于 1.5A 时，T_EF 动作时间均为 1s。

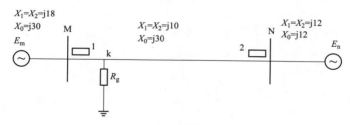

图 3-29　双端电源系统图

问题：

（1）故障点 k 电压 U_kA 与 R_g 的关系。

（2）保护 1 和保护 2 的 A 相接地距离保护测量阻抗 $Z_{1\mathrm{j}}$ 和 $Z_{2\mathrm{j}}$ 与过渡电阻 R_g 的关系表达式（零序补偿系数 $K=\dfrac{Z_0-Z_1}{3Z_1}$）。

（3）当 $R_\mathrm{g}=5\,\Omega$（二次值）时，说明保护 1 和保护 2 的动作情况。

【解析】

（1）$U_\mathrm{kA}=3I_0 R_\mathrm{g}=I_\mathrm{kA} R_\mathrm{g}$

（2）k 点发生 A 相单相经过渡电阻 R_g 接地时，序网络如图 3-30 所示
$$X_{\Sigma 1}=X_{\mathrm{M}1}//X_{\mathrm{N}1}=\mathrm{j}20//\mathrm{j}20$$
$$X_{\Sigma 2}=X_{\mathrm{M}2}//X_{\mathrm{N}2}=\mathrm{j}20//\mathrm{j}20$$
$$X_{\Sigma 0}=X_{\mathrm{M}0}//X_{\mathrm{N}0}=\mathrm{j}36//\mathrm{j}36$$

$$I_{kA1} = I_{kA2} = I_{kA0} = \frac{\dot{E}}{jX_{\Sigma 1} + jX_{\Sigma 2} + jX_{\Sigma 0} + 3R_g}$$

$$\frac{I_{kA}}{3} = I_{kA1} = I_{kA2} = I_{kA0} = \frac{\dot{E}}{j38 + 3R_g}$$

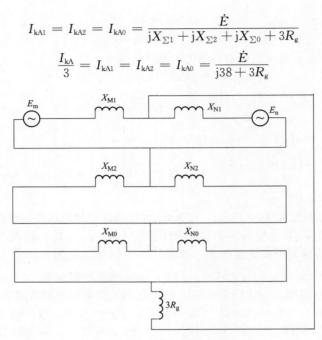

图 3-30 序网图

因 M、N 两侧正序、负序、零序电流分配系统相同

$$I_{MA} = \frac{I_{kA}}{2}, I_{NA} = \frac{I_{kA}}{2}$$

$$Z_{1j} = \frac{U_{MA}}{I_{MA} + k3I_{0M}} = \frac{Z_{Mk}(I_{MA} + k3I_{0M}) + U_{kA}}{I_{MA} + k3I_{0M}} = Z_{Mk} + \frac{I_{kA}R_g}{\frac{I_{kA}}{2} + \frac{2}{3}\frac{I_{kA}}{2}} = Z_{Mk} + \frac{6}{5}R_g$$

$$Z_{1j} = j2 + \frac{6}{5}R_g$$

类似可得 $Z_{2j} = Z_{Nk} + \frac{6}{5}R_g = j8 + \frac{6}{5}R_g$

（3）$|I_{kA}| = \left|\frac{57.7}{15 + j38}\right| \times 3 = 4.2371$

$3I_{M0} = 3I_{N0} = 2.12$（二次值）。

因此，对于 N 侧，距离Ⅰ段不动作，距离Ⅱ段不动作，距离Ⅲ段启动，T_{EF} 反时限零序保护动作，动作时间为 1s。

对于 M 侧，距离Ⅰ段不动作，距离Ⅱ段动作，动作时间为 0.8s，T_{EF} 反时限零序保护动作启动，距离Ⅲ段启动。

8. 220kV 双端电源系统如图 3-31 所示，220kV PM 双线和 MN 线均配置两套分相电流差动保护，因 M 侧通信电源失去，差动保护功能告警，所有线路 TV 变比为 220/0.1kV，TA 变比为 4000/1A，一、二次阻抗比为 1.25。系统和线路阻抗如图 3-30 所示（均为经过折算的二次值）。

$$\dot{E}_{M} = \dot{E}_{N} = 60.5 \angle 0° \text{ V}$$

MN 线两套线路保护后备保护均配置三段式相间、接地距离和反时限方向零流保护 T_{EF}，接地距离阻抗均为四边形特性。

　　M 侧接地距离 I、II 段和 III 段的电阻 R、电抗 X 的定值和延时 t 为（均为二次值）：$R_1 = 7\Omega$、$X_1 = 11\Omega$、$t_1 = 0.0$s；$R_2 = 14\Omega$、$X_2 = 22\Omega$、$t_2 = 1.2$s；$R_3 = 21\Omega$、$X_3 = 26\Omega$、$t_3 = 2.4$s。

　　N 侧接地距离 I、II 段和 III 段的电阻 R、电抗 X 的定值和延时 t 为（均为二次值）：$R_1 = 7\Omega$、$X_1 = 11\Omega$、$t_1 = 0.0$s；$R_2 = 14\Omega$、$X_2 = 22\Omega$、$t_2 = 0.8$s；$R_3 = 21\Omega$、$X_3 = 26\Omega$、$t_3 = 2.4$s；

　　MN 线反时限方向零流保护采用标准反时限曲线，反时限方向零流 T_{EF} 的 $3I_0$ 启动门槛为 0.25A/3.02s 动作，0.5A/1.71s 动作，1.0A/1.19s 动作，1.1A/1.14s 动作，1.2A/1.10s 动作，大于 1.5A 时，T_{EF} 动作时间均为 1.0s。

　　PM 线两套线路保护后备保护均配置三段式相间、接地距离和反时限方向零流保护 T_{EF}，第一套线路保护的接地距离阻抗为圆特性，第二套线路保护的接地距离为四边形特性。PM 线圆特性的接地距离 II 段定值 $Z = 44\Omega$、延时 $t_2 = 0.8$s，负荷限制阻抗线 $R = 42\Omega$，负荷限制阻抗线的角度为线路正序阻抗角；四边形特性的接地距离 II 段定值和延时：$R = 42\Omega$、$X = 44\Omega$、$t_2 = 0.8$s，负荷限制阻抗线的角度为 60°。

　　线路 MN 在 M 侧出口（0% 处，k 点）发生 A 相经过渡电阻 R_g 接地，$R_g = 11\Omega$（二次值）（零序补偿系数 $k = \dfrac{Z_0 - Z_1}{3Z_1}$）。

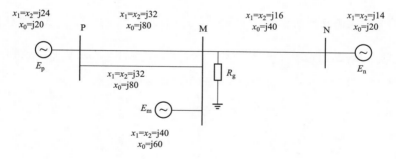

图 3-31　220kV 双端电源系统

问题：

　　1）故障点 k 的电压和故障电流。

　　2）MN 线路两侧保护的接地距离保护和反时限方向零流保护动作情况。

　　3）PM 双线 P 侧接地距离 II 段圆特性和四边形特性的动作情况。

　　为简化分析过程，只考虑故障刚发生时流经保护的电流作为保护动作情况的判断依据，不考虑后备保护的动作跳闸引起电网结构变化和故障电流分布的变化。

　　【解析】单相接地故障时，序网图如图 3-32 所示。

$$X_{\Sigma 1} = X_{M1} // X_{N1} = j20 // j30 = j12$$
$$X_{\Sigma 2} = X_{M2} // X_{N2} = j20 // j30 = j12$$

$$X_{\Sigma 0} = X_{M0}//X_{N0} = j30//j60 = j20$$

$$I_{k1} = I_{ka2} = I_{ka0} = \frac{\dot{E}}{jX_{\Sigma 1} + jX_{\Sigma 2} + jX_{\Sigma 0} + 3R_g}$$

$$\frac{I_{kA}}{3} = I_{kA1} = I_{kA2} = I_{kA0} = \frac{\dot{E}}{j44 + 33}$$

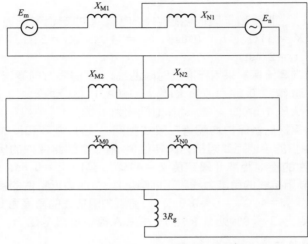

图 3-32 单相接地故障时的序网图

1）流经故障点的故障电流 $|I_{kA}| = \left| \dfrac{60.5}{33+j44} \right| \times 3 = 1.1 \times 3 = 3.3\text{A}$（二次值）

故障点的电压 $|U_{kA}| = \left| \dfrac{11}{33+j44} \right| \times 3 \times 60.5 = \dfrac{3}{5} \times 60.5 = 36.3\text{V}$（二次值）

2）根据 M、N 两侧正序、负序、零序的阻抗，两侧的电流为

$$I_{MA1} = I_{MA2} = \frac{3}{5} \frac{I_{kA}}{3} \quad I_{MA0} = \frac{2}{3} \frac{I_{kA}}{3}$$

$$I_{NA1} = I_{NA2} = \frac{2}{5} \frac{I_{kA}}{3} \quad I_{NA0} = \frac{1}{3} \frac{I_{kA}}{3}$$

线路 MN 和 PM 的零序补偿系数分别是

$$k = \frac{Z_0 - Z_1}{3Z_1} = \frac{40-16}{3\times16} = \frac{1}{2} \quad k = \frac{Z_0 - Z_1}{3Z_1} = \frac{80-32}{3\times32} = \frac{1}{2}$$

M 侧故障电流 $I_{MA} = I_{MA1} + I_{MA2} + I_{MA0} = \dfrac{3}{5}\dfrac{I_{kA}}{3} + \dfrac{3}{5}\dfrac{I_{kA}}{3} + \dfrac{2}{3}\dfrac{I_{kA}}{3} = \dfrac{28}{15}\dfrac{I_{kA}}{3} = \dfrac{28}{45}I_{kA}$

N 侧故障电流 $I_{NA} = I_{NA1} + I_{NA2} + I_{NA0} = \dfrac{2}{5}\dfrac{I_{kA}}{3} + \dfrac{2}{5}\dfrac{I_{kA}}{3} + \dfrac{1}{3}\dfrac{I_{kA}}{3} = \dfrac{17}{45}I_{kA}$

M 侧保护测量接地阻抗为

$$Z_{Mj} = \frac{U_{MA}}{I_{MA} + k3I_{0M}} = \frac{Z_{Mk}(I_{MA} + k3I_{0M}) + U_{kA}}{I_{MA} + k3I_{0M}} = Z_{Mk} + \frac{I_{kA}R_g}{\dfrac{28}{45}I_{kA} + \dfrac{1}{2}\times\dfrac{2}{3}I_{kA}} = j0 + \frac{45}{43}R_g$$

$$Z_{Mj} \approx 11.51 + j0 \ \Omega \text{（二次值）}$$

类似可得

$$Z_{Nj} = \frac{U_{NA}}{I_{NA} + k3I_{0N}} = \frac{Z_{Nk}(I_{NA} + k3I_{0N}) + U_{kA}}{I_{NA} + 3kI_{0N}}$$

$$= Z_{Nk} + \frac{I_{kA}R_g}{\frac{17}{45}I_{kA} + \frac{1}{2} \times \frac{1}{3}I_{kA}}$$

$$= j16 + \frac{90}{49}R_g$$

$$Z_{Nj} \approx 20.20 + j16\Omega（二次值）$$

$$|I_{kA}| = \left|\frac{60.5}{33 + j44}\right| \times 3 = 1.1 \times 3 = 3.3(A)（二次值）$$

$$3I_{M0} = 3 \times \frac{2}{3} \times |I_{kA0}| = 3 \times \frac{2}{3} \times \left|\frac{I_{kA}}{3}\right| = 2.2(A)（二次值）$$

$$3I_{N0} = 3 \times \frac{1}{3} \times |I_{kA0}| = 3 \times \frac{1}{3} \times \left|\frac{I_{kA}}{3}\right| = 1.1(A)（二次值）$$

因此，对于 M 侧后备保护，距离Ⅰ段不动作，距离Ⅱ段能动作，但动作延时为 1.2s，没有动作出口，距离Ⅲ段启动，TEF 反时限零序保护动作，动作时间为 1s；对于 N 侧后备保护，距离Ⅰ段不动作，距离Ⅱ段不动作，距离Ⅲ段不动作，TEF 反时限零序保护动作启动，动作时间为 1.14s。

3）PM1 线和 PM2 线零序补偿系数与 MN 线相同，同时 PM1 线和 PM2 线 P 侧接地距离的对故障点 k 的助增系数为 4，保护测量接地阻抗为

$$Z_{Pj} \approx 4 \times 11.51 + j32 = 46.4 + j32$$

故圆特性接地距离Ⅱ段不动作，四边形特性恰好的动作区内，延时 0.8s 保护动作，如图 3-33 所示。

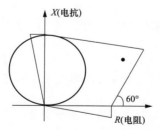

图 3-33　阻抗动作特性图

9. 根据接地距离保护相关知识，回答下列问题：

（1）接地阻抗元件为什么要加入零序补偿，接地阻抗计算公式是什么？

（2）设系统 A 相接地故障，故障点至保护安装处的正序、负序、零序阻抗分别为 Z_1、Z_2、Z_0。根据对称分量法计算母线 A 相残压（假设 $Z_1 = Z_2$），列出零序补偿系数的表达式。

（3）当参数 $Z_0 = 3Z_1$ 时，零序补偿 K 为何值？

（4）若接地阻抗 I 段整定值为 2Ω，阻抗角 80°，序阻抗参数同（3），写出检验动作阻抗的故障状态电压、电流测试参数设置（含 0.95 倍、1.05 倍阻抗测试，试验电流 5A）。

【解析】（1）为了使接地阻抗元件在接地时能准确测定距离，加入零序补偿，接地阻抗为

$$\frac{U_{ph}}{I_{ph} + 3K\dot{I}_0}$$

（2）设系统 A 相接地故障，故障点至保护安装处的正序、负序、零序阻抗分别为 Z_1、Z_2、Z_0。根据对称分量法母线 A 相残压为

$$\dot{U}_A = \dot{U}_{A1} + \dot{U}_{A2} + \dot{U}_{A0} = \dot{I}_{A1}Z_1 + \dot{I}_{A2}Z_2 + \dot{I}_{A0}Z_0 = \dot{I}_A Z_1 + \dot{I}_{A0}(Z_0 - Z_1)$$

$$= \left(\dot{I}_A + \frac{Z_0 - Z_1}{3Z_1}3\dot{I}_{A0}\right)Z_1 = \left(1 + \frac{Z_0 - Z_1}{3Z_1}\right)\dot{I}_A Z_1$$

$$\text{零序补偿系数 } K = \frac{Z_0 - Z_1}{3Z_1}$$

（3）当 $Z_0 = 3Z_1$ 时，则 $K = \dfrac{3-1}{3} = 0.67$。

（4）0.95 倍。

$\dot{I}_A = 5A\angle 280°$，$\dot{I}_B = \dot{I}_C = 0$；$\dot{U}_A = 15.87V\angle 0°$，$\dot{U}_B = 57.74V\angle 240°$，$\dot{U}_C = 57.74V\angle 120°$。

1.05 倍。

$\dot{I}_A = 5A\angle 280°$，$\dot{I}_B = \dot{I}_C = 0$；$\dot{U}_A = 17.54V\angle 0°$，$\dot{U}_B = 57.74V\angle 240°$，$\dot{U}_C = 57.74V\angle 120°$。

第三节　零序方向电流保护

一、单选题

1. 零序电流保护的后加速加 0.1s 延时是为了 （C）。

A. 断路器准备好动作

B. 故障点介质的绝缘强度的恢复

C. 躲过断路器的三相不同时合闸（断路器的三相不同步）

D. 零序继电器可靠动作

【解析】 见 Q/GDW 1161—2014《线路保护及辅助装置标准化设计规范》5.2.4c。

2. 接地故障时，零序电流的大小 （A）。

A. 与零序等值网络的状况和正负序等值网络的变化有关

B. 只与零序等值网络的状况有关，与正负序等值网络的变化无关

C. 只与正负序等值网络的变化有关，与零序等值网络的状况无关

D. 不确定

【解析】 单相接地故障时，$I_0 = \dfrac{U}{Z_1 + Z_2 + Z_0}$；两相短路接地时 $I_0 = \dfrac{U}{Z_1 + Z_2 // Z_0} \times \dfrac{Z_2}{Z_2 + Z_0}$，故接地故障时，零序电流的大小与零序等值网络的状况和正负序等值网络的变化均有关。

3. 在大接地电流系统中，线路正方向发生金属性接地故障时，保护安装处零序电

流和零序电压的关系是 （C）。

A. 零序电压超前零序电流约 80　　　B. 零序电压滞后零序电流约 80

C. 零序电压滞后零序电流约 110　　　D. 以上均不对

【解析】 在大接地电流系统中，线路正方向发生金属性接地故障时 $\frac{3U_0}{3I_0} = -Z_s$，一般认为电源阻抗角为 70°，故零序电压滞后零序电流约 110A。

4. 在大接地电流系统中，当相邻平行线路停运检修并在两侧接地时，电网发生接地故障，此时停运线路 （A） 零序电流。

A. 流过　　B. 没有　　C. 不一定有　　D. 以上都不对

【解析】 当大电流系统发生接地故障时，相邻平行的线路中运行的那条会通过变压器中性点接地线与大地构成回路，从而出现零序电流，而且会在另一条停运的线路中感应出零序电动势，故此时停运线路会出现零序电流。

5. 在中性点非直接接地系统中，故障线路的零序电流与非故障线路上的零序电流方向 （A）。

A. 相反　　B. 超前　　C. 滞后　　D. 相同

【解析】 中性点不接地时，零序电流为线路对地电容电流。故障相零序电流滞后电压 90°，非故障相零序电流超前电压 90°。故障相与非故障相零序电流相位差 180°。

6. 220kV 采用单相重合闸的线路使用母线电压互感器。事故前负荷电流 700A，单相故障双侧选跳故障相后，按保证 100Ω 过渡电阻整定的方向零序Ⅳ段在此非全相过程中 （C）。

A. 虽零序方向继电器动作，但零序电流继电器不动作，Ⅳ段不出口

B. 零序方向继电器会动作，零序电流继电器也动作，Ⅳ段可出口

C. 零序方向继电器动作，零序电流继电器也动作，但Ⅳ段不会出口

【解析】 采用母线电压互感器时，非全相期间零序功率方向指向母线，零序方向继电器会动作。根据 DL/T 559—2007《220kV～750kV 电网继电保护装置运行整定规程》5.6.4 零序电流保护最末一段的动作电流定值一般应不大于 300A。事故前负荷电流 700A，非全相期间零序电流为 700A，零序电流继电器动作。线路单相重合闸时，零序Ⅳ段动作时间应能躲过重合闸时间，因此在此期间零序方向继电器动作，零序电流继电器也动作，但Ⅳ段不会出口。

7. 零序反时限电流保护启动时间超过 （C） 应发告警信号，并重新启动开始计时。零序反时限电流保护启动元件返回时，告警复归。

A. 60s　　　B. 80s　　　C. 90s　　　D. 120s

【解析】 见 Q/GDW 1161—2013《线路保护及辅助装置标准化设计规范》5.2.4g。

8. TA 回路接入保护时，N 线断线，发生单相接地故障时，保护电流采样 （B）。

A. 自产零序、外接零序采样均正常，无影响

B. 自产零序、外接零序采样均无零序电流

C. 自产零序正常，外接零序无采样

D. 自产零序无采样，外接零序采样正常

【解析】 电流回路 N 相断线，零序电流无通路，发生接地故障时不流过零序电流，无论自产还是外接零序采样，均无零序电流。

9. 超高压平行双回线Ⅰ、Ⅱ，Ⅱ线一侧 A 相断开呈非全相运行状态，此时Ⅰ线两侧均有零序电流存在，就Ⅰ线两侧的零序方向元件来说，正确的是：（B）。

A. 两侧的零序方向元件均处动作状态

B. 两侧的零序方向元件均处不动作状态

C. 一侧的零序方向元件处动作状态，另一侧的零序方向元件处不动作状态

D. 以上说法均不正确

【解析】 Ⅱ线 A 相断线后，在断点处形成零序纵向电动势，双回线零序电流流向及Ⅰ线零序电压分布如图 3-34 所示（以Ⅱ线 P 侧 A 相断线为例分析）。

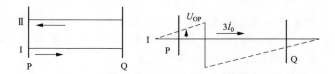

图 3-34 平行双回线单回断线零序分量分布图

Ⅰ线两侧母线零序电压与Ⅱ线相同，根据零序功率方向元件动作原理，零序功率为负时方向元件动作，零序功率为正时，方向元件不动作。两侧零序方向元件动作情况见表 3-2。

表 3-2 零序方向元件动作情况表

方向	零序电压方向	零序电流方向	零序功率方向	方向元件动作情况
P 侧保护	正	正	正	不动作
Q 侧保护	负	负	正	不动作

10. 电力系统如图 3-35 所示，220kV 线路与 110kV 线路有一段较长的平行线路，220kV 系统发生单相接地时，110kV 线路中有感应零序电流流通，就保护 1、2 中的零序方向元件来说，下列正确的是 （C）。

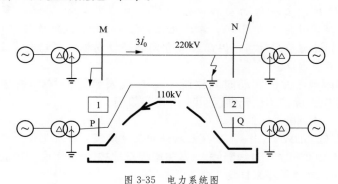

图 3-35 电力系统图

A. 当图中的 $3\dot{I}_0$ 从 M 流向 N 时，保护 2 动作，保护 1 不动作

B. 当图中的 $3\dot{I}_0$ 从 N 流向 M 时，保护 2 不动作，保护 1 动作

C. 不管 MN 线中的 $3\dot{I}_0$ 流向如何，保护 1、2 均动作

D. 不管 MN 线中的 $3\dot{I}_0$ 流向如何，PQ 线中的保护 1、2 总是一侧处动作状态

【解析】 220kV 系统线路发生单相接地时，相当于在 110kV 线路中叠加一纵向零序电动势，从而产生零序电流，零序功率以母线流向线路为正。

(1) $3I_0$ 由 N 流向 M 时，在 110kV 线路中感应出零序电流、电压方向如图 3-36 所示。

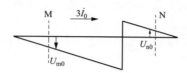

图 3-36　零序分量分布图 1

110kV 线路两侧零序方向元件动作情况见表 3-3。

表 3-3　两侧零序方向元件动作情况 1

方向	零序电压方向	零序电流方向	零序功率方向	方向元件动作情况
P 侧保护	正	负	负	动作
Q 侧保护	负	正	负	动作

(2) $3I_0$ 由 M 流向 N 时，在 110kV 线路中感应出零序电流、电压方向如图 3-37 所示。

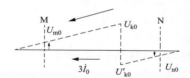

图 3-37　零序分量分布图 2

110kV 线路两侧零序方向元件动作情况见表 3-4。

表 3-4　两侧零序方向元件动作情况 2

方向	零序电压方向	零序电流方向	零序功率方向	方向元件动作情况
P 侧保护	负	正	负	动作
Q 侧保护	正	负	负	动作

11. 平行架设双回线路中的一回线路，其零序等值阻抗与单回的相比，（A）。
A. 增大　　　　B. 不变　　　　C. 减小　　　　D. 相同

【解析】 平行架设双回线路中的线路，由于零序互感的影响，会在线路叠加三相方向相同、大小相等的零序互感，从而使零序阻抗变大。

12. 在大接地电流系统中的两个变电站之间，架有同杆并架双回线。当其中的一条线路停运检修，另一条线路仍然运行时，电网中发生了接地故障，如果此时被检修线路两端均已接地，则在运行线路上的零序电流将 （A）。
A. 大于被检修线路两端不接地的情况　　B. 与被检修线路两端不接地的情况相同
C. 小于被检修线路两端不接地的情况　　D. 不一定

【解析】 平行架设双回线路中的线路，一条线路停运检修，另一条线路仍然运行时，由于零序互感的影响，被检修线路两端接地时，运行线路的零序阻抗比检修线路两端不接地时要小，因此运行线路上的零序电流在被检修线路两端均已接地时大于被检修线路两端不接地的情况。

13. 某超高压输电线路零序电流保护中的零序方向元件，其零序电压取自线路侧 TV 二次侧，当两侧 U 相断开线路处非全相运行期间，测得该侧零序电流为 240A，下列说法正确的是（ D ）。

A. 零序方向元件是否动作取决于线路有功功率、无功功率的流向及其功率因数的大小

B. 零序功率方向元件肯定不动作

C. 零序功率方向元件肯定动作

D. 零序功率方向元件动作情况不明，可能动作，也可能不动作，与电网具体结构有关

【解析】 零序电压取自线路侧 TV 时，电网结构不同导致零序网络不同，线路两侧非全相运行时，零序电压电流分布呈现三种情况，最终导致零序功率方向元件动作情况不明，可能动作，也可能不动作。详细分析见下面多选题的第 4 题。

二、多选题

1. 线路非全相运行时，零序功率方向元件是否动作与（ CD ）因素有关。

A. 线路阻抗　　　　　　B. 两侧系统阻抗

C. 电压互感器装设位置　D. 两侧电动势

【解析】 非全相运行时，电压取自线路 TV 的零序方向元件可能判为反方向，方向零序电流保护可能会受到影响。

2. 下列哪些是零序方向继电器的性能？（ ABCD ）

A. 继电器的动作行为与负荷电流无关，与过渡电阻大小无关

B. 系统振荡时不会误动

C. 动作边界十分清晰，具有良好的方向性

D. 只能保护接地故障，对两相不接地短路和三相短路无能为力

【解析】 零序方向继电器的动作行为主要与系统背后的阻抗有关，与负荷电流无关，与过渡电阻大小无关；系统振荡时，无零序分量产生；两相不接地短路和三相短路时无零序分量产生；相对于其他原理保护动作边界十分清晰，具有良好的方向性。

3. 常规零序电流保护主要由哪几部分组成？（ ABCD ）

A. 零序电流滤过器　　B. 电流继电器

C. 零序方向继电器　　D. 零序电压滤过器

【解析】 在大短路电流接地系统中发生接地故障后，就有零序电流、零序电压和零序功率出现，利用这些电气量构成保护接地的继电保护装置统称为零序保护。零序电流保护主要由零序电流（电压）滤过器、电流继电器和零序方向继电器三部分组成。优点：①结构与工作原理简单；②整套保护中间环节少，对近处故障可以实现快速动作，有利于减少发展性故障；③保护定值不受负荷电流的影响，也基本不受其他中性点不接地电网短路故障的影响，所以保护延时段灵敏度允许整定较高。

4. 大电流接地系统 MN 线路两侧同一相开关跳开，系统呈单相两断相口非全相运行时，若两侧零序方向元件接入线路压变电压（ BCD ）。

A. M 侧保护判为正方向，N 侧保护判为反方向时，对应零序电压分布如图 3-38 所示

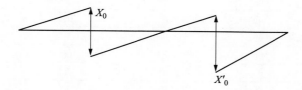

图 3-38　零序电压分布图

B. M 侧保护判为反方向，N 侧保护判为反方向时，对应零序电压分布如图 3-39 所示

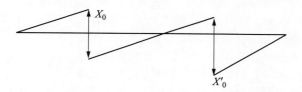

图 3-39　零序电压分布图

C. M 侧保护判为反方向，N 侧保护判为正方向时，对应零序电压分布如图 3-40 所示

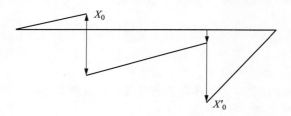

图 3-40　零序电压分布图

D. M 侧保护判为正方向，N 侧保护判为反方向时，对应零序电压分布如图 3-41 所示

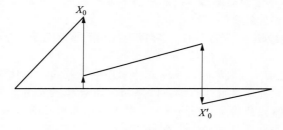

图 3-41　零序电压分布图

【解析】　取电流方向母线流向线路为正，零序功率由线路流向母线为正方向，如图 3-39～图 3-41 对应零序方向元件动作情况见表 3-5。

表 3-5 零序方向元件动作情况表

图号	零序电压方向	零序电流方向	零序功率方向	方向元件动作情况
图 3-39M 侧	负	负	正	反
图 3-39N 侧	正	正	正	反
图 3-40M 侧	负	负	正	反
图 3-40N 侧	负	正	负	正
图 3-41M 侧	正	负	负	正
图 3-41N 侧	负	负	正	反

5. 某条 220kV 输电线路，保护安装处的零序方向元件，其零序电压由母线电压互感器二次电压的自产方式获取，对正向零序方向元件来说，当该线路保护安装处 A 相断线时，下列说法正确的是 （ABCD）（说明：−j80 表示容性无功）。

A. 断线前送出 80−j80MVA 时，零序方向元件动作

B. 断线前送出 80＋j80MVA 时，零序方向元件动作

C. 断线前送出 −80−j80MVA 时，零序方向元件动作

D. 断线前送出 −80＋j80MVA 时，零序方向元件动作

【解析】 当该线路保护安装处单相断线，零序电压取母线电压时，无论线路断线前输送功率性质如何，零序方向元件均会动作。

三、判断题

1. 线路发生单相接地故障，其保护安装处的负序、零序电流大小相等，方向相同。 （×）

【解析】 线路发生单相接地故障，短路故障点处负序、零序电流大小相等，方向相同，而故障点两侧线路上的负序阻抗与零序阻抗并不一定不同，导致电流分配系数不同，故保护安装处的负序、零序电流大小不一定相等。

2. 220kV 线路保护装置中的零序电流方向元件应优先采用电压互感器的开口三角电压，无此电压时可采用自产零序电压。 （×）

【解析】 见 GB/T 14285—2006《继电保护和安全自动装置技术规程》4.1.10。

3. 在大接地电流系统中，为了保证各零序电流保护有选择性动作和降低定值，有时要加装方向继电器组成零序电流方向保护。 （√）

【解析】 加装零序方向继电器，经零序功率方向判别，可适当降低零序电流保护定值，提高零序电流保护灵敏度。

4. 线路发生接地故障，正方向时，零序电压滞后零序电流；反方向时，零序电压超前零序电流。 （√）

【解析】 线路发生接地故障时，故障点的零序电压最高，距故障点越远零序电压越低，变压器中性点接地处零序电压为零，零序功率由故障点流向变压器中性点。线路正方向故障时，零序功率由线路流向母线保护安装处，零序电压滞后零序电流；反方向时，零序功率由限流，零序电压超前零序电流。

5. 零序电流保护能反映各种不对称短路，但不反映三相对称短路。 （×）

【解析】 两相短路时无零序电流，因此零序电流保护不能反映两相相间短路故障。

6. 零序电流保护Ⅵ段定值一般整定较小，线路重合过程非全相运行时，可能误

动，因此在重合闸周期内应闭锁，暂时退出运行。 （×）

【解析】 零序电流保护Ⅵ段依靠时间躲过重合闸，重合闸周期内不应闭锁。

7. 零序电压不应小于方向元件最小动作电压的 1.5 倍。 （√）

【解析】 见 DL/T 995—2016《继电保护和电网安全自动装置检验规程》7.2.1.2。

四、填空题

1. 当正方向发生接地故障时，零序电压滞后零序电流约100°左右；当反方向发生接地故障时，零序电压超前零序电流约80°左右。

【解析】 当正方向发生接地故障时 $\frac{3U_0}{3I_0}=-Z_s$；故零序电压滞后零序电流约 $100°$；当反方向发生接地故障时 $\frac{3U_0}{3I_0}=Z_K$，零序电压超前零序电流约 $80°$。

2. 零序电流方向保护是反应线路发生接地故障时零序电流分量和零序电压分量的多段式零序电流方向保护装置。

【解析】 零序电流方向保护是反应线路发生接地故障时零序电流分量大小和方向的多段式电流方向保护装置，在我国大短路电流接地系统不同电压等级电力网的线路上，根据部颁规程规定，都装设了这种接地保护装置作为基本保护。

3. 零序功率方向继电器靠比较零序电流与零序电压之间相位关系来判断。

【解析】 当正方向发生接地故障时，零序电压滞后零序电流约 $100°$；当反方向发生接地故障时，零序电压超前零序电流约 $80°$，零序功率方向继电器有明显的方向性，通过比较零序电流与零序电压之间相位关系来判断正反方向。

4. 零序反时限电流保护启动时间超过90s 应发告警信号，并重新启动开始计时。

【解析】 见 Q/GDW 1161—2013《线路保护及辅助装置标准化设计规范》5.2.4g。

5. 新"六统一"零序电流保护应设置二段定时限零序电流Ⅱ段和Ⅲ段，其中零序电流Ⅱ段固定带方向，零序电流Ⅲ段方向可投退。

【解析】 见 Q/GDW 1161—2013《线路保护及辅助装置标准化设计规范》5.2.4a)。

6. 应设置不大于100ms 短延时的后加速零序电流保护，在手动合闸或自动重合时投入使用。

【解析】 见 Q/GDW 1161—2013《线路保护及辅助装置标准化设计规范》5.2.4c。

7. 应采取措施，防止由于零序功率方向元件的电压死区导致零序功率方向纵联保护拒动，但不宜采用过分降低零序动作电压的方法。

【解析】 见《国家电网有限公司十八项电网重大反事故措施》15.2.3.3。

8. 线路非全相运行时的零序电流保护不考虑健全相再发生高阻接地故障的情况，当线路非全相运行时自动将零序电流保护最末一段动作时间缩短0.5s 并取消方向元件。

【解析】 见 Q/GDW 1161—2013《线路保护及辅助装置标准化设计规范》5.2.4d。

9. 在大接地电流系统中，能对线路接地故障进行保护的有：纵联保护、接地距离保护和零序保护。

【解析】 大接地电流系统发生接地故障会产生较大的零序电流，零序保护可反映接地故障。

10. $3U_0$ 突变量闭锁零序保护的功能是防止电流互感器二次回路断线导致零序保护误动作。

【解析】 电流互感器二次回路断线时，保护装置仅出现零序电流而无零序电压，依靠 $3U_0$ 突变量闭锁零序保护，防止零序保护误动作。

11. 零序功率方向继电器在线路正方向出口发生单相接地故障时的灵敏度<u>高于</u>在线路中间发生单相接地故障时的灵敏度。

【解析】 零序功率在故障点最高，所以保护继电器安装处距故障点越近，动作越灵敏。

五、简答题

1. 大接地电流系统中，为什么有时要加装零序功率方向继电器组成零序电流方向保护？

【解析】 大接地电流系统中，如线路两端的变压器中性都接地，当线路上发生接地短路时，在故障点与各变压器中性点之间都有零序电流流过，其情况和两侧电源供电系统中的相间故障电流保护一样。为了保证各零序电流保护有选择性动作和降低定值，就必须加装方向继电器，使其动作带有方向性。

2. 零序方向继电器、负序方向继电器、工频变化量方向继电器哪一种能适应两相运行？

【解析】 工频变化量方向继电器。

两相运行在负荷状态下就有负序和零序电流出现，计算负序和零序电压都需要三相电压，在两相运行时，一相已断开，电压互感器接在母线上还是线路上断开相电压差别很大，所以不能采用零序方向继电器、负序方向继电器。工频变化量方向继电器在两相运行的负荷状态下电流和电压变化量为零，不会误动作且能正确反映运行中两相的各种故障。

3. 在线路故障的情况下，正序功率方向是由母线指向线路，为什么零序功率方向是由线路指向母线？

【解析】 在故障线路上，正序电流的流向是由母线流向故障点，而零序电压在故障点最高，零序电流是由故障点流向母线，所以零序功率的方向与正序功率相反，是由线路指向母线。

六、分析题

1. 线路电压互感器改线后，带负荷做零序电流方向保护的相量检查，在模拟 A 相接地后 ［即断开图 3-42 （a）中的 L 线，接入 S 线］。

试计算 U_{AS}、U_{BS}、U_{CS}、U_{0S}、U_{NS} 的大小。

在 $3U_0$ 反极性接线后，功率送出情况为 $+P+Q$ 的情况下，通入各相电流功率方向元件的动作情况。

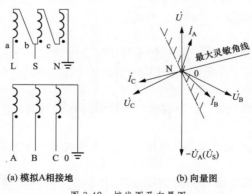

(a) 模拟A相接地   (b) 向量图

图 3-42 接线图及向量图

【解析】

（1）$U_{AS}=158V$，$U_{BS}=87V$，$U_{CS}=87V$，$U_{0S}=100V$，$U_{NS}=100V$。

（2）如图 3-42（b）所示，如果功率送出情况为$+P$、$+Q$，则通入I_A时动作；通入I_B时处于临界状态，有功功率相对较大时动作，无功功率相对较大时不动作；通入I_C时不动作。

2. 某线路微机零序方向继电器的灵敏角是 $\phi_L=-110°$，动作范围为 $\theta=-110°\pm 80°$，自产 $3\dot{U}_0$，$3\dot{i}_0$ 取自 TA 中性线，从母线流向被保护线路方向定为电流的正方向。线路有功功率送 50MW，无功功率为零，如果在 A 相 TA 开路同时又恰逢 TV 二次回路故障 AB 相断线，试用向量图说明此时零序方向元件的动作状态。

【解析】 $3\dot{I}_0=\dot{I}_B+\dot{I}_C=-\dot{I}_A \quad 3\dot{U}_0=\dot{U}_C$

由于只送有功不送无功，$\dot{I}_A$ 与 $\dot{U}_A$ 同相，$3\dot{I}_0$ 与 $\dot{U}_A$ 反相。画出向量图如图 3-43 所示。$3\dot{I}_0$ 落在动作区内，故继电器动作。

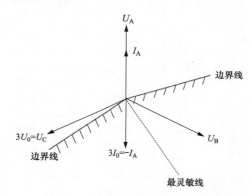

图 3-43　零序分量向量图

3. 系统接线如图 3-44 所示，各元件参数全部为折算到 220kV 侧的有名值且各序阻抗角相同，负荷电流 $I_F=1000A$。线路 L1、L2、L3、L4 零序Ⅱ段定值均为 500A/0.6s；零序Ⅲ段均不经方向，定值 300A/2.6s；零序过电流加速段 500A；单重方式，重合闸时间 0.9s；Ⅱ段保护闭锁重合闸控制字为 0；各断路器三相不一致时间 1.6s，分闸时间 30ms，合闸时间 100ms。保护用电压互感器全部为母线电压互感器。试画出 L1 线路 M 侧 A 相首端断线时的序网图，计算各支路零序电流，分析各线路零序保护的动作行为（不考虑两侧电动势夹角变化，不考虑纵联保护、距离保护动作，不考察各中间继电器动作时间，保护具备线路断线正确选相的能力）。

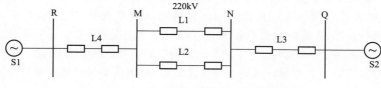

图 3-44　系统接线图

系统元件参数列表见表 3-6。

表 3-6 元 件 参 数 表

元件	正序电抗	负序电抗	零序电抗	零序互感
L1	12	12	30	12
L2	12	12	30	12
L3	9	9	25	
L4	7	7	19	
S1	1	1	2	
S2	1	1	2	

【解析】 (1) L1 线路 M 侧 A 相断线时复合序网如图 3-45 所示。

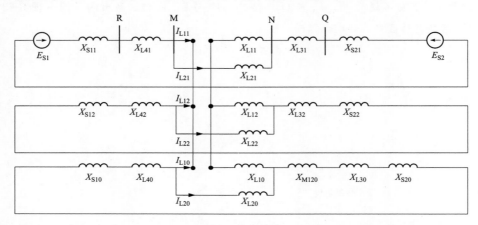

图 3-45 序网图

(2) 计算各序综合阻抗

$X_{1\Sigma}=X_{2\Sigma}=$ (9+7+1+1) // (12) +12=19.2 (Ω)

$X_{0\Sigma}=$ (25+19+2+2+12) // (30-12) + (30-12) =31.8 (Ω)

$X_{L10}=X_{L10}{}'-X_{0M}=30-12=18$ (Ω)

(3) 计算各支路零序电流。

L1 线路零序电流 $3I_{\text{fh}}X_{1\Sigma}/$ $(X_{1\Sigma}+2X_{0\Sigma})$ =696 (A)

L2 线路零序电流 696× (25+19+2+2+12) / (25+19+2+2+12+18) =535 (A)

L3、L4 线路零序电流为 161A。

(4) 各线路零序电流保护动作分析。

1) 各线路零序 Ⅱ 段 (0.6s): L3、L4 线路两端零序电流为 161A, 小于 2 段定值 (500A), 不动作; L2 线路两端零序电流 (535A) 大于定值 (500A), 但两侧零序方向均在反方向 (不要求详细分析方向), 不动作; L1 线路两端零序电流 696A, 大于 2 段定值 (500A), 用母线 TV 为正方向 (不要求分析方向), 两侧零序保护选相动作跳 A 相 (不要求分析选相)。

2) 等待重合期间, 零序 Ⅱ 段退出, 零序 Ⅲ 段缩短 0.5s 为 2.1s (最长计时会到 0.6+

0.9+0.1左右），不会动作。MN两侧0.9s后重合（起始计时1.5s），线路继续非全相运行。重合后零序后加速动作，两侧三跳。MN两侧Ⅲ段不动作。

4. 220kV线路纵联零序方向保护的零序方向元件，在线路接地故障时，由于在保护安装处的零序电压低于零序方向元件的电压动作门槛而可能拒动，如果过分降低零序方向元件的电压动作门槛，则可能受TV的不平衡零序电压的影响而不正确动作，如零序方向元件的动作电压门槛为0.4V，零序方向元件正方向的动作范围为±800V，假设TV的不平衡零序电压$3\dot{U}_{0BPH}$的幅值为0.5V，线路正方向故障时，故障零序电压$3\dot{U}_{0GZ}$的幅值为0.16V，计算并分析零序方向元件是否可能误判？

提示：余弦定理$A^2+B^2-2AB\times\cos(\angle C)=C^2$，计算精确到两位小数，根据余弦值求对应的角度时，允许有一定误差。

【解析】 设故障时，保护感受的综合零序电压为$3U_{0ZH}$，则有
$$3U_{0ZH}=3U_{0BPH}+3U_{0GZ}（向量相加）$$
如图3-46所示，故障零序电压$3U_{0GZ}$的相位代表正确的零序电压的相位，而保护感受的零序电压为$3U_{0ZH}$，$3U_{0ZH}$与$3U_{0GZ}$之间的相位差为$\angle\beta$，由已知条件：如保护感受的零序电压$3U_{0ZH}$的幅值正好等于动作门槛电压0.4V，则有
$$3U_{0ZH}=0.4V \quad 3U_{0BPH}=0.5V \quad 3U_{0GZ}=0.16V$$

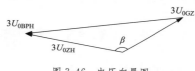

图3-46 电压向量图

根据余弦定理
$$\cos\beta=(0.4^2+0.16^2-0.5^2)/(2\times0.4\times0.16)=-0.50$$
求出对应的角度$\angle\beta=120°$，$180°-120°=60°$。

在本题的条件下，本保护装置零序方向保护感受的零序电压相位，受零序不平衡电压的影响发生120°的偏移，从而偏离正方向±80°的动作区，造成零序方向元件拒动。

第四节 重合闸、选相元件及过压远跳

一、单选题

1. 配有重合闸后加速的线路，当重合到永久性故障时（A）。
A. 能瞬时切除故障
B. 不能瞬时切除故障
C. 具体情况具体分析，故障点在Ⅰ段保护范围内时，可瞬时切除故障；故障点在Ⅱ段保护范围内时，则需带延时切除
D. 以上都不对

【解析】 重合闸后加速保护在断路器重合闸动作时短时牺牲选择性以便能快速跳开断路器重合于永久性故障，因此配有重合闸后加速的线路，当重合时，线路全段发生故障时，保护都应瞬时动作。

2. 对采用单相重合闸的线路，当发生永久性单相接地故障时，保护及重合闸的动作顺序为（B）。

A. 三相跳闸不重合

B. 单相跳闸，重合单相，后加速跳三相

C. 三相跳闸，重合三相，后加速跳三相

D. 选跳故障相，瞬时重合单相，后加速跳三相

【解析】 单相重合闸的线路发生单相接地故障时，保护动作，跳开故障相，断路器跳开后，故障电流消失，重合闸经过固定延时后动作，因为永久性故障，断路器合上后又出现故障电流，保护加速动作。

3. 对采用三相重合闸的线路，当发生永久性单相接地故障时，保护及重合闸的动作顺序为（C）。

A. 三相跳闸不重合

B. 单相跳闸，重合单相，后加速跳三相

C. 三相跳闸，重合三相，后加速跳三相

D. 选跳故障相，瞬时重合单相，后加速跳三相

【解析】 三相重合闸的线路发生故障时，保护动作，跳开三相，断路器跳开后，故障电流消失，重合闸经过固定延时后动作，因为永久性故障，断路器合上后又出现故障电流，保护加速动作。

4. 对采用单相重合闸的线路，当发生相间故障时，保护及重合闸的动作顺序为（A）。

A. 三相跳闸不重合

B. 单相跳闸，重合单相，后加速跳三相

C. 三相跳闸，重合三相，后加速跳三相

D. 选跳故障相，瞬时重合单相，后加速跳三相

【解析】 单相重合闸的线路发生相间故障时，保护动作，跳开三相并闭锁重合闸。

5. 对采用三相重合闸的线路，当发生瞬时性单相接地故障时，保护及重合闸的动作顺序为（C）。

A. 三相跳闸不重合　　　　B. 单相跳闸，重合单相

C. 三相跳闸，重合三相　　D. 选跳故障相，重合单相，后加速跳三相

【解析】 三相重合闸的线路发生单相接地故障时，保护动作，跳开三相，断路器跳开后，故障电流消失，重合闸经过固定延时后动作，线路恢复正常运行。

6. 单侧电源线路的自动重合闸必须在故障切除后，经一定时间间隔才允许发出合闸脉冲，这是因为（C）。

A. 需与保护配合　B. 防止多次重合　C. 故障点去游离需一定时间　D. 以上都不对

【解析】 当线路发生故障时，保护动作，故障点电源被断开，故障电流消失，但是此时故障点绝缘被击穿，故障点附近的空气中存在大量被电离的离子，如果此时合闸，故障点很容易再次发生故障。当空气中游离的离子经过一段时间中和，故障点绝缘恢复，重合才能成功。

7. 超高压输电线路单相接地故障跳闸后，熄弧较慢是由于（A）。

A. 潜供电流的影响　　B. 单相故障跳闸慢　　C. 短路阻抗小　　D. 短路阻抗大

【解析】 当故障相跳开后，另两健全相通过电容耦合和磁感应耦合供给故障点的电

流称为潜供电流。潜供电流使故障点的消弧时间延长，因此重合闸的时间必须考虑这一消弧时间的延长。

8. 双重化两套保护均有重合闸，当重合闸停用一套时　（C）。

A. 另一套保护装置的重合闸也必须停用，否则两套保护装置的动作行为可能不一致

B. 对应的保护装置也必须退出，否则两套保护装置的动作行为可能不一致

C. 对保护的动作行为无影响，断路器仍可按照预定方式实现重合

D. 以上描述均不正确。

【解析】双重化的两套保护均应独立实现相应功能，当一套重合闸停用时，另外一套应能按预定方式正确动作。

9. 按照双重化原则配置的两套线路保护均有重合闸，当其中一套重合闸停用时　（A）。

A. 对应保护装置的勾通三跳功能不应投入

B. 对应保护装置的勾通三跳功能需投入

C. 上述两种状态均可

D. 对应保护装置应退出

【解析】双重化的两套保护中，当一套保护重合闸需要退出时，应退出该套重合闸，同时不应对保护产生其他影响，如果沟通三跳投入，在发生单相故障时，保护装置会通过沟通三跳回路，造成断路器三相跳闸，对保护动作行为产生影响，可能造成重合闸投入的另一套保护重合闸失败。

10. 线路发生单相接地故障，保护启动至发出跳闸脉冲 40ms，断路器的灭弧 60ms，重合闸时间继电器整定 0.8s，断路器合闸时间 100ms，从事故发生至故障相恢复电压的时间为　（B）。

A. 0.94s　　　　B. 1.0s　　　　C. 0.96s　　　　D. 0.9s

【解析】故障相恢复电压的时间为发生故障至故障切除断路器重合的时间，线路发生单相接地故障后，0.04s 保护出口，0.1s 断路器跳开，故障切除，0.9s 保护重合闸出口，1.0s 断路器合闸，线路恢复正常运行。

11. 当双侧电源线路两侧重合闸均投入检同期方式时，将造成　（C）。

A. 两侧重合闸均动作　　　　B. 非同期合闸

C. 两侧重合闸均不动作　　　　D. 一侧重合闸起动、一侧重合闸不启动

【解析】双侧电源线路两侧重合闸均仅投入检同期方式，在线路故障保护跳开断路器后，因线路侧没有电压，将造成两侧断路器合闸时，不满足同期合闸定值而同期合闸失败。

12. 当双侧电源线路一侧重合闸投入为检同期方式，另一侧应投入　（C）。

A. 检同期　　　　B. 检无压　　　　C. 检同期、检无压　　　　D. 均不投入

【解析】为了防止两侧断路器同时检无压合闸，造成系统的非同期合闸，两侧只能有一侧投入检无压方式。为保证断路器偷跳后重合闸可靠动作，线路两侧均需投入检同期方式。双侧电源线路两侧重合闸均只投入检同期方式，在线路故障保护跳开断路器后，因线路侧没有电压，将造成两侧断路器合闸时，不满足同期合闸定值而同期合闸失败，另一侧需投入检无压方式。因此双侧电源线路两侧重合闸应一侧投入检同期，另一侧投入检同期、检无压。

13. 750kV 线路单相瞬时性故障，重合闸动作方式为　（A）。

A. 先重合边开关，再重合中开关　　　B. 先重合中开关，再重合边开关
C. 两个开关同时重合　　　　　　　　D. 以上均可以

【解析】　在二分之三接线中，若线路单相瞬时性故障跳开断路器后，重合闸应合边开关，再合中开关。原因一，若先合中开关，若开关合于故障后断路器失灵，则会跳开中开关相邻断路器，造成同串间隔失电；若先合边开关，边开关合于故障后断路器失灵时，会跳开边开关相邻断路器，虽会造成一侧母线停电，但二分之三接线的情况下，不会损失负荷。原因二，若先合中开关，则中开关动作频率将远大于两侧边开关，降低设备使用寿命；若先合边开关，合闸失败时，不再重合中开关，可减少中开关合闸次数。

14. 选相元件可采用哪些量作为选相判据？　（D）
A. 电压突变量　　　B. 电流突变量　　　C. 阻抗测量　　　D. 以上全是

【解析】　选相元件包括电压选相元件、电流选相元件和阻抗选相元件。

15. 两相电流差突变量选相元件是采用三个两相电流差突变量元件的动作行为实现选相的，它可在下列哪个故障中正确判断出故障相？　（D）
A. 单相接地故障　　　B. 相间短路故障　　　C. 两相短路接地故障　　　D. 以上全是

【解析】　两相电流差突变量选相元件在单相接地、相间短路、相间短路接地和三相短路故障中，均可正确判断出故障相，判断方法如下：①如果三个两相电流差突变量元件中仅有两个动作，对应故障为单相接地，两个动作元件中相关的相是故障相，不动作元件的两个下标相是非故障相；②如果三个两相电流差突变量元件全部动作，对应为相间故障，差流最大的两相为故障相。

16. 下列选项中可作为远方跳闸的本地判据是　（D）。
A. 零、负序电流　　　B. 零、负序电压　　　C. 分相低功率因数　　　D. 以上全是

【解析】　远方跳闸的就地判据有：①零、负序电流；②零、负序电压；③电流变化量；④低电流；⑤分相低功率因数；⑥低分相有功。

17. 选相元件是保证单相重合闸得以正常运用的重要环节，在无电源或小电源侧，适合选择　（C）作为选相元件。
A. 零序负序电流方向比较选相元件　　　B. 相电流差突变量选相元件
C. 低电压选相元件　　　　　　　　　　D. 无流检测元件

【解析】　无电源或小电源侧故障电流小，故障相电压变化较大，因此采用电压选相，灵敏度好和可靠性高。

18. 线路发生 A 相永久性接地故障，对采用单相重合闸方式的线路保护装置，如果选相元件错误选 B 相，保护装置动作行为是　（C）。
A. 先跳 A 相，再重合闸，重合于永久性故障，加速三跳
B. 先跳 B 相，再重合闸，重合于永久性故障，加速三跳
C. 先跳 B 相，单跳失败三跳，不重合
D. 直接三相跳闸，不重合

【解析】　选相元件错误选 B 相后，保护会首先跳开 B 相，然后因为故障未切除，A 相有故障电流保护延时 150ms 单跳失败三跳，不重合。

19. 主接线为 3/2 接线，重合闸采用单相方式，当线路发生瞬时性单相故障时，（A）。
A. 线路保护动作，单跳与该线路相连的边开关及中开关，并启动其重合闸，边开关

首先重合，然后中开关再重合

B. 线路保护动作，单跳与该线路相连的边开关及中开关，并启动其重合闸，中开关首先重合，然后边开关再重合

C. 线路保护动作，单跳与该线路相连的边开关及中开关，并启动其重合闸，边开关及中开关同时重合

D. 线路保护动作，三跳与该线路相连的边开关及中开关，并启动其重合闸，边开关首先重合，然后中开关再重合

【解析】 3/2 接线方式下，边断路器重合闸时间比中断路器时间短，当线路发生瞬时性单相故障时，线路保护动作，单跳与该线路相连的边开关及中开关，并启动其重合闸，边开关首先重合，然后中开关再重合。

20. 对 220kV 采用综合重合闸的线路，当采用 "单重方式" 运行时，若线路上发生永久性单相短路接地故障，保护及重合闸的动作顺序为 （A）。

A. 选跳故障相，延时重合故障相，后加速跳三相

B. 三相跳闸不重合

C. 三相跳闸，延时重合三相，后加速跳三相

D. 选跳故障相，延时重合故障相，后加速再跳故障相，同时三相不一致保护跳三相

【解析】 单重方式时，若线路上发生永久性单相短路接地故障，保护动作跳开故障相，然后经重合闸延时重合故障相，由于再次出现故障电流后加速跳开三相。

21. 应对两回及以上并联线路两侧系统短路容量进行校核，如果因两侧系统短路容量相差较大，存在重合于永久故障时由于直流分量较大而导致断路器无法灭弧，需靠失灵保护动作延时切除故障的问题时，线路重合闸应 （B）。

A. 两侧同时合闸方式　　　B. 一侧先重合，另一侧待对侧重合成功后再重合的方式

C. 两侧均不投重合闸　　　D. 以上均不正确

【解析】 重合闸存在重合于永久故障时，由于直流分量较大而导致断路器无法灭弧，一侧先重合，判断为瞬时性故障重合成功后，再允许另一侧重合，防止对侧断路器重合于故障无法灭弧。

22. 双侧电源线路，采用单相重合闸方式运行，M 侧后备保护动作时间为 1.5s，N 侧后备保护动作时间为 2s，纵联保护运行时两侧重合闸时间整定为 0.5s，若双套纵联保护均退出运行，两侧重合闸时间应整定为 （B）。

A. M 侧 2.0s，N 侧 2.5s　　　B. M 侧 2.5s，N 侧 2.0s

C. M 侧 2.5s，N 侧 3.0s　　　D. M 侧 2.5s，N 侧 2.5s

【解析】 双套纵联保护均推出后，线路失去快速保护，重合闸时间需要和对侧后备保护配合。M 侧重合闸整定时间为 N 侧后备保护动作时间加重合闸动作时间 2＋0.5＝2.5s。N 侧重合闸整定时间为 M 侧后备保护动作时间加重合闸动作时间 1.5＋0.5＝2s。

23. 如果零序电流 I_0 超前于 A 相的负序电流 I_{A2} 的角度为 120°，说明系统中发生的是 （A） 故障。

A. B 相金属性接地短路、CA 两相金属性接地短路或 B 相断线

B. B 相金属性接地短路、AB 两相金属性接地短路或 B 相断线

C. B 相金属性接地短路、CA 两相金属性接地短路或 C 相断线

D. B 相金属性接地短路、AB 两相金属性接地短路或 C 相断线

【解析】 零序电流 I_0 超前于 A 相负序电流 I_{A2} 的角度为 $120°$，落在 B 区，此时对应为 A 选项故障。

二、多选题

1. 某线路保护发生永久性接地故障时，保护先跳故障相，然后重合闸动作，后加速跳三相，此线路保护选择的重合闸方式可能是（AC）。

    A. 单相重合闸方式   B. 三相重合闸方式

    C. 综合重合闸方式   D. 停用重合闸方式

【解析】 单相重合闸方式是单相故障，单跳单相重合闸，相间故障跳三相不重合。三相重合闸方式是故障时三跳三相重合闸。综合重合闸方式是单相故障，单跳单相重合闸，相间故障三跳三相重合闸。

2. 某线路保护发生永久性相间故障时，保护先跳三相，然后重合闸动作，后加速跳三相，此线路保护选择的重合闸方式可能是（BC）。

    A. 单相重合闸方式   B. 三相重合闸方式

    C. 综合重合闸方式   D. 停用重合闸方式

3. 在检定同期、检定无压重合闸装置中，下列的做法（BD）是正确的。

    A. 只能投入检定无压或检定同期继电器的一种

    B. 两侧都要投入检定同期继电器

    C. 两侧都要投入检定无压和检定同期的继电器

    D. 只允许有一侧投入检定无压的继电器

【解析】 双侧电源线路，为保证断路器偷跳后重合闸可靠动作，两侧均需投入检同期方式。为了防止两侧断路器同时检无压合闸，造成系统的非同期合闸，两侧只能有一侧投入检无压方式。为了防止在双侧电源线路两侧重合闸均只投入检同期方式时，在线路故障保护跳开断路器后，因线路侧没有电压，造成两侧断路器合闸时，不满足同期合闸定值而同期合闸失败，线路一侧需投入检无压方式。

4. 对分相断路器，保护单相出口动作时，（ABCD）情况应一致，其他两相不应动作。

    A. 保护选相   B. 出口连接片

    C. 操作箱指示   D. 断路器实际动作情况

【解析】 设备故障时一、二次设备动作情况均应一致。

5. 双侧电源的 110kV 线路保护，主系统侧重合闸检线路无压，弱电源侧重合闸可停用，也可（AB）。

    A. 检同期   B. 检线路有压、母线无压

    C. 检线路无压、母线有压   D. 不检定

【解析】 双侧电源的 110kV 线路故障时，弱电源侧重合闸待主系统侧重合后动作，此时线路有压，弱电源侧母线无压，检线路有压、母线无压；弱电源侧断路器偷跳时，检同期。

6. 某 220kV 线路，采用单相重合闸方式，在线路单相瞬时故障时，一侧单跳单重，另一侧直接三相跳闸。若排除断路器本身的问题，（ABC）是可能造成直接三跳的原因。

    A. 选相元件问题   B. 重合闸方式设置错误

    C. 沟通三跳回路问题   D. 控制回路断线

【解析】 220kV 线路，采用单相重合闸方式，在线路单相瞬时故障时，断路器正确动作应单跳单重。选相元件故障、重合闸方式设置错误和沟通三跳回路异常均可能导致保护选相失败而断路器三跳。控制回路断线可能会引起断路器拒动，不会造成断路器误动。

7. 高压线路自动重合闸应 （AC）。

A. 手动跳、合闸应闭锁重合闸　　　　　B. 手动合闸故障只允许一次重合闸

C. 重合永久故障开放保护加速逻辑　　　D. 远方跳闸起动重合闸

【解析】 高压线路自动重合闸在手动分、合闸时应闭锁重合闸，在重合于永久故障时开放保护加速逻辑，手动合闸故障时和远方跳闸时，闭锁重合闸。

8. 对 220kV 及以上选用单相重合闸的线路，无论配置一套或两套全线速动保护，（AB）动作后三相跳闸不重合。

A. 后备保护延时段　　　　　　　　　　B. 相间保护

C. 距离保护Ⅰ段　　　　　　　　　　　D. 零序保护Ⅰ段

【解析】 220kV 及以上选用单相重合闸的线路，若相邻间隔设备故障，故障设备保护未能成功切除故障，此时本间隔后备保护延时段动作，此时应闭锁重合闸，避免故障设备再次受到冲击。相间故障时，三相跳闸，也应闭锁重合闸，保护范围内故障时，距离保护Ⅰ段和零序保护Ⅰ段动作，此时应正常启动重合闸。

9. 远方跳闸保护是一种直接传输跳闸命令的保护，（ABC）动作后，通过发出远方跳闸信号，直接将对侧断路器跳开。

A. 高压电抗器保护　　B. 过电压保护　　C. 断路器失灵保护　　D. 后备保护

【解析】 高压电抗器故障时高压电抗器保护动作，跳开本侧断路器，同时应通过远跳跳开对侧断路器。过电压保护在动作跳开本侧断路器，同时应通过远跳跳开对侧断路器。断路器失灵保护应跳开相邻断路器，并通过远跳跳开对侧断路器。

10. 线路自动重合闸的使用，有哪些作用？ （ABCD）

A. 提高了供电的可靠性　　　　　　　　B. 减少了停电损失

C. 提高了电力系统的暂态稳定水平　　　D. 增大了高压线路的送电容量

【解析】 在超高压电网中，绝大多数故障是瞬时性单相接地故障，采用线路自动重合闸可及时恢复供电，有效提升供电可靠性，减少了停电损失，而且还提高了电力系统的暂态稳定水平，增大了高压线路的送电容量。

11. 继电保护常用的选相元件有哪些？ （ABCD）

A. 阻抗选相元件　　　　　　　　　　　B. 突变量差电流选相元件

C. 电流相位比较选相元件　　　　　　　D. 低电压辅助选相元件

12. 下列哪些保护动作后应闭锁重合闸？ （ABCD）

A. 失灵保护　　　　　　　　　　　　　B. 母线保护

C. 电抗器保护　　　　　　　　　　　　D. 主变压器保护

【解析】 一般母线保护、变压器保护和电抗器保护等重要元件保护动作闭锁重合闸。另外失灵保护和后备保护延时段一般作为后备保护动作后应闭锁重合闸。

13. 单相重合闸方式下，断路器跳闸后，在哪些情况下重合闸不应动作？ （ABCD）

A. 相间故障或三相故障保护跳闸

B. 运行人员手动跳闸

C. 母线保护或失灵保护跳闸

D. 断路器处于不正常状态，如气压或液压降低闭锁重合闸

【解析】 除以上情况断路器跳闸后，重合闸不应动作还包括：①运行人员手动合闸到故障线路，而随即保护跳闸时；②同一线路其他断路器重合于故障，并发出闭锁重合闸指令。

14. 检同期合闸中，应符合下列哪些条件，断路器可合闸成功？ （ABC）

A. 断路器两侧电压幅值相差小于定值　　B. 断路器两侧电压频率相差小于定值

C. 断路器两侧电压相位相差小于定值　　D. 断路器两侧电压一侧幅值为零

【解析】 同期合闸包含检同期和检无压，在检无压时，断路器一侧电压应符合无压条件；在检同期时，断路器两侧应均有电压且电压幅值、频率和相位应满足压差、频差和角差定值。

15. 远跳保护的就地判据有 （ABCD）。

A. 相电流满足低电流或过流定值　　B. 负序电压满足设定定值

C. 零序电流满足设定定值　　　　　D. 有功功率满足低功率定值

【解析】 远跳保护的就地判据有：低电流、过电流、零序电流、负序电流、低功率、负序电压、低电压、过电压其中任意一项满足定值即可。

16. 采用两相电流差突变量作为选相元件时，下列故障中可正确选出故障相的有 （ABCD）。

A. 单相接地故障　　　　　　　B. 相间短路故障

C. 相间短路接地故障　　　　　D. 三相短路故障

【解析】 两相电流差突变量选相元件在单相接地、相间短路、相间短路接地和三相短路故障中，均可正确判断出故障相，判断方法如下：①如果三个两相电流差突变量元件中仅有两个动作，对应故障为单相接地，两个动作元件中相关的相是故障相，不动作元件的两个下标相是非故障相；②如果三个两相电流差突变量元件全部动作，一般对应为相间短路或相间短路接地故障，差流最大两相为故障相，如果三个两相电流差大小相近，应判断为三相短路故障。

17. 某 220kV 馈线，负荷侧接有 YNd11 变压器 （变压器中性点接地），当该线 A 相接地时，负荷侧选相元件可正确选出故障相的是：（BC）。

A. 相电流差突变量选相元件

B. 采用 $\dot{U}_{OP.A0}$、$\dot{U}_{OP.A2}$ 构成的电压、电流序分量选相元件

其中 $\dot{U}_{OP.A0}=\dot{U}_{A0}-(1+3K)\dot{I}_{A0}Z_{set}$　$\dot{U}_{OP.A2}=\dot{U}_{A2}-\dot{I}_{A2}Z_{set}$

C. 采用 $\Delta\dot{U}_{OP.AB}$、$\Delta\dot{U}_{OP.BC}$、$\Delta\dot{U}_{OP.CA}$ 构成的复合突变量选相元件

其中 $\Delta\dot{U}_{OP.\varphi\varphi}=\Delta\dot{U}_{\varphi\varphi}-\Delta\dot{I}_{\varphi\varphi}Z_{set}$　　（$\varphi\varphi=AB$，BC，CA）

【解析】 负荷侧接有 YNd11 变压器 （变压器中性点接地），当该线 A 相接地时负荷侧三相电流均为零序电流，大小相等、方向相同，相电流突变量元件不动作，无法仅通过相电流突变量进行选相。

18. 高压线路自动重合闸装置的动作时限应考虑 （ABD）。

A. 故障点灭弧时间　　　B. 断路器操作机构的性能

C. 保护整组复归时间　　D. 电力系统稳定的要求

【解析】 见 GB/T 14285—2006《继电保护和安全自动装置技术规程》5.2.3。

19. 在不计负荷电流情况下，带有浮动门槛的相电流差突变量起动元件，下列情况正确的是（ABD）。

　　A. 双侧电源线路发生各种短路故障，线路两侧的元件均能起动

　　B. 单侧电源线路发生相间短路故障，当负荷侧没有接地中性点时，负荷侧元件不能起动

　　C. 单侧电源线路发生接地故障，当负荷侧有接地中性点时，负荷侧元件能起动

　　D. 系统振荡时，元件不动作

【解析】 单侧电源线路上发生接地故障，当负荷侧有接地中性点时，负荷侧三相电流均为零序电流，大小相等、方向相同。相电流差均为零，相电流差突变量起动元件不动作；当负荷侧没有接地中性点时，负荷侧无故障电流，相电流差突变量起动元件不动作。

系统振荡时，三相电流随着系统振荡而变化，仍然对称，相电流差突变量起动元件不动作。

20. 超高压输电线单相接地两侧保护动作单相跳闸后，故障点有潜供电流，潜供电流大小与多种因素有关，正确的是（ABCD）。

　　A. 与线路电压等级有关　　　　B. 与线路长度有关

　　C. 与负荷电流大小有关　　　　D. 与故障点位置有关

【解析】 当故障相跳开后，另两健全相通过电容耦合和磁感应耦合供给故障点的电流称为潜供电流。潜供电流由电容耦合和互感耦合组成，电容耦合与线路电压等级、长度有关；互感耦合与负荷电流、故障点位置有关。潜供电流的存在会使超高压输电线路故障点熄弧时间变长。

21. 线路重合成功次数评价计算方法，下述说法不正确的是（BC）。

　　A. 单侧投重合闸的线路，若单侧重合成功，则线路重合成功次数为 1 次

　　B. 两侧投重合闸线路，若两侧均重合成功，则线路重合成功次数为 2 次

　　C. 两侧投重合闸线路，若一侧拒合（或重合不成功），则线路重合成功次数为 1 次

　　D. 重合闸停用以及因为系统要求或继电保护设计要求不允许重合的均不列入线路重合成功率评价

【解析】 见 DL/T 623—2010《电力系统继电保护及安全自动装置运行评价规程》6.5.3。

三、判断题

1. 远方跳闸不经故障判据，置"0"时，不经就地判据，收到对侧发的远跳信号直接跳闸。　　　　　　　　　　　　　　　　　　　　　　　　　　　　　　　（×）

【解析】 远方跳闸不经故障判据，置"1"时，不经就地判据，收到对侧发的远跳信号直接跳闸。

2. 对于本线路重合闸后加速保护，在后加速期间，如果相邻线路发生故障，不允许本线路无选择性三相跳闸。　　　　　　　　　　　　　　　　　　　　　（×）

【解析】 为快速切除线路重合闸与永久性故障，线路重合闸后加速保护在牺牲选择性的情况下，提升保护动作的快速性，因此在后加速期间，相邻线路发生故障，仍然无

选择性的三相跳闸。

3. 配有重合闸后加速的线路，当重合到永久性故障时，如故障点在 I 段保护范围内时，可以瞬时切除故障；故障点在 II 段保护范围内时，则需带延时切除。　　　（×）

【解析】 重合闸后加速保护在断路器重合闸动作时短时牺牲选择性以便能快速跳开断路器重合于永久性故障。所以当重合到永久性故障时，保护可瞬时切除故障。

4. 自动重合闸有两种起动方式：保护启动方式和断路器操作把手与断路器位置不对应启动方式。　　　（√）

5. 配有两套重合闸的 220kV 线路，如果仅投入其中一套重合闸，另一套重合闸切换把手可以放在任意位置。　　　（×）

【解析】 220kV 线路重合闸一般采用单相重合闸，如果双套保护其中一套正常投入单相重合闸，另一套重合闸切换把手打至禁用重合闸或三相重合闸位置，则单相接地故障时保护动作断路器三相跳闸，造成正常投入单相重合闸的那一套保护无法正确重合闸。

6. 单侧电源线路所采用的三相重合闸时间，除应大于故障点熄弧时间及周围介质去游离时间外，还应大于断路器及操动机构复归原状准备好再次动作的时间。　　　（√）

【解析】 为增加断路器重合成功的概率，重合闸时间应充分考虑故障点熄弧时间和周围介质去游离绝缘恢复时间，同时应考虑到重合于故障时应能可靠跳闸，故重合时还应考虑断路器及操动机构复归原状准备好再次动作的时间。

7. 自动重合闸时限的选择与电弧熄灭时间无关。　　　（×）

【解析】 为减小断路器重合于故障的概率，重合闸时间应充分考虑故障点熄弧时间和周围介质去游离绝缘恢复时间。

8. 单相重合闸时间的整定，主要是以保证后备保护第 II 段保护能可靠动作来考虑的。　　　（×）

【解析】 单相重合闸时间的整定除了要考虑故障点熄弧时间和周围介质去游离时间，以及断路器及操动机构复归原状准备好再次动作的时间外，还要考虑和非全相保护相配合。

9. 断路器合闸后加速与重合闸后加速共用一个加速继电器。　　　（√）

【解析】 断路器合闸后加速与重合闸后加速均考虑为断路器合闸于故障时能快速切除，因此可共用一个加速继电器。

10. 检同期重合闸的启动回路中，同期继电器的动断触点应串联检定线路有压的动合触点。　　　（√）

【解析】 线路同期重合闸中，包含检同期和检无压，线路无压时，检无压侧断路器应先合闸，只投入检同期侧断路器应待线路有压后再检同期合闸，防止线路非同期合闸。

11. 采用检无压、同期重合闸方式的线路，检无压侧不用重合闸后加速回路。　　　（×）

【解析】 在线路故障跳闸后，检无压侧断路器先合，因此需要重合闸后加速，当断路器合闸于永久性故障时能快速切除，避免检同期侧再次重合于故障对系统造成多次冲击。

12. 在线路三相跳闸后，采用三相重合闸的线路在重合前经常需要在一侧检查无压，

另一侧检查同期。 在检查无压侧同时投入检查同期功能的目的在于断路器偷跳后可用重合闸进行补救。 （√）

【解析】 采用同期重合闸方式的线路，只在一侧投入检无压，同时为避免该侧一侧跳闸时无法重合，该侧应仍投入检同期。

13. 用工频变化量阻抗继电器计算出的工作电压数值可用以构成选相元件。 （√）

【解析】 继电保护常用的选相元件有：阻抗选相元件、突变量差电流选相元件、电流相位比较选相元件、相电流辅助选相元件和低电压辅助选相元件等。

14. 高压终端负荷线路弱电源侧线路保护只有利用低电压元件才能正确选相。 （×）

【解析】 在高压终端负荷线路弱电源侧利用电压突变量和电流差动保护均可正确选相。

15. 用单相重合闸时会出现非全相运行， 除纵联保护需要考虑一些特殊问题外， 对零序电流保护的整定和配合产生了很大影响， 也使中、 短线路的零序电流保护不能充分发挥作用。 （√）

【解析】 零序电流保护在单相重合闸线路中需要和重合闸配合，当零序电流保护快速段不能有效躲过因重合闸过程中线路非全相运行产生的最大零序电流时，重合闸启动后相应零序保护需采取措施退出工作或延时动作以躲过重合闸时间。

16. "合闸于故障保护" 是基于以下认识而配备的附加简单保护， 即合闸时发生的故障都是内部故障， 不考虑合闸时刚好发生外部故障。 （√）

【解析】"合闸于故障保护"为提升切除断路器合闸于故障时保护动作的快速性，而牺牲部分选择性，此时默认为合闸时发生的故障都是内部故障。

17. 对较长线路空载充电时， 由于断路器三相触头不同时合闸而出现短时非全相，产生的零序、 负序电流不至于会启动保护装置。 （×）

【解析】 对较长线路空载充电时，由于断路器三相触头不同时合闸而出现短时非全相，产生的零序、负序电流保护装置应正常启动，设定的保护定值应能有效躲过此非全相运行时间，不应造成保护误动。

18. 线路自动重合闸的使用， 不仅提高了供电的可靠性， 减少了停电损失， 而且还提高了电力系统的暂态稳定水平， 增大了高压线路的送电容量。 （√）

【解析】 在超高压电网中，绝大多数故障是瞬时性单相接地故障，采用线路自动重合闸可及时恢复供电，有效提升供电可靠性，减少了停电损失，而且还提高了电力系统的暂态稳定水平，增大了高压线路的送电容量。

19. 当重合闸合于永久性故障时， 主要有以下两个方面的不利影响： ①使电力系统又一次受到故障的冲击； ②使断路器的工作条件变得更严重， 因为断路器要在短时间内， 连续两次切断电弧。 （√）

20. 采用两相电流差突变量作为选相元件， 在单相接地故障时无法正确选出故障相。 （×）

【解析】 与本节多选题 16 题一致。详细动作行为，见表 3-7。

21. 过电压远跳保护中过电压三取一方式控制字为 1 时， 三相过电压应取与门逻辑。 （×）

【解析】 过电压远跳保护中过电压三取一方式控制字为 1 时，三相过电压应取或门逻辑；为 0 时，三相过电压应取与门逻辑。

22. 过电压远跳经跳位闭锁控制字为 1 时，须等本侧断路器跳开后，才向远方发跳闸信号。 （√）

23. 过电压保护跳本侧控制字为 0 时，本侧断路器不动作，仅向对侧发远跳信号。 （√）

【解析】 过电压保护跳本侧控制字为 1 时，本侧保护可以动作、跳闸，同时向对侧发远跳信号；该控制字为 0 时，本侧保护不动作，仅向对侧发远跳信号。

24. 线路保护发送端的远方跳闸和远传信号经 10ms （不含消抖时间） 延时确认后，发送信号给接收端。 （×）

【解析】 见 Q/GDW 1161—2013 《线路保护及辅助装置标准化设计规范》 5.2.10。

25. 采用单相重合闸的线路的零序电流保护的最末一段的时间要躲过重合闸周期。 （√）

【解析】 零序电流保护的最末一段一般整定值较小，要靠时间来躲过断路器单相跳开重合期间线路非全相运行所产生的零序电流。

26. 为提高远方跳闸的安全性，防止误动作，对采用非数字通道的，执行端应设置故障判别元件；对采用数字通道的，执行端可不设置故障判别元件。 （√）

【解析】 见 GB/T 14285—2006 《继电保护和安全自动装置技术规程》 4.10.4。

27. 采用检无压、检同期重合闸方式的线路，投检同期的一侧，还要投检无压。 （×）

【解析】 采用检无压、检同期重合闸方式的线路，两侧均应投入检同期，只在一侧投入检无压。

28. 为了防止断路器在正常运行情况下由于某种原因 （如误碰、保护误动等） 而跳闸时，由于对侧并未动作，线路上有电压而不能重合，通常是在鉴定无压的一侧同时投入同期鉴定重合闸，两者的逻辑是与门关系 （两者的触点串联工作），这样就可将误动跳闸的断路器重新投入。 （×）

【解析】 采用同期重合闸方式的线路，在投入检无压的一侧同时应投入检同期，两者的逻辑应是或门关系，在线路无压时，采用检无压。检定线路有压的动合触点和同期继电器的动断触点串联，在线路有压时采用检同期。

四、 填空题

1. 继电保护常用的选相元件有： 阻抗选相元件、 突变量差电流选相元件、 电流相位比较选相元件、 相电流辅助选相元件和低电压辅助选相元件等。

【解析】 以上为继电保护常用选相元件。

2. 某高压线路保护总动作时间 0.08s，重合闸时间 1s，断路器动作时间 0.06s，则故障切除时间为 0.14s。

【解析】 故障切除时间为保护动作时间与断路器跳开时间之和。

3. 采用单相重合闸的线路，当断路器单相偷跳时，可通过重合闸的不对应启动方式将断路器合上。

【解析】 单相重合闸，断路器偷跳时，可通过断路器位置与操作把手不对应启动重合闸，将断路器合上。

4. 当重合闸不使用同期电压时，同期电压TV断线不应报警。

【解析】 见 Q/GDW 1161—2013《线路保护及辅助装置标准化设计规范》5.2.5a。

5. 检同期重合闸采用的线路电压应是自适应的，可选择任意相间电压或相电压。

【解析】 见 Q/GDW 1161—2013《线路保护及辅助装置标准化设计规范》5.2.5b。

6. 单相重合闸、三相重合闸、禁止重合闸和停用重合闸有且只能有一项置"1"，如不满足此要求，保护装置应报警并按停用重合闸处理。

【解析】 根据 Q/GDW 1161—2013《线路保护及辅助装置标准化设计规范》5.2.5d。

7. 配置双重化的过电压及远方跳闸保护。远方跳闸保护应采用"一取一"经就地判别方式。

【解析】 根据 Q/GDW 1161—2013《线路保护及辅助装置标准化设计规范》5.1.1.1b)。

8. 线路保护单跳失败三跳的时间应为150ms。

【解析】 根据 Q/GDW 1161—2013《线路保护及辅助装置标准化设计规范》补充规定。

9. 电网中的工频过电压一般是由线路空载、接地故障和甩负荷等引起。

【解析】 概念题，工频过电压产生原因。

10. 在某些条件下必须加速切除短路时，可使保护无选择性动作，但必须采取补救措施，如重合闸和备自投来补救。

【解析】 在一些条件下，可采取重合闸前加速方式，首先保护加速切除短路故障，此时失去选择性，无法区分区内、区外，然后重合闸动作判断是否为区内故障，保护是否需要再次跳开开关。

11. 两套线路保护均含重合闸功能，当采用单重方式时，不采用两套重合闸相互启动和相互闭锁方式；当采用三重方式时，可采用两套重合闸相互闭锁方式。

【解析】 为了防止三重方式下，两套保护动作行为不一致，导致重合闸动作行为不同，此时投入互相启动和互相闭锁重合闸，使两套重合闸动作行为一致。

12. 以下是相电流差突变量选相元件的几个中间数据，据此判断故障相别：

（1） $\Delta I_{AB}=21A$，$\Delta I_{BC}=19.5A$，$\Delta I_{CA}=0.5A$，为B故障。

（2） $\Delta I_{AB}=7.25A$，$\Delta I_{BC}=21.25A$，$\Delta I_{CA}=9.27A$，为BC相故障。

【解析】 相电流差突变量元件的动作行为见表3-7（√—动作，×—不动作）。

表 3-7　　　　各种短路类型，相电流差突变量元件动作行为表

元件故障类型	$K_A^{(1)}$	$K_B^{(1)}$	$K_C^{(1)}$	$K^{(2)}$、$K^{(1,1)}$、$K^{(3)}$
ΔI_{AB}	√	√	×	√
ΔI_{BC}	×	√	√	√
ΔI_{CA}	√	×	√	√

判断方法如下：①如果三个两相电流差突变量元件中仅有两个动作，对应故障为单相接地，两个动作元件中相关的相是故障相，不动作元件的两个下标相是非故障相；

②如果三个两相电流差突变量元件全部动作，一般对应为相间短路或相间短路接地故障，两相电流差最大的标示两相为故障相，如果三个两相电流差大小相近，应判断为三相短路故障。

由题干可知：

（1）ΔI_{AB}、ΔI_{BC}动作，选相B相。

（2）ΔI_{AB}、ΔI_{BC}、ΔI_{CA}均动作且BC相电流差突变量较其他两相明显偏大，选BC相。

13. 对各类双断路器接线方式的线路，其保护应按<u>线路</u>为单元装设，重合闸装置及失灵保护等应按<u>断路器</u>为单元装设。

【解析】 双断路器接线方式的线路，重合闸及失灵保护配置在单独的断路器保护中，线路配置线路保护。

五、简答题

1. 综合重合闸有哪几种工作方式？

【解析】 综合重合闸一般有4种工作方式，即（综合）重合闸方式、（单相）重合闸方式、（三相）重合闸方式、（停用）重合闸方式。

2. 使用单相重合闸时应考虑哪些问题？

【解析】 （1）重合闸过程中出现的非全相运行状态，如有可能引起本线路或其他线路的保护误动作时，应采取措施予以防止，例如，退出纵联零序方向保护以及定值躲不过非全相运行的零序电流保护、整定三相不一致保护的动作时间应大于重合闸时间。

（2）如电力系统不允许长期非全相运行，为防止断路器一相断开后，由于单相重合闸装置拒绝合闸而造成非全相运行，应采取措施断开三相，并应保证选择性。

3. 说明综合重合闸装置的重合闸时间何时采用长延时，何时采用短延时？

【解析】 有全线速断保护运行时，采用短延时。无全线速断保护运行时，采用长延时。

4. 下列论述是否正确：为保证重合闸或手动合闸在故障线路时尽快跳闸，应不带延时加速对本线路末端故障有足够灵敏度的零序电流保护的第Ⅱ段或第Ⅲ段。

【解析】 错，应考虑断路器三相触头合闸不同期问题，合闸加速应带0.1s延时。

5. 哪些保护必须闭锁重合闸？怎样闭锁？

【解析】 一般母线保护、变压器保护和电抗器保护等重要元件保护动作闭锁重合闸。另外失灵保护和后备保护延时段一般作为后备保护动作后应闭锁重合闸。闭锁方法一般采用保护的动作接点使重合闸放电，从而闭锁重合闸。

6. 全电缆线路是否采用重合闸？为什么？

【解析】 一般不采用。它和架空线不一样，瞬时故障比较少，一般都是绝缘击穿的永久性故障。不但重合闸成功率不高，而且加剧绝缘损坏程度。

7. 什么叫潜供电流？对重合闸时间有什么影响？

【解析】 当故障相跳开后，另两健全相通过电容耦合和磁感应耦合供给故障点的电流称为潜供电流。潜供电流使故障点的消弧时间延长，因此重合闸的时间必须考虑这一消弧时间的延长。

8. 装有重合闸的断路器跳闸后，在哪些情况下不允许或不能重合闸？

【解析】　以下情况不允许或不能重合闸：①手动跳闸；②断路器失灵保护动作跳闸；③远方跳闸；④断路器操作气压下降到允许值以下时跳闸；⑤重合闸停用时跳闸；⑥重合闸在投运单重位置，三相跳闸时；⑦重合于永久性故障又跳闸；⑧母线保护动作跳闸不允许使用母线重合闸时；⑨变压器、线路并联电抗器等设备的保护动作跳闸时。

9. 某变电站为 3/2 接线方式，当线路发生单相故障时，先重合的断路器重合不成功，另一断路器是否还重合？为什么？

【解析】　不再重合，先重合断路器重合于故障时，线路保护装置加速动作跳开三相，同时发闭锁重合命令使断路器重合闸放电。

10. 自动重合闸的启动方式有哪几种？各有什么特点？

【解析】　自动重合闸有两种启动方式：保护启动方式和断路器控制开关位置与断路器位置不对应启动方式。

保护启动方式是在保护装置动作时启动重合闸。现代的保护装置均具有较为完备的选相功能，重合闸不再担负含选相任务。线路发生故障后由保护装置直接启动重合闸，重合闸装置仅需按照预先的设置定值与逻辑，完成重合功能。但该启动方式不能纠正断路器误动。

断路器控制开关位置与断路器位置不对应启动方式一般简称为"不对应启动"，该启动方式可纠正断路器误碰或偷跳，同时还可在不直接启动重合闸装置的保护动作后进行重合。但当断路器辅助触点接触不良时，不对应启动方式将失效。

因此重合闸装置应同时具备上述两种启动方式，互为补充，提高供电可靠性和系统运行的稳定性。

11. 某 220kV 线路，采用单相重合闸方式，在线路单相瞬时故障时，一侧单跳单重，另一侧直接三相跳闸。若排除断路器本身的问题，试分析可能造成直接三跳的原因（要求解析出五个原因）。

【解析】　(1) 保护感知沟通三跳开入。

(2) 重合闸充电未满或重合闸停用，单相故障发三跳令。

(3) 保护选相失败。

(4) 保护装置本身问题造成误动跳三相。

(5) 电流互感器或电压互感器二次回路存在两个以上的接地点，造成保护误跳三相。

(6) 定值中跳闸方式整定为三相跳闸。

(7) 分相跳闸保护未投入，由后备保护三相跳闸。

(8) 故障发生在电流互感器与断路器之间，母差保护动作并停信。

12. 为什么线路发生单相接地故障进行三相重合闸时，会比单相重合闸产生更大的操作过电压？

【解析】　这是由于三相跳闸，电流过零时断电，在非故障相上会保留相当于相电压峰值的残余电荷电压，而重合闸的断电时间较短，上述非故障相的电压变化不大，因而在重合时会产生较大的操作过电压。而当使用单相重合闸时，重合闸时的故障相电压一般只有 17% 左右（由于线路本身电容分压产生），因而没有操作过电压问题。然而，从较长时间在 110kV 及 220kV 电网采用三相重合闸的运行情况来看，对一般中、短线路操作过电压方面的问题并不突出。

13. 超高压输电线的三相重合闸时间与单相重合闸时间哪个长？为什么？

【解析】 （1）单相重合闸时间较长。

（2）单相接地故障会由于潜供电流影响，造成故障点的熄弧时间长。

（3）潜供电流有横向潜供电流和纵向潜供电流，横向潜供电流是由分布电容引起，纵向潜供电流是由互感引起的。

（4）三相跳开失去了电源支撑，就没有这个问题。

14. 微机保护有哪些常用的选相元件？

【解析】 相电流差突变量选相元件、阻抗选相元件、稳态序分量选相元件、工作电压突变量选相元件、低电压选相元件。

15. 方向过电流保护为什么必须采用按相起动方式？

【解析】 方向过电流保护采取"按相起动"的接线方式，是为了躲开反方向发生两相短路时造成装置误动。例如当反方向发生 BC 相短路时，在线路 A 相方向继电器因负荷电流为正方向将动作，此时如果不按相起动，当 C 相电流元件动作时，将引起装置误动；采用了按相起动接线，尽管 A 相方向继电器动作，但 A 相的电流元件不动，而 C 相电流元件动作但 C 相方向继电器不动作，所以装置不会误动作。

16. 相电流差突变量启动元件有什么优缺点？

【解析】 优点是简单、灵敏、准确、快速，是快速主保护较理想的选相元件。缺点是由于它利用的是电流的突变量，所以在短路稳态时无法选相。同时该选相元件在转换性故障时可能不能判断出最终的故障类型，在弱电源侧时灵敏度也可能不足，导致无法正确选相。

17. 简述稳态序分量选相元件和比相原理、工作过程。

【解析】 首先根据和之间的相位关系，确定三个选相区：$-60° < \arg (\dot{I}_0 / \dot{I}_{A2}) < 60°$，选择 A 区；$60° < \arg (\dot{I}_0 / \dot{I}_{A2}) < 180°$，选择 B 区；$180° < \arg (\dot{I}_0 / \dot{I}_{A2}) < 300°$，选择 C 区。然后结合阻抗继电器的动作行为进行综合判别。以 A 区为例先检查 Z_A，若不动作，则检查 Z_{BC}，若 Z_{BC} 动作则判为 BC 相接地故障，若 Z_{BC} 不动作，则判为选相无效，由后备回路延时三跳；Z_A 动作，再判别 Z_B，若 Z_B 动作，则为 AB 两相接地短路，否则为 A 相单相接地故障。

18. 3/2 接线方式下，为什么重合闸及断路器失灵保护须单独设置？

【解析】 在线路重合闸时，由于两个断路器都要进行重合且两个断路器的重合还有一个顺序问题，因此重合闸不应设置在线路保护装置内，而应按断路器单独设置。此外每个断路器的失灵保护跳闸对象也不一样，所以失灵保护也应按断路器单独设置。因此一般在 3/2 接线方式中，把重合闸和断路器失灵保护做在单独的一个断路器保护装置内，每一个断路器配置一套或双套断路器保护装置。

19. 简述线路重合闸成功次数的计算方法。

【解析】

（1）单侧电源线路。若电源侧重合闸成功，则线路重合闸成功次数为 1。综合重合闸方式应单跳单合，三相重合闸多相或三相跳闸应重合。

（2）两侧（或多侧）电源线路。若两侧（或多侧）均重合成功，则线路重合闸成功次数为 1。若一侧拒合（或重合不成功），则线路重合成功次数为 0。

（3）未装重合闸、重合闸停用、一侧重合闸停用另一侧运行、相间故障单相重合闸不重合及电抗器故障跳闸不重合等因为系统要求而不允许重合的均不统计线路重合成功率。

（4）220kV及以上的线路重合闸成功率计算式为

线路重合成功率

$$= \frac{线路重合成功次数}{线路故障应重合次数+线路越级跳闸应重合次数+线路误跳闸应重合次数} \times 100\%$$

20. 综合重合闸的评价方法是什么？

【解析】

（1）选相回路包括在重合闸内，选相正确时不评价，选相不正确重合闸评为"不正确"1次。选相回路包括在保护装置内，选相不正确，但该保护装置作用跳开三相仍评价为"正确"，此外再增加评价"不正确"1次。若两个及以上的保护装置带有选相元件，而选相不正确又无法分清是哪个装置选相元件不正确时，则评价为"总出口继电器"不正确1次。

（2）线路发生瞬时性单相接地时，单相重合闸误跳三相，然后三相重合成功，则保护评为"正确"，综合重合闸评为"不正确"1次（误跳三相）和"正确"1次（重合闸动作）。

（3）线路发生瞬时性单相接地时，单相重合闸误跳三相，评为"不正确"1次，如果又误合三相重合成功，则按两次"不正确"计算，但重合成功情况仍应计入线路重合成功率。

（4）多个保护装置的动作，由于综合重合闸或单相重合闸装置的问题而拒跳，则重合闸评定为"不正确"1次，而保护装置不予评价。

（5）单相重合闸在经高阻单相接地时，因选相元件原理固有缺陷而跳三相时，单相重合闸不予评价。

21. 标准化设计对双母线主接线重合闸、失灵保护启动的外部回路设计要求有哪些？

【解析】

1）每一套线路保护均应含重合闸功能，不采用两套重合闸相互启动和相互闭锁方式。

2）对于含有重合闸功能的线路保护装置，设置"停用重合闸"连接片。"停用重合闸"连接片投入时，闭锁重合闸、任何故障均三相跳闸。

3）线路保护应提供直接启动失灵保护的跳闸接点，启动微机型母线保护装置中的断路器失灵保护。

4）双母线主接线形式的断路器失灵保护，宜采用母线保护中的失灵电流判别功能。

22. 一般情况下，对于220kV及以上电压等级输电线路，试写出五种情况，其动作时应启动线路对侧远跳保护装置跳闸。

【解析】

1）一个半断路器接线的断路器失灵保护动作。

2）高压侧无断路器的线路并联电抗器保护动作。

3）线路过电压保护动作。

4）线路变压器组接线的变压器保护动作，线路发变组单元制接线的发变组保护动作。

5）线路串补保护动作且电容器旁路断路器拒动或电容器平台故障。

六、 分析题

1. 现场进行 220kV 及以上线路保护带断路器传动试验中， 通常采用如下方法： 将试验仪交流量接入保护装置， 保护装置备用跳闸接点、 合闸接点反馈至试验仪。 在单重方式下， 模拟单相瞬时性故障， 断路器跳、 合闸正常； 模拟单相永久性故障时， 最终结果故障相断路器在合闸状态、 其余两相断路器在跳闸状态。 请对此进行分析， 并提出改进方案。

【解析】

(1) 模拟单相瞬时性故障。 断路器跳、 合闸正常， 说明保护装置有关逻辑正常， 试验接线正确， 至断路器的跳合闸回路正确。

(2) 模拟单相永久性故障时。 非故障两相断路器在跳闸状态， 说明保护装置在重合后已发三跳令。 而故障相断路器在合闸状态， 可推断保护在后加速动作发三跳令期间， 故障相断路器尚未合上， 跳闸回路不通。

(3) 保护单跳令控制试验仪切除故障。 而后重合闸动作， 重合闸备用接点控制其再次输出故障量， 此时故障相断路器尚未合上， 但故障量已使保护加速跳闸， 三相跳闸令又控制试验仪切除故障， 于是当故障相断路器合好后， 可能跳闸令已经收回了。 因此出现了题目中所说的情况。 根本原因是备用接点的动作快于断路器的实际跳合时间。

(4) 改进。

1) 在试验仪内模拟断路器合闸时间， 保护重合令反馈后， 经此延时再输出故障量。

2) 用断路器的跳闸位置接点来切除故障量。

3) 采用三相合闸位置继电器动合接点串联后， 再与重合闸接点串接控制试验仪器再次输出故障量。

2. 自动重合闸方式的选定一般应考虑哪些因素?

【解析】 应根据电网结构、 系统稳定要求、 电力设备承受能力和继电保护可靠性等条件， 合理选定自动重合闸方式。 选定自动重合闸方式时考虑的因素有：

(1) 对于 220kV 线路， 当同一送电截面的同线电压及高一级电压的并联回路数不小于 4 回时， 选用一侧检查线路无电压， 另一侧检查线路与母线电压同步的三相重合闸方式 (由运行方式部门规定哪一侧检电压先重合， 但大型电厂的出线侧应选用检同步重合闸)。 三相重合闸时间整定为 10s 左右。

(2) 330、 500kV 及并联回路数不大于 3 回的 220kV 线路， 采用单相重合闸方式。 单相重合闸的时间由调度运行部门选定 (一般约为 1s), 并且不宜随运行方式变化而改变。

(3) 带地区电源的主网终端线路， 一般选用解列三相重合闸 (主网侧检线路无压重合) 方式， 也可选用综合重合闸方式， 并利用简单的选相元件及保护方式实现; 不带地区电源的主网终端线路， 一般选用三相重合闸方式， 重合闸时间配合继电保护动作时间而整定。

(4) 110kV 及以下电网均采用三相重合闸。 自动重合闸方式的选定：①单侧电源线路选用一般重合闸方式， 如保护采用前加速方式， 为补救相邻线路速动段保护的无选择性动作， 则宜选用顺序重合闸方式， 当断路器容量允许时， 单侧电源终端线路也可采用两次重合闸方式;②双侧电源线路选用一侧检无压， 另一侧检同步重合闸方式， 也可酌情选用下列重合闸方式， 带地区电源的主网终端线路， 宜选用解列重合闸方式， 终端线路发生故障，在地区电源解列后，主网侧检无压重合，双侧电源单回线路也可选用解列重合闸方式。

（5）发电厂的送出线路，宜选用系统侧检无压重合，电厂侧检同步重合或停用重合闸的方式。

3. 为何 750kV 母线 （一个半接线） 保护动作不启动远方跳闸而 220kV 母线 （双母线接线） 保护动作却要启动远方跳闸？ 它们之间有什么区别？

【解析】 因为 750kV 母线保护仅包含母线差动保护，220kV 母线保护不仅包含差动保护还包含失灵保护。在失灵保护动作时需要启动远方跳闸，750kV 的断路器失灵保护配置在断路器保护中，不在母线保护中。另外 220kV 保护电流绕组分布在断路器一侧（一般在断路器靠线路侧），此时如在断路器和电流互感器之间发生故障，需要母线保护动作，并跳开线路对侧断路器。750kV 保护绕组分布在断路器两侧，线路和母线保护均采用断路器对侧绕组，不存在死区。

750kV 母线保护为单母线保护，包含母差保护，并且边断路器的失灵保护出口之一也通过母差保护出口继电器进行相关跳闸。220kV 母线保护为双母线保护，包含母差保护、失灵保护，其出口也公用同一出口继电器，另外 220kV 母差保护还包含隔离开关位置接入选择母线功能和采集母线电压防止误出口的复压闭锁功能。

4. 如图 3-47 所示， 某线路两侧均为强电源， 线路 M 侧 A 相出口和 M 母线 B、 C 相同时接地故障时， 确定 MN 线路保护 M 侧 $\arg \dfrac{\dot{I}_0}{\dot{I}_2}$ 选相区， 并画出电流向量图。

提示：当 $-60° < \arg \dfrac{\dot{I}_0}{\dot{I}_2} < 60°$ 时，选 A 区；当 $60° < \arg \dfrac{\dot{I}_0}{\dot{I}_2} < 180°$ 时，选 B 区；当 $180° < \arg \dfrac{\dot{I}_0}{\dot{I}_2} < 300°$ 时，选 C 区。

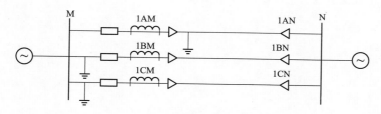

图 3-47　系统接线图

【解析】

相当于在同一点发生三相短路，但流入保护的电流不具备三相短路电流的特征，设故障支路三相电流为 $\dot{I}_{FA}$、$\dot{I}_{FB}$、$\dot{I}_{FC}$，故障前三相电流为 $\dot{I}_{A|0|}$，$\dot{I}_{B|0|}$，$\dot{I}_{C|0|}$。

$$\begin{cases} \dot{I}_{AM} = C_1 \dot{I}_{FA} + \dot{I}_{A|0|} \\ \dot{I}_{BM} = -(1-C_1)\dot{I}_{FB} + \dot{I}_{B|0|} \\ \dot{I}_{CM} = -(1-C_1)\dot{I}_{FC} + \dot{I}_{C|0|} \end{cases}$$

式中：C_1 为 M 侧正序电流分支系数。

由于 $\dot{I}_{A|0|}$，$\dot{I}_{B|0|}$，$\dot{I}_{C|0|}$ 为对称正序分量，计算负、零序电流时不起作用。只需对下列三式进行负、零序电流计算

$$\begin{cases} \dot{I}_{AM'} = C_1 \dot{I}_{FA} \\ \dot{I}_{BM'} = -(1-C_1)\dot{I}_{FB} \\ \dot{I}_{CM'} = -(1-C_1)\dot{I}_{FC} \end{cases}$$

$$3\dot{I}_{0M} = C_1 \dot{I}_{FA} - (1-C_1)(\dot{I}_{FB} + \dot{I}_{FC})$$
$$= C_1 \dot{I}_{FA} - (1-C_1)(-\dot{I}_{FA})$$
$$= \dot{I}_{FA}$$

$$3\dot{I}_{2aM} = \dot{I}_{AM} + a^2 \dot{I}_{BM} + a\dot{I}_{CM} = 3\dot{I}_{0M} = \dot{I}_{FA}$$

电流向量图如图 3-48 所示。

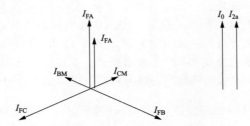

图 3-48　故障电流及 A 相序分量向量图

$$\dot{I}_0 = \dot{I}_{2a} = \frac{\dot{I}_{FA}}{3}$$

$\arg \dfrac{\dot{I}_0}{\dot{I}_{2a}} = 0°$，选 A 区。

第四章
元件保护

第一节 变压器保护

一、单选题

1. 变压器励磁涌流包含有很大成分的非周期分量，往往使涌流（A）。

A. 偏于时间轴的一侧　　B. 关于时间轴对称　　C. 平行于时间轴　　D. 垂直于时间轴

【解析】 励磁涌流有以下特点：①包含有很大成分的非周期分量，往往使涌流偏于时间轴的一侧；②包含有大量的高次谐波分量，并以二次谐波为主；③励磁涌流波形出现间断，如图 4-1 所示的 θ 角。

防止励磁涌流影响的方法有：①采用具有速饱和铁芯的差动继电器；②鉴别短路电流和励磁涌流波形的区别，要求间断角为 $60°\sim65°$；③利用二次谐波制动，制动比为 $15\%\sim20\%$；④利用波形对称原理的差动继电器。

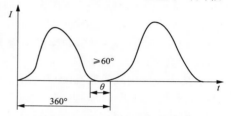

图 4-1　变压器励磁涌流波形

2. 变压器励磁涌流与变压器充电合闸初相有关，当初相角为（A）时励磁涌流最大。

A. 0°　　　　　　B. 60°　　　　　　C. 120°　　　　　　D. 180°

【解析】 当合闸角 $\alpha=0°$ 时，也就是在电压瞬时值为零时合闸，铁芯中的磁通如图 4-2 中的 Φ 所示。合闸瞬间（$t=0$）磁通的强迫分量 $-\Phi_m\cos(\omega t+\alpha)$ 达最大值 $-\Phi_m$，为了保

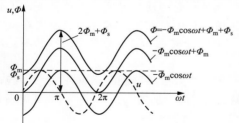

图 4-2　在电压为零瞬间空投变压器且设
磁通中的自由分量不衰减时变压器
铁芯中的磁通变化波形

持合闸瞬间磁链守恒，磁通的自由分量 $\Phi_m\cos\alpha$ 也达到最大值 Φ_m，使铁芯中的总磁通 Φ 与空投前的磁通一样为剩磁 Φ_s。这样半周以后铁芯中的最大磁通可达到 $2\Phi_m+\Phi_s$，所以在电源电压的瞬时值过零瞬间空投变压器时，励磁涌流的数值最大；而当合闸角 $\alpha=90°$ 时，也就是在电压瞬时值为峰值时合闸，合闸瞬间（$t=0$）磁通的强迫分量 $-\Phi_m\cos(\omega t+\alpha)$ 为零，磁通的自由分量 $\Phi_m\cos\alpha$ 也是零，只有剩磁 Φ_s，铁芯中的最大磁通也只是 $\Phi_m+\Phi_s$。所

以在电源电压的瞬时值过零瞬间空投变压器时，励磁涌流的数值最大，在电源电压的瞬时值为最大值瞬间空投变压器时，励磁涌流的数值最小。

3. Q/GDW 1175—2013 《变压器、 高压并联电抗器和母线保护及辅助装置标准化设计规范》 中变压器保护选配功能 "D" 代表的是 （A）。

A. 高、中压侧阻抗保护

B. 接地变压器后备保护，低压小电阻接地零序过电流保护

C. 低压限流电抗器后备保护

D. 自耦变压器

【解析】 Q/GDW 1175—2013《变压器、高压并联电抗器和母线保护及辅助装置标准化设计规范》5.1.2.1 功能配置表。

4. 容量为 240MVA， 各侧电压分别为 220、 110kV 和 35kV 的三卷自耦变压器， 其高压侧、 中压侧及低压侧的额定容量应分别是 （B）。

A. 240、240、240MVA　　　　　　　　B. 240、240、120MVA

C. 240、120、120MVA　　　　　　　　D. 240、120、240MVA

【解析】 三绕组自耦变压器高、中、低三侧容量关系为 $S1:S2:S3=1:1:(1-1/K_{12})$，即为 240MVA：240MVA：240× $[1-1/(220/110)]$ MVA，所以高中低三侧额定容量为 240、240、120MVA。

5. 谐波制动的变压器纵差保护装置中设置差动速断元件的主要原因是 （B）。

A. 提高保护动作速度

B. 防止在区内故障较高的短路水平时，由于电流互感器的饱和产生谐波量增加，导致谐波制动的比率差动元件拒动

C. 保护设置的双重化，互为备用

D. 提高整套保护灵敏度

【解析】 在空投变压器和变压器区外短路切除时会产生很大的励磁涌流，为了防止纵联差动误动作设置了涌流闭锁元件，但是判断 "波形畸变" 或谐波分量 "需要时间"，这样造成变压器内部严重故障时差动保护不能迅速切除的不良后果。此外，变压器内部严重故障时如果 TA 饱和，TA 二次电流保护的波形将发生严重畸变，并含有大量的谐波分量，从而使涌流判别元件误判断成励磁涌流，致使差动保护拒动，造成变压器严重损坏。为克服纵差保护上述缺点，设置了差动速断元件。它的动作电流整定值很大，比最大励磁涌流值还大，依靠定值来躲励磁涌流。这样差动速断元件可不经励磁涌流判据闭锁，也不经过励磁判据、TA 饱和判据的闭锁。所以对于变压器内部的严重故障只要差动电流大于电流定值即可快速跳闸。

6. Yd11 组别变压器配备微机型差动保护， 两侧电流互感器回路均采用星形接线，星形侧二次电流分别为 I_A、 I_B、 I_C； 三角形侧二次电流分别为 I_a、 I_b、 I_c， 软件中 A 相差动保护元件采用 （A） 经接线系数、 变比折算后计算差流。

A. I_A-I_B 与 I_a　　　　B. I_a-I_b 与 I_A　　　　C. I_A-I_C 与 I_a

【解析】 星形侧向三角形侧移相，如图 4-3 所示。

7. 用于非电量保护跳闸的直跳继电器， 启动功率应大于 （A） W， 动作电压在额定直流电源电压的 （A） 范围内， 额定直流电源电压下动作时间为 （A） ms， 应具有抗 （A） V 工频干扰电压的能力。

A. 5、55％～70％、10～35、220　　　　B. 5、50％～75％、10～35、220

C. 5、55％～70％、10～25、110　　　　D. 5、50％～75％、10～25、220

【解析】　Q/GDW 1175—2013《变压器、高压并联电抗器和母线保护及辅助装置标准化设计规范》5.2.7。

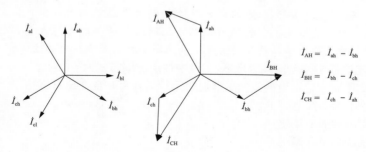

$$\dot{I}_{AH} = \dot{I}_{ah} - \dot{I}_{bh}$$
$$\dot{I}_{BH} = \dot{I}_{bh} - \dot{I}_{ch}$$
$$\dot{I}_{CH} = \dot{I}_{ch} - \dot{I}_{ah}$$

图 4-3　本节单选题第 6 题的解析

8. 自耦变压器的零序方向保护中，零序电流（B）从变压器中性点的电流互感器来取得。

A. 必须　　　　　　B. 不应　　　　　　C. 可以　　　　　　D. 不确定

【解析】　当自耦变压器高压侧接地故障时，接地中性点电流 I_N 的大小、流向与中压侧系统的零序阻抗大小密切相关，中性点电流 I_N 可能由中性点流向地，也可能由地流向中性点，也可能为零，取决于中压侧系统的零序阻抗大小。因此三绕组自耦变压器接地中性点电流不能用来构成零序电流保护，也不能构成零序方向元件。故实际中，三绕组自耦变压器的零序电流保护或零序方向元件均采用高压侧、中压侧的自产零序电流。

9. Y/d11 接线的变压器△侧发生两相短路时，Y侧有一相电流比另外两相电流大，该相是（A）。

A. 同名故障相中的滞后相　　　　B. 同名故障相中的超前相
C. 同名的非故障相　　　　　　　D. 以上任一答案均不正确

【解析】　Y/d11 接线的变压器三角形侧发生两相短路时星形侧的相量关系如图 4-4（以三角形侧 ab 两相短路为例）：

由图 4-4 可得：与三角形侧故障相对应的两相中，滞后相的电流最大（如三角形侧 ab 相短路，YN 侧 B 相电流最大），数值上为故障相电流的 $2/\sqrt{3}$ 倍，其他两相电流大小相等、方向相同，在数值上为故障相电流的 $1/\sqrt{3}$ 倍，方向与电流最大的一相相反。

10. 下面有关 YN/d11 接线变压器的纵差动保护说法正确的是：（D）。

A. 只可以反映变压器三角形绕组的断线故障
B. 只可反映 Y0 侧一相的断线故障
C. 既能反应变压器三角形绕组的断线故障，也能反应 Y0 侧一相的断线故障
D. 既不能反映变压器 Y0 侧一相的断线故障，也不能反映三角形绕组的断线故障

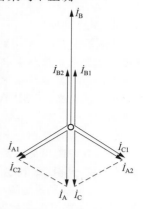

图 4-4　Yd11 接线的变压器三角形侧发生 ab 两相短路时星形侧的相量关系

【解析】　变压器纵差动保护用来反映变压器绕组的相间短路故障、绕组的匝间短路故障、中性点接地侧绕组的接地故障以及引出线的接地故障。应当看到，对于变压器内

部的短路故障，如星形接线中绕组尾部的相间短路故障、绕组很少匝间的短路故障，纵差动保护和电流速断保护是反映不了的，即存在保护死区；此外，也不能反映绕组的开焊故障。瓦斯保护用来反映变压器的内部故障和漏油造成的油面降低，同时也能反映绕组的开焊故障。即使是匝数很少的短路故障，瓦斯保护同样能可靠反应，但瓦斯保护不能反映油箱外部的短路故障，故纵差动保护和瓦斯保护均是变压器的主保护。

11. 某变电站装设两台自耦变压器，其中性点接地方式为 （B）。

A. 一台变压器接地，当接地变压器退出运行时，另一台变压器接地

B. 两台变压器都接地

C. 两台变压器都不接地

D. 以上说法均不正确

【解析】 变压器中性点：即三相变压器中的一次绕组或二次绕组星形连接时的三相绕组接入或接出电源，末端并联成的一点。自耦变压器是一次绕组和二次绕组在同一个绕组上的一种变压器，当系统发生单相接地故障时，如果自耦变压器没有接地，就会使中性点位移，使未接地相的电压升高，甚至达到或超过线电压，并使中压侧线圈过电压。为了避免这种现象出现，所以运行中的自耦变压器必须接地。接地后的中性点电位就是地电位，发生单相接地故障后中压侧不会过电压。自耦变压器中性点接地，保证了三相电压的平衡，才能进一步保证我们的变压器正常运行。

12. 220kV 及以上双母线运行的变电站有三台及以上变压器时，应按照 （B） 台变压器中性点直接接地方式运行，并把它们分别接于不同的母线上。

A. 1　　　　　　　　B. 2　　　　　　　　C. 3　　　　　　　　D. 不确定

【解析】 根据 DL/T 559—2018《220kV～750kV 电网继电保护装置运行整定规程》7.1.4 c）。

13. 对于 2MVA 及以上容量的变压器，当电流速断保护灵敏度不满足要求时，应装设 （A）。

A. 纵差动保护　　　B. 瓦斯保护　　　C. 过负荷保护　　　D. 过励磁保护

【解析】 （1）10MVA 及以上容量的单独运行变压器、6.3MVA 及以上容量的并联运行变压器或工业企业中的重要变压器，应装设纵差动保护；对于 2MVA 及以上容量的变压器，当电流速断保护灵敏度不满足要求时，应装设纵差动保护。

（2）容量在 0.8MVA 及以上的油浸式变压器和户内 0.4MVA 及以上的变压器应装设瓦斯保护。

（3）过负荷保护用来反映容量在 0.4MVA 及以上变压器的对称过负荷。

（4）在超高压变压器上才装设过励磁保护。

14. 变压器比率制动的差动继电器，设置比率制动的主要原因是 （C）。

A. 为了躲励磁涌流

B. 为了提高内部故障时保护动作的可靠性

C. 当区外故障不平衡电流增加，为了使继电器动作电流随不平衡电流增加而提高动作值

D. 为了提高速动性。

【解析】 在发生外部短路时，流经变压器的是一个穿越性的短路电流。理想情况下，差动保护元件的差电流应该是零。可是由于变压器的励磁电流影响、各侧 TA 变比误差的不同、各侧 TA 暂态特性的不同、各侧电流回路的时间常数不同以及变压器有载调压的影

响等原因，实际上差电流不是零，这种在外部短路时（包括正常运行时）出现的差电流称作不平衡电流，流经变压器的穿越性短路电流越大，不平衡电流也越大，但它们不完全是线性关系。目前，在变压器纵差保护装置中，为提高内部故障时的动作灵敏度及可靠躲过外部故障的不平衡电流，均采用具有比率制动特性曲线的差动元件。

15. 变压器过励磁保护的启动、反时限和定时限元件应根据变压器的过励磁特性曲线分别进行整定，其返回系数不应低于 （A）。

    A. 0.96   B. 0.95   C. 0.85   D. 0.9

【解析】 根据《国家电网有限公司关于印发十八项电网重大反事故措施（修订版）的通知》（国家电网设备〔2018〕979号）15.2.7要求：变压器过励磁保护的启动、反时限和定时限元件应根据变压器的过励磁特性曲线分别进行整定，其返回系数不应低于0.96。

系统电压升高或频率下降，会使变压器出现过励磁现象，而过励磁程度和时间积累，将促使变压器绝缘加速老化，影响变压器寿命。变压器的过励磁能力是指变压器耐受系统过电压或系统低周的能力，不同变压器的过励磁能力有所不同，每台变压器出厂文件都包含有描述该变压器过励磁能力的特性曲线。变压器的过励磁保护主要由起动元件、U/f判别元件和时间元件构成，其中时间元件包含反时限和定时限两部分。过励磁保护的整定应根据被保护变压器的过励磁曲线进行，使保护的动作特性曲线与变压器自身的过励磁能力相适应。

16. 主变压器复合电压闭锁过电流保护当各侧失去交流电压时 （C）。

    A. 整套保护就不起作用   B. 仅失去低压闭锁功能
    C. 失去复合电压闭锁功能   D. 保护不受影响

【解析】 根据 Q/GDW 1175—2013《变压器、高压并联电抗器和母线保护及辅助装置标准化设计规范》5.2.4。

17. 变压器中性点间隙接地保护包括 （D）。

    A. 间隙过电流保护
    B. 零序电压保护
    C. 间隙过电流保护与零序电压保护且其接点串联出口
    D. 间隙过电流保护与零序电压保护且其接点并联出口

【解析】 当系统发生接地故障，中性点接地的变压器应装设零序电流保护，可由两段组成，每段各带两个时限，短时限动作于断开母联断路器或分段断路器，缩小故障影响范围，长时限动作于断开变压器各侧断路器。当系统发生接地故障，中性点接地的变压器跳开后，电网零序电压升高或谐振过电压等都会危及中性点不接地的变压器中性点绝缘。因此，中性点不接地的变压器应装设零序电压保护或间隙零序电流保护。间隙保护是由零序电压和零序电流并联组成且电流定值比较灵敏，时间较短，没有与其他保护配合的关系。

18. 差动保护的二次不平衡电流与一次三相对称穿越性电流的关系曲线 （A）。

    A. 呈明显的非线性特性 B. 大致是直线   C. 不确定

【解析】 在发生外部短路时，流经变压器的是一个穿越性的短路电流。理想情况下，差动保护元件的差电流应为零。可是由于变压器的励磁电流影响、各侧TA变比误差的不同、各侧TA暂态特性的不同、各侧电流回路的时间常数不同以及变压器有载调压的影响等原因，实际差电流不是零，这种在外部短路时（包括正常运行时）出现的差电流称为

不平衡电流。流经变压器的穿越性短路电流越大，不平衡电流也越大，但它们不完全是线性关系。当制动电流为 $I_{zd} = \frac{1}{2}\sum_{i=1}^{m}|I_i|$ 时，外部短路时的制动电流就是流经变压器的穿越性短路电流，因此看出不平衡电流随着制动电流变化而变化的关系呈明显非线性曲线。

19. 空载变压器突然合闸时，可能产生的最大励磁涌流值与短路电流相比 （C）。

A. 前者远小于后者　　　B. 前者远大于后者　　C. 可以比拟

【解析】 变压器空载合闸时，可能产生大的励磁涌流，励磁涌流的数值很大，最大可达额定电流的 6～8 倍。

20. 变压器差动保护防止穿越性故障情况下误动的主要措施是 （C）。

A. 间断角闭锁　　　　　B. 二次谐波制动　　　C. 比率制动　　　　　D. 电压闭锁

【解析】 间断角、二次谐波制动是为了防止励磁涌流。

21. 变压器差动保护投入前，带负荷测相位和差电压（或差电流）的目的是检查 （A）。

A. 电流回路接线的正确性　　　　B. 差动保护的整定值

C. 电压回路接线的正确性

22. 为防止由瓦斯保护起动的中间继电器在直流电源正极接地时误动，应 （A）。

A. 采用动作功率较大的中间继电器，而不要求快速动作

B. 对中间继电器增加 0.5s 的延时

C. 在中间继电器起动线圈上并联电容

【解析】 用于非电量跳闸的直跳继电器，启动功率应大于 5W，动作电压在额定直流电源电压的 55%～70% 范围内，额定直流电源电压下动作时间为 10～35ms，应具有抗 220V 工频干扰电压的能力。

23. 220kV 变压器的中性点经间隙接地的零序过电压保护，当采用开口三角电压，则其定值一般可整定为 （C）。

A. 57V　　　　　　B. 100V　　　　　　C. 180V　　　　　　D. 300V

【解析】 零序过电压保护，设置一段 1 时限，零序电压可选自产或外接。零序电压选外接时固定为 180V、选自产时固定为 120V。

24. 在 220kV 及以上电压等级变压器保护中，（B） 保护的出口不宜启动断路器失灵保护。

A. 差动保护　　　　　　　　　　B. 瓦斯保护

C. 220kV 零序过电流保护　　　　D. 中性点零流保护

【解析】 非电量保护不启动失灵保护是因为非电量保护是一个物理过程，断路器跳开后，接点不会立刻返回，如油温过高、瓦斯浓度过高等都不可能很快恢复到正常状态，接点处于保持状态，若此时电流继电器误动，则失灵保护立刻动作，跳开母线上所有元件，这是非常危险的，因此非电量保护不启动失灵保护。

25. 两台变压器并列运行的条件是 （D）。

A. 变比相等　　　　　　　　　　B. 组别相同

C. 短路阻抗相同　　　　　　　　D. 变比相等、组别相同、短路阻抗相同

【解析】 （1）变比相等。变压器变化不等时，两台变压器构成的回路由于相同相间产生的相位差而产生环流，环流的大小决定于两台变压器变比差异的大小。根据磁动势平衡的关系，虽然两台变压器一次侧接同一电源，但由于二次产生的均压电流，两台变压器一次侧也将同时产生环流。

（2）组别相同。连接组别必须相同，这是因为接线组别不同时，变压器的二次电压相位就不同，至少差30°，这个电压将出现很大的环流，甚至将变压器烧毁。

（3）短路电压（阻抗）相同。短路电压如不同，各变压器中虽然没有循环电流，但会使两台变压器的负载分配不均匀。

26. 合理安排电网中各变电站的变压器接地方式，尽量保持变电站 （B） 值稳定。

A. 正序阻抗　　B. 零序阻抗　　C. 负序阻抗　　D. 综合阻抗

【解析】 变压器接地点的变化对零序网络有很大的影响。

27. 两台阻抗电压不相等变压器并列运行时， 在负荷分配上 （A）。

A. 阻抗电压大的变压器负荷小　　B. 阻抗电压小的变压器负荷小

C. 负荷分配不受阻抗电压影响　　D. 一样大

【解析】 基于并联电路分流原理，阻抗大的分得电流小、负荷小，阻抗小的分得电流大、负荷大。

28. 220kV 变压器电量保护应按双套配置， 双套配置时应 （A）。

A. 采用主、后备保护一体化配置　　B. 采用主、后备保护分开配置

C. 主保护双重化、后备保护单套配置　D. 不配置保护

【解析】 Q/GDW 1175—2013《变压器、高压并联电抗器和母线保护及辅助装置标准化设计规范》5.1.1.1 要求规定。

29. 750kV 自耦变压器零序方向保护的零序电流不能使用安装在 （D） 的互感器。

A. 750kV 侧　　B. 220kV 侧　　C. 66kV 侧　　D. 中性点

【解析】 自耦变压器中性点电流大小及方向具有不确定性，无法用于零序方向保护。

30. 主变压器差动速断保护 （B） 谐波闭锁。

A. 受　　B. 不受　　C. 均可以　　D. 根据实际情况决定

【解析】 差动速断是防止在变压器电源侧的近端发生区内故障时，由于 TA 饱和而导致差动保护拒动而设置，不受制动。

二、 多选题

1. 变压器差动保护的稳态情况下不平衡电流产生原因有 （ABC）。

A. 由于变压器各侧电流互感器型号不同，即各侧电流互感器的饱和特性和励磁电流不同而引起的不平衡电流。它必须满足电流互感器 10% 误差曲线的要求

B. 由于实际的电流互感器变比和计算变比不同引起的不平衡电流

C. 由于改变变压器调压分接头引起的不平衡电流

D. 变压器空载合闸的励磁涌流，仅在变压器一侧有电流

【解析】 稳态情况下的不平衡电流产生原因：①由于变压器各侧电流互感器型号不同，即各侧电流互感器的饱和特性和励磁电流不同而引起的不平衡电流。它必须满足电流互感器 10% 误差曲线的要求；②由于实际的电流互感器变比和计算变比不同引起的不平衡电流；③由于改变变压器调压分接头引起的不平衡电流。

暂态情况下的不平衡电流产生原因：①由于短路电流的非周期分量主要为电流互感器的励磁电流，使其铁芯饱和，误差增大而引起不平衡电流；②变压器空载合闸的励磁涌流，仅在变压器一侧有电流。

2. 对新安装的差动保护在投入运行前应做 （AC） 试验。

A. 必须进行带负荷测相位和差电压（或差电流），以检查电流回路接线的正确性

B. 在变压器充电时，将差动保护退出

C. 变压器充电合闸 5 次，以检查差动保护躲励磁涌流的性能

【解析】 对新安装的差动保护在投入运行前应做如下检查：

(1) 必须进行带负荷测相位和差电压（或差电流），以检查电流回路接线的正确性。

1) 在变压器充电时，将差动保护投入。

2) 带负荷前将差动保护停用，测量各侧各相电流的有效值和相位。

3) 测各相差电压（或差电流）。

(2) 变压器充电合闸 5 次，以检查差动保护躲励磁涌流的性能。

3. 运行中的变压器瓦斯保护，当现场进行 （ABCD） 工作时，重瓦斯保护应用 "跳闸" 位置改为 "信号" 位置运行。

    A. 进行注油和滤油时   B. 在瓦斯保护及其二次回路上进行工作时

    C. 进行呼吸器畅通工作或更换硅胶时   D. 开、闭气体继电器连接管上的阀门时

【解析】 当现场进行下述工作时，重瓦斯保护应由 "跳闸" 位置改为 "信号" 位置运行：①进行注油和滤油时；②进行呼吸器畅通工作或更换硅胶时；③除采油样和气体继电器上部放气阀放气外，在其他所有地方打开放气、放油和进油阀门时；④开、闭气体继电器连接管上的阀门时；⑤在瓦斯保护及其二次回路上进行工作时；⑥对于充氮变压器，当油枕抽真空或补充氮气时，变压器注油、滤油、充氮（抽真空）、更换硅胶及处理呼吸器时，在上述工作完毕后，经 1h 试运行后，方可将重瓦斯保护投入跳闸。

4. 采用比率制动式的差动保护继电器，可以 （BC）。

    A. 躲开励磁涌流   B. 提高保护内部故障时的灵敏度

    C. 提高保护对于外部故障的安全性   D. 防止电流互感器二次回路断线时误动

【解析】 在发生外部短路时，流经变压器的是一个穿越性的短路电流。理想情况下，差动保护元件的差电流应该是零。可是由于变压器的励磁电流影响、各侧 TA 变比误差的不同、各侧 TA 暂态特性的不同、各侧电流回路的时间常数不同以及变压器有载调压的影响等原因，实际上差电流不是零，这种在外部短路时（包括正常运行时）出现的差电流称为不平衡电流，流经变压器的穿越性的短路电流越大，不平衡电流也越大，但它们不完全是线性关系。目前，在变压器纵差保护装置中，为提高内部故障时的动作灵敏度及可靠躲过外部故障的不平衡电流，均采用具有比率制动特性曲线的差动元件。

5. 变压器的断路器失灵时，最终应跳开 （AB） 断路器。

A. 失灵断路器相邻的全部断路器

B. 本变压器连接其他电源侧的断路器

C. 变压器所在母线上连接线路的对侧站断路器

D. 变压器低压侧母联（分段）断路器

【解析】 变压器断路器失灵，启动母线失灵保护，跳开该母线上全部断路器，同时母线保护发失灵保护连跳信号给主变压器保护，跳开该变压器其他电源侧断路器。

6. 新安装的变压器保护在变压器启动过程中的试验有 （ABC）。

    A. 带负荷校验   B. 测量差动保护不平衡电流

    C. 变压器充电合闸试验   D. 测量差动保护的制动特性

【解析】 差动保护的制动特性应在变压器保护装置单体调试时就完成校验。

7. Q/GDW 1175—2013 《变压器、高压并联电抗器和母线保护及辅助装置标准化设计规范》规范的内容有（ABCDE）。

A. 输入输出量　　B. 连接片设置　　C. 装置端子（虚端子）

D. 通信接口类型与数量　　　　　　E. 报告和定值

【解析】 Q/GDW 1175—2013 标准旨在通过规范 220kV 及以上电网的变压器、高压并联电抗器、母线和母联（分段）保护及相关设备的输入输出量、连接片设置、装置端子（虚端子）、通信接口类型与数量、报告和定值、技术原则、配置原则、组屏（柜）方案、端子排设计、二次回路设计，提高继电保护装置（以下简称保护装置）的标准化水平，为继电保护的制造、设计、运行、管理和维护工作提供有利条件，提升继电保护运行、管理水平。

8. 以下说法正确的是（ABCDEF）。

A. 保护装置电压切换只切保护电压，测量、计量和同期电压切换由其他回路完成

B. 母线保护各支路 TA 变比差不宜大于 4 倍

C. 对于 330kV 及以上电压等级变压器，包括公共绕组 TA 和低压侧三角内部套管（绕组）TA 在内的全部保护用 TA 均应采用 TPY 型 TA

D. 220kV 及以上电压等级断路器跳、合闸压力异常闭锁功能应由断路器本体机构实现，应能提供两组完全独立的压力闭锁触点

E. 变压器低压侧外附 TA 宜安装在低压侧母线和断路器之间

F. 220kV 变压器间隙专用 TA 和中性点 TA 均应提供两组保护用二次绕组

【解析】 Q/GDW 1175—2013《变压器、高压并联电抗器和母线保护及辅助装置标准化设计规范》12.3.1、12.5.6、12.5.1、12.1.3、12.5.4、12.5.5 条规定要求。

三、判断题

1. 变压器励磁涌流含有大量的高次谐波分量，并以 5 次谐波为主。　　　　（×）

【解析】 变压器励磁涌流包含有大量的高次谐波分量，并以二次谐波为主。

2. 在变压器中性点直接接地系统中，当发生单相接地故障时，将在变压器中性点产生很大的零序电压。　　　　（×）

【解析】 在变压器中性点直接接地系统中，当发生单相接地故障时，在变压器中性点的零序电压为零，在故障点的零序电压最大。

3. 自耦变压器中性点必须直接接地运行。　　　　（√）

【解析】 变压器中性点：即三相变压器中的一次绕组或二次绕组星形连接时的三相绕组接入或接出电源，末端并联成的一点。自耦变压器是一次和二次在同一个绕组上的一种变压器，当系统发生单相接地故障时，如果自耦变压器没有接地，就会使中性点位移，使未接地相的电压升高，甚至达到或超过线电压，并使中压侧线圈过电压。为了避免这种现象出现，所以运行中的自耦变压器必须接地。接地后的中性点电位就是地电位，发生单相接地故障后中压侧不会过电压。自耦变压器中性点接地，保证了三相电压的平衡，才能进一步保证变压器正常运行。

4. 220kV 变压器保护动作后均应启动断路器失灵保护。　　　　（×）

【解析】 根据 Q/GDW 1175—2013《变压器、高压并联电抗器和母线保护及辅助装置标准化设计规范》4.3.4 h）。

5. 变压器的复合电压方向过电流保护中，三侧的复合电压接点并联是为了提高该保护的灵敏度。（√）

【解析】 三侧的复合电压接点并联即三侧复合电压元件为"或"逻辑，当任何一侧的复合电压元件动作，就能解除复压闭锁，从而提高该保护的灵敏度。

6. 当变压器发生少数绕组匝间短路时，匝间短路电流很大，因而变压器瓦斯保护和纵差保护均动作跳闸。（×）

【解析】 当变压器发生少数绕组匝间短路时，匝间短路电流小，变压器瓦斯保护可正常动作跳闸，而纵差保护可能无法正确动作。

7. 差动保护能够代替瓦斯保护。（×）

【解析】 变压器纵差动保护用来反映变压器绕组的相间短路故障、绕组的匝间短路故障、中性点接地侧绕组的接地故障以及引出线的接地故障。应当看到，对于变压器内部的短路故障，如星形接线中绕组尾部的相间短路故障、绕组很少匝间的短路故障，纵差动保护和电流速断保护是反映不了的，即存在保护死区；此外，也不能反映绕组的开焊故障。瓦斯保护用来反映变压器的内部故障和漏油造成的油面降低，同时也能反映绕组的开焊故障。即使是匝数很少的短路故障，瓦斯保护同样能可靠反应，但瓦斯保护不能反映油箱外部的短路故障，故纵差动保护和瓦斯保护均是变压器的主保护。差动保护和瓦斯保护不能互相代替。

8. 常规变电站保护，双母线接线变压器保护启动失灵保护和解除电压闭锁采用不同继电器的保护跳闸触点。（√）

【解析】 Q/GDW 1175—2013《变压器、高压并联电抗器和母线保护及辅助装置标准化设计规范》7.2.3 g 规定要求。

9. 变压器后备保护跳母联（分段）时不应启动失灵保护。（√）

【解析】 Q/GDW 1175—2013《变压器、高压并联电抗器和母线保护及辅助装置标准化设计规范》4.3.4. h) 规定要求。

10. 变压器各侧电流互感器型号不同，电流互感器变比与计算值不同，变压器调压分接头不同，所以在变压器差动保护中会产生暂态不平衡电流。（×）

【解析】 变压器各侧电流互感器型号不同，电流互感器变比与计算值不同，变压器调压分接头不同，所以在变压器差动保护中会产生稳态不平衡电流。

11. 只要变压器的绕组发生了匝间短路，差动保护就一定能动作。（×）

【解析】 变压器的绕组发生了轻微匝间短路，差动保护不一定能动作。

12. 220kV 变压器保护间隙电流取中性点间隙专用 TA 或自产零序电流。（×）

【解析】 220kV 变压器保护间隙电流取中性点间隙专用 TA 电流。

13. 新安装的变压器在第一次充电时，为防止变压器差动保护相位接反造成误动，比率差动保护应退出，但需投入差动速断保护和重瓦斯保护。（×）

【解析】 新安装的变压器在第一次充电时，应将差动保护（比率差动、差动速断）、重瓦斯保护同时投入，测相位前将差动保护退出。

四、填空题

1. 变压器并联运行的条件是所有并联运行变压器的变比相等、短路电压相等和绕组接线组别相同。

【解析】 变压器并联运行的条件有以下三个：①绕组接线组别相同；②变压比相同（允许误差为±0.5%）；③阻抗电压相同（允许误差为±10%）。

不符合上述并列运行条件时，将产生如下后果：①如果绕组接线组别不同，在变压器相同的二次侧会出现很大的电位差，由于变压器二次侧阻抗很小，将会产生很大的环流而烧毁变压器；②如果变压比超过规定误差时，在两台变压器绕组间由于电位差的存在，必然有循环电流存在，变压比误差越大，则环流越大，这不仅造成较大的功率损耗，严重时还会烧毁变压器；③如果阻抗电压（又称短路电压百分比）超过规定误差值时，会造成负荷分配不平衡，即容量大的变压器欠载而容量小的变压器过载。

2. 变压器励磁涌流的特点有包含很大的非周期分量，往往使涌流偏于时间轴的一侧；包含有大量的高次谐波分量，并以 2 次谐波为主；励磁涌流出现间断。

3. 在 Yd11 接线的变压器低压侧发生两相短路时，星形侧的某一相电流等于其他两相短路电流的 2 倍。

【解析】 Yd11 接线的变压器三角形侧发生两相短路时，与三角形侧故障相对应的两相中滞后相的电流最大（如三角形侧 ab 相短路，YN 侧 B 相电流最大），数值上为故障相电流的 $2/\sqrt{3}$ 倍，其他两相电流大小相等、方向相同，在数值上为故障相电流的 $1/\sqrt{3}$ 倍，方向与电流最大的一相相反。

4. Q/GDW 1175—2013 《变压器、高压并联电抗器和母线保护及辅助装置标准化设计规范》 规定变压器过负荷保护设置一段 1 时限，定值固定为本侧额定电流的 1.1 倍，延时 10s，动作于信号。

5. 3/2 断路器接线的变压器高压侧断路器失灵保护动作开入后，应经灵敏的、不需整定的电流元件并带 50ms 延时后跳开变压器各侧断路器。

【解析】 Q/GDW 1175—2013《变压器、高压并联电抗器和母线保护及辅助装置标准化设计规范》7.2.2 条。

6. 220kV 及以上电压等级变压器应配置双重化的主、后备保护一体化电气量保护和一套非电量保护。

【解析】 Q/GDW 1175—2013《变压器、高压并联电抗器和母线保护及辅助装置标准化设计规范》5.1.1.1 条。

7. 对于分级绝缘的变压器，中性点不接地或经放电间隙接地时应装设零序过压和间隙过电流保护，以防止发生接地故障时，因过电压而损坏变压器。

8. YNd 接线变压器纵差保护需要进行相位校正和电流平衡调整，以使正常运行时流入到差动回路中的电流为 0。

【解析】 为了在正常运行或外部故障时流入差动继电器的电流为零，应有相位校正和幅值校正，同时还应扣除进入差动保护回路的零序电流分量。

9. 双母线接线方式下母线故障，变压器断路器失灵时，除应跳开失灵断路器相邻的全部断路器外，还应跳开该变压器连接其他电源侧的断路器，失灵电流再判别元件应由母线保护实现。

【解析】 Q/GDW 1175—2013《变压器、高压并联电抗器和母线保护及辅助装置标准化设计规范》7.2.1 条。

10. 220kV 变压器低压侧后备保护过电流保护和复压过电流保护采用外附 TA 电流。零序过电压告警固定为 70V，延时 10s。

【解析】　Q/GDW 1175—2013《变压器、高压并联电抗器和母线保护及辅助装置标准化设计规范》A.1.8 规定要求。

11. 母线差动保护、变压器差动保护和发变组差动保护各支路的电流互感器应优先选用准确限值系数（ALF）和额定拐点电压较高的电流互感器。

【解析】　根据《国家电网有限公司关于印发十八项电网重大反事故措施（修订版）的通知》（国家电网设备〔2018〕979 号）15.1.12 要求。

12. 变压器复合电压判别由负序电压和低电压两部分组成，分别反映系统的不对称故障和系统对称故障。

【解析】　不对称故障将产生负序电压，对称故障只有正序电压。

13. 变压器的接线组别表示的是变压器高低压侧线电压间的相位关系。

【解析】　接线组别为线电压间相位关系。

14. 当大容量变压器电压过高或频率降低时，容易出现过励磁。

【解析】　对于大容量变压器，因铁芯额定工作磁密与饱和磁密比较接近，所以当电压过高或频率降低时，容易发生过励磁。

15. 变压器中性点间隙接地保护包括间隙过电流保护与零序电压保护。

【解析】　变压器中性点电压升高到零序电压定值且间隙未击穿时，零序电压保护动作。当间隙击穿时，间隙电流互感器流过电流，达到定值间隙过电流保护动作。

五、简答题

1. 谐波制动的变压器保护中设置差动速断元件的主要原因是什么？

【解析】　防止短路电流水平较高时，由于电流互感器饱和，高次谐波量增加，导致差动元件拒动。

2. 接地电流系统中的变压器中性点有的接地，也有的不接地，取决于什么因素？

【解析】　变压器中性点是否接地一般考虑如下因素：①保证零序保护有足够的灵敏度和很好的选择性，保证接地短路电流的稳定性；②为防止过电压损坏设备，应保证在各种操作和自动掉闸使系统解列时，不致造成部分系统变为中性点不接地系统；③变压器绝缘水平及结构决定的接地点（如自耦变压器一般为"死接地"）。

3. 为什么差动保护不能代替瓦斯保护？

【解析】　瓦斯保护能反应变压器油箱内的任何故障，如铁芯过热烧伤、油面降低等，但差动保护对此无反应。又如变压器绕组发生少数线匝的匝间短路，虽然短路匝内短路电流很大会造成局部绕组严重过热产生强烈的油流向油枕方向冲击，但表现在相电流上其量值却并不大，因此差动保护没有反应，但瓦斯保护对此却能灵敏地加以反应，这就是差动保护不能代替瓦斯保护的原因。

4. 谐波制动的变压器差动保护中为什么要设置差动速断保护元件？

【解析】　设置差动速断保护元件的主要原因是：为防止在较高的短路电流水平时，由于电流互感器饱和时高次谐波量增加，产生极大的制动力矩而使差动保护元件拒动，因此设置差动速断保护元件，当短路电流达到 4～10 倍额定电流时，速断元件快速动作出口。

5. 变压器纵差保护主要反映何种故障？瓦斯保护主要反映何种故障和异常？

【解析】　（1）纵差保护主要反映变压器绕组、引线的相间短路，及大接地电流系统侧的绕组、引出线的接地短路。

（2）瓦斯保护主要反映变压器绕组匝间短路及油面降低、铁芯过热等本体内的任何故障。

6. 主变压器零序后备保护中零序过电流与放电间隙过电流是否同时工作？ 各在什么条件下起作用？

【解析】 （1）两者不同时工作。

（2）当变压器中性点接地运行时零序过电流保护起作用，间隙过电流不起作用。

（3）当变压器中性点不接地时，放电间隙过流起作用，零序过电流保护不起作用。

7. 某 YNd11 接线的变压器星形侧发生单相接地故障， 其三角形侧的零序电流如何分布？ 若三角形侧发生单相接地故障时， 装于星形侧的零序电流保护可能会误动吗？

【解析】 （1）在变压器三角形侧绕组形成零序环流，但三角形侧的出线上无零序电流。

（2）Y侧基本没有零序电流，所以不会误动。

8. 自耦变压器的零序差动保护为什么带负荷检查困难？

【解析】 （1）安装于变压器中性线上的零序电流互感器，由于正常时中性线无电流，零序电流互感器二次不能带负荷检查。

（2）安装于公共绕组的三相电流互感器构成的零序电流滤过器，正常负荷下接入继电器的引线无电流，要在电流互感器安装处分相进行电流相位检验，比较麻烦。

（3）安装于自耦绕组两侧的电流互感器接线也有类似问题。

9. 变压器间隔的断路器失灵时，为何在跳开与失灵断路器相邻的全部断路器外， 还应跳开本变压器连接其他电源侧的断路器。

【解析】 系统中的联络变压器，一般在变压器的两侧（或更多侧）接有电源，当变压器发生外部故障后备保护动作时，如果故障侧的断路器失灵，仅靠该侧失灵保护无法消除故障，只有将变压器连接其他电源侧的断路器均跳开才能保证运行中的电力系统与故障有效隔离。

六、 分析题

1. 某 110kV 系统接线如图 4-5 所示， 甲线 B 变电站出口发生单相接地故障， 零序一段动作， 跳开本侧断路器， 1.5s 重合闸动作， 零序二段后加速动作跳开本断路器。

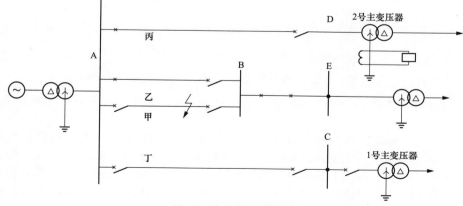

图 4-5 某 110kV 系统接线

甲线 A 变电站侧零序二段、零序三段拒动，由零序四段经 4s 跳开本侧断路器。

D 变电站 2 号主变压器零序过电流保护 2.5s 动作。

乙线 B 变电站侧零序三段经 3s 跳开本侧断路器。

丁线两侧零序四段经 4s 跳开各自断路器。

C 变电站 1 号主变压器零序过电流保护 4s 动作跳两侧断路器。

试分析：

（1）D 变电站 2 号主变压器零序过电流保护动作是否正确？ 为什么？

（2）乙线 B 变电站侧零序三段动作是否正确？ 为什么？

（3）丁线两侧零序四段动作是否正确？ 为什么？

（4）C 变电站 1 号主变压器零序过电流保护动作是否正确？ 为什么？

【解析】（1）正确。主变压器零序过电流保护作为相邻线路的后备保护，可保护到故障点，在甲线 A 变电站侧零序二、三段拒动时，该保护动作是正确的。

（2）正确。零序三段作为相邻线路的后备保护，在甲线 A 变电站侧零序二、三段拒动时，该保护动作是正确的。

（3）正确。零序四段保护没有方向，因此丁线 A 变电站侧零序四段动作正确。

丁线 C 变电站侧正确，原因为：若零序二段在线路对端母线接地故障时灵敏度不足，就由零序三段保护线路全长，原来的零序第三段就相应地变为零序四段。

（4）正确。主变压器零序过电流保护作为相邻线路的后备保护，可保护到故障点，在甲线 A 变电站侧零序二、三段拒动时，该保护动作是正确的。

2. 如图 4-6 所示，试分析 YND11 变压器 YN 侧断路器一相断开时两侧线电流的相量关系，并绘图。

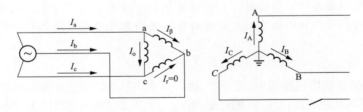

图 4-6　变压器 YN 侧 C 相断线示意图

【解析】 当 YN 侧 A、B 两相未断开进行两相运行时，则变压器 YN 侧有 $\dot{I}_{C1}+\dot{I}_{C2}+\dot{I}_{C0}=0$ 且 $\dot{I}_{C2}$、$\dot{I}_{C0}$ 对 $\dot{I}_{C1}$ 的相位为 $180°$，YN 侧各序电流向量图如图 4-7 所示。

有三角形侧电流与 YN 侧电流之间的关系为 $\dot{I}_a=\dot{I}_\alpha-\dot{I}_\beta=(\dot{I}_A-\dot{I}_B)/\sqrt{3}$，对于序分量，易得以下关系 $\dot{I}_{a1}=\dot{I}_{A1}\angle30°$，$\dot{I}_{a2}=\dot{I}_{A2}\angle-30°$。可得三角形侧向量图如图 4-8 所示。

3. 微机变压器保护的比例制动特性如图 4-9 所示。 动作值 $I_{cd}=2A$（单相）制动拐点，$I_G=5A$（单相），比例制动系数 $K=0.5$ 差动，$I_{cd}=B_{L1}I_1+B_{L2}I_2+B_{L3}I_3$，制动电流 $I_{zd}=\max(B_{L1}I_1, B_{L2}I_2, B_{L3}I_3)$　$B_{L1}=B_{L2}=B_{L3}=1$，计算当在高中压侧 A 相分别通入反相电流作制动特性时，$I_1=10A$，I_2 通入多大电流正好是保护动作边缘（I_1 高压侧电流，I_2 中压侧电流，I_3 低压侧电流，B_L 为平衡系数）。

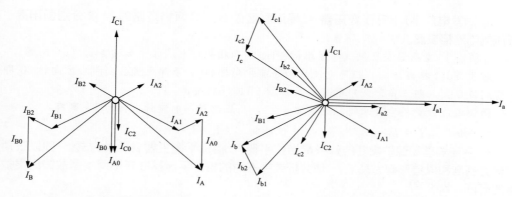

图 4-7 Ｙ0侧各序电流向量图   图 4-8 三角形侧向量图

【解析】 根据比例制动特性，设高压侧电流 I_1 大于中压侧电流 I_2。即 I_1 作为制动电流

$$K = \frac{I_1 - I_2 - I_{cd}}{I_1 - I_G} = 0.5$$

则有

$$\frac{10 - I_2 - 2}{10 - 5} = 0.5$$

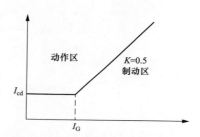

图 4-9 比例制动特性图

可求出 $I_2 = 5.5$（A）。设高压侧电流 I_1 小于中压侧电流 I_2。即 I_2 作为制动电流

$$K = \frac{I_2 - I_1 - I_{cd}}{I_2 - I_G} = 0.5$$

则有 $\frac{I_2 - 10 - 2}{I_2 - 5} = 0.5$，可求出 $I_2 = 19$（A）。

4. 如图 4-10 所示，有一台自耦调压器接入一负载，当二次电压调到 11V 时，负载电流为 20A，试计算 I_1 及 I_2 的大小。

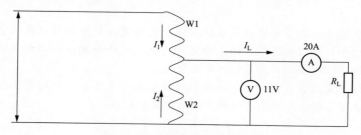

图 4-10 自耦调压器原理示意图

【解析】 忽略调压器的损耗，根据功率平衡的原理有 $P_1 = P_L$，而 $P_1 = U_1 I_1$，$P_L = U_L I_L$。

所以 $\quad P_1 = U_1 I_1 = U_L I_L = 20 I_1 = 220$（W）

所以 $\quad I_1 = P_2 / U_1 = 220/220 = 1$（A）

$$I_2 = I_L - I_1 = 20 - 1 = 19 \text{（A）}$$

5. 对发电厂 Yd11 升压变压器，星形侧区外 B、C 两相短路时，请分别画出高、低压侧电流相量图。

【解析】 变压器高压侧（即星形侧）B、C 两相短路电流相量如图 4-11（a）所示。

对于 Yd11 接线组别，正序电流应向导前方向转 30°，负序电流应向滞后方向转 30°即可得到低压侧（即三角形侧）电流相量如图 4-11（b）所示。

两侧电流数量关系可求得：设变比 $n=1$，高压侧正序电流标幺值为 1，则有：

高压侧 $I_B = I_C = \sqrt{3}$ $I_A = 0$；低压侧 $I_a = I_c = 1$ $I_b = 2$

6. 变压器差动保护需要特殊考虑相位平衡，相位平衡主要有两种方式，即以三角形侧为基准和以星形侧为基准，请分析选择不同的相位平衡基准在不同类型故障时灵敏度的高低。

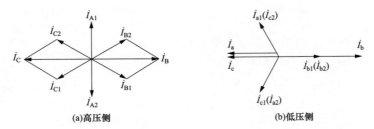

图 4-11 电流向量图

【解析】 不同的相位平衡基准，对三相短路故障的灵敏度相同，在相间短路时，Y0→△ 转换方式比 △→Y0 转换方式的灵敏度高，在单相接地时，△→Y0 转换方式比 Y0→△ 转换方式的灵敏度高。

对于 YN，d 接线而且高压侧星形侧中性点接地的变压器，当高压侧线路上发生接地故障时（对纵差保护而言是区外故障），高压侧星形侧有零序电流流过，而由于变压器低压侧绕组为三角形联结，在变压器的低压侧三角形接线外无零序电流输出，两侧零序电流不能平衡。这样，若不采取相应的措施，在变压器高压侧系统中发生接地故障时，纵差保护将会误动。为使变压器纵差保护不误动，应对装置采取措施使零序电流不进入差动元件。

对于在变压器星形侧移相的变压器纵差保护无论是用软件实现还是用差动 TA 的三角接线实现，由于从星形侧通入各相差动元件的电流已经是相应的两相电流之差了，故已将零序电流滤去，所以没必要再采取其他措施。

对于用软件在变压器三角形侧进行移相的变压器纵差保护，应对星形侧的零序电流进行补偿，为此星形侧流入各相差动元件的电流应分别为

$$\dot{I}_{AH} = \dot{I}_{ah} - \frac{1}{3}(\dot{I}_{ah} + \dot{I}_{bh} + \dot{I}_{ch})$$

$$\dot{I}_{BH} = \dot{I}_{bh} - \frac{1}{3}(\dot{I}_{ah} + \dot{I}_{bh} + \dot{I}_{ch})$$

$$\dot{I}_{CH} = \dot{I}_{ch} - \frac{1}{3}(\dot{I}_{ah} + \dot{I}_{bh} + \dot{I}_{ch})$$

因为 $\frac{1}{3}(\dot{I}_{ah} + \dot{I}_{bh} + \dot{I}_{ch})$ 为零序电流，故在星形侧系统中发生接地故障时，就不会有

零序电流进入各相差动元件。

在现场实际运用中两种不同的零序电流的获得方法对于变压器区外接地故障时的滤零效果是一样的，但是在区内发生接地故障时其差动保护的灵敏度则不同，具体分析如下：

以接线组别 YNd11 变压器，星形侧中性点接地，在星形侧区内 A 相单相接地故障为例展开分析（忽略负荷电流）。

图 4-12 (b) 中，C_S 为系统侧零序分配系数，C_T 为变压器侧零序分配系数。$C_S + C_T = 1$。星形侧三相电流为

$$\dot{I}_A = \dot{I}_{KA1} + \dot{I}_{KA2} + C_S\dot{I}_{KA0}$$

$$\dot{I}_B = \dot{I}_{KB1} + \dot{I}_{KB2} + C_S\dot{I}_{KB0} = \alpha^2\dot{I}_{KA1} + \alpha\dot{I}_{KA2} + C_S\dot{I}_{KA0} = -\dot{I}_{KA0} + C_S\dot{I}_{KA0} = -C_T\dot{I}_{KA0}$$

$$\dot{I}_C = \dot{I}_{KC1} + \dot{I}_{KC2} + C_S\dot{I}_{KC0} = \alpha\dot{I}_{KA1} + \alpha^2\dot{I}_{KA2} + C_S\dot{I}_{KA0} = -\dot{I}_{KA0} + C_S\dot{I}_{KA0} = -C_T\dot{I}_{KA0}$$

系统三相电流分布示意如图 4-13 所示。

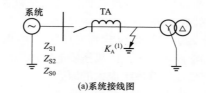

(a)系统接线图

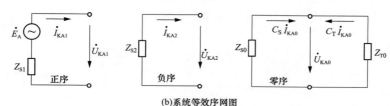

(b)系统等效序网图

图 4-12 YNd11 变压器星形侧区内 A 相单相接地故障

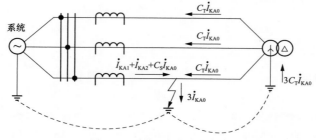

图 4-13 系统三相电流分布图

因此星形侧三相差流计算值为：

(1) 用两相电流差滤零时，最大相差流为

$$\dot{I}_{dA} = \frac{\dot{I}_A - \dot{I}_B}{\sqrt{3}} = \frac{\dot{I}_{KA1} + \dot{I}_{KA2} + C_S\dot{I}_{KA0} + C_T\dot{I}_{KA0}}{\sqrt{3}} = \frac{\sqrt{3}}{3}\dot{I}_{KA2}$$

(2) 用星形侧相电流减去 $\dfrac{3\dot{I}_0}{3}$ 来滤除差动电流中的零序电流（以 $3\dot{I}_0$ 来自星形侧 TA

自产来分析），最大相差流为

$$\dot{I}_{\delta A} = \dot{I}_A - \frac{3\dot{I}_0}{3} = \dot{I}_A - \frac{\dot{I}_A + \dot{I}_B + \dot{I}_C}{3}$$

$$= \dot{I}_{KA1} + \dot{I}_{KA2} + C_S \dot{I}_{KA0} - \frac{\dot{I}_{KA1} + \dot{I}_{KA2} + C_S \dot{I}_{KA0} - C_T \dot{I}_{KA0} - C_T \dot{I}_{KA0}}{3}$$

$$= \frac{2\dot{I}_{KA1}}{3} + \frac{2\dot{I}_{KA2}}{3} + \frac{2C_S \dot{I}_{KA0}}{3} + \frac{2C_T \dot{I}_{KA0}}{3}$$

$$= \frac{2\dot{I}_{KA}}{3}$$

可看出用星形侧相电流减去 $\frac{3\dot{I}_0}{3}$ 来滤除差动保护电流中的零序电流时差动保护的灵敏度最高，两相电流差滤零的差动保护灵敏度最低。同理分析区内两相相间短路可得，两相电流差滤零的差动保护灵敏度最高。

7. 请从原理展开分析，220/110/35kV 自耦变压器，中性点直接接地运行，中压侧母线单相接地时，中压侧的零序电流一定比高压侧的零序电流大；高压侧母线单相接地时，可能中压侧零序电流比高压侧零序电流大的原因。

【解析】（1）自耦变压器中压侧接地故障。设自耦变压器中压侧发生接地故障，如图 4-14（a）所示。零序等值电路（零序网络）如图 4-14（b）所示。

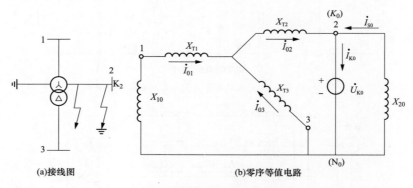

(a)接线图 (b)零序等值电路

图 4-14 自耦变压器中压侧接地故障

$\dot{U}_{K0}$—K₂ 点接地故障时零序电压标幺值；$\dot{I}_{02}$、$\dot{I}_{S0}$—中压侧、侧系统流向 K₂ 点的零序电流标幺值；$\dot{I}_{01}$—1 侧系统流向自耦变压器的零序电流标幺值；$\dot{I}_{03}$—3 侧 d 绕组内零序环流标幺值；$\dot{I}_{K0}$ 故障支路零序电流标幺值

由图 4-14（b）求得流入高压绕组的零序电流为

$$\dot{I}_{01} = \frac{X_{T3}}{X_{T3} + X_{T1} + X_{10}} \dot{I}_{02}$$

将 $\dot{I}_{01}$、$\dot{I}_{02}$ 换算为有名值，得到

$$(\dot{I}_{01})_{有名值} = \dot{I}_{01} \frac{S_B}{\sqrt{3} U_{1B}} = \frac{X_{T3}}{X_{T3} + X_{T1} + X_{10}} \dot{I}_{02} \frac{S_B}{\sqrt{3} U_{1B}}$$

$$(\dot{I}_{02})_{\text{有名值}} = \dot{I}_{02} \frac{S_B}{\sqrt{3}U_{2B}}$$

式中：U_{1B}、U_{2B}分别是1、2侧的基准电压，当然高、中压侧的变比$K_{12} = \dfrac{U_{1B}}{U_{2B}}$。因$\dot{I}_{01}$是流入高压绕组、$\dot{I}_{02}$从中压绕组流向故障点，所以接地中性点电流$\dot{I}_N$为

$$(\dot{I}_N)_{\text{有名值}} = 3(\dot{I}_{00})_{\text{有名值}} = 3[(\dot{I}_{01})_{\text{有名值}} - (\dot{I}_{02})_{\text{有名值}}]$$

$$= -3\dot{I}_{02} \frac{K_{12}(X_{T1} + X_{10}) + (K_{12} - 1)X_{T3}}{K_{12}(X_{T3} + X_{T1} + X_{10})} \frac{S_B}{\sqrt{3}U_{2B}}$$

可以看出，接地中性点电流的大小、流向与中压侧系统零序阻抗大小无关；高压侧系统零序阻抗大小只影响接地中性点电流大小而不影响流向。实际上，$\dot{I}_N$与中压绕组流向接地点的零序电流$\dot{I}_{02}$反相位，而$\dot{I}_{02}$总是流向接地故障点，故$\dot{I}_N$流向与规定流向相反。

（2）自耦变压器高压侧接地故障。设图 4-15（a）中自耦变压器高压侧发生接地故障。零序等值电路（零序网络）如图 4-15（b）所示。$\dot{U}_{K0}$为K_1点接地故障时零序电压标幺值，$\dot{I}_{H0}$为1侧系统流向K_1点的零序电流标幺值，$\dot{I}_{01}$、$\dot{I}_{02}$、$\dot{I}_{03}$、$\dot{I}_{K0}$的意义与图 4-14 相同。

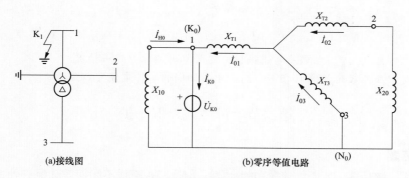

(a)接线图　(b)零序等值电路

图 4-15　自耦变压器高压侧接地故障

由图 4-15（b）求得流入中压绕组的零序电流为

$$\dot{I}_{02} = \frac{X_{T3}}{X_{T3} + X_{T2} + X_{20}} \dot{I}_{01}$$

将$\dot{I}_{01}$、$\dot{I}_{02}$换算为有名值，得到

$$(\dot{I}_{01})_{\text{有名值}} = \dot{I}_{01} \frac{S_B}{\sqrt{3}U_{1B}}$$

$$(\dot{I}_{02})_{\text{有名值}} = \frac{X_{T3}}{X_{T3} + X_{T2} + X_{20}} \dot{I}_{01} \frac{S_B}{\sqrt{3}U_{2B}}$$

式中：U_{1B}、U_{2B}分别是1、2侧的基准电压，当然高、中压侧的变比$K_{12} = \dfrac{U_{1B}}{U_{2B}}$。因$\dot{I}_{01}$是从高压绕组流向故障点，$\dot{I}_{02}$是流入中压绕组，所以接地中性点电流$\dot{I}_N$为

$$(\dot{I}_N)_{有名值} = 3(\dot{I}_{00})_{有名值} = 3\left[(\dot{I}_{02})_{有名值} - (\dot{I}_{01})_{有名值}\right]$$
$$= 3\dot{I}_{01} \frac{(K_{12}-1)X_{T3} - (X_{T2}+X_{20})}{(X_{T3}+X_{T2}+X_{20})} \frac{S_B}{\sqrt{3}U_{1B}}$$

由以上几式可得到:

(1) 接地中性点电流 $\dot{I}_N$ 的大小、流向与中压侧系统的零序阻抗大小密切相关。由式可见,当 $(K_{12}-1)X_{T3} > (X_{T2}+X_{20})$ 时,$\dot{I}_N$ 与规定流向一致(由中性点流向地);当 $(K_{12}-1)X_{T3} = (X_{T2}+X_{20})$ 时,$\dot{I}_N=0$;当 $(K_{12}-1)X_{T3} < (X_{T2}+X_{20})$ 时,$\dot{I}_N$ 与规定流向相反(由地流向中性点)。因此,三绕组自耦变压器接地中性点电流不能用来构成零序电流保护,也不能用来构成零序方向元件。当然,高压侧或中压侧断开时除外。事实上,三绕组自耦变压器的零序电流保护或零序方向元件均采用高压侧、中压侧的自产零序电流。

(2) 自耦变压器高压侧发生接地故障时,高压侧的零序电流并不一定最大,很大程度上取决于中压侧系统零序阻抗的大小。由上述推论可得

$$\frac{(\dot{I}_{02})_{有名值}}{(\dot{I}_{01})_{有名值}} = \frac{K_{12}X_{T3}}{X_{T3}+X_{T2}+X_{20}}$$

当 $(K_{12}-1)X_{T3} > (X_{T2}+X_{20})$ 时,有 $(\dot{I}_{02})_{有名值} > (\dot{I}_{01})_{有名值}$;当 $(K_{12}-1)X_{T3} = (X_{T2}+X_{20})$ 时,有 $(\dot{I}_{02})_{有名值} = (\dot{I}_{01})_{有名值}$;当 $(K_{12}-1)X_{T3} < (X_{T2}+X_{20})$ 时,有 $(\dot{I}_{02})_{有名值} < (\dot{I}_{01})_{有名值}$。在零序电流保护整定计算时应注意这一情况。

(3) 与中压侧接地故障时相同,高、中压侧间的零序电流可以流通。

第二节 母 线 保 护

一、 单选题

1. 母线保护具有 TA 断线告警功能,除 (A) TA 断线不闭锁差动保护外,其余支路 TA 断线后固定闭锁差动保护。

A. 母联(分段)　　 B. 主变压器 　 C. 线路 　　 D. 断路器

【解析】 根据 Q/GDW 1175—2013《变压器、高压并联电抗器和母线保护及辅助装置标准化设计规范》7.2.1 d)。

2. 母线保护中线路支路应设置分相和三相跳闸启动失灵开入回路,变压器支路应设置 (B) 跳闸启动失灵开入回路。

A. 分相　　　 B. 三相　　　 C. 分相和三相　 D. 单相

【解析】 根据 Q/GDW 1175—2013《变压器、高压并联电抗器和母线保护及辅助装置标准化设计规范》7.2.3 c)。

3. 母线保护识别母联充电状态,充电逻辑有效时间为 (A) 触点由 "0" 变为 "1" 后的 (A) s内。

A. SHJ, 1　　　 B. TWJ, 1　　 C. SHJ, 0.5　 D. TWJ, 0.5

【解析】 根据 Q/GDW 1175—2013《变压器、高压并联电抗器和母线保护及辅助装

置标准化设计规范》7.2.1 h) 2)。

4. **母线差动保护采用电压闭锁元件的主要目的为 （C）。**

A. 系统发生振荡时，母线差动保护不会误动

B. 区外发生故障时，母线差动保护不会误动

C. 由于误碰出口继电器而不至于造成母线差动保护误动

D. 电压回路出现问题时，可以闭锁母差保护

【解析】 差动保护出口经本段电压元件闭锁，除双母双分段断路器以外的母联和分段经两段母线电压"或门"闭锁，双母双分段断路器不经电压闭锁；在模拟型母线保护中，为防止差动保护元件出口继电器由于振动或人员误碰出口回路造成的误跳断路器，复合电压闭锁元件采用出口继电器接点的闭锁方式，即复合电压闭锁元件的接点，分别串联在差动元件出口继电器的各出口接点回路中。

5. **以下 （C） 措施， 不能保证母联断路器停运时母差保护的动作灵敏度。**

A. 解除大差元件　　　　　　　　B. 采用比例制动系数低值

C. 自动降低小差元件的比率制动系数　　D. 自动降低大差元件的比率制动系数

【解析】 以图 4-16 所示的双母线接线为例分析母联断路器状态对差动保护元件动作灵敏度的影响。

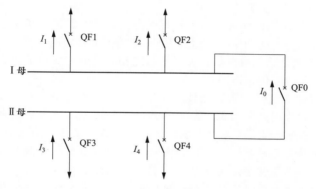

图 4-16　双母线接线示意图

图中 QF1～QF4 是母线出线断路器，QF0 是母联断路器。

流入大差元件的电流为 I_1～I_4 四个电流；流入Ⅰ母小差保护元件的电流为 I_1、I_2 及 I_0 三个电流；流入Ⅱ母小差元件的电流为 I_3、I_4、I_0 三个电流。当母联断路器在合闸位置时，Ⅰ母发生短路故障，各个电流都流向Ⅰ母。在各电流都是同相位的情况下，Ⅰ母小差元件的差动电流为 $|I_1|+|I_2|+|I_0|=|I_1|+|I_2|+|I_3|+|I_4|$；Ⅰ母小差元件的制动电流也为 $|I_1|+|I_2|+|I_3|+|I_4|$，两者之比为 1。大差元件的差动电流与制动电流与Ⅰ母小差相同，两者之比也为 1。当母联断路器断开时Ⅰ母发生短路故障。Ⅰ母小差元件的差动电流为 $|I_1|+|I_2|$，制动电流也为 $|I_1|+|I_2|$，两者之比为 1。而大差元件的制动电流仍为 $|I_1|+|I_2|+|I_3|+|I_4|$，但差流却只有 $|I_1|+|I_2|$。显然大差元件的动作灵敏度下降。因此，为保证母联断路器停运时母差保护的动作灵敏度，可采取以下措施：①解除大差元件：当母联断路器退出运行时，通过隔离开关的辅助触点解除大差元件，只要小差元件及其他启动元件动作经复合电压

闭锁即可去跳断路器，这种对策的缺点是降低了保护的可靠性，在微机保护中一般不采用；②自动降低大差元件的比率制动系数：当母联断路器退出运行时，自动将大差元件的制动系数减小，目前，这种措施在微机保护中得到了应用。用母联断路器的辅助触点作为开入量，微机母线保护测量到母联断路器退出运行时，在有些装置中自动将大差元件的制动系数降低到 0.3。

6. 需要加电压闭锁的母差保护，所加电压闭锁环节应加在 （A）。

A. 母差各出口回路　　B. 母联出口　　C. 母差总出口　　D. 启动回路

【解析】 差动保护出口本经本段电压元件闭锁，除双母双分段断路器以外的母联和分段经两段母线电压"或门"闭锁，双母双分段断路器不经电压闭锁；在模拟型母线保护中，为防止差动元件出口继电器由于振动或人员误碰出口回路造成的误跳断路器，复合电压闭锁元件采用出口继电器接点的闭锁方式，即复合电压闭锁元件的接点，分别串联在差动保护元件出口继电器的各出口接点回路中。

7. 断路器失灵保护动作的必要条件是 （C）。

A. 失灵保护电压闭锁回路开放，本站有保护装置动作且超过失灵保护整定时间仍未返回

B. 失灵保护电压闭锁回路开放，故障元件的电流持续时间超过失灵保护整定时间仍未返回，且故障元件的保护装置曾动作

C. 失灵保护电压闭锁回路开放，本站有保护装置动作且该保护装置和与之相对应的失灵保护电流判别元件持续动作时间超过失灵保护整定时间仍未返回

D. 本站有保护装置动作且该保护装置和与之相对应的失灵电流判别元件持续动作时间超过失灵保护整定时间仍未返回

【解析】 断路器失灵保护由各连接元件保护装置提供的保护跳闸接点启动。对于线路间隔，当失灵保护检测到分相跳闸接点动作时，若该支路的对应相电流大于有流定值门槛（$0.04I_n$）且零序电流大于零序电流定值（或负序电流大于负序电流定值），则经过失灵保护电压闭锁后失灵保护动作跳闸；当失灵保护检测到三相跳闸接点均动作时，若三相电流均大于三相失灵相电流定值且任一相电流工频变化量动作（引入电流工频变化量元件的目的是防止重负荷线路的负荷电流躲不过三相失灵相电流定值导致电流判据长期开放），则经过失灵保护电压闭锁后失灵保护动作跳闸。

8. 断路器失灵保护是 （C）。

A. 一种近后备保护，当故障元件的保护拒动时，可依靠该保护切除故障

B. 一种远后备保护，当故障元件的断路器拒动时，必须依靠故障元件本身保护的动作信号启动失灵保护以切除故障点

C. 一种近后备保护，当故障元件的断路器拒动时，可依靠该保护隔离故障点

D. 一种远后备保护，当故障元件的保护拒动时，可依靠该保护隔离故障点

【解析】 断路器失灵保护是近后备保护，在故障元件的断路器拒动时起作用，隔离故障点，若故障元件的保护拒动将无法启动断路器失灵保护。

9. 对于 220kV 及以上电力系统的母线，（A）保护是其主保护。

A. 母线差动　　　　B. 变压器　　　C. 线路　　　　D. 距离

【解析】 常识题，母线差动保护为母线保护的主保护。

10. 为更好解决母联断路器热备用时发生死区问题，当母联断路器的动合辅助接点断开

时，小差判据中 （B） 母联电流。

A. 计入　　　　　　 B. 不计入　　　　 C. 减去　　　　 D. 加上

【解析】 为防止母联断路器在跳位时发生死区故障将母线全切除，当两母线处运行状态、母联分列运行连接片投入且母联在跳位时母联电流不计入小差。以 PCS915 为例，逻辑图如图 4-17 所示。

11. BP-2B 母线保护装置的复式比率差动判据的动作表达式为 （D）。

A. I_d 大于 I_{dset} 且 I_d 小于 $K_r(I_r - I_d)$　　　 B. I_d 大于 I_{dset} 或 I_d 大于 $K_r(I_r - I_d)$

C. I_d 大于 I_{dset} 或 I_d 小于 $K_r(I_r - I_d)$　　　 D. I_d 大于 I_{dset} 且 I_d 大于 $K_r(I_r - I_d)$

【解析】 根据 BP-2B 说明书可知，母线保护差动元件由分相复式比率差动判据和分相突变量复式比率差动判据构成。动作表达式为

$$\begin{cases} I_d > I_{dset} \\ I_d > K_r(I_r - I_d) \end{cases}$$

式中：I_{dset} 为差电流门坎定值；K_r 为复式比率系数（制动系数）。

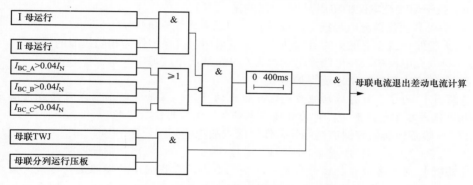

图 4-17　母线保护逻辑图

12. 母差保护动作，对线路开关的重合闸 （A）。

A. 闭锁　　　　 B. 不闭锁　　　 C. 仅闭锁单相重合闸　 D. 不一定

【解析】 当母线上发生故障时，一般是永久性的故障。为防止线路断路器对故障母线进行重合，造成对系统又一次冲击，母线保护动作后，应闭锁线路重合闸。

13. 双母线运行倒闸过程中会出现同一断路器的两个隔离开关同时闭合的情况，如果此时 I 母发生故障，母线保护应 （A）。

A. 切除两条母线　 B. 切除 I 母　　 C. 切除 II 母　　　　 D. 两条母线均不切除

【解析】 该情况为"互联"状态，此时大差平衡，小差不平衡，母线保护无选择性。

14. 双母线的电流差动保护，当故障发生在母联断路器与母联电流互感器之间时出现动作死区，此时应该 （B）。

A. 启动远方跳闸　 B. 启动母联失灵（或死区）保护　　 C. 启动失灵保护及远方跳闸

【解析】 对于双母线或单母线分段的母差保护，当故障发生在母联断路器与母联 TA 之间或分段断路器与分段 TA 之间时，如果不采取措施，断路器侧的母差保护要误动，而 TA 侧的母差保护要拒动。一般把母联断路器与母联 TA 之间或分段断路器与分段 TA 之间这一段范围称作死区。这种短路故障只能靠母联失灵保护带较长的延时跳开 TA

侧母线上各断路器才能被切除。为缩短故障切除时间，专设了母联死区保护。

15. 失灵保护的母联断路器启动回路由什么组成？ （B）

A. 失灵保护的启动回路由保护动作出口接点和母联断路器失灵判别元件（电流元件）构成"或"回路所组成

B. 母线差动保护（1 母或 2 母）出口继电器动作接点和母联断路器失灵判别元件（电流元件）构成"与"回路

C. 母线差动保护（1 母或 2 母）出口继电器动作接点和断路器失灵判别元件（电流元件）构成"或"回路所组成

D. 母线差动保护（1 母或 2 母）出口继电器动作接点和母联断路器位置接点构成"与"回路

【解析】 通常情况下，只有母差保护或母联充电保护动作，同时要满足母联任一相仍一直有电流（大于母联失灵电流定值）才能启动母联断路器失灵保护且时间大于母联失灵延时时间，再经两个母线电压闭锁（与）后切除两母线上的所有连接元件。

16. 关于母线充电保护特点， 不正确的是 （B）。

A. 为可靠切除被充电母线上的故障，专门设立母线充电保护

B. 为确保母线充电保护的可靠动作，尽量采用阻抗保护作为相间故障的保护

C. 母线充电保护仅在母线充电时投入，其余情况下应退出

D. 母线充电保护可由电流保护组成

【解析】 为了更可靠地切除被充电母线上的故障，在母联断路器或母线分段路器上设置相电流或零序电流保护，作为母线充电保护，不采用阻抗保护。

17. 一般双母线母差保护选用什么作为区内故障的判别元件 （A）。

A. 大差　　　　　B. 小差　　　　　C. 电压　　　　　D. 隔离开关辅助接点

【解析】 母线差动保护由母线大差动和几个各段母线的小差动组成。母线大差动是由除母联断路器和分段断路器以外的母线所有其余支路的电流构成的大差动元件，其作用是区分母线内还是母线外短路，但它不能区分是哪一条母线发生故障。某条母线小差动是由与该母线相连的各支路电流构成的差动元件，其中包括与该母线相关联的母联断路器和分段断路器支路的电流，其作用是可区分该条母线内还是该条母线外故障，所以可作为故障母线的选择元件。对于双母线、母线分段等形式的母线保护，如果大差动元件和某条母线小差动元件同时动作，则将该条母线切除，也就是"大差判母线故障，小差选故障母线"。

18. 区内 B 相故障， 母线保护动作出口应实现 （D） 跳闸。

A. A 相　　　　　B. B 相　　　　　C. AB 相　　　　　D. 三相

【解析】 母线动作直接三跳并不启动重合闸。

19. 母线保护在充电逻辑的有效时间内， 如满足动作条件应瞬时跳母联 （分段） 断路器， 如母线保护仍不复归， 延时 （D） ms 跳运行母线， 以防止误切除运行母线。

A. 100　　　　　B. 150　　　　　C. 200　　　　　D. 300

【解析】 Q/GDW 1175—2013《变压器、高压并联电抗器和母线保护及辅助装置标准化设计规范》7.2.1 条规定要求。

20. 双母线接线系统中， 采用隔离开关 （刀闸） 的辅助接点启动继电器实现电压自动切换的作用有 （C）。

A. 避免两组母线 TV 二次误并列

B. 防止 TV 二次向一次反充电

C. 使保护装置的二次电压回路随主接线一起进行切换，避免电压一、二次不对应造成误动或拒动

【解析】 装设电压切换功能是为了使二次采集电压与一次设备状态相对应。

21. 双母线接线变电站的线路间隔断路器失灵保护的电流判别元件应采用相电流、零序电流 （或负序电流） 按 （B） 构成。

A. "或逻辑"　　B. "与逻辑"　　C. "非逻辑"　　D. "与非逻辑"

【解析】 Q/GDW 1175—2013《变压器、高压并联电抗器和母线保护及辅助装置标准化设计规范》7.2.3 b)。

22. 母线保护各支路 TV 变比差不宜大于 （C） 倍。

A. 1　　　　　B. 2　　　　　C. 4　　　　　D. 5

【解析】 根据《国家电网有限公司关于印发十八项电网重大反事故措施（修订版）的通知》（国家电网设备〔2018〕979 号）15.1.11。

二、多选题

1. 母线保护判断母联 （分段） 充电并进入充电逻辑的依据有 （ABD）。

A. 由操作箱提供的 SHJ 触点(手合触点)　　B. 母联 TWJ

C. 母联 HWJ　　　　　　　　　　　　　　D. 母联 （分段） TA "有无电流" 的判别

【解析】 根据 Q/GDW 1175—2013《变压器、高压并联电抗器和母线保护及辅助装置标准化设计规范》7.2.1 h) 1)。

2. 对经计算影响电网安全稳定运行重要变电站的 220kV 及以上电压等级双母线接线方式的 （AB） 断路器， 应在断路器两侧配置电流互感器。

A. 母联　　　　B. 分段　　　　C. 线路　　　　D 电抗器

【解析】 根据《国家电网有限公司关于印发十八项电网重大反事故措施（修订版）的通知》（国家电网设备〔2018〕979 号）15.1.13.2。

3. 失灵保护的线路断路器启动回路由 （AB） 组成。

A. 保护动作出口接点　　　　B. 断路器失灵判别元件（电流元件）

C. 断路器位置接点　　　　　D. 线路电压元件

【解析】 断路器失灵保护由各连接元件保护装置提供的保护跳闸接点起动，若该元件的对应相电流大于失灵相电流定值（或零序电流大于零序电流定值，或负序电流大于负序电流定值，零序、负序判据可整定投退），则经过失灵保护电压闭锁起动失灵保护。

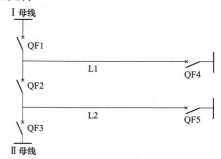

图 4-18　3/2 接线示意图

4. 如图 4-18 所示， 在 3/2 接线方式下， QF2 失灵保护动作后， 应跳开断路器 （ABCD）。

A. QF1　B. QF3　C. QF5　D. QF4

【解析】 因 QF2 为中断路器，当 QF2 断路器失灵保护动作后，将跳开本站相邻边断路器 QF1、QF3，同时通过远方跳闸方式，使线

路 L1、L2 对端站内断路器 QF4、QF5 跳闸并闭锁其重合闸。所以跳开的断路器有 QF1、QF3、QF4、QF5。

5. 母联断路器位置接点接入母差保护，作用是 （BC）。

A. 母联断路器合于母线故障问题

B. 母差保护死区问题

C. 母线分裂运行时的选择性问题

D. 母线并联运行时的选择性问题

【解析】 为防止母联在跳位时发生死区故障将母线全切除，当两母线处运行状态，母联分列运行连接片投入且母联在跳位时母联电流不计入小差。当母联断路器退出运行时，自动将大差元件的制动系数减小。用母联断路器的辅助触点作为开入量，微机母线保护测量到母联断路器退出运行时，在有些装置中自动将大差元件的制动系数降低到 0.3。

6. 双母线接线变电站的变压器，间隔断路器失灵保护的电流判别元件应采用 （ACD） 按 "或逻辑" 构成。

A. 相电流 B. 正序电流 C. 负序电流 D. 零序电流

【解析】 Q/GDW 1175—2013《变压器、高压并联电抗器和母线保护及辅助装置标准化设计规范》7.2.3 b)。

7. （ABC）各支路的电流互感器应优先选用误差限制系数和饱和电压较高的电流互感器。

A. 母线差动保护 B. 变压器差动保护 C. 发变组差动保护 D. 线路差动保护

【解析】 《国家电网有限公司关于印发十八项电网重大反事故措施（修订版）的通知》（国家电网设备〔2018〕979 号）15.1.12。

8. 对于双母线接线方式的变电站，当某一出线发生故障且断路器拒动时，应由 （AB） 切除电源。

A. 失灵保护

B. 本站的变压器后备保护和上一级电源线路的后备保护

C. 对侧线路保护

D. 本侧线路保护

【解析】 出现发生故障且断路器拒动时，首先应由断路器失灵保护动作，失灵保护无法隔离故障时，由本站的变压器后备保护和上一级电源线路的后备保护动作，隔离故障。

9. 以下 （ABCDEF） 为 220kV 及以上电压等级母线保护的技术原则。

A. 母线保护应能自动识别母联（分段）的充电状态，合闸于死区故障时，应瞬时跳母联（分段），不应误切除运行母线

B. 母联（分段）失灵保护、母联（分段）死区保护均应经电压闭锁元件控制

C. 母线差动保护出口经本段电压元件闭锁，双母双分段断路器不经电压闭锁

D. 双母线接线的母线保护，当仅有一个支路隔离开关辅助触点异常且该支路有电流时，保护装置仍应具有选择故障母线的功能

E. 对于智能站，母线保护变压器支路收到变压器保护 "启动失灵" GOOSE 命令的同时启动失灵保护和解除电压闭锁

F. 为缩短失灵保护切除故障的时间，失灵保护宜同时跳母联（分段）和相邻断路器

G. 母联（分段）死区保护确认母联跳闸位置的延时为 100ms

【解析】 母联（分段）死区保护确认母联跳闸位置的延时应为 150ms，其余选项均为规程要求。

10. 微机母差保护有 （AB） 特点。

A. TA 变比可不一样   B. 母线运行方式变化可自适应

C. 必须使用辅助变流器   D. 不需要电压闭锁

【解析】 母线保护应允许使用不同变比的 TA，并通过软件自动校正。双母线接线的母线保护，通过隔离开关辅助触点自动识别母线运行方式时，应对隔离开关辅助触点进行自检且具有开入电源掉电记忆功能。当与实际位置不符时，发"隔离开关位置异常"告警信号，常规变电站应能通过保护模拟盘校正隔离开关位置，智能变电站通过"隔离开关强制软压板"校正隔离开关位置。当仅有一个支路隔离开关辅助触点异常且该支路有电流时，保护装置仍应具有选择故障母线的功能。

三、判断题

1. 220kV 及以上电压等级双母线接线的微机母差保护出口可不经复合电压元件闭锁。 （×）

【解析】 双母线接线的微机母线差动保护出口经本段电压元件闭锁，除双母双分段断路器以外的母联和分段经两段母线电压"或门"闭锁，双母双分段分段断路器不经电压闭锁。

2. 断路器失灵保护的电流判别元件返回系数也不宜低于 0.85。 （×）

【解析】 根据《国家电网有限公司关于印发十八项电网重大反事故措施（修订版）的通知》（国家电网设备〔2018〕979 号）15.2.4 断路器失灵保护中用于判断断路器主触头状态的电流判别元件应保证其动作和返回的快速性，动作和返回时间均不宜大于 20ms，其返回系数也不宜低于 0.9。

在电力系统中，一方面因失灵保护动作后影响范围较大，应极力避免其误动作；另一方面，由于电力电子元件在电力系统的应用，要求故障能尽快切除。而断路器失灵保护动作的关键在于快速准确地判别断路器主触头的状态，由于断路器的辅助接点与主触头状态不能做到完全同步，所以判断主触头状态通常是利用流过断路器的电流。为防止失灵保护误动或拒动，特别明确了在失灵保护中用于判别断路器主触头状态的电流元件应能快速动作、快速返回。

3. 母线充电保护只是在对母线充电时才投入使用，充电完毕后要退出。 （√）

【解析】 母线充电保护只在母线充电时投入，以防止充电到故障母线，缩小故障影响范围。充电完毕后退出，从而不影响正常运行。

4. 微机母线差动保护的实质就是基尔霍夫第一定律，将母线当作一个节点。 （√）

【解析】 正常运行时，流入母线的电流之和等于流出母线的电流之和。故障时，电流平衡打破，通过大差电流判断是否存在故障，小差电流定位故障母线，从而跳开该母线上支路断路器，实现故障隔离。

5. 母线差动保护采用电压闭锁元件，能防止误碰出口继电器而造成保护误动。 （√）

【解析】 设置母线差动保护电压闭锁元件的目的就是防止误碰出口继电器而造成保护误动。

6. 3/2 断路器接线的母线，应装设两套母差保护，并且装设电压闭锁元件。 （×）

【解析】 3/2 断路器接线的母线，每段母线应配置两套母差保护，但不装设电压闭锁元件。

7. 对新建、扩建的技改工程 220kV 变电站的变压器高压断路器和母联、母线分段断路器应选用三相联动的断路器。　　　　　　　　　　　　　　　　　　（√）

【解析】 根据《国家电网有限公司关于印发十八项电网重大反事故措施（修订版）的通知》（国家电网设备〔2018〕979 号）12.1.1.7 新投的 252kV 母联（分段）、主变压器、高压电抗器断路器应选用三相机械联动设备。

8. 当低电压元件、零序过电压元件及负序电压元件中只要有一个或一个以上的元件动作，立即开放母差保护跳各路断路器的回路。　　　　　　　　　　　　（√）

【解析】 低电压元件、零序过电压元件及负序电压元件为并联关系，只要有一个元件动作，即可开放母差保护跳各路断路器的回路。

9. 在 220kV 双母线运行方式下，当任一母线故障，该母线差动保护动作而母联断路器拒动时，这时需由母联失灵保护来切除故障。　　　　　　　　　　　（√）

【解析】 母差保护或母联充电保护动作，同时母联任一相仍一直有电流（大于母联失灵电流定值）即判为母联断路器拒动，启动母联失灵保护且时间大于母联失灵延时时间再经两个母线电压闭锁（与）后切除两母线上的所有连接元件。

10. 母线差动保护为防止误动作而采用的电压闭锁元件，正确的做法是闭锁总启动回路。　　　　　　　　　　　　　　　　　　　　　　　　　　　　　　　（×）

【解析】 为防止差动元件出口继电器由于振动或人员误碰出口回路造成的误跳断路器，复合电压闭锁元件采用出口继电器接点的闭锁方式，即复合电压闭锁元件的接点，分别串联在差动元件出口继电器的各出口接点回路中。

11. 母线保护支路（分段）TV 断线时只需闭锁断线相大差。　　　　　　（×）

【解析】 需要闭锁断线相大差及该支路母线小差

12. 常规站装置增加 "母联（分段）分列" 软连接片，取消 "母联（分段）分列" 硬连接片。　　　　　　　　　　　　　　　　　　　　　　　　　　　（×）

【解析】 依据 Q/GDW 1175—2013《变压器、高压并联电抗器和母线保护及辅助装置标准化设计规范》母线保护的 "母线互联" 软、硬连接片采用 "或" 逻辑，"母联（分段）分列" 只设硬连接片。

13. 双母线接线的母线 TV 断线时开启该段母线电压闭锁。　　　　　　（×）

【解析】《继电保护装置标准化设计补充技术要求》7.2.1j 双母线接线的母线 TV 断线时解除该段母线电压闭锁。

14. 双母线接线的差动保护应设有大差元件和小差元件；大差用于判别母线区内故障，小差用于故障母线的选择。　　　　　　　　　　　　　　　　　　　（×）

15. 220kV 微机母差保护当 TV 断线时，按照标准化设计规范，装置应发出告警信号同时闭锁保护。　　　　　　　　　　　　　　　　　　　　　　　　　　（×）

【解析】 TV 断线时，开放母线电压闭锁功能，不闭锁保护。

16. 双母线接线的母差保护采用电压闭锁元件是因为有二次回路切换问题，3/2 断路器接线的母差保护不采用电压闭锁元件是因为没有二次回路切换问题。　　（×）

【解析】 3/2 断路器接线的母差保护不采用电压闭锁元件是由于母线保护动作只跳边开关，可保证线路不失电。

17. 由于母差保护装置中采用了复合电压闭锁功能, 所以当发生 TA 断线时, 保护装置将延时发 TA 断线信号, 不需要闭锁母差保护。 （×）

【解析】 TA 断线时, 需要闭锁母差保护。

18. 失灵保护动作经变压器保护出口时, 应在变压器保护装置中设置灵敏的、 不需整定的电流元件并带 100ms 延时。 （×）

【解析】 《继电保护装置标准化设计补充技术要求》： 失灵保护动作经变压器保护出口时, 应在变压器保护装置中设置灵敏的、不需整定的电流元件并带 50ms 延时。

19. 母线充电保护是指母线故障的后备保护。 （×）

【解析】 母线充电保护是指母线充电故障时的主保护。

四、 填空题

1. 母线差动保护起动元件的整定值, 应能避开外部故障的<u>最大不平衡</u>电流。

【解析】 根据 DL/T 559—2018 《220kV～750kV 电网继电保护装置运行整定规程》7.2.9.1 规定, 母线差动电流 （包括比率差动原理的短引线保护） 的差电流启动元件定值, 应可靠躲过区外故障最大不平衡电流, 并尽量躲过任一元件电流回路断线时由于负荷电流引起的最大差电流。

2. 当母线内部故障有电流流出时, 应<u>减小</u>差动元件的比率制动系数, 以确保内部故障时母线保护正确动作。

【解析】 当母线内部故障有电流流出时, 该流出电流将算入制动电流中, 而差动电流大小不影响, 有可能导致内部故障时保护不正确动作, 因此应相应地减小差动元件的比率制动系数。

3. 母线差动保护各支路电流互感器变比差不宜大于<u>4</u>倍。

【解析】 根据 《国家电网有限公司关于印发十八项电网重大反事故措施 （修订版） 的通知》 （国家电网设备 〔2018〕 979 号） 15.1.11 规定。

4. 断路器失灵保护的延时均<u>不需</u>与其他保护的时限配合, 因为它在其他保护<u>动作后</u>才开始计时。

【解析】 由失灵保护的动作判据及动作逻辑可知, 只有在其他保护动作之后且失灵保护电流判据满足条件后, 经失灵保护动作整定时间断路器失灵保护才能动作出口。 所以断路器失灵保护的延时是不需要与其他保护的时限配合的。 在 DL/T 559—2018 《220kV～750kV 电网继电保护装置运行整定规程》 7.2.10.4 中对断路器失灵保护动作时间整定原则规定： 断路器失灵保护经电流判别的动作时间 （从启动失灵保护算起） 应在保证断路器失灵保护动作选择性的前提下尽量缩短, 应大于断路器动作时间和保护返回时间之和, 再考虑一定的时间裕度。

5. 母联<u>分段</u>失灵保护、 母联<u>分段</u>死区保护均应经电压闭锁元件控制。

【解析】 Q/GDW 1175—2013 《变压器、 高压并联电抗器和母线保护及辅助装置标准化设计规范》 7.2.4 规定要求。

6. 双母线接线的母线保护, 母联、 分段跳闸位置和分列运行连接片分别开入, 两个开入都为 <u>1</u> , 判为分列运行, 母联、 分段 TA 电流不接入差动保护； 任一开入为 <u>0</u> , 则母联、 分段 TA 电流接入差动保护。

【解析】 Q/GDW 1175—2013 《变压器、高压并联电抗器和母线保护及辅助装置标准化设计规范》7.2.1 条规定要求。

7. 双母线接线的母线保护， 通过隔离开关辅助触点自动识别母线运行方式时， 应对隔离开关辅助触点进行自检且具有开入电源掉电记忆功能。 当与实际位置不符时发隔离开关位置异常告警信号。

【解析】 Q/GDW 1175—2013《变压器、高压并联电抗器和母线保护及辅助装置标准化设计规范》7.2.1 条规定要求。

8. 双母线接线的母线保护， 宜设置独立于母联跳闸位置、 分段跳闸位置并联的母联、 分段分列运行连接片。

【解析】 Q/GDW 1175—2013《变压器、高压并联电抗器和母线保护及辅助装置标准化设计规范》7.2.1 条规定要求。

9. 双母线微机母线保护接入隔离开关位置接点， 所以可自适应母线断路器在母线的运行方式， 故障动作时仍保证有选择性。

【解析】 Q/GDW 1175—2013《变压器、高压并联电抗器和母线保护及辅助装置标准化设计规范》7.2.1 条规定要求。

10. 应充分考虑电流互感器二次绕组合理分配， 对确定无法解决的保护动作死区， 在满足系统稳定要求的前提下， 可采取启动失灵和远方跳闸等后备措施加以解决。

【解析】《国家电网有限公司关于印发十八项电网重大反事故措施（修订版）的通知》（国家电网设备〔2018〕979 号）15.1.13.3 条规定要求。

11. 母线保护在充电逻辑的有效时间内， 如满足动作条件应瞬时跳母联分段断路器，如母线保护仍不复归， 延时300ms跳运行母线， 以防止误切除运行母线。

【解析】 Q/GDW 1175—2013《变压器、高压并联电抗器和母线保护及辅助装置标准化设计规范》7.2.1 条规定要求。

12. 分相操作的断路器拒动考虑的原则是单相拒动。

【解析】 GB/T 14285—2006《继电保护和安全自动装置技术规程》规定：对 220～500kV 分相操作的断路器，可仅考虑断路器单相拒动的情况。

13. 为了防止误碰出口中间继电器造成母线保护误动作， 应采用电压闭锁元件。

【解析】 双母线接线的母线保护， 应设有电压闭锁元件。对数字式母线保护装置，可在起动出口继电器的逻辑中设置电压闭锁回路，而不在跳闸出口接点回路上串接电压闭锁触点。

14. 双母线接线的母线保护， I母小差电流为I母所有电流和的绝对值。

【解析】 双母线接线的差动保护应设有大差元件和小差元件。大差元件用于判别母线区内和区外故障，小差元件用于故障母线的选择。小差电流为该母线所有电流和的绝对值。

15. 母线完全差动保护差动继电器动作电流整定， 需要躲开最大负荷电流。

【解析】 比例制动原理的母线差动保护的起动元件，应可靠躲过最大负荷时的不平衡电流并尽量躲负荷电流，尽量按被保护母线最小短路故障有足够灵敏度校验，灵敏系数不小于 2。

16. 当交流电流回路不正常或断线时， 母线差动保护应闭锁。

【解析】 母线保护具有 TA 断线告警功能，除母联（分段）TA 断线不闭锁差动保护外，其余支路 TA 断线后固定闭锁差动保护。

17. 对于 BP-2B 母线保护装置，若只考虑母线区内故障时流出母线的电流最多占总故障电流的 20％，复式比率系数 K_r 整定为 <u>2</u> 最合适。

【解析】 参照说明书可知，复式比率系数 K_r 与母线区内故障时流出母线的电流最多占总故障电流的百分比 Ext（％）、母线区外故障时故障支路电流互感器的误差 δ（％）的关系见表 4-1。

表 4-1 K_r、Ext、δ 的关系

K_r	Ext（％）	δ（％）
1	40	67
2	20	80
3	15	85
4	12	88

18. 固定连接式母线保护在倒排操作时，Ⅰ母发生故障，则母差保护跳 <u>Ⅰ母和Ⅱ母</u>。

【解析】 固定连接式母线在倒排操作时Ⅰ母发生故障，无选择性地同时跳开两条母线。

19. 对 220～750kV 3/2 断路器接线，每组母线应装设 <u>两套母线保护</u>。

【解析】 3/2 断路器接线母线保护配置要求：每段母线应配置两套母线保护，每套母线保护应具有边断路器失灵经母线保护跳闸功能。

20. 母差保护动作，应 <u>闭锁线路断路器的重合闸</u>。

【解析】 母差保护动作启动线路操作箱 TJR 继电器，闭锁重合闸。

21. 母线充电保护在对母线充电时应 <u>投入</u>，充电完毕后要 <u>退出</u>。

【解析】 母联（分段）断路器应配置独立于母线保护的充电过电流保护装置。常规变电站按单套配置，智能变电站按双重化配置。母联充电保护只在充电时投入，充电完成后退出。

五、简答题

1. 说明当母线出线发生近区故障 TA 饱和时其二次侧电流有哪些特点？

【解析】 1）在故障发生瞬间，由于铁芯中的磁通不能跃变，TA 不能立即进入饱和区，而是存在一个时域为 3～5ms 的线性传递区。在线性传递区内，TA 二次电流与一次电流成正比。

2）TA 饱和之后，在每个周期内一次电流过零点附近存在不饱和时段，在此时段内，TA 二次电流又与一次电流成正比。

3）TA 饱和后其励磁阻抗大大减小，使其内阻大大降低，严重时内阻等于零。

4）TA 饱和后，其二次电流偏于时间轴一侧，致使电流的正、负半波不对称，电流中含有很大的二次和三次谐波电流分量。

2. 画图说明母联断路器状态对差动元件动作灵敏度有何影响？ 如何解决？

【解析】 当母联断路器分列运行时，会造成大差元件的灵敏度下降。如图 4-19 所示。

当母联运行时Ⅰ母发生短路故障，Ⅰ母小差元件的差流为 $|\dot{I}_3|+|\dot{I}_4|+|\dot{I}_0|=|\dot{I}_3|+|\dot{I}_4|+|\dot{I}_1|+|\dot{I}_2|$，Ⅰ母小差元件的制动电流也为 $|\dot{I}_3|+|\dot{I}_4|+|\dot{I}_1|+|\dot{I}_2|$，两者之比为 1。大差元件的差流与制动电流与Ⅰ母小差相同，两者之比也为 1。

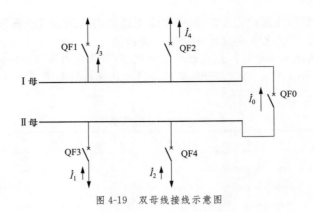

图 4-19　双母线接线示意图

当母联断开时 I 母发生短路故障时，I 母小差元件的差流为 $|\dot{I}_3|+|\dot{I}_4|$，制动电流也为 $|\dot{I}_3|+|\dot{I}_4|$，两者之比为 1。而大差元件的制动电流仍为 $|\dot{I}_3|+|\dot{I}_4|+|\dot{I}_1|+|\dot{I}_2|$，但差流确只有 $|\dot{I}_3|+|\dot{I}_4|$。显然大差元件的动作灵敏度大大下降。在最为不利的情况下，对于常规比率差动的母差保护其大差元件的制动系可降低到 1/3。

为保证母联断路器停运时母差保护的动作灵敏度，可采取以下措施：

（1）解除大差元件。当母联断路器退出运行时，通过隔离开关的辅助接点解除大差元件，只要小差元件及其他启动元件动作就可以去跳断路器。这种对策的缺点是降低了保护的可靠性。

（2）自动降低大差元件的比率制动系数。当母联断路器退出运行时，用断路器辅助接点作为开入量，自动将大差元件的制动系数减小。

3. 为什么在有电气连接的母差保护各 TA 二次回路中只能有一个接地点？

【解析】 母差 TA 的数量多，各组 TA 之间的距离远。母差保护装置在控制室而与各组 TA 安装处之间的距离远。若在各组 TA 二次均有接地点，而由于各接地点之间的地电位相差很大，必定在母差保护中产生差流，可能导致保护误动。

4. 电流互感器二次回路一相开路，是否会造成母差保护误动作？ 说明原因。

【解析】 电压闭锁元件投入时，如系统无扰动，电压闭锁元件不动作，此时电流断线闭锁元件动作，经整定延时后闭锁母差保护，母差保护不会误动作；如电流断线时，电压闭锁元件正好动作（在电流断线闭锁元件整定延时到达之前）或没有投入，则母差保护会误动作。

5. 为什么设置母线充电保护？

【解析】 母线差动保护应保证在一组母线或某一段母线合闸充电时，快速而有选择地断开有故障的母线。为了更可靠地切除被充电母线上的故障，在母联断路器或母线分段断路器上设置相电流或零序电流保护，作为母线充电保护。母线充电保护接线简单，在定值上可保证高的灵敏度。在有条件的地方，该保护可作为专用母线单独带新建线路充电的临时保护。母线充电保护只在母线充电时投入，当充电良好后，应及时停用。

6. 为什么 220kV 及以上系统要装设断路器失灵保护？ 其作用是什么？

【解析】 220kV 以上的输电线路一般输送的功率大，输送距离远，为提高线路的输送能力和系统的稳定性，往往采用分相断路器和快速保护。由于断路器存在操作失灵的可能性，当线路发生故障而断路器又拒动时，将给电网带来很大威胁，故应装设断路器失灵保护装置。断路器失灵保护作用为：有选择地将失灵拒动的断路器所在（连接）母线的断路器断开，以减少设备损坏，缩小停电范围，提高系统的安全稳定性。

7. 在双母线接线形式的变电站中，为什么母差保护和失灵保护要采用电压闭锁元件？闭锁回路应接在什么部位？

【解析】　在双母线接线形式的变电站中，因为母差保护和断路器失灵保护动作后所跳元件较多，一旦动作将会导致较大范围的停电、限电。为防止该两种影响面较大的保护装置误动作，除发电机变压器组的断路器非全相开断的保护外，均应设有足够灵敏度的电压闭锁元件。设置复合电压闭锁元件的主要目的有以下两点：①防止由于人员误碰造成母差保护或失灵保护误动出口，跳开多个元件；②防止母差保护或失灵保护由于元件损坏或受到外部干扰时误动出口。

8. 简述双母双分段线接线变电站的母差保护、断路器失灵保护，分段支路不应经复合电压闭锁的原因。

【解析】　双母双分段接线的变电站分段断路器左右两侧各配置两套母线保护，相互之间不交互信息，当分段断路器和 TA 之间发生先断线后接地故障时（故障点靠近分段断路器），故障母线差动保护元件满足动作条件，但电压闭锁元件不满足动作条件，另一侧母线保护差动保护元件不动作、但电压闭锁元件开放，将导致两套母线差动保护均拒动，如跳分段断路器不经电压闭锁，则可先跳分段，再启动分段失灵保护切除故障，因此母线保护跳分段支路不应经复合电压闭锁。

六、分析题

1. 在 3/2 接线方式下，DL1 的失灵保护应由哪些保护起动？DL2 失灵保护动作后应跳开哪些断路器？并说明理由。

【解析】　DL1 的失灵保护由母线保护、线路 L1 保护起动。

DL2 失灵保护动作后应跳开 DL1、DL3、DL5、DL4，才能隔离故障。

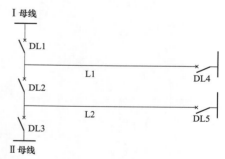

图 4-20　双绕组变压器分列运行

2. 某 220kV 变电站两台双绕组变压器分列运行，66kV 母差保护因故退出运行，在此期间甲线开关与电流互感器间发生三相短路，故障导致甲线开关损坏严重。现场主变压器后备保护配置如下：高后备 4.0s 跳主变压器两侧开关；低后备一时限 3.4s 跳母联断路器，二时限 3.7s 跳主变压器低压侧断路器，如图 4-20 所示。试分析：①此方式下哪个保护动作切除故障？②如何改善保护配置尽快隔离故障点？

【解析】　① 甲线断路器与电流互感器间发生三相短路属于 66kV 母差保护动作范围。因 66kV 母差保护退出，依据 3～110KV 电网的继电保护一般采用远后备保护配置原则，故障只能由变压器 5 断路器低后备保护二时限（3.7s）动作切除。

② 在 66kV 母差保护因故退出运行的情况下，可在主变压器低后备增加二次主时限速断保护作为 66kV 母线故障的主保护，尽快隔离故障点。

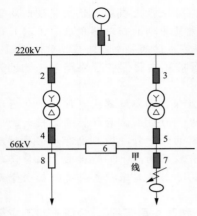

图 4-21　系统接线示意图

3. 如何理解　"两套主保护的电流回路应分别取自电流互感器互相独立的绕组，并合理分配电流互感器二次绕组，避免可能出现的保护死区。还应特别注意避免运行中一套保护退出时可能出现的电流互感器内部故障死区问题。"并画出图示说明。

【解析】图 4-22（a）为电流互感器的二次绕组的正确分配方法接线。

1）两套主保护的电流回路取自电流互感器的独立绕组。

2）无论回路中任何地方发生故障，总有一套保护处于保护范围内，不存在保护死区。

3）当第一套（或第二套）保护退出运行时，同样不存在保护死区。

图 4-22（b）［与图 4-22（a）比较，失灵保护与主保护 2 对换］为错误接线。该接线方式可满足 1）2），不满足 3）（当主保护 1 退出时，d 点为保护死区）。图 4-22（c）［与图 4-22（a）比较，失灵保护与主保护 2 对换，表计与主保护 1 对换］为十分错误的接线。该接线方式只满足 1），不满足 2）（正常运行时就有保护死区，d 点为保护死区），更不满足 3）。图 4-22（d）为需改进的接线。

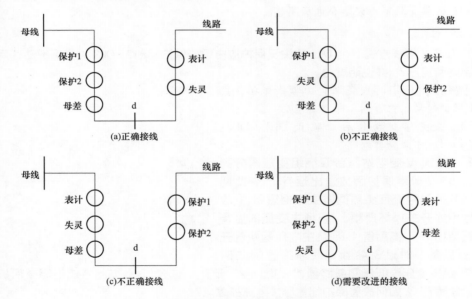

图 4-22　TA 二次绕组的分配图

4. 如图 4-23 所示，220kV 双母并列运行，110kV 母线及 35kV 母线分列运行，110kV 及 35kV 侧无电源。1 号变压器及 2 号主变压器中性点接地运行，线路 L1～L4 对侧均为强电源。本站 220kV 线路保护配置：RCS-931＋CSC103，单相重合闸方式（单相重合闸延时 1s）；220kV 母差保护 1：RCS-915GB；220kV 母差保护 2：BP-2CS。所有保护二次回路正确， 本站保护配置满足国家电网标准要求。 某日对 220kV 母差保护 1 进行定期校验， 母差保护 2 的差动保护投入连接片接触不良导致母差保护 2 的差动保护退出运行， 该系统所有Ⅱ段保护动作三跳并闭重 （Ⅱ段保护动作时间均为 1s）， 回答下列问题：

1） 线路 L1 的 F1 点发生单相金属性接地故障且 DL1 失灵分析保护动作行为。

2） DL5 为三相联动机构， F2 点发生单相金属性接地故障且 DL5 失灵， 分析保护动作行为。

3） DL5 为分相操作机构， F2 点发生单相金属性接地故障且 DL5 失灵， 分析保护动作行为。

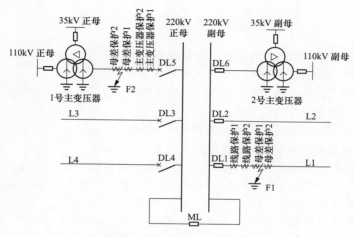

图 4-23 系统接线示意图

【解析】 母差保护 1 因定期校验， 母差保护 1 及失灵保护 1 均停用。 母差保护 2 因连接片接触不良， 母差保护 2 退出运行， 只剩失灵保护 2 运行。

(1) F1 故障。线路纵联保护动作，对侧选跳故障相，本侧断路器失灵保护启动母差保护中的失灵保护，由于对侧故障相跳开，本侧母差保护 2 中的 L1 间隔故障相电流为零，线路失灵保护电流判据不满足，失灵保护拒动。L2、L3、L4 线对侧Ⅱ段保护经 1s 动作三跳闭重，L1 线对侧选故障相，经单 1s 延时重合于永久性故障后加速保护三跳并闭重。

(2) F2 故障。主变压器差动保护 1、2 动作跳开中、低压侧断路器，高压侧断路器三相失灵，由于低压侧三角绕组作用，1 号主变压器间隔母差 2 中的间隔电流为零序电流，失灵电流判据满足，经短延时跳母联，长延时跳 DL3、DL4，切除故障。

(3) F2 点故障。由于断路器为分相操作机构，只考虑单相拒动，不论故障失灵保护或非故障相失灵保护，由于中、低压侧已三相跳开，正负序阻抗无穷大，主变压器高压侧绕组无正负序电流，又因断路器单相拒动，零序电流无法流通，失灵保护电流判据不满足，失灵保护拒动。由 L1～L4 对侧Ⅱ段经 1s 延时动作三跳闭重，切除故障。

第一节　备用电源自动投入装置

一、单选题

1. 下列哪项不是备用电源自动投入装置应符合的要求　（D）。

A. 在工作电源或设备断开后，才投入备用电源或设备

B. 工作电源或设备上的电压，不论什么原因消失，自投装置均应动作

C. 自动投入装置应保证只动作一次

D. 为了保证供电可靠性，备自投装置无时限动作

【解析】　备用电源自动投入装置的基本要求为：

（1）应保证在工作电源和设备断开后，才投入备用电源或备用设备。

（2）工作母线和设备上的电压不论何种原因消失时备自投装置均应起动。

（3）自投装置应保证只动作一次。

（4）电力系统内部故障使工作电源和备用电源同时消失时，备自投装置不应动作。电力系统内部故障闭锁备自投是防止备自投动作后将备用电源合于故障上，导致备用电源也失去，所以事故扩大。

对备自投的基本要求 A、B、C 都满足，备自投装置的动作时间以使负荷的停电时间尽可能短为原则，动作时间不能太短。

2. 变电站备用电源自投装置 （BZT） 在工作母线有电压且断路器未跳开的情况下将备用电源合上了，检查 BZT 装置一切正常，则外部设备和回路的主要问题是 （A）。

A. 工作母线电压回路故障和判断工作断路器位置的回路不正确

B. 备用电源系统失去电压

C. 工作母联断路器瞬时低电压

D. 失去直流电源

【解析】　备自投装置正确动作流程是：备自投装置充电完成后，工作母线无压（达到无压条件），进线无流，备自投启动，并且追跳工作电源，当工作电源断路器未跳开时，备自投装置判工作电源断路器拒跳，备自投装置放电。而题目中备自投装置在工作母线有电压情况下启动说明电压回路有故障，工作电源断路器没有跳开，备自投装置合上了备用电源，因此可判断工作电源断路器位置回路不正确，备自投没能正确判断出主供电源的位置信息。

3. 下列 （B） 不是自动投入装置应符合的要求。

A. 在工作电源或设备断开后，才投入备用电源或设备

B. 自动投入装置必须采用母线残压闭锁的切换方式

C. 工作电源或设备上的电压，不论什么原因消失，自投装置均应动作

D. 自动投入装置应保证只动作一次

【解析】 母线残压：正常时工作进线带母线段运行，当工作进线发生故障时切除工作电源，备用电源还未投入。母线上因存在感性负载即电动机群（或者发电厂），这时给母线提供电压，导致母线上还有电压，备自投无压判据不满足，闭锁备自投。备自投装置有感性负载或者小发电厂时用残压闭锁方式，其他情况不必投入。其他三项是备自投装置的基本要求。

4. 根据《继电保护和安全自动装置技术规程》，下列哪种情况不需要装设备用电源自动投入装置（D）。

A. 装有备用电源的发电厂厂用电源和变电站用电源

B. 降压变电站内有备用变压器或有互为备用的母线段

C. 有双电源供电，其中一个电源经常断开作为备用电源的变电站

D. 以环网方式运行的配电网

【解析】 GB/T 14285—2006《继电保护和安全自动装置技术规程》5.3.1条。

5. 有两个以上的电源供电，两个电源各自带部分负荷，互为备用，此种备用方式称为（B）。

A. 明备用   B. 暗备用   C. 进线备用   D. 母线备用

【解析】 系统正常运行时，备用电源不工作，称为明备用；系统正常运行时，备用电源同时投入运行的，称为暗备用，暗备用实际上是两个工作电源的互为备用。题干中备用电源带负荷运行，因此为暗备用。

6. 下列（A）方法可实现工作电源和设备断开后，才投入备用电源或备用设备。

A. 备用电源和设备的断路器合闸部分应由供电元件受电侧断路器的动断辅助触点起动

B. 备自投装置应有独立的低电压起动部分

C. 控制备用电源或设备断路器的合闸脉冲，使之只动作一次

D. 备自投装置设有备用母线电压监视继电器

【解析】 应保证在工作电源和设备断开后，才投入备用电源或备用设备。目的是防止将备用电源或备用设备投入到故障元件上，造成备自投失败，甚至扩大故障，加重损坏设备。确认工作电源断路器跳开后，才能投入备用电源，防止反送电。

7. 下列（C）条件满足典型进线备自投充电逻辑（"线路检有压"退出）。

A. 逻辑"或"：线路一进线断路器合位，线路二进线断路器合位，母联断路器分位，Ⅰ母有压，Ⅱ母有压

B. 逻辑"与"：线路一进线断路器合位，线路二进线断路器合位，母联断路器分位，Ⅰ母有压，Ⅱ母有压

C. 逻辑"与"：线路一进线断路器合位，线路二进线断路器分位，母联断路器合位，Ⅰ母有压，Ⅱ母有压

D. 逻辑"或"：线路一进线断路器合位，线路二进线断路器分位，母联断路器合位，Ⅰ母有压，Ⅱ母有压

【解析】 进线备自投的充电条件：进线一断路器合位，进线二断路器分位，分段（桥）断路器合位，Ⅰ母有压，Ⅱ母有压（"线路检有压"退出，不判备用电源线路电压）

满足以上所有条件并且没有其他闭锁开入。

8. 下列表述正确的是 （A）。

A. 进线备自投是明备用方式　　　　B. 进线备自投是暗备用方式
C. 分段自投是明备用方式　　　　　　D. 以上均不正确

【解析】 系统正常运行时，备用电源不工作，称为明备用；系统正常运行时，备用电源同时投入运行的，称为暗备用，暗备用实际上是两个工作电源的互为备用。题干中备用电源带负荷运行，因此为暗备用。进线备自投备用电源无工作，是明备用。

9. 为保证在工作电源确已断开后，备用电源自动投入，投入备用电源的启动元件应为 （C）。

A. 受电侧断路器的动合辅助触点　　　B. 送电侧断路器的动断辅助触点
C. 受电侧断路器的动断辅助触点　　　D. 送电侧断路器的动合辅助触点

【解析】 应保证在工作电源和设备断开后，才投入备用电源或备用设备。目的是防止将备用电源或备用设备投入到故障元件上，造成备自投失败，甚至扩大故障，损坏设备。工作电源断路器的分闸位置来判断工作电源确已断开，分闸位置取工作电源断路器的动断辅助触点，即断路器在分闸位置时，动断辅助触点闭合，备自投装置位置开入信号可判断断路器在分闸位置。

10. 备自投装置设计时装置出口3跳进线1断路器，那么保护装置出口矩阵数字中表示跳进线1断路器的是 （C）。

A. 0020H　　　　B. 0008H　　　　C. 0004H　　　　D. 4000H

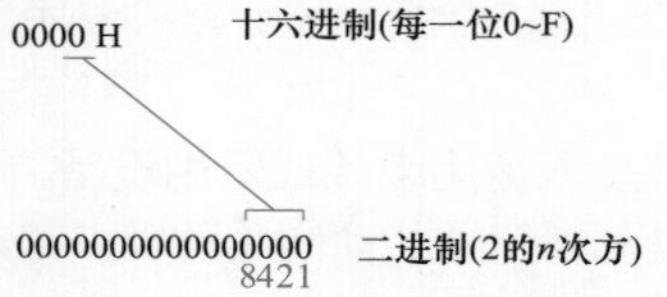

0000 H　　十六进制(每一位0~F)

0000000000000000　　二进制(2的n次方)
　　　　8421

图 5-1　二进制和十六进制对应关系

【解析】 保护装置内部有出口，每个出口对应一个二进制，四位二进制数对应一个十六进制数，保护装置显示十六进制。出口最低位对应二进制最右侧的第一位，对应关系从右到左。二进制和十六进制转换关系对应8421码，如下图5-1所示。本题中出口3对应的右侧第三位，出口投入为"1"，其他位"0"，所以显示的十六进制为0004H。

11. "BZT装置应保证只动作一次" 是为了 （B）。

A. 防止工作电源多次遭受故障冲击　　B. 防止备用电源多次遭受故障冲击
C. 防止工作电源无法断开　　　　　　D. 防止备用电源无法断开

【解析】 备自投装置应保证只动作一次。当工作母线发生永久性故障或引出线上发生永久性故障且出线断路器没有被切除时，由于工作母线电压降低，备自投装置动作，第一次将备用电源或备用设备投入，因为故障仍然存在，备用电源或备用设备上的继电保护会迅速将备用电源或备用设备断开，如果此时再投入备用电源或备用设备，不但不会成功，还会使备用电源或备用设备、系统再次遭受故障冲击，并造成扩大事故、损坏设备等严重的后果。

12. 备自投应确保 （A） 断路器断开后方可投入备用电源。

A. 主供（工作）电源　　　　　　　　B. 备用电源
C. 联络开关　　　　　　　　　　　　D. 分段开关

【解析】 为防止备自投动作合闸于故障扩大事故范围，应有追跳主供电源逻辑，并判断工作电源断路器确实在跳开后备自投出口合备用电源。

13. 备自投动作跳工作电源的时限应 （C） 有关所有保护和重合闸的最长动作时限。

A. 小于 　　　　B. 等于 　　　　C. 大于 　　　　D. 不确定

【解析】 工作电源失压后，备自投起动延时到后总是先跳进线断路器，确认该断路器在跳位后，备自投逻辑才进行下去。这样可防止备自投动作后合于故障或备用电源反送电的情况。但故障不应由备自投切除，故备自投动作跳工作电源的时限应长于有关所有保护和重合闸的最长动作时限。

14. 更换备用电源自投装置或备用电源自投装置屏 （柜） 前， 应在有关回路 （B）做好安全措施。

A. 本侧屏（柜） B. 对侧屏（柜） C. 直流屏 　　　D. 端子箱

【解析】 备用电源自投装置检修细则：更换备用电源自投装置或备用电源自投装置屏（柜）前，应在有关回路对侧屏（柜）做好安全措施。更换保护装置或装置屏时，应将电源侧做安全措施，保证源端隔离，防止所做的安全措施不到位导致触电、短路等情况的出现。

15. 备自投装置定值单母线有压定值 70V， 母线电压 B 相头尾接反， 备自投装置采集到的三相电压分别为： A 相： $58\angle0°$，B 相： $58\angle60°$，C 相： $58\angle120°$， 试分析备自投装置能不能正常充电 （B）。

A. 能 　　　　B. 不能 　　　　C. 不一定 　　　　D. 以上都不是

【解析】 备自投装置母线有压定值是线电压，通过备自投装置采集到的电压可计算线电压，B 相电压接反的电压相量如图 5-2 所示。

$$U_{ab} = \sqrt{U_a^2 + U_b^2 - 2U_aU_b\cos60°}$$
$$U_{ab} = 58V$$

$U_{ab} < 70V$，所以不满足母线有压定值，备自投装置不能充电。

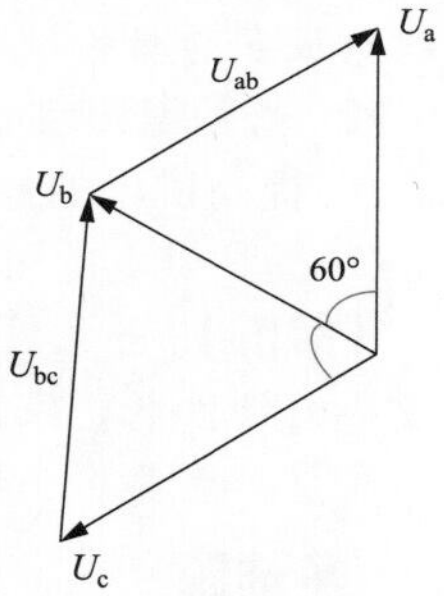

16. 为提高备用电源或设备投入的成功率， 备自投装置跳工作电源断路器时应联跳地区电源并网线和次要负荷， 需要时还可联跳 （A）。

A. 并联补偿电容器 　　　　B. 并联电抗器

C. 断路器 　　　　D. 主变压器

【解析】 Q/GDW 10766—2015《10kV～110（66）kV 线路保护及辅助装置标准化设计规范》8.1.3.3 条。

图 5-2 电压相量图

17. 下面不是备用电源自动投入装置放电条件的是 （C）。

A. 备自投动作后 　　　　B. 人工切除主供电源

C. 备自投功能投入 　　　　D. 备自投跳主供电源断路器后， 跳闸失败放电

【解析】 DL/T 526—2013《备用电源自动投入装置技术条件》4.9.7 条。

18. 备自投应取断路器自身的位置辅助触点， 开关量状态值应采用正逻辑， 状态值为 （A）， 断路器在分位。

A. 1 　　　　B. 0 　　　　C. 01 　　　　D. 10

【解析】 DL/T 526—2013《备用电源自动投入装置技术条件》4.9.11 备自投应取断路器自身的位置辅助触点。开关量状态值应采用正逻辑，状态值为"1"表示语义的肯定，状态值为"0"表示语义的否定。备自投装置中断路器位置开入 1 表示断路器在分闸位置。

19. 某变电站 10kV 备自投以分段备自投方式运行，备自投装置已充电。当发生故障，备自投装置动作后，工作人员到现场发现，由于直流系统问题，装置断电，现场处理后直流电源恢复正常，装置的重要记录信息（A）丢失。

A. 不应   B. 可以   C. 应   C. 不确定

【解析】 DL/T 526—2013《备用电源自动投入装置技术条件》4.9.16 条。

20. 备自投装置带母联保护功能，在备自投装置检验工作完毕后、投入出口连接片之前，用万用表测量母联断路器跳闸连接片电位，当母联断路器在合闸位置时，正确的状态应该是（C）。

A. 连接片下口对地为＋110V 左右，上口对地为－110V 左右

B. 连接片下口对地为＋110V 左右，上口对地为 0V 左右

C. 连接片下口对地为 0V，上口对地为－110V 左右

D. 连接片下口对地为＋220V 左右，上口对地为 0V

【解析】 断路器在合闸位置时跳闸回路通，负电通过跳闸线圈反送过来，连接片上端接着断路器的跳闸回路，所以连接片上端是负电（即－110V），连接片下端与备自投装置保护出口串联，正常是触点不通，所以没有电位，故选 C。

21. 备自投装置采集的母线电压取母线电压互感器的（A）二次绕组。

A. 保护（测量）级   B. 高精度级   C. 计量级   D. 开口三角

【解析】《电网安全自动装置标准化设计规范》10.1.2.4 条装置采集的母线电压取母线电压互感器的保护级二次绕组，每路电压应先经屏内独立空气开关，再介入装置。

22. 备用电源自动投入装置的作用主要是（C）。

A. 提高供电的经济性   B. 提高供电选择性

C. 提高供电的可靠性   D. 改善电能质量

【解析】 当主供电源因故障而停用时，备用电源自动投入装置自动合上备用电源，给设备继续供电，保证电力系统连续可靠供电，备用电源自动投入装置是电力系统安全自动装置，主要用于提高系统的供电可靠性。

二、多选题

1. 为了避免合闸在故障上造成断路器跳跃和扩大事故，充电时间的选取应考虑以下几个原则（ABC）。

A. 等待故障造成的系统扰动充分平息，认为系统已经恢复到故障前的稳定状态

B. 躲过对侧相邻保护最后一段的延时和重合闸最长动作周期

C. 考虑一定的裕度

D. 不用考虑保护或自动装置配合

【解析】 为了避免合闸在故障上造成断路器跳跃和扩大事故，充电时间的选取应考虑以下几个原则：①等待故障造成的系统扰动充分平息，认为系统已经恢复到故障前的稳定状态；②躲过对侧相邻保护最后一段的延时和重合闸最长动作周期；③考虑一定裕度；④备自投的动作应与其他保护配合完成，保证动作可靠性。

2. 主变压器低压侧分段备自投装置的保护闭锁有（AB）。

A. 母差保护动作闭锁   B. 主变压器后备保护动作闭锁

C. 主变压器差动保护动作闭锁   D. 主变压器非电量保护动作闭锁

【解析】 备自投装置的闭锁问题常规备自投装置都有实现手动跳闸闭锁及保护闭锁功能，其中保护闭锁功能，分别有母差保护动作闭锁，主变压器后备保护动作闭锁，一般来说主变压器后备保护动作是相应母线及出线的后备保护，此时如果是出线拒动或母线发生故障，备自投不应动作；母线保护动作说明故障在母线上，此时备自投不能动作。主变压器差动保护、非电量保护动作说明主变压器的内部故障，不影响备自投装置。

3. 备用电源自动投入装置是变电站不间断供电重要措施之一，备自投装置的充电条件有 （ABCD）。

A. 运行母线三相有压 　　　　B. 备用母线或线路有压
C. 运行开关合闸位置 　　　　D. 热备用开关 TWJ 接点闭合

【解析】 Q/GDW 10766—2015《10kV～110（66）kV 线路保护及辅助装置标准化设计规范》8.1.2 条。

4. 备自投装置的瞬时放电条件有 （CD）。

A. 运行母线三相无压 　　　　B. 备用母线或线路有压
C. 运行开关手分开入 　　　　D. 外部闭锁有开入

【解析】 备自投放电条件：断路器位置异常、手跳/遥跳闭锁、闭锁备自投开入、备自投合上备用进线断路器等备自投装置瞬时放电；备用进线电压低于有压定值延时 15s、两段母线电压均低于有压定值延时 15s 放电。

5. 备自投装置的发合闸脉冲的动作条件有 （ABCD）。

A. 运行母线三相无压 　　　　B. 主供电源线路或主变压器无流
C. 备用电源有压 　　　　D. 主供电源断路器在跳闸位置（TWJ 为 1）

【解析】 Q/GDW 10766—2015《10kV～110（66）kV 线路保护及辅助装置标准化设计规范》8.1.2 条。

6. 备自投充电 （备自投开放） 宜同时满足以下条件 （ABCD）。

A. 备自投功能投入
B. 主供电源断路器合位，备用电源断路器分位
C. 主供电源断路器对应母线有电压
D. 无外部闭锁条件

【解析】 DL/T 526—2013《备用电源自动投入装置技术条件》4.9.6 条。

7. 备自投的启动方式有 （CD）。

A. 保护启动 　　　　B. 断路器位置不对应启动
C. 工作母线无压且主供电源无电流 　　　　D. 主供电源断路器分位且无电流

【解析】 DL/T 526—2013《备用电源自动投入装置技术条件》4.9.5 条。

8. 备用电源自动投入装置有外部闭锁开入时均应放电外，满足以下条件均应放电 （ABCD）。

A. 备自投功能退出
B. 人工切除主供电源
C. 备自投跳主供电源断路器后，断路器跳闸失败
D. 备自投投入"检查备用电源有压"功能时，若备用电源失电压须经延时放电

【解析】 DL/T 526—2013《备用电源自动投入装置技术条件》4.9.7 条。

9. 自投装置满足以下 （ABCD） 功能。

A. 当主供电源失电且无其他闭锁备自投动作条件时，备自投应能自动投入备用电源

B. 当主供电源失电时，备自投只允许动作一次，需在相应的充电条件满足后才能允许下一次动作

C. 备自投原则上应确保主供电源断路器断开后方可投入备用电源

D. 若备用电源有电压判断作为备自投的充电条件之一，当备用电源失电压时必须延时放电

【解析】 DL/T 526—2013《备用电源自动投入装置技术条件》4.9 条。

10. 备自动投入装置在电力系统的作用 （ABC）。

A. 提高供电可靠性，迅速恢复变电站供电

B. 满足电网开环运行需要

C. 对于大多数进线为两路的终端站，能保证其供电可靠性和经济性

D. 满足电网闭环运行需要

【解析】 备自投装置是：对具备双电源或多电源供电的变电站或设备，因电网开环或其他需要只有一回电源供电时，当主供电源因故失去后，能迅速投入备用供电电源的自投装置，可提高供电可靠性，因而保证经济性。

11. 备自投装置应能实现 （ABCD） 闭锁功能。

A. TV 断线闭锁　　B. 有流闭锁　　C. 手跳（遥跳）闭锁　　D. 保护闭锁

【解析】 母线电压因电压互感器一、二次熔断器原因失压时，保证备自投装置不误动，要有 TV 断线闭锁功能。为防止 TV 断线时备自投误动作，取主供电源的电流作为母线失压的闭锁判据。人为的手动分开备自投时不要误动作。常规备自投都有实现手动跳闸闭锁及保护闭锁功能，其中保护闭锁功能分别有母差保护动作闭锁，主变压器后备保护闭锁备自投。

12. 为了防止人工切除工作电源时备用电源自动投入装置误动作，一般可采取 （AB）。

A. 接入断路合后接点　　　　　　B. 接入手跳（遥跳）闭锁接点

C. 接入 TWJ 接点　　　　　　　D. 接入 HWJ 接点

【解析】 人工切除工作电源时，备自投不应动作；可接入各工作断路器的合后接点，就地或远控跳断路器时，其合后接点断开，备自投退出；也可接入手跳（遥跳）接点，闭锁备自投。

13. 以下哪些情况导致备自投装置放电？ （ABCD）

A. 备自投功能退出　　　　　　　B. 备自投动作后

C. 人工切除主供电源　　　　　　D. 备用电源断路器合上后放电

【解析】 DL/T 526—2013《备用电源自动投入装置技术条件》4.9.7 条。

14. 备自投装置动作后，应记录故障信息，同时满足 （ABD） 要求。

A. 记录模拟量和开关量、输出开关量、动作元件、动作时间

B. 存储不少于 8 次故障录波数据的功能

C. 存储不少于 10 次故障录波数据的功能

D. 装置记录的故障录波数据应按规定格式输出

【解析】 DL/T 526—2013《备用电源自动投入装置技术条件》4.9.17 条。

15. 装置动作过程中，检查相应的触点输出情况，动作完成后，检查 （ABC） 的正确性。

A. 动作报文　　　B. 录波数据　　　C. 动作信号灯　　　　D. 装置采样

【解析】 DL/T 526—2013《备用电源自动投入装置技术条件》5.4 装置功能试验。

16. 备自投装置动作后，跳工作电源时断路器拒跳，以下（ABC）是断路器不动作的原因。

A. 备自投装置出口矩阵整定错误　　　B. 备自投跳闸出口连接片没有投入

C. 备自投跳闸、合闸回路接反　　　　D. 母线电压消失

【解析】 通过出口矩阵整定，确定备自投装置跳、合闸的断路器，相应出口整定以后保护装置才能出口；备自投装置出口连接片投入以后才能跳、合闸断路器；跳、合闸回路接反时断路器不能将断路器正常分合。

三、判断题

1. 备自投装置的动作逻辑控制条件可分充电条件、闭锁条件、启动条件三类。（√）

【解析】 在所有充电条件均满足，而闭锁条件不满足时，经过一个固定的延时完成充电，备自投装置就绪，一旦出现起动条件即动作出口。

2. 当装置未接入线路 TV 电压时，可通过控制字选择退出检线路侧电压。（√）

【解析】 在 Q/GDW 10766—2012《10kV～110（66）kV 线路保护及辅助装置标准化设计规范》8.1.2.1.1 条。

3. 当备自投装置动作时，如备用电源或设备投于故障，应有保护加速跳闸。（√）

【解析】 保护加速动作，快速切除故障，保证电网和设备的安全。

4. 备用电源自投切除工作电源断路器必须经延时。（√）

【解析】 当工作母线上装有高压大容量电动机时，工作母线停电后因电动机反送电，使工作母线残压较高，若备自投动作时间太短，会产生较大的冲击电流和冲击力矩，损坏电气设备。

5. 进线备自投跳闸回路中，如使用保护跳闸回路，那么备自投跳进线断路器的同时要考虑闭锁线路重合闸。（√）

【解析】 因为采用保护跳开工作线路断路器后，保护装置会误认为断路器偷跳而启动重合闸将原已被分开的线路断路器又重新合上，导致无法隔离有故障的原工作线路，备自投也因此无法正常工作，因此必须用另一副跳闸输出接点去闭锁该线路保护的重合闸。

6. 对于备自投装置还应考虑主备线路自投后的带负荷能力，若主备线路不能满足母线负荷要求，应采用自投前切除非重要负荷线路，再合主备断路器方式。（√）

【解析】 备自投动作投入备用电源以后应有能力带所有负荷运行，否则会导致系统有功功率缺额，系统频率降低，破坏系统的正常运行。

7. 主变压器保护中除差动保护动作外，其他保护动作均应闭锁备自投装置。（×）

【解析】 主变压器保护中主保护动作（即差动保护、非电量保护）应不闭锁备自投。主变压器后备保护动作闭锁母联（分段）自投，一般来说主变压器后备保护动作是相应母线及出线的后备，此时如果是出线拒动或母线发生故障，备自投不应动作。

8. 在某些条件下必须加速切除短路时，可使保护无选择性动作，但必须采取补救措施，如重合闸和备用自动投入装置来补救。（√）

【解析】 GB/T 14285—2006《继电保护及安全自动装置技术规程》4.1.2.2 条。

9. 常规备自投装置都有实现手动跳闸闭锁及保护闭锁功能。（√）

【解析】 人为地将运行断路器拉开时，备自投装置不应动作。主变压器后备保护、母线保护等保护动作时应闭锁备自投，防止备自投合闸于故障上。因此要有相应的闭锁回路闭锁备自投。

10. 备自投装置的低电压元件，为了在所接母线失压后能可靠工作，其低电压定值整定较低，一般为 0.65~0.7 倍的额定电压。 （×）

【解析】 DL/T 584—2017《3kV～110kV 电网继电保护装置运行整定规程》7.2.15.1 条。

11. 应保证在工作电源和设备断开后，才能投入备用电源或备用设备。 （√）

【解析】 应保证在工作电源和设备断开后，才投入备用电源或备用设备。这一要求的目的是防止将备用电源或备用设备投入到故障元件上，造成备自投失败，甚至扩大故障，加重损坏设备。

12. 当一个备用电源作为几个工作电源备用时，如备用电源已代替一个动作电源后，另一个工作电源又断开，备自投应动作。 （√）

【解析】 GB/T 14285—2006《继电保护及安全自动装置技术规程》5.3.3.1 条。

13. 在备用电源自投装置的强电开入回路中，断路器合后位置继电器的动合触点应并联后接入备自投装置。 （×）

【解析】 备自投装置强电开入回路中有跳闸位置、合后位置和闭锁信号，合后位置用于判断断路器是否手跳（遥控跳），备自投回路中的每个断路器合后动合触点应单独引入备自投装置，判断断路器是否手跳（遥控跳），如果手跳（遥控跳）时让备自投放电，防止误动作。如果断路器合后位置继电器的动合触点并联后接入备自投装置，无法正确判断哪个断路器动作情况。

14. 变压器保护本侧（分支）后备保护动作，跳本侧（分支）断路器的同时闭锁本侧（分支）备自投。 （√）

【解析】 Q/GDW 10767—2015《10kV～110（66）kV 元件保护及辅助装置标准化设计规范》6.2.6 b）。

15. 备自投可取保护装置操作箱跳闸位置（TWJ）做断路器的位置辅助触点。 （×）

【解析】 DL/T 526—2013《备用电源自动投入装置技术条件》4.9.11 条。

16. 备自投装置的动作指示信号，在直流电源恢复正常后，应能重新显示。 （√）

【解析】 DL/T 526—2013《备用电源自动投入装置技术条件》4.9.15 条。

17. 装置应配置与外部标准授时源的对时接口，推荐使用符合 IEEE std 1344-1995 标准的 IRIG-B（AC）时码，也可采用网络对时。 （×）

【解析】 DL/T 526—2013《备用电源自动投入装置技术条件》4.9.19 条。

18. 备自投装置交流电流、电压回路验收时应采用通入模拟电流、电压的方法验证回路的正确性。 （√）

【解析】《备用电源自动投入装置验收细则》5.2 验收要求 9）条。

19. 备自投装置整组传动验收时，应按照实际主接线方式，只检验备用电源自动投入装置之间的相互配合关系和断路器动作行为正确性即可。 （×）

【解析】《备用电源自动投入装置验收细则》5.2 验收要求 14）条。

20. 备自投装置应具有分段（内桥）断路器备自投和进线断路器备自投自适应功能，备自投方式通过控制字实现。 （√）

【解析】 Q/GDW 10766—2015《10kV～110 (66) kV 线路保护及辅助装置标准化设计规范》8.1.2.1.3 条。

21. 备自投装置中所有开入回路的直流电源应与装置内部电源隔离。 （√）

【解析】 DL/T 478—2013《继电保护和安全自动装置通用技术条件》中 4.5.1 开关量输入 a) 装置中所有开入回路的直流电源应与装置内部电源隔离。

22. 在进行备自投的定检前，要采取相应的安全措施，做好外回路风险点的拆除与记录，避免试验时相邻保护及运行设备发生误动的事故。 （√）

【解析】 在对备自投进行定检时，因两路电源进线不可能同时停电，给备自投的传动试验带来很大的风险与困难，为了防止误跳闸运行设备，应做好安全措施，并将相应的回路隔离。

23. 进行保护装置的校验时，应充分利用其自检功能，主要检验自检功能无法检测的项目，即检验的重点应放在保护装置的外部接线和二次回路。 （√）

【解析】 DL/T 587—2016《继电保护和安全自动装置运行管理规程》中 7.3 条。

24. 装置检验应做好记录，检验完毕后应向运行人员交代有关事项，及时整理校验报告，保留好原始记录。 （√）

【解析】 DL/T 587—2016《继电保护和安全自动装置运行管理规程》中 7.7 条。

四、填空题

1. 对反映一次设备位置和状态的辅助接点及其二次回路进行验收时，不宜采用短接接点的方法进行。

【解析】《备用电源自动投入装置验收细则》5 竣工验收 10) 条。

2. 备自投装置的整组传动试验，应在 80% 额定直流电压条件下进行，试验不允许使用运行中的直流电源。

【解析】《备用电源自动投入装置验收细则》5.2.11 条。

3. 备自投装置整组传动验收结束后，未经验收人员许可，不能改动装置硬件设置、定值区号、保护定值和二次回路接线；如果确实需要变更，应履行相关手续，重新进行试验并验收；特别是有关电流、电压、分合闸等重要回路的变更，应再次通过整组试验重新验证其功能完整性。

【解析】《备用电源自动投入装置验收细则》5.2.17 条。

4. 备自投装置投入运行前，应用不低于电流互感器额定电流 10% 的负荷电流及工作电压进行检验，检验项目包括装置的采样值、相位关系等。

【解析】《备用电源自动投入装置验收细则》5.2.19 条。

5. 继电保护和安全自动装置应为通过行业或国家级检测机构检测合格的产品。

【解析】《接入分布式电源的配电网继电保护和安全自动装置技术规范》4.5 条。

6. 备自投装置在母线失压启动跳闸计时后，在延时未到动作定值时，不再满足跳闸的启动条件，则程序的跳闸计时清零。当再次满足备自投启动条件后程序重新开始计时。

【解析】 Q/GDW 10766—2015《10kV～110 (66) kV 线路保护及辅助装置标准化设计规范》8.1.3.10 条。

7. 备自投应设置闭锁备自投的开入接口，用于与保护或自动装置配合。

【解析】 DL/T 526—2013《备用电源自动投入装置技术条件》备自投应设置闭锁备自投的开入接口，用于与保护或自动装置配合。

8. 备自投装置为防止 TV 断线时备自投误动作，取<u>主供电源电流</u>作为母线失压的闭锁判据。

【解析】 备自投投入运行情况由于电压互感器一、二次熔断器烧断，二次空气开关跳闸等原因电压消失时，通过主供电源的电流来闭锁备自投装置。

9. 主变压器低压侧备自投投入运行时，<u>主变压器低后备保护动作</u>闭锁备自投。

【解析】 Q/GDW 10766—2015《10kV～110（66）kV 线路保护及辅助装置标准化设计规范》8.1.2.2.2 条。

10. 进行现场工作时，应防止交流和直流回路混线。备用电源自投装置定检后，以及二次回路改造后，应测量交、直流回路之间的<u>绝缘电阻</u>，并做好记录；在合上交流<u>直流</u>电源前，应测量负荷侧是否有直流交流电位。

【解析】《备用电源自投装置检修细则》3.1.1（g）。

11. 备自投装置联跳回路可采取打开连接片、打开出口试验端子连片或拆除<u>二次接线</u>方式断开，出口试验端子或拆除的接线应用红色绝缘胶布包好，以起警示作用。

【解析】《备用电源自投装置检修细则》3.2.1 条。

12. 某变电站 10kV 备自投以分段备自投方式运行，备自投装置已充电。当发生故障，备自投装置动作后，工作人员到现场发现，由于直流系统问题，装置断电，现场处理后直流电源恢复正常，装置应能<u>重新显示</u>故障信息。

【解析】 DL/T 526—2013《备用电源自动投入装置技术条件》4.9.15 条。

13. 备自投装置为防止 TV 断线时误动作引入电流闭锁元件，要求电流采样值误差不大于<u>0.04I_N</u>。

【解析】 DL/T 526—2013《备用电源自动投入装置技术条件》4.10 条。

14. 备自投装置在有闭锁备自投信号的情况下，<u>可靠闭锁</u>备自投避免备用电源投于故障。

【解析】 DL/T 526—2013《备用电源自动投入装置技术条件》4.17 条。

15. 备自投装置二次回路的设计应遵循<u>相互独立</u>的原则。除了交流回路外，应减少与其他装置之间的电气联系。

【解析】《电网安全自动装置标准化设计规范》10.1.2.1 条。

五、简答题

1. 备用电源自投的主要工作条件有哪些？

【解析】 1）工作母线电压低于定值并大于预定时间。

2）备用电源的电压应运行于正常范围，或备用设备处于正常准备状态。

3）断开原工作断路器后方允许自投，以避免可能非同期并列。

2. 备用电源自投装置充电的基本条件是什么？

【解析】（1）工作电源和备用电源工作正常，均符合有压条件。

（2）工作断路器和备用断路器位置正常，即工作断路器合位，备用断路器跳位。

（3）无放电条件。

3. 备用电源自投装置需接入哪些量？

【解析】 备用电源自投装置需接入母线三相电压、进线线路电压、进线电流、相关断路器跳闸位置（TWJ）、合后位置（KKJ）、外部闭锁量。

4. 分段备自投主接线图如图 5-3 所示，正常运行时 1QF、2QF 在合位，3QF 在分位，请说出动作条件及动作过程。如果备自投装置 I、II 母电压接反，装置能不能正常动作？

【解析】 （1）动作条件及动作过程。

1）充电完成情况下，I 母失电压且进线 1
无电流，II 母有电压，备自投启动，经跳闸延
时跳 1QF 断路器，确认 1QF 跳开后，延时合
闸 3QF。

2）充电完成情况下，II 母失电压且进线 2
无电流，I 母有电压，备自投启动，经跳闸延
时跳 2QF 断路器，确认 2QF 跳开后，经延时
合 32QF。

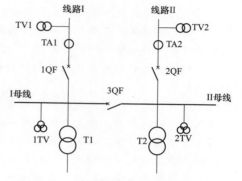

图 5-3 分段备自投接线图

（2）不能。如果备自投装置 I、II 母电压
接反时，如果 I 母故障失压，备自投装置判断
II 母失电压，实际 II 母正常运行，如果有电流会电流闭锁，备自投不会动作；如果没有
电流闭锁时备自投装置动作追跳 2QF 断路器，1QF、2QF 断路器都在跳闸位置，I、II
母都失压，备自投放电，不能正确动作。

5. 备自投装置接入线路间隔的保护电流，当线路有故障，线路间隔的电流互感器
饱和，此时影响备自投装置的正确动作吗？

【解析】 为了防止母线电压 TV 断线时备自投装置误动作，备自投装置接入电流来
判断是否 TV 断线，闭锁备自投误动作。备自投装置有流闭锁电流是保护绕组电流，有流
闭锁整定值偏低，当线路发生故障时，线路电流互感器饱和，本间隔保护或后备保护动
作，切除故障后备自投装置动作，因此不影响备自投的动作逻辑。

6. 何谓备用电源自动投入装置的过负荷联切功能？有几种实现方式？

【解析】 为防止备用电源由于负载较大引起过负荷，造成大面积停电，备自投装置
一般具有过负荷联切功能。

过负荷联切功能有两种实现方式，①备用电源投入前先切除部分负荷，从而保证备
用电源投入后不会发生过负荷，这种方式常用在负荷较重，而备用电源相对较小，为保
证重要用户供电，人为确定切除部分负荷；②备用电源投入后，由备自投装置自动检测
备用电源的负荷情况，当检测到备用电源过负荷后，备自投装置动作，切除部分负荷
线路。

7. 备自投装置一般需要与哪些保护装置进行配合？如何配合？

【解析】 一般与母线保护（开关失灵保护），变压器后备保护进行配合。

当系统发生严重故障时，如母线保护或主变压器后备保护动作切除故障，由于以上
保护动作切除所有的负荷线路，备自投装置动作已经没有必要且备自投如果动作，可能
由于故障未消失造成系统的再一次冲击，不利于系统的稳定，因此备自投装置需要和相
关保护配合，当这些保护动作后，对备自投装置进行闭锁，即给备自投装置一个外部闭
锁开入信号，备自投装置放电，而停止动作。

8. 备用电源自动投入装置应满足哪几种基本要求?

【解析】（1）当工作母线上的电压低于预定数值，并且持续时间大于预定时间，备自投方可动作投入备用电源。

（2）备用电源的电压应运行于正常允许范围，或备用设备应处于正常的准备状态下，备自投方可动作投入备用电源。

（3）备用电源必须尽快投入，即要求装置动作时间尽量缩短。

（4）备用电源必须在断开工作电源断路器之后才能投入，否则有可能将备用电源投入到故障网络而引起故障的扩大。

（5）备用电源断路器上需装设相应的继电保护装置，并应与上、下相邻的断路器保护相配合。

（6）备自投动作投于永久性故障设备上，应加速跳闸并只动作一次。以防备用电源多次投入到故障元件上，扩大事故，对系统造成再次冲击。

（7）当电压互感器二次侧断线时，应闭锁备自投装置不使它动作。

（8）正常操作使工作母线停电时，应闭锁备自投装置不使它动作。

（9）备用电源容量不足时，在投入备用电源前应先切除预先规定的负荷容量，使备用电源不至于过负荷。如果母线有较大容量的并联电容时，在工作电源断路器断开的同时也应断开所对应的电力电容器。

（10）根据需要备自投装置可做成双方向互为备用方式。

9. 请列举对备自投装置的基本要求。

【解析】（1）只有当工作电源断开以后，备用电源才能投入。

（2）备自投装置只允许将备用电源投入一次。

（3）备自投装置切除工作电源断路器必须经延时。

（4）手动拉开工作电源，备自投装置不应动作。

（5）备用电源不满足有压条件，备自投装置不应动作。

（6）应具有闭锁备用电源自动投入装置的功能。

（7）工作母线失压时还必须检查工作电源无流，才能启动备用电源自动投入装置。

六、 分析题

1. 110kV 某变电站 110kV 母线单母分段运行， 110kV 母线有两个电源线路， 安装 110kV 进线备自投装置， 进线1、 进线2和母联组成备自投。 用线路电压互感器二次电压用于备用电源有压判据且检查电源电压控制字投入。 备自投安装调试工作完成 （母线电压、 线路电压有压定值70V） 后， 送电时备自投装置一致无法充电 （母线相电压、 线路电压 57.7V， 开入开出量正常）， 请说出检查步骤及分析无法充电原因。

【解析】 检查步骤包括：①检查充电条件是否满足。两段母线有压，备用电源有压，进线1、进线2、母联断路器位置是否正确；②检查是否有满足放电条件的闭锁开入。

无法充电原因：安装调试时备自投装置采样值、开入量和开出量正常，能正常充电，说明备自投装置充电逻辑回路正常，并且无闭锁开入，定值正确。送电时备自投装置无法充电，母线相电压、线路电压 57.7V，而定值单有压定值70V，达不到备用电源有压定值，所以备自投装置无法充电。线路电压互感器二次绕组用错，应使用100V 二次绕组。

2. 110kV 变电站 110kV 母线进线备自投运行， 由于线路有永久性故障， 线路保护动作、重合闸动作、后加速动作切除故障，母线失压。110kV 备自投启动动作追跳主供电源，之后报跳闸失败备自投装置放电，请分析跳闸失败原因及给出整改措施（备注：备自投跳闸位置取线路保护操作箱 TWJ 接点）。

【解析】线路保护动作重合闸失败，此时需要备自投装置动作恢复供电时，可能会出现机构储能未完成，导致 TWJ 回路不通，备自投装置无法及时接受开关分位信号而拒动。

整改措施：备自投的断路器位置开入是备自投充放电的重要条件之一，断路器位置应取自断路器机构辅助接点，这样才能在第一时间正确反映开关的分、合位状态。

3. 进线备自投主接线图如图 5-4 图所示，进线 2 运行，进线 1 备用，正常运行时 2QF、3QF 在合位，1QF 在分位，请说出动作条件及动作过程。

【解析】（1）备自投充电条件。两段母线线电压均大于有压定值，备用进线电压大于有压定值，分段断路器在合闸位置，工作线路断路器在合闸位置，备用进线断路器在分闸位置且无其他闭锁条件。

（2）备自投放电条件。断路器位置异常、手跳/遥跳闭锁、备用进线电压低于有压定值延时 15s、闭锁备自投开入、备自投合上备用进线断路器等。

（3）备自投动作逻辑。两段母线电压均低于无压定值，工作进线无流，备用进线有压，延时跳工作进线断路器及失压母线联切出口，确认工作进线断路器跳开后，延时合备用进线断路器。若分段断路器偷跳，经跳闸延时补跳分段断路器及失压母线联切出口，确认分段断路器跳开后，延时合备用进线断路器。

（4）当装置未接入线路 TV 电压时，可通过控制字选择退出检线路侧电压。

4. 某变电站的 35kV 母联分段断路器热备用，投入分段备用电源自动装置，进线 1 的负荷 2MVA，进线 1、进线 2 电流互感器变比 300/1，本装置有流闭锁定值为 0.13A，如图 5-5 所示。

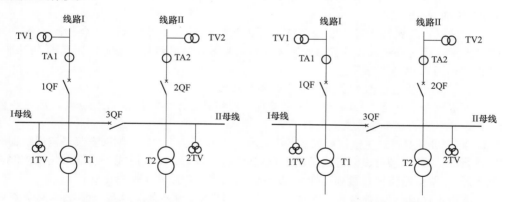

图 5-4 进线备自投主接线图　　　图 5-5 35kV 分段备自投示意图

运行过程中发生 35kV Ⅰ段母线电压互感器熔丝三相熔断，35kV 备用电源自投装置动作合上 35kV 母分断路器，请分析动作原因。

【解析】分段备自投Ⅰ段、Ⅱ段母线相互暗备用运行。Ⅰ段母线三相失压，通过负荷电流折算至二次电流值为 2000/（1.732×35×300）＝0.11A，小于有流闭锁定值，备自投装置判进线 1 无流，Ⅱ母三相有压，装置动作经整定的延时时间跳开 1QF 断路器，确认断路器分位后，经整定延时时间合上分段 3QF 断路器。

由于发生 I 母线电压互感器高压熔断器三相熔断，此时进线 1 带的负荷交低，正好在装置有流闭锁定值附近，满足了无流条件，装置的动作，即动作合上分段 3QF 断路器。

5. 图 5-6 为某两座变电站远方备自投一次接线图，本地变电站 2DL 在跳位，请简述远方备自投的充放电条件及动作过程。

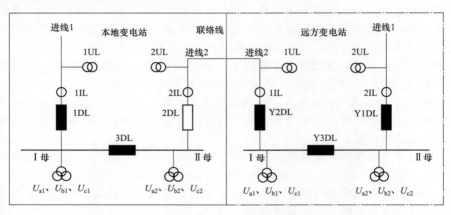

图 5-6 远方备自投接线图

【解析】 充电条件：YFHZ2 投入工作。即 YBZT 切换把手在"投入"位置，2DL 跳位，1DL、3DL 合位且合后位置正常。Ⅱ母有压（d087），有对侧变电站有压全合接点输入，无闭锁 YBZT 输入、无远方闭锁输入、无放电条件；充电条件满足 10s 充电完成。

放电条件：YFHZ2 退出工作。即 YBZT 投退切换把手在"退出"位置，1DL 或 3DL 合后消失、或 2DL 合上，Ⅱ母不满足有压条件长于 15s，有闭锁 YBZT 输入、或有远方闭锁输入，2DL 拒合。

动作过程：装置接收到远方合闸接点、Ⅱ母有压且无对侧站有压全合接点输入、有对侧站电源跳位接点输入，装置启动远方合备用延时，延时到后，装置发 2DL 合闸脉冲，并发出"合 2DL 动作"信号。

确认 2DL 合上后，装置发出"远方合备用成功"信号。

2DL 合闸命令发生 5s 后断路器仍未动作，则终止远方备自投合 2DL 逻辑，远方备自投放电，装置发出"备自投失败"信号。

6. 某 110kV 变电站主接线图如图 5-7 所示，110kV 侧、10kV 侧都安装备自投装置，正常运行时，两侧备自投以进线备自投方式运行，当 110kV 侧进线 1 线路永久性故障，全站失压，两侧备自投装置都动作，试分析低压侧备自投动作是否正确？

【解析】 110kV 侧备自投装置动作情况为：进线 1 有永久性故障，保护装置动作跳 1934 断路器，全站失压，进线 1 无流，备自投装置动作，追跳 1934 断路器，合 1323 断路器。备自投正确动作。

10kV 备自投装置动作情况为：10kV 侧备自投以进线备自投方式运行，当 110kV 供电源故障切除后，全所失压，10kV 侧 I、Ⅱ母无压，1 号主变压器低压侧无流，满足备自投条件，备自投装置动作切除 1001 断路器，合上 1002 断路器。备自投动作情况正确。

7. 某 110kV 变电站主接线图如图 5-8 所示，110kV、10kV 侧都安装备自投装置，正常运行时，两侧备自投以进线备自投方式运行，某日按工作计划将 110kV 变电站全站停

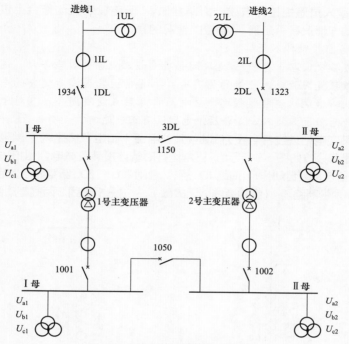

图 5-7　全站备自投示意图（第 6 题）

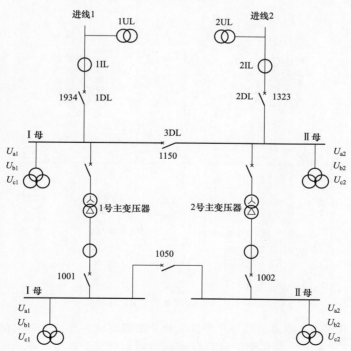

图 5-8　全站备自投示意图（第 7 题）

电检修，当调度人员遥控拉开进线一断路器时，备自投装置动作合上进线二断路器，试分析备自投动作情况是否正确，导致此情况的原因？

【解析】备自投动作不正确。

备自投装置二次回路中有手跳/遥跳闭锁备自投放电条件，当手动（遥控）断开主供电源时，备自投装置应放电。可能的原因有：①备自投装置没有完整的手跳（遥跳）闭锁回路；②手跳（遥跳）继电器损坏，继电器常开触点没有闭合；③对于接入合后开入的备自投装置合后位置未接入，或合后继电器没有正确返回。

8. 110kV某变电站进线备自投方式运行，电源1和电源2是两个供电电源，电源2的电源侧断路器在分位如图5-9所示，正常运行时备自投装置充电，由于进线1故障两侧断路器跳闸，备自投装置动作，追跳1DL后，合闸2DL，2DL断路器合上后，进线2两侧差动保护动作跳两侧断路器（经检查线路无故障），试分析进线2两侧差动保护动作原因。

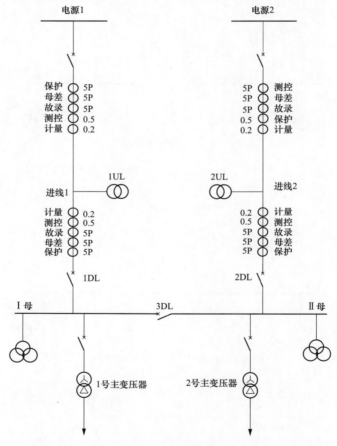

图5-9 110kV进线备自投示意图

【解析】从下面变电站接线和互感器绕组分配图发现，电源2侧绕组用错，将测量绕组接到线路保护装置，备自投合2DL线路的瞬间由于主变压器励磁涌流较大，使得测量绕组保护而不能正确采样，导致进线2两侧保护差动保护动作跳闸。

主变压器保护励磁电流对于线路保护来说是一个穿越性电流，若线路2线路保护电源2侧互感器绕组准确级采用保护级，电流互感器就不会饱和，差流也将几乎为零，线路保护不会误动。

第二节 低频低压减载装置

一、单选题

1. 低频减载装置定检应做 （A） 试验。

A. 低压闭锁回路检查　　　　　　B. 负荷特性检查

C. 功角特性检查　　　　　　　　D. 以上说法均不正确

【解析】 低频减负荷装置为了防止误动作常用的闭锁功能有时限闭锁、低电压带时限闭锁、低电流闭锁、双频率继电器串联闭锁及滑差闭锁。因此在低频减载装置定检工作必须验证装置的闭锁功能，防止装置误动作，故选择A。

2. 电网低频率运行的原因是用电负荷大于发电能力，此时只能用 （A） 的方法才能恢复原来的频率。

A. 拉闸限电　　　B. 系统停电　　　C. 继续供电　　　D. 线路检修

【解析】 当电力系统负荷大于发电能力时，出现功率缺额，导致系统频率下降，为了发电能力大于用电负荷，将一部分不重要的负荷按频率下降的程度自动切除，以阻止频率的下降，将系统恢复到正常运行状态，故选择A。

3. 对系统低频率事故处理的方法中，不正确的是 （D）。

A. 调出旋转备用　　　　　　　　B. 迅速启动备用机组

C. 联网系统的事故支援　　　　　D. 投入部分电容器或电抗器

【解析】 限制频率下降的措施：①动用系统中的旋转备用容量；②迅速启动备用机组；③按频率自动减负荷。电容器电抗器的投退来无功补偿，调节电压，故选择D。

4. 自动低频减负荷的顺序，应按 （B） 进行安排。

A. 负荷的大小　　　　　　　　　B. 负荷的重要性

C. 变电所各路负荷平均　　　　　D. 负荷的性质

【解析】 Q/GDW 586—2011《电力系统自动低频减负荷技术规范》5.2条。

5. 在系统频率恢复至 （D） 以上时，可经上级调度同意恢复对拉闸和自动低频减负荷装置动作跳闸线路的送电。

A. 48.8Hz　　　　B. 49.0Hz　　　C. 49.1Hz　　　　D. 49.8Hz

【解析】《电力系统自动低频减负荷工作管理规程》中4.8条。

6. 在自动低频减负荷装置切除负荷后，（A） 使用备用电源自动投入装置将所切除的负荷送出。

A. 不允许　　　　B. 允许　　　　C. 可以　　　　　D. 不应

【解析】《电力系统自动低频减负荷工作管理规程》中4.7条。

7. 电力系统的自动低频减负荷方案，应由 （A） 负责制订并监督其执行。

A. 系统调度部门　　B. 生产管理部门　　C. 检修部门　　　D. 运行部门

【解析】 Q/GDW 586—2011《电力系统自动低频减负荷技术规范及编制说明》中4.3条。

8. 下列负荷消耗的有功功率和频率无关的有 （A）。

A. 整流器负荷　　　B. 碎煤机　　　　C. 卷扬机　　　　D. 水泵

【解析】 其中碎煤机、卷扬机、水泵都是有转动机构，即电动机在运行，系统频率影响转速，因此与频率有关。整流器是将交流转换成直流，直流系统与频率没有关系，故选择 A。

9. 电力系统发生短路等事故时，首先应由 （A） 动作切出故障。

A. 继电保护　　　　　　　　　B. 电力系统紧急控制装置

C. 继电保护或紧急控制装置　　D. 电力系统自动装置

【解析】 电力系统发生短路等事故时，首先应由继电保护动作切除故障，继电保护是电力系统第一道防线。一般情况下事故切除系统可继续运行。如果事故很严重或事故处理不当，则可能造成事故扩大而导致严重后果。为此，电力系统中还应配备必要的紧急控制装置。

10. 下列描述不正确的是 （B）。

A. 频率下降会损坏汽轮机　　　　B. 频率下降电烙铁功率下降

C. 频率下降异步电动机无功消耗增加　D. 频率下降不影响白炽灯功率消耗

【解析】 电烙铁和白炽灯是阻性负载，其中电感元件上产生的平均有功功率为零，如式 （5-2） 所示，因此只有电阻元件消耗功率，而纯电阻负载功率与频率无关，如式 （5-1）。选项 A 中电源频率与电机转速关系为 $n = 60f/P$ （式中：n 为每分钟转速；f 为电源频率，P 为电机磁极），会影响汽轮机。选项 C 中异步电动机是感性负载，如式 （5-3） 所示，式中频率降低，感抗降低，无功功率增大，故选择 B。

系统电动机的转速与频率有关，与功率有关。纯电阻元件平均有功功率为

$$P = UI = I^2 R = \frac{U^2}{R} \tag{5-1}$$

纯电感元件平均有功功率为

$$P = \frac{1}{T}\int_0^T P \mathrm{d}t = \frac{1}{T}\int_0^T UI \sin 2\omega t \, \mathrm{d}t = 0 \tag{5-2}$$

纯电感元件平均有功功率为

$$Q_L = UI = I^2 X_L = \frac{U^2}{X_L} \quad \text{其中 } X_L = \omega L = 2\pi f L \tag{5-3}$$

11. 下列哪种负荷的负荷调节效应系数为零？ （B）

A. 碎煤机　　　B. 照明　　　　C. 通风泵　　　　D. 异步电机

【解析】 当频率变化时，系统负荷消耗的有功功率也将随着改变。不同类型负荷消耗的有功功率，随频率变化的敏感程度不一样，它与负荷的性质有关。电力系统的负荷，一般可分为如下三类：①负荷消耗的有功功率与频率无关，如电热、照明、整流器负荷等；②负荷消耗的有功功率与频率的一次方成正比，如碎煤机、卷扬机、金属切削机等负荷，其轴转矩为常数，即 $P_n = K_1 f$；③负荷消耗的有功功率与频率的二次方、三次方、高次方成正比，如通风泵、水泵等负荷。

12. 利用电源断开后电压迅速下降来闭锁自动按频率减负荷装置称为 （B）。

A. 时限闭锁方式　　　　　　B. 低电压带时限闭锁方式

C. 低电流闭锁方式　　　　　D. 滑差闭锁方式

【解析】（1）时限闭锁方式。该闭锁方式是由装置带一定延时出口的方式实现，曾主要用于由电磁式频率继电器或晶体管频率继电器构成的自动按频率减负荷装置中。

（2）低电流闭锁方式。该闭锁方式是利用电源断开后电流减小的规律来闭锁自动按频负担超过了安全运行率减负荷装置。

（3）滑差闭锁方式。滑差闭锁方式亦称频率变化闭锁方式。该方式利用从闭锁级频率下降至动作级频率的变化速度 $\mathrm{d}f/\mathrm{d}t$ 是否超过某一数值，来判断是否为系统功率缺额引起的频率下降，从而决定是否进行闭锁。为躲过短路的影响，装置也需带有一定延时。目前这种闭锁方式正受到日益广泛的应用。

（4）低电压带时限闭锁。该闭锁方式是利用电源断开后电压迅速下降来闭锁自动按频率减负荷装置。由于电动机电压衰减较慢，因此必须带有一定的时限才能防止装置的误动。特别是当装置安装在受端接有小电厂或同步调相机以及容性负荷比较大的降压变电所内时，很易产生误动。另外，采用低电压闭锁也不能有效地防止系统振荡过程中频率变化而引起的误动，故选择 B。

13. 电力系统已被解列成若干个局部系统，其中有些系统已经不能保证正常的向用户供电，但其他部分可维持正常状态称为 （C）。

    A. 安全状态   B. 警戒状态   C. 恢复状态   D. 稳定状态

【解析】恢复状态是指电力系统已被解列成若干个局部系统，其中有些系统已经不能保证正常地向用户供电，但其他部分可维持正常状态；或系统未被解列，但已不能满足向所有的用户正常供电已有部分负荷被切除。

安全状态是指系统的频率、各节点的电压、各元件的负荷均处于规定的允许值范围内，并且一般的小扰动不致使运行状态脱离正常运行状态。

警戒状态是指系统整体仍处于安全的范围内，但个别元件或地区的运行参数已临近安全范围的边缘，扰动将使运行进入紧急状态。

14. 频率降低时，可通过 （C） 的办法使频率上升。

    A. 增加发电机的励磁，降低功率因数   B. 投入大电流联切装置

    C. 增加发电机有功出力或减少用电负荷   D. 增加发电机的无功出力

【解析】当系统功率缺额导致频率降低时，可通过并网的方式提高供电容量，提高发电机有功功率。频率降低说明负荷需要的有功功率大于系统输出的有功功率，将负荷减少，负荷需要的有功功率减少，达到新的平衡可将频率恢复到正常状态。

15. 电力系统自动化有以下四大任务，其首要任务是 （B）。

    A. 保证电能质量   B. 提高系统运行安全性

    C. 提高事故处理能力   D. 提高系统运行经济性

【解析】电力系统继电保护和安全自动装置首要目的是让电力系统安全稳定运行。

16. 自动低频减载装置的作用是保证电力系统的安全稳定运行以及保证 （D）。

    A. 所有负荷用电   B. 城市负荷用电

    C. 工业负荷用电   D. 重点负荷用电

【解析】低频减载装置是一种防止电力系统出现频率崩溃的安全控制措施。即当电力系统因发电和用电负荷的需求之间出现缺额而引起频率下降时，按事先整定的动作频率值，依次将系统中预先安排好的一部分次要负荷切除，从而使系统有功功率重新趋于平衡，频率得到回升。这是防止电力系统因频率下降导致频率崩溃事故最主要的一种安

全措施。低频减载装置切除次要负荷，保留重要负荷，保证重要负荷用电。

二、多选题

1. 电力系统低频运行的危害有 （ABC）。

A. 使系统内的发电机产生振动　　　　B. 影响对用户的供电质量

C. 影响系统的经济运行　　　　　　　D. 增大线路上的损耗

【解析】 电力系统低频运行的危害有：①低频运行对发电机和系统安全运行有影响，频率下降时，汽轮机叶片的振动会变大，轻则影响使用寿命，重则可能产生裂纹；②低频运行对电力用户的不利影响：会引起异步电动机转速变化，这会使得电动机所驱动的加工工业产品的机械转速发生变化，会引起某些测量和控制用的电子设备的准确性和性能，频率过低时有些设备甚至无法工作，将使电动机的转速和输出功率降低，所带动机械的转速和出力降低，影响用户设备的正常运行，导致经济损失。电力系统线路上的损耗是由于线路电阻引起，与频率无关，纯电阻元件平均有功功率为 $P=UI=I^2R=\dfrac{U^2}{R}$，因此不会增大线路的损耗，故选择 ABC。

2. 关于低频减载装置的叙述，正确的是 （ABCD）。

A. 防止系统频率崩溃的重要措施

B. 110kV 及以下属地调管辖，省调许可

C. 正常应投入，未经省调许可，不得擅自将装置停用

D. 所切负荷应征得所辖调度同意方可恢复送电

【解析】 电力系统中，自动低频减载装置是用来对付严重功率缺额事故的重要措施之一，它通过切除负荷功率（通常是比较不重要的负荷）的办法来制止系统频率的大幅下降，以取得逐步恢复系统正常工作的条件。110kV 及以下电网低频减载装置属地调管辖，省调许可。低频减载装置正常应投入运行，未经省调批准，不得擅自将装置停用或变更其所控制的开关。低频减载装置及所控制的开关需停役检修或试验时，应履行申请手续。在系统发生低频事故后，所切负荷开关应征得所辖调度同意方可恢复送电。地调应将本地区电网低频减载装置动作情况及所切负荷量及时统计上报省调。

3. 电网自动低频、低压减负荷方案中应指出 （ABCD）。

A. 切负荷轮数　　　　　　　　　　　B. 每轮动作频率（或电压）

C. 每轮各地区所切负荷数　　　　　　D. 每轮动作时间

【解析】 系统的运行方式很多，而且事故的严重程序也有很大差别，对于各种可能发生的事故，都要求自动低频减载装置能做出恰当的反应，切除相应数量的负荷功率，既不过多又不能不足，只有分批断开负荷功率采用逐步修正的办法，才能取得较为满意的结果。根据重要程度分轮次切除负荷，取得更好的调节效果。因此以上功能都考虑。

4. 防止因恶性连锁反应或失去电源容量过多而引起受端系统崩溃的措施有 （ABCD）。

A. 受端系统应有一定的备用电源容量

B. 每一回送电线路的最大输送功率所占受端系统总负荷的比例不宜过大

C. 送到不同方向的几回送电线路如在送端连在一起，必须具备事故时快速解列或切机等措施

D. 受端系统应有足够的低频减负荷数量和联切负荷数量

【解析】 防止因恶性连续反应或失去电源容量过多而引起受端系统崩溃的主要措施有：①每一组送电回路的输送能力应保证送出所接入的电源容量；②每一组送电回路的最大输送功率所占受端总负荷的比例，不宜过大，具体比例可结合受端系统的具体条件来决定；③除共用一组送电回路的电源外，应避免远方的大电源与大电源在送端连在一起；送到同一方向的几组送电回路不宜在送端连在一起，如技术经济效益较大，需要在其送端或中途连在一起时，必须能在严重事故时将其可靠快速解列；④送到不同方向的几组送电回路，如在送端连在一起必须考虑在事故时具备快速解列或切机等措施，以防由于负荷转移而扩大事故；⑤受端系统应有足够的低频自动减负荷数量或联切负荷数量。

5. 下列装置中属于安全自动装置的有 （CD）。

A. 失灵保护装置　B. 非全相保护装置　C. 重合闸装置　D. 低频减载装置

【解析】 Q/GDW 11356—2015《电网安全自动装置标准化设计规范》3.1条。

6. 装置的强电开入回路应与装置保护电源隔离，开入回路的启动电压值应不大于 （D） 倍额定电压值且不小于 （B） 倍额定电压值。

A. 0.5　　　　B. 0.55　　　　C. 0.6　　　　D. 0.7

【解析】 DL/T 315—2010《电力系统低频减负荷和低频解列装置通用技术条件》5.1.7。

7. 低频低压减负荷装置低压功能检验，应满足以下短路故障响应条件 （ABCD）。

A. 发生短路故障时，装置不应误动作

B. 短路故障切除后，若一定时间内电压恢复到正常值，装置不应误动作

C. 短路故障切除后，若一定时间内电压未恢复到"故障恢复电压"之上，装置告警并闭锁低压功能

D. 短路故障切除后，若一定时间内电压恢复到"故障恢复电压定值"之上且满足低压动作定值和延时条件时，装置应可靠动作

【解析】 Q/GDW 11488—2015《电网安全自动装置检验规范》E.2.2低压功能检验。

8. 低频低压减载装置软件功能检查项目包括以下 （ABCD）。

A. 低频功能检验　B. 低压功能检验　　C. 异常告警检验　D. 其他功能检验

【解析】 Q/GDW 11488—2015《电网安全自动装置检验规范》第7页软件功能检验：低频功能检验、低压功能检验、异常告警检验、其他功能检验。

9. 低频减载装置满足哪些条件时低频保护动作 （AB）。

A. 电压的频率低于低频动作定值　　B. 延时大于对应轮次的低频动作延时定值

C. 电压的频率高于低频动作定值　　D. 延时小于对应轮次的低频动作延时定值

【解析】 Q/GDW 11488—2015《电网安全自动装置检验规范》23页E.2.1。

三、判断题

1. 对运行中或准备投入运行的自动低频减负荷装置，应由继电保护人员按有关规程和规定进行检验。　　　　　　　　　　　　　　　　　　　　　　　　（√）

【解析】《电力系统自动低频减负荷工作管理规程》3.2条。

2. 当电力系统发生严重的低频事故时，为迅速使电网恢复正常，低频减负荷装置在达到动作值后，可不经时限立即动作，快速切除负荷。　　　　　　　　　（×）

【解析】 自动低频减载装置动作时，原则上应尽可能快，但是当系统发生事故，电

压急剧下降期间有可能引起频率继电器误动作,为此,要求装置有一定的动作时限。当然,时限过长不利于各级间的选择性,也可能在严重故障时会使系统的频率降低到危险的临界值以下。所以往往采用一个不大的时限(通常用 0.1～0.2s)以躲过暂态过程可能出现的误动作。

3. 自动低频减载装置动作反应的是所接母线的频率瞬时值。 （×）

【解析】 自动低频减载装置动作反应全系统的平均频率,而不是所接母线的频率瞬时值,瞬时值误动作的可能性很高。

4. 按频率自动减负荷装置中电流闭锁元件的作用是防止电流反馈造成低频率误动。 （√）

【解析】 当线路发生故障,系统电源断开或变压器退出运行时,低压侧用户的同步电机或感应电机向故障点反馈,反馈频率很低,则有可能造成低频减载装置误动。装设电流闭锁元件后,只有当线路变压器运行低负荷情况下,电流元件才启动,低频率减载装置才能动作。

5. 低频减载装置正常应投入运行, 未经省调批准不得擅自将低频减载装置停用或变更所控开关。 （√）

【解析】 《电力系统自动低频减负荷工作管理规程》4.5。

6. 低频减载装置是一种当系统出现有功功率缺额引起频率下降时, 根据频率下降程度, 自动断开一部分不重要的用户, 阻止频率下降的装置。 （√）

【解析】 为了提高供电质量,保证重要用户供电的可靠性,当系统中出现有功功率缺额引起频率下降时,根据频率下降的程度,自动断开一部分不重要的用户,阻止频率下降,以便使频率迅速恢复到正常值,这种装置称为按频率自动减负荷装置。它不仅可保证重要用户的供电,而且可避免频率下降引起的系统瓦解事故。

7. 根据自动低频减负荷装置的整定原则, 自动低频减负荷装置所切除的负荷不应被自动重合闸再次投入, 并应与其他安全自动装置合理配合使用。 （√）

【解析】 Q/GDW 421—2010《电网安全稳定自动装置技术规范及编制说明》3.8。

8. 电压质量是衡量电能的主要质量指标之一, 造成系统电压下降的主要原因是系统的有功功率不足或有功功率分配不合理。 （×）

【解析】 造成系统电压下降的主要原因是系统的无功功率不足或无功功率分配不合理,电压—无功综合控制的目的是保证稳定的电压品质和较大的功率因数。它通过调节变压器的挡位以及电容器的投切状态来实现。

9. 低频、 低压减负荷装置出口动作后, 应启动重合闸回路, 使线路重合。 （×）

【解析】 Q/GDW 421—2010《电网安全稳定自动装置技术规范及编制说明》3.8。

10. 自动低频减负荷装置动作, 不应导致系统其他设备过载和联络线超过稳定极限。 （√）

【解析】 安全自动装置的配置要考虑电网结构、设备承受能力和运行方式,低频减负荷装置动作是为了系统达到新的安全运行状态,让系统继续供电,不影响其他设备。

11. 事故手动低频减负荷是自动减负荷的必要补充, 当电源容量恢复后, 应逐步手动或自动恢复被切负荷。 （√）

【解析】 当系统有功功率缺额导致系统频率降低时,自动减负荷装置根据频率降低和负荷的重要性切除负荷,达到新的平衡,让系统在新的平衡点继续运行。系统电源容量恢复后，为了防止恢复负荷过多，应逐步手动或自动恢复，应使系统容量和负荷容量相等，避免出现功率不平衡的情况。

12. 按《电力系统安全稳定导则》的要求，电力系统必须合理安排自动低频减负荷的顺序及所切负荷的数量。 （√）

【解析】 Q/GDW 586—2011《电力系统自动低频减负荷技术规范及编制说明》主要原则。

13. 自动低频率减负荷装置可根据需要安装在电力用户内部且用户应积极配合，不得拒绝。 （√）

【解析】《电力系统自动低频减负荷工作管理规程》3.5。

14. 在新建、扩建变电工程及更改工程的设计中，必须设计安装自动低频减负荷装置。 （×）

【解析】《电力系统自动低频减负荷工作管理规程》3.5。

15. 不论是电力系统内部还是电力用户未经供电企业（供电局）调度部门的同意，不得擅自停掉自动低频减负荷装置、转移其控制负荷或改变装置的定值。 （√）

【解析】《电力系统自动低频减负荷工作管理规程》4.5。

16. 自动低频率减负荷装置是为了防止电力系统发生频率崩溃而采用的系统保护。 （√）

【解析】《电力系统自动低频减负荷工作管理规程》1.1。

17. 《电力系统自动低频减负荷技术规定》推荐采用反映装设母线电压频率绝对值的继电器作为自动低频减负荷装置的启动元件。 （√）

【解析】《电力系统自动低频减负荷技术规定》7.7。

18. 当电力系统发生突然的有功功率缺额后，主要应依靠自动低频减负荷装置的动作，使保留运行的负荷容量能与运行中的发电容量相适应。 （√）

【解析】 Q/GDW 586—2011《电力系统自动低频减负荷技术规范及编制说明》5 基本要求。

19. 为了保持电力系统正常运行的稳定性和频率、电压的正常水平，系统应有足够的动态稳定储备和有功、无功备用容量，并有必要的调节手段。 （×）

【解析】 为了保证电力系统稳定运行，电力系统必须满足以下要求：①为保持电力系统正常运行的稳定性和频率、电压的正常水平，系统应有足够的静态稳定储备和有功、无功备用容量，并有必要的调节手段；②在正常负荷波动和调节有功、无功潮流时，均不应发生自发振荡。

20. 除了预定解列点外，不允许保护装置在系统振荡时误动作跳闸。如果没有本电网的具体数据，除大区系统间的弱联系统联络线外，系统最长振荡周期按 2s 考虑。 （×）

【解析】 当电力系统发生振荡时，两侧电动势之间的夹角将在 0°～360° 间不断变化，所需要的时间称为振荡周期。工程中最长的振荡周期常按 1.5s 考虑。而对于两大系统间的振荡一般是低频振荡，振荡周期可能达到 3s 或更长一些，但这是一种特殊情况。系统间的弱联系联络线振荡周期 3s。电力系统中除了预定解列点外，不允许保护装置在系统振荡时误动作跳闸。

21. 如在一套装置中同时实现低频、低压减负荷功能，其低频、低压减负荷功能应相互独立，且应能分别投退。 （√）

【解析】 Q/GDW 421—2010《电网安全稳定自动装置技术规范》7.3。

22. 要加强电网安全稳定性，就要从电网结构上完善振荡、低频、低压解列等装置的配置。 （√）

【解析】《新疆电力公司 25 项反措实施细则》14.2.6。

23. 安全自动装置的配置主要取决于电力系统的电网结构、设备承受能力、运行方式。 （√）

【解析】 GB/T 14285—2006《继电保护和安全自动装置技术规程》3.3。

24. 根据我国《电力工业技术管理法规》规定，正常运行时电力系统的频率应保持在（50±0.2）Hz 的范围内。 （√）

【解析】 根据我国《电力工业技术管理法规》规定，正常运行时电力系统的频率应保持在（50±0.2）Hz 的范围内。当采用现代自动调频装置时，频率的误差可不超过（0.05～0.15）Hz。

25. 金属切削机消耗的有功功率和系统频率成正比。 （√）

【解析】 频率变化时，系统负荷消耗的有功功率也将随着改变。这种有功负荷随频率而变化的特性称为负荷的静态频率特性。不同类型负荷消耗的有功功率，随频率变化的敏感程度不一样，它与负荷的性质有关。电力系统的负荷一般可分为：①负荷消耗的有功功率与频率无关，如电热、照明、整流器负荷等，即 $P_1==K_0$ 为常数；②负荷消耗的有功功率与频率的一次方成正比，如碎煤机、卷扬机、金属切削机等负荷，其轴转矩为常数，即 $P=Kf$。

26. 接于自动低频减载装置的总功率是按最严重事故的情况来考虑的。 （√）

【解析】 在电力系统中，自动低频减载装置是用来对付严重功率缺额事故的重要措施之一，它通过切除负荷功率（通常是比较不重要的负荷）的办法来制止系统频率的大幅下降，以取得逐步恢复系统正常工作的条件。因此，必须考虑即使在系统发生最严重事故的情况下，即出现最大可能的功率缺额时，切除的负荷功率量也能使系统频率恢复在可运行的水平，以避免系统事故的扩大。可见，确定系统事故情况下的最大可能功率缺额，以及接入自动低频减载装置的相应的功率值，是系统安全运行的重要保证。

27. 系统发生振荡时低频减载装置不能误动作。 （√）

【解析】 电力系统振荡时所有保护不能误动作，低频减载装置引入其他信号进行闭锁，如时限闭锁低电压带时限闭锁、低电流闭锁、滑差闭锁等措施来防止误动作。对按频率自动减负荷装置的基本要求中提出：电力系统发生低频振荡时，按频率自动减负荷装置不应误动。

28. 低频减负荷是限制频率降低的基本措施，电力系统低频减负荷装置的配置及其所断开负荷的容量，应根据系统最不利运行方式下发生事故时，整个系统或其各部分实际可能发生的最小功率缺额来确定。 （×）

【解析】 GB/T 14285—2006《继电保护及安全自动装置技术规程》5.5.1.1。

29. TV 断线瞬时闭锁低压解列保护，延时 10s 报装置运行异常告警信号。 （√）

【解析】 Q/GDW 10766—2015《10kV～110（66）kV 线路保护及辅助装置标准化设计规范》8.2.2.6。

四、填空题

1. 由于某种原因联络线事故跳闸、失步解列等有可能与主网解列的有功功率过剩的独立系统，特别是以水电为主并带有火电机组的系统，应设置自动限制频率升高的措施，保证电力系统。

【解析】 GB/T 14285—2006《继电保护及安全自动装置技术规程》5.5.2。

2. 为防止电力系统出现扰动后，无功功率欠缺或不平衡，某些节点的电压降到不允许的数值，甚至可能出现电压崩溃，应设置自动限制电压降低的紧急控制装置。

【解析】 GB/T 14285—2006《继电保护及安全自动装置技术规程》5.5.3。

3. 低电压减负荷控制装置反应于电压降低及其持续时间，装置可按动作电压及时间分为若干级，装置应在短路、自动重合闸及备用电源自动投入期间可靠不动作。

【解析】 GB/T 14285—2006《继电保护及安全自动装置技术规程》5.5.3.2，Q/GDW 586—2011《电力系统自动低频减负荷技术规范》5.1.1.2。

4. 根据不同网架结构及稳定要求，确定是否需配置低频低压减载、失步解列、电能质量监测装置。

【解析】 电调〔2017〕58号《国网新疆电力公司关于印发国网新疆电力公司继电保护整定计算及定值管理实施细则等四项标准的通知》13.1.2。

5. 双重化配置的安全稳定控制装置二次回路应与保护装置一一对应。

【解析】 电调〔2017〕58号《国网新疆电力公司关于印发国网新疆电力公司继电保护整定计算及定值管理实施细则等四项标准的通知》13.2.3。

6. 电网低频减载装置的配置和整定，应保证系统频率动态特性的低频持续时间符合相关规定，并有一定裕度。

【解析】 国家电网设备〔2018〕979号《国家电网有限公司关于印发十八项电网重大反事故措施（修订版）的通知》3.1.3.3。

7. 低频减载装置应有低频启动回路，只有在低频启动回路动作时才允许出口，在频率下降较快时，装置应具有加速减负荷功能。

【解析】 DL/T 315—2010《电力系统低频减负荷和低频解列装置通用技术条件》5.2.6。

8. 在电压互感器断线或电压回路接触不良等电压异常情况下，装置应具有防止误动的措施。

【解析】 DL/T 315—2010《电力系统低频减负荷和低频解列装置通用技术条件》5.2.10。

9. 电网安全稳定自动装置切除的负荷不应被备用电源自投及重合闸装置等再次投入，并应与其他有关电网安全控制措施相协调。

【解析】 Q/GDW 421—2010《电网安全稳定自动装置技术规范及编制说明》3.8。

10. 电力系统安全自动装置应具有事件记录、数据记录功能，为分析装置动作行为提供详细、全面的数据信息。

【解析】 Q/GDW 421—2010《电网安全稳定自动装置技术规范及编制说明》4.2.5。

11. 低频低压减载装置为了完成与其他设备通信和调试需要，装置应具有对时接口、通信接口、调试接口、打印机接口以及其他接口。

【解析】《分布式电源继电保护和安全自动装置通用技术条件》第4页4.12.15。

12. 继电保护应使用专用的电流互感器和电压互感器二次绕组，电流互感器准确级宜采用5P或10P级，电压互感器准确级宜采用3P级。

【解析】《接入分布式电源的配电网继电保护和安全自动装置技术规范》7.2.2。

13. 低压减载装置应设有低压启动回路，只有在低压启动回路动作时才允许<u>出口</u>。

【解析】 DL/T 314—2010《电力系统低压减负荷和低压解列装置通用技术条件》。

14. 当电力系统突然发生有功功率缺额导致系统频率严重下降时，应依靠自动<u>低频</u><u>减负荷装置</u>的动作，使保留运行的负荷容量能与运行中的发电容量相适应，以保持电力系统的继续安全运行，保证向重要负荷的不间断供电。

【解析】 Q/GDW 586—2011《电力系统自动低频减负荷技术规范及编制说明》4.2。

15. 低频减负荷是限制频率降低的基本措施，电力系统低频减负荷装置的配置及其所断开负荷的<u>容量</u>，应根据系统最不利运行方式下发生事故时，整个系统或其各部分实际可能发生的最大功率缺额来确定。

【解析】 GB/T 14285—2006《继电保护和安全自动装置技术规程》5.5.1.1。

16. 低电压减负荷控制作为自动限制<u>电压</u>降低和防止电压崩溃的重要措施，应根据无功功率和电压水平的分析结果在系统中妥善配置。

【解析】 GB/T 14285—2006《继电保护和安全自动装置技术规程》5.5.3.2。

17. 低电压减负荷控制装置反应于电压降低及其持续时间，装置可按动作电压及时间分为若干级，装置应在短路、自动重合闸及备用电源自动投入期间可靠不动作。

【解析】 GB/T 14285—2006《继电保护和安全自动装置技术规程》5.5.3.2。

18. 电力系统系统发生有功功率缺额时，系统频率将<u>下降</u>。

【解析】 当电力系统出现功率缺额时，就会出现系统频率下降，功率缺额越大，频率降低越多。

19. 低频低压减载装置根据负荷重要程度分级切除负荷，首先切除<u>重要性低的负荷</u>。

【解析】 低频低压减载装置根据负荷重要程度分级，在不同的低频、低压情况下，分别切除不同电压等级的负荷，凡是重要性低的负荷首先切除，而后逐级上升，直到系统频率、电压恢复正常。

五、 简答题

1. 低频减载装置中，滑差闭锁功能的作用是什么？

【解析】 防止系统内大机组启动或短路故障引起的电压反馈而误动作。该方式利用从闭锁级频率下降至动作级频率的变化速度 $\mathrm{d}f/\mathrm{d}t$ 是否超过某一数值来判断是否为系统功率缺额引起的频率下降，从而决定是否进行闭锁。为躲过短路的影响，装置也需带有一定延时。目前这种闭锁方式正受到日益广泛的应用。

2. 低频减载的作用是什么？

【解析】 低频减载的作用是：当电力系统有功不足时，低频减载装置自动按频减载，切除次要负荷，以保证系统稳定运行。

当系统发生严重的功率缺额时，系统输出功率和负荷功率不相等，系统频率降低，自动低频减载装置的任务是迅速断开相应数量的用户负荷，使系统频率在不低于某一允许值的情况下，达到有功功率的平衡，以确保电力系统安全运行，防止事故的扩大。因此，自动按频率减负荷装置是防止电力系统发生频率崩溃的系统性事故的保护装置。

3. 对系统低频率事故处理有哪些方法？

【解析】 任何时候保持系统发供用电平衡是防止低频率事故的主要措施，因此在处理低频率事故时的主要方法有：①调出旋转备用；②迅速启动备用机组；③联网系统的事故支援；④必要时切除负荷（按事先制定的事故拉电序位表执行）。

4. 何谓低频低压减载装置？

【解析】 低频低压解列装置就是在低频减载装置的基础上，增加低电压减负荷功能，当电网电压下降时，根据电压下降的不同程度，分别切除不同的不重要负荷，从而阻止电网电压继续下降，使电网尽快恢复到正常的允许电压值运行。

5. 请解释电力系统三道安全防线的定义。

【解析】 安全自动装置和继电保护都是电力系统的安全防线，但两者所承受的作用是完全不同的。继电保护主要解决故障切除的问题，是电力系统的第一道安全防线。而安全自动装置是故障隔离后采取的安全控制措施，主要解决限制设备过负荷、限制系统电压过高或过低、限制系统频率过高或过低、防止失步运行、防止系统稳定破坏的问题，是电力系统的第二、三道安全防线。

传统交流电网与三道防线：①由预防控制和继电保护构成第一道防线；②由切机、切负荷等紧急控制构成第二道防线；③由失步解列、低频低压减载等构成第三道防线，有效保障了传统交流电网的安全稳定运行。

6. 低频低压减载装置的运行注意事项有哪些？

【解析】 （1）启用低频（低压）减载装置时，应先投入交流电源，后投入直流电源；停用时顺序与此相反。

（2）切换电压互感器时，应先停用低频（低压）减载装置，切换完毕再投入。

（3）低频（低压）减载装置在投入或退出某断路器跳闸连接片（压板）时，应同时投入或退出重合闸闭锁连接片（压板），也就是重合闸放电连接片（压板）。

（4）巡视检查时应检查二次电压回路是否完好，工作指示灯是否正常，应投入的连接片（压板）是否已投入。

7. 什么情况下退出整套保护装置？

【解析】 （1）保护装置使用的交流电压、交流电流、开关量输入、开关量输出回路作业。

（2）装置内部作业。

（3）继电保护人员输入定值影响装置运行时。

（4）合并单元、智能终端及过程层网络作业影响装置运行时。

继电保护装置：当电力系统中的电力元件（如发电机、线路等）或电力系统本身发生了故障危及电力系统安全运行时，能向运行值班人员及时发出警告信号，或直接向所控制的断路器发出跳闸命令以终止这些事件发展的一种自动化措施和设备。当出现以上情况时，影响保护装置功能，无法完成对电力元件的保护，所以要退出整套保护装置。

8. 低频减载装置启动要满足哪些条件？

【解析】 （1）装置无告警信号，即系统有压、运行正常，装置的电压、频率采样回路正常。

（2）装置检测到系统频率低于整定值。

（3）装置的闭锁元件不启动，即滑差闭锁、故障状态检测不动作。

当满足上述三个条件时，低频减载装置启动。

9. 为什么负荷调节效应对系统运行有积极作用？

【解析】 系统中发生有功功率缺额而引起频率下降时，负荷调节效应的存在会使相应的负荷功率也跟着减小，从而对功率缺额起着自动补偿作用，系统才得以稳定在一个较低的频率上继续运行；否则，缺额得不到补偿，变成不再有新的有功功率平衡点，频率势必一直下降，系统必然瓦解。故负荷调节效应对系统起着积极作用。

第三节 稳定控制装置

一、单选题

1. 区域电网稳定控制是指：为解决一个区域电网内的稳定问题而安装在多个厂站的（C），经通道和通信接口联系在一起，组成稳定控制系统，站间相互交换运行信息，传送控制命令，可在较大范围内实施稳定控制。

A. 故障录波装置 B. 失步解列 C. 安全稳定控制装置 D. 保护装置

【解析】 Q/GDW 421—2010《电网安全稳定自动装置技术规范》5.6.4 条。

2. 安全稳定控制装置电流回路应采用保护级 TV 二次绕组，如无专用 TV 二次绕组，电流回路宜串接于（D）保护之后，宜串接于故障录波器之前。

A. 电度表　　　　　　　　B. 测控装置

C. 母差保护　　　　　　　D. 线路（变压器、发电机）

【解析】 Q/GDW 11356—2015《电网安全自动装置标准化设计规范》9.1.2.4 条。

3. 安全稳定控制装置优先采用（A）数字接口，与通信设备采用 75Ω 同轴电缆不平衡方式连接，复用光纤通道误码率小于 10^{-8}。

A. 2Mbit/s　　　B. 1Mbit/s　　C. 64Kbit/s　　　　D. 100Mbit/s

【解析】 Q/GDW 11356—2015《电网安全自动装置标准化设计规范》6.1.3.1 条。

4. 控制主站发出的控制命令经多级通道传输到最后一级执行装置的总传输延时，对于光纤通道不宜超过（C）。

A. 30ms　　　　B. 25ms　　　C. 20ms　　　　D. 15ms

【解析】 Q/GDW 11356—2015《电网安全自动装置标准化设计规范》6.1.3.1 条。

5. 下列哪些通信方式不能用于稳控站间通信？（C）

A. 专用光纤　　B. 复用 2M　　C. 调度数据网　　　D. 64K 通道

【解析】 安全稳定控制装置优先采用 2Mbit/s 数字接口，短距离可使用专用光纤，传输数据小的通道可使用 64K 通道。电力调度数据网，是用于传输电网自动化信息、调度指挥指令、继电保护与安全自动装置控制信息等，而不用于稳控装置之间的通信，故选 C。

6. （A）投入时，该元件被判为停运，该元件的电气量不参与安全稳定自动装置的任何逻辑判断，同时，闭锁安全稳定自动装置对该元件的电气量异常及投停判断功能。

A. 元件检修压板　　　　　B. 功能投退连接片

C. 总功能连接片　　　　　D. 通道投入连接片

【解析】 Q/GDW 421—2010《电网安全稳定自动装置技术规范及编制说明》第 14 页 A3。

7. 以下不属于稳控系统应用场景的是（B）。

A. 电厂出线过载切机组　　B. 线路短路故障后切除该线路

C. 线路跳闸后孤网过频切机　　　D. 备自投功能

【解析】　继电保护在电力系统发生短路等事故时首先动作并切除、隔离故障。它也是电力系统安全稳定三道防线中保证第一道防线有效的重要措施。一般情况下事故切除系统可继续运行。如果事故很严重或事故处理不当，则可能造成事故扩大而导致严重后果。为此，电力系统中还应配备必要的安全自动装置。继电保护是在紧急控制之前动作的，只有在事故很严重或事故处理不当时，安全自动装置才动作。

8. 以下哪项不参与断路器位置信号和电气量进行综合投停的判别？（B）
A. 本侧开关位置　B. 频率　　　　C. 对侧开关位置　　　　D. 电流

【解析】　系统频率是根据电流、电压幅值和相角来计算获得，与系统断路器位置和电气量综合判据无关。Q/GDW 11356—2015《电网安全自动装置标准化设计规范》第 7 页 b) 电气量结合断路器位置判跳闸判据。

9. 在稳控项目方面，不属于调度系统方式部门职责的是（D）。
A. 负责制定电网运行方式和稳控系统调度运行管理规定
B. 负责编制下发稳控系统控制策略及定值
C. 参与稳控系统控制策略讨论、出厂验收、现场调试监督等
D. 负责落实 TA 变比等元件参数

【解析】　Q/GDW 421—2010《电网安全稳定自动装置技术规范及编制说明》9.1.4 条。

10. 安全稳定控制装置中，以下不是"总功能压板"投入后具有的功能（D）。
A. 故障判别　　B. 策略表查询　C. 逻辑判断　　　　D. 电流、电压的采样

【解析】　Q/GDW 11356—2015《电网安全自动装置标准化设计规范》第 11 页 A.3.1。

11. 安全稳定控制装置设置总出口连接片，当总出口连接片退出时，以下哪个功能仍发出（C）。
A. 就地跳闸　　　　　　　　　B. 远方跳闸命令
C. 电气模拟量和状态开关量　　　D. 远方信号

【解析】　Q/GDW 11356—2015《电网安全自动装置标准化设计规范》6.3.3.2 条。

12. （A）投入时，安全稳定控制装置之间可交换信息或信号。
A. 通道连接片　B. 检修连接片　C. 功能连接片　　　　D. 出口连接片

【解析】　Q/GDW 11356—2015《电网安全自动装置标准化设计规范》6.3.3.5 条。

13. 安全稳定控制分主站、子站、执行站，以下（C）不是执行站的主要功能。
A. 可具备监测本站断面功率、识别本站运行方式，判断本站设备故障状态
B. 采集本站信息并通过通道传送给稳定控制主站（子站）
C. 自动判别电力系统故障、设备跳闸、运行参数异常等
D. 可具备低频低压减负荷功能

【解析】　Q/GDW 11356—2015《电网安全自动装置标准化设计规范》6.4.5 条。

14. 安全稳定控制装置根据连接片及按钮设置要求设置连接片，以下不属于安全稳控控制子站装置的功能连接片的是（C）。
A. 总功能连接片　B. 总出口连接片　C. 跳闸连接片　　　　D. 通道连接片

【解析】　Q/GDW 11356—2015《电网安全自动装置标准化设计规范》6.7.1。

二、多选题

1. （A）投入时，装置动作时就地跳闸、远方跳闸命令和信号均能正常发出；"总

出口连接片"退出时，装置动作时就地跳闸、远方跳闸命令和信号均不能发出，但是（B）和（C）仍可向远方发出。

    A. 总出口连接片   B. 检修连接片   C. 电气模拟量   D. 状态开关量

    【解析】Q/GDW 11356—2015《电网安全自动装置标准化设计规范》6.3.3.2。

2. 一般情况下，稳定控制装置接入线路（变压器、发电机等）的（ABCD）等信息量。

    A. 三相电压   B. 三相电流   C. 断路器位置信号   D. 保护跳闸信号

    【解析】Q/GDW 11356—2015《电网安全自动装置标准化设计规范》中 6.1.2.3。

3. 发现装置动作时，及时上报调度。在装置（或笔记本）上检查（ABCD）；将装置的动作报告打印，以便进行分析。

    A. 动作报告   B. 显示报告   C. 故障状态   D. 变位信息

    【解析】电力系统继电保护及安全自动装置记录故障相关的信息量并可查看，以便于快速故障定位和查找，在装置上可检查动作报告、显示报告、故障状态、变位信息等信息。

4. 以下哪项参与断路器位置信号和电气量进行综合投停的判别？（ACD）

    A. 本侧开关位置   B. 频率   C. 对侧开关位置   D. 电流

    【解析】元件投停状态可根据断路器位置和电气量进行判断，稳控装置应同时支持纯电气量投停判据、电气量结合两侧断路器位置的投停判据等典型判据，用户可根据具体工程需求进行选择。

5. 继电保护和安全自动装置的通道可采用下列传输媒介。（ABCD）

    A. 光纤   B. 微波   C. 电力线载波   D. 导引线电缆

    【解析】GB/T 14285—2006《继电保护和安全自动装置技术规程》6.7.2。

6. 安全稳定控制装置在正常运行时应能显示接入元件的名称、（A）、（B）、功率、投停状态、（D）、断面潮流、当前运行方式、系统可控量等必要的参数及运行信息，默认状态下，相关的数值显示为一次值，其中电压、电流可选择显示二次值。

    A. 电流   B. 电压   C. 直流   D. 断路器位置

    【解析】Q/GDW 11356《电网安全自动装置标准化设计规范》6.1.1.10。

7. 安全稳定控制装置二次回路全部校验项目包括（ABCD）。

    A. 装置引入端子外的相关连接回路   B. 辅助继电器

    C. 操作机构的辅助触点   D. 直流控制回路的自动开关

    【解析】Q/GDW 11488—2015《电网安全自动装置检验规范》第 3 页。

8. 电网安全稳定控制装置校验工作中以下（ABCD）属于装置硬件及回路检验的项目。

    A. 外观检查   B. 绝缘特性检验   C. 采样精度测试   D. 开关量输入检验

    【解析】Q/GDW 11488—2015《电网安全自动装置检验规范》第 4 页电网安全稳定控制装置检验包括：外观检验、相关参数检验、绝缘特性校验、电源特性检验、上电检验、采样精度测试、开关量输入检验、出口输出检验、输出信号检验、输入回路检验、出口传动检验。

9. 根据电网运行情况对稳控装置进行现场检验工作后，厂家技术人员对检修人员进行培训，培训内容包括（ABCD）。

    A. 装置功能   B. 装置所在稳控系统概况

    C. 压板操作   D. 异常处理

【解析】 Q/GDW 11488—2015《电网安全自动装置检验规范》第 10 页 8.2。

10. 双重化配置的安全自动装置要求中正确的是 （ABC）。

A. 两套装置应分别组在各自的屏（柜）内，装置退出、消缺或试验时，宜整屏（柜）退出

B. 两套装置应采用相互独立的输入、输出回路，装置电源及信号传输通道也应独立

C. 两套装置通道应相互独立，通道及接口设备的电源也应相互独立

D. 两套装置的跳闸回路应同时作用于断路器的一个跳闸线圈

【解析】 Q/GDW 421—2010《电网安全稳定自动装置技术规范及编制说明》8.2。

11. 各供电公司和超高压公司是相关安全稳定自动装置的运行、维护单位，主要职责是 （ABCD）。

A. 参与所负责维护的电网安全稳定自动装置的系统研究、安全稳定自动装置设计等工作

B. 负责安全稳定自动装置的实施、改造等工作

C. 负责相关安全稳定自动装置的运行、维护、检修、改造和试验等工作

D. 配合电网调度机构开展安全稳定自动装置的动作行为和运行分析工作

【解析】 Q/GDW 421—2010《电网安全稳定自动装置技术规范及编制说明》第 9 页 9.1.6。

12. 现场已投入运行的电网安全稳定自动装置，正常情形，以下操作 （ABCD） 必须经调度机构值班调度员同意。

A. 启/停安全稳定自动装置或安全稳定自动装置的功能

B. 修改安全稳定自动装置运行定值

C. 进行可能影响安全稳定自动装置正常运行的工作

D. 擅自改变安全稳定自动装置硬件结构和软件版本

【解析】 Q/GDW 421—2010《电网安全稳定自动装置技术规范及编制说明》第 10 页 9.3.3。

13. "总功能压板" 投入时，装置能按照设计要求进行 （ABC），在条件满足时发出 （或执行） 切机组 （或负荷） 命令。

A. 故障判别　　　B. 策略表查询　　C. 逻辑判断　　D. 电流、电压的采样

【解析】 Q/GDW 11356—2015《电网安全自动装置标准化设计规范》6.3.3.1。

三、判断题

1. 安装在 110kV 及以下电压等级厂站内的稳定控制执行站装置可按双套配置，如按单套配置，应同时与双重化配置的上级稳定控制主站或子站通信。　　　　　（√）

【解析】 Q/GDW 11356—2015《电网安全自动装置标准化设计规范》5.3.2。

2. 双重化配置的两套安全稳定控制系统，其通信通道及相关接口设备应相互独立，并应使用不同的通道路由。不同路由的两个通道，其任一环节的延时差不宜大于 10ms。　　　　　（√）

【解析】 Q/GDW 11356—2015《电网安全自动装置标准化设计规范》6.1.3.1。

3. 双重化配置的双套装置既能满足并列运行模式，也能满足主辅运行模式，可根据工程需求，具体采用哪种运行模式。　　　　　（√）

【解析】 Q/GDW 11356—2015《电网安全自动装置标准化设计规范》6.2.1.3。

4. 稳定控制装置改变方式连接片状态时，应先投入调度下令投入的方式连接片，再退出原有方式连接片。 （×）

【解析】 Q/GDW 11356—2015《电网安全自动装置标准化设计规范》9.1.2.4：稳定控制装置改变方式连接片状态时，应先（退出）原有方式连接片，再投入调度下令投入的方式连接片。

5. 并列运行的两套装置跳闸回路应与断路器的两个跳闸线圈分别一一对应，主辅运行的各套装置的跳闸回路不宜同时动作于断路器的两个跳闸线圈。 （√）

【解析】 Q/GDW 11356—2015《电网安全自动装置标准化设计规范》6.1.2.9条。

6. 稳控装置 AB 信息交换允许连接片是与另柜信息交换连接片，退出此连接片则本柜不向另柜发送信息，同时也不接收另柜信息，正常运行时应投入。 （√）

【解析】 Q/GDW 11356—2015《电网安全自动装置标准化设计规范》6.3.3.13。

7. 稳控装置定义流出母线的负荷功率为"负"，流入母线的电源功率为"正"。装置接入模拟量后请注意核查采样功率的符号，装置采集的潮流方向必须与实际方向一致。 （×）

【解析】 电力系统中电流电压方向以母线为始端，流出母线为"正"，流进母线为"负"；稳控装置定义流出母线的负荷功率为"正"，流入母线的电源功率为"负"。装置接入模拟量后请注意核查采样功率的符号，装置采集的潮流方向必须与实际方向一致。

8. 电网安全稳定自动装置整组动作时间是从故障判别所需条件全部满足开始至最后一级稳控装置控制命令出口的时间。 （√）

【解析】 Q/GDW 421—2010《电网安全稳定自动装置技术规范》4.2.4。

9. 电网安全稳定自动装置是指用于防止电力系统稳定破坏、防止电力系统事故扩大、防止电网崩溃及大面积停电以及恢复电力系统正常运行的各种自动装置的总称。 （√）

【解析】 Q/GDW 421—2010《电网安全稳定自动装置技术规范》4.1条。

10. 检修状态是指本控制站稳控装置工作电源投入，装置对外通信全部断开，具有就地出口控制（跳闸）功能的控制站，所有出口控制（跳闸）连接片应退出。 （×）

【解析】 退出状态是指本控制站稳控装置工作电源投入，装置对外通信全部断开，具有就地出口控制（跳闸）功能的控制站，所有出口控制（跳闸）连接片应退出。

11. 稳控装置操作状态改变，投入的一般次序为退出状态—投信号状态—投入状态。 （√）

【解析】 电力系统继电保护及安全自动装置投入运行时，首先投入功能连接片，再投入跳闸出口，防止装置无出口动作。

12. 稳控装置应采用两路不同的 A/D 采样数据，只有一路采样数据正常，稳控装置能正确判断故障。 （×）

【解析】 Q/GDW 11356—2015《电网安全自动装置标准化设计规范》稳控装置应采用两路不同的 A/D 采样数据，当某路数据无效时，稳控装置应告警、合理保留或退出相关稳定控制功能。当双 A/D 数据之一异常时，稳控装置应采取措施，防止装置误动作。

13. 双重化配置的安全稳定控制装置可共用同一根光缆，不共用 ODF 配线架。 （×）

【解析】 Q/GDW 11356—2015《电网安全自动装置标准化设计规范》6.13。

14. 在装置第二次全部检验后，若发现装置运行情况较差或已暴露出了需予以监督

的缺陷，可适当缩短其检验周期，并有目的、有重点地选择检验项目。（√）

【解析】 Q/GDW 11488—2015《电网安全自动装置检验规范》5.2.2。

15. 每套装置电流回路宜采用与对应线路（或主变压器）保护相同的 TA 次，电流回路应串接于线路（或主变压器）保护之后、故障录波器之后。（×）

【解析】 Q/GDW 421—2010《电网安全稳定自动装置技术规范及编制说明》8 页 8.2.6。

16. 对于有线路 TV 的，应直接接入线路三相电压，对于只有母线 TV 的，应接入切换前的三相电压。（×）

【解析】 Q/GDW 421—2010《电网安全稳定自动装置技术规范及编制说明》8 页 8.4.1 条。

17. 保护启动安全稳定自动装置的跳闸接点，在保护屏上不用设置出口连接片。（×）

【解析】 Q/GDW 421—2010《电网安全稳定自动装置技术规范及编制说明》8 页 8.5.2 条。

18. 安全稳定自动装置的设计控制方案应经调度机构的审核同意。（√）

【解析】 Q/GDW 421—2010《电网安全稳定自动装置技术规范及编制说明》9 页 9.2.5。

19. 安全稳定自动装置动作切除的负荷可通过备用电源自动投入装置转供。（×）

【解析】 Q/GDW 421—2010·《电网安全稳定自动装置技术规范及编制说明》10 页 9.3.3.5。

20. 安全稳定自动装置故障或通道故障，造成安全稳定自动装置功能全部或部分损失时，安全稳定自动装置应全部或部分停运。（√）

【解析】 Q/GDW 421—2010《电网安全稳定自动装置技术规范及编制说明》10 页 9.3.8 条。

四、填空题

1. 安装在 220kV 及以上电压等级厂站内的稳控装置应按双重化原则配置，每一套装置应具备完整、独立的功能，其中一套装置因故障或检修退出运行时，不应影响另套装置的正常运行。

【解析】 Q/GDW 11356—2015《电网安全自动装置标准化设计规范》5.3.2。

2. 对应电力系统运行状态，设置三道防线，其中第二道防线采用安全稳定控制装置及切机、切负荷等紧急控制措施，确保电网在发生概率较低的严重故障时能继续保持稳定运行。

【解析】 Q/GDW 421—2010《电网安全稳定自动装置技术规范》4.1.1。

3. 稳控控制子站一般设置在变电站、电厂，具备局部区域的稳定控制功能，汇集本站和相关站点的信息并上传至控制主站，接收主站的控制措施并下达至执行站。

【解析】 Q/GDW 11356—2015《电网安全自动装置标准化设计规范》5.1.3。

4. 稳定控制切负荷执行站一般设置在变电站，采集本站负荷线路信息并上传至上级控制主站子站，接收上级控制主站子站的切负荷命令，实现切负荷控制。

【解析】 Q/GDW 11356—2015《电网安全自动装置标准化设计规范》5.1.5。

5. 装置对线路、发电机和主变压器等元件投停状态的判别，主要采用其电气量判别，但对某些正常运行时潮流可能为零的联络线，应采用<u>断路器位置信号</u>进行辅助判别。

【解析】 电力系统中设备的连接点主要有断路器和隔离开关，通过断路器的位置可判断设备是否运行，在轻负荷运行的设备中用潮流无法判断实际运行情况，可用断路器位置来判断是否投入运行。

6. 在一次设备不具备停电条件时，安全自动装置的出口传动试验允许传动到<u>出口连接片</u>，待条件具备时应补充验证出口连接片至断路器跳合闸回路的正确性。

【解析】 Q/GDW 11488—2015《电网安全自动装置检验规范》3 页 5.2.5。

7. 核对安全自动装置采集的电流、电压幅值和角度以及功率大小和方向，应与<u>实际系统一致</u>。

【解析】 Q/GDW 11488—2015《电网安全自动装置检验规范》10 页 8.4。

8. 保护启动安全稳定自动装置的跳闸接点，应在保护屏上设置出口连接片。

【解析】 Q/GDW 421—2010《电网安全稳定自动装置技术规范及编制说明》8 页 8.5.2。

9. 安全稳定自动装置需要接入保护跳闸信号的，保护跳闸信号应直接从保护装置的备用跳闸信号接入。如保护装置跳闸信号接点有限，也可采用中间继电器进行接点扩展。

【解析】 Q/GDW 421—2010《电网安全稳定自动装置技术规范及编制说明》8 页 8.5.1。

10. 安全稳定自动装置所用的断路器、隔离开关辅助接点应是其本体的<u>机械接点</u>，不宜经继电器转接扩展。

【解析】 Q/GDW 421—2010《电网安全稳定自动装置技术规范及编制说明》8 页 8.6。

11. 若同一套安全稳定自动装置具备多种功能，为方便各项功能的相互切换或几种功能同时实现，应设置<u>"功能投退连接片"</u>。

【解析】 Q/GDW 421—2010《电网安全稳定自动装置技术规范及编制说明》11 页。

12. 安全稳定控制系统的通信通道应采用<u>不同路由</u>实现双重化配置，双重化通道之间应相互独立，任一通道退出运行后，不应造成两套安全稳定控制系统退出。

【解析】 Q/GDW 11356—2015《电网安全自动装置标准化设计规范》6 页 6.2.1.4。

13. 当全部继电保护和安全自动装置动作时，电压互感器到继电保护和安全自动装置屏的电缆压降不应超过额定电压的<u>3%</u>。

【解析】 GB/T 14285—2006《继电保护和安全自动装置技术规程》6.1.5 （b）。

14. 安全稳定控制装置信息的通道传输时间应根据实际控制要求确定，点对点传输时，传输时间要求应不大于<u>5ms</u>。

【解析】 GB/T 14285—2006《继电保护和安全自动装置技术规程》6.7.6。

五、简答题

1. 电网运行方式应满足哪些要求？

【解析】 1）负荷分配、潮流分布尽可能合理，并考虑经济性。

2）避免出现电磁环网。

3）有利于系统事故处理。

4）考虑继电保护和安全稳定控制装置的适应程度。

5）输变电设备能力限制。

2. 双重化配置的稳控装置（系统），对二次回路有哪些要求？

【解析】 1）两套装置应分别组在各自的屏（柜）内，装置退出、消缺或试验时，宜整屏（柜）退出。

2）两套装置应采用相互独立的输入、输出回路，装置电源及信号传输通道也应独立。

3）两套装置通道应相互独立，通道及接口设备的电源也应相互独立。

4）并列运行的两套装置，其跳闸回路应与断路器的两个跳闸线圈分别一一对应；主辅运行的两套装置，每套装置的跳闸回路宜同时动作于断路器的两个跳闸线圈。

5）两套装置的相关回路宜与相联系的两套主保护相关回路一一对应。即第一套稳控装置与第一套主保护（变压器、母线除外）TA、TV回路应取自相同二次绕组；第一套稳控装置与第一套主保护直流电源应取自同一直流母线段。第二套装置同上述原则。

3. 220kV变电站220kV某线路间隔停电检修时，需要投入安全稳定控制装置的检修连接片吗？为什么？

【解析】 需要。因为"元件检修压板"投入时，该元件被判为停运，该元件的电气量不参与安全稳定自动装置的任何逻辑判断，同时，闭锁安全稳定自动装置对该元件的电气量异常及投停判断功能。

4. 安全稳定控制装置双重化配置满足哪些要求？

【解析】 1）涉及220kV及以上电压等级电网的安全稳定控制系统应按双重化配置，每一套装置应具备完整、独立的功能，其中一套装置因故障或检修退出运行时，不应影响另一套装置的正常运行。

2）双重化配置的双套装置既能满足并列运行模式，也能满足主辅运行模式；可根据工程需求，具体采取并列运行模式或主辅运行模式。

3）安全稳定控制系统的通信通道应采用不同路由实现双重化配置，双重化通道之间应相互独立，任一通道退出运行后，不应造成两套安全稳定控制系统退出。

4）110kV及以下电压等级稳定控制执行站可采取单套双通道配置。

5. 什么叫电力系统安全自动装置？

【解析】 防止电力系统失去稳定性和避免电力系统发生大面积停电事故的自动保护装置，如输电线路自动重合闸装置、电力系统稳定控制装置、电力系统自动解列装置、按频率降低自动减负荷装置和按电压降低自动减负荷装置等。

6. 电力系统中对安全稳定控制装置的技术性能要求有哪些？

【解析】 1）装置在系统中出现扰动时，如出现不对称分量、线路电流、电压或功率突变等，应能可靠起动。

2）装置宜由接入的电气量正确判别本厂站线路、主变压器或机组的运行状态。

3）装置的动作速度和控制内容应能满足稳定控制的有效性。

4）装置应有能与厂站自动化系统和/或调度中心相关管理系统通信，能实现就地和远方查询故障和装置信息、修改定值等。

5）装置应具有自检、整组检查试验、显示、事件记录、数据记录、打印等功能。

第一节 互感器及其二次回路

一、单选题

1. 继电保护要求电流互感器的一次电流等于最大短路电流时，其复合误差不大于（B）。

A. 5%   B. 10%   C. 15%   D. 20%

【解析】 为了使保护装置能正确反应一次系统状况而正确动作，要求电流互感器的变比误差不大于10%。

2. 电流互感器的不完全星形接线，在运行中（A）。

A. 不能反映所有的接地   B. 对相间故障反应不灵敏

C. 对反映单相接地故障灵敏   D. 能反映所有的故障

【解析】 当两相两继电器式不完全星形接线，不能反映第三相接地。

3. 由三只电流互感器组成的零序电流接线，在负荷电流对称的情况下有一组互感器二次侧断线，流过零序电流继电器的电流是（C）倍负荷电流。

A. 3   B. $\sqrt{3}$ C. 1   D. $1/\sqrt{3}$

【解析】 A相断线时，流进A相继电器的电流为零即 $I_a=0$，零序电流为 $3I_0=I_a+I_b+I_c=-I_a$。

4. 两只装于同一相且变比相同、容量相等套管型电流互感器，在二次绕组串联使用时（C）。

A. 容量和变比都增加一倍   B. 变比增加一倍，容量不变

C. 变比不变，容量增加一倍   D. 容量和变比都不变

【解析】 互感器二次电流等效为电流源，在电流源串联时输出电流不变，因此对应的变比保持一致；电流源串联时输出电压为原来的2倍，因此容量增加一倍。

5. 二次电缆相阻抗为 Z_L，继电器阻抗忽略，为减小电流互感器二次负担，它的二次绕组应接成星形。因为在发生相间故障时，TA二次绕组接成三角形是接成星形负担的（C）倍。

A. 2   B. 1/2   C. 3   D. $\sqrt{3}$

【解析】 两相短路时，星形接线 $Z=\dfrac{\dot{U}_a}{\dot{I}_a}=\dfrac{\dfrac{1}{2}\times 2\,\dot{I}_a\,(Z_L+Z_k)}{\dot{I}_a}=(Z_L+Z_k)$，三角形

接线 $Z=\dfrac{\dot{U}_a'}{\dot{I}_a'}=\dfrac{(\dot{I}_a'-\dot{I}_b')\,(Z_L+Z_k)+\dot{I}_a'(Z_L+Z_k)}{\dot{I}_a'}=3\,(Z_L+Z_k)$，$\dot{I}_a'=-\dot{I}_b'$。

6. 装于同一相且变比相同、容量相同的电流互感器，在二次绕组串联使用时 （C）。

A. 容量和变比都增加一倍　　　　　　　　B. 变比增加一倍容量不变

C. 变比不变容量增加一倍　　　　　　　　D. 容量增加一倍变比不变

【解析】 二次绕组串联时，电流不变，感应电动势增大一倍；变比不变，容量增大一倍。

7. 当电流互感器二次绕组采用同相两只同型号电流互感器并联接线时，所允许的二次负载与采用一只电流互感器相比 （B）。

A. 增大一倍　　　　B. 减小一倍　　　　C. 无变化　　　　D. 以上均不对

【解析】 二次绕组并联时，电流增大一倍，要使二次电流不变，一次电流缩小 1/2。因此变比缩小 1/2，容量不变，所允许的二次负载减小一倍。

8. 按躲负荷电流整定的线路过电流保护，在正常负荷电流下，由于电流互感器的极性接反而可能误动的接线方式为 （C）。

A. 三相三继电器式完全星形接线　　　　　B. 两相两继电器式不完全星形接线

C. 两相三继电器式不完全星形接线　　　　D. 以上均可能

【解析】 两相三继电器式中性线测量 B 相电流，受其他两相互感器影响。

9. 以下说法正确的是 （B）。

A. 电流互感器和电压互感器二次均可开路

B. 电流互感器二次可短路但不得开路，电压互感器二次可开路但不得短路

C. 电流互感器和电压互感器二次均不可短路

D. 电流互感器和电压互感器二次均可短路

【解析】 电流互感器二次开路产生高电压，电压互感器二次短路产生大电流。

10. 暂态型电流互感器分为 （C）。

A. A、B、C、D　　　　　　　　　　　B. 0.5、1.0、1.5、2.0

C. TPS、TPX、TPY、TPZ　　　　　　　D. 以上均不对

【解析】 暂态型电流互感器分为四个等级，分别用 TPS、TPX、TPY、TPZ 来表示。

11. 电流互感器装有小瓷套的一次端子应放在 （A） 侧。

A. 母线　　　　　B. 线路　　　　　C. 任意　　　　　D. 变压器

【解析】 电流互感器装有小瓷套固定为 L1（P1）侧，安装朝向母线。

12. 为相量分析简便，电流互感器一、二次电流相量的正向定义应取 （B） 标注。

A. 加极性　　　　B. 减极性　　　　C. 均可　　　　D. 均不可

【解析】 电流互感器一次侧极性端流入、二次侧极性端流出，两侧绕组电流所产生的磁动势相减，此为减极性。

13. 电流互感器是 （A）。

A. 电流源，内阻视为无穷大　　　　　　　B. 电压源，内阻视为零

C. 电流源，内阻视为零　　　　　　　　　D. 电压源，内阻视为无穷大

【解析】 一次电流固定，二次负荷在额定负荷范围内时，可看作是一个电流源。

14. 在保护和测量仪表中，电流回路的导线截面不应小于 （C）。

A. 1.0mm²　　　　B. 1.5mm²　　　　C. 2.5mm²　　　　D. 4.0mm²

【解析】 按机械强度要求，控制电缆或绝缘导线的芯线最小截面：强电控制回路≥1.5mm²，屏（柜）内导线的芯线截面≥1.0mm²，弱电控制回路≥0.5mm²，电流电缆截

面≥2.5mm²，并满足有关技术要求。

15. 在运行的 TA 二次回路工作时，为了人身安全，应（C）。

A. 使用绝缘工具，戴手套

B. 使用绝缘工具，并站在绝缘垫上

C. 使用绝缘工具，站在绝缘垫上，必须有专人监护

D. 随意站立

【解析】 依据《国家电网公司电力安全工作规程（变电部分）》13.13。

16. 如果运行中的电流互感器二次开路，互感器就成为一个带铁芯的电抗器。一次绕组中的电压降等于铁芯磁通在该绕组中引起的电动势，铁芯磁通由一次电流所决定，因而一次压降会增大。根据铁芯上绕组各匝感应电动势相等的原理，二次绕组（B）。

A. 产生很高的工频高压 　　　　　 B. 产生很高的尖顶波高压

C. 不会产生工频高压 　　　　　　 D. 不会产生尖顶波高压

【解析】 二次开路，则励磁电动势由数值很小的值骤变为很大的值，铁芯中的磁通呈现严重饱和的平顶波，因此二次侧绕组将在磁通过零时感应出很高的尖顶波。

17. 电流互感器在铁芯中引入大气隙后，可（C）电流互感器到达饱和的时间。

A. 瞬时到达 　　 B. 缩短 　　 C. 延长 　　 D. 没有影响

【解析】 电力系统主要从两方面着手解决中低压输电系统 TA 饱和问题：①更换 TA，增大变比或采用有气隙 TA；②提高 TA 带载能力，同时降低 TA 二次负载，避免 TA 饱和。

18. 关于电压互感器和电流互感器二次接地正确的说法是（D）。

A. 电压互感器二次接地属保护接地，电流互感器属工作接地

B. 电压互感器二次接地属工作接地，电流互感器属保护接地

C. 均属工作接地

D. 均属保护接地

【解析】 保护接地是防止一、二次绝缘损坏击穿，高电压窜到二次侧，对人身和设备造成危害。工作接地是指工作原理的需要设立的接地，如变压器中心点接地、发电机系统的高阻接地以及消弧线圈的接地。

19. 在电流互感器二次回路进行短路接线时，应用短路片或导线连接，运行中的电流互感器短路后，应仍有可靠的接地点，对短路后失去接地点的接线应有临时接地线（A）。

A. 但在一个回路中禁止有两个接地点 　　 B. 且可有两个接地点

C. 可没有接地点 　　　　　　　　　　　　 D. 以上均不对

【解析】 依据《国家电网公司电力安全工作规程（变电部分）》13.12。

20. 为防止外部回路短路造成电压互感器的损坏，（B）中应装有熔断器或自动开关。

A. 电压互感器开口三角的 L 端 　　　 B. 电压互感器开口三角的试验线引出端

C. 电压互感器开口三角的 N 端 　　　 D. 以上均不对

【解析】 电压互感器开口三角的 L 端和 N 端禁止安装熔断器或自动开关。

21. 容量为 30VA 的 10P20 电流互感器，二次额定电流为 5A，当二次负载小于 1.2Ω 时，允许的最大短路电流倍数为（D）。

A. 小于 10 倍 　　 B. 小于 20 倍 　　 C. 等于 20 倍 　　 D. 大于 20 倍

【解析】 $S = I^2 R$，二次负载小于 1.2Ω 时允许运行的二次电流大于 5A。

22. 一台二次额定电流为 5A 的电流互感器，其额定容量是 30VA，二次负载阻抗不超过 （A） 才能保证准确等级。

A. 1.2Ω   B. 1.5Ω   C. 2Ω   D. 6Ω

【解析】 $S=I^2R$，额定二次电流 5A 运行时，负载小于 1.2Ω。

23. 电力系统短路故障，由于一次电流过大，电流互感器发生饱和，从故障发生到出现电流互感器饱和，称 TA 饱和时间 t_{sat}，下列说法正确的是 （B）。

A. 减少 TA 二次负载阻抗使 t_{sat} 减小   B. 减少 TA 二次负载阻抗使 t_{sat} 增大
C. t_{sat} 与短路故障前的电压相角无关   D. t_{sat} 与 TA 二次负载阻抗无关

【解析】 二次负载越小，TA 饱和时间越长。

24. 在电流互感器二次回路的接地线上 （A） 安装有开断可能的设备。

A. 不应   B. 应   C. 必要时可以   D. 以上均不对

【解析】 依据《国家电网有限公司十八项电网重大反事故措施》15.6.4.2。

25. 一组电流互感器的二次绕组，在工作中必须有一个可靠的接地点，其目的是 （C）。

A. 防止电流互感器二次回路开路引起的高电压危险
B. 防止一次回路、二次回路间电磁感应引起二次回路上高电压危险
C. 防止一次回路、二次回路间电容耦合引起二次回路上高电压危险
D. 继电保护正确工作需要

【解析】 电流回路一点接地作为保护接地，防止一次回路、二次回路间电容耦合引起二次回路上高电压危险。

26. 用于 500kV 线路保护的电流互感器一般选用 （C）。

A. D 级   B. TPS 级   C. TPY 级   D. 0.5 级

【解析】 330kV 及以上系统保护，高压侧为 330kV 及以上的变压器和 300MW 及以上的发电机变压器组差动保护用电流互感器，宜采用 TPY 电流互感器。互感器在短路暂态过程中误差应不超过规定值。

27. 当电流互感器一次电流不变，二次回路负载增大 （超过额定值） 时 （C）。

A. 其角误差增大，变比误差不变   B. 其角误差不变，变比误差增大
C. 其角误差和变比误差均增大   D. 其角误差和变比误差均不变

【解析】 二次负载超过额定值，会引起励磁电流变化，使角误差和变比误差增大。

28. 禁止将电流互感器二次侧开路，（C） 除外。

A. 计量用电流互感器   B. 测量用电流互感器
C. 光电流互感器   D. 二次电流为 1A 的电流互感器

【解析】 依据《国家电网公司电力安全工作规程（变电部分）》13.13。

29. 大接地电流系统的电压互感器变比为 （C）。

A. $\frac{U_N}{\sqrt{3}}/\frac{100}{\sqrt{3}}/\frac{100}{3}$ B. $U_N/\frac{100}{\sqrt{3}}/\frac{100}{3}$ C. $\frac{U_N}{\sqrt{3}}/\frac{100}{\sqrt{3}}/100$ D. $\frac{U_N}{\sqrt{3}}/\frac{100}{\sqrt{3}}/\frac{100}{\sqrt{3}}$

【解析】 三相系统相与地之间的单相电压互感器，其额定一次电压为某一数值除以 $\sqrt{3}$ 时，额定二次电压必须为 $\frac{100}{\sqrt{3}}$。接成开口三角的剩余电压绕组，大接地电流系统额定二次电压为 100V，小接地电流系统的额定二次电压为 $\frac{100}{3}$。

30. 三相五柱电压互感器用于 10kV 中性点不接地系统中，在发生单相金属性接地故障时，为使开口三角绕组电压为 100V，电压互感器的变比应为 （B）。

A. $\dfrac{10}{\sqrt{3}} \Big/ \dfrac{0.1}{\sqrt{3}} \Big/ \dfrac{0.1}{\sqrt{3}}$　　B. $\dfrac{10}{\sqrt{3}} \Big/ \dfrac{0.1}{\sqrt{3}} \Big/ \dfrac{0.1}{3}$　　C. $\dfrac{10}{\sqrt{3}} \Big/ \dfrac{0.1}{\sqrt{3}} \Big/ 0.1$　　D. $\dfrac{10}{\sqrt{3}} \Big/ \dfrac{0.1}{3} \Big/ \dfrac{0.1}{3}$

31. 在中性点不接地系统中，电压互感器的变比为 $\dfrac{10.5}{\sqrt{3}} \Big/ \dfrac{0.1}{\sqrt{3}} \Big/ \dfrac{0.1}{3}\text{kV}$，互感器一次端子发生单相金属性接地故障时，第三绕组 （开口三角） 的电压为 （A）。

A. 100V　　　　B. 100/3V　　　　C. 300V　　　　D. 200V

【解析】 小接地电流系统的额定二次电压为 $\dfrac{100}{\sqrt{3}}$V，$U_L = U_A + U_B + U_C = \sqrt{3}U_B + \sqrt{3}U_C = 100$V。

32. 某变电站电压互感器的开口三角形侧 B 相接反，则正常运行时，如一次侧运行电压为 110kV，开口三角形的输出为 （C）。

A. 0V　　　　B. 100V　　　　C. 200V　　　　D. 220V

【解析】 大接地电流系统开口额定二次电压为 100V，$U_L = U_A + U_B + U_C = 200$（V）如图 6-1 所示。

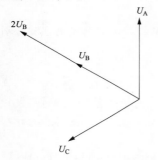

图 6-1 电压相量图

33. 在小接地电流系统中，某处发生单相接地时，考虑到电容电流的影响，母线电压互感器开口三角形的电压 （B）。

A. 故障点距母线越近，电压越高

B. 故障点距母线越近，电压越低

C. 与故障点的距离远近无关

D. 故障点距母线越远，电压越低

【解析】 故障点距母线越近，电容电流越小，开口三角形电压越低。

34. 在电压回路最大负荷时，保护和自动装置的电压降不得超过其额定电压的 （B）。

A. 2%　　　　B. 3%　　　　C. 5%　　　　D. 7%

【解析】 测量电压回路自互感器引出端子到配电屏电压母线的每相直流电阻，并计算电压互感器在额定容量下的压降，其值不应超过额定电压的 3%。

35. 电压互感器有两种：电容式电压互感器与电磁式电压互感器，其中暂态特性较差的是 （A） 电压互感器。

A. 电容式　　　　B. 电磁式　　　　C. 都一样　　　　D. 以上答案均错误

【解析】 电容式电压互感器的优点是没有铁磁谐振问题。其稳态工作特性与电磁式电压互感器基本相同，但暂态特性较差，当系统发生故障时，该电压互感器的暂态过程持续时间较长，影响快速保护的工作精度。

36. 双重化配置的两套保护装置的交流电流应分别取自电流互感器互相独立的绕组，其保护范围应 （B），避免死区。

A. 不应重叠　　　　B. 交叉重叠　　　　C. 相互独立　　　　D. 有主次之分

【解析】 依据《国家电网有限公司十八项电网重大反事故措施》15.1.13。

37. 已在控制室一点接地的电压互感器二次绕组，宜在开关场将二次绕组中性点经放电间隙或氧化锌阀片接地，其击穿电压峰值应大于 ＿＿＿ I_{max} V（式中：I_{max} 为电网接地故障时通过变电站的可能最大接地电流 ＿＿＿ 值，kA）。（C）

A. 30，峰　　　　B. 50，有效　　　　C. 30，有效　　　　D. 50，峰

【解析】　依据《国家电网有限公司十八项电网重大反事故措施》15.6.4.2。

38. 双母线系统的两组电压互感器二次回路采用自动切换的接线，切换继电器的接点（C）。

A. 应采用同步接通与断开的接点　　B. 应采用先断开、后接通的接点

C. 应采用先接通、后断开的接点　　D. 对接点的断开顺序不做要求

【解析】　如果采用先断开、后导通的方式，在断开过程中会令短时失去电压。

39. 来自电压互感器二次侧的 4 根开关场引入线（U_a、U_b、U_c、U_n）和电压互感器二次侧的 2 根开关场引入线（开口三角的 U_L、U_n）中的两个零相电缆芯 U_n（B）。

A. 在开关场并接后，合成一根引至控制室一点接地

B. 必须分别引至控制室，并在控制室一点接地

C. 二次侧的 U_n 在开关场接地后引入控制室 N600，二次侧的 U_n 单独引入控制室 N600 并接地

D. 无强制要求

【解析】　依据《国家电网有限公司十八项电网重大反事故措施》15.6.3.2。

40. 经控制室 N600 连通的几组电压互感器二次回路，应在控制室将 N600 接地，其中用于取得同期电压的线路电压抽取装置的二次（D）在开关场直接接地。

A. 应　　　　B. 宜　　　　C. 不得　　　　D. 如与 N600 无电气联系，可

【解析】　依据《国家电网有限公司十八项电网重大反事故措施》15.6.4.3。

41. 在正常运行时确认 $3U_0$ 回路是否完好，有下述三种意见，其中（C）是正确的。

A. 可用电压表检测 $3U_0$ 回路是否有不平衡电压的方法判断 $3U_0$ 是否完好

B. 可用电压表检测 $3U_0$ 回路是否有不平衡电压的方法判断 $3U_0$ 是否完好，但必须使用高内阻的数字万用表，使用指针式万用表不能进行正确的判断

C. 不能以检测 $3U_0$ 回路是否有不平衡电压的方法判断 $3U_0$ 回路是否完好

D. 以上均正确

【解析】　系统正常运行和回路断线时几乎不存在 $3U_0$ 电压，因此无法通过检测 $3U_0$ 有无来判断回路是否完好。

42. 某 35kV 变电站发 "35kV 母线接地" 信号，测得三相电压为 A 相 22.5kV，B 相 23.5kV，C 相 0.6kV，则应判断为（B）。

A. 单相接地　　B. TV 断线　　C. 铁磁谐振　　D. 线路断线

【解析】　小电流系统单相接地，非故障相电压升高 $\sqrt{3}$ 倍，A、B 相电压正常，C 相电压偏低异于其他两相，判断为 TV 断线。

43. 在超高压电网中的电压互感器，可视为一个变压器，就零序电压来说，下列正确的是（A）。

A. 超高压电网中发生单相接地时，一次电网中有零序电压，所以电压互感器二次星型侧出现零序电压

B. 超高压电网中发生单相接地时，一次电网中无零序电压，所以电压互感器二次星型侧无零序电压

C. 电压互感器二次星型侧发生单相接地时，该侧出现零序电压，因电压互感器相当于一个变压器，所以一次电网中也有零序电压

D. 电压互感器二次星型侧发生单相接地时，该侧无零序电压，所以一次电网中也无零序电压

【解析】 电压互感器一次电压不受二次负荷影响。

44. 在控制室经零相公共小母线 N600 连接的 220～500kV 母线电压互感器二次回路，其接地点应 （B）。

A. 各自在 220～500kV 保护室外一点接地

B. 只在室内接地

C. 各电压互感器分别接地

D. 电压互感器一点接地点不做要求

【解析】 依据《国家电网有限公司十八项电网重大反事故措施》15.6.4.3。

45. 一般规定在电容式电压互感器安装处发生短路故障，一次电压降为零时，二次电压要求 （B） ms 内下降到 10% 以下。

A. 10   B. 20   C. 30   D. 50

二、多选题

1. 以下说法不正确的是 （ACD）。

A. 电流互感器和电压互感器二次均可开路

B. 电流互感器二次可短路但不得开路，电压互感器二次可开路但不得短路

C. 电流互感器和电压互感器二次均不可短路

D. 电流互感器二次可开路但不得短路，电压互感器二次可短路但不得开路

2. 电力系统短路故障时，电流互感器饱和是需要时间的，下列说法正确的是 （AB）。

A. 饱和时间受短路故障时电压初相角影响

B. 饱和时间受一次回路时间常数影响

C. 电流互感器剩磁越大，饱和时间越长

D. 增大二次负载阻抗，可增长饱和时间

【解析】 电流互感器剩磁越大，饱和时间越短；二次负载阻抗越大，饱和时间越短。

3. （ABC） 各支路的电流互感器应优先选用误差限制系数和饱和电压较高的电流互感器。

A. 母线差动保护   B. 变压器差动保护

C. 发变组差动保护   D. 线路差动保护

【解析】 依据《国家电网有限公司十八项电网重大反事故措施》15.1.12。

4. TA 暂态饱和时具有如下特点 （ABCD）。

A. 从 TA 二次看，其内阻大大减小，极端状况下内阻等于零

B. 故障发生瞬间 TA 不会立即饱和，通常 3～4ms 之后才饱和

C. 当故障电流波形通过零点附近时，又可线性传递电流

D. TA 二次电流中含有高次谐波分量

【解析】 TA 暂态饱和时，故障发生瞬间不会立即饱和，3～4ms 之后才饱和；故障电流波形通过零点附近可线性传递电流；二次电流中含有高次谐波分量。TA 二次内阻减小，饱和状态极端下不输出电流。

5. 利用实际负荷校核差动保护的相电流回路和差回路电流可发现接入差动保护的电流回路是否存在 （ABCD） 等， 因此， 在第一次投入前对其进行检查是十分必要的。

A. 相别错误　　　　B. 变比错误　　　　C. 极性错误　　　　D. 接线错误

【解析】 通过实际负荷校核回路正确性，判断相别、变比、极性和接线是否正确。

6. 220kV 及以上国产多绕组的电流互感器， 其二次绕组的排列次序和保护使用上应遵循哪些原则？ （ABCD）

A. 具有小瓷瓶套管的一次端子应放在母线侧

B. 母差保护的保护范围应尽量避开电流互感器的底部

C. 后备保护应尽可能用靠近母线的电流互感器一组二次绕组

D. 使用电流互感器二次绕组的各类保护要避免保护死区

E. 母差保护范围应尽量安置在电流互感器的底部

7. 造成电流互感器测量误差的原因是 （ABD）。

A. 产生测量误差的原因一是电流互感器本身造成的，二是运行和使用条件造成的

B. 电流互感器本身造成的测量误差是由于电流互感器有励磁电流的存在，而励磁电流是输入电流的一部分，它不传变到二次测，故形成了变比误差

C. 励磁电流所流经的励磁支路是一个呈电感容性的支路，励磁电流和折算到二次侧的一次输入量不同相位，这是造成角度误差的主要原因

D. 运行和使用中造成的测量误差过大是电流互感器铁芯饱和和二次负载过大所致

【解析】 电流互感器本身造成的测量误差是由于有励磁电流存在，其角度误差是由于励磁支路呈现为电感性使电流有不同相位，造成角度误差。

8. 应根据系统短路容量合理选择电流互感器的 （CD） 和特性， 满足保护装置整定配合和可靠性的要求。

A. 额定电流　　　　B. 接线方式　　　　C. 变比　　　　D. 容量

【解析】 依据《国家电网有限公司十八项电网重大反事故措施》15.1.9。

9. 电力系统短路故障， 由于一次电流过大， 电流互感器发生饱和， 从故障发生到出现电流互感器饱和， 称 TA 饱和时间 t_{sat}， 下列说法不正确的是 （ACD）。

A. 减少 TA 二次负载阻抗使 t_{sat} 减小　　　　B. 减少 TA 二次负载阻抗使 t_{sat} 增大

C. t_{sat} 与短路故障前的电压相角无关　　　　D. t_{sat} 与 TA 二次负载阻抗无关

【解析】 饱和时间受短路故障时电压初相角、一次回路时间常数、二次负载影响。二次负载阻抗越小，饱和时间越长。

10. 下列对于电流互感器的一次额定电流应满足要求， 描述正确的是 （ABCD）。

A. 应大于所在回路可能出现的最大负荷电流，并考虑适当的负荷增长；当最大负荷无法确定时，可取与断路器、隔离开关等设备的额定电流一致

B. 应能满足短时热稳定、动稳定电流的要求

C. 一次额定电流要满足正常运行测量仪表的误差范围，保护用的二次侧要满足 10% 要求

D. 考虑到母差保护等使用电流互感器的需要，由同一母线引出的各回路，电流互感器的变比尽量一致

【解析】 依据《国家电网有限公司十八项电网重大反事故措施》15.1.9。

11. 高电压、 长线路用暂态型电流互感器是因为 （ABC）。

A. 短路过渡过程中非周期分量大，衰减时间常数大

B. 保护动作时间相对短，在故障暂态时动作

C. 短路电流幅值大

D. 运行电压高

【解析】 暂态过程受时间常数、系统容量、短路电流幅值影响，针对不同系统要采用不同暂态特性电流互感器。

12. 改进电流互感器饱和的措施通常为 （ABC）。

A. 选用二次额定电流较小的电流互感器　　B. 铁芯设置间隙

C. 减小二次负载阻抗　　　　　　　　　　D. 缩小铁芯面积

【解析】 TA 的饱和程度反映磁通密度大小。铁芯设置间隙，磁阻增加，磁通水平下降，磁通密度下降。增大铁芯截面积，不改变磁通水平，横截面积大了，磁通密度下降。

13. 电流互感器的 （ABC） 应能满足所在一次回路的最大负荷电流和短路电流的要求， 并应适当考虑系统的发展情况。

A. 额定连续热电流　B. 额定短时热电流　C. 额定动稳定电流　D. 额定短路电流

【解析】 依据 DL/T 866—2015《电流互感器和电压互感器选择及计算规程》3.2.3。

14. 下面关于比率制动的差动保护分析正确的是 （AC）。

A. 区内轻微故障，短路电流小，TA 不饱和，比率差动保护灵敏动作

B. 区内严重故障，短路电流大，TA 饱和，制动电流大，可能拒动

C. 区外轻微故障，短路电流小，TA 不饱和，差流小不动作

D. 区外严重故障，短路电流大，TA 饱和，产生较大差流可能会误动作

【解析】 区内、外故障时，通过 TA 不会立即饱和，零点附近，可线性传递电流特性，进行逻辑判定。区内严重故障，不会拒动；区外严重故障，逻辑闭锁。

15. 电流互感器的结构形式主要有 （ABCD）。

A. 多匝式　　　　　B. 贯穿式　　　　　C. 正立式　　　　　D. 倒立式

【解析】 贯穿式，用来穿过屏板或墙壁的电流互感器；多匝式，中、小电流互感器常用；正立式，二次绕组在互感器下部；倒立式，二次绕组在互感器上部。

16. 减少电压互感器的基本误差方法有 （ABC）。

A. 减小电压互感器线圈的阻抗　　　　　　B. 减小电压互感器励磁电流

C. 减小电压互感器负荷电流　　　　　　　D. 减小电压互感器的负载

【解析】 电压互感器二次负载等于额定负载时，误差最小。

17. 电压互感器二次绕组的接地方式主要有 （AC）。

A. 中性点接地　　B. 两点接地　　　C. B 相接地　　　D. 三相接地

【解析】 电压互感器二次绕组的接地方式有中性点接地和 B 相接地两种。

18. 某双母线接线形式的变电站， 每一母线上配有一组电压互感器， 母联断路器在合入状态， 该站某出线出口发生接地故障后， 查阅录波图发现：无故障时两组 TV 对应相的二次电压相等， 故障时两组 TV 对应相的二次电压很大不同， 以下可能的原因是 （AB）。

A. TV 二次存在两个接地点　　　　　　　B. TV 三次回路被短接

C. TV 损坏　　　　　　　　　　　　　　D. TV 二、三次中性线未分开接地

【解析】　一次系统发生接地时，TV二次存在两个接地点，TV三次回路被短接均造成二次电压测量发生偏差。

19. 改善电容式电压互感器暂态响应的途径为　（BD）。

A. 增加内部调谐回路　　　　　　　　　B. 增设快速反应回路

C. 取消快速反应回路　　　　　　　　　D. 设置快速进行储能释放回路

【解析】　电容式电压互感器在短路故障发生时，二次电压不能立即反映一次电压的变化，增设快速反应回路，设置快速进行储能释放回路可改善暂态特性。

三、判断题

1. 安装在电缆上的零序电流互感器，电缆的屏蔽引线应穿过零序电流互感器接地。　（√）

【解析】　零序电流互感器中在安装过程中应注意供电电缆接地扁带回穿方式，确保其中仅流过线路零序电流。零序电流互感器安装错误，导致电缆屏蔽层电流流过零序互感器，使其无法准确采集线路零序电流。

2. 电流互感器二次接成三角形比接成完全星形的负载能力强。　（×）

【解析】　电流互感器二次三角形接线二次负载是星形接线负载的3倍，容量固定情况下，承受负载能力差。

3. 电流互感器一次侧串联时变比一次侧并联时大一倍（二次分接头相同）。　（×）

【解析】　一次侧并联时变比一次侧串联时大一倍。

4. 电流互感器变比越小，其励磁阻抗越大，运行的二次负载越小。　（×）

【解析】　电流互感器变比与运行的二次负载无关。

5. 电流互感器二次绕组采用不完全星形接线时接线系数为1。　（√）

【解析】　二次绕组三角形接线和两相差电流接线，接线系数为$\sqrt{3}$；星形接线和不完全星形接线，接线系数为1。

6. 在高压端与地短路情况下，电容式电压互感器二次电压峰值应在额定频率的2个周期内衰减到低于短路前电压峰值的10%，称之为电容式电压互感器的"暂态响应"。　（×）

【解析】　1个周期内衰减到低于短路前电压峰值的10%，称之为电容式电压互感器的"暂态响应"。

7. 电流互感器饱和后线性变差，在一次故障电流波形过零点时，饱和电流互感器不能线性传递一次电流。　（×）

【解析】　在一次故障电流波形过零点时，饱和电流互感器能线性传递一次电流。

8. 在对停电的线路电流互感器进行伏安特性试验时，必须将该电流互感器接至母差保护的二次线可靠短接后，再断开电流互感器二次的出线，以防止母差保护误动。　（×）

【解析】　在对停电的线路电流互感器进行伏安特性试验时，必须将该电流互感器接至母差保护的二次线可靠断开后，再短接电流互感器二次的出线，以防止母差保护误动。

9. 设K为电流互感器的变化，无论电流互感器是否饱和，其一次电流I_1与二次电流I_2始终保持$I_2 = I_1/K$的关系。　（×）

【解析】　电流互感器饱和后呈非线性关系。

10. 电流互感器因二次负载大，误差超过10%时，可将两组同级别、同型号、同变比的电流互感器二次串联，以降低电流互感器的负载。　（√）

【解析】　二次绕组串联时，电流不变，感应电动势大一倍。变比不变，容量增大一倍。

11. P 级电流互感器的暂态特性欠佳，在外部短路时会产生较大的差流。为此，特性呈分段式的比率制动式差动继电器抬高了制动系数的取值。同理，继电器的最小动作电流定值也该相应抬高。 （×）

【解析】 继电器的最小动作电流定值应不变。

12. 电流互感器的一次电流与二次侧负载无关，而变压器的一次电流随着二次侧的负载变化而变化。 （√）

【解析】 电流互感器为电流源，一次电流与二次负载无关，而变压器为电压源，一次电流随着二次侧的负载变化而变化。

13. 电流互感器容量大表示其二次负载阻抗允许值大。 （√）

【解析】 $S=I^2R$，二次电流额定值固定时，容量越大，允许的二次负载越大。

14. P 级电流互感器 10％误差是指额定负载情况下的最大允许误差。 （×）

【解析】 P 级电流互感器 10％误差是指最大短路电流情况下的最大允许误差。

15. 电流互感器变比越大，二次开路电压越大。 （√）

【解析】 一次侧输入恒定，电流互感器变比越大，即电流二次侧输出电流越小，由功率恒定，则电压越大。

16. 电流互感器内阻很大，为电流源，严禁其二次开路。 （√）

【解析】 电流互感器二次开路使励磁支路饱和，二次侧没有提供消磁的措施，产大的开路电压。

17. 对于 TA 二次侧结成三角形接线的情况 （如主变压器差动保护） 因为没有 N 相，所以二次侧无法接地。 （×）

【解析】 TA 二次回路必须进行一点接地，应由通过负载的星形接线中性点引出接地。

18. 继电保护要求所用的电流互感器暂态变比误差不应大于 10％。 （×）

【解析】 继电保护要求所用的电流互感器稳态变比误差不应大于 10％。

19. 所有的电压互感器 （包括测量、保护） 二次绕组出口均应装设熔断器或自动开关。 （×）

【解析】 依据《国家电网有限公司十八项电网重大反事故措施》15.6.4.2。

20. 电流互感器二次侧标有的 5P10，表示的含义是在 5 倍额定电流下，二次误差在 10％之内。 （×）

【解析】 含义是在 10 倍额定电流下，二次误差在 5％之内。

21. 对于母线保护装置的备用间隔电流互感器二次回路应在母线保护柜端子排外侧断开，端子排内侧不应短路。 （√）

【解析】 依据《继电保护和电网安全自动装置现场工作保安规定》5.2.7。

22. 在保护和测量仪表中，电流回路的导线截面不应小于 4mm²。 （×）

【解析】 在保护和测量仪表中，电流回路的导线截面不应小于 2.5mm²。

23. 当需将保护的电流输入回路从电流互感器二次侧断开时，必须有专人监护，使用绝缘工具，并站在绝缘垫上，断开电流互感器二次侧后，便用短路线妥善可靠地短接电流互感器二次绕组。 （×）

【解析】 电流回路不得开路，短接电流互感器二次绕组后方能断开下一级电流二次回路。

25. 运行中的电流互感器二次短接后，也不得去掉接地点。 （ √ ）

【解析】 电流互感器二次回路有且仅有一点接地，任何情况下不得失去。

26. 运行中，电压互感器二次侧某一相熔断器熔断时，该相电压值为零。 （ × ）

【解析】 假设断线相为 B 相时 $U_a=\dfrac{100}{\sqrt{3}}V$，$U_c=\dfrac{100}{\sqrt{3}}V$，$U_{ac}=100V$，$U_{ab}=\dfrac{Z_{ab}}{Z_{ab}+Z_{bc}}$

$U_{ac}=\dfrac{U_{ac}}{2}=50V$，$U_{bc}=\dfrac{Z_{bc}}{Z_{ab}+Z_{bc}}U_{ac}=\dfrac{U_{ac}}{2}=50V$，$U_{ab}=U_{bc}=\dfrac{U_{ac}}{2}$，$U_b=\sqrt{57.7^2-50^2}=$

28.8（V）。

27. 当电流互感器饱和时，测量电流比实际电流小，有可能引起差动保护拒动，但不会引起差动保护误动。 （ × ）

【解析】 测量电流比实际电流小，可能引起差动保护拒动，也可能引起差动保护误动。

28. 电流互感器本身造成的测量误差是由于有励磁电流的存在。 （ √ ）

【解析】 励磁电流是造成电流互感器误差的根本原因。

29. 电流互感器及电压互感器二次回路必须一点接地，其原因是为了人身和二次设备的安全。如果互感器二次回路有了接地点，则二次回路对地电容将为零，从而达到保证安全的目的。 （ √ ）

【解析】 电流互感器及电压互感器二次回路一点接地作为保护接地，保护人身、设备安全。

30. 电流互感器在铁芯中引入大气隙后，可显著延长电流互感器到达饱和的时间，但对稳态电流的传变精度影响较大。 （ √ ）

【解析】 铁芯的气隙主要是为了减少铁芯在不对称磁场状态下工作时的剩磁，这样同样体积的铁芯就可以输出更大的功率，延长电流互感器饱和时间。

31. 当在 TA 一次绕组和二次绕组的极性端分别通入同相位的电流时铁芯中产生的磁通相位相反。 （ × ）

【解析】 当在 TA 一次绕组和二次绕组的极性端分别通入同相位的电流时，铁芯中产生的磁通相位相同。

32. 电流互感器二次电流采用 5A 时，接入同样阻抗的电缆及二次设备时，二次负载将是 1A 额定电流时的 5 倍。 （ × ）

【解析】 电流互感器二次电流采用 5A 时，接入同样阻抗的电缆及二次设备时，二次负载将是 1A 额定电流时的 25 倍。

33. 运行中某 P 级电流互感器二次开路未被发现，当线路发生短路故障，该电流互感器一侧流过很大的正弦波形短路电流时，则二次绕组上将有很高的正弦波形电压。 （ × ）

【解析】 电流互感器二次开路，二次绕组上将有很高的尖顶波形电压。

34. 双母线接线电压切换功能，应由保护装置各自实现。 （ × ）

【解析】 常规采样电压切换功能由电压切换箱实现。

35. 在小电流接地系统中发生单相接地故障时，其相间电压基本不变。 （ √ ）

【解析】 小电流接地系统单相接地时，故障相电压降低，相间电压不变。

36. 电压互感器二次输出回路 A、B、C、N 相均应装设熔断器或自动小开关。 （ × ）

【解析】 依据《国家电网有限公司十八项电网重大反事故措施》15.6.4.2。

37. 电压互感器仅有一组二次绕组且已经投运的变电站, 应积极安排电压互感器的更新改造工作。 改造完成前, 应在保护室的电压并列屏处, 利用具有短路跳闸功能的两组分相空气开关将按双重化配置的两套保护装置交流电压回路分开。 （×）

【解析】 依据《国家电网有限公司十八项电网重大反事故措施》15.2.2.1。

38. 对交流二次电压回路通电时, 应可靠短接至互感器二次侧的回路, 防止反充电。 （×）

【解析】 电压二次回路不得短路, 应可靠断开至互感器二次侧的回路, 防止反充电。

39. 在同一小接地电流系统中, 所有出线均装设两相不完全星形接线的电流保护, 电流互感器都装在同名两相上, 这样发生不同线路两点接地短路时, 可保证只切除一条线路的概率为2/3。 （√）

【解析】 见表6-1。

表 6-1　　　　　　　　不同线路两点接地短路动作分析

同名 AC 相	A	B	C
A	—	√（动作一条）	×（动作两条）
B	√（动作一条）	—	√（动作一条）
C	×（动作两条）	√（动作一条）	—

40. 在电压互感器开口三角绕组输出端不应装熔断器, 而应装设自动开关, 以便开关跳开时发信号。 （×）

【解析】 依据《国家电网有限公司十八项电网重大反事故措施》15.6.4.2。

41. 两组电压互感器的并联, 必须是一次侧先并联, 然后才允许二次侧并联。 （√）

【解析】 二次电压并列状态需与一次状态对应, 否则会造成二次向一次反送电。

四、 填空题

1. 110kV 及以下系统保护用电流互感器可以采用 P 类电流互感器。

【解析】 依据 DL/T 866—2015《电流互感器和电压互感器选择及计算规程》7.1.6。

2. 当电流互感器 10% 误差超过时, 可用两组同变比的互感器绕组串接的方法, 以提高电流互感器的带负载能力。

【解析】 二次绕组串联时, 电流不变, 感应电动势增大一倍。 变比不变, 容量增大一倍。

3. TA 二次绕组接线系数 $K_{jx}=1$ 的为星形接线, 不完全星形接线, $K_{jx}=\sqrt{3}$ 的为三角形接线, 两相差电流接线。

【解析】 接线系数为故障时反映到电流继电器绕组中的电流值与电流互感器二次绕组中电流之比, 星形接线、不完全星形接线系数为1, 三角形接线、两相差电流接线系数为 $\sqrt{3}$。

4. 电流互感器采用减极性标准时, 如一次电流从极性端通入, 则二次侧电流从极性端流出, 一、 二次电流相位相同。

【解析】 电流互感器一次侧极性端流入, 二次侧极性端流出, 两侧绕组电流所产生的磁动势相互抵消。

5. 220kV 电压等级变压器保护优先采用 TPY 型 TA; 若采用 P 级 TA, 为减轻可能发生的暂态饱和影响， 其暂态系数不应小于2。

【解析】 依据《变压器、高压并联电抗器和母线保护及辅助装置标准化设计规范》12.5.2。

6. 应根据系统短路容量合理选择电流互感器的容量、 变比和特性， 满足保护装置整定配合和可靠性的要求。

【解析】 依据《国家电网有限公司十八项电网重大反事故措施》15.1.9。

7. 应充分考虑合理的电流互感器配置和二次绕组分配， 消除主保护死区。

【解析】 依据《国家电网有限公司十八项电网重大反事故措施》15.1.13。

8. 在运行的电压互感器二次回路工作时， 应戴手套， 使用绝缘工具， 严格防止短路或接地。 当需要接临时负载时， 应装有专用的隔离开关和熔断器， 必要时停用有关保护。

【解析】 依据《国家电网公司电力安全工作规程（变电部分）》13.14。

9. 保护采用双重化配置时， 其电压切换箱回路隔离开关辅助触点应采用单位置输入方式。 单套配置保护的电压切换箱回路隔离开关辅助触点应采用双位置输入方式。 电压切换直流电源与对应保护装置直流电源取自同一段直流母线且共用直流空气开关。

【解析】 依据《国家电网有限公司十八项电网重大反事故措施》15.1.5。

五、 简答题

1. 电流互感器二次额定电流为 1A 和 5A 有何区别？

【解析】 采用 1A 的电流互感器比 5A 的匝数大 5 倍， 二次绕组匝数大 5 倍， 开路电压高、 内阻大、 励磁电流小。 但采用 1A 的电流互感器可大幅降低电缆中的有功损耗， 在相同条件下， 可增加电流回路电缆的长度。 在相同的电缆长度和截面时， 功耗减小 25 倍， 因此电缆截面可减小。

2. 电流互感器饱和时其二次电流有什么特征？

【解析】 （1） 在故障发生瞬间， 由于铁芯中的磁通不能跃变， TA 不能立即进入饱和区， 而是存在一个时域为 3～5ms 的线性传递区。 在线性传递区内， TA 二次电流与一次成正比。

（2） TA 饱和之后， 在每个周期内一次电流过零点附近存在不饱和时段， 在此时段内， TA 二次电流又与一次电流成正比。

（3） TA 饱和后其励磁阻抗大大减小， 使其内阻大大降低， 严重情况内阻等于零。

（4） TA 饱和后， 其二次电流偏于时间轴一侧， 致使电流的正负半波不对称， 电流中含有很大的二次和三次谐波电流分量。

3. 电流互感器伏安特性试验的目的是什么？

【解析】 （1） 了解电流互感器本身的磁化特性， 判断是否符合要求。

（2） 是目前可发现线匝层间短路唯一可靠的方法， 特别是二次绕组短路圈数很少时。

4. 造成电流互感器测量误差的原因是什么？

【解析】 测量误差就是电流互感器的二次输出量 I_2 与其归算到二次侧的一次输入量 I_1 的大小不等、 幅角不相同所造成的差值。 因此测量误差分为数值（变比）误差和相位（角度） 误差两种。 产生测量误差的原因一是电流互感器本身造成的， 二是运行和使用条件造成的。电流互感器本身造成的测量误差是由于电流互感器有励磁电流 I_e 存在，而 I_e 是输入电流的一部分它不传变到二次侧，故形成了变比误差。I_e 除在铁芯中产生磁通外，产生铁芯损耗，包括涡流损失和磁滞损失。I_e 所流经的励磁支路是一个呈电感性的支路，I_e 与 I_2 不同相位，这是造成角度误差的主要原因。运行和使用中造成的测量误差过大是电流互感器铁芯饱和。二次负载过大所致。

5. 为什么有些保护用的电流互感器铁芯在磁回路中留有小气隙？

【解析】 为了使在重合闸过程中，铁芯中的剩磁很快消失，以免重合于永久性故障时，有可能造成铁芯磁饱和。

6. 电流互感器的二次负载阻抗如果超过了其允许的二次负载阻抗，为什么准确度就会下降？

【解析】 电流互感器二次负载阻抗的大小对互感器的准确度有很大影响。这是因为，如果电流互感器二次负载阻抗增加得很多，超出了所允许的二次负载阻抗时，励磁电流的数值就会大大增加，而使铁芯进入饱和状态，在这种情况下，一次电流的很大一部分将用来提供励磁电流，从而使互感器的误差大为增加，其准确度就随之下降了。

7. 电压互感器和电流互感器在作用原理上有何区别？

【解析】 主要区别是正常运行时工作状态很不相同，表现为：

(1) 电流互感器二次可以短路，但不得开路；电压互感器二次可以开路，但不得短路。

(2) 相对于二次侧的负载，电压互感器的一次内阻抗较小以至可以忽略，可以认为电压互感器是一个电压源；而电流互感器的一次内阻很大，以至可以认为是一个内阻无穷大的电流源。

(3) 电压互感器正常工作时的磁通密度接近饱和值，故障时磁通密度下降；电流互感器正常工作时磁通密度很低，而短路时由于一次侧短路电流变得很大，使磁通密度大大增加，有时甚至远超饱和值。

8. 电压互感器的零序电压回路是否装设熔断器？为什么？

【解析】 不能。因为正常运行时，电压互感器的零序电压回路无电压，不能监视熔断器是否断开，一旦熔丝熔断了，而系统发生接地故障，则保护拒动。

9. 什么叫电压互感器反充电？对保护装置有什么影响？阐述一个现场与防止电压互感器二次反充电有关的回路及作用。

【解析】 (1) 通过电压互感器二次侧向不带电的母线充电称为反充电。

(2) 如 220kV 电压互感器，变比为 2200，停电的一次母线即使未接地，其阻抗（包括母线电容及绝缘电阻）虽然较大，假定为 1MΩ，但从电压互感器二次侧看到的阻抗只有 $1000000/(2200)2=0.2$（Ω），近乎短路，故反充电电流较大（反充电电流主要决定于电缆电阻及两个电压互感器的漏抗），将造成运行中电压互感器二次侧小开关跳开或熔断器熔断，使运行中的保护装置失去电压，可能造成保护装置的误动或拒动。

(3) 现场回路及作用。

1) 用隔离开关辅助触点控制的电压切换继电器，应有一对电压切换继电器触点作为监视母线二次电压是否正常的中央告警信号；电压切换继电器在隔离开关双跨时，或两切换继电器同时动作（隔离开关辅助触点切换不量等情况下）时，应有告警信号。

2) 双母线的电压互感器二次并列回路中串入母联断路器动合辅助接点，当母联断路器断开时，自动解除电压互感器二次并列回路。

10. 电压互感器测量绕组能否给保护用？ 为什么？

【解析】 0.5 级绕组：（80%～120%）U_N 能保证测量误差为 0.5%；而 3P 级绕组：（5%～150%）U_N 测量误差为 3%，因此过电压保护等对电压线性范围要求较宽的保护不宜采用测量绕组，在改造工程中应注意此问题。

11. 一条 220kV 输电线路按双重化配置了两套主后一体的线路保护，分别置于保护屏 A 和保护屏 B，它的交流电流回路如图 6-2 所示连接，请指出图中哪些地方违反了规程的规定？ 请分析在接地故障和不接地故障时，这种接线方式对保护正确动作有什么影响？

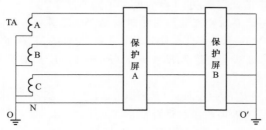

图 6-2　交流电流回路图

【解析】 TA 两点接地，两套保护公用了同一 TA 的二次绕组。由于 TA 两点接地，在系统发生接地故障时，图中 OO' 有电位差，在 N 线和保护装置各相中流过电流，使得自产 $3I_0$ 数值和相位发生变化。造成保护误动或拒动，在系统发生不接地故障时，图中 OO' 电位差较小，对保护无影响。

12. 电压互感器二次侧星形侧 N600 和开口三角形侧 N600 应用两芯电缆分别引至主控室接地，为什么不能共线？

【解析】 因为当系统发生接地故障时，星形侧和三角形侧均出现零序电压，其电流流过各自的负载，如果共线，则两个电流均在一根电缆上产生压降，使接入保护的电压在数值和相位上产生失真，影响保护正确工作。

六、 分析题

1. 试画出运行中电流互感器二次侧开路时，其一次电流、 铁芯磁通和二次电压的波形。

【解析】 波形如图 6-3 所示。

2. 某电流互感器的变比为 1500A/1A，二次接入负载阻抗 5Ω （包括电流互感器二次漏抗及电缆电阻）， 电流互感器伏安特性试验得到的一组数据为电压 120V 时， 电流为 1A。 试问当其一次侧通过的最大短路电流为 30000A 时， 其变比误差是否满足规程要求？ 为什么？

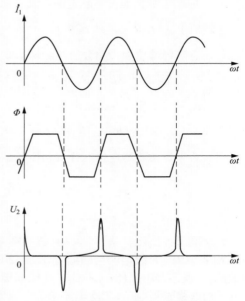

图 6-3　运行中电流互感器二次侧开路时一次电流、铁芯磁通和二次电压的波形

【解析】 最大短路电流为 30000A 时，$I_2 = 30000/1500 = 20$A。

设此时励磁电流 $I_F = 1$A，则在 TA 二次侧的电压 $U_2 = (20-1) \times 5 = 95$ （V），由伏安特性可知 $U = 120$V 时 $I_F = 1$A，而此时 $U_2 = 95$V < 120V，可知此时接 5Ω 负载时实际的励磁电流 $I_F < 1$A。误差 $\delta < 1/20 = 5\% < 10\%$，满足规程要求。

3. 如某 220kV 线路保护用 TA 参数： 低漏磁特性， 变比 1250/1A， 10P30， 额定容量 20VA， TA 内阻 6Ω， 实测二次负载 $R_b = 10$Ω， 最大短路电流按 35kA 计算， 按规程规定， 考虑暂态影响， 系数 K_s 取 2， 请用二次极限电动势法验算该 TA 是否满足保护要求？ 如果不满足要求该如何解决 （至少两种不同方法）？

【解析】 因 TA 为低漏磁，可直接用极限电动势法验算。

$K_{alf} = 30$，$R_{bn} = 20$VA，$R_{ct} = 6$Ω，实测二次负载 $R_b = 10$Ω，保护感受的电流倍数 K_{pcf}： $35/1.25 = 28$，TA 额定极限电动势为 $E_{sl} = K_{alf} (R_{ct} + R_{bn}/I_n^2) I_n = 30 (6+20) \times 1 = 780$ （V）。

保护要求的二次电动势 $E_s = K_s K_{pcf} (R_{ct} + R_b)$，$I_n = 2 \times 28 (6+10) \times 1 = 896$ （V）。

因 $E_{sl} < E_s$，所用 TA 不满足保护误差要求。

解决 （至少两种不同方法） 方法如下：

1） 降低 TA 二次负载；如降为 8Ω。

2） 增大准确限值系数 K_{alf}，如提高为 40，如 10P40。

3） 增大额定容量，如改为 30VA 为 40VA。

4） 增大变比。

4. 变比为 1000/5、 5P20、 25VA 的电流互感器， 二次绕组电阻测得 $R_{in} = 1.4$Ω， 在不计二次绕组漏抗、 不计铁芯未饱和时的励磁电流情况下， 当二次负载阻抗 $R_{loa} = 2$Ω 时， 稳态下综合误差不超过该电流互感器允许值 （5%） 的最大一次电流为多少？

【解析】 （1） 额定二次阻抗 $R_{2N} = \dfrac{25}{5^2} = 1$ （Ω）。

（2） 二次侧的饱和电动势 （综合误差 5% 时）。

$$E_{2.sat} = MI_{1N}(R_{in} + R_{2N})\frac{I_{2N}}{I_{1N}} = 20 \times 5 \times (1.4 + 1) = 240(\text{V})$$

（3） $R_{loa} = 2$Ω 时，二次电动势。

$$E_2 = I_1(R_{in} + R_{loa})\frac{I_{2N}}{I_{1N}} = I_1 \times (1.4 + 2) \times \frac{5}{1000} = \frac{17}{1000}I_1(\text{V})$$

（4） 为保证误差不超过允许值，$E_2 \leqslant E_{2.sat}$， 即

$$\frac{17}{1000}I_1 \leqslant 240$$

$$I_{1.max} = \frac{240 \times 1000}{17} = 14117.64(\text{A})$$

5. 如图 6-4 所示， 某 110kV 系统的各序阻抗为 $X_{\Sigma1} = X_{\Sigma2} = j5$Ω， $X_{\Sigma0} = j3$Ω， 母线电压为 115kV； P 级电流互感器变比为 1200/5， 星形连接， 不计电流互感器二次绕组漏阻抗， 铁芯有功损耗； 不计二次电缆电抗和微机保护电流回路阻抗， 若 $Z_L = 4$Ω， K 点三相短路时测得 TA 二次电流稳态电流为 54.8A， TA 不饱和时求：

（1） k 点单相接地时稳态下 TA 的变比误差 ε。

（2） k 点单相接地时稳态下 TA 的相角误差 δ。

【解析】 （1） k 点三相短路电流为 $I_k^{(3)} = \dfrac{115}{\sqrt{3} \times 5} \times 10^3 = 13279$ （A）

折算到二次侧 $I_k^{(3)}$（二次）$= \dfrac{13279}{1200/5} = 55.3$ （A）

k 点单相短路电流为 $I_k^{(1)} = 3 \times \dfrac{(115/\sqrt{3}) \times 10^3}{5+5+3} = 15322$ （A）

折算到二次侧 $I_k^{(1)}$（二次）$= \dfrac{15322}{1200/5} = 63.8$ （A）

求 TA 励磁阻抗 X_u：

∵二次电流为 $I_k^{(3)} \left| \dfrac{jX_u}{Z_L + jX_u} \right| = 54.8$

∴ $55.3 \times \left| \dfrac{jX_u}{4 + jX_u} \right| = 54.8$

解得 $X_u = \dfrac{4}{\sqrt{\left(\dfrac{55.3}{54.8}\right)^2 - 1}} = 29.5$ （Ω）

（2） k 点单相接地时 ε。TA 二次负载阻抗

$$R = 4 \times 2 = 8(\Omega)$$

$$\varepsilon = \frac{61.6 - 63.8}{63.8} = -3.45\%$$

∴

$$I_2 = 63.8 \times \frac{j29.5}{8 + j29.5} = 61.6 \angle 15.2° \text{ (A)}$$

k 点单相接地时的相角误差为 $\delta = 15.2$。

6. 电压互感器开口三角绕组如图 6-5 所示， 电压互感器二次和三次电压分别为 100/$\sqrt{3}$V 和 100V。 画出向量图， 计算 $U_{Aa} + U_{Bb} + U_{Cc}$ 的大小。

【解析】 依据图 6-5 画出向量图， 如图 6-6 所示。

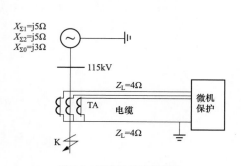

图 6-4 110kV 系统阻抗图

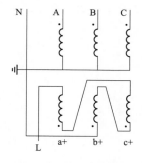

图 6-5 电压互感器绕组图

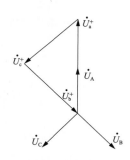

图 6-6 向量图

$$U_{Aa+} = |\dot{U}_{a+}| - |\dot{U}_A| = 100 - 57.7 = 42.3 \text{(V)}$$

$$U_{Bb+} = |\dot{U}_B| - |\dot{U}_{b+}| = 57.7 \text{(V)}$$

$$U_{Cc+} = \sqrt{(U_{b+})^2 + (U_c)^2 - 2(U_{b+})U_c \cos 60°}$$
$$= \sqrt{100^2 + 57.7^2 - 2 \times 100 \times 57.7 \times 0.5} = 86.9 \text{(V)}$$

7. 设 110kV 母线处额定电压运行, 该母线上的各序阻抗有如下关系: $Z_{\Sigma1} = Z_{\Sigma2}$, $Z_{\Sigma0} = 0.5Z_{\Sigma1}$ (序阻抗角相等)。 当母线上发生单相金属性接地时, 求 TV 二次负序相电压和开口三角形上电压。

【解析】 (1) TV 二次负序相电压为

$$U_{2\varphi} = \frac{Z_{\Sigma}^2}{Z_{\Sigma}^1 + Z_{\Sigma}^2 + Z_{\Sigma}^0} \cdot \frac{110}{\sqrt{3}} \times \frac{100/\sqrt{3}}{110/\sqrt{3}} = \frac{1}{2.5} \times \frac{100}{\sqrt{3}} = 23.1(\text{V})$$

(2) 开口三角形上电压。

$$U_{开口} = \frac{Z_{\Sigma}^0}{Z_{\Sigma}^1 + Z_{\Sigma}^2 + Z_{\Sigma}^0} \times \frac{110}{\sqrt{3}} \times \frac{100}{110/\sqrt{3}} \times 3 = \frac{0.5}{2.5} \times 300 = 60(\text{V})$$

8. 保护装置的 TV 二次负载为星形接线时如图 6-7 所示, 当其保护屏顶的一相空气开关跳开时, 试分析各相电压及各线电压值的大小? 装置电压回路的三相负载平衡, 阻抗相等。

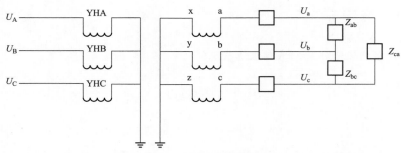

图 6-7　TV 负载星形接线图

【解析】 如图 6-7 所示, 二次回路一相空气开关跳开, 不影响其他两相, 因此其他两相电压为二次额定电压(断线相是 B 相), 即 $U_a = \frac{100}{\sqrt{3}}$V, $U_c = \frac{100}{\sqrt{3}}$V, 断线相的上端电压正常, 下端由于电压互感器二次负载原因分压, 不为零。如图 6-7 二次负载回路, 根据基尔霍夫电压定理有

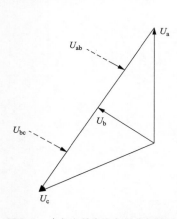

$$U_{ac} = 100\text{V}$$

$$U_{ab} = \frac{Z_{ab}}{Z_{ab} + Z_{bc}}U_{ac} = \frac{U_{ac}}{2} = 50(\text{V})$$

$$U_{bc} = \frac{Z_{bc}}{Z_{ab} + Z_{bc}}U_{ac} = \frac{U_{ac}}{2} = 50(\text{V})$$

因 $U_{ab} = U_{bc} = \frac{U_{ac}}{2}$, 所以 U_b 位于 U_{ac} 中间, 因此可求出 U_b 电压值为(相量图见图 6-8)

$$U_b = \sqrt{57.7^2 - 50^2} = 28.8(\text{V})$$

图 6-8　各相电量和线电压的相量图

9. 电压互感器二次绕组和辅助绕组接线以及电流回路二次接线如图 6-9、 图 6-10 所示, ①电压互感器二次绕组和辅助绕组接线有何错误, 为什么? ②试分析电流回路二次接线有何错误, 为什么?

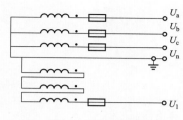

图 6-9　电压互感器绕组接线图

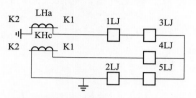

图 6-10　电流回路二次接线图

【解析】1）图 6-9 中接线错误有两处：①二次绕组零线和辅助绕组中性线应分别独立从开关场引线至控制室后，在控制室将两根零线接在一块并可靠一点接地，而对于图中接线，在一次系统发生接地故障时，开口三角 $3U_0$ 电压有部分压降落在中性线电阻上，致使微机保护的自产 $3U_0$ 因含有该部分压降而存在误差，零序方向保护可能发生误动或拒动；②开口三角引出线不应装设熔断器，因为即便装了，在正常情况下，由于开口三角无压，两根引出线间发生短路也不会熔断起保护作用，相反若熔断器损坏而又不能及时发现，在发生接地故障时，$3U_0$ 又不能送到控制室供保护和测量使用。

2）电流互感器图中有接线错误，应将两个互感器的 K2 在本体处短接后，用一根导线引至保护盘经一点接地。图中接线对 LHA 来说是通过两个接地点和接地网构成回路，若出现某一点接地不良，就会出现 LHA 开路现象，同时也增加了 LHA 的二次负载阻抗。

10. CVT 电容式电压互感器原理如图 6-11 所示，一次侧由 3 组均压电容 $C_1 = C_2 = C_3 = C$ 组成，若当上节瓷套的均压电容 C_1 被短路击穿，试分析此时的二次过电压值为多少。

【解析】故障前，设二次电压有效值 U，一次侧额定电压 U_N，CVT 变比为 N。根据 $C_1 U_1 = C_2 U_2 = C_3 U_3 = C_总 U_N$，$C_总 = \dfrac{C_1 C_2 C_3}{C_1 C_2 + C_1 C_3 + C_2 C_3}$。已知 $C_1 = C_2 = C_3 = C$，那么 $C_总 = C/3$，$U_3 = U_N/3$，则 $U = U_3/N = U_N/3N$。

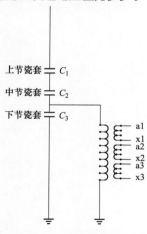

故障后，设二次电压有效值 U'，根据

$$C_2 U_2' = C_3 U_3' = C_总' U_N,\quad C_总' = \frac{C_2 C_3}{C_2 + C_3},\quad 已知\ C_2 = C_3 = C,$$

那么 $C_总' = C/2$，$U_3' = U_N/2$，则 $U' = U_3'/N = U_N/2N$。

可得 $U' = 1.5U \approx 1.5 \times 57.5 = 86.6$（V），故障电压升高为 1.5 倍。

图 6-11　CVT 电压互感器结构图

11. 有关二次电流回路如图 6-12 所示。

1）如何用负荷电流检查二次电流回路中性线 M Q 之间是否完好？

2）分析该方法理论上的正确性。

【解析】1）在断器器端子箱处将任意一相电流线与中性线短接，测量并记录端子箱至保护装置的中性线上电流的大小，该电流应大于二分之一的相电流。如图 6-13 所示。

2）分析如下

$$\because \dot{I}_C = \dot{I}_{C1} + \dot{I}_{C2}$$

$\dot{I}_{C1}$ 流经保护电流线圈，电阻较大，$\dot{I}_{C2}$ 流经短路线，电阻较小。

$$\therefore \dot{I}_{C1} < \dot{I}_{C2} \text{ 即 } \dot{I}_{C1} < \frac{\dot{I}_C}{2}$$

$$\because \dot{I}_N = \dot{I}_A + \dot{I}_B + \dot{I}_{C1}$$

$$|\dot{I}_N| = |\dot{I}_A + \dot{I}_B + \dot{I}_{C1}| = |-\dot{I}_C + \dot{I}_{C1}| \quad \text{而 } \dot{I}_{C1} < \frac{\dot{I}_C}{2}$$

$$\therefore |\dot{I}_N| > |-\frac{\dot{I}_C}{2}|$$

即端子箱至保护装置的中性线上的电流的大小，应大于二分之一的相电流（负荷电流）。

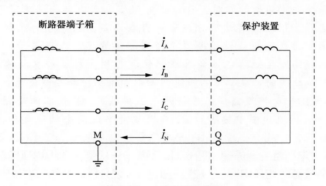

图 6-12　二次电流回路图

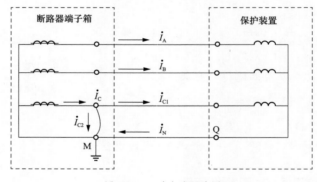

图 6-13　二次电流回路图

第二节　断路器控制回路

一、 单选题

1. 断路器在跳合闸时， 跳合闸线圈要有足够的电压才能保证可靠跳合闸， 因此，跳合闸线圈的电压降均不小于电源电压的 （C） 才为合格。

A. 70%　　　　　B. 80%　　　　　C. 90%　　　　　D. 95%

【解析】依据 DL/T 995—2016《继电保护和电网安全自动装置检验规程》5.3.7.5。

2. 在操作箱中，关于断路器位置继电器线圈正确的接法是（B）。

A. TWJ 在跳闸回路中，HWJ 在合闸回路中

B. TWJ 在合闸回路中，HWJ 在跳闸回路中

C. TWJ.HWJ 均在跳闸回路中

D. TWJ.HWJ 均在合闸回路中

【解析】TWJ 监视合闸回路，HWJ 监视跳闸回路。

3. 对于电流继电器，通以（C）倍动作电流及保护装设处可能出现的最大短路电流检验其动作及复归的可靠性。

A. 0.95　　　　B. 1.0　　　　C. 1.05　　　　D. 1.1

【解析】依据 DL/T 995—2016《继电保护和电网安全自动装置检验规程》B 2.1.3。

4. 按"继电保护检验条例"，对于超高压的电网保护，直接作用于断路器跳闸的中间继电器，其动作时间应小于（A）。

A. 10ms　　　　B. 15ms　　　　C. 5ms　　　　D. 20ms

【解析】依据 DL/T 995—2016《继电保护和电网安全自动装置检验规程》B 6.6。

5. 保护动作至发出跳闸脉冲 40ms，断路器跳开时间 60ms，重合闸时间继电器整定 0.8s，开关合闸时间 100ms，从事故发生至故障相恢复电压的时间为（B）s。

A. 0.94　　　　B. 1.0　　　　C. 0.96　　　　D. 1.06

【解析】40ms＋60ms＋800ms＋100ms＝1000ms。

6. 高压开关控制回路中防跳继电器的动作电流应小于开关跳闸电流的（A），线圈压降应小于 10％额定电压。

A. 1/2　　　　B. 1/3　　　　C. 1/5　　　　D. 1/10

【解析】依据《继电保护及安自装置技术规程》6.6.3。

7. 在保护检验工作完毕后，投入出口连接片之前，通常用万用表测量跳闸连接片电位，当开关在合闸位置时，正确的状态应是（C）（直流系统为 220V）。

A. 连接片下口对地为＋110V 左右，上口对地为－110V 左右

B. 连接片下口对地为＋110V 左右，上口对地为 0V 左右

C. 连接片下口对地为 0V，上口对地为－110V 左右

D. 连接片下口对地为＋220V 左右，上口对地为 0V

【解析】连接片串接在跳闸回路中，下端和继电器的接点相连，上端和跳闸线圈相连。

8. 如果直流电源为 220V，而中间继电器的额定电压为 110V，则回路的连接可以采用中间继电器串联电阻的方式，串联电阻的一端应接于（B）。

A. 正电源　　　　B. 负电源　　　　C. 远离正负电源（不能直接接于电源端）

【解析】电源的电流是从正极流出的，如果串联在正极，首当其冲的就会是限流电阻，有可能损坏电阻。

9. 对于反映电流值动作的串联信号继电器，其压降不得超过工作电压的（B）。

A. 5％　　　　B. 10％　　　　C. 15％　　　　D. 20％

【解析】依据《二次回路的设备选择及配置》在 0.8 倍额定直流电压下，由于信号继电器串接而引起回路的压降应不大于额定电压的 10％。

10. 更换继电保护和电网安全自动装置屏或拆除旧屏前，应在相关回路 （A） 做好安全措施。

A. 回路对侧屏　　　B. 本屏上　　　C. 两侧都可以　　　D. 两侧都要做

【解析】 依据 Q/GDW 267—2009《继电保护和安全自动装置现场工作保安规定》5.6。

11. 运行中的继电保护和电网安全自动装置需要检验时，应先断开相关 （B），再断开装置的工作电源。

A. 保护连接片　　　　　　　　　B. 跳闸和合闸连接片

C. 交流电压　　　　　　　　　　D. 交流电流

【解析】 依据 Q/GDW 267—2009《继电保护和安全自动装置现场工作保安规定》5.3 条。

12. （B） 的绝缘胶布只能作为执行继电保护安全措施票的标识。

A. 黄色　　　B. 红色　　　C. 绿色　　　D. 黄绿红都可以

【解析】 依据 Q/GDW 267—2009《继电保护和安全自动装置现场工作保安规定》5.4.4。

13. 制造部门应提高微机保护抗电磁骚扰水平和防护等级，光耦开入的动作电压应控制在额定直流电源电压的 （C） 范围以内。

A. 50%～70%　　　B. 50%～75%　　　C. 55%～70%　　　D. 55%～75%

【解析】 依据《国家电网有限公司十八项电网重大反事故措施》15.6.5。

14. 防止继电保护 "三误" 是指防止继电保护的 （C）。

A. 误校验、误接线、误碰　　　　　B. 误校验、误整定、误碰

C. 误整定、误碰、误接线　　　　　D. 误校验、误整定、误接线

【解析】 依据《国家电网有限公司十八项电网重大反事故措施》15.1.3。

15. 当直流母线电压为 85% 额定电压时，加于跳、合闸位置继电器的电压不应小于其额定电压的 （C）。

A. 0.5　　　B. 0.6　　　C. 0.7　　　D. 0.8

【解析】 依据《二次回路的设备选择及配置》当直流母线电压为 85% 额定电压时，加于继电器的电压不小于其额定电压的 70%。

16. 整组试验允许用 （C） 的方法进行。

A. 保护试验按钮，试验插件或启动微机保护

B. 短接接点，手按继电器等

C. 从端子排上通入电流，电压模拟各种故障，保护处于投入运行完全相同的状态

D. 以上均不对

【解析】 依据 DL/T 995—2016《继电保护和电网安全自动装置检验规程》5.3.7.1。

17. 在直流回路中，为了降低中间继电器在线圈断电时，对直流回路产生过电压的影响，可采取在中间继电器线圈两端 （B）。

A. 并联 "一反向二极管" 的方式

B. 并联 "一反向二极管串电阻" 的方式

C. 并联 "一只容量适当的电容器" 的方式

D. 以上均不对。

【解析】 保护输入回路和电源回路应根据具体情况采用必要的减缓电磁干扰措施。直流电压在 110V 及以上的中间继电器应在线圈端子上并联电容或反向二极管作为消弧回

路，在电容及二极管上都必须串入数百欧的低值电阻，以防止电容或二极管短路时将中间继电器线圈短接。二极管反向击穿电压不宜低于 1000V。

18. 非电量保护接入跳闸回路的继电器，其动作电压应不小于（A）的额定电压，动作速度不宜小于（A），并有较大的启动功率。

A. 50% 10ms　　B. 60% 15ms　　C. 60% 20ms　　D. 50% 15ms

【解析】 依据 DL/T 995—2016《继电保护和电网安全自动装置检验规程》开入直跳回路，应采用强电大功率中间继电器（110V 或 220V 直流起动，起动功率大于 5W、动作速度不宜小于 10ms）。

19. 断路器最低跳闸电压及最低合闸电压不应低于 30% 的额定电压且不应大于（C）额定电压。

A. 30%　　　　B. 50%　　　　C. 65%　　　　D. 85%

【解析】 依据《电气装置安装工程电气设备交接试验标准》并联分闸脱扣器在分闸装置的额定电压的 65%～110% 时（直流）或 85%～110%（交流）范围内，交流时在分闸装置的额定电源频率下，应可靠分闸；当此电压小于额定值的 30% 时，不应分闸。

20. 为防止启动中间继电器的触点返回（断开）时，中间继电器线圈所产生的反电动势，中间继电器线圈两端并联"二极管串电阻"。当直流电源电压为 110～220V 时，其中电阻值应选取为（C）。

A. 10～30Ω　　B. 1000～2000Ω　　C. 250～300Ω　　D. 150～200Ω

【解析】 保护输入回路和电源回路应根据具体情况采用必要的减缓电磁干扰措施。直流电压在 110V 及以上的中间继电器应在线圈端子上并联电容或反向二极管作为消弧回路，在电容及二极管上都必须串入数百欧的低值电阻，以防止电容或二极管短路时将中间继电器线圈短接。二极管反向击穿电压不宜低于 1000V。

21. 对于装置间不经附加判据直接启动跳闸的开入量，应经抗干扰继电器重动后开入；抗干扰继电器的启动功率应大于 5W，动作电压在额定直流电源电压的 55%～70% 范围内，额定直流电源电压下动作时间为（B），应具有抗 220V 工频电压干扰的能力。

A. 5～10ms　　B. 10～35ms　　C. 40～50ms　　D. 5～8ms

【解析】 依据 Q/GDW 1161—2014《线路保护及辅助装置标准化设计规范》4.3.3b）大功率抗干扰继电器的启动功率应大于 5W，动作电压在额定直流电源电压的 55%～70% 范围内，额定直流电源电压下动作时间为 10～35ms，应具有抗 220V 工频电压干扰的能力。

22. 按照依据《国家电网有限公司十八项电网重大反事故措施》的要求，直流电压在 110V 及以上的中间继电器，并联在线圈上的消弧二极管反向击穿电压不宜低于（B）。

A. 800V　　　B. 1000V　　　C. 1200V　　　D. 2000V

【解析】 保护输入回路和电源回路应根据具体情况采用必要的减缓电磁干扰措施。直流电压在 110V 及以上的中间继电器应在线圈端子上并联电容或反向二极管作为消弧回路，在电容及二极管上都必须串入数百欧的低值电阻，以防止电容或二极管短路时将中间继电器线圈短接。二极管反向击穿电压不宜低于 1000V。

23. 在操作回路中，应按正常最大负荷下至各设备的电压降不得超过其额定电压的（B）进行校核。

A. 5%　　　　B. 10%　　　　C. 15%　　　　D. 20%

【解析】 电缆芯线截面的选择还应符合下列要求：C. 操作回路：在最大负荷下，电源引出端至分、合闸线圈的电压降，不应超过额定电压的10%。

24. 交流电压回路，当接入全部负荷时，电压互感器到继电保护和安全自动装置的电压降不应超过额定电压的 （B）。

A. 2%   B. 3%   C. 4%   D. 5%

【解析】 电缆芯线截面的选择还应符合下列要求：b. 电压回路：当全部继电保护和安全自动装置动作时（考虑到发展，电压互感器的负荷最大时），电压互感器至继电保护和安全自动装置屏的电缆压降不应超过额定电压的3%。

二、多选题

1. 某变电站有两套相互独立的直流系统，同时出现了直流接地告警信号，其中，第一组直流电源为正极接地，第二组直流电源为负极接地。现场利用拉合直流保险的方法检查直流接地情况时发现：在当断开某断路器（该断路器具有两组跳闸线圈）的任一控制电源时，两套直流电源系统的直流接地信号又同时消失，以下说法正确的是 （ABCD）。

A. 因为任意断开一组直流电源接地现象消失，所以直流系统可能没有接地

B. 第一组直流系统的正极与第二组直流系统的负极短接或相反

C. 两组直流短接后形成一个端电压为440V的电池组，中点对地电压为零

D. 每一组直流系统的绝缘监察装置均有一个接地点，短接后直流系统中存在两个接地点，故一组直流系统的绝缘监察装置判断为正极接地，另一组直流系统的绝缘监察装置判断为负极接地

【解析】 两段直流系统各有一个平衡桥接地，在两段直流系统并联或异极短接时，拉开任一控制电源均会恢复。

2. 以下不属于微机保护装置的判断控制回路断线的判据为 （ABD）。

A. TWJ 不动作，经 500ms 延时报控制回路断线

B. HWJ 不动作，经 500ms 延时报控制回路断线

C. TWJ 和 HWJ 均不动作，经 500ms 延时报控制回路断线

D. TWJ 和 HWJ 均动作，经 500ms 延时报控制回路断线

【解析】 控制回路断线原理为 TWJ 和 HWJ 动断节点串联，当监视回路存在问题或控制电源消失时，均会报出控制回路断线信号。

3. 为增强继电保护的可靠性，重要变电站宜配置两套直流系统，同时要求 （BD）。

A. 任何时候两套直流系统均不得有电的联系

B. 两套直流系统同时运行互为备用

C. 两套直流系统正常时并列运行

D. 两套直流系统正常时分列运行

【解析】 依据 DL/T 5044—2014《电力工程直流电源系统设计技术规程》3.5.2条：直流电源系统应采用两段单母线接线，两段直流母线之间应设联络电器。正常运行时，两段直流母线应分别独立运行。

4. 发生直流两点接地时，以下可能的后果是可能造成 （ABCD）。

A. 断路器误跳闸   B. 熔丝熔断   C. 断路器拒动   D. 保护装置拒动

5. 用分路试停的方法查找直流接地有时查找不到，可能是由于 （CD）。

A. 分路正极接地   B. 分路负极接地

C. 环路供电方式合环运行   D. 充电设备或蓄电池发生直流接地

【解析】 环路供电方式合环运行,充电设备、直流母排、蓄电池发生直流接地无法通过停用支路馈线空气开关查找到直流接地。

6. 按反措要求, 长电缆驱动的重瓦斯出口中间继电器的特性应满足 (BCD)。

A. 动作电压 $50\% \sim 70\% U_e$ B. 动作时间 $10 \sim 35ms$

C. 启动功率 $\geqslant 5W$ D. 动作电压 $55\% \sim 70\% U_e$

E. 动作时间 $10 \sim 25ms$ F. 动作功率 $\geqslant 2.5W$

G. 返回电压 $\geqslant 40\% U_e$ H. 返回电压 $\geqslant 35\% U_e$

【解析】 依据 Q/GDW 1161—2014《线路保护及辅助装置标准化设计规范》4.3.3b) 大功率抗干扰继电器的启动功率应大于 5W,动作电压在额定直流电源电压的 $55\% \sim 70\%$ 范围内,额定直流电源电压下动作时间为 $10 \sim 35ms$,应具有抗 220V 工频电压干扰的能力。

三、判断题

1. 断路器的 "跳跃" 现象一般是在跳闸、 合闸回路同时接通时才发生, "防跳" 回路设置是将断路器闭锁到跳闸位置。   (√)

【解析】 防跳回路与合闸出口回路并联,当分合闸回路同时得电时,防跳继电器得电;合闸线圈被防跳继电器的动断节点断开,从而达到断路器只能分不能合的功能。

2. 直流回路一点接地可能造成断路器误跳闸。   (√)

【解析】 直流回路一点接地可能造成断路器误跳闸。

3. 断路器的防跳回路的作用是: 防止断路器在无故障的情况下误跳闸。 (×)

【解析】 防跳是将断路器闭锁到跳闸位置,防止断路器合分—合分往复状态。

4. 断路器位置不对应时应发出事故报警信号。   (√)

【解析】 事故信号采用 TWJ 动合节点与 KK 动合节点串接原理。

5. 对分相操作断路器, 应逐相传动防止断路器跳跃回路。   (√)

【解析】 依据 DL/T 995—2016《继电保护和电网安全自动装置检验规程》5.3.6.1。

6. 安装在屏上每侧的端子距地不宜低于 300mm。   (×)

【解析】 依据 DL/T 5136—2012《火力发电厂变电站二次接线设计技术规程》7.4.2 安装在屏上每侧的端子距地不宜低于 350mm。

7. 整组试验时, 如果由电流或电压端子通入模拟故障量有困难时, 可采用卡继电器触点、 短路触点等方法来代替。   (×)

【解析】 严禁采用卡继电器触点、短路触点等方法来代替电流或电压端子通入模拟整组试验。

8. 直流电压在 110V 以上的中间继电器, 消弧回路应采用反向二极管并接在继电器接点上。   (×)

【解析】 直流电压在 110V 及以上的中间继电器应在线圈端子上并联电容或反向二极管作为消弧回路,在电容及二极管上都必须串入数百欧的低值电阻,以防止电容或二极管短路时将中间继电器线圈短接。二极管反向击穿电压不宜低于 1000V。

9. 在现场进行继电保护装置或继电器试验所需直流可从保护屏上的端子上取得。 (×)

【解析】 在现场进行继电保护装置或继电器试验所需应取自专用试验电源。

10. 防跳继电器动作时间应与保护动作时间配合，断路器三相位置不一致保护的动作时间应与其他保护动作时间相配合。　　　　　　　　　　　　　　　（×）

【解析】 防跳继电器动作时间应与断路器辅助开关动作时间配合。

11. 继电保护装置的跳闸出口接点，必须在开关确实跳开后才能返回，否则，该接点会由于断弧而烧毁。　　　　　　　　　　　　　　　　　　　　　　　（×）

【解析】 继电保护装置的跳闸出口接点动作后，通过跳闸保持回路持续导通，断路器辅助接点进行断弧。

四、填空题

1. 断路器跳、合闸压力异常闭锁功能应由断路器本体机构实现，应能提供<u>两组完全独立</u>的压力闭锁触点。

【解析】 依据《国家电网有限公司十八项电网重大反事故措施》15.2.2.3。

2. 断路器安装后必须对其二次回路中的防跳继电器、非全相继电器进行传动，并保证在模拟<u>手合于故障</u>条件下断路器不会发生跳跃现象。

【解析】 依据《国家电网有限公司十八项电网重大反事故措施》12.1.2.1。

3. 用于超高压的电网保护，直接作用于断路器跳闸的中间继电器，其动作时间应小于<u>10ms</u>。

【解析】 依据 DL/T 995—2016《继电保护和电网安全自动装置检验规程》B 6.6。

4. 出口继电器作用于断路器跳（合）闸线圈，其触点回路串入的电流自保持线圈，应满足不大于额定跳闸电流<u>1/2</u>，线圈压降小于<u>10%</u>额定值。

【解析】 依据 DL/T 5136—2012《火力发电厂变电站二次接线设计技术规程》7.1.4。

5. 控制回路断线信号是由<u>跳位继电器（TWJ）</u>动断触点与<u>合位继电器（HWJ）</u>动断触点串联构成的。

【解析】 控制回路断线原理为 TWJ 和 HWJ 动断节点串联，当监视回路存在问题或控制电源消失时，均会报出控制回路断线信号。

6. KKJ 与 TWJ 串起来构成事故总信号，当开关处于<u>合后位置（KKJ＝1）</u>且开关在<u>跳位（TWJ＝1）</u>，发事故总信号。

【解析】 事故总信号原理为 KKJ 和 TWJ 动合节点串联，当手动合闸后，断路器因保护动作或机构偷跳等非人为原因断开时，会报出事故总信号。

五、简答题

1. 为什么防跳继电器动作时间应与断路器动作时间配合？应满足什么配合关系？

【解析】 继电器的作用是在断路器同时接收到跳闸与合闸命令时，有效防止断路器反复"合""跳"，断开合闸回路，将断路器可靠地置于跳闸位置，防跳继电器的接点一般都串接在断路器的控制回路中。若防跳继电器的动作时间与断路器的动作时间不配合，轻则影响断路器的动作时间，重则将会导致断路器拒分或拒合。防跳继电器的动作时间应小于断路器重合闸操作后触头闭合到第二次触头分开所需用的时间。

2. 为什么断路器三相位置不一致保护动作时间应与其他保护动作时间相配合？

【解析】 （1）断路器处于非全相运行时，系统会出现零序、负序分量，并根据系统的结构分配至运行中的相关设备，如果三相不一致保护动作时间过长，零序、负序分量数值及持续时间超过零序保护的定值，零序或负序保护将会动作。

（2）配置单相重合闸的线路，在保护动作跳闸至重合闸发出命令合闸期间，故障线路的断路器处于非全相状态，如果断路器非全相保护动作时间过短，将可能导致无法完成重合闸功能，扩大事故的影响。

3. 简述站用直流系统接地的危害。

【解析】（1）直流系统两点接地有可能造成保护装置及二次回路误动。

（2）直流系统两点接地有可能使得保护装置及二次回路在系统发生故障时拒动。

（3）直流系统正负极间短路有可能使得直流保险熔断。

（4）直流系统一点接地时，如交流系统也发生接地故障，则可能对保护装置形成干扰，严重时会导致保护装置误动作。

（5）对于某些动作电压较低的断路器，当其跳（合）闸线圈前一点接地时，有可能造成断路器误跳（合）闸。

4. 保护操作箱一般由哪些继电器组成？

【解析】保护操作箱由下列继电器组成：①监视断路器合闸回路的跳闸位置继电器及监视断路器跳闸回路的合闸位置继电器；②防止断路器跳跃继电器；③手动合闸继电器；④压力监察或闭锁继电器；⑤手动跳闸继电器及保护三相跳闸继电器；⑥一次重合闸脉冲回路（重合闸继电器）；⑦辅助中间继电器；⑧跳闸信号继电器及备用信号继电器。

5. 出口继电器作用于断路器跳（合）闸线圈时，其触点回路中串入的电流自保持线圈应满足哪些条件？

【解析】断路器跳（合）闸线圈的出口触点控制回路，必须设有串联自保持的继电器回路，应满足以下条件：①跳（合）闸出口继电器的触点不断弧；②断路器可靠跳合。只有单出口继电器的，可在出口继电器跳（合）闸触点回路中串入电流自保持线圈，并满足如下条件：①自保持电流不大于额定跳（合）闸电流的一半左右，线圈压降小于5%额定值；②出口继电器的电压起动线圈与电流自保持线圈的相互极性关系正确；③电流与电压线圈间的耐压水平不低于交流1000V、1min的试验标准（出厂试验应为交流2000V、1min）；④电流自保持线圈接在出口触点与断路器控制回路之间。当有多个出口继电器可能同时跳闸时，宜由防止跳跃继电器实现上述任务。防跳继电器应为快速动作的继电器，其动作电流小于跳闸电流的一半，线圈压降小于10%额定值，并满上述②～④项的相应要求。

6. 新建工程需利用操作箱对断路器进行哪些传动试验（至少6点）？

【解析】传动试验包括：①断路器就地分闸、合闸传动；②断路器远方分闸、合闸传动；③防止断路器跳跃回路传动；④断路器三相不一致回路传动；⑤断路器操作闭锁功能检查；⑥断路器操作油压、空气压力继电器、SF₆密度继电器及弹簧压力等触点的检查，检查各级压力继电器触点输出是否正确，检查压力低闭锁合闸、闭锁重合闸、闭锁跳闸等功能是否正确；⑦断路器辅助触点检查，远方、就地方式功能检查；⑧在使用操作箱的防止断路器跳跃回路时，应检验串联接入跳合闸回路的自保持线圈，其动作电流不应大于额定跳合闸电流的50%，线圈压降小于额定值的5%；⑨所有断路器信号检查。

**7. 试说明断路器操动机构"压力低闭锁重合闸"的接点如不接入重合闸装置会出现什

么问题？ 接入 "机构压力低" 和 "闭锁重合" 有何区别？

【解析】"压力低闭锁重合闸"回路缺失将会带来如下问题：

（1）断路器运行中，如操动机构的实际压力因故低于"重合闸闭锁"的压力且未能启动打压恢复至额定值时，若对应线路发生故障，"分—合分"的重合闸循环可能损坏断路器，甚至导致断路器爆炸。

（2）正常运行中线路发生故障时，在断路器完成一个"分—合分"的操作循环后，操动机构的压力如果低于"合闸闭锁"或"操作闭锁"值，断路器本体控制回路将断开合闸回路或分、合闸回路。

其结果是：待操动机构压力恢复、合闸回路接通，重合闸自行合闸。

虽然断路器在分闸位置，但操作箱跳闸位置继电器 TWJ 因合闸回路被断开而不能动作，重合闸装置具备了"充电"条件之一。如果操动机构"压力低闭锁重合"回路没有接至重合闸装置，只要操动机构启动打压、压力恢复至"合闸闭锁解除"或"操作闭锁解除"所需的时间长于重合闸装置"充电"时间（一般为 15 秒），则重合闸装置即可"充满电"，做好重合的准备。待操动机构压力恢复、合闸回路接通时，TWJ 动作启动重合闸，经过重合闸延时后就会发出合闸命令，控制断路器再合次闸。

显然，上述情形的断路器再次合闸行为是非预期的；在线路发生永久性故障的情况下，重合闸和线路保护交替动作，则会造成断路器循环合、跳的现象，是极其危险的。

微机型重合闸装置的"机构压力低"和"闭锁重合"的端子含义有别。"闭锁重合"端子一直有效；"机构压力低"仅在重合闸装置正常运行程序中连续监视，装置启动后即不再判别，目的是避免在断路器跳闸、操动机构正常的压力降低时误闭锁重合闸。

六、 分析题

1. 图 6-14 所示为某 750kV 断路器机构合闸控制回路图 （A 相合闸监视回路部分未画出）， 根据图 6-14 回答问题。

（1） 图 6-14 中防跳回路中防跳继电器节点的转换时间与断路器辅助节点应如何配合， 为什么？

【解析】 防跳节点的转换时间要比断路器节点转换时间要快。因为一旦防跳继电器辅助节点转换时间大于断路器辅助节点的转换时间，防跳继电器保持回路无法沟通，将无法起到防跳的作用。

（2） 现场验收防跳回路应如何开展？

【解析】 防跳回路验收时应采用断路器分位为起始状态，首先让断路器跳闸回路长期导通，然后模拟合闸触点粘连，合闸回路长期导通，断路器应出现合跳现象，并保持在跳闸位置，等断路器压力恢复后仍不能合闸，同时应有控制回路断线信号上送。

（3） 图 6-14 中监视回路为何要串接防跳继电器动断节点？

【解析】 防跳回路作用后将断路器闭锁在分闸位置，串入防跳继电器动断节点是为了防止断路器在分闸位置时，防跳继电器保持回路长期导通，导致无法进行合闸操作，只能就地断开操作电源进行复归。

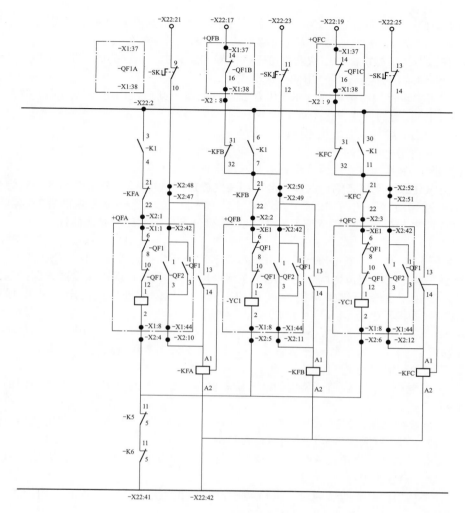

图 6-14 断路器机构控制回路图

第三节 二次回路抗干扰及反事故措施

一、单选题

1. 对于微机型保护，为增强其抗干扰能力应采取的方法是 （C）。

A. 交流电源引入线必须经抗干扰处理，直流电源引入线可不经抗干扰处理

B. 直流电源引入线必须经抗干扰处理，交流电源引入线可不经抗干扰处理

C. 交流及直流电源引入线均应经抗干扰处理

D. 交流及直流电源引入线均不必经抗干扰处理

【解析】 电磁感应产生的干扰电压，是由一次回路和二次回路之间、二次回路的强

电和弱电之间、交流与直流回路之间存在互感引起的。采用屏蔽电缆，对静电干扰电压的抑制效果较好，同时对电磁干扰和高频干扰也有很好的抑制作用。

2. 在以下关于微机保护二次回路抗干扰措施的定义中，错误的是 （B）。

A. 强电和弱电回路不得合用同一根电缆

B. 尽量要求使用屏蔽电缆，如使用普通铠装电缆，则应使用电缆备用芯，在开关场及主控室同时接地的方法，作为抗干扰措施

C. 保护用电缆与电力电缆不应同层敷设

D. 严禁使用电缆内的备用芯线替代屏蔽层接地

【解析】 依据《国家电网有限公司十八项电网重大反事故措施》15.6.2.5。

3. 由纵联保护用高频结合滤波器至电缆主沟施放的铜导线， 在电缆沟的一侧焊至沿电缆沟敷设的截面积不小于 100mm² 专用铜排 （缆） 上； 另一侧在距耦合电容器接地点约 （C） 处与变电站主地网连通， 接地后将延伸至保护用结合滤波器处。

A. 1～3　　　　B. 2～4　　　　C. 3～5　　　　D. 4～6

【解析】 依据《国家电网有限公司十八项电网重大反事故措施》15.6.2.9。

4. 保护室内的等电位地网应与变电站主接地网一点相连， 连接点设置在保护室的电缆沟道入口处。 为保证连接可靠， 等电位地网与主地网的连接应使用 （A） 根及以上， 每根截面积不小于 （A） mm² 的铜排 （缆）。

A. 4，50　　　　B. 1，50　　　　C. 1，100　　　　D. 4，100

【解析】 依据《国家电网有限公司十八项电网重大反事故措施》15.6.2.1。

5. 下列说法错误的是 （D）。

A. 直流电源系统绝缘监测装置的平衡桥和检测桥的接地端不应接入保护专用的等电位接地网

B. 微机型继电保护装置柜屏内的交流供电电源（照明、打印机和调制解调器）的中性线（零线）不应接入保护专用的等电位接地网

C. 接有二次电缆的开关场就地端子箱内（汇控柜、智能控制柜）应设有铜排且铜排不要求与端子箱外壳绝缘

D. 开关场二次电缆沟道内沿二次电缆敷设截面积不小于 100mm² 的专用铜排 （缆） 且专用铜排 （缆） 应与电缆支架绝缘

【解析】 依据《国家电网有限公司十八项电网重大反事故措施》15.6.2.6。

6. 微机型继电保护装置柜屏内的交流供电电源 （照明、 打印机和调制解调器） 的中性线 （零线） （A） 接入等电位接地网。

A. 不应　　　　B. 不宜　　　　C. 可

【解析】 依据《国家电网有限公司十八项电网重大反事故措施》15.6.2.4。

7. 保护室与通信室之间信号优先采用光缆传输。 若使用电缆， 应采用双绞双屏蔽电缆， 其中内屏蔽应 （A） 端接地， 外屏蔽应 （A） 端接地。

A. 单，双　　　　B. 双，单　　　　C. 单，单　　　　D. 双，双

【解析】 依据《国家电网有限公司十八项电网重大反事故措施》15.6.2.12。

8. 保护室与通信室之间信号优先采用双绞双屏蔽电缆， 以下说法正确的是 （D）。

A. 内屏蔽在电缆两端接地，外屏蔽在信号接收侧单端接地

B. 内屏蔽在电缆两端接地，外屏蔽在信号发送侧单端接地

C. 内屏蔽在信号发送侧单端接地，外屏蔽在电缆两端接地

D. 内屏蔽在信号接收侧单端接地，外屏蔽在电缆两端接地

【解析】依据《国家电网有限公司十八项电网重大反事故措施》15.6.2.12。

9. 保护屏柜内装置的接地端子应用截面不小于 $4mm^2$ 的多股铜线和接地铜排相连。接地铜排应用截面不小于 （A） 的铜缆与保护室内的等电位接地网相连。

A. $50mm^2$ 　　　　B. $100mm^2$ 　　　　C. $25mm^2$ 　　　　D. $120mm^2$

【解析】依据《国家电网有限公司十八项电网重大反事故措施》15.6.2.3。

10. 遵守保护装置 （B） 开入电源不出保护室的原则，以免引进干扰。

A. 110V 　　　　B. 24V 　　　　C. 48V 　　　　D. 220V

【解析】保护装置开入一般使用 220、110V 和 24V，应严禁将 24V 弱电引出保护室，以免引进干扰。

11. 安装在通信室的保护专用光电转换设备与通信设备间应使用屏蔽电缆，并按敷设等电位接地网的要求，沿这些电缆敷设面不小于 （B） 铜排 （缆） 可靠与通信设备的接地网紧密连接。

A. $50mm^2$ 　　　　B. $100mm^2$ 　　　　C. $200mm^2$ 　　　　D. $300mm^2$

【解析】依据《国家电网有限公司十八项电网重大反事故措施》15.6.2.13。

12. 为提高继电保护装置的抗干扰能力，下列说法正确的是 （A）。

A. 微机保护和控制装置的屏柜下部应设有截面积不小于 $100mm^2$ 的铜排，不要求与保护屏绝缘

B. 微机保护和控制装置的屏柜下部应设有截面积不小于 $100mm^2$ 的铜排，要求与保护屏绝缘

C. 微机保护和控制装置的屏柜下部应设有两根截面积不小于 $100mm^2$ 的铜排，一根与保护屏绝缘，一根与保护屏不绝缘

D. 微机保护和控制装置的屏柜下部应设有两根截面积不小于 $50mm^2$ 的铜排，一根与保护屏绝缘，一根与保护屏不绝缘

【解析】依据《国家电网有限公司十八项电网重大反事故措施》15.6.2.3。

13. 220kV 及以上断路器必须具备双跳闸线圈机构，双重化配置的两套保护装置跳闸回路应与断路器的两个跳闸线圈 （C）。

A. 在操作箱出口处可合并　　　　B. 在开关机构端子箱内可合并

C. 分别一一对应　　　　D. 以上都不对

【解析】依据《国家电网有限公司十八项电网重大反事故措施》15.2.2。

14. （C） 配置的保护装置，须注意与其有关功能回路联系设备 （如通道、失灵保护等） 的配合关系，防止因交叉停用导致保护功能的缺失。

A. 单套　　　　B. 主后一体　　　　C. 双重化　　　　D. 智能化

【解析】双重化配置的保护装置，其相关功能回路（交流电流、电压回路、电源回路、开入及跳闸回路、通信通道等）应完全独立。

15. 下列描述错误的是 （C）。

A. 交流电流和交流电压回路应使用各自独立的电缆

B. 不同交流电压回路、交流和直流回路应使用各自独立的电缆

C. 保护装置的跳闸回路和启动失灵保护回路可使用同一根电缆

D. 来自电压互感器二次的四根引入线和电压互感器开口三角绕组的两根引入线均应使用各自独立的电缆

【解析】 依据《国家电网有限公司十八项电网重大反事故措施》15.6.3.3。

16. 在保护柜端子排上 （外回路断开）， 用 1000V 绝缘电阻表测量保护各回路对地的绝缘电阻值应 （A）。

A. 大于 10MΩ　　　B. 大于 5MΩ　　　C. 大于 0.5MΩ　　　D. 大于 20MΩ

【解析】 依据 DL/T 995—2016《继电保护和电网安全自动装置检验规程》5.3.2.4。

17. 定期检查时可用绝缘电阻表检验金属氧化物避雷器的工作状态是否正常。 一般当用 （C） 绝缘电阻表时， 金属氧化物避雷器不应击穿； 而用 （C） 绝缘电阻表时，则应可靠击穿。

A. 1000V，2000V　B. 500V，1000V　C. 1000V，2500V　D. 1000V，1500V

【解析】 依据 DL/T 995—2016《继电保护和电网安全自动装置检验规程》5.3.2.4。

二、 多选题

1. 为提高继电保护装置的抗干扰能力， 应采取的措施有 （ABCD）。

A. 在保护室屏柜下层的电缆室 （或电缆沟道） 内，沿屏柜布置的方向逐排敷设截面积不小于 $100mm^2$ 的铜排 （缆），将铜排 （缆） 的首端、末端分别连接，形成保护室内的等电位地网

B. 微机保护和控制装置的屏柜下部应设有截面积不小于 $100mm^2$ 的铜排 （不要求与保护屏绝缘），屏柜内所有装置、电缆屏蔽层、屏柜门体的接地端应用截面积不小于 $4mm^2$ 的多股铜线与其相连，铜排应用截面不小于 $50mm^2$ 的铜缆接至保护室内的等电位接地网

C. 微机型继电保护装置柜屏内的交流供电电源 （照明、打印机和调制解调器） 的中性线 （零线） 不应接入保护专用的等电位接地网

D. 严禁使用电缆内的备用芯线替代屏蔽层接地

【解析】 依据《国家电网有限公司十八项电网重大反事故措施》15.6.2。

2. 非电气量保护抗干扰的措施主要有 （BCD）。

A. 非电气量保护启动回路动作功率应小于 5W

B. 动作电压满足 （55％～70％U_N）

C. 输入采用重动继电器隔离

D. 屏蔽电缆两端接地

【解析】 依据《国家电网有限公司十八项电网重大反事故措施》15.6.7。

3. 由开关场至控制室的二次电缆采用屏蔽电缆且要求屏蔽层两端接地是为了降低 （ABC）。

A. 开关场的空间电磁场在电缆芯线上产生感应，对静态型保护装置造成干扰

B. 相邻电缆中信号产生的电磁场在电缆芯线上产生感应，对静态型保护装置造成干扰

C. 本电缆中信号产生的电磁场在相邻电缆的芯线上产生感应，对静态型保护装置造成干扰

D. 由于开关场与控制室的地电位不同，在电缆中产生干扰

【解析】 变电站电缆处在强电磁场干扰的环境，电磁干扰源为外部的带电导线，带电导线所产生的磁通包围着电缆芯线及屏蔽层，并在其上产生感应电动势。如果屏蔽层两端接地，则将在屏蔽层产生感应电流，电流的大小与屏蔽层的阻抗及感应电动势有关，该电流所产生的磁通与外部磁通的方向相反，由于屏蔽层感应电流产生的磁通包围着电缆芯线，因此能抵消一部分外部磁通，从而起到了抗干扰的作用。

4. 在主控室、（ABCD）等处，使用截面不小于 $100mm^2$ 的裸铜排（缆）敷设与主接地网紧密连接的等电位接地网。

A. 保护室　　　　　　　　　　　　　B. 敷设二次电缆的沟道
C. 开关场的就地端子箱　　　　　　　D. 保护用结合滤波器

【解析】 依据《国家电网有限公司十八项电网重大反事故措施》15.6.2。

5. 目前所采取提高抗干扰的方法大致可分为（ABC）。

A. 降低干扰源强度　　　　　　　　　B. 抑制干扰信号侵入
C. 提高保护装置自身抵御干扰的能力　D. 减少耦合电容大小

【解析】 提高抗干扰的方法为：①降低干扰源的强度，如等电位接地网接地点应远离高压母线等一次设备；②抑制干扰信号的侵入，电缆屏蔽接地；③提高保护装置自身抵御干扰的能力，如保护装置抗干扰措施。

6. 对经长电缆跳闸的回路，应采取（BC）措施。

A. 防止长电缆耦合电容影响　　　　　B. 防止出口继电器误动
C. 长电缆分布电容影响　　　　　　　D. 防止出口继电器拒动

【解析】 依据《国家电网有限公司十八项电网重大反事故措施》15.6.8。

7. 合理规划二次电缆的路径，尽可能离开（ABCDEF）等设备。

A. 高压母线　　　B. 避雷器和避雷针的接地点　　　　C. 电容式电压互感器
D. 并联电容器　　E. 结合电容　　　　　　　　　　　F. 电容式套管

【解析】 依据《国家电网有限公司十八项电网重大反事故措施》15.6.3.1。

8. 继电保护装置及二次回路专业巡检信息采集，二次回路检查项有（ABCD）。

A. 端子排（箱）锈蚀　　　　　　　　B. 二次接线松动
C. 接地、屏蔽、接地网符合要求　　　D. 电缆封堵符合要求

【解析】 均为专业巡检工作内容，可不停电完成。

9. 保护装置应承受工频试验电压 2000V 的回路有（AD）。

A. 装置的交流电压、电流互感器对地回路
B. 110V 或 220V 直流回路对地
C. 各对触点相互之间
D. 装置背板线对地回路

【解析】 依据 DL/T 995—2016《继电保护和电网安全自动装置检验规程》5.3.2.4。

10. 现场工作结束后，现场继电保护工作记录本上应记录（ABCDE）等项内容。

A. 整定值变更情况　　　　　　　　　B. 二次回路更改情况
C. 解决及未解决的问题及缺陷　　　　D. 运行注意事项　　　E. 能否投入

【解析】 依据《继电保护和电网安全自动装置现场工作保安规定》（国家电网科〔2009〕572 号）6.3。

11. 主设备非电量保护应 （ABCD）。 气体继电器至保护柜的电缆应尽量减少中间转接环节。

A. 防水　　　　　B. 防震　　　　　C. 防油渗漏　　　　　D. 密封性好

【解析】 依据《国家电网有限公司十八项电网重大反事故措施》15.1.16。

12. 对新安装二次回路的验收检验， 下列描述错误的是 （AC）。

A. 当设备新投入时， 只需核对熔断器（自动开关）的额定电流是否与所接入的负荷相适应

B. 检查屏柜上的设备及端子排上内部、外部连线的接线应正确， 接触应牢靠， 标号应完整准确且应与图纸和运行规程相符合

C. 信号回路及设备必须进行单独的检验

D. 应直接利用工作电压检查电压二次回路， 利用负荷电流检查电流二次回路接线的正确性

【解析】 依据 DL/T 995—2016《继电保护和电网安全自动装置检验规程》5.3.2.5。

三、 判断题

1. 在一次干扰源上降低干扰水平可能采取的措施中， 最重要的是一次设备的接地问题。　　　　　　　　　　　　　　　　　　　　　　　　　　　　（√）

【解析】 一次设备是否规范、 良好接地， 直接影响一次干扰源抗干扰水平。

2. 为了提高微机保护装置的抗干扰措施， 辅助变换器一般采用屏蔽层接地的变压器隔离， 其作用是消除电流互感器和电压互感器可能携带的浪涌干扰。　　（√）

3. 采用逆变稳压电源可使保护装置和外部电源隔离起来， 大大提高保护装置的抗干扰能力。　　　　　　　　　　　　　　　　　　　　　　　　　　　　（√）

4. 为防止地网中的大电流流经电缆屏蔽层， 应在开关场二次电缆沟道内沿二次电缆敷设截面积不小于 100mm^2 的专用铜排 （缆）； 专用铜排 （缆） 的一端在开关场的每个就地端子箱处与主地网相连， 另一端在保护室的电缆沟道入口处与主地网相连， 铜排应与电缆支架绝缘。　　　　　　　　　　　　　　　　　　　　　　　　（×）

【解析】 依据《国家电网有限公司十八项电网重大反事故措施》15.6.2.6。

5. 保证 220kV 及以上电网微机保护不因干扰引起不正确动作， 唯一办法是选用抗干扰能力强的微机保护装置， 而不应在现场采取抗干扰措施。　　　　　　（×）

【解析】 要选用抗干扰能力强的微机保护装置， 同时也应在现场采取接地等抗干扰措施。

6. 不允许用电缆中的备用芯两端接地的方法作为微机型和集成电路型保护抗干扰措施。　　　　　　　　　　　　　　　　　　　　　　　　　　　　　　（√）

【解析】 依据《国家电网有限公司十八项电网重大反事故措施》15.6.2.5。

7. 微机型继电保护装置所有二次回路的电缆均应使用屏蔽电缆， 严禁使用电缆内的备用芯替代屏蔽层接地。　　　　　　　　　　　　　　　　　　　　　　　（√）

【解析】 依据《国家电网有限公司十八项电网重大反事故措施》15.6.2.5。

8. 为提高抗干扰能力， 微机型保护的电流引入线应采用屏蔽电缆， 屏蔽层和备用芯应在开关场和控制室同时接地。　　　　　　　　　　　　　　　　　　　　（×）

【解析】 依据《国家电网有限公司十八项电网重大反事故措施》15.6.2.5。

9. 对于双层屏蔽电缆，内、外层屏蔽都应两端接地。　　　　　　　　　　　（×）

【解析】 依据《国家电网有限公司十八项电网重大反事故措施》15.6.2.12。

10. 微机型继电保护装置柜屏内的交流供电电源（照明、打印机和调制解调器）的中性线（零线）应接入等电位接地网。　　　　　　　　　　　　　　　　（×）

【解析】 依据《国家电网有限公司十八项电网重大反事故措施》15.6.2.4。

11. 交流电流和交流电压回路、不同交流电压回路、交流和直流回路、强电和弱电回路以及来自开关场电压互感器二次的四根引入线和电压互感器开口三角绕组的两根引入线均应使用各自独立的电缆。　　　　　　　　　　　　　　　　　　（√）

【解析】 依据《国家电网有限公司十八项电网重大反事故措施》15.6.3.2，可有效减少各回路之间，强电和弱电之间的干扰。

12. 保护的输入、输出回路应使用空触点、光耦或隔离变压器隔离。　　　　（√）

【解析】 微机型继电保护装置抗干扰措施包括在保护装置的输入、输出回路使用空触点、光耦或隔离变压器隔离。

13. 建议用钳形电流表检查流过保护二次电缆屏蔽层的电流，以确定 $100mm^2$ 的铜排是否有效起到抗干扰的作用。　　　　　　　　　　　　　　　　　　（√）

【解析】 在开关场至控制室的电缆主沟内敷设 $1\sim2$ 根 $100mm^2$ 的铜电缆，可降低在开关场至控制室之间的地电位差，减少电缆屏蔽层所流过的电流。

14. 对经长电缆跳闸的回路，应采取防止长电缆分布电容影响和防止出口继电器误动的措施。　　　　　　　　　　　　　　　　　　　　　　　　　　　　（√）

【解析】 依据《国家电网有限公司十八项电网重大反事故措施》15.6.8。

15. 远方直接跳闸必须有相应的就地判据控制。　　　　　　　　　　　　　（√）

【解析】 远方直接跳闸一般经保护启动等就地判据控制，可有效降低保护误动风险。

16. 外部开入直接启动，不经闭锁便可直接跳闸或虽经有限闭锁条件限制，而一旦跳闸影响较大（如失灵启动等）的重要回路，应在启动开入端采用动作电压在额定直流电源电压的 55%～70% 范围以内的中间继电器，并要求其动作功率不低于 5W。　　　　　　　　　　　　　　　　　　　　　　　　　　　　　　　　（√）

【解析】 依据《国家电网有限公司十八项电网重大反事故措施》15.6.7。

四、填空题

1. 在保护室屏柜下层的电缆室或电缆沟道内，沿屏柜布置的方向逐排敷设截面积不小于 $100mm^2$ 的铜排（缆），将铜排（缆）的首端、末端分别连接，形成保护室内的等电位地网。该等电位地网应与变电站主地网一点相连，连接点设置在保护室的电缆沟道入口处。为保证连接可靠，等电位地网与主地网的连接应使用4根及以上，每根截面积不小于 $50mm^2$ 的铜排（缆）。

【解析】 依据《国家电网有限公司十八项电网重大反事故措施》15.6.2.1。

2. 对220kV 及以上电压等级电网、110kV 变压器、110kV 主网（环网）线路（母联）的保护和测控，以及 330kV 变电站的110kV 电压等级保护和测控应配置独立的保护装置和测控装置，确保在任意元件损坏或异常情况下，保护和测控功能互相不受影响。

【解析】 依据《国家电网有限公司十八项电网重大反事故措施》15.1.14。

3. 断路器失灵启动母线保护、 变压器断路器失灵启动等重要回路应采用装设<u>大功率</u><u>重动继电器</u>, 或者采取<u>软件防误</u>等措施。

【解析】 依据《国家电网有限公司十八项电网重大反事故措施》15.6.6。

4. 重视继电保护二次回路的接地问题, 并定期检查这些接地点的<u>可靠性</u>和<u>有效性</u>。

【解析】 继电保护二次回路的接地是否规范、良好，直接影响保护正确动作。

5. 现场端子箱、 机构箱内<u>应避免交、 直流接线</u>出现在同一段或串端子排上。

【解析】 防止交、直流回路之间干扰，同时防止工作中误碰。

6. 合理规划二次电缆的路径, 避免和减少<u>迂回</u>, 缩短二次电缆的长度, 与运行设备无关的电缆应予<u>拆除</u>。

【解析】 依据《国家电网有限公司十八项电网重大反事故措施》15.6.3.1。

7. 传输音频信号的电缆应选用<u>双绞屏蔽电缆</u>, 屏蔽层<u>两端</u>接地, 同时应考虑外界高电压侵入的防护措施。

【解析】 依据《国家电网有限公司十八项电网重大反事故措施》15.6.2.12。

8. 由变压器、 电抗器瓦斯保护启动的<u>中间继电器</u>, 应采用<u>大 (起动)</u> 功率中间继电器。

【解析】 依据《国家电网有限公司十八项电网重大反事故措施》15.6.7。

9. 在检修时保护直流回路变动后, 应进行相应的<u>传动</u>试验, 必要时进行<u>整组</u>试验。 在交流电压、 电流回路变动后, 要进行带负荷试验。

【解析】 依据《国家电网有限公司十八项电网重大反事故措施》15.7.1.1。

10. 在运行和检修中应加强对<u>直流系统</u>的管理, 严格执行有关规程、 规定及反措, 防止直流系统故障, 特别要防止<u>交流电压、 电流串入直流回路</u>, 造成电网事故。

【解析】 依据《国家电网有限公司十八项电网重大反事故措施》15.6.11。

11. 保护采用<u>双重化配置</u>时, 其电压切换箱<u>回路隔离开关辅助触点应采用</u><u>单位置</u>输入方式。 单套配置保护的电压切换箱<u>回路隔离开关辅助触点应采用</u><u>双位置</u>输入方式。 电压切换直流电源与对应保护装置直流电源取自<u>同一</u>段直流母线且<u>共用</u>直流空气开关。

【解析】 依据《国家电网有限公司十八项电网重大反事故措施》15.1.5。

12. 智能变电站的保护设计应坚持继电保护<u>四性</u>, 遵循<u>直接采样</u>、 <u>直接跳闸</u>、 <u>独立分散</u>、 <u>就地化布置</u>原则, 应避免合并单元、 智能终端、 交换机等任一设备故障时, 同时失去多套主保护。

【解析】 依据《国家电网有限公司十八项电网重大反事故措施》15.7.1.1。

13. 当双重化配置的保护装置组在一面保护屏柜内, 保护装置退出、 消缺或试验时, <u>应做好防护措施</u>。 同一屏内的不同保护装置<u>不应共用光缆</u>、 尾缆, 其所用光缆<u>不应接入</u><u>同一组光纤配线架</u>, 防止<u>一台装置检修时造成另一台装置陪停</u>。 为保证设备散热良好、 运维便利, 同一屏内的设备纵向布置要留有充足距离。

【解析】 依据《国家电网有限公司十八项电网重大反事故措施》15.7.1.6。

14. 检验分为三种: <u>新安装装置的验收检验</u>、 <u>运行中装置的定期检验 (简称定期检验)</u>、 <u>运行中装置的补充检验 (简称补充检验)</u>。

【解析】 依据 DL/T 995—2016《继电保护和电网安全自动装置检验规程》5.1.1。

15. 对变压器差动保护, 需要用在<u>全电压</u>下投入变压器的方法检验保护能否躲开励磁涌流的影响。

【解析】 依据 DL/T 995—2016《继电保护和电网安全自动装置检验规程》5.5.2.4。

16. 《继电保护和电网安全自动装置现场工作保安规定》 是为规范现场人员作业行为， 防止发生人身伤亡、 设备损坏和继电保护 "三误" 误碰、 误接线、 误整定事故， 保证电力系统一、 二次设备的安全运行。

【解析】 依据《继电保护和电网安全自动装置现场工作保安规定》3.1。

17. 设备运行维护单位负责继电保护和电网安全自动装置定期检验工作， 若特殊情况需委托有资质的单位进行定期检验工作时， 双方应签订安全协议， 并明确双方职责。

【解析】 依据《继电保护和电网安全自动装置现场工作保安规定》3.9。

18. 继电保护和电网安全自动装置现场工作应遵守工作票和继电保护安全措施票的规定。

【解析】 依据《继电保护和电网安全自动装置现场工作保安规定》3.12。

19. 继电保护和电网安全自动装置现场工作应具备与实际状况一致的图纸、 上次检验报告、 最新整定通知单、 检验规程、 标准化作业指导书、 保护装置说明书、 现场运行规程， 合格的仪器、 仪表、 工具、 连接导线和备品备件。 确认微机继电保护和电网安全自动装置的软件版本符合要求， 试验仪器使用的电源正确。

【解析】 依据《继电保护和电网安全自动装置现场工作保安规定》4.3。

20. 继电保护和电网安全自动装置现场工作的监护人应由较高技术水平和有经验的人担任， 执行人、 恢复人由工作班成员担任， 按继电保护安全措施票逐项进行继电保护作业。

【解析】 依据《继电保护和电网安全自动装置现场工作保安规定》4.5.3。

21. 继电保护安全措施票的 "工作时间" 为工作票起始时间。 在得到工作许可并做好安全措施后， 方可开始检验工作。

【解析】 依据《继电保护和电网安全自动装置现场工作保安规定》4.5.5。

22. 更换继电保护和电网安全自动装置柜屏或拆除旧柜 （屏） 前， 应在有关回路对侧柜 （屏） 做好安全措施。

【解析】 依据《继电保护和电网安全自动装置现场工作保安规定》5.6。

23. 现场工作应以图纸为依据， 工作中若发现图纸与实际接线不符， 应查线核对。如涉及修改图纸， 应在图纸上标明修改原因和修改日期， 修改人和审核人应在图纸上签字。

【解析】 依据《继电保护和电网安全自动装置现场工作保安规定》5.11。

24. 带方向性的保护和差动保护新投入运行时， 一次设备或交流二次回路改变后，应用负荷电流和工作电压检验其电流、 电压回路接线的正确性。

【解析】 依据《继电保护和电网安全自动装置现场工作保安规定》5.26。

五、 简答题

1. 为什么交直流回路不可以共用一条电缆？

【解析】 （1） 交直流回路都是独立系统。直流回路是绝缘系统而交流回路是接地系统，若共用一条电缆，两者之间一旦发生短路就造成直流接地，同时影响了交、直流两个系统。

（2）平常也容易互相干扰，还有可能降低对直流回路的绝缘电阻，所以交直流回路不能共用一条电缆。

2. 在《国家电网有限公司十八项电网重大反事故措施》中，单套配置保护装置的电压切换箱隔离开关辅助触点应采用什么位置输入方式，有何优点？有何弊端？如何解决弊端问题？双重化配置保护的电压切换箱隔离开关辅助触点应采用什么位置输入方式？为什么？

【解析】（1）单套配置的保护装置采用双位置输入方式。

优点：双位置继电器是为确保在隔离开关辅助接点回路出现掉电时，因为有磁保持作用，电压切换回路仍能确保向保护装置提供掉电前的正常母线电压。

缺点：双位置继电器在隔离开关操作后，隔离开关已分开，但原动作的双位置继电器未返回，这样两段母线电压都接入了保护装置，当两段母线电压存在偏差时（或两段母线分列运行时二次电压长期并列），会导致电压回路产生电流甚至烧断回路，存在引起全站（同电压等级）保护失压风险。

解决办法：可设置双位置电压切换继电器同时动作信号，及时告警，禁止分列操作。

（2）双套配置时，采用单位置输入。

原因：都用隔离开关动合接点，接通时取电压，断开时不取电压。没有磁保持，容易因隔离开关辅助接点或回路问题而失压，但只会影响本保护，不会导致全站失压。

3. 变电站二次回路干扰的种类，可分为哪几种？

【解析】可分为①50Hz干扰；②高频干扰；③雷电引起的干扰；④控制回路产生的干扰；⑤高能辐射设备引起的干扰。

4. 为提高抗干扰能力，是否允许用电缆芯线两端接地的方式替代电缆屏蔽层的两端接地？为什么？

【解析】不允许。电缆屏蔽层在开关场及控制室两端接地可抵御空间电磁干扰的机理是：当电缆为干扰源电流产生的磁通所包围时，如屏蔽层两端接地，则可在电缆的屏蔽层中感应出电流，屏蔽层中感应电流所产生的磁通与干扰源电流产生的磁通方向相反，从而可抵消干扰源磁通对电缆芯线上的影响。由于发生接地故障时开关场各处地电位不等，则两端接地的备用电缆芯会流过电流，对称排列的工作电缆芯会感应出不同的电动势，从而对保护装置形成干扰。

5. 简述硬件电路对外引线的抗干扰基本措施。

【解析】（1）交流输入端子采用变换器隔离，一、二次线圈间有屏蔽层且屏蔽层可靠接地。

（2）开关量输入、输出端子采用光耦合器隔离。

（3）直流电源采用逆变电源，高频变压器线圈间有屏蔽层。

（4）机箱和屏蔽层可靠接地。

6. 采用静态保护时，二次回路中应采用哪些抗干扰措施？

【解析】（1）在电缆敷设时，应充分利用自然屏蔽物的屏蔽作用，必要时，可与保护用电缆平行设置专用屏蔽线。

（2）采用屏蔽电缆且屏蔽层在两端接地。

（3）强电和弱电回路不得共用同一根电缆。

（4）保护用电缆与电力电缆不应同层敷设。

（5）保护用电缆敷设路径应尽可能远离高压母线及高频暂态电流的入地点。

7. 简述用于集成电路型、微机型保护的电流、电压和信号触点引入线，应采用屏蔽电缆且屏蔽层两端接地的原因及机理。

【解析】 采用屏蔽电缆且屏蔽层两端接地的目的在于抑制外界电磁干扰。变电站电缆处在强电磁场干扰的环境，电磁干扰源为外部的带电导线，带电导线所产生的磁通包围着电缆芯线及屏蔽层，并在其上产生感应电动势。如果屏蔽层两端接地，则将在屏蔽层产生感应电流，电流的大小与屏蔽层的阻抗及感应电动势有关，该电流所产生的磁通与外部磁通的方向相反，由于屏蔽层感应电流产生的磁通包围着电缆芯线，因此能抵消一部分外部磁通，从而起到了抗干扰的作用。

8. 在图示的电路中 K 点发生了直流接地，试说明故障点排除之前如果接点 A 动作，会对继电器 ZJ2 产生什么影响？（注：图 6-15 中 C 为抗干扰电容，可不考虑电容本身的耐压问题，ZJ2 为快速中间继电器）

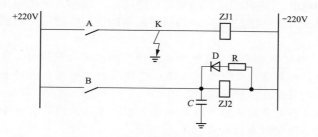

图 6-15　直流接线示意图

【解析】 （1）接点 A 动作之前，直流系统为负接地，直流系统的负极对地电位为 0V；正极对地电位为 220V，且电容 C 上的电位宜为 0V。

（2）接点 A 动作之后，直流系统瞬间便转为正接地，正极对地电位由 220V 转为 0V，负极对地电位由 0V 转为 −220V。

（3）由于抗干扰电容上的电位不能突变，因此在直流系统由正接地转为负接地之后，电容 C 上的电位不能马上转变为 −220V，并通过继电器 ZJ2 的线圈对负极放电。

（4）继电器 ZJ2 为快速继电器，有可能在电容 C 的放电过程中动作。

9. 电缆及导线的布线应符合哪些要求？

【解析】 （1）交流和直流回路不应合用同一根电缆。

（2）强电和弱电回路不应合用一根电缆。

（3）保护用电缆与电力电缆不应同层敷设。

（4）交流电流和交流电压回路不应合用同一根电缆。双重化配置的保护设备不应合用同一根电缆。

（5）保护用电缆敷设路径，尽可能避开高压母线及高频暂态电流的入地点，如避雷器和避雷针的接地点、并联电容器、电容式电压互感器、结合电容及电容式套管等设备。

（6）与保护连接的同一回路应在同一根电缆中走线。

10. 某 35kV 干式电抗器电流互感器交流电流通过屏蔽电缆穿 PVC 保护管引接至就地开关端子箱，某日巡视发现开关端子箱内该电缆屏蔽层烧断，请分析其原因，并说明违反了《国家电网有限公司十八项电网重大反事故措施》要求。

【解析】 干式电抗器场地空间磁场非常强，电缆屏蔽层烧断的原因分析为该电缆屏蔽层两端接地，在空间磁场作用下感应出很大的屏蔽层电流，长期流过大电流造成电缆屏蔽层烧断。

以下几点不满足《国家电网有限公司十八项电网重大反事故措施》要求：

（1）电流互感器至开关场就地端子箱之间的二次电缆应经金属管引接，而不能用 PVC 管。

（2）由电流互感器引下的金属管上端应与电流互感器的底座和金属外壳良好焊接，下端就近与接地网良好焊接，由于采用 PVC 管，无法实现此抗干扰措施。

（3）从电流互感器引下的二次电缆屏蔽层应在就地端子箱处单端可靠连接至等电位接地网的铜排上，而不应两端均接地。

11. 怎样理解在 220kV 及以上电压等级变电站中，所有用于连接由开关场引入控制室继电保护设备的电流、电压和直流跳闸等可能由开关场引入干扰电压到基于微电子器件的继电保护设备的二次回路，都应采用带屏蔽层的控制电缆且屏蔽层在开关场和控制室两端同时接地。

【解析】 （1）当控制电缆为母线暂态电流产生的磁通所包围时，在电缆的屏蔽层中将感应出屏蔽电流，由屏蔽电流产生的磁通，将抵消母线暂态电流产生的磁通对电缆芯线的影响，因此控制电缆要进行屏蔽。

（2）为保证设备和人身的安全，避免一次电压的串入，同时减少干扰在二次电缆上的电压降，屏蔽层必须保证有接地点。

（3）屏蔽层两端接地，可降低由于地电位升产生的暂态感应电压。

（4）当雷电经避雷器注入地网，使变电站地网中的冲击电流增大时，将产生暂态的电位波动，同时地网的视在接地电阻也将暂时升高。

（5）当控制电缆在上述地电位升的附近敷设时，电缆电位将随地电位的波动。当屏蔽层只有一点接地时，在非接地端的导线对地将可能出现很高的暂态电压。试验证明：采用两端接地的屏蔽电缆，可将暂态感应电压抑制为原值的 10% 以下，是降低干扰电压的一种有效措施。

12. 在《静态继电保护及安全自动装置通用技术条件》标准中，提到保护装置应具有哪些抗干扰措施？

【解析】 （1）交流输入回路与电子回路的隔离应采用带有屏蔽层的输入变压器（或变流器、电抗互感器等变换器），屏蔽层要直接接地。

（2）跳闸、信号等外引电路要经过触点过渡或光耦合器隔离。

（3）发电厂、变电站的直流电源不宜直接与电子回路相连（例如经过逆变换器）。

（4）消除电子回路内部干扰源，例如在小型辅助继电器的线圈两端并联二极管或电阻、电容，以消除线圈断电时所产生的反电动势。

（5）保护装置强、弱电平回路的配线要隔离。

（6）装置与外部设备相连，应具有一定的屏蔽措施。

六、分析题

1. 如图 6-16 所示交直流系统，C_1、C_2 为直流系统对地分布电容，TJ 为跳闸出口接点，TJR 为跳闸出口继电器，C_3 为电缆对地的分布电容。问：

（1）交流电源串入哪个位置会引起 TJR 继电器误动风险。

（2）为防止交流串入直流系统引起开关误动，应采取哪些防护措施（至少 3 种）。

【解析】（1）交流串入直流系统负端如图 6-17 所示。

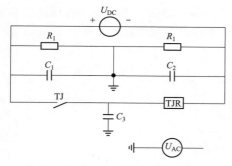

图 6-16　交直流系统示意图　　　　　图 6-17　交流串入直流系统负端

（2）交流串入直流系统正端如图 6-18 所示。

（3）交流串入 TJR 继电器正端如图 6-19 所示。

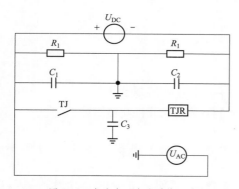
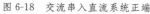
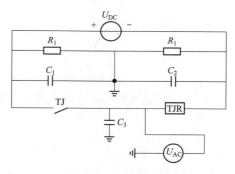

图 6-18　交流串入直流系统正端　　　　　图 6-19　交流串入 TJR 继电器正端

防范措施：

（1）采用启动功率较大的跳闸出口中间继电器，不小于 5W。

（2）对于没有快速动作要求的出口继电器可采用延时动作的方法。

（3）尽量减小继电器控制电缆的分布电容，如缩短控制电缆的距离或选择分布电容更小的电缆代替现有的控制电缆。

（4）减小直流系统的系统电容，可降低交流窜扰引起的保护误动风险。

（5）提高各交流源与直流系统之间的绝缘值，对于必须同时使用交流、直流电源的设备，在设计时需要注意交流电源与直流电源之间需要进行隔离处理，同时两个电源间不能有电容的连接。

2. 某 220kV 变电站, 故障前 1、2 号变压器并列运行, 220、110kV 中性点均在 1 号变压器接地, 220、110kV 母线均并列运行。变电站主接线如图 6-20 所示。

某日, 变电站 110kV 1 号全电缆线路该变电站侧户外电缆终端头发生 C 相金属性接地后转 C 相高阻永久性接地故障。110kV 线路零序方向过电流保护动作跳闸, 110kV 断路器跳开; 后重合闸动作, 线路零序方向过电流保护因高阻接地而未动作。1 号变压器 110kV 侧零序方向 I、II 过电流保护因零序方向元件测量为反方向而拒动, 后由 110kV 侧零序 III 段过电流保护动作跳开 1 号变压器三侧断路器, 110kV 系统成为中性点不接地系统; 导致 2 号变压器 110kV 侧间隙过电压保护动作, 跳开 2 号变压器三侧断路器, 全站 110kV 失压, 导致其他两个未配置备用电源自投装置的 110kV 变电站全站失压, 损失 200MW 负荷。

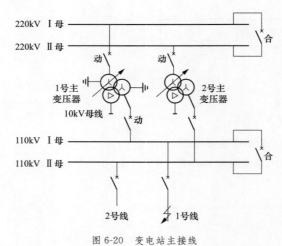

图 6-20　变电站主接线

请问：（1）从题面上看哪些不符合新 "十八项反措" 要求?
（2）哪些原因可能导致 1 号变压器 110kV 侧零序方向元件测量错误?
【解析】
（1）以下方面不符合新"十八项反措"要求：①全电缆线路不应启动重合闸；②110kV 变电站未配置备用电源自投装置。

（2）以下原因可能造成零序方向元件测量错误：①TV 开口三角回路两点接地；②TV 开口三角回路放电间隙或氧化锌阀片击穿；③零序 TA 回路两点接地；④TV 二次绕组与开口三角绕组共用一根电缆；⑤TV 二次绕组 N 与开口三角绕组 N 现场并接后用一根电缆芯引至保护室；⑥未采用屏蔽电缆；⑦电缆屏蔽层两端未可靠地接在 100^2 mm 二次铜牌上；⑧保护箱体未可靠接地；⑨零序电流、零序电压极性接反；⑩零序方向过电流保护装置异常。

电力系统继电保护技能培训题库 精选与解析

第七章
继电保护整定计算

第一节　整定计算基础知识

一、单选题

1. 继电保护后备保护逐级配合是指 （B）。

A. 时间配合　　B. 时间和灵敏度均配合　C. 灵敏度配合　　D. 以上均不正确

【解析】 根据 DL/T 559—2018《220kV～750kV 电网继电保护装置运行整定规程》5.5.2。

2. 继电保护的不完全配合是指 （A）。

A. 时间配合，定值不配　　　　　　　B. 定值配合，时间不配

C. 定值时间均不配，与主保护配　　　D. 以上均不正确

【解析】 根据 DL/T 559—2018《220kV～750kV 电网继电保护装置运行整定规程》3.1.2。

3. 继电保护是以常见运行方式为主来进行整定计算和灵敏度校核的。 所谓常见运行方式是指 （B）。

A. 正常运行方式下，任意一回线路检修

B. 正常运行方式下，与被保护设备相邻近的一回线路或一个元件检修

C. 正常运行方式下，与被保护设备相邻近的一回线路检修并有另一回线路故障被切除

D. 以上均不正确

【解析】 根据 DL/T 559—2018《220kV～750kV 电网继电保护装置运行整定规程》3.3。

4. 各级继电保护部门划分继电保护装置整定范围的原则是 （B）。

A. 严格按电压等级划分，分级管理　　B. 整定范围一般与调度操作范围相适应

C. 由各级继电保护部门协商决定　　　D. 以上均不正确

【解析】 整定范围一般与调度操作范围相适应，便于整定与管理。

5. 在大电流接地系统中， 零序电流分布主要取决于 （A）。

A. 变压器中性点是否接地　　　　　　B. 电源的数目

C. 电源的数目与变压器中性点　　　　D. 以上均不正确

【解析】 只有变压器中性点接地，零序电流才可流通；发电机的中性点不接地，不影响零序电流分布。

6. 在保证可靠动作的前提下， 对于联系不强的 220kV 电网， 重点应防止保护无选择性动作； 对于联系紧密的 220kV 电网， 重点应保证保护动作的 （B）。

A. 选择性　　　　B. 快速性　　　　C. 灵敏性　　　　D. 可靠性

【解析】　根据 DL/T 559—2018《220kV～750kV 电网继电保护装置运行整定规程》5.1.3。

7. 同一套微机保护装置中的以下元件，整定时动作灵敏度 （A） 最低。

A. 测量元件　　　B. 选相元件　　　C. 启动元件　　　D. 均相同

【解析】　灵敏度：测量元件＜选相元件＜启动元件。

8. 电力系统继电保护的选择性，除了决定于继电保护装置本身的性能外，还要求满足：由电源算起，越靠近故障点的继电保护的故障起动值 （C）。

A. 相对越小，动作时间越长　　　　　B. 相对越大，动作时间越短

C. 相对越灵敏，动作时间越短　　　　D. 相对越灵敏，动作时间越长

【解析】　如图 7-1 所示，某线路发生短路故障，越靠近故障点，短路电流 I_k 越大，启动值灵敏度 $K_{lm} = \dfrac{I_k}{I_{DZ}}$ 越大；为确保停电范围最小，故保护 3 应先跳闸，动作时间越短。

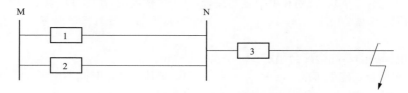

图 7-1　某线路发生短路故障

9. 电磁型继电器的返回系数约为 （B），微机型保护的返回系数约为 （B）。

A. 0.95、0.85　　B. 0.85、0.95　　C. 0.9、0.8　　D. 0.8、0.9

【解析】　返回系数的选择与配置的保护类型有关，常规的电磁型继电器由于考虑要保持一定的接点压力所以其返回系数较低，一般约为 0.85；微机型保护的返回系数则较高，一般考虑为 0.95。

二、多选题

1. 继电保护短路电流计算可忽略 （ABCD） 等阻抗参数中的电阻部分。

A. 发电机　　　　B. 变压器　　　　C. 架空线路　　　　D. 电缆

【解析】　根据 DL/T 559—2018《220kV～750kV 电网继电保护装置运行整定规程》7.1.2。

2. 为简化整定计算工作，短路电流计算时规程允许假设 （ABD） 条件。

A. 忽略发电机、变压器、架空线路的电阻部分

B. 发电机电势假定等于 1

C. 发电机正序电抗＝负序电抗＝次暂态电抗（不饱和）

D. 不考虑短路电流的衰减

【解析】　根据 DL/T 559—2018《220kV～750kV 电网继电保护装置运行整定规程》7.1.2。

3. 以下运行方式中，允许保护适当牺牲部分选择性的有 （ABCD）。

A. 线变组接线　　　　　　　B. 预定的解列线路

C. 多级串联供电线路　　　　D. 一次操作过程中

【解析】 根据 DL/T 559—2018《220kV～750kV 电网继电保护装置运行整定规程》5.5.9。

4. 继电保护可分为 （ABCD）。

A. 主保护　　　　B. 后备保护　　　　C. 辅助保护　　　　D. 异常运行保护

【解析】 电力系统中的电力设备和线路，应装设短路故障和异常运行的保护装置。电力设备和线路短路故障的保护应有主保护和后备保护，必要时可增设辅助保护。

5. 整定计算时限级差主要考虑 （ABCD）。

A. 保护动作时间误差　　　　　　B. 时间继电器误差

C. 开关跳闸时间　　　　　　　　D. 其他相关误差

【解析】 在动作时限配合中需要对上下级保护的动作时间级差进行选择。时限级差主要考虑保护动作时间误差、时间继电器误差、开关跳闸时间及其他相关误差。时限级差选择过大会使配合动作时间过长，选择过小可能会造成误动。

6. 当 （AB） 难以兼顾时， 应首先考虑以保灵敏度为主， 防止保护拒动， 并备案报主管领导批准。

A. 灵敏性　　　　B. 选择性　　　　C. 快速性　　　　D. 可靠性

【解析】 根据《国家电网有限公司十八项电网重大反事故措施》15.5.2。

7. 宜设置 （AC） 的线路后备保护。

A. 不经任何闭锁　　B. 不经方向　　C. 长延时　　D. 短延时

【解析】 根据《国家电网有限公司十八项电网重大反事故措施》15.5.3。

三、 判断题

1. 保护整定计算以常见的运行方式为依据。 所谓常见的运行方式一般是指正常运行方式加上被保护设备 ［相邻的一回线 （同杆双回线仍作为二回线） 或一个元件检修的正常检修方式］。 （×）

【解析】 根据 DL/T 559—2018《220kV～750kV 电网继电保护装置运行整定规程》3.3。

2. 计算最大短路电流时应考虑以下两个因素： 最大运行方式和短路类型。 （√）

【解析】 只有在最大运行方式、最大短路类型的条件下，才能保证整定值最大，保护范围最小，其他运行方式下故障不会超出保护范围，电流保护不会越级跳闸。

3. 整定计算完成定值计算后需校验灵敏度， 灵敏度一般根据可能出现的最小运行方式和最不利的单一故障情形进行校验。 （√）

【解析】 校验灵敏度主要应考虑两个方面：①在何种运行方式下来检验，按要求一般应采用可能出现的最不利运行方式，即最小运行方式进行校验；②对何种故障类型进行检验，按要求应当采用最不利的故障情形，即选取故障量较小的短路类型，通常采用金属性短路，有时应考虑一定的过渡电阻。

4. 整定计算完成定值计算后需校验灵敏度， 灵敏度一般根据可能出现的最小运行方式进行校验。 （×）

【解析】 还需选择最不利的单一故障情形，即选取故障量较小的短路类型进行校验。

5. 高压电网继电保护的运行整定， 是以保证电网全局的安全稳定运行为根本目标的。 （√）

【解析】 根据 DL/T 559—2018《220kV～750kV 电网继电保护装置运行整定规程》4.4。

6. 对 220kV 及以上电网不宜选用全星形普通变压器，以免恶化接地故障后备保护的运行整定。 （×）

【解析】 不宜选用全星形普通变压器是因为防止三次谐波及零序电流对电网的影响。

7. 过电流保护在系统运行方式变小时，保护范围将变大。 （×）

【解析】 系统运行方式变小时，短路电流变小，整定值不变的情况下，保护范围将变小。

8. 系统运行方式越大，保护装置的动作灵敏度越高。 （×）

【解析】 不一定，距离Ⅰ段保护不受运行方式影响。

9. 三相三柱式变压器的零序阻抗必须使用实测值。 （√）

【解析】 根据 DL/T 559—2018《220kV～750kV 电网继电保护装置运行整定规程》7.1.1。

10. 远后备是当主保护拒动时，由该电力设备或线路的另一套保护实现后备的保护；当断路器拒动时，由断路器失灵保护来实现的后备保护。 （×）

【解析】 远后备保护方式指故障元件所对应的继电保护装置或断路器拒绝动作时，由电源侧最邻近故障元件的上一级继电保护装置动作切除故障。

11. 对 220～750kV 联系不强的电网，应保证继电保护装置的可靠快速动作；而对于联系紧密的 220～750kV 电网，在保证继电保护可靠动作的前提下，应防止继电保护装置的非选择性动作。 （×）

【解析】 对 220～750kV 联系不强的电网，在保证继电保护可靠动作的前提下，应防止继电保护装置的非选择性动作；对于联系紧密的 220～750kV 电网，应保证继电保护装置的可靠快速动作。

12. 《国家电网有限公司十八项电网重大反事故措施》规定继电保护整定中当灵敏性与选择性难兼顾时，应首先考虑以保灵敏度为主。 （√）

【解析】 根据《国家电网有限公司十八项电网重大反事故措施》15.5.2。

13. 差动原理保护的整定计算可单独进行，不需要考虑与其他保护的配合关系。 （√）

【解析】 差动原理保护的保护范围为各电流互感器之间，不会超越至其他线路或元件，故不需要与其他保护配合。其动作值应保证保护范围外部故障时不会发生误动作，在保护范围内部故障时应有足够的灵敏度，适应运行方式的变化。

14. 发电机和变压器的最大运行方式是所有发电机均投入且运行在额定状态，所有变压器投入运行，同时考虑相邻线路、主变压器检修。 （×）

【解析】 最大运行方式不考虑相邻线路、主变压器检修。

15. 在选择最小运行方式时，发电厂、变电站的母线上无论有几台变压器，一般仅考虑其中容量最大的一台停运。 （√）

【解析】 变压器比发电机故障、停运的概率较小，仅考虑一台大容量的主变压器停运即可。

16. 发电厂有两套发电机组时，一般考虑全停方式，即一台检修，另一台故障。当有三台以上机组时，则选择其中两台容量较大机组同时停运的方式。 （√）

【解析】 发电机出现故障的概率较高，一般考虑两台机组同时停运。

17. 对单侧电源的辐射型网络， 最大方式为系统可能出现最少的机组、 线路、 接地点的运行， 最小方式为系统的所有机组、 线路、 接地点 （规定的） 均投入运行。　　 （×）

【解析】 对单侧电源的辐射型网络，最大方式为系统的所有机组、线路、接地点（规定的）均投入运行，最小方式为系统可能出现最少的机组、线路、接地点的运行。

18. 在双侧电源和多电源环形网中， 对某一线路的最小方式为开环运行， 开环点在该路相邻的下一级线路上， 系统的机组、 线路、 接地点 （规定接地的） 均投入运行。 最大方式是合环运行下， 停用该线背后的机组、 线路、 接地点。　　 （×）

【解析】 在双侧电源和多电源环形网中，对某一线路的最大方式为开环运行，开环点在该路相邻的下一级线路上，系统的机组、线路、接地点（规定接地的）均投入运行。最小方式是合环运行下，停用该线背后的机组、线路、接地点。

19. 根据零序、 负序的电流和电压分布的特点， 最小方式应综合分析保护对端方向的机组、 线路、 接地点的变化； 而最大方式则应综合分析保护背后方向的机组、 线路、 接地点。　　 （×）

【解析】 根据零序、负序的电流和电压分布的特点，最大方式应综合分析保护对端方向的机组、线路、接地点的变化，而最小方式则应综合分析保护背后方向的机组、线路、接地点。此外，对于平行线间的零序互感，也应考虑对最大、最小的影响。

20. 电磁型继电器的返回系数约为 0.95， 微机型保护的返回系数约为 0.85。 （×）

【解析】 返回系数的选择与配置的保护类型有关，常规的电磁型继电器由于考虑要保持一定的接点压力，所以其返回系数较低，一般约为 0.85；微机型保护的返回系数则较高，一般考虑为 0.95。

四、 填空题

1. 继电保护整定计算不完全配合是指需要配合的两保护在动作时间上能配合， 但保护范围无法配合。

【解析】 根据 DL/T 559—2018《220kV～750kV 电网继电保护装置运行整定规程》3.1.2。

2. 220～750kV 电网在强化主保护配置的前提下， 后备保护整定计算可适当简化。 在两套主保护拒动时， 后备保护应可靠动作切除故障， 允许部分失去选择性。

【解析】 根据 DL/T 559—2018《220kV～750kV 电网继电保护装置运行整定规程》5.1.4。

3. 接地故障保护最末一段 （例如零序电流末段）， 应以适应下述短路点接地电阻值的接地故障为整定条件： 220kV 线路， 100Ω； 330kV 线路， 150Ω； 500kV 线路，300Ω； 750kV 线路， 400Ω。 对应于上述条件， 零序电流保护最末一段的动作电流定值一般不应大于 300A （一次值）， 对不满足精工作电流要求的情况， 可适当抬高定值。

【解析】 根据 DL/T 559—2018《220kV～750kV 电网继电保护装置运行整定规程》5.4.4。

4. 在电力设备由一种运行方式转为另一种运行方式的操作过程中， 被操作的有关设备均应在保护范围内， 部分保护装置可短时失去选择性。

【解析】 根据 DL/T 559—2018《220kV～750kV 电网继电保护装置运行整定规程》

5.10.8。

5. 不同电压等级之间均不宜构成电磁环网运行。110kV 及以下电压电网应采用辐射型开环运行方式。

【解析】 根据 DL/T 559—2018《220kV～750kV 电网继电保护装置运行整定规程》6.1a)。

6. 保护装置中（终端馈线负荷侧除外）任何元件在其保护范围末端发生金属性故障时，最小短路电流必须满足该元件最小启动电流的 1.5～2 倍。

【解析】 根据 DL/T 559—2018《220kV～750kV 电网继电保护装置运行整定规程》6.2a)。

7. 变压器接地方式应合理安排，尽量保持变电站零序阻抗值稳定。

【解析】 根据 DL/T 559—2018《220kV～750kV 电网继电保护装置运行整定规程》6.2b)。

8. 110kV 线路宜采用远后备保护，220kV 线路保护宜采用近后备保护。

【解析】 220kV 线路由于配置双重化保护，采用近后备保护。

9. 电力系统中的保护相互之间应进行配合，根据配合的实际状况，通常可将配合分为完全配合、不完全配合、完全不配合三类。

【解析】 完全配合：需要配合的两保护在保护范围和动作时间上均能配合，即满足选择性要求。不完全配合：需要配合的两保护在动作时间上能配合，但保护范围无法配合。不配合：需要配合的两保护在保护范围和动作时间上均不能配合，即无法满足选择性要求。

10. 接地距离保护的零序电流补偿系数 K 应按式计算获得，线路的正序阻抗 Z_1、零序阻抗 Z_0 参数需进行实测，装置整定值应小于或接近计算值。

【解析】 根据 DL/T 559—2018《220kV～750kV 电网继电保护装置运行整定规程》7.2.3.8。

11. 保护整定计算以常见的运行方式为依据。所谓常见的运行方式一般是指正常运行方式加上被保护设备相邻的一回线或一个元件检修的正常检修方式。

【解析】 根据 DL/T 559—2018《220kV～750kV 电网继电保护装置运行整定规程》3.3 及 7.1.3，同杆双回线应作为一回线。

12. 继电保护短路电流计算可忽略发电机、变压器、架空线路、电缆等阻抗参数的电阻部分。

【解析】 根据 DL/T 559—2018《220kV～750kV 电网继电保护装置运行整定规程》7.1.2。

13. 接入供电变压器的终端线路，无论是一台或多台变压器并列运行，都允许线路侧的速动段保护按躲开变压器其他侧母线故障整定。

【解析】 根据 DL/T 584—2017《3kV～110kV 电网继电保护装置运行整定规程》5.3.2。

14. 计算最大短路电流时应考虑以下两个因素：最大运行方式和短路类型。

【解析】 只有在最大运行方式、最大短路类型的条件下，才能保证整定值最大，保护范围最小，其他运行方式下故障不会超出保护范围，电流保护不会越级跳闸。

15. 高压电网继电保护的运行整定，是以保证电网全局的安全稳定运行为根本目标的。

【解析】 根据 DL/T 559—2018《220kV～750kV 电网继电保护装置运行整定规程》4.4。

16. 过电流保护在系统运行方式变小时，保护范围将**变小**。

【解析】 系统运行方式变小时，短路电流变小；整定值不变的情况下，保护范围将变小。

五、简答题

1. 220kV 及以上电网继电保护的整定不能兼顾速动性、选择性或灵敏性要求时，应按什么原则合理进行取舍？

【解析】 ①局部电网服从整个电网；②下一级电网服从上一级电网；③局部问题自行消化；④尽量照顾局部电网和下级电网的需要。

2. 用于整定计算的哪些一次设备参数必须采用实测值？

【解析】 ①三相三柱式变压器的零序阻抗；②66kV 及以上架空线路和电缆线路的阻抗；③平行线之间的零序互感阻抗；④其他对继电保护影响较大的有关参数。

3. 电力系统的运行方式是经常变化的，在整定计算上如何保证继电保护装置的选择性和灵敏度？

【解析】 一般采用系统最大运行方式来整定选择性，用最小运行方式来校核灵敏度，以保证在各种系统运行方式下满足选择性和灵敏度的要求。

4. 继电保护整定计算以什么运行方式作为依据？

【解析】 合理地选择继电保护整定计算用运行方式是改善保护效果，充分发挥保护效能的关键之一。继电保护整定计算应以常见的运行方式为依据。所谓常见运行方式是指正常运行方式和被保护设备相邻近的一回线或一个元件检修的正常检修方式。对特殊运行方式，可按专用的运行规程或依据当时实际情况临时处理，并考虑以下情况：①对同杆并架的双回线，考虑双回线同时检修或双回线同时跳开的情况；②发电厂有两台机组时，应考虑全部停运的方式，即一台机组检修时，另一台机组故障跳闸；发电厂有三台及以上机组时，可考虑其中两台容量较大的机组同时停运的方式；③电力系统运行方式应以调度运行部门提供的书面资料为依据。

5. 整定计算的主要任务是制订系统保护方案，在系统保护整定计算方案制定中要完成哪些工作？

【解析】 ①绘制电力系统接线图；②绘制电力系统阻抗图；③建立电力系统设备参数表；④建立电流、电压互感器参数表；⑤确定继电保护整定需要满足的电力系统规模及运行方式变化限度；⑥电力系统各点短路计算结果列表；⑦建立各种继电保护整定计算表；⑧按继电保护功能分类，分别给出整定值；⑨编写整定方案书，着重说明整定原则、结果评价、存在的问题及采取的对策。

6. 整定计算的工作步骤是什么？

【解析】 整定计算的工作步骤为：①确定整定方案所适应的系统情况；②与调度部门共同确定系统的各种运行方式，并选择短路类型、选择分支系数的计算条件等，其中系统中性点接地方式的安排主要由继电保护专业进行；③收集必要的参数与资料（保护图纸，设备参数等）；④结合系统情况，确定整定计算的具体原则；⑤根据需要进行短路计算，得到短路电流计算结果表；⑥按同一功能的保护进行整定计算，并计算出保护装置的二次定值；⑦对整定结果分析比较，选出最佳方案，最后应归纳出存在的问题，并提出运行要求；⑧画出定值图，编制整定计算方案书，编制系统保护运行规程。

7. 发电机、变压器运行变化限度的选择原则是什么？

【解析】 发电机、变压器运行变化限度有如下选择原则：①一个发电厂有两台机组时，一般应考虑全停方式，即一台机组在检修中，另一台机组又出现故障，当有三台以上机组时，则应选择其中两台容量较大机组同时停用的方式，对水力发电厂的机组，还应结合水库运行特性选择，如调峰、蓄能、用水调节发电等；②一个厂、站的母线上无论接有几台变压器，一般应考虑其中容量最大的一台停用，因为变压器运行可靠性较高，检修与故障重叠出现的概率很小。但对于发电机变压器组来说，则应服从于发电机的投停变化。

8. 中性点直接接地系统中变压器中性点接地的选择原则是什么？

【解析】 （1）发电厂及变电站低压侧有电源的变压器，中性点均应接地运行，以防止出现不接地系统的工频过电压状态。如事前确定不能接地运行，则应采取其他防止工频过电压的措施。

（2）自耦型和有绝缘要求的其他型变压器，其中性点必须接地运行。

（3）T接于线路上的变压器，以不接地运行为宜。当T接变压器低压侧有电源时，则应采取防止工频过电压的措施。

（4）为防止操作过电压，在操作时应临时将变压器中性点接地，操作完毕后再断开，这种情况不按接地运行考虑。

（5）变压器中性点运行方式的安排，应尽量保持变电站零序阻抗基本不变，并满足"有效接地"的条件：按大电流接地系统运行的电网中任一点发生接地故障时，综合零序阻抗/综合正序阻抗≤3。

（6）无地区电源的单回线供电的终端变压器中性点不宜直接接地运行。

9. 线路运行变化限度的选择原则是什么？

【解析】 线路运行变化限度的选择有以下几点：①一个厂、站母线上接有多条线路，一般应考虑一条线路检修，另一条线路又遇到故障的方式；②双回线一般不考虑同时停用；③相隔一个厂、站的线路，必要时可考虑与上述①的条件重叠。

10. 流过保护最大负荷电流应考虑哪些因素？

【解析】 按负荷电流整定的保护，需要考虑各种运行方式变化时可能出现的最大负荷电流，一般应考虑到以下的运行变化。①备用电源自投引起的负荷增加；②平行双回线中，并联运行线路的减少，负荷转移；③环状电网的开环运行，负荷转移；④对于两侧电源的线路，当一侧电源突然切除发电机，引起另一侧增加负荷；⑤其他电网结构发生变化导致的负荷变化。

11. 继电保护整定计算为什么要考虑返回系数？

【解析】 按正常运行电流（或电压）整定的保护定值，由于定值比较接近正常运行值，在故障断开后，电流、电压恢复正常的过程中保护不能可靠返回会发生误动，为避免此种情况，应计算返回系数。

六、分析题

如图7-2所示110kV电网，等值电源1、2均有大、小方式，变电站A、B之间为同杆并架双回线。

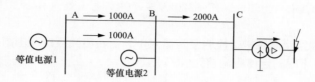

图 7-2　110kV 电网示意图

（1）计算 A 站线路保护接地距离Ⅰ段时应如何考虑检修方式？

（2）计算 A 站线路保护接地距离Ⅱ段灵敏度时应如何考虑检修方式？

（3）计算 A 站线路保护接地距离与 B-C 线路 B 站的配合关系时应如何考虑运行检修方式？

【解析】（1）计算 A 站线路保护距离Ⅰ段时应考虑双回线中一回检修。

（2）计算 A 站线路保护接地距离Ⅱ段灵敏度时应考虑双回线并列运行。

（3）计算 A 站线路保护接地距离与 B-C 线路 B 站的配合关系时应考虑：等值电源 1 采用大方式，等值电源 2 采用小方式，同杆并架双回线中一回线检修。

第二节　线 路 保 护 整 定

一、单选题

1. 220kV 零序电流Ⅳ段保护的一次零序电流定值要求不超过 （B）。

A. 400A　　　　B. 300A　　　　C. 500A　　　　D. 100A

【解析】根据 DL/T 559—2018《220kV～750kV 电网继电保护装置运行整定规程》5.4。

2. 为了确保合闸于单相接地故障可靠跳闸，同时躲开断路器三相非同期，对于零序后加速保护，在断路器合闸通常带 （B） 时延。

A. 30ms　　　　B. 100ms　　　　C. 500ms　　　　D. 1s

【解析】根据 DL/T 559—2018《220kV～750kV 电网继电保护装置运行整定规程》7.2.2.14。

3. 不小于 50km 的 110kV 线路，其全线有灵敏度的零序电流保护段在本线路末端金属性接地短路时的灵敏系数要求不小于 （C）。

A. 1.5　　　　B. 1.4　　　　C. 1.3　　　　D. 1.2

【解析】根据 DL/T 584—2017《3kV～110kV 电网继电保护装置运行整定规程》7.2.1.10。

4. 零序电流保护在常见运行方式下，在 220～500kV 的 205km 线路末段金属性短路时的灵敏度应大于 （C）。

A. 1.5　　　　B. 1.4　　　　C. 1.3　　　　D. 2

【解析】根据 DL/T 559—2018《220kV～750kV 电网继电保护装置运行整定规程》7.2.2.6。

5. 相间距离Ⅰ段保护整定范围为被保护线路全长的 （C）。

A. 60%   B. 70%   C. 80%～85%   D. 90%

【解析】 根据 DL/T 559—2018《220kV～750kV 电网继电保护装置运行整定规程》7.2.4.3。

6. 某 110kV 线路距离保护Ⅰ段的原定值为 1Ω，若电流互感器由原来的 600/5A 改为 1500/5A，则距离Ⅰ段的定值应调整为 （C）。

A. 0.4Ω   B. 1Ω   C. 2.5Ω   D. 5Ω

【解析】 $Z_{DZ\cdot I} = 1 \times \dfrac{1100}{600/5} \times \dfrac{1500/5}{1100} = 2.5$ （Ω）

7. 220kV 及以上线路距离Ⅱ段的动作时间与断路器失灵保护切除故障时间相比，应 （A）。

A. 比失灵保护时间长 0.3s   B. 比失灵保护时间短 0.3s
C. 可与失灵保护时间相同   D. 以上均不正确

【解析】 下一级线路故障，断路器失灵时，应首先由断路器失灵保护动作，切除失灵断路器所在母线上其他断路器；若断路器失灵保护再拒动，才由上一级线路保护距离Ⅱ段动作。故距离Ⅱ段的动作时间应与失灵保护时间配合，即长 0.3s。

8. 助增电流的存在，对距离继电器的影响是 （B）。

A. 使距离继电器的测量阻抗减小，保护范围增大
B. 使距离继电器的测量阻抗增大，保护范围减小
C. 使距离继电器的测量阻抗增大，保护范围增大
D. 使距离继电器的测量阻抗减小，保护范围减小

【解析】 由 $Z_m = Z_1 + K_Z Z_1'$ 可知（式中：Z_1 为本线路阻抗；Z_1' 为下一级线路阻抗；K_Z 为助增系数），助增电流越大，助增系数越大，测量阻抗也就越大。距离保护定值不变的情况下，保护范围减小。

9. 某条 220kV 线路长 41km，其接地距离延时段保护对本线路末端灵敏度为 （B）。

A. 1.5   B. 1.45   C. 1.4   D. 1.3

【解析】 根据 DL/T 559—2018《220kV～750kV 电网继电保护装置运行整定规程》7.2.3.7。

10. 线路第Ⅰ段保护范围最稳定的是 （A）。

A. 距离保护   B. 零序电流保护   C. 相电流保护   D. 以上都不对

【解析】 距离Ⅰ段保护的保护范围不受运行方式影响，故保护范围最稳定。

11. 单相重合闸、三相重合闸、禁止重合闸和停用重合闸控制字有且只能有一项置 "1"，如不满足此要求，保护装置应报警并按 （D） 处理。

A. 单相重合闸   B. 三相重合闸   C. 禁止重合闸   D. 停用重合闸

【解析】 根据 Q/GDW 1161—2013《线路保护及辅助装置标准化设计规范》5.2.5。

12. 瞬时电流速断保护的动作电流应大于 （A）。

A. 被保护线路末端短路时的最大短路电流
B. 线路的最大负载电流
C. 相邻下一线路末端短路时的最大短路电流
D. 以上均不正确

【解析】 根据 DL/T 584—2017《3kV～110kV 电网继电保护装置运行整定规程》

7.2.11.6。

13. 确保 220kV 及 500kV 线路单相接地时线路保护能可靠动作，允许的最大过渡电阻值分别是 （C）。

A. 100Ω、100Ω　　B. 100Ω、200Ω　　C. 100Ω、300Ω　　D. 100Ω、150Ω

【解析】 根据 GB/T 14285—2006《继电保护和安全自动装置技术规程》4.7.3 "接地后备保护应保证在接地电阻不大于下列数值时，有尽可能强的选相能力，并能正确动作跳闸：220kV 线路：100Ω；330kV 线路：150Ω；500kV 线路：300Ω"

14. 三段式电流保护中，灵敏度最高度的是 （A）。

A. Ⅲ段　　B. Ⅱ段　　C. Ⅰ段　　D. 都一样

【解析】 灵敏度 $K_{lm}=\dfrac{I_k}{I_{DZ}}$，定值越小，灵敏度越高。三段式电流保护中Ⅲ段定值最小，故灵敏度最高。

15. 距离保护振荡闭锁中的相电流元件，其动作电流应满足如下条件 （A）。

A. 应躲过最大负荷电流
B. 本线末端短路故障时应有足够的灵敏度
C. 应躲过振荡时通过的最大电流
D. 应躲过突变量元件最大的不平衡输出电流

【解析】 根据 DL/T 559—2018《220kV～750kV 电网继电保护装置运行整定规程》7.2.5.1。

16. 分相电流差动保护的差流高定值应可靠躲过线路 （A） 电容电流。

A. 稳态　　B. 暂态　　C. 稳态和暂态　　D. 稳态或暂态

【解析】 根据 DL/T 559—2018《220kV～750kV 电网继电保护装置运行整定规程》7.2.6.4。

17. 如果躲不开在一侧断路器合闸时三相不同步产生的零序电流，则两侧的零序后加速保护在整定重合闸周期中均应带 （A）s 延时。

A. 0.1　　B. 0.2　　C. 0.5　　D. 1

【解析】 根据 DL/T 559—2018《220kV～750kV 电网继电保护装置运行整定规程》7.2.2.14。

18. 某线路间隔误将 TA 一次侧串联误接成一次侧并联。已知该线路距离保护Ⅰ段二次定值原整定为 1Ω，则其距离保护Ⅰ段二次定值应相应由 1Ω 改为 （C）。

A. 0.5Ω　　B. 1Ω　　C. 2Ω　　D. 4Ω

【解析】 并联时电流互感器的变比为串联时的 2 倍，故距离保护定值应扩大至 2 倍。

19. 220kV 电网按近后备原则整定的零序方向保护，其方向继电器的灵敏度应满足 （A）。

A. 本线路末端接地短路时，零序功率灵敏度不小于 2
B. 相邻线路末端接地短路时，零序功率灵敏度不小于 2
C. 相邻线路末端接地短路时，零序功率灵敏度不小于 1.5
D. 本线路末端接地短路时，零序功率灵敏度不小于 1.5

【解析】 根据 DL/T 559—2018《220kV～750kV 电网继电保护装置运行整定规程》7.2.2.2。

20. 检同期合闸角的整定应满足可能出现的最不利方式下，小电源侧发电机的冲击电流不超过允许值。一般线路检同期合闸角不大于（B）。

　　A. 15°　　　　　B. 30°　　　　　C. 40°　　　　　D. 45°

【解析】根据 DL/T 584—2017《3kV～110kV 电网继电保护装置运行整定规程》7.2.7.5。

21. TV 断线过电流保护的相电流动作定值应按（C）。

　　A. 躲过线路末端短路时的最大短路电流

　　B. 躲过线路正常最大负荷电流

　　C. 躲过线路正常最大负荷电流，并力争线路末端故障有灵敏度整定

　　D. 保证线路末端故障灵敏度满足近后备要求。

【解析】根据 DL/T 584—2017《3kV～110kV 电网继电保护装置运行整定规程》7.2.5.1。

22. 保护速动段（I段）的整定通常考虑（A）。

　　A. 保护范围不伸出相邻元件　　　　B. 可靠切除末端故障

　　C. 本线路的近后备　　　　　　　　D. 相邻线路的远后备

【解析】保护速动段的整定通常考虑保护范围不伸出相邻元件，这样在定值上可保证相邻元件故障时速动保护不会动作，从而可快速动作，即在动作值上取得了配合。

23. 延时段（Ⅱ段）保护的主要作用是（B）。

　　A. 保护范围不伸出相邻元件

　　B. 保护线路的全长，并尽可能减少延时

　　C. 作为相邻线路及本线路的特殊故障（如高阻接地）的后备保护

　　D. 相邻线路的远后备

【解析】延时段保护的主要作用是保护线路的全长，并尽可能减少延时。因为其保护范围延伸到相邻线路或元件，因此应当和相邻线路或元件的保护进行配合以满足选择性的要求，其配合应当考虑动作时间和灵敏系数上的配合，而且在多电源中还要考虑在保护范围配合时分支系数的影响。

24. 定时限保护（Ⅲ段或Ⅳ段）在阶段式保护中主要作为（C）。

　　A. 保护范围不伸出相邻元件

　　B. 保护线路的全长，并尽可能减少延时

　　C. 作为相邻线路及本线路的特殊故障（如高阻接地）的后备保护

　　D. 相邻线路的远后备

【解析】定时限保护在阶段式保护中主要作为相邻线路及本线路的特殊故障（如高阻接地）的后备保护。该段的整定应主要强调能灵敏地反映相邻线路故障和经过高阻接地故障，保证远后备的功能，因为这是各种故障时的最后一道屏障。

25. 对于电流保护及零序电流保护采用的是电流分支系数的概念，其定义是线路短路时，流过（D）的短路电流与流过（D）线路短路电流之比。

　　A. 相邻、相邻　　　B. 相邻、本线　　　C. 本线、本线　　　D. 本线、相邻

【解析】整定计算中，对于电流保护及零序电流保护采用的是电流分支系数的概念，其定义是相邻线路短路时，流过本线路的短路电流与流过相邻线路短路电流之比，通常用 K_f 或 K_{fz} 表示（在整定计算规程中用 K_f 表示）。

26. 对于距离保护采用的是助增系数的概念，它等于流过（B）线路的短路电流与流过（B）线路短路电流之比。

A. 相邻、相邻　　　B. 相邻、本线　　　C. 本线、本线　　　D. 本线、相邻

【解析】 整定计算中，对于距离保护采用的是助增系数的概念，它等于流过相邻线路的短路电流与流过本线路短路电流之比，一般用 K_z 或 K_{zz} 表示。

27. 有助增电流情况时分支系数 K_f（B），助增系数 K_z（B）。

A. 大于1、小于1　B. 小于1、大于1　C. 小于1、小于1　D. 大于1、大于1

【解析】 有助增电流情况时分支系数 $K_f < 1$，助增系数 $K_z > 1$。

28. 距离Ⅰ段保护（B）考虑分支系数的影响。

A. 需要　　　　　B. 无需　　　　　C. 无所谓　　　　　D. 无法确定

【解析】 Ⅰ段保护无需考虑分支系数的影响，因为保护范围不会伸入到下级。

29. 在整定值不变的情况下，助增电流的存在使得保护范围（D），汲出电流使得保护范围（D）。

A. 增长、缩短　　　B. 增长、增长　　　C. 缩短、缩短　　　D. 缩短、增长

【解析】 助增电流的存在，会使测量阻抗变大，在整定值不变的情况下，使得保护范围缩短。同理汲出电流使得保护范围增长。

30. 电流分支系数的大小与助增电源和保护背后电源的大小（A）。

A. 有关　　　　　B. 无关　　　　　C. 无法确定　　　D. 无所谓

【解析】 电流分支系数的大小与助增电源和保护背后电源的大小有关，背后电源越大，电流的分支系数越大。所以电流分支系数与系统的运行方式有关，分支系数中运行方式的考虑非常重要。

31. 在辐射状电网中，助增系数（或电流分支系数）的大小与短路点在相邻线路上的位置（B）。

A. 有关　　　　　B. 无关　　　　　C. 无法确定　　　D. 以上均不正确

【解析】 在辐射状电网中，助增系数（或电流分支系数）的大小与短路点在相邻线路上的位置无关，因此计算助增系数时短路点可选择在相邻线路末端。

32. 在相邻线路是平行线路的情况下，助增系数（或电流分支系数）的大小与短路点在相邻线路的位置（A）。

A. 有关　　　　　B. 无关　　　　　C. 无法确定　　　D. 以上均不正确

【解析】 在相邻线路是平行线路的情况下，助增系数（或电流分支系数）的大小与短路点在相邻线路的位置有关，计算助增系数时通常短路点取在相邻的平行线路末端。

33. 有助增电源时，其运行方式应考虑保护背后电源为（D）运行方式，助增电源为（D）运行方式。

A. 最小、最大　　　B. 最小、最小　　　C. 最大、最大　　　D. 最大、最小

【解析】 有助增电源时，其运行方式应考虑保护背后电源为最大运行方式，助增电源为最小运行方式。对距离保护而言，此时助增电流最小，助增系数最小；对电流保护而言，电流分支系数最大。

二、多选题

1. 关于助增系数的说法错误的是（CD）。

A. 在辐射状电网中，助增系数的大小与短路点在相邻线路上的位置（Z_k）无关，短路点可选在相邻线路上的任意点

B. 在整定距离Ⅱ、Ⅲ段时要将助增系数的影响考虑进去，保护的定值可以适当整大一些，这样可以防止在有助增电流时的保护范围不会缩的太多

C. 在相邻线路发生短路只有助增电流时，其运行方式应考虑保护背后电源为最小运行方式

D. 在相邻线路发生短路既有助增又有汲出电流时，计算距离Ⅱ、Ⅲ定值时应取最大助增系数

【解析】 为保证助增系数取最小，在相邻线路发生短路只有助增电流时，其运行方式应考虑保护背后电源为最大运行方式、助增支路最小运行方式。在相邻线路发生短路既有助增又有汲出电流时，计算距离Ⅱ、Ⅲ定值时应取最小助增系数，防止距离Ⅱ、Ⅲ保护超越。

2. 整定距离Ⅱ、Ⅲ段定值时需要考虑最小助增系数，其运行方式应考虑（AD）。

A. 保护背后电源为最大运行方式　　B. 保护背后电源为最小运行方式
C. 助增电源为最大运行方式　　D. 助增电源为最小运行方式

【解析】 为保证助增系数取最小，在相邻线路发生短路只有助增电流时，其运行方式应考虑保护背后电源为最大运行方式、助增支路最小运行方式，防止距离Ⅱ、Ⅲ保护超越。

3. 重合闸控制字有（ABCD）。
A. 单相重合闸　　B. 三相重合闸　　C. 禁止重合闸　　D. 停用重合闸

【解析】 单相重合闸：单相跳闸单相重合闸方式；三相重合闸：含有条件的特殊重合方式；禁止重合闸：禁止本装置重合，不沟通三跳；停用重合闸：闭锁重合闸，并沟通三跳。

4. 500kV线路后备保护配置原则是（ACD）。
A. 采用近后备方式
B. 当双重化的每套主保护都有完整的后备保护时，仍需另设后备保护
C. 对相间短路，后备保护宜采用阶段式距离保护
D. 对接地短路，应装设接地距离保护并辅以阶段式或反时限零序电流保护

【解析】 500kV线路均采用主后一体的保护装置，当双重化的每套主保护都有完整的后备保护时，无需增设独立的后备保护。

5. 电流保护二段定值的整定原则是（CD）。
A. 当下一级线路发生外部短路时，如果本级电流继电器已启动，则在下级保护切除故障电流之后，本级保护不需返回
B. 动作电流必须大于短路电流
C. 当下一级线路发生外部短路时，如果本级电流继电器已启动，则在下级保护切除故障电流之后，本级保护应能可靠返回
D. 动作电流必须大于负荷电流

【解析】 当下一级线路发生外部短路时，如果本级电流继电器已启动，则在下级保护切除故障电流之后，本级保护不返回则会发生越级误动事件；动作电流必须小于短路电流，否则保护将拒动。

6. 高压线路自动重合闸装置的动作时限应考虑　（ABD）。

A. 故障点灭弧时间　　　　　　　　B. 断路器操作机构的性能

C. 保护整组复归时间　　　　　　　D. 电力系统稳定的要求

【解析】保护整组复归时间与重合闸装置的动作时限无关。

7. 对于远距离、重负荷线路及事故过负荷等情况，宜采用设置负荷电阻线或其他方法避免　（AB）保护的后备段保护误动作。

A. 相间距离　　　B. 接地距离　　　C. 零序　　　　D. 纵联

【解析】过负荷时无零序电流，故零序保护与过负荷无关；过负荷时纵联保护不会动作，故也无需采取措施。

8. 以下对电缆线路重合闸的描述，正确的是　（ABC）。

A. 全线敷设电缆的线路，不宜采用自动重合闸

B. 部分敷设电缆的线路，视具体情况可以采用自动重合闸

C. 含有少部分电缆、以架空线路为主的联络线路，当供电可靠性需要时，可采用重合闸

D. 所有电缆线路均不采取重合闸

【解析】根据 DL/T 584—2017《3kV～110kV 电网继电保护装置运行整定规程》7.2.7.6。

9. 为了简化整定计算工作，以下对一般短路计算假设条件的描述正确的是　（ABCDE）。

A. 忽略发电机、调相机、变压器、架空线路、电缆线路等阻抗参数的电阻部分，并假定旋转电机的负序电抗等于正序电抗

B. 各级电压可采用标称电压值或平均电压值，而不考虑变压器电压分接头实际位置的变动

C. 不计线路电容和负荷电流的影响

D. 不计短路暂态电流中的非周期分量，但具体整定时应考虑其影响

E. 不计故障点的相间电阻和接地电阻。

【解析】根据 DL/T 559—2018《220kV～750kV 电网继电保护装置运行整定规程》7.1.2。

10. 用于整定计算的哪些一次设备参数必须采用实测值　（ABCD）。

A. 三相三柱式变压器的零序阻抗

B. 平行线之间的零序互感阻抗

C. 其他对继电保护影响较大的有关参数

D. 架空线路和电缆线路的正序和零序阻抗、正序和零序电容

【解析】根据 DL/T 559—2018《220kV～750kV 电网继电保护装置运行整定规程》7.1.1。

11. 在整定　（BC）定值时需将助增系数的影响考虑进去，为了在有助增电流时保护范围不要缩小得太多，保护定值可适当增大。

A. 距离Ⅰ段　　　B. 距离Ⅱ段　　　C. 距离Ⅲ段　　　D. 差动保护

【解析】距离Ⅰ段、差动保护整定时，与助增电流无关。

12. 超高压及特高压继电保护整定应本着　（AB）的原则，合理配置线路及元件保护，保护整定可适当简化。

A. 强化主保护　　B. 简化后备保护　　C. 强化后备保护　　D. 简化主保护

【解析】 根据 DL/T 559—2018《220kV～750kV 电网继电保护装置运行整定规程》5.1.4。

13. 相邻保护逐级配合的原则是要求相邻保护在 （AB） 上均能相互配合， 在上、下两级保护的动作特性之间， 不允许出现任何交错点， 并应留有一定裕度。

A. 灵敏度　　　　B. 动作时间　　　　C. 保护配置　　　　D. 以上均不正确

【解析】 根据 DL/T 559—2018《220kV～750kV 电网继电保护装置运行整定规程》5.5.2。

14. 对 220kV 及以上选用单相重合闸的线路， 无论配置一套或两套全线速动保护，（ABCD） 动作后三相跳闸不重合。

A. 母差保护　　　B. 相间保护　　　C. 非全相再故障保护 D. 远方跳闸

【解析】 母差保护接入线路永跳回路，线路不会重合；单相重合闸的线路发生相间故障，线路保护三相跳闸不重合；非全相再故障保护时，重合闸将放电，线路保护三相跳闸不重合；对侧母线保护等动作后将远方跳闸，三相跳闸不重合。

15. 断路器失灵保护说法不正确的是 （ACD）。

A. 是主保护　　　B. 是近后备　　　C. 是远后备　　　D. 是辅助保护

【解析】 断路器失灵保护是近后备保护。

16. 在主保护或断路器拒动时， 用以切除故障的保护称为后备保护。 它分为（CD） 方式。

A. 高后备　　　　B. 低后备　　　　C. 远后备　　　　D. 近后备

【解析】 根据 GB/T 14285—2006《继电保护和安全自动装置技术规程》4.1.1.2。

17. 用同期装置进行合闸时应具备的条件是 （ABD）。

A. 相位相同　　　B. 电压相同　　　C. 电流方向　　　D. 相同频率相同

【解析】 电压大小、相位、频率相同时，对设备的冲击最小，此时可进行同期合闸。

18. 某 220kV 输电线路， 电流互感器变比为 1200/5， 线路单位长度的零序阻抗与正序阻抗的比值为 2.5， 对该线路的距离 段阻抗元件的保护区， 下列正确的是 （ABCD）。

A. 在将电流互感器接入保护装置时，错用了 600/5，则相间阻抗元件、接地阻抗元件的保护区均伸长

B. 在整定设置时，零序电流补偿系数错误设定为 0.7，则接地阻抗元件的保护区伸长，而相间阻抗元件的保护区不变

C. 在正确设定参数条件下，线路空载情况下发生了 AB 相经较大过渡电阻的接地故障，则 A 相接地阻抗元件的保护区伸长，B 相接地阻抗元件的保护区缩短

D. 在正确设定参数的情况下，该线非全相运行过程中健全相发生了单相金属性接地，接地阻抗元件的保护区不会伸长，也不会缩短

【解析】

(1) $Z_{\mathrm{m}} = \dfrac{\dfrac{U_{\mathrm{M}}}{n_{\mathrm{PT}}}}{\dfrac{I_{\mathrm{M}}}{n_{\mathrm{CT}}}}$，$n_{\mathrm{CT}}$ 实际为 600/5，装置整定为 1200/5，故 n_{CT} 变大，Z_{m} 变大，故保护范围伸长。

（2）接地阻抗元件的测量阻抗 $Z_m = \dfrac{U_m}{(1+K)\,I_m}$，$K = \dfrac{X_0 - X_1}{3X_1} = \dfrac{2.5-1}{3} = 0.5$。装置误整定为 0.7，$K$ 变大，接地阻抗元件的测量变小，保护范围变小。而相间阻抗元件测量阻抗与 K 无关，故保护区不变。

（3）当发生两相经过渡电阻接地短路时，由于过渡电阻 R_g 中流的是两个故障相的电流之和，所以接在两故障相中超前相（A 相）上的接地阻抗继电器其过渡电阻的附加阻抗是阻容性的，它带来的问题是区外短路可能引起超越；而正方向近处短路可能引起拒动，正向出口短路有死区。接在两故障相中落后相（B 相）上的接地阻抗继电器其过渡电阻的附加阻抗是阻感性的，它带来的问题是区内短路可能引起拒动。

（4）接地阻抗元件不受非全相运行状态影响。

19. 某超高压单相重合闸方式的线路，其接地保护第 II 段动作时限应考虑（ABC）。

A. 与相邻线路接地 I 段动作时限配合　　B. 与相邻线路选相拒动三相跳闸时间配合
C. 与相邻线断路器失灵保护动作时限配合D. 与单相重合闸周期配合

【解析】接地保护第 II 段动作时限与重合闸时间无关。

20. 双侧电源的 110kV 线路保护，主系统侧重合闸检线路无压，弱电源侧重合闸可停用，也可（AB）。

A. 检同期　　　　　　　　　　B. 检线路有压、母线无压
C. 检线路无压、母线有压　　　　D. 不检定

【解析】
双侧电源的线路，除采用解列重合闸的单回线路外，均应有一侧检同期重合闸，以防止非同期重合闸对设备的损害；弱电源一般后合闸，故采取检同期或检线路有压、母线无压方式。

三、判断题

1. 零序电流保护 VI 段定值一般整定较小，线路重合过程非全相运行时，可能误动，因此在重合闸周期内应闭锁，暂时退出运行。　　　　　　　　　　（×）

【解析】由于零序 VI 段时间大于重合闸周期，故重合闸周期无需闭锁。

2. 对只有两回线和一台变压器的变电站，当该变压器退出运行时，可不更改两侧的线路保护定值，此时，不要求两回线路相互间的整定配合有选择性。　（√）

【解析】根据 DL/T 559—2018《220kV～750kV 电网继电保护装置运行整定规程》5.10。

3. 在零序序网图中没有出现发电机的电抗是发电机的零序电抗为零。　　（×）

【解析】因发电机中性点不接地，故零序电流不能流入发电机定子绕组，在零序网络中发电机处于开路状态。故在零序序网图中没有出现发电机的电抗是因发电机中性点不接地。

4. 光纤差动保护重合于故障后宜联跳对侧，零序后加速方向可整定。　　（×）

【解析】零序后加速不带方向。

5. 对于零序电流保护后备段，为了防止零序电流保护越级，应取常见运行方式下最大的分支系数进行计算。　　　　　　　　　　　　　　　　　　　　（√）

【解析】唯有取最大分支系数，才可保障定值最大，保护范围最小，其他运行方式下故障不会超出保护范围，零序电流保护不会越级跳闸。

6. 零序末端过电流保护，对 220kV 线路应以适应故障点经 100Ω 接地电阻短路为整定条件，零序电流保护最末一段的电流动作值应不大于 300A。　　　　　（√）

【解析】 根据 DL/T 559—2018《220kV～750kV 电网继电保护装置运行整定规程》5.4.4。

7. 有时零序电流保护要设置两个Ⅰ段，即灵敏Ⅰ段和不灵敏Ⅰ段。灵敏Ⅰ段按躲过非全相运行情况整定，不灵敏Ⅰ段按躲过线路末端故障整定。　　　　（×）

【解析】 采用三相重合闸或单相重合闸的线路，为防止在三相合闸过程中三相触头不同期或单相重合过程中的非全相运行状态中，零序电流保护误动作，常采用两个第一段组成的四段式零序保护。灵敏Ⅰ段是按躲过保护线路末端单相或两相接地短路时出现的最大零序电流整定的。其动作电流小、保护范围大，但在单相故障切除后的非全相运行状态下被闭锁。这时如其他相再发生故障，则必须等重合闸以后加速跳闸，使跳闸时间加长，可能引起系统相邻线路由于保护不配合而越级跳闸，故增设一套不灵敏段保护。不灵敏Ⅰ段是按躲过非全相运行又产生振荡时出现的最大零序电流整定的。其动作电流大，能躲开上述非全相情况下的零序电流，两相都是瞬时动作的。

8. 相间距离保护的Ⅲ段定值，按可靠躲过本线路的最大事故过负荷电流对应的最大阻抗整定。　　　　（×）

【解析】 根据 DL/T 559—2018《220kV～750kV 电网继电保护装置运行整定规程》7.2.4.6。

9. 对 50km 以下的 220kV 线路，相间距离保护中应有对本线末端故障的灵敏度不小于 1.5 倍的延时段保护。　　　　（√）

【解析】 根据 DL/T 559—2018《220kV～750kV 电网继电保护装置运行整定规程》7.2.4.5。

10. 某断路器距离保护Ⅰ段二次定值整定为 1Ω，由于断路器电流互感器由原来的 600／5 改为 750／5，其距离保护Ⅰ段二次定值应整定为 1.25Ω。　　　　（√）

【解析】 $Z_{DZ1 \cdot new} = Z_{DZ1 \cdot old} \dfrac{n_{pt}}{n_{ct \cdot old}} \dfrac{n_{ct \cdot new}}{n_{pt}} = 1 \times \dfrac{n_{pt}}{600/5} \times \dfrac{750/5}{n_{pt}} = 1.25$（Ω）

11. 某系统中的Ⅱ段阻抗继电器，因汲出与助增同时存在且助增与汲出相等，所以整定阻抗没有考虑它们的影响。若运行中因故助增消失，则Ⅱ段阻抗继电器的保护区要缩短。　　　　（×）

【解析】 根据 $Z_{ZD} = K_K (Z_1 + K_Z Z'_{ZD})$ 可知，若整定阻抗没有考虑助增的影响，则 K_Z 并未取最小值，保护区要变大。运行中因故助增消失时，测量阻抗变小，保护存在误动风险。

12. 某接地距离保护，零序电流补偿系数 0.6，现错设为 0.85，则该接地距离保护区缩短。　　　　（×）

【解析】 根据测量阻抗 $Z_M = \dfrac{U_M}{I_\phi + 3KI_0}$，当零序补偿系数 K 变大时，测量阻抗 Z_M 变小，保护末端发生故障时，距离保护存在误动风险，故保护范围增大。实际零序补偿系数整定值宜小于或接近实测值。

13. 电力网中出现短路故障时，过渡电阻的存在，对距离保护装置有一定的影响，而且当整定值越小时，它的影响越大，故障点离保护安装处越远时，影响也越大。　　　　（×）

【解析】 故障点离保护安装处越近时，测量阻抗越小，受过渡电阻影响也越大。

14. 超范围允许式距离保护，正向阻抗定值为 8Ω，因不慎错设为 2Ω，则其后果可能是区内故障拒动。 （√）

【解析】 距离保护定值变小后，保护范围变小，区内发生故障后保护可能拒动。

15. 线路保护第 Ⅱ 段动作时间应大于断路器拒动时的全部故障切除时间。 （√）

【解析】 断路器拒动时，应首先由断路器失灵保护动作切除故障，断路器失灵保护未动作才由对侧线路距离 Ⅱ 段动作，故距离 Ⅱ 段动作时间应大于断路器拒动时的全部故障切除时间。

16. 微机型接地距离保护，输入电路中没有零序电流补偿回路，即不需要考虑零序补偿。 （×）

【解析】 微机型接地距离保护需要考虑零序补偿，零序补偿由软件实现。

17. 对距离保护后备段的配合，助增电流越大，助增系数越大，保护范围越大。 （×）

【解析】 由 $Z_m = Z_1 + K_z Z_1'$ 可知（式中：Z_1 为本线路阻抗；Z_1' 为下一级线路阻抗；K_z 为助增系数），助增电流越大，助增系数越大，测量阻抗也就越大。距离保护定值不变的情况下，保护范围减小。

18. 变压器的接地方式对零序阻抗影响很大，直接影响到了距离保护的性能，因此应尽量保证零序网络的稳定。 （×）

【解析】 变压器的接地方式对零序阻抗影响很大，直接影响到了零序保护的性能，因此应尽量保证零序网络的稳定。

19. 为保证弱电源端能可靠快速切除故障，线路两侧均投入"弱电源回答"回路。 （×）

【解析】 纵联方向或纵联距离保护中设置"弱电源回答"（或"弱电侧"）控制字，该控制字投入后会投入一个保护范围超过本线路全长的超范围阻抗继电器，需按电网实际情况进行整定且不能两侧均投入，否则区外故障时纵联可能误动作。

20. 线路保护配置有光纤差动保护时，TV 断线过电流保护可退出运行。 （√）

【解析】 根据 DL/T 584—2017《3kV～110kV 电网继电保护装置运行整定规程》7.2.5.3。

21. 未配置光纤差动保护的，TV 断线过电流保护动作时间可按本线路灵敏段保护时间整定。 （√）

【解析】 根据 DL/T 584—2017《3kV～110kV 电网继电保护装置运行整定规程》7.2.5.3。

22. 110kV 及以下双侧电源线路选用一侧检无压、不检同期，另一侧检同期重合闸方式。 （×）

【解析】 根据 DL/T 584—2017《3kV～110kV 电网继电保护装置运行整定规程》7.2.7.4。

23. 含电缆线路是否使用重合闸，由定值整定人员确定。 （×）

【解析】 根据 DL/T 584—2017《3kV～110kV 电网继电保护装置运行整定规程》7.2.7.6。

24. 全线敷设电缆的线路，不宜采用自动重合闸。 （√）

【解析】 根据 DL/T 584—2017《3kV～110kV 电网继电保护装置运行整定规程》7.2.7.6。

25. 自动重合闸过程中，相邻线路发生故障，不允许本线路后加速保护无选择性跳闸。（×）

【解析】根据 DL/T 584—2017《3kV～110kV 电网继电保护装置运行整定规程》"自动重合闸过程中，相邻线路发生故障，允许本线路后加速保护无选择性跳闸。"

26. TV 断线过电流保护的相电流动作定值应按躲过线路末端短路时的最大短路电流整定。（×）

【解析】根据 DL/T 584—2017《3kV～110kV 电网继电保护装置运行整定规程》7.2.5.1。

27. 检同期合闸角的整定应满足可能出现的最不利方式下，小电源侧发电机的冲击电流不超过允许值。一般线路检同期合闸角不大于45°。（×）

【解析】根据 DL/T 584—2017《3kV～110kV 电网继电保护装置运行整定规程》7.2.7.5。

28. 对串联供电线路，如果按逐级配合的原则将过分延长电源侧保护的动作时间，则可将容量较小的某些中间变电站按 T 接变电站或不配合点处理，以减少配合的级数，缩短动作时间。（√）

【解析】合理的设置不配合点，可降低保护的动作时间。

四、填空题

1. 接地故障保护最末一段（如零序电流四段），对 220kV 线路，应以适应短路点接地电阻值为100Ω 的接地故障为整定条件，零序电流保护最末一段的动作电流定值应不大于300A。

【解析】根据 DL/T 559—2018《220kV～750kV 电网继电保护装置运行整定规程》5.4.4。

2. 220kV 线路长 40km 的，相间距离保护中应有对本线末端故障的灵敏度不小于1.45 的延时段保护。

【解析】根据 DL/T 559—2018《220kV～750kV 电网继电保护装置运行整定规程》7.2.4.5。

3. 在一次系统规划建设中，应充分考虑继电保护的适应性，避免出现特殊接线方式造成继电保护配置及整定难度的增加，为继电保护安全可靠运行创造良好条件。

【解析】根据《国家电网有限公司十八项电网重大反事故措施》15.1.1。

4. 220kV 及以上零序电流灵敏段保护在常见运行方式下，应对本线路末端金属性接地故障时的灵敏系数满足下列要求：①50km 以下线路，不小于1.5；②50～200km 线路，不小于1.4；③200km 以上线路，不小于1.3。

【解析】根据 DL/T 559—2018《220kV～750kV 电网继电保护装置运行整定规程》7.2.2.6。

5. 某 220kV 线路距离保护定值一次值为 77Ω，线路 TA 变比为 1000/1，则其二次值为35Ω。

【解析】
$$Z_{二次} = Z_{二次} \frac{n_{TA}}{n_{TV}} = 77 \times \frac{1000}{2200} = 35\Omega$$

6. 220kV 及以上接地距离 I 段定值按可靠躲过本线路对侧母线接地故障整定，一般为本线路阻抗的0.7～0.8 倍。

【解析】　根据 DL/T 559—2018《220kV～750kV 电网继电保护装置运行整定规程》7.2.3.2。

7. 220kV 及以上接地距离保护中应有对本线路末端故障有灵敏度的延时段保护，其灵敏系数满足如下要求：50km 以下线路，不小于 <u>1.45</u>；50～100km 线路，不小于 <u>1.4</u>；100～150km 线路，不小于 <u>1.35</u>；150～200km 线路，不小于 <u>1.3</u>；200km 以上线路，不小于 <u>1.25</u>。

【解析】　根据 DL/T 559—2018《220kV～750kV 电网继电保护装置运行整定规程》7.2.3.7。

8. 没有互感影响时应由线路实测的正序阻抗 Z_1 和零序阻抗 Z_0 计算获得，$K = \dfrac{Z_0 - Z_1}{3Z_1}$。实用值宜<u>小于或接近</u>计算值。

【解析】　根据 DL/T 559—2018《220kV～750kV 电网继电保护装置运行整定规程》7.2.3.8。

9. 220kV 及以上相间距离保护动作区末端金属性相间短路的最小短路电流应大于距离保护相应段最小精确工作电流的 <u>2</u> 倍。

【解析】　根据 DL/T 559—2018《220kV～750kV 电网继电保护装置运行整定规程》7.2.4.2。

10. 220kV 及以上相间距离 I 段的定值，按可靠躲过本线路末端相间故障整定，一般为本线路阻抗的 <u>0.8～0.85</u> 倍。

【解析】　根据 DL/T 559—2018《220kV～750kV 电网继电保护装置运行整定规程》7.2.4.3。

11. 自动重合闸过程中，应保证重合于故障时可靠快速三相跳闸。如果采用线路电压互感器，对距离保护的后加速跳闸应有专门措施，防止<u>电压死区</u>。

【解析】　根据 DL/T 559—2018《220kV～750kV 电网继电保护装置运行整定规程》5.8.1。

12. 零序电流保护的加速段，当恢复三相带负荷运行时，不得因断路器的短时三相不同步而误动作。如果整定值躲不过，则应在重合闸后增加<u>不大于 0.1s</u> 的延时。

【解析】　根据 DL/T 559—2018《220kV～750kV 电网继电保护装置运行整定规程》5.8.2。

13. 对选用单相重合闸的线路，无论配置一套或两套全线速动保护，均允许<u>后备保护延时段</u>动作后三相跳闸不重合。

【解析】　根据 DL/T 559—2018《220kV～750kV 电网继电保护装置运行整定规程》5.8.5。

14. 220kV 及以上振荡闭锁开放时间，原则上应在保证距离 II 段可靠动作的前提下尽量缩短，一般可整定为 <u>0.12～0.15s</u>。

【解析】　根据 DL/T 559—2018《220kV～750kV 电网继电保护装置运行整定规程》7.2.5.1a)。

15. 单独的零序电流分量启动元件在本线路末端发生金属性单相和两相接地故障时，灵敏系数大于 <u>4</u>。

【解析】　根据 DL/T 559—2018《220kV～750kV 电网继电保护装置运行整定规程》

7.2.1a）。

16. 单独的零序电流分量启动元件在距离Ⅲ段保护动作区末端发生金属性单相和两相接地故障时，灵敏系数大于2。

【解析】 根据 DL/T 559—2018《220kV～750kV 电网继电保护装置运行整定规程》7.2.1b）。

17. 相电流突变量启动元件在本线路末端发生各类金属性短路故障时，灵敏系数大于4；在距离Ⅲ段保护动作区末端各类金属性故障时，灵敏系数大于2。

【解析】 根据 DL/T 559—2018《220kV～750kV 电网继电保护装置运行整定规程》7.2.1c）。

18. 为了不影响各保护段动作性能，零序方向元件要有足够的灵敏度，在被控制保护段末端故障时，零序电压不应小于方向元件最低动作电压的1.5倍，零序功率不小于方向元件实际动作功率的2倍。

【解析】 根据 DL/T 559—2018《220kV～750kV 电网继电保护装置运行整定规程》7.2.2.2。

19. 220kV 及以上突变量启动元件按被保护线路运行时的最大不平衡电流整定，灵敏系数大于1.5。

【解析】 根据 DL/T 559—2018《220kV～750kV 电网继电保护装置运行整定规程》7.2.6.2。

20. 220kV 及以上零序电流差动保护差流定值，对切除高电阻接地故障灵敏度不小于1.5；若无零序电流差动保护的分相电流差动保护的差流低定值，对切除高电阻接地故障灵敏度不小于1.3；若有零序电流差动保护的分相电流差动保护的差流低定值，对切除高电阻接地故障灵敏度不小于1。

【解析】 根据 DL/T 559—2018《220kV～750kV 电网继电保护装置运行整定规程》7.2.6.3。

21. 220kV 及以上分相电流差动保护的差流高定值可靠躲过线路稳态电容电流，可靠系数不小于4。

【解析】 根据 DL/T 559—2018《220kV～750kV 电网继电保护装置运行整定规程》7.2.6.4。

22. 采用单相重合闸线路的零序电流保护的最末一段的时间要躲过重合闸周期。

【解析】 根据 DL/T 559—2018《220kV～750kV 电网继电保护装置运行整定规程》7.2.2.9。

五、简答题

1. 线路零序电抗为什么大于线路正序电抗或负序电抗？

【解析】 线路正序电抗和负序电抗都是线路一相自感电抗和其他两相正序、负序电流所产生的互感电抗之间相量和。由于三相电流对称，任何两相的电流相量和与第三相相量相反，故综合互感电动势和自感电动势相反，因此 $X_1=X_2$。而零序分量是三相同向，故自感电动势和互感电动势相量相同，这样就显得零序电抗大。故 X_0 大于 X_1（X_2）。

2. 零序电流保护的运行方式考虑的基本原则是什么？

【解析】 对零序电流保护的运行方式考虑的基本原则是选择在线路末端短路时使流

过保护的零序电流最大的运行方式，通常有以下一些情况：

（1）单电源辐射型网络，取最大运行方式。

（2）多电源网络及环形网络，取正负序网最大，断开相邻线路，开环，减少保护正方向相邻的接地点。

（3）双回线中的一回停用，如有互感时还应接地。

（4）相邻有互感的线路，取相邻线停用并接地方式。

（5）可通过比较正序与零序综合等值阻抗，决定用单相接地或两相接地故障类型。

（6）一端母线有联系的平行线，当有互感时（双回有互感在纵续动作时，由于零序电流网络的重新变化，短路点在始端可能最大）通过保护的最小零序电流方式选取与上述相反。

3. 110kV 线路零序电流 I 段保护的整定原则是什么？

【解析】1）零序电流 I 段电流定值按躲区外故障最大零序电流（$3I_0$）整定。

2）在计算区外故障最大零序电流时，一般应对各种常见运行方式及不同故障类型进行比较，取其最大值。如果所选择的停运检修线路是与本线路有零序互感的平行线路，则应考虑检修线路在两端接地的情况。

3）由于在计算零序故障电流时没有计及可能出现的直流分量，因此，零序电流 I 段定值按躲开区外故障最大零序电流（$3I_0$）保护整定时，可靠系数不应小于 1.3，宜取 1.3～1.5。

4. 110kV 线路零序电流 II 段保护整定原则是什么？

【解析】（1）三段式保护的零序电流 II 段电流定值应按保本线路末端故障时有不小于规定的灵敏系数整定，还应与相邻线路零序电流 I 段或 II 段保护配合，保护范围一般不应伸出线路末端变压器 220kV（或 330kV）电压侧母线，动作时间按配合关系整定。

（2）四段式保护的零序电流 II 段保护电流定值按与相邻线路零序电流 I 段保护配合整定，相邻线路全线速动保护能长期投入运行时，也可以与全线速动保护配合整定，电流定值的灵敏系数不做规定。

5. 110kV 线路零序电流 III 段保护整定原则是什么？

【解析】（1）三段式保护的零序电流 III 段保护作本线路经电阻接地故障和相邻元件故障的后备保护，其电流定值不应大于 300A（一次值），在躲过本线路末端变压器其他各侧三相短路最大不平衡电流的前提下，力争在相邻线路末端故障时满足 7.2.1.11 规定的灵敏系数要求。校核与相邻线路零序电流 II、III 段或 IV 段保护的配合情况，并校核保护范围是否伸出线路末端变压器 220kV 或 330kV 电压侧母线，动作时间按配合关系整定。

（2）四段式保护的零序电流 III 段保护按下述方法整定。

1）如零序电流 II 段保护对本线路末端故障有规定的灵敏系数，则零序电流 I 段保护定值取与零序电流 II 段保护相同定值。

2）如零序电流 II 段保护对本线路末端故障达不到规定的灵敏系数要求，则零序电流 III 段保护按三段式保护零序电流 II 段保护的方法整定。

6. 220kV 及以上线路零序电流 II 段整定原则是什么？

【解析】（1）若相邻线路配置的纵联保护能保证经常投入运行，可按与相邻线路纵联保护配合整定，躲过相邻线路末端故障。零序电流 II 段定值还应躲过线路对侧变压器的另一侧母线接地故障时流过本线路的零序电流。

（2）采用单相重合闸的线路，如零序电流 II 段定值躲过本线路非全相运行最大零序电流，动作时间可取 1.0s；如零序Ⅱ段电流定值躲不过本线路非全相运行最大零序电流，动作时间一般可取为 1.5s；对采用 0.5s 快速重合闸的线路，零序Ⅱ段可取 1.0s 左右。

（3）采用三相重合闸的线路，零序电流Ⅱ段动作时间可取 1.0s；若相邻线路选用动作时间为 1.0s 左右的单相重合闸，且本线路零序电流Ⅱ段躲不过相邻线路非全相运行时流过本线路最大零序电流时，动作时间可取 1.5s。

7. 220kV 及以上线路零序电流Ⅲ段整定原则是什么？

【解析】（1）对二段式零序电流保护的第Ⅲ段为零序最末一段，作本线路经高阻接地故障和相邻元件接地故障的后备保护，为保证灵敏度，要求其电流一次定值不应大于 300A。一般按照和相邻线路零序Ⅱ段或Ⅲ段配合。

（2）如果零序电流保护Ⅲ段的动作时间小于变压器相间短路保护的动作时间，则前者的电流，定值还应当躲过变压器其他各侧母线三相短路时由于电流互感器误差所产生的二次不平衡电流。为简化计算，电流定值可按不小于三相短路电流的 0.1～0.15 计算。如果不修改Ⅲ段定值，其动作时间可选择比变压器相间短路保护的动作时间长一些，在动作时间上取得配合。

8. 距离Ⅰ段保护的整定原则是什么？

【解析】 距离Ⅰ段保护阻抗定值按可靠躲过本线路末端发生金属性故障整定。对于超短线路的距离Ⅰ段保护，宜退出运行。

9. 距离Ⅱ段保护的整定原则是什么？

【解析】（1）距离Ⅱ段保护阻抗定值按本线路末端发生金属性故障有足够灵敏度整定，并与相邻线路纵联保护、距离Ⅰ段保护或Ⅱ段保护配合，动作时间按配合关系整定。如相邻线路有失灵保护，则必须与失灵保护时间配合。

（2）距离Ⅱ段保护范围一般不宜超过相邻变压器的其他侧母线，如Ⅱ段保护范围超过相邻变压器的其他侧母线时，动作时限按配合关系整定。

10. 距离Ⅲ段保护的整定原则是什么？

【解析】（1）距离Ⅲ段保护，阻抗定值按与相邻线路的距离Ⅱ段或Ⅲ段保护配合，负荷电阻线按可靠躲过本线路的事故过负荷最小阻抗整定。

（2）110kV 及以下线路距离Ⅲ段保护要求并对相邻元件有远后备整定，对相邻线路末端相间故障的灵敏系数宜不小于 1.2，确有困难时，可按相继动作校核灵敏系数。

（3）相间距离Ⅲ段保护的动作时间应按配合关系整定，对可能振荡的线路，还应大于振荡周期。

11. 为保证灵敏度，接地故障保护的最末一段定值应如何整定？

【解析】 零序电流保护最末一段的动作电流应不大于 300A（一次值）线路末端发生高阻接地故障时，允许线路两侧继电保护装置纵续动作切除故障，接地故障保护最末一段（如零序电流保护四段），应以适应下述短路点接地电阻值的故障为整定条件：220kV 线路，100 Ω；330kV 线路，150 Ω；500kV 线路，300 Ω。

12. 零序电流分支系数的选择要考虑哪些情况？

【解析】 零序电流分支系数的选择，要通过各种运行方式和线路对侧断路器跳闸前或跳闸后等各种情况进行比较，选取其最大值。在复杂的环网中，分支系数的大小与故障点的位置有关，在考虑与相邻线路零序电流保护配合时，按理应利用图解法，选用故障点在被配合段保护范围末端时的分支系数。但为了简化计算，可选用故障点在相邻线路末端时可能偏高的分支系数，也可选用与故障点位置有关的最大分支系数。

13. 超高压输电线的三相重合闸时间与单相重合闸时间哪个长，为什么？

【解析】（1）单相重合闸时间较长。

（2）单相接地故障会由于潜供电流影响，造成故障点的熄弧时间长。

（3）潜供电流有横向潜供和纵向潜供，横向潜供是由分布电容引起，纵向潜供是由互感引起的。

（4）三相跳开失去了电源支撑，就没有这个问题。

14. 光纤纵差电流保护不平衡电流产生的原因及防止电容电流造成保护误动的措施。

【解析】（1）原因：①输电线路电容电流；②外部短路或外部短路切除时，两端 TA 变比误差、TA 暂态特性差异和 TA 二次回路时间常数差异；③两端保护采样时间不一致。

（2）措施：①提高起动电流定值；②加短延时；③电容电流补偿。

15. 电流速断保护整定计算原则及注意事项是什么？

【解析】（1）瞬时电流速断保护按照躲过本线路末端最大三相短路电流整定。

（2）对多电源网络，无方向的电流速断保护定值应按躲过本线路两侧母线最大三相短路电流整定。

（3）对双回线路，应以单回运行作为计算的运行方式。

（4）对环网线路，应以开环方式作为计算的运行方式。

（5）保护动作范围要求在常见运行大方式下能有保护范围，即出口短路的灵敏系数，在常见运行大方式下，三相短路的灵敏系数不小于 1 时即可投运。对于很短的线路则很可能没有保护范围宜退出Ⅰ段运行。

16. 延时电流速断保护（过流Ⅱ段）整定计算原则及注意事项是什么？

【解析】（1）延时电流速断保护电流定值应保证本线路末端故障时有规定的灵敏度，还应与相邻线路的电流速断保护或延时段电流速断保护配合，需要时可与相邻线路装有全线速动的纵联保护配合。时间定值按配合关系整定，取 $\Delta t=0.3\sim0.5s$。

（2）计算出的电流定值应校核对本线路末端故障是否有规定的灵敏系数，故障点考虑本线路末端点，灵敏系数满足以下要求：①20km 以下的线路不小于 1.5；②20～50km 的线路不小于 1.4；③50km 以上的线路不小于 1.3。

17. 定时电流保护（过电流Ⅲ段）整定计算原则及注意事项是什么？

【解析】（1）电流定值应与相邻线路的延时段保护或过电流保护配合整定，除对本线有足够的灵敏系数外，要力争对相邻元件有远后备灵敏系数。

（2）电流定值还应躲过由调度方式部门提供的最大负荷电流。最大负荷电流的计算应考虑常见运行方式下可能出现的最严重情况，如双回线中一回断开、备用电源自动投入、环网解环、负荷自启动电流等。在受线路输送能力限制的特殊情况下，也可按输电线路所允许的最大负荷电流整定。

（3）时间按配合关系整定，Δt 取 0.3～0.5s。

（4）过电流保护的电流定值。在本线路末端故障时，要求灵敏系数不小于 1.5；在相邻线路末端故障时，灵敏系数宜不小于 1.2。

18. 启动元件整定计算原则及注意事项是什么？

【解析】启动元件按本线路末端或保护动作区末端非对称故障有足够灵敏度整定，并保证在本线路末端发生三相短路时能可靠启动，其灵敏系数具体要求如下：

（1）单独的零序电流分量启动元件在本线路末端发生金属性单相和两相接地故障时，灵敏系数大于 4。

（2）单独的零序电流分量启动元件在距离Ⅲ段保护动作区末端发生金属性单相和两相接地故障时，灵敏系数大于 2。

（3）相电流突变量启动元件在本线路末端发生各类金属性短路故障时，灵敏系数大于 4；在距离Ⅲ段保护动作区末端各类金属性故障时，灵敏系数大于 2。

19. 110kV 及以下线路电流差动保护的整定原则及注意事项是什么？

【解析】（1）分相电流差动保护的差流定值应在本线路发生各类金属性故障时有灵敏度，灵敏系数大于 1.5。

（2）零序电流差动保护差流定值，为切除高电阻接地故障，差流定值一般整定为 300～600A。对于电源较小的线路，可按实际可能发生的接地电阻校核灵敏度，灵敏系数不小于 1.2。

（3）如果分相差动保护和零序差动保护共用差动动作电流定值，应按照线路高电阻接地故障有灵敏度整定。

20. 220kV 及以上线路电流差动保护的整定原则及注意事项是什么？

【解析】（1）零序电流差动保护差流定值，对切除高电阻接地故障灵敏度不小于 1.5；若无零序电流差动保护的分相电流差动保护的差流低定值，对切除高电阻接地故障灵敏度不小于 1.3；若有零序电流差动保护的分相电流差动保护的差流低定值，对切除高电阻接地故障灵敏度不小于 1。

（2）分相电流差动保护的差流高定值可靠躲过线路稳态电容电流，可靠系数不小于 4。零序电流差动差流定值和分相电流差动差流低定值躲不过线路稳态电容电流，应经线路电容电流补偿。

六、 分析题

1. 如图 7-3 所示， 某 220kV 系统， 系统及各元件的正序、 零序阻抗标幺值见表 7-1，求： ①保护 4 与保护 2 零序保护配合的分支系数； ②校验保护 4 零序电流保护灵敏度的电流值 （以标幺值表示）。

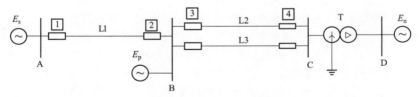

图 7-3　220kV 系统示意图

表 7-1　　　　　　　系统及各元件的正序、零序阻抗标幺值

电抗	E_s	L1	L2 (L3)	T	E_p	E_n
正序电抗	0.4	0.01	0.06	0.14	大：0.2 小：0.4	大：0.1 小：0.5
零序电抗	0.3	0.03	0.2	0.12	大：0.5 小：0.6	大：0.3 小：0.6
互感电抗			0.12			

【解析】（1）保护 4 与保护 2 零序保护配合的分支系数。

方式选择：E_n 大方式，E_p 小方式，双回线 L3 检修且两端接地。

故障点：母线 A。

此时零序等值电路图如图 7-4 所示。

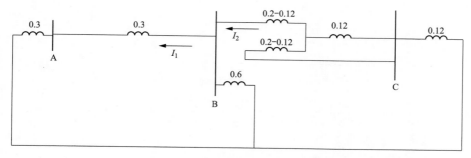

图 7-4　零序等值电路图

此时零序分支系数为

$$K_f = \frac{I_2}{I_1} = \frac{0.6//(0.08+0.12//0.08+0.12)}{0.08+0.12//0.08+0.12} = \frac{0.6//0.248}{0.248} = 0.71$$

（2）校验保护 4 零序电流保护灵敏度的电流值，即流过保护 4 的最小零序电流值。

方式选择：E_n 小方式，E_p 小方式，双回线 L2、L3 并列运行。

故障点：B 母线。

此时正序等效电路图如图 7-5 所示。

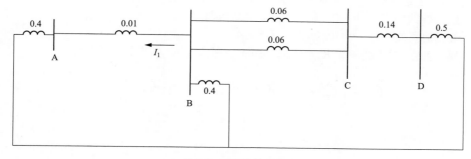

图 7-5　正序等效电路图

零序等效图如图 7-6 所示。短路点 B 母线输入正序阻抗

$$X_{1\Sigma} = [(0.4+0.01)//0.4]//(0.06//0.06+0.14+0.5) = 0.16$$

$$X_{0\Sigma} = (0.3+0.03)//0.6//[0.12+(0.2-0.12)//(0.2-0.12)+0.12] = 0.12$$

由于 $X_{1\Sigma} > X_{0\Sigma}$，故 $I_k^{(1)} < I_k^{(1,1)}$，故单相接地时零序电流最小。

则短路点 B 处零序电流为

$$3I_0 = \frac{3}{2X_{1\Sigma}+X_{0\Sigma}} = \frac{3}{2 \times 0.16+0.12} = 6.8$$

根据分流公式，流过保护 4 的最小零序电流值为

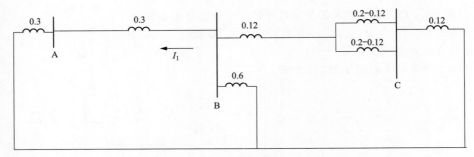

图 7-6　零序等效图

$$3I_{04} = 6.8 \times \frac{(0.3+0.03)//6}{2 \times [(0.3+0.03)//0.6 + 0.12 + (0.2-0.12)//(0.2+0.12)+0.12]}$$
$$= 1.47$$

短路点 B 母线输入正序阻抗为

故障类型：由综合阻抗 $X_{1\Sigma} > X_{0\Sigma}$ 可知，采用单相故障计算。

短路点 B 处零序电流 $3I_0 = \dfrac{3}{2Z_{1\Sigma} + Z_{0\Sigma}} = \dfrac{3}{2 \times 0.16 + 0.12} = 6.8$

流过保护 4 的最小零序电流值

$$3I_{04} = \frac{6.8 \times (0.3+0.03) \parallel 0.6}{2 \times [(0.3+0.03) \parallel 0.6 + 0.12 + (0.2-0.12) \parallel (0.2-0.12)+0.12]} = 1.47$$

2. 试计算图 7-7 所示系统方式下断路器 A 处的相间距离保护 II 段定值，并校验本线末灵敏度。

已知：线路参数（一次有名值）为 $Z_{AB} = 20\,\Omega$，$Z_{CD} = 30\,\Omega$。

变压器参数为 $Z_T = 100\,\Omega$（归算到 110kV 有名值）。

D 母线相间故障时 $I_1 = 1000A$，$I_2 = 500A$。

可靠系数：对于线路取 $K_k = 0.8$，对于变压器取 $K_{KT} = 0.7$。

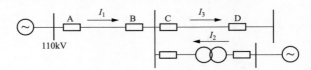

图 7-7　系统示意图

【解析】1）与相邻线距离 I 段配合。
$$Z_{CI} = K_K Z_{CD} = 0.8 \times 30 = 24(\Omega)$$
$$Z_{AII} = K_K Z_{AB} + K_K K_Z Z_{CI} = 0.8 \times 20 + 0.8 \times \frac{1000+500}{1000} \times 24 = 44.8(\Omega)$$

2）按躲变压器低压侧故障整定
$$Z_{AII} = K_K Z_{AB} + K_{KT} Z_T = 0.8 \times 20 + 0.7 \times 100 = 86(\Omega)$$
综合 1、2，取 $Z_{AII} = 44.8\,\Omega$（一次值）。

3）灵敏度校验。
$$K_{lm} = \frac{Z_{AII}}{Z_{AB}} = \frac{44.8}{20} = 2.24 > 1.5$$

符合规程要求。

3. 如图 7-8 所示，某 220kV 电网中相邻 A、B 两线路，线路 A 长度为 100km。因通信故障使 A、B 的两套快速保护均退出运行。在距离 B 母线 80km 的 K 点发生三相金属性短路，流过 A、B 保护的相电流如图 7-8 所示。试计算分析 A 处相间距离保护与 B 处相间距离的动作情况。

已知线路单位长度电抗为 0.4Ω/km。

A 处距离保护定值分别为（二次值）TA 为 1200/5。

$Z_I = 3.5Ω$，$Z_{II} = 13Ω$，$t = 0.5s$。

B 处距离保护定值分别为（二次值）TA 变比为 600/5。

$Z_I = 1.2Ω$，$Z_{II} = 4.8Ω$，$t = 0.5s$。

TV 变比为 220/0.1kV。

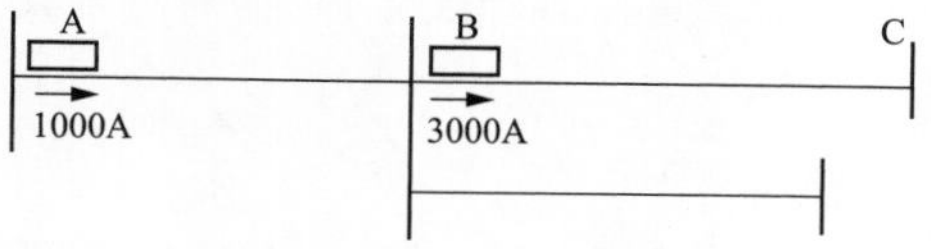

图 7-8　电网示意图

【解析】B 保护距离 I 段一次值为 $1.2 \times \dfrac{2200}{120} = 22$（Ω）

B 保护距离 II 段一次值为 $4.8 \times \dfrac{2200}{120} = 88$（Ω）

A 保护距离 II 段一次值为 $13 \times \dfrac{2200}{240} = 120$（Ω）

B 保护测量到的 K 点电抗一次值为 $0.4 \times 80 = 32$（Ω）

A 保护与 B 保护之间的助增系数为 $\dfrac{3000}{1000} = 3$

A 保护测量到的 K 点电抗一次值为 $0.4 \times 100 + 3 \times 32 = 136Ω > 120$（Ω）

K 点在 B 保护 I 段以外 II 段以内，同时也在 A 保护 II 段的范围之外，所以 B 保护相间距离 II 段以 0.5s 出口跳闸。A 保护不动作。

4. 如图 7-9 所示，各线路均装有距离保护，试对保护 A 的距离 II 段保护进行整定计算，并求出最大分支系数 $K_{f.max}$。已知 $Z_1 = 0.4Ω/km$，可靠系数 $K_k = 0.8$。

【解析】（1）各线路的阻抗值为

$$Z_{AB} = 20 \times 0.4 = 8(Ω)$$
$$Z_{BD} = 60 \times 0.4 = 24(Ω)$$
$$Z_{BC} = 30 \times 0.4 = 12(Ω)$$
$$Z_{CD} = 60 \times 0.4 = 24(Ω)$$

（2）线路 BC、BD 的距离 I 段定值。

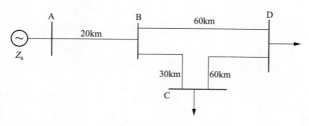

图 7-9　电网示意图

BD 线 B 侧距离 I 段 $Z_{\text{DZI}} = 0.8 \times 24 = 19.2$（Ω）

BC 线 B 侧距离 I 段 $Z_{\text{DZI}} = 0.8 \times 12 = 9.6$（Ω）

（3）求助增系数。

1）求线路 AB 对线路 BD 的助增系数。在 BD 线 D 侧母线故障

$$K_z = \frac{I_{\text{BD}}}{I_{\text{AB}}} = \frac{Z_{\text{BD}}//(Z_{\text{BC}} + Z_{\text{CD}})}{Z_{\text{BD}}} = \frac{24//(12+24)}{24} = \frac{\frac{24 \times 36}{24 + 36}}{24} = 0.6$$

2）求线路 AB 对线路 BC 的助增系数。在 BC 线 C 侧母线故障

$$K_z = \frac{I_{\text{BC}}}{I_{\text{AB}}} = \frac{Z_{\text{BC}}//(Z_{\text{BD}} + Z_{\text{CD}})}{Z_{\text{BC}}} = \frac{12//(24+24)}{12} = \frac{\frac{12 \times 48}{12 + 48}}{12} = 0.8$$

3）求最大分支系数。取 AB 对线路 BD 的助增系数，故最大分支系数

$$K_{\text{Fmax}} = \frac{1}{K_z} = \frac{1}{0.6} = 1.67$$

（4）求 A 侧保护距离 II 段定值。

1）与 BD 线距离 I 段配合

$$Z_{\text{DZII}} \leqslant K_k Z_{\text{BD}} + K_k K_z Z_{\text{DZI}} = 0.8 \times 8 + 0.8 \times 0.6 \times 19.2 = 15.616（Ω）$$

本线末故障灵敏度 $K_{\text{lm}} = \frac{15.616}{8} = 1.952 > 1.5$，满足要求。

2）与 BC 线距离 I 段配合。

$$Z_{\text{DZII}} \leqslant K_k Z_{\text{BD}} + K_k K_z Z_{\text{DZI}} = 0.8 \times 8 + 0.8 \times 0.8 \times 9.6 = 12.544（Ω）$$

本线末故障灵敏度 $K_{\text{lm}} = \frac{12.544}{8} = 1.568 > 1.5$，满足要求。

综上 A 侧保护距离 II 段定值 Z_{DZII} 取 12.544Ω。

5. 如图 7-10 所示，计算 220kV1XL 线路 M 侧的相间距离 I、II、III 段保护定值。2XL 与 3XL 为同杆并架双回线且参数一致。无单位值均为标幺值（最终计算结果以标幺值表示），可靠系数均取 0.8，要求相间距离 II 段的灵敏度不小于 1.5，可靠系数 K_k = 0.8，时间级差取 0.3s。

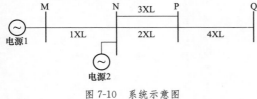

图 7-10 系统示意图

已知条件：

（1）发电机以 100MVA 为基准容量，230kV 为基准电压，1XL 的线路阻抗为 0.04，2XL、3XL 的线路阻抗为 0.03，2XL、3XL 线路 N 侧的相间距离 II 段定值为 0.08。

（2）P 母线故障，线路 1XL 的故障电流为 18，线路 2XL、3XL 的故障电流各为 20。

（3）1XL 的最大负荷电流为 1200A（III 段仅按最大负荷电流整定）。

【解析】（1）1XL 相间距离 I 段保护定值。

$$Z_{\text{DZI} \cdot \text{1XL}} = K_k Z_{\text{1XL}} = 0.8 \times 0.04 = 0.032$$

动作时间 $t = 0$s。

（2）1XL 相间距离 II 段保护定值。

1）求最小助增系数 K_z。考虑电源 2 停运、2XL 与 3XL 双回运行线，P 处发生短路，取得最小助增系数

$$K_z = \frac{I_{3XL}}{I_{1XL}} = \frac{1}{2} = 0.5$$

2）与线路 2XL 的距离 I 段配合。2XL 的距离 I 段定值

$$Z_{DZ I \cdot 2XL} = K_k Z_{2XL} = 0.8 \times 0.03 = 0.024$$

$$Z_{DZ II \cdot 1XL} = K_k Z_{1XL} + K_k K_z Z_{DZ I \cdot 2XL} = 0.8 \times 0.04 + 0.8 \times 0.5 \times 0.024 = 0.0416$$

校核灵敏度 $K_{lm} = \dfrac{Z_{DZ II \cdot 1XL}}{Z_{1XL}} = \dfrac{0.0416}{0.04} = 1.04 < 1.5$

灵敏度不符合要求。

3）与线路 2XL 的距离 II 段配合

$$Z_{DZ II \cdot 1XL} = K_k Z_{1XL} + K_k K_z Z_{DZ II \cdot 2XL} = 0.8 \times 0.04 + 0.8 \times 0.5 \times 0.08 = 0.064$$

校核灵敏度为 $K_{lm} = \dfrac{Z_{DZ II \cdot 1XL}}{Z_{1XL}} = \dfrac{0.064}{0.04} = 1.6 > 1.5$

灵敏度符合要求。

（3）1XL 相间距离 III 段保护定值。按最大负荷电流整定

$$Z_{fh \cdot min} = \frac{0.9 U_e}{\sqrt{3} I_{fh \cdot max}} = \frac{0.9 \times 230}{\sqrt{3} \times 1.2} = 99.6 (\Omega)$$

$$Z_{1 set III} = K_k Z_{fh \cdot min} = 0.8 \times 99.6 = 79.7 (\Omega)$$

换算成标幺值

$$Z'_{1 set III} = Z_{1 set III} \frac{S_B}{U_B^2} = 79.7 \times \frac{100}{230^2} = 0.151$$

6. 在图 7-11 中所示系统中，整定线路 MN 的 M 侧距离 II 段定值时要计算助增系数。请说明，求该时的分支系数应取何处短路？请选择运行方式并计算出助增系数的数值。

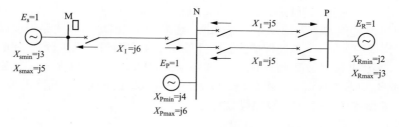

图 7-11　系统示意图

【解析】 计算分支系数应取母线 P 短路。

运行方式：N-P 之间双回线运行，电源 E_S 大方式运行，电源 E_P 小方式运行。

母线 P 处发生短路时，由 N-P 双回线提供的短路电流为

$$I_{np} = \frac{1}{(X_I \ /\!/ \ X_{II}) + [(X_1 + X_{smin}) \ /\!/ \ X_{pmax}]} = \frac{1}{2.5 + 3.6} = 0.1639$$

线路 NP1 流过的短路电流为

$$I_{np1} = 0.5 I_{np} = 0.082$$

保护所在的 MN 线流过的短路电流为 $I_{mn} = \dfrac{6I_{np}}{9} = 0.1093$。

助增系数 $K_Z = \dfrac{I_{np1}}{I_{mn}} = 0.75$。

7. 已知：同塔双回线的正序阻抗 $Z_1 = 0.27\,\Omega/\text{km}$，互感阻抗 $Z_{0m} = 0.162\,\Omega/\text{km}$，零序阻抗 $Z_{0m} = 0.81\,\Omega/\text{km}$，线路长 100km，要求接地距离Ⅰ段值躲过线路对侧母线接地故障的可靠系数 K_K 取 0.7，在不考虑零序互感的情况，用户整定值为零序补偿系数 $K = 0.67$，接地距离Ⅰ段定值 $Z_{1ZD} = 9.45\,\Omega$，请校核，在考虑互感的情况下，接地距离Ⅰ段的实际可靠系数 K_K 是多少？如何调整接地距离Ⅰ段定值，才能确保接地距离Ⅰ段定值在各种情况下满足整定要求？

（注：假设在故障时，零序电流远大于负荷电流，设 $\dot{I}_0$ 为本线路的零序电流，$\dot{I}'_0$ 为相邻线路的零序电流，$\dot{I}'_0 = \dot{I}_0 Z_{0m}/Z_0$ 计算结果取两位小数）。

【解析】 设同塔双回线路对侧母线故障时，本线路的零序电流为 I_0，相邻线路的零序电流为 I'_0，并求出 $Z_0/Z_1 = 0.81/0.27 = 3$，$Z_{0m}/Z_0 = 0.2$，对同塔双回线路，零序补偿系数 K 值最小的情况是：同塔双回线的其中一回线检修并两端接地，同时，在运行线路发生线路对侧母线接地故障时。此时，考虑互感的零序综合阻抗 $\sum Z_0$ 为

$$\sum Z_0 = Z_0 + (\dot{I}'_0/\dot{I}_0) \times Z_{0m} = Z_0 - |\dot{I}'_0/\dot{I}_0| \times Z_{0m} = Z_0 - Z_{0m}^2/Z_0$$
$$= Z_0 - (0.2Z_0)^2/Z_0 = 0.96Z_0$$
$$K_{min} = (\sum Z_0 - Z_1)/3Z_1 = (0.96Z_0 - Z_1)/3Z_1 = (0.96 \times 3Z_1 - Z_1)/3Z_1$$
$$= 1.88Z/3Z_1 = 0.63$$

接地距离Ⅰ段实际可靠系数为
$$K_K = 0.7 \times (1 + K_{min})/(1 + K) = 0.7 \times (1 + 0.63)/(1 + 0.67) = 0.68$$

将接地距离Ⅰ段值调整为
$$9.45 \times (1 + K_{min})/(1 + K) = 9.45 \times (1 + 0.63)/(1 + 0.67) = 9.22(\Omega)$$

8. 某 220kV 网络如图 7-12 所示，已知：线路 AB、BC、CD 上装设反映相间短路的三段式距离保护，Ⅰ、Ⅱ段保护的测量元件均采用方向阻抗继电器，并取可靠系数 $K_k = 0.85$，距离Ⅱ段灵敏度大于 1.25，线路单位阻抗 $Z_1 = 0.4\,\Omega/\text{km}$，线路阻抗角 $\varphi = 60°$，线路 AB 长 30km，线路 BC 长 40km，线路 CD 长 60km。试整定保护 1 及保护 3 距离Ⅰ、Ⅱ段的动作值，并校核灵敏度。

【解析】 （1）保护 3 的距离Ⅰ段动作值为
$$Z_{DZ\,I \cdot 3} = K_k Z_{BC} = 0.85 \times 0.4 \times 40 = 13.6(\Omega)$$

（2）保护 3 的距离Ⅱ段动作值。与保护 5 的距离Ⅰ段配合，保护 5 的距离Ⅰ段动作值为
$$Z_{DZ\,I \cdot 5} = K_k Z_{BC} = 0.85 \times 0.4 \times 60 = 20.4(\Omega)$$

故保护 3 的距离Ⅱ段动作值为
$$Z_{DZ\,II \cdot 3} = K_k Z_{BC} + K_k K_Z Z_{DZ\,I \cdot 5} = 0.85 \times 0.4 \times 40 + 0.85 \times 1 \times 30.4 = 30.94(\Omega)$$

灵敏度校验 $K_{lm \cdot 3} = \dfrac{Z_{DZ\,II \cdot 3}}{Z_{BC}} = \dfrac{30.94}{16} = 1.93 > 1.25$，符合要求。

（3）保护 1 的距离Ⅰ段动作值

$$Z_{DZ I \cdot 1} = K_k Z_{BC} = 0.85 \times 0.4 \times 30 = 10.2(\Omega)$$

（4）保护 1 的距离 II 段动作值。与保护 3 的距离 I 段配合

$$Z_{DZ II \cdot 1} = K_k Z_{AB} + K_k K_Z Z_{DZ I \cdot 3} = 0.85 \times 0.4 \times 30 + 0.85 \times 1 \times 13.6 < 21.76(\Omega)$$

灵敏度校验 $K_{lm \cdot 1} = \dfrac{Z_{DZ II \cdot 1}}{Z_{BC}} = \dfrac{21.76}{12} = 1.81 > 1.25$，符合要求。

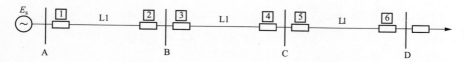

图 7-12　某 220kV 网络系统示意图

9. 如图 7-13 所示，1、2 号断路器均装设三段式的相间距离保护（方向阻抗继电器，0° 接线方式），已知 1 号断路器一次整定阻抗值为 $Z_{zd(1)}^{I} = 3.6\Omega$，0s；$Z_{zd(1)}^{II} = 11\Omega$，0.5s；$Z_{zd(1)}^{III} = 114\Omega$，2.5s。AB 段线路全长 9km 输送的最大负荷电流为 400A，最大负荷功率因数角为 $\Phi_{max} = 30°$，时间级差 $\Delta t = 0.5S$。试计算 2 号断路器距离保护的 I、II、III 段的二次整定阻抗值和最大灵敏角。

注：1. 2 号断路器距离保护的 I 段按线路全长 85% 整定。

2. 2 号断路器距离保护的 II 段与 1 号断路器保护的配合系数 $K'_K = 0.8$。

3. 2 号断路器距离保护的 III 段按躲负荷电流整定，其中最小负荷阻抗计算按 90% 额定运行电压（相间电压），可靠系数 K_k 取 1.2，返回系数 K_f 取 1.2，自启动系数 $K_{qb} = 1.5$。

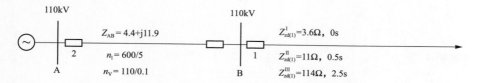

图 7-13　某 110kV 网络系统示意图

【解析】 $Z_{1AB} = \sqrt{4.4^2 + 11.9^2} = 12.69$ 最大灵敏角度 $\Phi_{lm} = \arg \dfrac{11.9}{4.4} = 69.7°$。

2 号断路器距离保护的整定如下：

1) I 段按线路全长的 85% 整定，则有

$$Z_{zd(2)}^{I} = 0.85 \times 12.69 = 10.7865(\Omega) \ \text{取} \ Z_{zd(2)}^{I} = 10.78(\Omega)$$

$$Z_{zdj(2)}^{I} = Z_{zd(2)}^{I} \dfrac{n_a}{n_v} = 10.78 \times \dfrac{120}{1100} = 1.176(\Omega)$$

动作时间 $t^{I}_{(2)} = 0s$。

2) II 段按与 1 号断路器的距离 II 段相配合整定，则有

$$Z_{zd(2)}^{II} = Z_{zd(2)}^{I} + K'_K Z_{zd(1)}^{II} = 10.78 + 0.8 \times 11 = 19.58(\Omega)$$

故 $Z_{zdj(2)}^{II} = Z_{zd(2)}^{II} \dfrac{n_a}{n_v} = 19.58 \times \dfrac{120}{1100} = 2.136 \ (\Omega)$

动作时间 $t^{II}_{(2)} = t^{II}_{(1)} + \Delta t = 0.5 + 0.5 = 1.0 \ (s)$

校验本线灵敏度：$K_{lm} = \dfrac{19.58}{12.69} = 1.54 > 1.5$ 满足规程要求。

3）Ⅲ段按最大负荷电流整定，则有最小负荷阻抗

$$Z_{fh\,min} = \frac{0.9 \times 110}{\sqrt{3} \times 0.4} = 142.89(\Omega)$$

$$Z_{zd(2)}^{\text{Ⅲ}} = \frac{Z_{fh\,min}}{K_k K_f K_q d\cos(69.7 - 30)} = \frac{142.89}{1.2 \times 1.2 \times 1.5 \times \cos 39.7} = 85.98(\Omega)$$

$$Z_{zdj(2)}^{\text{Ⅲ}} = Z_{zd(2)}^{\text{Ⅲ}} \frac{n_a}{n_v} = 85.98 \times \frac{120}{1100} = 9.386(\Omega)$$

$$t_{(2)}^{\text{Ⅲ}} = t_{(1)}^{\text{Ⅲ}} + \Delta t = 2.5 + 0.5 = 3.0(s)$$

2号继电器距离保护的整定值分别为：

Ⅰ段 $Z_{zdj(2)}^{I} = 1.176\Omega$，动作时间为 0s。

Ⅱ段 $Z_{zdj(2)}^{II} = 2.136\Omega$，动作时间为 1.0s。

Ⅲ段 $Z_{zdj(2)}^{\text{Ⅲ}} = 9.38\Omega$，动作时间为 3.0s。

$\phi_s = 69.7°$。

10. 某110kV线路阻抗如图 7-14 所示，距离Ⅰ段和距离Ⅱ段保护的可靠系数 $K_k = 0.8$，求保护 1 的距离Ⅱ段保护定值。

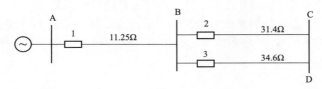

图 7-14　某 110kV 线路阻抗

【解析】
$$Z_{1DZ \cdot I} = K_k Z_{AB} = 0.8 \times 11.25 = 9 \ (\Omega)$$
$$Z_{2DZ \cdot I} = K_k Z_{BC} = 0.8 \times 31.4 = 25.12(\Omega)$$
$$Z_{3DZ \cdot I} = K_k Z_{BD} = 0.8 \times 34.6 = 27.68(\Omega)$$

（1）与保护 2 的距离Ⅰ段配合

最小助增系数 $\qquad K_{Z2} = \dfrac{I_{BC}}{I_{AB}} = \dfrac{Z_{BC}//Z_{BD}}{Z_{BC}} = \dfrac{\frac{31.4 \times 34.6}{31.4 + 34.6}}{31.4} = 0.52$

$$Z_{1DZ \cdot II} = K_k Z_{AB} + K_k K_{Z2} Z_{2DZ \cdot I}$$
$$= 0.8 \times 11.25 + 0.8 \times 0.52 \times 25.12 = 19.45(\Omega)$$

（2）与保护 3 的距离Ⅰ段配合

最小助增系数 $\qquad K_{Z3} = \dfrac{I_{BD}}{I_{AB}} = \dfrac{Z_{BC}//Z_{BD}}{Z_{BD}} = \dfrac{\frac{31.4 \times 34.6}{31.4 + 34.6}}{34.6} = 0.48$

$$Z_{1DZ \cdot II} = K_k Z_{AB} + K_k K_{Z2} Z_{2DZ \cdot I}$$
$$= 0.8 \times 11.25 + 0.8 \times 0.48 \times 27.68 = 23.09 \ (\Omega)$$

取二者较小值，即

$$Z_{1DZ \cdot II} = 19.45\Omega$$

11. 如图 7-15 所示，开关 A、开关 B 均配置两段式过电流保护。已知开关 B 的定值（二次值）为：Ⅰ段：12A，0.2s；Ⅱ段：4A，1.5s，配合系数 $K_k = 1.15$，求计算开关 A 的定值（二次值）。

图 7-15　两开关网络系统示意图

【解析】　开关 B：

Ⅰ段（一次值）　　　$I_{B1} = n_{CT} I_{set\,I} = 60 \times 12 = 720$（A）

Ⅱ段（一次值）　　　$I_{B2} = n_{CT} I_{set\,II} = 60 \times 4 = 240$（A）

开关 A：

Ⅰ段：与开关 B 的Ⅰ段配合。

$$I_{OPI} = K_K \frac{I_{B1}}{n_{CT}} = 1.15 \times \frac{720}{80} = 10.35 \text{（A）}$$

Ⅱ段：与开关 B 的过电流配合

$$I_{OP\,II} = K_K \frac{I_{B2}}{n_{CT}} = 1.15 \times \frac{240}{80} = 3.45 \text{（A）}$$

第三节　其他保护整定

一、单选题

1. 220kV 变压器的中性点经间隙接地的零序过电压保护定值一般可整定为 （B）。
A. 120V　　　　　　B. 180V　　　　　　C. 70V　　　　　　D. 220V
【解析】　根据 DL/T 559—2018《220kV～750kV 电网继电保护装置运行整定规程》7.2.14.7。

2. 母线差动保护的电压闭锁元件中低电压一般可整定为母线正常运行电压的 （B）。
A. 50%～60%　　B. 60%～70%　　C. 70%～80%　　D. 80%～90%
【解析】　根据 DL/T 559—2018《220kV～750kV 电网继电保护装置运行整定规程》7.2.9.3。

3. 具有二次谐波制动的差动保护，为了可靠躲过励磁涌流，可 （B）。
A. 增大"差动速断"动作电流的整定值　B. 适当减小差动保护的二次谐波制动比
C. 适当增大差动保护的二次谐波制动比　D. 增大"差动保护"动作电流的整定值
【解析】　二次谐波制动比越小，越容易躲过励磁涌流。

4. 母线差动保护电压闭锁元件中的零、负序电压按 （D） 原则整定。
A. 母线故障有 2 倍灵敏度　　　　　　B. 母线故障有 1.5 倍灵敏度
C. 出线末端故障有 2 倍灵敏度　　　　D. 躲过正常运行最大不平衡电压
【解析】　根据 DL/T 559—2018《220kV～750kV 电网继电保护装置运行整定规程》7.2.9.3。

5. 对两个具有两段折线式差动保护的动作灵敏度的比较，正确的说法是 （C）。

A. 初始动作电流小的差动保护动作灵敏度高

B. 初始动作电流较大，但比率制动系数较小的差动保护动作灵敏度高

C. 当拐点电流及比率制动系数分别相等时，初始动作电流小者，其动作灵敏度高

D. 当拐点电流及比率制动系数分别相等时，初始动作电流大者，其动作灵敏度高

【解析】 具有两段折线式差动保护的动作灵敏度与初始动作电流、拐点电流、比率制动系数均有关，只有当拐点电流及比率制动系数分别相等时，初始动作电流越小，其动作灵敏度越高。

6. 母线差动保护采用电压闭锁元件的主要目的为 （C）。

A. 系统发生振荡时，母线差动保护不会误动

B. 区外发生故障时，母线差动保护不会误动

C. 由于误碰出口继电器而不至于造成母线差动保护误动

D. 以上均不正确

【解析】 误碰出口继电器时，因为电压为正常电压，母线保护不会开放，故不会造成母线差动保护误动。

7. 谐波制动的变压器纵差保护中设置差电流速断的主要一个原因是 （B）。

A. 为了提高差动保护的动作速度　　　B. 为了防止区内故障时差动元件可能拒动

C. 保护设置双重化，互为备用　　　　D. 提高差动保护的灵敏度

【解析】 在区内故障较高的短路水平时，由于电流互感器的饱和产生二次谐波量增加，可能达到励磁涌流识别条件造成差动保护被闭锁，导致差动元件拒动。

8. 每台新建变压器设备在投产前，应提供正序阻抗和零序阻抗，各侧故障的动、热稳定时限曲线和变压器 （B） 作为继电保护整定计算的依据。

A. 过负荷能力　　　B. 过励磁曲线　　　C. 过负荷曲线　　　D. 过励磁能力

【解析】 变压器过励磁保护整定计算时，反时限过励磁保护的动作特性，应按与制造厂给出的实测过励磁特性曲线相配合来整定，故需提供实测过励磁曲线作为继电保护整定计算的依据。

9. 关于母线充电保护特点，不对的是 （B）。

A. 为可靠切除被充电母线上的故障，专门设立母线充电保护

B. 为确保母线充电保护的可靠动作，尽量采用阻抗保护作为相间故障的保护

C. 母线充电保护仅在母线充电时投入，其余情况下应退出

D. 母线充电保护可以由电流保护组成

【解析】 为确保母线充电保护的可靠动作，尽量采用过电流保护作为相间故障的保护。

10. 为了从时间上判别断路器失灵故障的存在，失灵保护动作时间的整定原则是 （B）。

A. 大于故障元件的保护动作时间和断路器跳闸时间之和

B. 大于故障元件的断路器跳闸时间和保护返回时间之和

C. 大于故障元件的保护动作时间和返回时间之和

D. 大于故障元件的保护动作时间即可

【解析】 根据 DL/T 559—2018《220kV～750kV 电网继电保护装置运行整定规程》7.2.10.4。

11. 当母线内部故障有电流流出时，应（A）差动元件的比率制动系数，以确保内部故障时母线保护正确动作。

A. 减小　　　　　B. 增大　　　　　C. 减小或增大　　　　D. 保持

【解析】采用双母线接线等多条母线的接线形式，当母联（或分段）断路器在合闸位置时，大差元件的差动保护电流为全部母线的总电流；而母联（或分段）断路器在分闸位置时，大差元件的差动保护电流为故障母线的总电流，非故障母线有电流流出，此时大差元件的动作灵敏度下降。为确保大差元件能可靠动作，应减小大差元件的比率制动系数。

12. 变压器各侧的过电流保护均按躲过变压器（D）负荷整定，但不作为短路保护的一级参与选择性配合，其动作时间应（D）所有出线保护的最长时间。

A. 最大，小于　　　B. 最大，大于　　　C. 额定，小于　　　D. 额定，大于

【解析】根据 DL/T 559—2018《220kV～750kV 电网继电保护装置运行整定规程》7.2.14.1。

13. 在变压器低压侧未配置母差保护和失灵保护的情况下，为提高切除变压器低压侧母线故障的可靠性，宜在变压器的低压侧设置取自不同电流回路的两套电流保护。当短路电流大于变压器热稳定电流时，变压器保护切除故障的时间不宜大于（B）。

A. 1s　　　　　B. 2s　　　　　C. 3s　　　　　D. 4s

【解析】根据《国家电网有限公司十八项电网重大反事故措施》15.2.8。

14. 变压器间隙保护有 0.3～0.5s 的动作延时，其目的是（A）。

A. 躲过系统的暂态过电压　　　　　　B. 与线路保护 I 段相配合
C. 作为变压器的后备保护　　　　　　D. 躲过变压器的后备保护

【解析】
间隙保护不是后备保护，其动作电流、动作电压及动作延时的整定值不需与其他保护相配合。但为防止 220kV 及以上输电线路故障单相跳闸后，在非全相期间由于主变压器接地不良造成间隙保护误动作，高压侧间隙零序电流保护动作时间宜可靠躲过本侧重合闸延时，断开变压器各侧断路器。如无需躲重合闸，保护动作时间可适当缩短。

15. 供电变电站降压变压器的相间短路后备保护，高压侧（主电源侧）动作方向指向（B），中压侧动作方向指向（B）。

A. 变压器，变压器　　　　　　　　　B. 变压器，本侧母线
C. 本侧母线，本侧母线　　　　　　　D. 本侧母线，变压器

【解析】降压变压器的高压侧为电源，中、低压侧为负荷。故高压侧复压过电流保护应指向变压器，中压侧应指向中压侧母线。

16. 用于非直接接地系统的母线保护，失灵保护低电压闭锁定值按（A）整定，零序电压闭锁定值整定为最大值，负序电压闭锁定值（A）。

A. 相电压，根据实际需要整定　　　　B. 相电压，固定为 4V
C. 线电压，根据实际需要整定　　　　D. 线电压，固定为 4V

【解析】与母线保护不同，失灵保护低电压闭锁固定采用相电压，负序电压闭锁定值根据实际需要整定。

17. 110kV 及以下母线差动保护的差电流启动元件、选择元件定值，按母线最不利的接

线方式、最严重的故障类型，以最小动作电流为基准校验灵敏系数。灵敏系数一般不小于（B）。

A. 1.5　　　　　　B. 2　　　　　　C. 2.5　　　　　　D. 3

【解析】根据 DL/T 584—2017《3kV～110kV 电网继电保护装置运行整定规程》7.2.8.1。

18. 220kV 及以上母线差动保护的差电流启动元件定值，按连接母线的最小故障类型校验灵敏度，应保证母线短路故障在母联断路器跳闸前后有足够灵敏度，灵敏系数不小于（A）。

A. 1.5　　　　　　B. 2　　　　　　C. 2.5　　　　　　D. 3

【解析】根据 DL/T 559—2018《220kV～750kV 电网继电保护装置运行整定规程》7.2.9.1。

19. 110kV 及以上母线差动保护的复压闭锁元件中，低电压元件为（A）。

A. 相电压　　　　B. 线电压　　　　C. 正序电压　　　　D. 都可以

【解析】110kV 及以上系统为大电流接地系统，接地故障后相电压降低，开放母线差动保护。

20. 66kV 及以下母线差动保护的复压闭锁元件中，低电压元件为（B）。

A. 相电压　　　　B. 线电压　　　　C. 正序电压　　　　D. 都可以

【解析】66kV 及以下系统为小电流接地系统，线路单相接地后可短时继续运行，此时相电压为 0，若母线差动保护的复压闭锁元件的低电压元件取相电压，将造成母线差动保护长期开放。

21. "六统一"之后的母线差动保护的复压闭锁元件中，低电压元件整定为（B）额定电压。

A. 50%　　　　　　B. 60%　　　　　　C. 70%　　　　　　D. 80%

【解析】根据 Q/GDW 1175《变压器、高压并联电抗器和母线保护及辅助装置标准化设计规范》表 C.6 注 7。

22. "六统一"之后的母线差动保护的复压闭锁元件中，零序电压元件整定为（C）V。

A. 4　　　　　　B. 5　　　　　　C. 6　　　　　　D. 8

【解析】根据 Q/GDW 1175《变压器、高压并联电抗器和母线保护及辅助装置标准化设计规范》表 C.6 注 7。

23. "六统一"之后的母线差动保护的复压闭锁元件中，负序电压元件整定为（B）V。

A. 3　　　　　　B. 4　　　　　　C. 5　　　　　　D. 6

【解析】根据 Q/GDW 1175《变压器、高压并联电抗器和母线保护及辅助装置标准化设计规范》表 C.6 注 7。

24. 110kV 断路器失灵保护，双母线接线方式下，可以较短时限（C）动作于断开母联（分段）断路器。

A. 0.05～0.15s　　B. 0.15～0.25s　　C. 0.25～0.35s　　D. 0.35～0.45s

【解析】根据 DL/T 584—2017《3kV～110kV 电网继电保护装置运行整定规程》7.2.9.3。

25. 110kV 断路器失灵保护，双母线接线方式下，可以较长时限（C）动作于断开与拒动断路器相连接的同一母线上的所有断路器。

A. 0.3～0.4s　　　B. 0.4～0.5s　　　C. 0.5～0.6s　　　D. 0.6～0.7s

【解析】根据DL/T 584—2017《3kV～110kV电网继电保护装置运行整定规程》7.2.9.3。

26. 220kV断路器失灵保护，双母线接线方式下，可以较短时限（B）动作于断开母联（分段）断路器。

A. 0.15～0.25s　　B. 0.2～0.3s　　　C. 0.25～0.35s　　D. 0.3～0.4s

【解析】根据DL/T 559—2018《220kV～750kV电网继电保护装置运行整定规程》7.2.10.4。

27. 220kV断路器失灵保护，双母线接线方式下，可以较长时限（B）动作于断开与拒动断路器相连接的同一母线上的所有断路器。

A. 0.3～0.4s　　　B. 0.4～0.5s　　　C. 0.5～0.6s　　　D. 0.6～0.7s

【解析】根据DL/T 559—2018《220kV～750kV电网继电保护装置运行整定规程》7.2.10.4。

28. 断路器失灵保护，3/2断路器等双开关接线方式下，可直接经一时限（A）跳本断路器三相及与拒动断路器相关联的所有断路器，包括经回路断开对侧的断路器。

A. 0.2～0.5s　　　B. 0.3～0.6s　　　C. 0.4～0.7s　　　D. 0.5～0.8s

【解析】根据DL/T 559—2018《220kV～750kV电网继电保护装置运行整定规程》7.2.10.4。

29. 母联（分段）充电过电流保护中充电相过电流、零序过电流电流定值应保证空充母线时母线故障有足够的灵敏度，灵敏系数不低于（A）。

A. 1.5　　　　　B. 1.6　　　　　C. 1.7　　　　　D. 1.8

【解析】根据DL/T 584—2017《3kV～110kV电网继电保护装置运行整定规程》7.2.10.1。

30. 备用电源自动投入装置的低电压元件，应能在所接母线失压后可靠动作，而在电网故障切除后可靠返回，为缩小低电压元件动作范围，低电压定值宜整定得较低，一般整定为（A）倍额定电压。

A. 0.15～0.3　　　B. 0.2～0.35　　　C. 0.25～0.4　　　D. 0.3～0.45

【解析】根据DL/T 584—2017《3kV～110kV电网继电保护装置运行整定规程》7.2.15.1。

31. 备用电源自动投入装置的有压检测元件，应能在所接母线电压正常时可靠动作，而在母线电压低到不允许备用电源自动投入装置动作时可靠返回，电压定值一般整定为（C）倍额定电压。

A. 0.5～0.6　　　B. 0.55～0.65　　　C. 0.6～0.7　　　D. 0.65～0.75

【解析】根据DL/T 584—2017《3kV～110kV电网继电保护装置运行整定规程》7.2.15.1b）。

32. 66kV及以下并联补偿电抗器保护的差动保护中，由于电抗器投入时无励磁涌流产生的差电流，因此电抗器所装设的差动保护，不论何种原理，其动作值均可按（A）倍额定电流整定。

A. 0.3～0.5　　　B. 0.4～0.6　　　C. 0.5～0.7　　　D. 0.6～0.8

【解析】根据DL/T 584—2017《3kV～110kV电网继电保护装置运行整定规程》

7.2.17.1。

33. 66kV 及以下并联补偿电抗器保护的电流速断保护中, 电流速断保护电流定值应躲过电抗器投入时的励磁涌流, 一般整定为 (A) 倍的额定电流, 在常见运行方式下, 电抗器端部引线故障时灵敏系数不小于 1.3。

A. 3~5   B. 4~6   C. 5~7   D. 6~8

【解析】 根据 DL/T 584—2017《3kV～110kV 电网继电保护装置运行整定规程》7.2.17.2。

34. 66kV 及以下并联补偿电抗器保护的过电流保护中, 过电流保护电流定值应可靠躲过电抗器额定电流, 一般整定为 (B) 倍额定电流。

A. 1.3~1.5   B. 1.5~2   C. 2~2.5   D. 2.5~3

【解析】 根据 DL/T 584—2017《3kV～110kV 电网继电保护装置运行整定规程》7.2.17.3。

35. 66kV 及以下并联补偿电抗器保护的过电流保护中, 过电流的保护动作时间一般整定为 (C) s。

A. 0~0.3   B. 0.3~0.5   C. 0.5~1   D. 1~1.3

【解析】 根据 DL/T 584—2017《3kV～110kV 电网继电保护装置运行整定规程》7.2.17.3。

36. 66kV 及以下并联补偿电容器保护的延时电流速断保护中, 速断保护电流定值按电容器端部引线故障时有足够的灵敏系数整定, 一般整定为 (A) 倍额定电流。

A. 3~5   B. 4~6   C. 5~7   D. 6~8

【解析】 根据 DL/T 584—2017《3kV～110kV 电网继电保护装置运行整定规程》7.2.18.1a)。

37. 66kV 及以下并联补偿电容器保护的延时电流速断保护中, 速断保护动作时间一般整定为 (C) s。

A. 0   B. 0~0.1   C. 0.1~0.2   D. 0.2~0.3

【解析】 根据 DL/T 584—2017《3kV～110kV 电网继电保护装置运行整定规程》7.2.18.1b)。

38. 66kV 及以下并联补偿电容器保护的延时电流速断保护中, 在电容器端部引出线发生故障时, 电流速断保护灵敏系数不小于 (B)。

A. 1.5   B. 2   C. 2.5   D. 3

【解析】 根据 DL/T 584—2017《3kV～110kV 电网继电保护装置运行整定规程》7.2.18.1c)。

39. 66kV 及以下并联补偿电容器保护的过电流保护中, 过电流保护电流定值应可靠躲过电容器组额定电流, 一般整定为 (B) 倍额定电流。

A. 1.3~1.5   B. 1.5~2   C. 2~2.5   D. 2.5~3

【解析】 根据 DL/T 584—2017《3kV～110kV 电网继电保护装置运行整定规程》7.2.18.2b)。

40. 66kV 及以下并联补偿电容器保护的过电流保护中, 过电流保护的保护动作时间一般整定为 (A) s。

A. 0.3~1   B. 0.4~1.1   C. 0.5~1.2   D. 0.6~1.3

【解析】 根据 DL/T 584—2017《3kV～110kV 电网继电保护装置运行整定规程》7.2.18.2c)。

41. 66kV 及以下并联补偿电容器保护的过电压保护中，电压定值应按电容器端电压不长时间超过 （A） 倍电容器额定电压的原则整定。

　　A. 1.1　　　　　B. 1.2　　　　　C. 1.3　　　　　D. 1.4

【解析】

根据 DL/T 584—2017《3kV～110kV 电网继电保护装置运行整定规程》7.2.18.3a)。

42. 66kV 及以下并联补偿电容器保护的过电压保护中，过电压保护动作时间应在（D） 以内。

　　A. 10s　　　　　B. 20s　　　　　C. 30s　　　　　D. 60s

【解析】 根据 DL/T 584—2017《3kV～110kV 电网继电保护装置运行整定规程》7.2.18.3b)。

43. 66kV 及以下并联补偿电容器保护的低电压保护中，低电压定值一般整定为（B） 倍额定电压。

　　A. 0.1～0.4　　　B. 0.2～0.5　　　C. 0.3～0.6　　　D. 0.4～0.7

【解析】 根据 DL/T 584—2017《3kV～110kV 电网继电保护装置运行整定规程》7.2.18.4。

44. 故障录波器的变化量电流启动元件定值按最小运行方式下线路末端金属性故障最小短路校验灵敏度整定，灵敏系数不小于 （C）。

　　A. 2　　　　　B. 3　　　　　C. 4　　　　　D. 5

【解析】 根据 DL/T 584—2017《3kV～110kV 电网继电保护装置运行整定规程》7.2.22.1。

45. 故障录波器的稳态量相电流启动元件按躲过最大负荷电流整定，负序和零序电流启动元件按躲过最大运行工况下的不平衡电流整定，按线路末端两相金属性短路校验灵敏度，灵敏系数不小于 （A）。

　　A. 2　　　　　B. 3　　　　　C. 4　　　　　D. 5

【解析】 根据 DL/T 584—2017《3kV～110kV 电网继电保护装置运行整定规程》7.2.22.2。

46. 故障录波器的相电压突变量启动元件按躲正常电压变化整定，一般可取 （B） 电压越限定值按躲过电网电压正常波动范围整定，负序和零序电压启动元件按躲正常运行工况下的最大不平衡电压整定。

　　A. 5%　　　　　B. 10%　　　　　C. 15%　　　　　D. 20%

【解析】 根据 DL/T 584—2017《3kV～110kV 电网继电保护装置运行整定规程》7.2.22.3。

47. 频率越限启动元件按大于电网频率允许偏差整定，变化率一般按 （A） Hz/s 整定，局部电网频率变化较大者可适当放宽。

　　A. 0.1～0.2　　　B. 0.15～0.25　　　C. 0.2～0.3　　　D. 0.25～0.35

【解析】 根据 DL/T 584—2017《3kV～110kV 电网继电保护装置运行整定规程》7.2.22.4。

二、 多选题

1. 以下 （ABD） 措施， 能保证母联断路器停运时母差保护的动作灵敏度。

A. 解除大差元件　　　　　　　　　B. 采用比例制动系数低值

C. 自动降低小差元件的比率制动系数　　D. 自动降低大差元件的比率制动系数

【解析】 而母联断路器在分闸位置时， 大差元件的差动电流为故障母线的总电流， 非故障母线有电流流出， 此时大差元件的动作灵敏度下降， 小差元件动作灵敏度不变。 故降低小差元件的比率制动系数无法保证母联断路器停运时母差保护的动作灵敏度。

2. 变压器的复压闭锁元件包括 （AB）。

A. 低电压　　　　B. 负序电压　　　　C. 零序电压　　　　D. 正序电压

【解析】 变压器的复压闭锁元件包括低电压和负序电压元件采用或的方式构成。

3. 110kV 及以上母差保护的复压闭锁元件包括 （ABC）。

A. 低电压　　　　　　B. 负序电压　　　　C. 零序电压　　　　D. 正序电压

【解析】 110kV 及以上母差保护需考虑零序电压。

4. 66kV 及以下母差保护的复压闭锁元件包括 （AB）。

A. 低电压　　　　B. 负序电压　　　　C. 零序电压　　　　D. 正序电压

【解析】 由于 66kV 及以下系统多采用中性点不接地或经消弧线圈接地方式， 发生接地故障后可继续短时运行， 但会产生零序电压。 故 66kV 及以下母差保护的复压闭锁元件不应包括零序电压元件。

5. 中、 低压侧为 110kV 及以下电压等级且中、 低压侧并列运行的变压器， 中、 低压侧后备保护应第一时限跳开 （CD） 断路器， 缩小故障范围。

A. 主变压器本侧　　　B. 主变压器各侧　　　C. 母联　　　　D. 分段

【解析】 根据《国家电网有限公司十八项电网重大反事故措施》15.5.4。

三、 判断题

1. 断路器失灵保护的相电流判别元件的整定值， 为了满足线路末端单相接地故障时有足够灵敏度， 但必须躲过正常运行负荷电流。　　　　　　　　　　　　　　（×）

【解析】 根据 DL/T 559—2018《220kV～750kV 电网继电保护装置运行整定规程》7.2.10.1。

2. 变压器的后备方向过电流保护的动作方向应指向变压器。　　　　　　　　（×）

【解析】 变压器后备过电流保护的方向可能指向变压器， 也可能指向母线。

3. 电抗器差动保护动作值应躲过励磁涌流。　　　　　　　　　　　　　　　（×）

【解析】 电抗器差动保护动作值无需躲过励磁涌流， 依靠二次谐波制动等原理对励磁涌流进行识别即可。

4. 变压器差动保护平衡系数的整定应采用同一 S_e（额定容量）， 主要是因为区外故障时两侧流过同一个短路功率。　　　　　　　　　　　　　　　　　　　（√）

【解析】 变压器差动保护平衡系数的整定统一采用高压侧额定容量， 保证区外故障时差动保护不误动； 复压过电流保护则采用各侧实际额定容量。

5. 变压器各侧的过电流保护均按躲过变压器励磁电流整定， 但不作为短路保护的一级参与选择性配合， 其动作时间应大于所有出线保护的最长时间。　　　　　　（×）

【解析】变压器各侧的过电流保护均按躲变压器额定负荷整定，但不作为短路保护的一级参与选择性配合，其动作时间应大于所有出线保护的最长时间。

6. 使用母联（分段）充电过电流保护对变压器充电时，母联（分段）充电过电流保护应经二次谐波闭锁。　　　　　　　　　　　　　　　　（×）

【解析】根据 DL/T 584—2017《3kV～110kV 电网继电保护装置运行整定规程》7.2.10.2。

7. 66kV 及以下并联补偿电容器保护的低电压保护中，低电压定值应能在电容器所接母线失压后可靠动作，而在母线电压恢复正常后可靠返回。　　　（√）

【解析】根据 DL/T 584—2017《3kV～110kV 电网继电保护装置运行整定规程》7.2.18.4。

8. 110kV 断路器失灵保护，双母线接线方式下，可以较短时限 0.25～0.35s 动作于断开母联（分段）断路器。　　　　　　　　　　　　　　　（√）

【解析】根据 DL/T 584—2017《3kV～110kV 电网继电保护装置运行整定规程》7.2.9.3。

9. 220kV 断路器失灵保护，双母线接线方式下，可以较短时限 0.2～0.3s 动作于断开母联（分段）断路器。　　　　　　　　　　　　　　　（√）

【解析】根据 DL/T 559—2018《220kV～750kV 电网继电保护装置运行整定规程》7.2.10.4。

10. 断路器失灵保护，3/2 断路器等双开关接线方式下，可直接经一时限 0.2～0.5s 跳本断路器三相及与拒动断路器相关联的所有断路器，包括经回路断开对侧的断路器。　　　　　　　　　　　　　　　　　　　　　　　（√）

【解析】根据 DL/T 559—2018《220kV～750kV 电网继电保护装置运行整定规程》7.2.10.4。

四、填空题

1. 除母线差动保护外，不宜采用专用措施闭锁因线路电流互感器二次回路断线引起的保护装置误动作，避免因新增闭锁措施带来保护装置拒绝动作和可能失去选择性配合的危险性。

【解析】根据 DL/T 559—2018《220kV～750kV 电网继电保护装置运行整定规程》5.10.6。

2. 220kV 及以上母线保护差电流启动元件定值，按连接母线的最小故障类型校验灵敏度，应保证母线短路故障在母联断路器跳闸前后有足够灵敏度，灵敏系数不小于 1.5。

【解析】根据 DL/T 559—2018《220kV～750kV 电网继电保护装置运行整定规程》7.2.9.1。

3. 220kV 及以上母线保护低电压或负序及零序电压闭锁元件的整定，按躲过最低运行电压整定，在故障切除后能可靠返回，并保证对母线故障有足够的灵敏度，一般可整定为母线最低运行电压的 60%～70%，负序、零序电压闭锁元件按躲过正常运行最大不平衡电压整定，负序电压（U_2 相电压）可整定为 2～6V，零序电压（$3U_0$）可整定为 4～8V。

【解析】根据 DL/T 559—2018《220kV～750kV 电网继电保护装置运行整定规程》

7.2.9.3。

4. 220kV 及以上比率制动原理的母线差动保护的启动元件， 应可靠躲过最大负荷时的不平衡电流并尽量躲过最大负荷电流， 按被保护母线最小短路故障有足够灵敏度校验， 灵敏系数不小于2。

【解析】 根据 DL/T 559—2018《220kV～750kV 电网继电保护装置运行整定规程》7.2.9.4。

5. 220kV 及以上母联断路器或分段断路器充电保护， 按最小运行方式下被充电母线有故障灵敏度整定， 灵敏系数大于2。

【解析】 根据 DL/T 559—2018《220kV～750kV 电网继电保护装置运行整定规程》7.2.9.6.

6. 断路器失灵保护相电流判别元件的整定值， 应保证在本线路末端金属性短路或本变压器低压侧故障时有足够灵敏度， 灵敏系数大于1.3， 并尽可能躲过正常运行负荷电流。

【解析】 根据 DL/T 559—2018《220kV～750kV 电网继电保护装置运行整定规程》7.2.10.1。

7. 断路器失灵保护双母线等单开关接线方式下， 可经短时限0.2～0.3s 动作于断开母联或分段断路器， 以长时限0.4～0.5s 动作于断开与拒动断路器连接在同一母线上的所有断路器， 也可经一时限0.2～0.5s 动作于断开与拒动断路器连接在同一母线上的所有断路器。

【解析】 根据 DL/T 559—2018《220kV～750kV 电网继电保护装置运行整定规程》7.2.10.4。

8. 220kV 及以上降压变压器高压侧 （主电源侧） 相间短路后备保护动作方向指向变压器， 对中压侧母线故障有足够灵敏度， 灵敏系数不小于1.3。

【解析】
根据 DL/T 559—2018《220kV ～ 750kV 电网继电保护装置运行整定规程》7.2.14.4a）。

9. 220kV 及以上降压变压器中压侧相间短路保护动作方向指向本侧母线， 对中压侧母线故障有足够灵敏度， 灵敏系数大于1.5。

【解析】 根据 DL/T 559—2018《220kV～750kV 电网继电保护装置运行整定规程》7.2.14.4b）。

10. 220kV 及以上中性点不直接接地的变压器， 高压侧间隙零序电流保护动作时间宜可靠躲过本侧重合闸延时， 断开变压器各侧断路器。

【解析】 根据 DL/T 559—2018《220kV～750kV 电网继电保护装置运行整定规程》7.2.14.6。

11. 220kV 及以上中性点经放电间隙接地的 220kV 变压器的零序电压保护， 其 $3U_0$ 定值一般按额定电压的60%～70%整定。 如 $3U_0$ 额定值为 300V 时， 一般可整定为180V 和0.5s， 根据设备耐受能力可适当延长。 220kV 系统中， 不接地的半绝缘变压器中性点应采用放电间隙接地方式。

【解析】 根据 DL/T 559—2018《220kV～750kV 电网继电保护装置运行整定规程》7.2.14.7。

12. 在双母线接线方式下， 断路器失灵保护时间定值的基本要求为： 断路器失灵保护所需动作延时， 应为断路器跳闸时间与保护返回时间之和再加裕度时间， 以较短时间动作于断开母联或分段断路器，再经一时限动作于连接在同一母线上的所有间隔的断路器。

【解析】 根据 DL/T 559—2018《220kV～750kV 电网继电保护装置运行整定规程》7.2.10.4。

13. 国网公司新 "六统一" 规范中 220kV 及以上变压器高、中压侧断路器失灵保护动作后跳变压器侧断路器。变压器高、中压侧断路器失灵保护动作开入后，应经灵敏的、不需整定的电流元件并带 <u>50ms</u> 延时后跳变压器各侧断路器。

【解析】 主变压器高、中压侧后备保护应配置失灵保护联跳功能，设置一段 1 时限。断路器失灵保护动作后经变压器保护跳各侧断路器功能。变压器高、中压侧断路器失灵保护动作开入后，应经灵敏的、不需整定的电流元件并带 50ms 延时后跳开变压器各侧断路器。

14. 母线差动保护起动元件的整定值，应能避开外部故障的<u>最大不平衡</u>电流。

【解析】 母线差动电流保护的差电流启动元件定值，应可靠躲过区外故障最大不平衡电流，并尽量躲过任一元件电流回路断线时由于负荷电流引起的最大差电流。

15. 220kV 及以上母线差动保护的差电流启动元件定值，按连接母线的最小故障类型校验灵敏度，应保证母线短路故障在母联断路器跳闸前后有足够灵敏度，灵敏系数不小于<u>1.5</u>。

【解析】 根据 DL/T 559—2018《220kV～750kV 电网继电保护装置运行整定规程》7.2.9.1。

16. 110kV 及以上母线差动保护的复压闭锁元件中，低电压元件为<u>相电压</u>。

【解析】 110kV 及以上系统为大电流接地系统，接地故障后相电压降低，开放母线差动保护。

17. 66kV 及以下母线差动保护的复压闭锁元件中，低电压元件为<u>线电压</u>。

【解析】 66kV 及以下系统为小电流接地系统，线路单相接地后可短时继续运行，此时相电压为 0，若母线差动保护复压闭锁元件的低电压元件取相电压，将造成母线差动保护长期开放。

18. 110kV 断路器失灵保护，双母线接线方式下，可以较短时限<u>0.25～0.35s</u>动作于断开母联（分段）断路器。

【解析】 根据 DL/T 584—2017《3kV～110kV 电网继电保护装置运行整定规程》7.2.9.3。

19. 110kV 断路器失灵保护，双母线接线方式下，可以较长时限<u>0.5～0.6s</u>动作于断开与拒动断路器相连接的同一母线上的所有断路器。

【解析】 根据 DL/T 584—2017《3kV～110kV 电网继电保护装置运行整定规程》7.2.9.3。

20. 220kV 断路器失灵保护，双母线接线方式下，可以较短时限<u>0.2～0.3s</u>动作于断开母联（分段）断路器。

【解析】 根据 DL/T 559—2018《220kV～750kV 电网继电保护装置运行整定规程》7.2.10.4。

21. 220kV 断路器失灵保护，双母线接线方式下，可以较长时限<u>0.4～0.5s</u>动作于断开与拒动断路器相连接的同一母线上的所有断路器。

【解析】 根据 DL/T 559—2018《220kV～750kV 电网继电保护装置运行整定规程》7.2.10.4。

22. 断路器失灵保护，3/2 断路器等双开关接线方式下，可直接经一时限 0.2～0.5s 跳本断路器三相及与拒动断路器相关联的所有断路器，包括经回路断开对侧的断路器。

【解析】根据 DL/T 559—2018《220kV～750kV 电网继电保护装置运行整定规程》7.2.10.4。

23. 备用电源自动投入装置动作时间为：电压检定元件动作后延时跳开工作电源，其动作时间应大于本级线路电源侧后备保护动作时间，需要考虑重合闸时，应大于本级线路电源侧后备保护动作时间与线路重合闸时间之和，同时，还应大于工作电源母线上运行电容器的低压保护动作时间。

【解析】根据 DL/T 584—2017《3kV～110kV 电网继电保护装置运行整定规程》7.2.15.1c)。

24. 断路器失灵保护的相电流判别元件的整定值，为了满足线路末端单相接地故障时有足够灵敏度，灵敏系数大于 1.3，并尽可能躲过正常运行负荷电流。

【解析】根据 DL/T 559—2018《220kV～750kV 电网继电保护装置运行整定规程》7.2.10.1。

五、简答题

1. 断路器失灵保护中的相电流判别元件的整定值按什么原则计算？如果条件不能同时满足，那以什么作为取值依据？

【解析】整定原则是：①保证在线路末端和本变压器低压侧单相接地故障时灵敏系数大于 1.3；②躲过正常运行负荷电流。

如果两个条件不能同时满足，则按原则①取值。

2. 变压器比率制动差动元件的整定原则及注意事项是什么？

【解析】（1）差动保护元件的启动电流整定原则是：应当能可靠躲过正常运行时由于 TA 变比等误差产生的最大不平衡电流和 TA 断线所产生的最大不平衡电流。

（2）最大不平衡电流主要考虑正常运行时电流互感器变比误差、调压、各侧电流互感器型号不一致、变压器的励磁电流等产生的不平衡电流。

（3）一般当变压器两侧流入差动保护装置的电流值相差不大（即为同一个数量级）时，差动元件的启动电流可 $0.4I_e$。而当差动保护两侧电流值相差很大（相差 10 倍以上）时差动元件的启动电流取 $0.5I_e$。

（4）微机保护在 TA 断线时可进行检测并闭锁，可不用考虑躲过断线时负荷电流。

3. 变压器二次谐波制动系数的整定原则及注意事项是什么？

【解析】二次谐波制动比越大，则保护的谐波制动作用越弱，反之亦然。具有二次谐波制动的差动保护二次谐波制动比，通常整定为 15%。但在具体整定时应根据变压器的容量、主接线及系统负荷情况而定。

（1）对于大容量的发电机变压器组且在发电机与变压器之间没有断路器时，由于变压器的容量大且空投的可能性较小，二次谐波制动比可取较大值，例如 18%～20%。

（2）对于容量较大的变压器，由于空充电时的励磁涌流倍数较小，二次谐波制动比可取 16%～18%。

（3）对于容量较小且空投次数可能较多的变压器，二次谐波制动比应取较小值，即取 15%～16%。

（4）对处于冶炼及电气机车负荷所占比重大的系统而自身容量小的变压器，在其他容量较大的变压器空充电时，穿越性励磁涌流可能致使其差动保护误动。因此，除应将变压器的二次谐波制动方式改成"或门"（即一相制动三相）之外，二次谐波制动比还应取较小值。例如 $14\% \sim 15\%$（或 $12\% \sim 13\%$）。

4. 变压器差动保护中，为什么要设置差动速断元件？

【解析】 由于变压器差动保护中设置有涌流判别元件，因此，其受电流波形畸变及电流中谐波的影响很大。当区内故障电流很大时，差动 TA 可能饱和，从而使差流中含有大量的谐波分量，并使差流波形发生畸变，可能导致差动保护拒动或延缓动作。差动速断元件只反应差流的有效值，不受差流中的谐波及波形畸变的影响。

5. 变压器差动保护中，差动速断元件的整定原则是什么？

【解析】 差动速断元件的整定值应按躲过变压器励磁涌流来确定，即 $I_{cdsd} = K_{Ie}$。K 通常取 $4 \sim 8$ 倍 I_e，具体如下：

（1）对于在发电机与变压器之间无开关的大型变压器发电机组，K 值可取 $3 \sim 4$。

（2）对于大型发电厂的中、小型变压器（例如有空投可能性的厂高压变压器及启动备用变压器），K 值可取 $8 \sim 10$。

（3）对于经长线路与系统连接的降压变电站中的中、大型变压器，K 值可取 $4 \sim 6$。也可根据容量来考虑 K 值的取值，对 6300kVA 及以下，$7 \sim 12$；$6300 \sim 31500$kVA，$4.5 \sim 7.0$；$40000 \sim 120000$kVA，$3.0 \sim 6.0$；120000kVA 及以上，$2.0 \sim 5.0$，容量越大，系统电抗越大，励磁涌流与变压器额定电流的比值越小，K 取值越小。

6. 变压器复压闭锁过电流保护的过电流元件的整定原则是什么？

【解析】 （1）限时速断过电流元件。限时速断过电流元件的电流定值整定按照与母线上所有线路速断保护或限时速断保护配合进行整定，同时应确保其能躲过最大负荷电流。

（2）过电流元件。各侧的过电流元件均应按可靠躲过实际运行中变压器可能流过的最大负荷电流整定，最大负荷电流应考虑如并列运行的多台变压器转负荷、电动机自启动、备自投等情况。过电流元件的整定公式为

$$I_{DZ} = \frac{K_K}{K_f} I_{Lmax}$$

式中：K_K 为可靠系数，取 $1.2 \sim 1.3$；K_f 为返回系数，电磁型取 0.85，微机型取 0.95；I_{Lmax} 为最大负荷电流，复合电压闭锁的过电流保护，只考虑本变压器的额定电流，无复合电压闭锁的过电流保护，最大负荷电流应适当考虑电动机的自起动系数。

7. 变压器复压闭锁元件中，低电压元件的整定原则是什么？

【解析】 （1）按躲过正常运行时可能出现的低电压整定，公式为

$$U_{1set} = \frac{U_{min}}{K_K K_f}$$

式中：U_{min} 为正常运行时可能出现的低电压，一般取 $(0.90 \sim 0.95) U_n$；K_K 为可靠系数，取 $1.1 \sim 1.2$；K_f 返回系数，电磁型取 $1.15 \sim 1.20$，微机型取 1.05。

（2）按躲过电动机负荷自启动时的低电压整定，电压取自变压器低压侧电压互感器时取 $(0.5 \sim 0.7) U_n$，电压取自变压器高压侧电压互感器时取 $(0.7 \sim 0.8) U_n$。

8. 变压器复压闭锁元件中，负序电压元件的整定原则是什么？

【解析】 应按躲过正常运行时的不平衡负序电压整定，取 $(0.04\sim0.08)U_n$。

9. 变压器复压闭锁过电流保护的方向元件整定原则是什么？

【解析】 （1）方向元件配置。各段 I 段带方向，以简化整定配合；II 段均不带方向，以避免因方向元件导致失去最末一段保护。低压侧无电源时各段均不带方向（相当于单电源的电流保护）。

（2）方向元件指向整定。对于带方向的元件，应确定其动作方向是指向系统（反方向）还是变压器（正反向）。当设定为变压器时，作为变压器的后备，设定为系统，作为母线及线路侧后备。方向指向的整定原则是：应有利于加速跳开小电源或无电源的断路器，避免小系统影响主系统或两个较强系统相互影响。

降压变压器（包括中、低压侧有小电源的变压器）的高压侧相间的方向指向变压器，中压侧方向指向该侧母线。

系统联络变压器的高、中压侧方向均可指向变压器，也可指向本侧母线，决定系统需要，一般多指向变压器。

10. 变压器复压闭锁过电流保护的动作时间及出口对象整定原则是什么？

【解析】 （1） I 段动作时间。

1）动作时间。 I 段时间定值应与出线保护速动段配合，动作时间按上下级配合关系进行，一般最长时间以不超过 0.6s 为宜（按照配合时限级差 0.3s，考虑两个时限级差）。

2）动作逻辑。 I 段动作后，跳本侧断路器；在变压器并列运行时，也可先跳本侧母联断路器，再跳本侧断路器。

（2） II 段动作时间。

1）动作时间。时间定值应与出线保护最长动作时间配合，对主电源侧还应与中低压过电流保护配合。

2）动作逻辑。最末一段动作，跳三侧断路器。

11. 变压器零序过电流保护的整定原则是什么？

【解析】 零序过电流 I 段的动作电流应与相邻线路零序过电流保护第 I 段或第 II 段或快速主保护相配合。

零序过电流 II 段的动作电流应与相邻线路零序过电流保护的后备段相配合，对母线接地故障应有不小于 1.5 的灵敏系数。

12. 变压器零序过电流保护方向元件的整定原则是什么？

【解析】 对于高中压侧均直接接地的三绕组普通变压器，高中压侧 I 段应带方向，方向可指向本侧母线。零序过电流 II 段不应带方向，作为总后备。

13. 变压器零序过电流保护的动作时间及出口对象整定原则是什么？

【解析】 （1）零序 I 段。

1）动作时间。与本侧零序 I 段或配合段动作时间按上下级配合关系进行。

2）动作逻辑。可以较短时间跳母联或分段，以较长时间跳本侧。

（2）零序 II 段。

1）动作时间。与之配合的线路零序电流保护按上下级配合关系进行。

2）动作逻辑。延时跳各侧。

14. 分级绝缘变压器中性点间隙保护的配置原则及作用是什么？

【解析】 为限制此类变压器中性点不接地运行时可能出现的中性点过电压，在变压器中性点应装设放电间隙。此时应装设用于中性点直接接地和经放电间隙接地的两套零序过电流保护。另外，还应增设零序过电压保护。用于中性点直接接地运行的变压器保护装设零序电流保护。用于经间隙接地的变压器，装设反应间隙放电的零序电流保护和零序过电压保护。当变压器所接的电力网失去接地中性点，又发生单相接地故障时，此电流电压保护动作，经延时动作断开变压器各侧断路器。

15. 110kV 变压器保护中，间隙零序电流保护的整定原则是什么？

【解析】 变压器110kV中性点放电间隙零序电流保护的一次电流定值一般可整定为 40～100A，保护动作后可带 0.3～0.5s 延时跳变压器各侧断路器。为防止中性点放电间隙在瞬时暂态过电压下击穿，导致保护装置误动作，根据实际情况，动作时间也可适当延长，按与线路接地后备保护保证全线有灵敏度段动作时间配合整定。

16. 110kV 变压器保护中，零序电压保护的整定原则是什么？

【解析】 中性点经放电间隙接地的110kV变压器零序电压保护，一般接于本侧母线电压互感器开口三角绕组，也可接于本侧母线电压互感器星形绕组，其 $3U_0$ 定值一般整定为 150～180V（额定值为 300V）或 120V（额定值为 173V），保护动作后带 0.3～0.5s 延时跳变压器各侧断路器。若零序电压保护和间隙零序电流保护共用延时出口，其动作时间根据设备耐受能力可适当延长。

17. 220kV 及以上变压器保护中，间隙零序电流保护的整定原则是什么？

【解析】 （1）中性点不直接接地的变压器，中性点放电间隙零序电流保护的启动电流，可整定为间隙击穿时有足够灵敏度，高压侧间隙零序电流保护动作时间宜可靠躲过本侧重合闸延时，断开变压器各侧断路器。如无需躲重合闸，保护动作时间可适当缩短。

（2）对高压侧采用备用电源自动投入方式的变电站，变压器放电间隙的零序电流保护以 0.2s 断开高压则，以 0.7s 断开变压器各侧。

18. 220kV 及以上变压器保护中，零序电压保护的整定原则是什么？

【解析】 中性点经放电间隙接地的220kV变压器零序电压保护，其 $3U_0$ 定值一般按额定电压的 60%～70% 整定。如 $3U_0$ 额定值为 300V 时，一般可整定为 180V 和 0.5s，根据设备耐受能力可适当延长。220kV 系统中，不接地的半绝缘变压器中性点应采用放电间隙接地方式。

六、分析题

1. 有一台 $110\pm2\times2.5\%/10kV$ 的 31.5MV·A 降压变压器，试计算其高压侧复合电压闭锁过电流保护的过电流、低电压、负序电压整定值（电流互感器的变比为 300/5，星形接线；过电流元件可靠系数 $K_k=1.2$，低电压元件可靠系数 $K_k=1.05$；过电流元件返回系数 $K_f=0.95$，低电压元件返回系数 $K_f=1.05$，负序电压按 6% 正常运行时额定电压整定，正常运行时可能出现的低电压取 $0.9U_N$，低电压和负序电压定值保留整数）。

【解析】 （1）过电流元件。变压器高压侧的额定电流为

$$I_e = \frac{31.5 \times 10^6}{\sqrt{3} \times 110 \times 10^3} = 165(A)$$

电流元件按变压器额定电流整定，即

$$I_{op} = \frac{K_k I_e}{K_f n_{TA}} = \frac{1.2 \times 1 \times 165}{0.95 \times 60} = 3.47(A)$$

（2）低电压元件。正序电压为

$$U_{1set} = \frac{U_{min}}{K_k K_f} = \frac{0.9 \times 100}{1.2 \times 1.05} = 71.4(V)(取 71V，低电压 K_k 为 1.05)$$

（3）负序电压按避越系统正常运行不平衡电压整定，即

$$U_{2set} = 0.06 \times 100 = 6(V)$$

故复合电压闭锁过电流保护定值为：动作电流为 3.47A，低电压定值 71V，负序电压继电器的动作电压为 6V。

2. 某电容器容量为 4000kvar，额定电压 10.5kV，电流互感器变比为 400/5，求该电容器保护过电流 I 段、过电流 II 段保护定值（过电流 I 段可靠系数取 4，过电流 II 段可靠系数取 2）。

【解析】 电容器额定二次电流为

$$I_e = \frac{S_n}{\sqrt{3} U_n n_{CT}} = \frac{4000}{\sqrt{3} \times 10.5 \times 80} = 2.75(A)$$

过电流 I 段定值为

$$I_{DZ.I} = K_K I_e = 4 \times 2.75 = 11(A)$$

过电流 II 段定值为

$$I_{DZ.II} = K_K I_e = 2 \times 2.75 = 5.5(A)$$

3. 某站用变压器参数见表 7-2。已知站用变压器低压侧三相短路最大电流 $I_{dmax} = 214$（A），电流速断保护可靠系数 $K_K = 1.4$；最大负荷电流 $I_{fhmax} = 13.2A$，过电流保护可靠系数 $K_K = 1.2$，返回系数 $K_f = 0.9$，求站用变压器保护的电流速断保护与过电流保护整定值。

表 7-2　　　　　　　　　　　　　某站用变压器参数

额定容量	800kVA	额定电压	37/0.4kV
短路阻抗	6.5%	连接组别	Dyn11
TA 变比	750/1A	额定电流	12.5/1154.70A
零序 TA 变比	100/1A	PT 变比	35/0.1kV

【解析】

（1）电流速断保护。按躲线末变压器其他侧母线三相短路的最大电流整定，变压器其他侧母线三相短路最大电流为 214A，则

$$I_{dz} \geqslant K_K I_{dmax} = 1.4 \times 214 = 300.2(A)$$

大运行方式为：在 1 号站用变压器的低压侧发生三相相间短路。电流速断二次值为

$$I'_{dz1} = I_{dz1}/C_T = 300/(750/1) = 0.4(A)$$

速断保护时间定值 $T_1 = 0s$

（2）过电流保护。

1）躲最大负荷电流。最大负荷电流为 13.2A，则

$$I_{dz} \geqslant K_K I_{fhmax}/K_f = 1.200 \times 13.2/0.9 = 18.5(A)$$

2）过电流二次值 $I'_{dz3} = I_{dz3}/C_T = 18.5/(750/1) = 0.04(A)$

过电流时间定值 T_3 为 0.4s。

4. 某变压器参数见表 7-3。

表 7-3　　　　　　　　　　　　　　　　　　　**变压器参数**

主变压器型号	SFSZ11-240000/220	额定容量	240000/240000/120000kVA
额定电压	（230±8×1.25%）/（115±2×2.5%）/37kV	相数	3
额定电流	602.5/1204.9/1872.5A	接线组别	YNyn0d11
短路阻抗	高-中：19.74%； 高-低：31.51%； 中-低：9.03%	保护 TA	高压侧：1500/1A； 中压侧：1500/1A； 低压侧：2500/1A
间隙 TA	高压侧：200/1；中压侧：200/1	零序 TA	高压侧：300/1；中压侧：500/1
主变压器保护	PCS-978T2-G		

已知：（1）差动保护的动作方程为

$$\begin{cases} I_d > 0.2I_r + I_{cdqd} & I_r \leqslant 0.5I_e \\ I_d > 0.5(I_r - 0.5I_e) + 0.1I_e + I_{cdqd} & 0.5I_e \leqslant I_r \leqslant 6I_e \\ I_d > 0.75(I_r - 6I_e) + 0.5[(5.5I_e) + 0.1I_e + I_{cdqd}] & I_r > 6I_e \\ I_r = \dfrac{1}{2}\sum\limits_{i=1}^{m} |I_i| \\ I_d = \left|\sum\limits_{i=1}^{m} I_i\right| \end{cases}$$

（2）差动保护启动电流 $I_{cdqd}=$（0.2~0.5）I_e，$K_{sen} \geqslant 2$。

（3）差动速断保护 $I_{cdsd}=KI_e$，K 为倍数，40~120MVA 的变压器 K 值可取 3.0~6.0。120MVA 及以上的变压器 K 值可取 2.0~5.0。

（4）小方式下差动保护区内低压侧两相金属性短路时短路电流最小，$I_{kmin}=$ 1.409I_e，此时制动电流为 $I_r=0.845I_e$。

求该变压器差动保护的差动启动电流、差动速断电流，并校验差动保护的灵敏度。

【解析】

（1）差动启动电流。令 $I_{cdqd}=0.4I_e$，当 $I_r=0.845I_e$ 时，最小动作电流为

$$I_{opmin}=0.5×（0.845-0.5）+0.1+0.4=0.6725I_e$$

比率制动保护灵敏系数为

$$K_{sen}=I_{kmin}/I_{opmin}=1.409/0.6725=2.09>2，满足要求。$$

故 $I_{cdqd}=0.4I_e$ 满足要求。

（2）差动速断电流。变压器容量为 240000kVA，取（2.0~5.0）I_e，令 $I_{cdsd}=5I_e$。

第一节　直流输电系统基础知识

一、单选题

1. 下列关于直流输电的特点，表述不正确的为（C）。

A. 可实现交流系统的非同步运行

B. 不会增大交流系统的短路容量

C. 换流站的投资小

D. 具有良好的故障恢复特性，针对绝缘的恶化，可在降压情况下继续运行

【解析】直流输电的优点有：①有利于改善两侧交流系统的稳定性；②具有良好的故障恢复特性，针对绝缘的恶化，可在降压情况下继续运行；③调节速度快，可进行功率紧急支援；④不会增大交流系统的短路容量；⑤可实现交流系统的非同步运行；⑥相对交流线路来说，直流输电的线路造价低；⑦线路的损耗小；⑧适合长距离电缆输电，尤其是跨海输电以及地下电缆输电；⑨适合进行长距离，大容量的功率输送。

当然，尽管直流输电有着如此多的优点，但同样也有着自身的缺点。直流输电的缺点有：①换流站的投资大；②换流器换流过程中需要大量的无功功率，同时产生大量的谐波，因此不得不装设大量的滤波及无功补偿装置。

2. 以下关于晶闸管换流阀特点描述错误的是（D）。

A. 换流阀的单向导电

B. 换流阀的控制极无关断能力条件

C. 晶闸管电流可通过反向电流

D. 换流阀的导通条件需满足是阳极对阴极为正电压和控制极对阴极加能量足够的正向触发脉冲两个

【解析】其特点有：①换流阀的单向导电性：换流阀只能在阳极对阴极为正电压时，才单方向导通，不可能有反向电流，即直流电流不可能有负值；②换流阀的导通条件是阳极对阴极为正电压和控制极对阴极加能量足够的正向触发脉冲两个条件，必须同时具备，缺一不可，换流阀一旦导通，它只有在具备关断条件时才能关断，否则一直处于导通状态；③换流阀的控制极无关断能力，只有当流经换流阀的电流为零时，它才能关断（唯一的关断条件），是靠外回路的能力来进行关断的。换流阀一旦关断，只有在具备上述两个导通条件时，才能导通，否则一直处于关断状态。

3. 6 脉动换流桥由 6 个换流阀组成，其中阀 V1、V3、V5 为（A）；阀 V2、V4、V6 为（A）。

A. 共阴极、共阳极　　B. 共阳极、共阴极　　C. 共阴极、共阴极　　D. 共阳极、共阳极
　【解析】 如图 8-1 所示，换流桥由 6 个换流阀组成，其中阀 V1、V3、V5 共阴极，称为阴极换相组或阴极半桥；阀 V2、V4、V6 共阳极，称为阳极换相组或阳极半桥。代表阀的符号 V 后面的编号是按换流阀运行时触发次序编排的，通常是将 V1 的阳极接到 a 相。

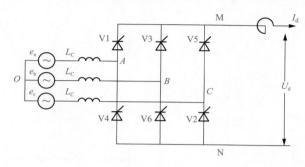

图 8-1　单桥整流器原理接线图

4. 直流系统运行中，通常整流器的最小触发角 α 一般为 （A）。
A. 5°　　　　　　　B. 10°　　　　　　　C. 15°　　　　　　　D. 以上均不正确
　【解析】 晶闸管阀由数十乃至上百个晶闸管构成，在控制极施加触发脉冲的时候，如果施加在它上面的正向电压太低，阀触发电路能量不足，会导致晶闸管导通的同时性变差，对阀的导通不利。保证每个阀晶闸管器件的触发电路，具有足够的触发功率和能克服元件参数误差的影响，通常最小触发角限制设为 5°。

5. 以下关于 α、μ、γ 关系正确的是 （C）。
A. $\alpha+\mu+\gamma=60°$　　B. $\alpha+\mu+\gamma=90°$　　C. $\alpha+\mu+\gamma=180°$　　D. $\alpha+\mu+\gamma=360°$
　【解析】 有载相控整流滤波图如图 8-2 所示。
　根据 $\alpha+\beta=180°$，$\beta=\mu+\gamma$，故 $\alpha+\mu+\gamma=180°$。

6. 当我们进行直流功率调整时，我们实际上调整的是 （C）。
A. 触发角　　　　　　　　　　　　　B. 换流变压器的分接头
C. 触发角和换流变压器的分接头　　　　D. 以上均不正确
　【解析】 不管是直流电流还是直流电压都决定于 α、β、整流侧理想空载直流电压和逆变侧理想空载直流电压四个量，是直流系统的控制量且除此以外没有其他的量可作为控制量。因此，直流输电的基本控制手段就是控制上述四个量以满足直流输电系统的各种运行要求。

7. 直流功率控制下，一般整流侧采用 （D），逆变侧采用 （D）。
A. 定电流控制、定电流控制　　　　　　B. 定电压控制、定电流控制
C. 定电压控制、定电压控制　　　　　　D. 定电流控制、定电压控制
　【解析】 如图 8-2 所示整流侧和逆变侧均配置直流电压控制功能和直流电流控制功能。
　1）整流侧通常采用定电流控制，整流侧定电压控制的整定值通常均略高于额定直流电压值（如 1.05p.u.），当直流电压高于定值时，它将加大 α 角，起到了限压的作用。
　2）逆变侧通常采用定电压控制，逆变侧定电流调节器整定值比整流器小，因而在正常工况下，逆变器定电流调节器不参与工作。只有当整流侧直流电压大幅度降低或逆变

侧直流电压大幅上升时，才发生控制模式转变，变为由整流器最小触发角控制起作用控制直流电压，逆变器定电流控制起作用来控制直流电流。

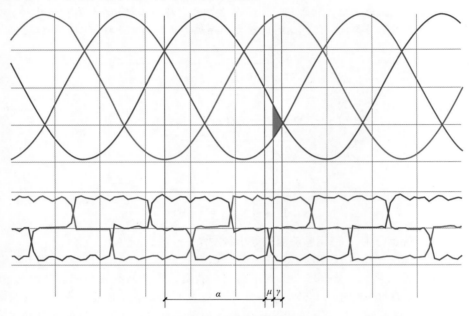

图 8-2　有载相控整流波形图

α—触发角；μ—叠弧角；γ—熄弧角（关断角）；β—超前触发角

8. 下列关于直流输电系统的潮流反转如何实现正确的是　（B）。

A. 改变电流方向　　　　　　　　　　　B. 改变电压极性

C. 同时改变电流方向和电压极性　　　　D. 改变直流接线方式

【解析】　由于换流阀的单向导通性，直流回路中的电流方向是不能改变的，因此直流输电的潮流反转不是改变电流方向，而是改变电压极性来实现。此时需要改变两端换流站的运行工况，将原先的整流站变为逆变站运行，逆变站变为整流站运行。

9. 当整流器使用直流电流控制时，通过调整换流变压器分接头位置，把换流器（A）维持在指定的范围内。

A. 触发角　　　　　B. 逆变角　　　　　C. 换相角　　　　　D. 熄弧角

【解析】　对于交流系统中的电压快速变化，直流系统可通过触发角调节来维持其性能，而对于交流系统中的缓慢电压变化，直流系统通过调节换流变压器的分接头来使触发角维持在额定值附近。

10. α角　（B），直流输出电压为零。

A. 等于90°　　　　B. 等于0°　　　　C. 等于120°　　　　D. 等于60°

【解析】　换流器理想空载直流电压平均值 $U'_d = U_d \cos\alpha$，$\alpha = 0$ 时，直流电压输出为零。

二、多选题

1. 国外直流输电根据换流器件不同，包括以下哪个时期　（ABCD）。

A. 无换流器件时期　B. 汞弧阀换流时期　C. 晶闸管换流时期　D. 新型半导体换流

【解析】　国外直流输电的发展历史比较长远，根据换流器件的不同可分为以下几个时期：无换流器件时期、汞弧阀换流时期、晶闸管换流时期、新型半导体换流设备的应用。

2. 高压直流输电系统由 （ABCDE） 部分构成。

A. 送端交流系统　　　B. 整流站　　　　　C. 直流输电线路

D. 逆变站　　　　　　E. 受端交流系统

【解析】　如图 8-3 所示，选项内均为高压直流输电系统的组成部分，故全选。

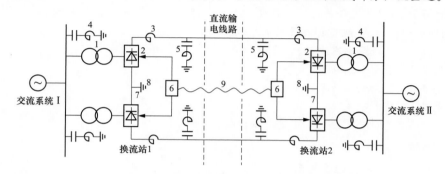

图 8-3　两端直流输电系统的构成原理图

1—换流变压器；2—换流器；3—平波电抗器；4—交流滤波器；5—直流滤波器；
6—控制保护系统；7—接地极线；8—接地极；9—站间通信系统

3. 整流站的基本控制方式有 （ABCDE）。

A. 最小触发角控制　　B. 定电流控制　　　C. 定电压控制

D. 低压限流控制　　　E. 直流功率控制

【解析】　整流站基本控制有最小触发角控制、定电流控制、定电压控制、低压限流控制和直流功率控制。逆变站基本控制有定关断角控制、定电流控制、定电压控制、低压限流控制和最大触发角限制。

4. 引发换相失败的主要原因有 （ABCD）。

A. 应导通的阀失去导通条件　　　　　　B. 交流电压扰动

C. 直流电流瞬时大幅度增大　　　　　　D. 触发角过大

【解析】　交流电压扰动形成畸变，导致过零点前移，从而关断角减小；直流电流瞬时大幅度增大，导致换相角增大从而关断角减小；触发角过大也会导致关断角减小。

5. 以下哪两种方法可降低直流系统电压 （AC）。

A. 加大整流器的触发角或逆变器的触发角　B. 减小整流器的触发角或逆变器的触发角

C. 降低换流变压器分接开关挡位　　　　　D. 增大换流变压器分接开关挡位

【解析】　整流器和逆变器的直流电压与其触发角成余弦关系，因此触发角越大，直流电压越小。同时整流器和逆变器的直流电压与其交流侧的电压成正比，分接开关挡位越小，交流侧电压越小，即直流电压越小。

6. 换流变压器分接头控制分为 （AC） 控制方式。

A. 自动　　　　　　B. 半自动　　　　　C. 手动　　　　　D. 以上均不正确

【解析】　换流变压器分接头控制，作为一种慢速控制方式，与对触发角控制的快速控制相配合，维持直流稳定运行。换流变压器分接头包括自动控制和手动控制两种方式。

7. 换流变压器分接头自动控制包括 （ABCD） 控制模式。

A. 空载控制　　　　B. Udio 控制　　　　C. Udio 限制　　　　D. 同步

【解析】 换流变压器分接头自动控制包括空载控制、Udio 控制、Udio 限制和同步四种模式。

8. 无功功率控制 RPC 投切逻辑中，包含以下（ABCDE）优先级。

A. 绝对最小滤波器　B. 最大交流电压　　C. 最大无功功率

D. 最小滤波器　　　E. 无功功率控制/交流电压控制

【解析】 根据所选择的功能优先级，RPC 可根据子功能来配合投切操作，使投切操作符合投切逻辑，优先级 1 拥有最高优先权。

优先级 1：绝对最小滤波器。

优先级 2：最大交流电压。

优先级 3：最大无功功率。

优先级 4：最小滤波器。

优先级 5：无功功率控制或交流电压控制。

三、判断题

1. 站 LAN 网一般为单重化系统。　　　　　　　　　　　　　　　　　　（×）

【解析】 站 LAN 网采用星形结构连接，为提高系统可靠性，站 LAN 网设计为完全冗余的 A、B 双重化系统，LAN 网络与交换机均为冗余，单网线或单硬件故障都不会导致系统故障。

2. 当两套站 LAN 网同时发生故障时，控制保护主机将无法正常运行。　　（×）

【解析】 SCADA 服务器通过站 LAN 网接收控制保护装置发送的换流站监视数据及事件/报警信息，同时通过站 LAN 网下发运行人员工作站发出的控制指令到相应的控制保护主机。SCADA 功能模块将对接收到的数据进行处理并同步到 SCADA 服务器和各 OWS 上的实时数据库。各控制保护装置之间并不通过站 LAN 网交换信息。即使在站 LAN 网发生故障时，所有控制、保护系统也可脱离 SCADA 系统而运行。

3. 当两套站 LAN 网发生故障时，可通过就地控制 LAN 网进行监控及操作。（√）

【解析】 在主控楼设备间和各个继电小室内配置分布式就地控制系统，本室内的控制系统通过独立于站 LAN 的网络接口接入就地控制 LAN 网，与就地控制工作站进行通信。就地工作站与运行人员控制系统的人机操作界面基本一致，就地控制 LAN 网与站 LAN 网完全相互独立。该分布式就地控制系统既能满足小室内就地监视和控制操作的需求，也可作为站 LAN 网瘫痪时直流控制保护系统的备用控制，同时就地控制系统提供一种硬切换的方法，来实现运行人员控制系统与就地控制系统之间控制位置的转移。

4. 现场控制 LAN 网实现控制保护主机与 IO 屏柜之间的实时通信。　　　（√）

【解析】 极控系统、阀组控制系统、站控系统等均由主控单元与分布式 IO 组成，主控单元与分布式 IO 之间通过光纤介质的现场控制 LAN 网实现实时通信，传递状态、信号以及操作命令等信息。

5. 站层控制 LAN 网主要用于主机间的快速信息传输。　　　　　　　　（×）

【解析】 双重化的光纤 LAN 网络连接所有的 ACC、AFC 和 PCP、CCP 以及 PPR 和 CPR 系统。这个网络主要用于无功控制、主机间的辅助监视和慢速的状态信息交换，比如交流线路断路器的状态。

6. 运行极的一组直流滤波器停运检修时，严禁对该组直流滤波器内与直流极保护相关的电流互感器进行注流试验。　　　　　　　　　　　　　　　　　　　（√）

【解析】 运行极的一组直流滤波器停运检修时，对该组直流滤波器内与直流极保护相关的电流互感器进行注流试验，可能会导致相关极保护误动，造成极闭锁。

7. 直流电压控制的主要目的是限制过电压。　　　　　　　　　　　　　　　（√）

【解析】 直流电压控制也称定电压控制。按电流裕度法原则，整流站不需要配备直流电压控制功能，但为了防止某些异常情况（如发生直流回路开路时出现过高的直流电压）下，通常整流站仍配备直流电压控制功能，主要目的是限制过电压。其电压整定值通常均略高于额定直流电压值（如 1.05p.u.），当直流电压高于定值时，它将加大 α 角，起到了限压的作用。

8. 设置低压限流特性的目的是改善故障后直流系统的恢复特性。　　　　　　（√）

【解析】 直流输电控制系统都设有低压限流（VDCL）功能。当交、直流系统扰动或直流系统换相失败，按交流或直流电压下降的幅度，降低直流电流到预先设置的值，起到的作用是：①保护换流阀：因为正常运行的阀仅三分之一时间导通，当换流器不能正常换相时，一些正常阀长期流过大电流，将影响换流器的运行寿命，甚至损坏；②避免逆变器换相失败：由于逆变侧交流系统故障或逆变器已经发生换相失败，造成直流电压下降、直流电流上升，使换相角加大、关断角减小，而发生换相失败或连续换相失败，因此，降低电流参考值可以减少发生换相失败概率；③有利于交流系统电压恢复：交流系统发生故障，当直流系统电流减少时，两端换流器少吸收无功功率，有利于交流电压恢复，如果交流系统故障切除，直流系统功率恢复太快，换流器需要吸收较大的无功功率，将影响交流电压的恢复，所以对于逆变侧较弱时，需要等交流电压恢复后，再恢复直流。

四、填空题

1. 换流阀的导通条件是<u>阳极对阴极是正电压</u>和<u>控制极加能量足够的触发脉冲</u>。

【解析】 换流阀由晶闸管构成，晶闸管的触发特性决定了换流阀的触发特性。

2. 换流阀的关断条件是<u>流经换流阀的电流为 0</u>。

【解析】 换流阀控制极无关断能力，是靠外回路来关断的。

3. 换流阀整流运行时 α 角的理论工作范围为<u>0<α<90°</u>。

【解析】 换流器理想空载直流电压平均值 $U_d' = U_d \cos\alpha$，当 $0 < \alpha < 90°$，$U_d' > 0$ 为正值，换流器处于整流运行状态。

4. 换流阀逆变运行时 α 角的理论工作范围为<u>90<α<180°</u>。

【解析】 换流器理想空载直流电压平均值 $U_d' = U_d \cos\alpha$，当 $90 < \alpha < 180°$，$U_d' < 0$（为负值），换流器处于逆变运行状态。

5. 假设 $L_r = 0$，$\alpha = 0$，换流变压器阀侧绕组空载线电压有效值为 E，六脉动整流器的理想空载直流电压为<u>1.35E</u>。

【解析】 图 8-4 阴影部分面积为 $A = \int_{\frac{\pi}{6}}^{\frac{\pi}{6}} \sqrt{2}E\cos\omega t dt = \sqrt{2}E\sin\omega t \Big|_{-\frac{\pi}{6}}^{\frac{\pi}{6}} = \sqrt{2}E$

将 A 值除以 $\pi/3$ 即可得到理想情况下 $U_d = A / \frac{\pi}{3} = 1.35E$

6. 假设 $L_r = 0$，$\alpha > 0$，换流变压器阀侧绕组空载线电压有效值为 E，六脉动整流器的理想空载直流电压为<u>1.35Ecosα</u>。

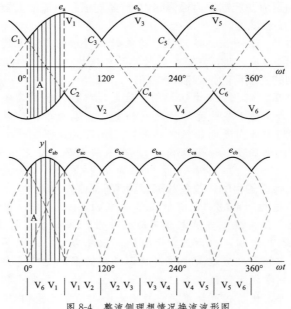

图 8-4　整流侧理想情况换流波形图

【解析】　如图 8-5 阴影部分面积为

$$A = \int_{-\left(\frac{\pi}{6}-\alpha\right)}^{\frac{\pi}{6}+\alpha} \sqrt{2}E\cos\omega t\,\mathrm{d}t = \sqrt{2}E\sin\omega t \bigg|_{-\left(\frac{\pi}{6}-\alpha\right)}^{\frac{\pi}{6}+\alpha} = \sqrt{2}E\cos\alpha$$

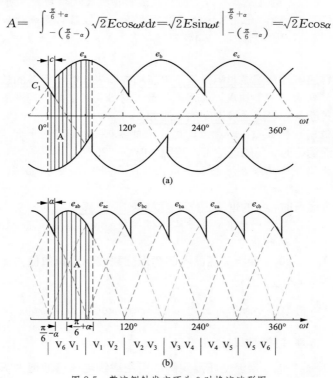

图 8-5　整流侧触发交不为 0 时换流波形图

将 A 值除以 $\pi/3$ 即可得到理想情况下 $U_d = A/\dfrac{\pi}{3} = 1.35E\cos\alpha$。

7. 直流输电系统中，输送相同有功，触发角或关断角越大，则消耗无功越<u>大</u>。

【解析】 整流侧换流装置的总功率因数为

$$\cos\varphi = \frac{1}{2}\big[\cos\alpha + \cos(\alpha + \mu)\big]$$

逆变侧换流装置的总功率因数为

$$\cos\varphi = \frac{1}{2}\big[\cos\gamma + \cos\beta\big]$$

8. 在理想条件下，12 脉动换流器流入交流系统的谐波次数为<u>$12k \pm 1$</u>。

【解析】 12 脉动换流器在交流侧和直流侧分别产生 $12k \pm 1$ 和 $12k$ 次的特征谐波。

9. 金属回线方式运行时，逆变站接地极作为<u>零电位钳制点</u>，整流站<u>中性线处电压</u>相对比较高，对中性区域设备考验比较大。

【解析】 单极金属回线，直流系统唯一的接地点，一般设在逆变站，此时，整流站中性母线的电压等于金属回线上的压降。如果接地设备发生开路，中性线电压将发生异常现象。

10. 根据换流变压器分接开关控制功能，当换流变压器未充电交流开关断开时，<u>空载控制</u>功能起作用，分接头自动移至<u>1</u>挡。

【解析】 空载控制：如果变压器失电（交流开关分开），换流变压器分接头将移到最低位置，此时 U_{dio} 为最低值。如果换流变压器上电并且不在线路开路试验状态，换流变压器分接头将根据最小电流值要求建立 U_{dio} 值。

五、简答题

1. 请画出 6 脉动换流器（见图 8-6）在 2-3 运行方式下的等值电路图。

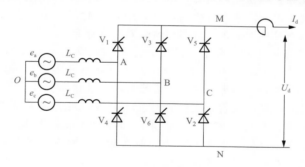

图 8-6 单桥整流器原理接线图

【解析】 正常运行时的等值电路图如图 8-7 所示。

2. 请简述换流阀换相过程中换相电感 $L_r > 0$ 时，阀电流的变化情况。

【解析】 当触发脉冲 P_i 到来时，U_i 导通，但由于换相电感 L_r 的存在，U_i 中的电流不可能立即上升到 I_d。同样的原因，在将要关断的阀中的电流也不可能立刻从 I_d 降到零。它们都必须经历一段时间，才能完成电流转换过程。在换相过程中，同一半桥参与换相的两个阀都处于导通状态，从而形成换流变压器阀侧绕组两相短路。在刚导通的阀中，其电流方向与两相短路电流的方向相同，电流从零开始上升到 I_d。而在将要关断的阀中，其电流方向与两相短路方向相反，电流从 I_d 开始下降，直至零而关断。

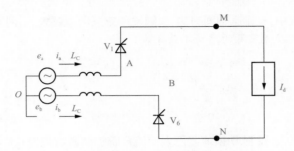

图 8-7　正常运行时的等值电路图

3. 请简述直流系统再启动逻辑。

【解析】 直流系统自动再启动用于在直流输电线路瞬时故障后，迅速恢复送电的措施。当直流保护系统检测到直流线路接地故障后，立即将整流器的触发角快速移相到 $120°$、$-150°$，使整流器变为逆变器运行。在两端均为逆变运行的情况下，储存在直流系统中的电磁能量迅速送回到两端交流系统，直流电流在 $20\sim40$ms 内降到零。再经过预先设定的去游离时间后，按一定速度自动减小整流器的触发角，使其恢复为整流运行，并快速将直流电压和电流升到故障前的运行值。若故障未恢复，可进行第二次、第三次，甚至第四次再启动。如已达到预定次数，但均未成功，则认为故障是持续性的，此时就发出停运信号，使直流停运。

4. 请简述低电压限制电流功能。

【解析】 当交、直流系统扰动或直流系统换相失败，按交流或直流电压下降的幅度，降低直流电流到预先设置的值，起到的作用有：

(1) 保护换流阀。因为正常运行的阀，仅三分之一时间导通。当换流器不能正常换相时，一些正常阀长期流过大电流，将影响换流器的运行寿命，甚至损坏。

(2) 避免逆变器换相失败。由于逆变侧交流系统故障或逆变器已经发生换相失败，造成直流电压下降、直流电流上升，使换相角加大、关断角减小，而发生换相失败或连续换相失败；因此，降低电流参考值可减少发生换相失败概率。

(3) 有利于交流系统电压恢复。交流系统发生故障，当直流系统电流减少时，两端换流器少吸收无功功率，有利于交流电压恢复；如果交流系统故障切除，直流系统功率恢复太快，换流器需要吸收较大的无功功率，将影响交流电压的恢复，所以对于逆变侧较弱时，需要等交流电压恢复后，再恢复直流。

5. 现代直流输电控制系统一般设有六个层次等级，从高层次等级至低层次等级分别是什么？

【解析】 从高到低分别为：系统控制级、双极控制级、极控制级、换流器控制级、单独控制级和换流阀控制级。当每极只有一个换流单元时，为简化结构，极控制和换流器控制可合并为一个级；当只有一回双极线路时，通常系统控制和双极控制合并为一级。

6. 请简述换流阀控制级的主要功能。

【解析】 (1) 将处于地电位的换流器控制级送来的阀触发信号进行变换处理，

经电光隔离（或磁）耦合或光缆送到高电位单元，再变换为电触发脉冲，经功率放大后分别加到各晶闸管元件的控制级；当采用光直接触发的晶闸管换流阀时，由地电位光缆直接送到高电位后无需再转换为电信号，直接触发晶闸管阀，从而简化了换流阀的触发系统，大大减少了其电子元件数量，对于降低维护要求和提高可靠性均有好处。

（2）晶闸管元件和组件的状态监测，包括阀电流过零点、高电位控制单元中直流电源的监视。监测信号经电隔离或光缆传送到地电位控制单元，经处理后进行控制、显示、报警等（这部分设备通常称为 TM）。

7. 请简述极控制极的主要功能。

【解析】（1）经计算向换流器控制级提供电流整定值，控制直流输电的电流。主控制站的电流整定值由功率控制单元给定或人工设置，并通过通信设备传送到从控制站。

（2）直流输电功率控制。其任务是根据功率整定值和实际直流电压值计算直流电流整定值。功率整定值由双极控制级给定，也可由人工设置。功率控制单元设置在主控制站内。

（3）极起动和停运控制。

（4）故障处理控制，包括移相停运和自动再起动控制、低压限流控制等。

（5）各换流站同一极之间的远动和通信，包括电流整定值和其他连续控制信息的传输、交直流设备运行状态信息和测量值的传输等。

8. 请简述双极控制级的主要功能。

【解析】（1）有效防止由直流线路或直流场设备所产生的陡波冲击进入阀厅，从而避免过电压对换流阀造成伤害。

（2）平滑直流电流中的纹波，能避免直流电流的断续。

（3）能限制由快速电压变化所引起的电流变化率，降低换相失败率。

（4）与直流滤波器组成滤波网，滤掉部分谐波。

9. 请完成表 8-1 内容。

表 8-1 直流运行方式统计表

序号	运行类型	接线方式	接线方式数量
1	双极运行	完整双极平衡运行	
2		1/2 双极平衡运行	
3		一极完整、一极 1/2 不平衡运行	
4	单极运行	完整单极大地回线运行	
5		1/2 单极大地回线运行	
6		完整单极金属回线运行	
7		1/2 单极金属回线运行	
8	融冰模式	并联融冰回线运行	

【解析】 完成见表 8-2。

表 8-2   **直流运行方式统计表**

序号	运行类型	接线方式	接线方式数量
1	双极运行	完整双极平衡运行	1
2		1/2 双极平衡运行	16
3		一极完整、一极 1/2 不平衡运行	8
4	单极运行	完整单极大地回线运行	2
5		1/2 单极大地回线运行	8
6		完整单极金属回线运行	2
7		1/2 单极金属回线运行	8
8	融冰模式	并联融冰回线运行	1

10. 图 8-8 为某站正常解锁后晶闸管换相电压和晶闸管电流，请在图中标出触发角 α、换相角 μ、熄弧角 γ、逆变侧的换相裕度 A_{min} 和整流后的波形，并表述触发角、换相角、熄弧角之间的关系。

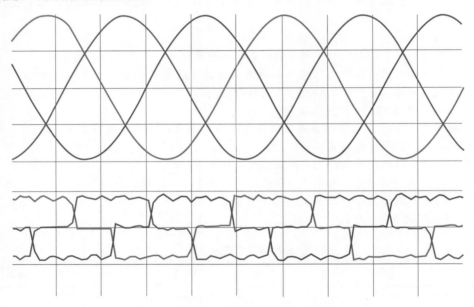

图 8-8   正常解锁后晶闸管换相电压和晶闸管电流

【解析】（1）正常解锁后晶闸管换相电压和晶闸管电流如图 8-9 所示。

（2）$\alpha + \mu + \gamma = 180°$。

11. 请简述逆变侧换相失败的特征。

【解析】 特征包括：①关断角小于换流阀恢复阻断能力的时间（大功率晶闸管约 0.4ms）；②6 脉动逆变器的直流电压在一定时间下降到零；③直流电流短时增大；④交流侧短时开路，电流减小；⑤基波分量进入直流系统。

12. 换流变压器分接头的角度控制与电压控制相比，有什么优缺点？

【解析】 如图 8-9 所示角度控制与电压控制相比，其优点是换流器在各种运行工况下都能够保持较高的功率因数，即输送同样的直流功率，换流器吸收的无功功率较少；其缺点是分接头动作次数较频繁，因而检修周期较短，分接头调压范围也要求宽些。

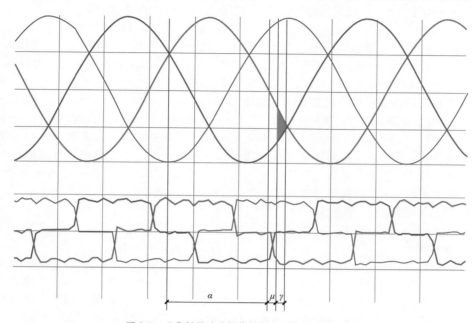

图 8-9　正常解锁后晶闸管换相电压和晶闸管电流

13. 请简述换相失败的过程。

【解析】　当换流器做逆变运行时，从被换相的阀电流过零算起，到该阀重新被加上正向电压为止这段时间所对应的角度，也称为关断角。如果关断角太小，以致晶闸管阀来不及完全恢复正常阻断能力，又重新被加上正向电压，它会自动重新导通，于是将发生倒换相过程，其结果将使该导通的阀关断，而应该关断的阀继续导通，这种现象称为换相失败。

14. 换流变压器的作用?

【解析】　换流变压器是将送端交流系统的功率送到整定器或逆变器，接受功率送到直流电力系统。它利用网侧绕组和阀侧绕组的磁耦合转送功率，同时实现交流和直流部分的电器绝缘和隔离，以免两系统各接地部分造成某些元件短路。另外实现电压的变换和抑制入侵电压波。

第二节　直流保护动作策略

一、单选题

1. 投入旁通对后，将会形成（B）。
A. 直流侧开路　　　B. 直流侧短路　　　C. 交流侧开路　　　D. 交流侧短路

【解析】　投旁通对命令发出后，控制系统同时触发 6 脉动换流器同相的两个换流阀，使其同时导通。由于形成直流侧短路，直流电压快速降低到零，可用于防止换流阀导通或关断时电流的断续和过电压。

2. 保护闭锁后，立即封锁触发脉冲，宜用于 （A） 的严重故障。

A. 整流侧 　　B. 逆变侧 　　C. 交流系统 　　D. 整流侧和逆变侧

【解析】 立即封锁触发脉冲，意在遏制急剧上升的直流电流，宜同于整流侧的严重故障。如果逆变侧控制器立即停发触发脉冲，相当于直流线路末端开路，易引起过电压；而且逆变侧阀故障立即投旁通对还易引起两相短路的附加故障。

3. 下列区域故障一般会触发 X 闭锁的是 （D）。

A. 极线路故障 　　B. 极母线故障 　　C. 中性母线故障 　　D. 换流阀故障

【解析】 X 闭锁适用的故障类型主要是阀的故障，如整流侧阀短路故障、换流变压器阀侧两相短路故障，逆变侧换流变压器阀侧两相短路故障、单桥换相失败故障、换流器丢失触发脉冲、直流过电压、解锁前换流变压器阀侧接地、OLT 试验期间故障等。X 闭锁还适用于触发回路的故障，特别是当旁通对不能正确选择时。

4. 发生 X 闭锁时，整流侧一般 （C）。

A. 立即投入旁通对 　　　　　　B. 延时投入旁通对

C. 不投旁通对 　　　　　　　　D. 有条件投入旁通对

【解析】 X 闭锁一般用于阀故障闭锁，在整流侧不投旁通对。例如，整流侧发生阀短路故障时，在故障阀将产生很大的阀电流，为了将过电流限制在故障相，换流阀应不投旁通对地立即闭锁。如果此时投了旁通对，可能会使非故障相的阀也短路，最后形成三相短路，扩大故障范围。而对于阀的其他相关故障，如整流侧或逆变侧丢失触发脉冲，在故障期间会自然形成旁通对，因此投入旁通对无助于消除故障。

5. 针对需同时停运双阀组保护的闭锁方式，不包括 （D）。

A. X 闭锁 　　B. Y 闭锁 　　C. Z 闭锁 　　D. U 闭锁

【解析】 针对需要同时停运双阀组保护的闭锁方式，主要分为极层 X、Y、Z 闭锁方式。

6. 执行极层 X 闭锁时，如整流侧发生故障，逆变侧执行 （B）。

A. X 闭锁 　　B. Y 闭锁 　　C. Z 闭锁 　　D. 正常停运

【解析】 若整流侧发生故障，整流侧执行 X 闭锁立即移相闭锁换流阀，不允许投入旁通对。逆变侧执行 Y-STOP：执行 alpha90，200ms 后投 BPPO，合 BPS，BPS 合位时闭锁。

7. 执行极层 X 闭锁时，如逆变侧发生故障，逆变侧执行 （A）。

A. X 闭锁 　　B. Y 闭锁 　　C. Z 闭锁 　　D. 正常闭锁停运

【解析】 若逆变侧故障，逆变侧移相，交流开关跳开时或收到 X 闭锁命令 70ms 后投入旁通对，合 BPS，BPS 合位时闭锁换流阀。整流侧收到对站的保护动作信号后，立即移相，60ms 后执行 Y-BLOCK，当满足 I_LOW 条件时，20ms 后闭锁；当不满足 I_LOW 条件时，20ms 后投入旁通对，合 BPS，BPS 合位时闭锁换流阀。

8. 特高压直流保护在双阀组串联运行时，如果保护检测到某一个阀组故障，需将阀组闭锁时，采用 （A） 闭锁方式。

A. 换流器层 X、Y 闭锁 　　　　B. 换流器层 Y、Z 闭锁

C. 换流器层 X、Z 闭锁 　　　　D. 正常闭锁停运

【解析】 特高压直流保护在双阀组串联运行时，如果保护检测到某一个阀组故障，

在系统允许情况下将向控制系统发退出该阀组的命令。此时为了快速停运并隔离故障阀组，阀组的退出闭锁时序主要分为换流器层 X、Y 闭锁方式。

9. 直流保护闭锁动作后果中，移相是将触发角迅速移至 （D）。

A. 30°　　　　　B. 60°　　　　　C. 90°　　　　　D. 90°以上

【解析】 移相是改变换流阀的触发角，将触发角迅速移至 90°以上，使两端换流器均处于逆变状态，将直流系统中的能量快速反送到交流系统，当直流电流降低到一定程度后，执行闭锁逻辑，减轻对系统设备的冲击。

二、多选题

1. 直流系统进行极平衡的目的是 （AB）。

A. 减小接地极电流　B. 消除过负荷　　C. 增大输送功率　　D. 减小输送功率

【解析】 极平衡是进行两极电流的平衡控制，以减小接地极电流，也可通过极平衡控制消除过负荷。因此，极平衡并不会直接影响输送功率。

2. 直流系统换流器层保护闭锁类型有 （AB）。

A. X 闭锁　　　　B. Y 闭锁　　　　C. Z 闭锁　　　　D. 以上均不正确

【解析】 为提高特高压直流系统的可靠性，结合特高压直流系统双十二脉动阀组串联的主接线形式，特高压直流保护在双阀组串联运行时，如果保护检测到某一个阀组故障，在系统允许情况下将向控制系统发退出该阀组的命令。此时为了快速停运并隔离故障阀组，换流器层的退出闭锁时序主要分为 X、Y 闭锁方式。

3. 直流系统极层保护闭锁类型 （ABC）。

A. X 闭锁　　　　B. Y 闭锁　　　　C. Z 闭锁　　　　D. 以上均不正确

【解析】 针对需要同时停运双阀组保护的闭锁方式与常规±500kV 直流输电系统闭锁方式类似，主要分为 X、Y、Z 闭锁方式。

4. 直流保护动作策略通常包括 （ABCD）。

A. 控制系统切换　B. 紧急移相　　C. 投旁通对　　D. 闭锁触发脉冲

【解析】 直流保护动作策略通常包括：告警和启动故障录波、控制系统切换、紧急移相、投旁通对、闭锁触发脉冲、极隔离。

5. 下列动作逻辑中属于整流侧 X 闭锁的有 （ACD）。

A. 移相　　　　　B. 投旁通对　　　C. 阀闭锁　　　　D. 交流断路器跳闸

【解析】 X 闭锁一般用于阀故障闭锁，在整流侧不投旁通对。

6. 极母线差动保护后，极层执行 （C） 闭锁。

A. X 闭锁　　　　B. Y 闭锁　　　　C. Z 闭锁　　　　D. 以上均不正确

【解析】 极区保护闭锁策略见表 8-3。

表 8-3　　　　　　　　　　　极区保护闭锁策略

保护类型	闭锁类型
极母线差动保护	极层 Z 闭锁
极中性线差动保护	极层 Z 闭锁
阀组连接线差动保护	极层 Z 闭锁
极差动保护	极层 Z 闭锁
接地极开路 I、II 段（III）保护	极层 Z（X）闭锁

续表

保护类型	闭锁类型
50/100Hz 保护	极层 Y 闭锁
直流过压保护 I（II）段	极层 Z（X）闭锁
直流低电压保护	极层 Z 闭锁
开路试验保护	极层 X 闭锁

7. 双极中性线差动保护后，极层执行 （B） 闭锁。

A. X 闭锁　　　　　B. Y 闭锁　　　　　C. Z 闭锁　　　　　D. 以上均不正确

【解析】 双极区保护闭锁策略见表 8-4。

表 8-4 双极区保护闭锁策略

保护类型	闭锁类型
双极中性线差动保护	极层 Y 闭锁
站接地过流保护	极层 Y 闭锁
后备站接地过流保护	极层 Y 闭锁
金属回线横差保护	极层 Y 闭锁
金属回线纵差保护	极层 Y 闭锁

三、 判断题

1. 所有直流保护动作后， 均会发生直流停运。　　　　　　　　　　（×）

【解析】 直流保护动作后，其动作后果与控制系统联系紧密。因此根据不同的故障及其特性，直流系统保护可采用的动作逻辑大致分为三类：①充分利用控制功能抑制故障发展、降低故障应力，避免直流停运；②预测故障采取措施后尽快恢复直流系统的正常运行；③隔离故障或停运极。

2. 直流保护动作将控制系统切换后依旧会执行闭锁等逻辑。　　　　（×）

【解析】 直流保护动作后，为了排除控制系统本身故障引起的保护误动，先进行控制系统切换，切换后如果故障消失，则维持现状；系统切换后如果故障仍然存在，则保护执行下一步出口动作逻辑。

3. 移相是任何保护闭锁首先采取的动作逻辑， 是减小故障应力的有效措施。（√）

【解析】 紧急移相：将触发角迅速增加到 $90°$ 以上，将换流阀从整流状态变到逆变状态，以减小故障电流，加快直流系统能量释放，便于换流阀闭锁。

4. 直流系统整流侧发生故障， 在整流侧执行 X 闭锁时， 应投入旁通对。　（×）

【解析】 X 闭锁一般用于阀故障闭锁，在整流侧不投旁通对。例如，整流侧发生阀短路故障时，在故障阀将产生很大的阀电流，为了将过电流限制在故障相，换流阀应不投旁通对地立即闭锁；如果此时投了旁通对，可能会使非故障相的阀也短路，最后形成三相短路，扩大故障范围。而对于阀的其他相关故障，如整流侧或逆变侧丢失触发脉冲，在故障期间会自然形成旁通对，因此投入旁通对无助于消除故障。

5. 直流二次系统引起的故障停运 （非一次设备）， 通常不需要极隔离。　（√）

【解析】 二次系统故障停运时由于一次设备无故障点，因此不需要通过极隔离来隔离故障点。

四、填空题

1. 逆变侧增大关断角的目的是减小换相失败的概率。

【解析】逆变侧进行故障预测，提前触发换流器使关断角增大，以减小换相失败出现的概率。

2. 极隔离是将直流场设备与直流线路、接地极线路断开，用于保护动作后退出故障极。

【解析】极隔离：在一个极故障停运时，为了不影响另一极正常运行，便于停运极直流设备检修，需要同时断开停运极中性母线上的连接断路器和极线侧连接隔离开关，进行极隔离。

3. 移相是改变换流阀的触发角，将触发角迅速移至 90° 以上，使两端换流器均处于逆变状态，将直流系统中的能量快速反送到交流系统，当直流电流降低到一定程度后，执行闭锁逻辑，减轻对系统设备的冲击。

4. 投旁通对是指十二脉动阀组上同一桥臂上的换流阀同时导通。

【解析】投旁通对的目的是为直流电流提供一个通路，释放直流线路上的残余电荷，避免重新恢复功率时出现过电压。

5. 特高压直流一个十二脉动阀组是由两个六脉动换流器串联构成，投旁通对时需要导通四个换流阀。

【解析】投旁通对时同一桥臂上的换流阀同时导通，因此投旁通对时需要导通 4 个换流阀。

6. 根据不同的执行后果，特高压直流保护闭锁可分为换流器层闭锁和极层闭锁。

【解析】为提高特高压直流输电系统的可靠性，必须结合特高压工程中两个串联的十二脉动阀组的特点，特高压直流保护不仅需要具备常规 ±500kV 直流输电系统的闭锁方式，还需要具备隔离故障阀组的故障处理策略，双阀组串联运行时，如果保护检测到某一个阀组故障，将向控制系统发出退出该阀组的命令，故将特高压直流保护闭锁可分为换流器层闭锁和极层闭锁。

7. 换流器层闭锁分为换流器层 X 闭锁和换流器层 Y 闭锁两类，主要区别在于闭锁退出时是否投旁通对。

8. 阀区阀短路保护动作时，换流器层执行 X 闭锁逻辑。

【解析】换流器层保护闭锁策略表见表 8-5。

表 8-5　　　　　　　　　　　换流器层保护闭锁策略表

保护	闭锁
阀短路保护	换流器层 X 闭锁
换相失败保护（单桥）	换流器层 X 闭锁
换相失败保护（双桥）	换流器层 Y 闭锁
换流器过电流保护	换流器层 Y 闭锁
换流器差动保护	极层 X 闭锁
换流器电压过应力保护	换流器层 Y 闭锁
旁通开关保护	换流器层 Y 闭锁
旁通对过负荷保护	换流器层 Y 闭锁
触发异常保护	换流器 X 闭锁
晶闸管监视	换流器 X 闭锁

五、简答题

1. 请简述直流系统保护动作后进行 "控制系统切换" 的含义。

【解析】 控制系统切换是指将冗余的控制系统由值班系统切至备用系统。如果值班控制系统出现故障或异常，可能引起某些关联的保护误动。例如，控制系统触发异常引起的换相失败、慢速直流过电流保护或与控制系统计算相关的直流过电压/欠电压保护等。为了排除控制系统本身故障引起的保护误动，先进行性控制系统切换，切换后如果故障消失，则维持现状，系统切换后如果故障仍然存在，则保护执行下一步出口动作逻辑。

2. 请简述直流系统保护动作后进行 "极平衡" 的含义。

【解析】 无论直流系统双极是处于功率平衡或不平衡运行状况，一旦站内中性母线和接地极系统发生故障，首先进行两极的电流平衡控制，以减小接地极或站内接地极电流，也可通过极平衡控制消除过负荷现象。

3. 请简述直流系统保护动作后进行 "功率回降" 的含义。

【解析】 按保护需要，以预定的速率降低直流功率到定值。通常直流系统功率回降的情况主要有以下 4 种：

（1）绝对最小滤波器组不满足时，交流滤波器将承受过高的谐波应力，需降低直流功率以满足滤波器额定值要求。

（2）外部系统请求功率回降，如阀冷系统出水温度高需要通过降低直流功率来降低出水温度。

（3）直流过电流、单极运行方式下的接地极线路过负荷等故障可通过降低直流功率来降低故障对设备和系统造成的影响。

（4）用于直流线路故障再启动前的去游离，此时电流需要降到零。

4. 请简述直流系统保护动作后进行 "移相" 的含义。

【解析】 以一定速率增大触发角到最大触发角，通常需大于逆变侧可能的运行工况最大角。这是由换流原理决定的一个特点，当快速增大触发角，使直流电压降低，对于整流侧而言则完全进入逆变状态，电压极性改变，从而有利于熄灭直流电流。对于逆变侧而言，本身已为逆变运行，通常触发角在 $110°\sim159°$，逆变侧移相后的触发角应大于可能的工作范围，通常应大于 $160°$ 为宜。逆变侧移相以降低直流电压的速度，应与整流侧配合，通常整流侧移相时间约 20ms，而逆变侧近 100ms 完成移相，在整流侧慢速停运过程中，逆变侧应延时移相，否则直流电流反而增大。

5. 请简述直流系统保护动作后进行 "再启动" 的含义。

【解析】 整流侧移相但不闭锁触发脉冲，经过一段去游离时间后撤销移相指令，快速恢复触发角至正常值，以重新建立直流电压和电流，用于直流线路故障后的全压或降压再启动。

6. 请简述直流系统保护动作后进行 "投旁通对" 的含义。

【解析】 投旁通对命令发出后，控制系统同时触发 6 脉动换流器同相的两个换流阀，使其同时导通。由于形成直流侧短路，直流电压快速降低到零，可用于防止换流阀导通或关断时电流的断续和过电压；旁通对还可快速隔离交直流系统，减小因故障使换流变压器发生直流偏磁的时间，并便于交流侧断路器快速跳闸；一极由双 12 脉动换流器串联时，投旁通对还用于单 12 脉动换流器的退出。

7. 请简述直流系统保护动作后进行 "阀闭锁" 的含义。

【解析】 停止向换流器发送触发脉冲，在直流电流自然过零后，换流器将停止导通而停运。对于每极双12脉动换流器串联的直流系统，阀闭锁还伴随着12脉动换流器的旁路开关控制动作。

8. 请简述直流系统保护动作后进行 "交流断路器跳闸" 的含义。

【解析】 跳开换流变压器网侧开关，隔离交直流系统。通常，本站保护动作均需跳开换流变压器网侧断路器。如果对站保护动作至直流系统停运时，则本站可视情况不自动执行交流断路器跳闸，以便故障清除后较快速恢复。

9. 请简述直流系统保护动作后进行 "交流断路器锁定" 的含义。

【解析】 交流断路器跳开后，锁定该断路器，只有当故障清除后才允许合断路器，以提高安全性。

10. 请简述直流系统保护动作后进行 "启动断路器失灵保护" 的含义。

【解析】 如果交流断路器未正确跳开，则启动上一级断路器，目的是将故障隔离。

11. 请简述直流系统保护动作后进行 "极隔离" 的含义。

【解析】 将直流场设备与直流线路、接地极断开，用于保护动作后退出故障极。通常用于当交流进线断路器跳开之后进一步隔离故障，将直流场设备与直流线路、接地极线路断开。如果是二次系统引起的故障停运，通常不需要极隔离。

12. 请简述直流系统保护动作后进行 "阀组（换流器）隔离" 的含义。

【解析】 主要用于多12脉动阀组串、并联接线方式，当某个换流器发生内部故障时，将该换流器单元闭锁、隔离，使退出的设备与运行系统有明显的断开点且不影响健全设备的正常运行。

13. 请简述直流系统保护动作后进行 "重合开关" 的含义。

【解析】 在收到保护断开开关指令后，如果由于开关故障而不能断弧，则应将开关重新合上，以免开关损坏，主要用于直流开关。

14. X闭锁主要适用于哪类故障？

【解析】 X闭锁适用的故障类型主要是阀的故障，如整流侧阀短路故障、换流变压器阀侧两相短路故障、逆变侧换流变压器阀侧两相短路故障、单桥换相失败故障、换流器丢失触发脉冲、直流过电压、解锁前换流变压器阀侧接地、OLT试验期间故障等。X闭锁还适用于触发回路的故障，特别是当旁通对不能正确选择时。

15. Y闭锁主要适用于哪类故障？

【解析】 Y闭锁适用的故障类型主要是对设备不产生严重应力的直流侧故障，如阀区域接地故障、直流线路接地或金属回线接地故障、双极中性线区接地故障、站内接地过电流、直流场开关断开不成功等，以及交流系统故障引起的直流谐波含量高、双桥换相失败等。

16. Z闭锁主要适用于哪类故障？

【解析】 Z闭锁适用的故障类型主要是与直流侧相关的过电流或接地故障，如换流阀过电流、直流场接地故障（极母线、中性母线和极区的接地故障），以及接地极开路、直流低电压或过电压故障，以迅速隔离交直流系统。

17. 请简述旁通对的投退原则。

【解析】 （1）一旦发出指令，应尽快形成，即应尽快触发最后导通阀的同相阀形成旁通对。

（2）旁通对的投入不应造成继发的两相短路。因此对于某些故障时不能投入旁通对，例如，阀1和阀2正常导通时。阀1发生阀短路故障，如果投入阀5与阀2形成旁通对，则认为造成A、C相短路。

（3）不能选错，如果已检测到该同相阀不能导通，仍错误选择，则使最后导通阀要承受换流器两端的全部直流电压。

（4）投入旁通对后一旦出现过高的反极性直流电压，需停止旁通对的投入。

18. 如果站间通信失去，故障侧执行保护闭锁命令，对站如何执行闭锁？

【解析】 当故障发生时，首先在故障侧执行保护闭锁命令。如果站间通信失去，对站收不到故障站执行闭锁命令，对站的闭锁往往只能由自己站的保护动作执行闭锁。例如，在无站间通信的情况下，如果逆变侧发生故障投入旁通对，整流侧收不到逆变侧的闭锁信号，整流侧电流调节器力图保持直流电流不变，最后只能导致整流侧的线路低电压保护动作闭锁直流。

第三节　直流保护系统结构及性能

一、单选题

1. 通常情况下，采用三重化配置的直流保护，三套保护均投入时，出口采用（B）模式；当一套保护退出时，出口采用（B）模式。

A. 三取二，二取二　B. 三取二，二取一　C. 三取一，二取一　D. 三取三，二取二

【解析】《国家电网有限公司防止换流站事故措施》（国家电网设备〔2021〕227号）第6.1.3条款关于直流保护三取二逻辑要求。

2. 直流控制保护系统LAN网设计，应在保证各个冗余系统数据传输可靠性的基础上，优化网络拓扑结构，避免存在物理环网，防止（D）造成直流强迫停运。

A. 网络阻塞　　　B. 网络中断　　　C. 网络异常　　　D. 网络风暴

【解析】 网络风暴会导致控制保护系统死机，为《国家电网有限公司防止换流站事故措施》（国家电网设备〔2021〕227号）第5.1.30条款要求。

3. 每极各套保护间、极间不应有公用的输入/输出（I/O）设备，一套保护退出进行检修时，其他运行的保护（C）任何影响。

A. 可以受　　　　B. 不一定　　　　C. 不应受　　　　D. 必须受

【解析】《国家电网有限公司防止换流站事故措施》（国家电网设备〔2021〕227号）第6.1.5条款关于直流保护三取二逻辑要求。

4. 采用双重化配置的保护装置，每套保护中应采用"启动＋动作"逻辑，启动和动作的元件及回路应（C）。

A. 完全一致　　　B. 部分共用　　　C. 完全独立　　　D. 部分独立

【解析】《国家电网有限公司防止换流站事故措施》（国家电网设备〔2021〕227号）第6.1.4条款关于双重化直流保护逻辑要求。

5. SCM服务器、远动网关机、站LAN网、主时钟等均应双重化冗余配置。冗余SCADA系统均故障时，（A）影响直流控制保护系统正常运行。

A. 不应　　　　　　　B. 可能　　　　　　C. 可以　　　　　　D. 直接

【解析】 为《国家电网有限公司防止换流站事故措施》（国家电网设备〔2021〕227号）第 5.1.28 条款关于换流站时钟要求。

二、多选题

1. 单套直流保护主机检测到某光 TA 测量异常时， 会 （AB）。

A. 保护主机保持运行状态

B. 与异常光 TA 采样相关的保护功能退出，与该采样相关的保护逻辑由 "三取二" 变为 "二取二" 或 "二取一"

C. 保护主机退出运行状态

D. 向控制主机发送闭锁信号

【解析】 保护主机包括多个保护功能，当保护自检逻辑检测到单个采样回路采样异常时，会闭锁与该采样相关的保护功能，不影响其他保护正常运行。

2. 控制保护系统的运行人员控制层通过站 LAN 网， 可实现 （ABCD） 功能。

A. 接收运行人员或远方调度中心对换流站正常的运行监视和操作指令

B. 故障或异常工况的监视和处理

C. 查看全站事件顺序记录和事件报警

D. 完成直流控制系统参数的调整

【解析】 运行人员工作站是换流站主要的人机接口，工作站通过站 LAN 网与 SCA-DA 系统服务器、控制保护主机等进行通信，可实现运行人员对交直流控制保护系统及辅助系统等的监视、控制及整个换流站事件报警系统的集成等功能。

3. 针对所有的直流控制、 保护、 测量、 接口屏， 分别打开和关闭屏柜门， 手持对讲机、 手机通话等进行抗干扰试验， 不应出现 （ABCD）。

A. 系统切换　　　B. 保护动作　　　C. 异常事件或信号　D. 模拟量扰动

【解析】 直流控制保护系统设备应具有完备、良好的抗干扰性能，应通过相关的电磁兼容试验，调试期间通过打开和关闭柜门，手持对讲机、手机通话等进行抗干扰试验，不应出现模拟量扰动、异常事件或信号、系统切换、保护动作等情况。

4. 极保护主机运行状态包括 （AD）。

A. 运行　　　　　　　B. 备用　　　　　　C. 服务　　　　　　D. 试验

【解析】 直流保护主机仅有运行和试验两种状态，直流控制主机有运行、备用、服务、试验四种状态。

5. 直流保护主机故障状态包括 （AC）。

A. 轻微故障　　　　B. 严重故障　　　　C. 紧急故障　　　　D. 一般故障

【解析】 直流保护主机仅有轻微和紧急两种故障状态，直流控制主机有轻微、严重、紧急三种故障状态。

三、判断题

1. 特高压直流工程中， 采用三重化配置的直流保护， 三套保护均投入时， 出口采用 "三取二" 模式；当一套保护退出时， 出口采用 "二取一" 模式， 当两套保护退出时， 出口采用 "一取一" 模式。 　　　　　　　　　　　　　　　　　（×）

【解析】 根据防止换流站事故措施要求，特高压直流工程中，采用三重化配置的直流保护，当一套保护退出时，双极中性母线差动保护、接地极引线差动保护出口采用"二取二"模式，其他保护出口采用"二取一"模式；当两套保护退出时，接地极引线差动保护不出口，其他保护出口采用"一取一"模式。

2. 直流保护系统故障处理完毕后，将系统由"试验"状态恢复至"运行"状态前，必须检查确认该系统无报警、无跳闸出口等异常信号。　　　　　　（√）

【解析】防止换流站事故措施要求。

3. 三套极保护主机与两套极控制主机通信丢失时，应闭锁本极直流系统。（√）

【解析】极保护为三重化配置，直流系统不允许无保护运行。

4. 直流保护主机单一电源板失电可能会影响主机正常功能。　　　　　（×）

【解析】为《国家电网有限公司防止换流站事故措施》（国家电网设备〔2021〕227号）第5.1.14条款关于直流控保主机电源板卡双重化要求。

5. 极保护装置和换流器保护装置采用三重化配置，通过三取二逻辑装置出口，三取二逻辑装置采用双重化配置。　　　　　　　　　　　　　　　　　　　（√）

【解析】直流保护设计要求。

四、填空题

1. 在换流站直流控制保护系统中，控制系统采用<u>双重化冗余</u>设计，主/备用系统之间可在故障状态下进行自动系统切换或由运行人员进行手动系统切换。

【解析】换流站控制系统采用完全冗余的双重化配置，两套控制系统均可用情况下，一台值班、一台备用，在值班主机故障时，会自动进行值班系统切换。

2. 三套直流保护系统送至两套极或换流器控制系统的跳闸信号应<u>交叉上送</u>，防止单套传输回路元件或接线故障导致保护拒动。

【解析】为"三取二"逻辑基本要求，三套直流保护系统送至两套极或换流器控制系统的跳闸信号应交叉上送，当值班控制主机与三套保护主机失去连接时，应闭锁直流。

3. "三取二"逻辑装置一般为双重化冗余设计，任一个"三取二"模块故障，（不应）导致保护拒动和误动。

【解析】特高压换流站直流"三取二"逻辑装置独立于直流控制主机及保护主机，一般包括极层"三取二"装置和换流器层"三取二"装置，"三取二"装置为双重化冗余设计，两套装置完全独立，任一"三取二"装置故障，不应导致保护拒动和误动。

4. 交流滤波器设计应避免一组滤波器跳闸后引起其他滤波器<u>过负荷保护动作</u>，切除全部滤波器。

【解析】根据《国家电网有限公司防止换流站事故措施》（国家电网设备〔2021〕227号）第10.1条要求，交流滤波器（并联电容器）组应按照长期过负荷运行时仍具备一小组冗余进行设计；每种滤波器丢失一组不应导致直流系统功率回降或闭锁；避免出现单一类型交流滤波器全站仅配置一组的情况，防止因单一交流滤波器退出运行造成直流系统功率回降或闭锁。第11.1条要求，交流滤波器电抗器设计时应提高过负荷能力，正常运行时退出一小组滤波器后，滤波器电抗器不应出现过负荷。

5. 每一重直流极保护具有全部的保护功能，同时每重保护具有独立、完整的硬件配置和软件配置，并与另一重保护之间在物理上和电气上（完全独立）。

【解析】根据《国家电网有限公司防止换流站事故措施》（国家电网设备〔2021〕

227 号）第 6.1 条要求，双极、极和换流器各套保护间、两极及同一极的两个换流器之间不应有公用的输入、输出设备，一套保护退出进行检修时，其他运行的保护不应受任何影响；每套保护均应独立、完整，各套保护出口前不应有任何电气联系，当一套保护退出时不应影响其他各套保护运行。

五、简答题

1. 简述直流保护三重化配置的原则。

【解析】保护按照"三取二"逻辑出口，即 A、B 和 C 系统中至少两个系统的同一保护同时都有信号出口，即为系统出口信号。采用三重化配置的保护装置，当一套保护退出时，出口采用"二取一"或"二取二"模式。任一个"三取二"模块故障，不会导致保护拒动和误动。"三取二"逻辑输出信号应双重化配置，双重化的输出信号通过冗余通道分别连接到双重化的极控系统/站控系统，如图 8-10 所示。

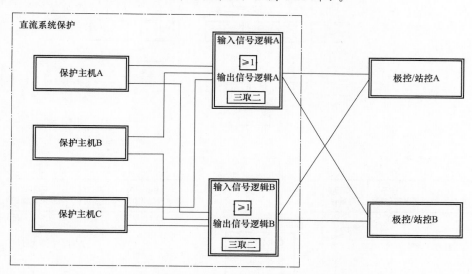

图 8-10　直流系统保护示意图

2. 画出直流保护"三取二"逻辑图。

【解析】"三取二"逻辑图如图 8-11 所示。

3. 简要介绍换流变压器电量保护及非电量保护跳闸信号出口动作情况，并画出硬件接线原理图。

【解析】换流变压器电量保护为三重化配置；非电量保护未设独立保护装置，其跳闸信号经 CMI 转接并集成于阀组保护中，也为三重化冗余配置。

换流变压器电量保护和非电量保护的跳闸信号，除电量跳闸信号经 CTRL LAN 网交换机送给 CCP 外，其他都经过点对点的直连光纤送至 C2F3 和 CCP 进行"三取二"判断，若满足"三取二"逻辑，则出口跳闸。其中，C2F3 动作于跳进线开关和启动失灵保护，CCP 主要动作于顺控闭锁，同时也动作于跳进线开关和启动失灵（后备）。

换流变压器保护的跳闸出口路径如图 8-12 所示。

4. 简要介绍换流器区域非电量保护屏柜及非电量保护信号开入要求。

【解析】 每个阀组的换流器区配置三面非电量保护接口屏 NEP，每面非电量保护接口屏配置 1 个 I/O 机箱，用于换流变压器非电量保护开入信号和阀厅穿墙套管非电量保护信号。非电量信号开入回路应设置大功率继电器，动作电压满足 55%～70% 范围的要求，动作功率不低于 5W。

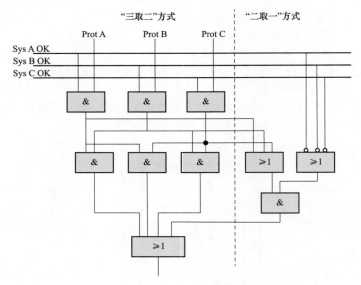

图 8-11 "三取二"逻辑图

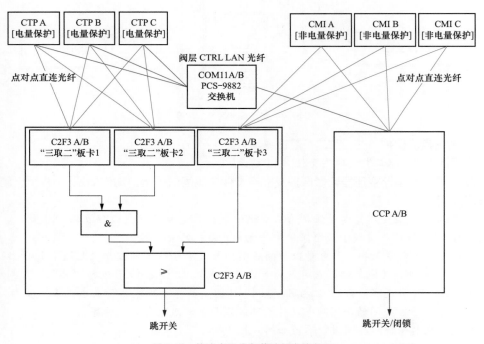

图 8-12 换流变压器保护跳闸出路径图

5. 简要介绍直流控制保护系统中 LAN 网、总线的类型及功能。

【解析】（1）SCADA LAN。SCADA LAN 双重化配置，用于接入全站直流控制保护主机、运行人员工作站、SCM 服务器、远动工作站等。

（2）就地控制 SCADA LAN。就地控制 SCADA LAN 采用单重化配置，与 SCADA LAN 网相互独立，可全站配置，也可按主控楼、继电室分段配置，可通过就地控制后台实现全站设备或各小室内设备的就地监视和操作，可作为 SCADA LAN 网故障时直流设备的后备控制。

（3）站层控制总线。站层控制总线采用双重化配置，用于交流站控主机、直流极控主机、滤波器控制主机、站用电控制主机之间的实时通信，传输信号包括交流场开关、隔离开关、接地开关状态，直流运行状态以及滤波器投切命令及投入状态，用于实现交流场连锁、最后断路器逻辑、无功控制等。

（4）实时快速总线。实时快速总线可采用控制 LAN、IFC 总线等形式实现，用于控制主机与保护主机之间、控制主机间的高速实时通信，传输信号包括直流运行状态、保护动作信息以及主机状态等，控制主机接收极保护、换流器保护动作信息，实现保护"三取二"出口逻辑、控制主机系统间通信、系统切换等功能。

（5）现场控制总线。现场控制总线包括开关量传输总线和模拟量传输总线两类。其中开关量传输总线用于控制主机与开关量接口屏之间的实时通信，传输信号包括开关隔离开关状态及操作命令等；模拟量传输总线用于传输保护用电压、电流等模拟量信号，以及闭环控制器等核心控制功能用模拟量信号。开关量传输总线可采用 CAN 总线、LAN 网等总线形式。模拟量传输总线可采用 IEC 60044-8、IEC 61850-9-2 等形式传输，IEC 60044-8 为单向总线，点对点传输，IEC 61850-9-2 为双向总线，支持点对点和组网传输。

第四节　直流保护配置及原理

一、单选题

1. 下列 （A） 保护属于换流器区保护。

A. 阀短路保护　　　B. 极差动保护　　　C. 极母线差动保护　　D. 行波保护

【解析】 12 脉动换流器保护区的直流系统保护配置（以低压换流器为例）功能主要包括：①阀短路保护；②换相失败保护；③过电流保护；④阀直流差动保护；⑤换流变压器阀侧中性点偏移保护；⑥旁通断路器保护；⑦旁通对过载保护；⑧换流器谐波保护（根据工程实际配置）。

2. 直流保护中线路保护动作时会让线路重启，这是控制系统 （A） 控制的作用。

A. 整流侧　　　B. 逆变侧　　　C. 整流侧和逆变侧　　D. 整流侧或逆变侧

【解析】 线路重启的目的是在直流线路故障后，采取清除故障的措施后，试图通过重新解锁恢复功率输送。当直流线路发生故障时，线路保护动作，要求执行线路故障恢复时序。线路重启逻辑通过要求移相操作，迅速将直流电压降到 0，等待故障点去游离时间后，撤销移相命令，系统重新建立到故障前的电流、电压，恢复运行。重启时间、重启后的电压、重启次数可设定。设定值允许为零次（不进行重启操作，直接停运）、一或两次全压再起动，一次降压再起动。每次再启动的去游离时间可单独设定，但不能超出一个合适的范围（过短造成的无法完成去游离，或过长导致对系统产生影响）。如果全压再启动次数已达到整定次数，但因绝缘恢复时无法在设定的时间内达到全压水平而未能成功，再启动逻辑会按预先设置的降压参考值进行一次降压再启动。若因为重启功能未投入或达到重启次数重启不成功则闭锁直流。线路重启逻辑只配置在整流侧。

3. 逆变站发生 100ms 交流网侧单相金属性接地故障，直流系统会发生 （D）。

A. 极闭锁   B. 跳换流变压器网侧开关

C. 极平衡   D. 发生换相失败

【解析】 换相失败保护测量换流变压器阀侧 Y 绕组和 D 绕组的电流以及直流极母线电流 I_{dP} 和直流中性母线电流 I_{dNC}。其判断依据为 $\max\left[I_{dP}, I_{dNC}\right] - \max\left[I_{acY}, I_{acD}\right] > \Delta$。其中 I_{acY} 和 I_{acD} 分别是变压器 Y 绕组和 D 绕组三相电流的整流值，I_{dP} 是 12 脉动换流器高压端电流，I_{dNC} 是 12 脉动换流器低压端电流。逆变站发生 100ms 交流网侧单相金属性接地故障，故障相交流电压会降至零，交流电流 I_{acY}、I_{acD} 会增大，导致四个 6 脉动换流桥的连续换相失败。保护检测到故障后，先进行短暂的延时，以确认故障的发生（一般为几个程序运行周期）。发生换相失败时，保护首先应报警，并采取一定措施防止连续换相失败。保护与交流系统故障清除时间配合，一般正常故障清除时间 100ms，后备保护故障清除时间 600ms。考虑的原则应是：如果交流系统为弱系统，换相失败的次数参考水平可少些；如果交流系统为强系统，换相失败的次数参考水平可适当多些，避免直流系统闭锁、跳开关、极平衡等后果。

4. 避免交流滤波器中高压电容器发生雪崩损坏故障，需配置 （B） 保护。

A. 交流滤波器过电流保护   B. 电容器不平衡保护

C. 交流滤波器差动保护   D. 交流滤波器失谐保护

【解析】 交流滤波器高压电容的各个桥臂是由数量相同的若干台电容器（unit）串并联构成，在每台电容器的内部又为若干只小电容元件（element）串并联组成，一般的配置中每个小电容元件均带有熔丝。单只电容器 n 串 m 并结构，如图 8-13 所示。

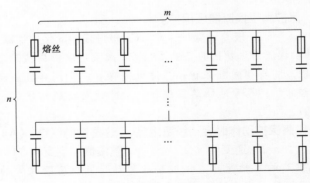

图 8-13 电容结构图

若其中的一个元件发生故障，如绝缘介质被击穿，则与之相并联的其他电容元件通过故障元件放电，从而使故障元件的熔丝熔断，与正常的元件隔离。内部熔丝是电容器元件的初级保护，如果一只电容器内部同一并联组件有多个元件损坏，则剩余的完好电容器元件将承受更高电压，从而缩短寿命，甚至引起雪崩效应。基于电容器的内部结构分析，元器件故障会首先引起电容值异常，引起桥臂不平衡，配置不平衡保护可快速动作，避免元器件故障引起的雪崩击穿。

5. 整流侧一个阀组连续丢失脉冲，下面（C）会动作。

A. 100Hz 保护　　　　B. 直流差动保护　　C. 50Hz 保护　　　　D. 换相失败保护

【解析】 50Hz 保护主要保护由于触发回路故障造成的阀不正常触发，也作为系统性的后备保护，在交流系统不对称故障无法切除时，作为后备保护。保护判据为：

$$I_{\mathrm{DNC\_50Hz}} > I_{\mathrm{set1}}；$$

$$I_{\mathrm{DNC\_100Hz}} > I_{\mathrm{set1}}。$$

50Hz 谐波电流采集带宽为 $40\sim60\mathrm{Hz}$，100Hz 谐波电流采集带宽为 $80\sim120\mathrm{Hz}$。

6. 金属回线运行时，金属回线靠近整流侧处发生接地故障，下面（A）保护会动作。

A. 逆变侧（接地侧）金属回线接地保护　　B. 站内接地网过电流保护

C. 整流侧（非接地侧）金属回线接地保护　D. 接地极电流平衡保护

【解析】 故障位置示意图如图 8-14 所示。保护配置如图 8-15 所示。

金属回线靠近整流侧处发生接地故障，故障电流经接地极和金属返回线两个分支流回，整流侧直流电流 I_{DCP}、I_{DCN}、I_{DNC}、I_{DNE}、I_{DME} 均增大，逆变侧直流电流 I_{DCP}、I_{DCN}、I_{DNC}、I_{DNE}、I_{DME}、I_{DEL} 均增大。金属回线纵差保护只配置在整流站，金属回线横差保护、金属回线接地保护只配置在逆变站。金属回线接地保护检测原理为：$I_{\mathrm{DGND\_MR}} = |\,I_{\mathrm{DGND}} + I_{\mathrm{DEL1}} + I_{\mathrm{DEL2}}\,|$。由于逆变站 I_{DEL1}、I_{DEL2} 增大，逆变站金属回线接地保护会动作。I_{DGND} 电流不变，站内接地网过电流保护不会动作。I_{DEL1}、I_{DEL2} 均增大，接地极电流平衡保护不会动作。

7. 当图 8-16 所示位置发生接地故障时，（B）主保护会动作。

A. 极差动保护　　　　B. 极母线差动保护　　C. 阀组差动保护　　D. 直流欠压保护

【解析】 极母线保护检测直流高压母线的接地故障。保护的工作原理是比较阀厅高压母线直流电流 I_{dP}、直流滤波器首端电流 I_{ZT1} 和出线侧直流电流 I_{dL}，如果电流的差值大于整定值，保护将跳闸。其逻辑如下：

正常运行、仅高压阀组运行时

$$I_{\_\mathrm{dif}} = |\,I_{\mathrm{DC1P}} - I_{\mathrm{DL}} \pm I_{\mathrm{ZT1}}\,|$$

$$I_{\_\mathrm{RES}} = \max\,(I_{\mathrm{DC1P}},\ I_{\mathrm{DL}},\ I_{\mathrm{ZT1}})$$

$$I_{\_\mathrm{dif}} > \max\,(I_{\_\mathrm{set}},\ k_{\_\mathrm{set}} I_{\_\mathrm{RES}})$$

仅低压阀组运行时

$$I_{\_\mathrm{dif}} = |\,I_{\mathrm{DC2P}} - I_{\mathrm{DL}} \pm I_{\mathrm{ZT1}}\,|$$

$$I_{\_\mathrm{RES}} = \max\,(I_{\mathrm{DC2P}},\ I_{\mathrm{DL}},\ I_{\mathrm{ZT1}})$$

$$I_{\_\mathrm{dif}} > \max\,(I_{\_\mathrm{set}},\ k_{\_\mathrm{set}} I_{\_\mathrm{RES}})$$

快速段有直流电压闭锁判据。

由上述可知，在图 8-17 中极母线区域发生接地故障，主保护极母线差动保护将动作。阀组差动保护采样 I_{DCP}、I_{DCN} 均增大，保护不会动作。极差保护、直流欠电压保护为极母线差动保护后备保护。

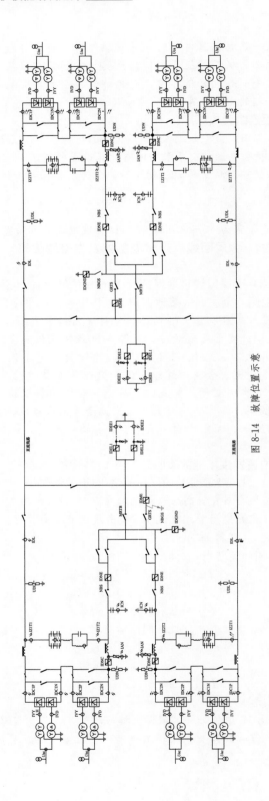

图 8-14 故障位置示意

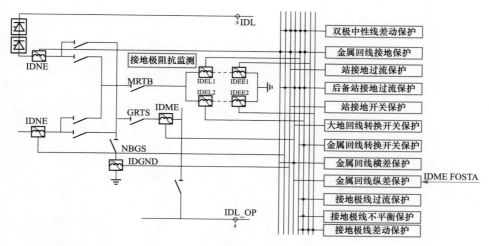

图 8-15　保护配置

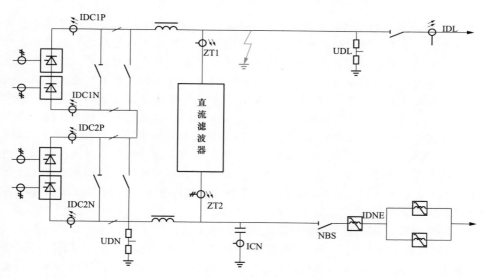

图 8-16　系统示意图

8. 换流变压器网侧高压套管故障时，下列（D）保护会动作。

A. 阀组差动保护
B. 换流变压器过励磁保护
C. 换流变压器饱和保护
D. 换流变压器大差保护

【解析】 根据图 8-17，I_{ACY1}（I_{ACD1}）、I_{ACY2}（I_{ACD2}）分别为星（角）接换流变压器网侧首、尾端套管 TA 采样，网侧高压套管在换流变压器绕组差动保护、小差保护、大差保护等保护范围之内，结合选项，正确答案为 D。

9. 换流变压器饱和保护检测接地支路的零序电流来自（B）。

A. 自产零序
B. Y/Y 换流变压器中性点 TA
C. Y/D 换流变压器中性点 TA
D. Y/Y、Y/D 换流变压器中性点 TA

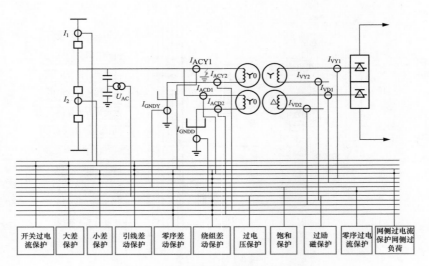

图 8-17　极母线区域发生接地故障示意图

【解析】　当换流变压器故障或运行不平衡时，就会有直流电流通过变压器中性线流入，从而导致换流变压器出现直流偏磁现象，使得换流变压器铁芯持续性的饱和，增多了变压器的空载损耗，铁芯温升上升。当直流偏磁现象较为严重时，可能使得铁芯在饱和期内的饱和度过深，漏磁通增加，造成结构件涡流损耗增加，甚至可能出现严重的局部过热，导致变压器热损毁。同时直流偏磁还会导致换流变压器运行噪声变大，寿命下降。基于以上原因，换流变压器保护一般需要配置饱和保护。饱和保护取换流变压器中性点 TA 电流作为判断依据。Y/Y 和 Y/D 变压器交流侧绕组中性点均接地运行，但是由于 Y/Y 变压器的零序阻抗接近于励磁阻抗，其阻抗值相当大，这样在单点接地故障的情况下，没有零序电流流过 Y/Y 变压器中性点，而基本上所有的零序短路电流都流过 Y/D 变压器中性点，饱和保护容易误动。基于这个特点，饱和保护只采用 Y/Y 变压器中性点零序电流，而不采用 Y/D 变压器中性点零序电流。

10. 下列 （D） 不是直流保护切除故障的动作策略。

A. 告警和启动故障录波　B. 控制系统切换　C. 直流再启动　　D. 闭锁线路保护

【解析】　直流保护切除故障的动作策略有：闭锁、跳换流变压器网侧开关、锁定换流变压器网侧开关、启动失灵保护、极平衡、极隔离、禁止解锁、禁止升换流变压器分接头、请求降换流变压器分接头、移相、请求控制系统切换、功率回降、重合开关、启动再启动逻辑、合站地开关、请求另一极移相、增加 GAMMA 角等。

二、多选题

1. 直流保护分为 （ABCD） 类。

A. 换流器保护　　　　　B. 极区保护　　　　C. 交流滤波器保护 D. 双极区保护

【解析】　直流系统保护的目标是快速切除系统中的短路故障或不正常运行设备，防止其造成损害或干扰系统其他部分的正常运行。直流系统保护包括双极保护、极保护、12 脉动换流器保护、直流滤波器保护、换流变压器保护、直流线路保护、交流滤波器保护。换流变压器保护可集成于换流器保护中，直流线路及直流滤波器保护通常集成于极区与双极区保护中。

2. 下列 （AC） 采样用于高端换流器差动保护。

A. IDCP B. IDL C. IDCN D. IDNC

【解析】 换流器相关保护配置及采样如图 8-18 所示。

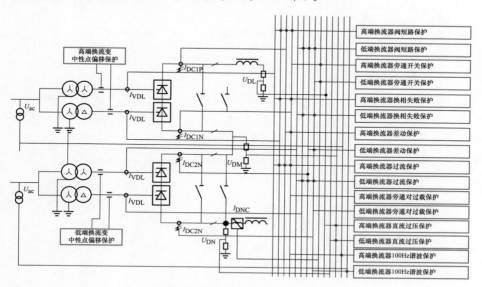

图 8-18 换流器相关保护配置及采样

由图 8-18 可知，高端换流器差动保护采样为 I_{DCP}（I_{DC1P}/I_{DC2P}）、I_{DCN}（I_{DC1N}/I_{DC2N}）。

3. 属于换流器区故障的有 （ABCD）。

A. 丢脉冲 B. YY 换流器单相接地
C. 阀桥臂短路 D. 换流器高端接地

【解析】 换流器保护主要是针对一个极的两个换流器提供保护，其保护的范围在 I_{DC1P} 与 I_{DC2N} 之间的部分。换流器区的故障有：丢脉冲 （F9），旁通开关合、分故障 （F10），阀桥臂短路 （F11），换流器高端接地 （F12），换流器高端对中点短路 （F13），换流器中点接地 （F14），YY 换流器单相接地 （F16），YY 换流器相间短路 （F17），YD 换流器单相接地 （F18），YD 换流器相间短路 （F19），换流器低端接地 （F20）。其故障点如图 8-19 所示。

4. 直流单极大地回线大功率运行时， 一根接地极线路发生开路， 下列 （AD） 保护可能会动作。

A. 接地极差动保护 B. 接地极不平衡保护
C. 站接地过电流保护 D. 接地极线过电流保护

【解析】 由图 8-20 可知，接地极配置的保护有接地极线过电流保护、接地极线不平衡保护、接地极线差动保护。

接地极线过电流保护原理为 $|I_{DEL1}| > I_{alm}$；$|I_{DEL2}| > I_{alm}$；$|I_{DEL1}| > I_{set}$；$|I_{DEL2}| > I_{set}$。

接地极线不平衡保护原理为 $I_{dif} = |I_{DEL1} - I_{DEL2}|$；$|I_{DEL1}| > I_{SET}$ （启动值 100A），

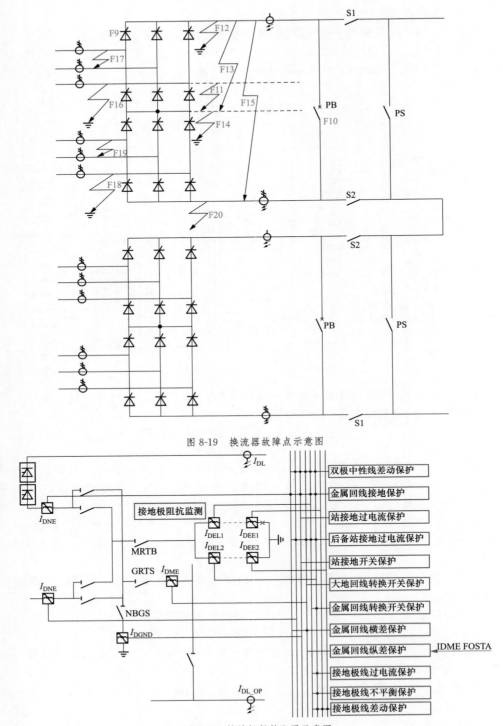

图 8-19 换流器故障点示意图

图 8-20 接地极保护配置示意图

$I_{DEL2} \mid > I_{SET}$（启动值 100A）同时满足并且 $I_{\_dif} > I_{tdel\_set}$（动作值）。

接地极线差动保护原理为 $\mid I_{DEL1} - I_{DEE1} \mid > max（50A，0.1 \mid I_{DEE1} \mid）$ 或 $\mid I_{DEL2} - I_{DEE2} \mid > max（50A，0.1 \mid I_{DEE2} \mid）$。

单极大地回线大功率运行时，若一根接地极线开路，则入地电流全部由一根接地极线汇入大地，接地极线过电流保护可能会动作。同时接地极不平衡保护及接地极差动保护检测到差流，但开路的接地极线不满足接地极线不平衡保护动作电流启动值条件，故接地极线不平衡保护不会动作。接地极线差动保护检测到差流大于定值后动作。

5. 下列是直流线路突变量保护动作后的结果 （CD）。

A. 极 X 闭锁　　　　　　　　　　B. 功率回降
C. 启动线路再启动逻辑　　　　　　D. 触发录波

【解析】 直流线路突变量保护检测直流线路上的金属性接地故障。当直流线路发生故障时，会造成直流电压的跌落。故障位置的不同，电压跌落的速度也不同。通过对电压跌落的速度进行判断，可检测出直流线路上的故障，其原理为：

$dU_{DL}/dt < dU_{DL\_set}$

$\mid U_{DL} \mid < U_{DL\_set}$

保护动作后会触发录波。

6. 站间通信故障时会影响 （AB） 保护。

A. 直流线路纵差保护　　　　　　　B. 金属回线纵差保护
C. 金属回线横差保护　　　　　　　D. 接地极差动保护

【解析】 直流线路纵差保护逻辑为

$I_{\_dif} = \mid I_{DL} - I_{DL\_OST} \mid$

$I_{RES} = \mid I_{DL} + I_{DL\_OST} \mid /2$

$I_{\_dif} > max（I_{\_set}，k_{\_set} I_{RES}）$

I_{DL} 为本站极线的电流，I_{DL_OST} 为对站极线电流，通过控制系统站间通道传送。

金属回线纵差保护逻辑为

$I_{\_dif} = \mid I_{DME} - I_{DME\_OSTA} \mid$

$I_{RES} = \mid I_{DME} + I_{DME\_OSTA} \mid /2$

$I_{\_dif} > max（I_{\_difset}，k_{\_set*}）$

式中：I_{DME} 为本站金属回线的电流，I_{DME_OSTA} 为对站金属回线的电流，通过控制系统站间通道传送。

由以上可知，当站间通信故障时，直流线路纵差及金属回线纵差无法采集对站采样，为防止保护误动，站间通信故障时保护会自动退出。金属回线横差及接地极差动采样不涉及对站。

7. 采用 "三取二" 逻辑实现的保护有 （BCD）。

A. 交流滤波器保护　B. 换流器保护　　C. 极保护　　　D. 换流变压器保护

【解析】采用"三取二"逻辑实现的保护有换流器保护（包括换流器区保护、换流变压器区电量保护）、极保护（包括极区、直流滤波器区和双极区保护）和非电量保护。换流变压器非电量保护跳闸信号通过非电量接口屏柜采集，对于每种类型的跳闸节点（重瓦斯等）独立采集，每个跳闸信号均按照"三取二"逻辑实现。换流器保护（包括换流器区保护、换流变压器区电量保护）共用换流器层"三取二"装置，高低压换流器分别配置独立的"三取二"装置。极层配置独立的"三取二"装置，供极保护、直流滤波器以及双极保护使用。"三取二"装置采用双重化配置。交流滤波器及其母线保护采用集成装置，按照大组保护完全双重化配置。

8. 直流滤波器一般配置 （ABCD） 保护。

A. 直流滤波器差动保护 B. 直流滤波器过载保护

C. 直流滤波器失谐保护 D. 直流滤波器高压电容器接地及不平衡保护

【解析】 直流滤波器保护区的保护配置如图 8-21 所示。

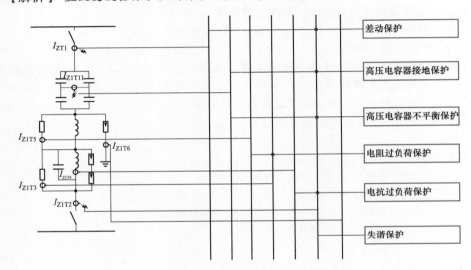

图 8-21 直流滤波器保护区保护配置图

功能包括：①直流滤波器差动保护；②直流滤波器过载保护（电阻过负荷、电抗过负荷）；③直流滤波器失谐保护；④直流滤波器高压电容器接地保护；⑤直流滤波器高压电容器不平衡保护。

9. 特高压换流站直流穿墙套管应在 （AB） 的保护范围内。

A. 极差动保护 B. 换流器差动保护

C. 中性母线差动保护 D. 极母线差动保护

【解析】 直流穿墙套管作为换流器的直流侧引出套管，属于换流器区域保护，换流器差动作为主保护，极差动保护为后备保护。

10. 直流输电系统正常运行时，下列 （ABD） 需要投入运行。

A. 直流开关保护 B. 极差动保护

C. 换流变压器阀侧中性点偏移保护 D. 线路低电压保护

【解析】 换流变压器阀侧中性点偏移保护，用于阀组解锁前检测换流变压器阀侧交流连线的接地和相间短路故障，阀闭锁时投入。保护采集换流变压器二次侧末屏电压，正常状态下三相电压的矢量和为零，如果发生单相接地或相间短路故障，三相电压零序分量不为零，超过预定参考值，保护禁止阀解锁。

三、判断题

1. 换流器保护的目的是防止危害直流换流器设备的过电压、过应力以及换流器（含交

流系统） 运行的故障。 直流运行方式转变时保护有可能误动。　　　　　　　（×）

【解析】 保护自适应于特高压运行方式的转换，主要包括换流器的退出及投入，方式转换时保护不会误动。

2. 直流极母线平波电抗器发生对地闪络故障， 极母线差动保护会动作。　　　（√）

【解析】 极母线保护检测整个高压母线区域内的各种接地故障。保护的原理是比较阀厅高压母线直流电流 I_{dP}、直流滤波器首端电流 I_{ZT1} 和出线侧直流电流 IdL，如果电流的差值大于整定值，保护将跳闸。

3. 直流滤波器保护动作时只会跳直流滤波器， 不会影响直流系统运行。　　　（×）

【解析】 直流滤波器保护根据直流滤波器电流值选择动作策略，低于一定值时分滤波器高压侧隔离开关，隔离直流滤波器。超过一定值时闭锁对应极。

4. 为了应对直流偏磁， 换流变压器保护需配置的保护为过励磁保护、 零序差动保护、 过电压保护、 饱和保护。　　　　　　　　　　　　　　　　　　　　　　（×）

【解析】 换流变压器饱和保护的目的是防止直流电流由换流变压器中性点流入换流变压器产生直流偏磁，从而引起换流变压器直流饱和。

5. 直流线路发生接地故障时， 保护动作于跳闸。　　　　　　　　　　　　（×）

【解析】 当直流线路发生故障时，线路保护动作，触发线路再启动逻辑，按设定的电压等级及次数进行再启动，重启不成功时闭锁。

6. 高压直流开关无法断开电流时， 保护动作于重合开关。　　　　　　　　（√）

【解析】 当高压直流开关无法断开电流时，为保护直流开关，开关保护会动作于重合直流开关，并锁定开关，同时触发录波。

7. 直流输电系统双极大地回线运行时， 接地极线过负荷保护动作会直接回降功率。 （×）

【解析】 接地极线过负荷保护动作，单极运行时会回降功率并触发录波，双极运行请求极平衡并触发录波。

8. 交流滤波器电容器不平衡保护跳闸段分为两段， 第一段为快速段。　　　（×）

【解析】 交流滤波器电容器不平衡保护跳闸段分为两段，跳闸 1 段延时跳闸，起动断路器失灵保护，锁定交流断路器；跳闸 2 段立即跳闸，起动断路器失灵保护，锁定交流断路器。

9. 为了避免由控制系统故障引起不必要的跳闸， 在保护动作后应首先发出系统切换指令。　　　　　　　　　　　　　　　　　　　　　　　　　　　　　　　　（√）

【解析】 将控制系统从原来的有效系统切换至热备用系统，如果保护动作是由于控制系统故障引起的，在切换到健全系统后，跳闸信号消失，否则保护动作出口。

10. 发生阀短路故障时换流阀应尽快闭锁， 避免造成更多的元器件损坏。　　（√）

【解析】 当发生阀短路故障时，与故障阀处于同一半桥的健全阀在换相导通后会流过很高的短路电流。应在同一半桥的第 2 个健全阀导通之前迅速检出故障，并且不带旁通对闭锁阀，闭合相应的高速旁路开关，同时尽快跳开换流变压器网侧交流断路器。

四、 填空题

1. 特高压直流保护装置针对双十二脉动阀组串联结构分层布置， 两个阀组保护具有独立性， 退出运行的阀组不对剩余阀组的保护产生影响。

【解析】 控制保护以单个 12 脉动换流单元为基本单元进行配置，各 12 脉动换流单元的控制功能实现和保护配置保持最大程度的独立，能单独退出单12脉动换流单元而不影响其他设备的正常运行。

2. 换流器保护系统采用动作矩阵出口方式。

【解析】 换流器保护系统通过软件实现动作矩阵出口方式，灵活方便地设置各类保护的动作处理策略。区别不同的故障状态，对所有保护合理安排警告、报警、设备切除、再起动和停运等不同的保护动作处理策略。

3. 阀短路是换流阀内部或外部绝缘损坏或被短接造成的故障，这是换流器最为严重的一种故障。

【解析】 阀短路故障高、低压阀组的桥臂短路故障、相间短路故障，故障发生时交流侧交替发生两相短路和三相短路，电流激增，使换流阀和换流变压器承受比正常运行时大得多的电流，是换流器最为严重的一种故障。

4. 换相失败是逆变器常见的故障。逆变器换流阀短路、逆变器丢失触发脉冲、逆变侧交流系统故障等均会引起换相失败。

【解析】 造成换相失败的常见原因有：触发电路因谐波、故障等原因，造成触发脉冲的丢失，阀不能正常触发，未按照正确的顺序导通和闭合，造成换相失败；交流系统故障发生对称或不对称故障，会造成换流站母线电压下降以及换相电压过零点漂移不对称故障等问题，从而导致换相失败；直流侧故障主要是由于直流电流上升引发的换相失败，比如阀短路等故障。

5. 整流器直流侧出口短路与阀短路的最大不同是换流器的阀仍可保持单向导通的特性。

【解析】 阀短路时通过故障阀的电流反向激增，整流器直流侧出口短路时，换流阀仍按正常单向导通特性触发换相。

6. 交流系统故障对直流系统的影响是通过加在换流器上的换相电压的变化而起作用的。

【解析】 交流系统为换流器提供换相电压，交流系统故障瞬间，会造成换流母线电压的突变，使换流母线电压呈现三相电压幅值及相角不对称的现象且故障后电压相角的初相位也会发生变化。换流母线的三相不对称电压经过换流变压器压器网侧到阀侧的变换，使得阀侧的换相电压表现为三相不对称，引起换相线电压的过零点漂移，进而对直流系统运行的换相过程造成很大影响。

7. 交直流线路碰线，在直流线路电流中会出现工频交流分量。

【解析】 交直流线路发生碰线短路时，交直流线路存在直接的电气联系，交流线路的电量注入直流线路，直流线路的电量也会注入交流线路，使得交流分量和直流分量同时存在于故障线路中。发生交直流线路碰线时，交流直接将工频分量注入直流输电线路，线路引入大量50Hz分量，叠加后直流电压、电流表现出类似交流电量的波动特征。

8. 直流保护系统工作在测试状态时，保护除不能出口外，正常工作。

【解析】 保护在非测试状态运行时，均正常工作，并能正常动作。在测试状态时保护不能出口。保护自检系统检测到测量故障时，闭锁部分保护功能；在检测到装置硬件故障时，闭锁保护出口。

9. 由于直流系统的控制是通过改变换流器的触发角来实现的，直流保护动作的主要措施也是通过触发角变化和闭锁触发脉冲来完成的。

【解析】 高压直流输电可通过对两端换流器的快速调节，控制直流线路输送功率的大小和方向，以满足整个交直流联合系统的运行要求，也就是说直流输电系统的性能，极大地依赖于它的控制系统。由于直流系统的控制是通过改变换流器的触发角来实现的，直流保护动作的主要措施也是通过触发角变化和闭锁触发脉冲来完成的，因此直流系统的控制和保护系统功能关系密切，是高压直流输电工程的核心，是确保直流输电系统安全可靠运行的基础。

10. 直流线路故障的主保护是<u>直流线路行波保护</u>。

【解析】　直流线路配置行波保护、直流线路突变量保护、直流线路低压保护、直流线路纵差保护，其中行波保护为主保护。

五、简答题

1. 请画出典型直流保护测点配置。

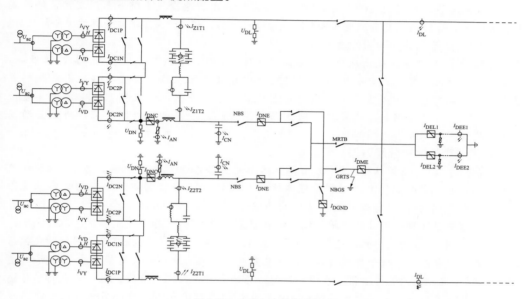

图 8-22　典型直流保护系统图

【解析】　直流保护系统图如图 8-22 所示。主要测点含义如下：

U_{DL}：极母线电压；U_{DN}：极中性母线电压；I_{DNC}：极中性母线电流（靠近阀侧）；I_{DNE}：极中性母线电流（靠近接地极出线）；I_{DL}：极母线电流；I_{DC1P}：高压阀组高压侧电流；I_{DC1N}：高压阀组低压侧电流；I_{DC2P}：低压阀组高压侧电流；I_{DC2N}：低压阀组低压侧电流；I_{VY}：YY 换流变压器阀侧绕组电流；I_{VD}：YD 换流变压器阀侧绕组电流；I_{DGND}：站内接地电流；I_{DME}：金属回线连接线电流；I_{DEL1}：接地极线 1 电流；I_{DEL2}：接地极线 2 电流；I_{ZT1}：直流滤波器首端电流；I_{Z1T2}：直流滤波器分支 1 尾端电流；I_{Z2T2}：直流滤波器分支 2 尾端电流；I_{AN}：极中性母线避雷器电流；I_{CN}：极中性母线电容器电流。

2. 简述直流线路行波保护原理。

【解析】　当直流线路发生故障时，相当于在故障点叠加了一个反向电源，这个反向电源造成的影响以行波的方式向两站传播。保护通过检测行波的特征来检出线路的故障。

$a(t) = Z_i(t) - u(t)$（反向行波，经过差模与共模分解得到差模量和共模量，下标分别为 dif 与 com） dacom/dt＞dadt_set

dacom＞dacom_set

dadif＞dadif_set

adif 与 acom 极性相反。

通过选取合理的定值，可确保保护在区外故障、换相失败、交流系统故障时不会动作。

3. 简述直流线路保护再启动逻辑。

【解析】 直流系统设计自动再启动功能的作用在于直流输电架空线路发生瞬时故障后，能快速恢复送电。通常直流输电系统的自动再启动过程为：当直流保护系统检测到直流线路瞬时故障后，整流器的触发角立即移相大于 90°，使整流器转变为逆变器运行。当直流电流降到零后，经过预设的去游离时间后，再按一定的速度减小整流器触发角，使其恢复整流运行，并快速调整直流电压和电流至故障前状态，相当于交流输电线路的重合闸功能。

4. 为什么差动保护不能代替瓦斯保护？

【解析】 瓦斯保护能反应变压器油箱内的任何故障，如铁芯过热烧伤、油面降低等，但差动保护对此无反应。又如变压器绕组发生少数线匝间短路，虽然短路匝内短路电流很大会造成局部绕组重过热产生强烈的油流向油枕方向冲击，但表现在相电流上其量值却并不大，因此差动保护没有反应，但瓦斯保护对此却能灵敏地加以反应，所以差动保护不能代替瓦斯保护。

5. 简述直流保护分层原则。

【解析】 （1）保护以每个12脉动换流器单元为基本单元进行配置，各12脉动换流器单元的保护配置相互独立，以利于可单独退出单12脉动换流器单元而不影响其他设备的正常运行，同时各12脉动保护系统间的物理连接尽量简化。

（2）保护系统单一元件的故障不能导致直流系统中任何12脉动换流器单元退出运行。

（3）任何一极/换流单元的电路故障及测量装置故障，不会通过换流单元间信号交换接口、与其他控制层次的信号交换接口，以及装置电源而影响到另一极或本极另一换流单元。当一个极/换流单元的装置检修（含退出运行、检修和再投入三个阶段）时，不会对继续运行的另一极或本极另一换流单元的运行方式产生任何限制，也不会导致另一极或本极另一换流单元任何控制模式或功能的失效，更不会引起另一极或本极另一换流单元的停运。

6. 简述直流保护分层配置。

【解析】 （1）每个换流器有独立的保护主机，完成本换流器的所有保护功能，另由独立的极保护主机完成极、双极部分保护功能。

（2）保护主机、IO单元按均换流器配置。当某一换流器退出运行，只需将对应的保护主机和IO设备操作至检修状态，即可针对该换流器做任何操作，而不会对系统运行产生任何影响。

（3）双极保护设置在极一层，无需独立设置。这遵循了高一层次的功能尽量下放到低一层次的设备中实现的原则，提高系统的可靠性，不会因双极保护设备故障时而同时影响两个极的运行。

7. 简述直流保护的冗余配置原则。

【解析】 直流系统的保护（包括换流单元保护、极保护、双极保护、直流滤波器保护、换流变压器保护）按三重化原则冗余配置，采用"三取二"跳闸逻辑。交流滤波器保护按大组、双重化冗余配置。

8. 哪些保护性功能将放置在控制系统中?

【解析】 保护性功能包括:①大角度监视;②阀结温过热保护;③开路试验保护;④阀触发异常保护。

9. 导致换相失败的原因有哪些?

【解析】 换相失败的原因为:①逆变侧换相电压下降;②逆变侧交流系统不对称故障;③暂态过程或谐波引起换相电压畸变;④触发脉冲丢失。

10. 简述直流保护 "三取二" 逻辑。

【解析】 直流的三套保护,以光纤方式连接到冗余的交换机与控制系统进行通信,传输经过校验的数字量信号。换流器层或极层的每套保护,分别通过两根光纤与冗余的 "三取二" 装置中的一套通信,两根光纤通信的信号完全相同,当 "三取二" 装置同时收到两根光纤的动作信号以后才表明该套保护动作。三重保护与 "三取二" 逻辑构成一个整体,三套保护主机中有两套相同类型保护动作被判定为正确的动作行为,才允许出口闭锁或跳闸,以保证可靠性和安全性。此外,当三套保护系统中有一套保护因故退出运行后,采取 "二取一" 保护逻辑;当三套保护系统中有两套保护因故退出运行后,采取 "一区一" 保护逻辑;当三套保护系统全部因故退出运行后,换流器闭锁停运。

11. 简述换流变压器饱和保护原理。

【解析】 检测接地支路的零序电流峰值来进行饱和保护判断,装置根据变压器生产厂家提供的换流变压器流过的直流电流、零序电流和运行时间的对应表,分段线性化成为一条反时限动作曲线,并根据实时的外接零序电流进行反时限累计判断(与反时限过励磁保护类似)。差动保护或零序过电流启动后,保护停止累计。由于变压器饱和保护动作时间较长,并且可能由于直流控制系统的不恰当控制导致较大直流流过换流变压器,在反时限累计达到定值的70%时,装置将告警并输出控制系统切换信号以切换控制系统。在换流变压器的直流偏磁情况下外接零序电流中含有较大的三次谐波和五次谐波分量,装置中还设有外接零序电流的三次谐波报警和五次谐波报警功能。

12. 极保护区域有哪些?

【解析】 (1)极母线保护区域。指从12脉动换流阀高压侧直流电流测量装置至直流出线上的直流电流测量装置之间的设备,不包括直流滤波器设备。

(2)直流线路区域。指两换流站直流出线上的直流电流互感器之间的直流导线和所有设备。

(3)极中性母线保护区域。指从12脉动换流阀低压侧直流电流测量装置至极中性母线电流测量装置之间的区域。

(4)直流滤波器保护区域。包括直流滤波器高、低压侧之间的所有设备。

13. 简述按保护所针对的情况, 配置的保护分类并举例说明。

【解析】 第一类:针对故障的保护,如阀短路保护、极母线保护。

第二类:针对过应力的保护,如过电压、过负荷。

第三类:针对器件损坏的保护,如电容器不平衡保护、转换开关保护。

第四类:针对系统的保护,如功率振荡等。

14. 简述阀短路故障的特征。

【解析】 (1)交流侧交替发生两相短路和三相短路。

(2)通过故障阀的电流反向,并剧烈增大。

（3）交流侧电流激增，使换流阀和换流变压器承受比正常运行时大得多的电流。

（4）换流桥直流母线电压下降。

（5）换流桥直流侧电流下降。

15. 简述整流器直流出口短路的特征。

【解析】（1）交流侧通过换流器形成交替发生的两相短路和三相短路。

（2）导通的阀电流和交流侧电流激增，比正常值大许多倍。

（3）因短路直流线路侧电流下降。

（4）换流阀保持正向导通状态。

第五节　直流典型故障特性分析

一、单选题

1. 阀短路保护目的是使可控硅免受换流变压器 （A） 短路造成的过电流影响。

A. 直流侧　　　　　B. 交流侧　　　　　C. 内部　　　　　D. 外部

【解析】 如图 8-23 所示，阀短路保护整个换流阀，用于检测阀短路故障、阀接地故障、换流变压器阀侧（即换流变压器直流侧）相间短路故障，避免发生短路时换流阀遭受过应力。该保护测量流过换流变压器阀侧（即换流变压器直流侧）Y 绕组和 D 绕组的电流，阀高低压侧出口直流电流，取阀侧电流最大值与直流电流最大值进行比较，在正常运行工况下，差动电流很小，如果交流侧电流明显高于直流电流，则表明发生了故障，保护立即动作。

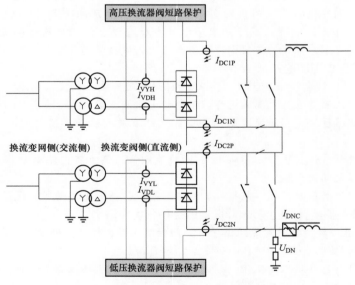

图 8-23　换流变压器阀短路保护配置示意图

2. 换流变压器饱和保护可防止因直流电流通过 （C） 进入换流变压器而引起换流变压器直流饱和。

A. 换流变压器连接交流电网　　　B. 换流变压器直流侧
C. 换流变压器中性点　　　　　　D. 直流接地极

【解析】 换流变压器饱和保护检测 Y/Y 换流变压器一次绕组尾端 TA 三相电流之和或检测 Y/Y 换流变压器网侧中性点 TA 电流，通过计算流过中性点的零序电流峰值进行反时限累计判断，零序电流越大，饱和保护动作时间就越短。当有直流电流流过换流变压器中性点时，换流变压器网侧中性点 TA 电流能检测到零序电流变化，防止换流变压器因直流饱和使换流变压器损坏。

3. 下列 （C） 动作结果为 "禁止解锁"， 解锁后会自动退出。
A. 直流线路电压突变量保护　　　　B. 交直流碰线保护
C. 换流变压器中性点偏移保护　　　D. 50Hz 保护

【解析】 在阀未解锁前，当换流变压器阀侧交流连线存在接地故障时，并不产生接地电流，也不会对变压器造成损害。但如此时不发现故障，阀一解锁后，就会造成阀的短路。因此要设置保护检测这种情况下的接地故障。换流变压器中性点偏移保护就用于检测换流变压器阀侧交流导线上的接地故障并阻止换流器解锁。换流变压器中性点偏移保护通过变压器套管上的电容式抽头测量换流变压器阀侧相对地电压 (U_{VY}、U_{VD}) 的矢量和，在换流器闭锁且没有接地故障存在时，矢量和为 0；而一旦有单相接地故障，大量的零序分量会出现在相对地电压中，保护能检测到该异常而动作。

4. 如图 8-24 所示为换流变压器阀侧三相电流， ABC 三相色标分别为黑蓝绿， 从图 8-24 中分析， （C） 出现了短路击穿。
A. 阀 V1　　　B. 阀 V2　　　C. 阀 V5　　　D. 阀 V6

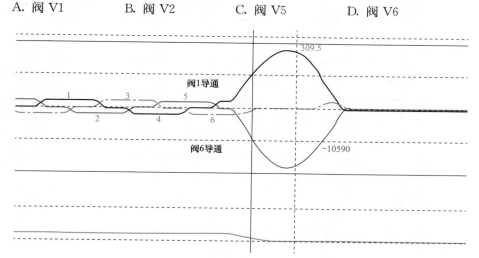

图 8-24　整流侧阀短路保护动作波形

【解析】 图 8-25 给出换流器工作原理图，从故障波形图分析，在故障时刻，阀 V1 和阀 V6 正在导通运行，突然出现阀 V1 电流突然增大，同时 C 相电流也增大，说明阀 V5 发生短路击穿，导致交流 A、C 相短路。

5. 图 8-26 第一通道是换流变压器星接阀侧三相电流， ABC 三相色标分别为蓝绿红；第二通道是换流变压器角接阀侧三相电流， ABC 三相色标分别为蓝绿红； 第三通道是换流

阀高压侧直流电流 I_{DP} （绿色） 和换流阀低压侧直流电流 I_{DNC} （蓝色）， 从图中分析为（C） 保护动作。

    A. 极母线差动   B. 换流阀过电流   C. 换流阀直流差动   D. 极中性线差动

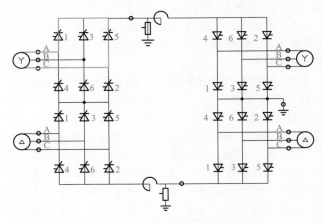

图 8-25　换流器工作原理图

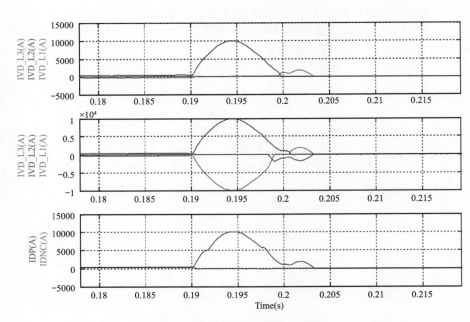

图 8-26　某±500kV 整流换流站故障波形图

【解析】 从图 8-26 中波形分析，换流变压器星接阀侧 B 相、角接阀侧 B、C 相电流均增大，换流阀低压侧直流电流 I_{DNC} 也增大，变化趋势与换流变压器阀侧电流一致，换流阀高压侧直流电流 I_{DP} 由正常电流降至 0A，说明故障电流同时流经换流变压器星接 B 相、角接阀侧 B、C 相及换流阀低压侧 TA I_{DNC}，而未流经换流阀高压侧 TA I_{DP}，故障等效电路图如图 8-27 所示。

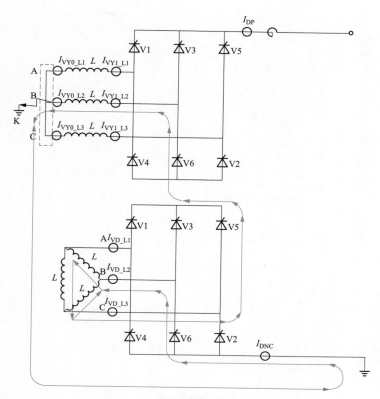

图 8-27 故障等效电路图

　　根据保护范围划分，该故障点为换流器差动保护区内，换流器差动保护检测换流阀高压端直流电流 I_{DP} 和换流阀低压端直流电流 I_{DNC} 之间的差值，作为换流阀区内接地故障的判据。当差动电流满足定值条件后，保护动作。

　　6. "请求控制系统增大关断角 γ" 是 （B） 保护的动作结果。

　　A. 阀组差动　　　　B. 换相失败　　　C. 极差动　　　　D. 中性点偏移

　　【解析】 换相失败是高压直流输电系统逆变器最常见的故障之一，它与很多因素有关，如换流母线电压、触发角、换流阀的触发脉冲控制方式等，其中关断角 γ 与换相失败有着最为直接的联系。关断角 γ 是指从被换相的阀电流过零算起，到该阀重新被加上正向电压为止这段时间所对应的电角度，如图 8-28 所示。关断角 γ 在图 8-28 （c） 中标出。

　　当逆变器在两个阀进行换相时，预计关断的阀在反向电压期间关断角 γ 若小于换流阀恢复阻断能力的时间，当加在该阀上的电压为正时，该阀会立即重新导通，这时就会发生换相失败。请求控制系统增加关断角 γ 就是要延长换流阀恢复阻断能力的时间，从而阻止换相失败的发生。

　　7. 图 8-29 所示为 ±800kV 某换流站极 1 直流线路故障波形，根据波形分析极 1 直流线路 （B）。

　　A. 1 次原压重启成功　　　　　　　　B. 2 次原压重启成功

　　C. 2 次原压重启，1 次降压重启成功　　D. 1 次原压重启，1 次降压重启成功

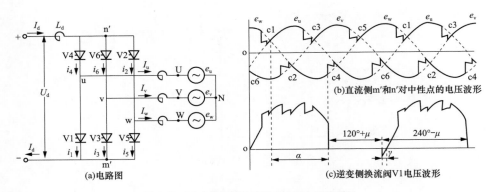

(a)电路图

(b)直流侧m′和n′对中性点的电压波形

(c)逆变侧换流阀V1电压波形

图 8-28　逆变器原理接线图及主要电压波形图

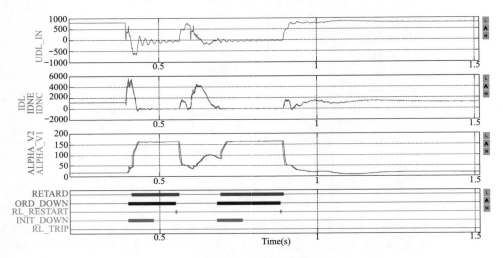

图 8-29　直流线路故障波形

【解析】　分析故障录波，故障发生前，图 8-29 中通道 1 显示极 1 直流线路电压 U_{DL} 为 800kV，故障发生后，极 1 直流线路电压出现电压突变，瞬时跌落，随后图中通道 4 ORD_DOWN 出现，开始第一次移相重启，ORD_DOWN 命令维持 150ms，在此期间，两个阀组触发角 ALPHA_V1、ALPHA_V2 移相至 164°，极Ⅰ直流电压变为负值，进入去游离阶段，以此将直流故障能量快速释放。随后，移相命令 RETARD 消失，两个阀组触发角 ALPHA_V1、ALPHA_V2 逐渐减小，进入第 1 次原压重启。直流电压逐步建立，但极 1 直流线路电压升至约 700kV 后再次跌落，图 8-29 中通道 4 ORD_DOWN 再次出现开始第二次移相重启，ORD_DOWN 命令维持 200ms，重复上述移相重启，随着移相命令 RETARD 第二次消失，两个阀组触发角 ALPHA_V1、ALPHA_V2 逐渐减小，进入第 2 次原压重启。直流电压逐步建立，直至恢复正常电压 800kV。说明极 1 直流线路经过两次原压重启成功，恢复直流系统正常正常。

二、多选题

1. 下述（AD）电气量的变化可能引起变压器过励磁。

A. 一次侧电压升高　　　　　B. 一次侧电压降低
C. 一次侧频率升高　　　　　D. 一次侧频率降低

【解析】 换流变压器过励磁保护用于防止过电压和低频率对变压器造成的损坏。变压器电压的升高或频率降低，会造成铁芯中的磁通密度增大，使变压器过励磁运行。过励磁运行时，铁芯饱和，励磁电流急剧增加，励磁电流波形发生畸变，产生高次谐波，从而使内部损耗增大、铁芯温度升高。另外，铁芯饱和之后，漏磁通增大，使在导线、油箱壁及其他构件中产生涡流，引起局部过热。严重时造成铁芯变形及损伤介质绝缘。过励磁程度可用以下公式来衡量

$$n = U_* / f_*$$

式中：U_*、f_*为变压器电压和频率标幺值；n为过励磁倍数。

通过计算n可得知变压器所处的状态，额定运行时$n=1$，n值越大，过励磁倍数越高，对变压器的危害越严重。

2. 直流系统运行期间换相失败有以下 （ABCD） 特征。

A. 6脉动逆变器的直流电压在一定时间下降到零
B. 直流电流短时增大
C. 交流侧短时开路，电流减小
D. 基波分量进入直流系统
E. 换流桥直流母线电压下降，直流侧电流下降

【解析】 换相失败是高压直流输电系统逆变器最常见的故障之一。正常情况下，任何时候共阴、共阳极组各有一只元件同时导通才能形成电流通路。当晶闸管工作在逆变工况时，晶闸管主要承受正向电压，在短暂的反向电压期间内若未能及时恢复阻断能力，当该阀电压转为正时，便会立即重新导通，造成换相失败。以6脉动换流单元进行说明，正常运行时共阴极按V1、V3、V5的顺序进行换相，共阳极按V2、V4、V6的顺序进行换相，每个晶闸管导通角120°，每个晶闸管触发间隔60°，如图8-30所示，阀V1、V2正常工作。当阀V1导通结束后，应由阀V3接替导通，由于种种原因阀V3未能正常导通，而之前导通的阀V1又恢复导通，

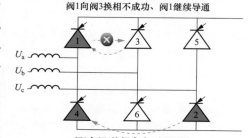

图 8-30 换流器换相示意图

阀V2导通结束后正常换相至阀V4导通，此时就会出现同一相上下阀V1、V4同时导通的情况，该情况出现在逆变侧，就会导致直流电流短时增大，直流电压在一定时间下降到零，交流侧短时开路，电流减小，同时基波分量会进入直流系统。

3. 换流变压器励磁涌流的特点有 （ABCD）。

A. 包含有很大成分的非周期分量，往往使涌流偏于时间轴的一侧
B. 包含有大量的谐波，并以二次谐波成分最大
C. 涌流波形之前存在间断角
D. 涌流在初始阶段数值很大，以后逐渐衰减

【解析】 变压器的励磁涌流是指当变压器空载合闸时，由于铁芯饱和而产生很大的空载合闸电流，最大峰值可达变压器额定电流的6~8倍。励磁涌流随换流变压器投入时

系统电压的相角、换流变压器铁芯的剩余磁通和电源系统的阻抗等因素有关，最大涌流出现在变压器投入时电压经过零点瞬间。换流变压器励磁涌流中含有直流分量和高次谐波分量，故在最初的几个波形中，涌流会出现间断角。其谐波以二次谐波成分最大且随时间衰减，衰减时间取决于回路阻抗。

三、 填空题

1. 直流输电系统运行中发生线路接地故障时， 故障时刻整流侧直流电压降低， 直流电流升高。

【解析】 直流输电系统运行中出现直流线路接地故障时，故障接地点与整流侧接地极形成通流回路，将逆变侧短路，故会出现整流侧直流电压降低，直流电流升高。

2. 直流滤波器高压电容器组发生故障， 直流滤波器不平衡保护会发出报警信号。

【解析】 直流滤波器不平衡保护用于检测直流滤波器高压电容器组的故障。特高压换流站直流滤波器共有三组高压电容器组（Z1C11、Z1C12、Z2C1），保护装置分别提取不平衡电流和穿越电流的 12、24 和 36 次谐波进行比较，任何一次谐波满足，不平衡保护均报警。

3. 整流侧发生换流阀阀短路故障时， 换流桥直流母线电压下降， 换流桥直流侧电流下降。

【解析】 阀短路保护是换流器保护的主保护，用于检测高、低压阀组的桥臂短路故障、相间短路故障，避免发生短路时换流阀遭受过应力。当发生阀换流阀短路故障时，在与短路发同一侧的其他阀点火后，会形成相间短路，导致换流桥直流母线电压下降，换流桥直流侧电流下降。

4. 逆变侧交流系统故障导致换流器发生换相失败时， 将造成直流系统直流电流增大， 逆变侧换流变压器阀侧电流减小。

【解析】 换相失败是逆变侧常见的故障，当逆变侧交流系统故障，逆变电压会降低，直流电流会剧增。逆变器发生换相失败会形成直流母线暂时短路，引起直流电流上升，由于换相失败后逆变侧直流电压为零，换流器被短路，故换流变压器阀侧电流会减小。

5. 当换流变压器阀侧出现单相接地故障时， 整流侧换流器低压侧电流增大， 高压侧电流减小， 逆变侧换流器低压侧电流减小， 高压侧电流增大。

【解析】 换流变压器阀侧单相接地故障是换流变压器故障的一种，整流侧出现换流变压器阀侧单接地故障时，由于整流侧相当于电源侧，接地故障点和整流侧接地极形成通流回路，故会出现低压侧电流增大，高压侧电流减小的现象。逆变侧相当于负载侧，当逆变侧出现换流变压器阀侧单接地故障时，接地故障点与整流侧接地极形成通流回路，将逆变侧低压侧短路，故会出现逆变侧换流器低压侧电流减小、高压侧电流增大的现象。

四、 分析题

1. 如图 8-31 所示是某整流侧换流站故障录波图。 其中， 图 8-31 第一通道是极母线电压 U_{DL}， 第二通道是高端阀组极出线电流 I_{DC1P} 及极母线电流 I_{DL}， 色标分别为蓝红；第三通道是高端阀组中性出线电流 I_{DC1N}、 低端阀组出线电流 I_{DC2P}、 I_{DC2N}， 色标分别为蓝红绿； 图 8-32 第一通道是高端阀组星接阀侧三相电流， 色标分别为蓝绿红， 第二通道是高端阀组角接阀侧三相电流， 色标分别为蓝绿红， 请分析波形， 回答下列问题：

（1） 根据故障波形， 分析故障区域及可能故障点， 哪些保护可能动作？

（2） 直流电流 I_{DC1N} 为何上升？ 直流电压 U_{DL} 为何下降？ 画出故障电流回路图 （可

简化直流接线图，标出故障电流回路）。

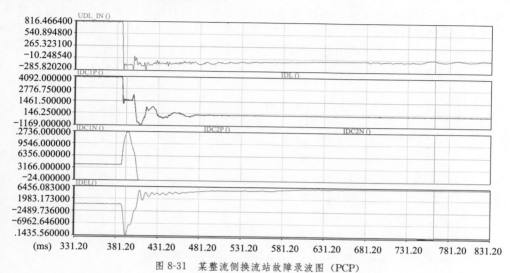

图 8-31　某整流侧换流站故障录波图（PCP）

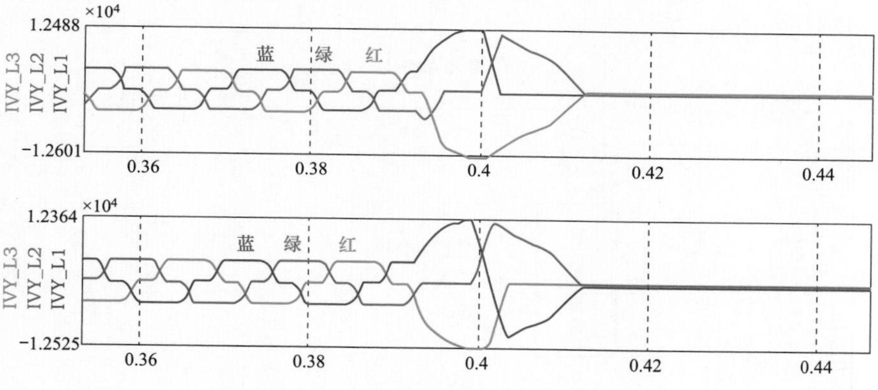

图 8-32　高端阀组故障波形（CCP11）

【解析】（1）从故障波形图中各电气量可看出故障极为整理侧极 1，图 8-33 为整流站极 1 示意图。

根据图 8-31 电流特征分析，极 1 极母线电压 U_{DL} 在故障时刻发生跌落，极 1 高端阀组高压侧电流 I_{DC1P} 与极 1 极母线出线电流 I_{DL} 在故障时刻出现跌落且变化趋势一致，可排除故障点在 I_{DC1P} 与 I_{DL} 之间的可能。同一时刻极 1 高端阀组低压侧电流 I_{DC1N} 也发生突变，从正常工作电流 4092A 左右突然上升至约 12736A 左右，接地极电流 I_{DEL} 也由正常工作电流 0A 左右上升至约 -1436A。

根据图 8-32 电流特征分析，极 1 高端阀组星接换流变压器阀侧电流 I_{VY} 与角接换流变压器阀侧电流 I_{VD} 变化趋势与 I_{DC1N} 变化趋势基本一致，说明故障电流同时流经极 1 高端阀组低压侧 TA I_{DC1N}、角接换流变压器阀侧 TA I_{VD} 及星接换流变压器阀侧 TA I_{VY}。

结合整流侧极 1 示意图（见图 8-33），可定位故障区域为星接换流换流变压器阀侧

TA I_{VY} 与极 1 高端阀组高压侧 TA I_{DC1P} 之间的区域，可能故障点如整流站极 1 示意图中标注故障点所示。该区域属于换流器差动保护、极差动保护的保护范围，故换流器差动保护、极差动保护可能会动作。

（2）故障期间，电流有两条流通路，如图 8-34 所示。

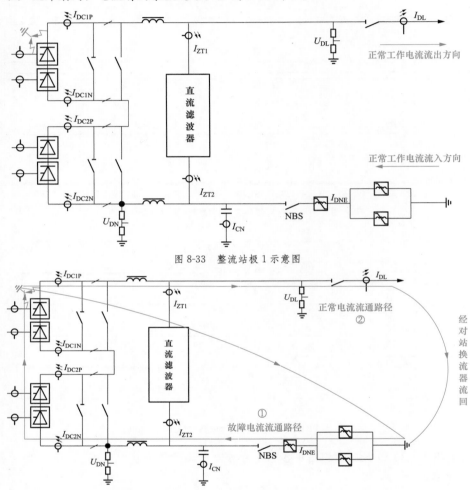

图 8-33　整流站极 1 示意图

图 8-34　故障电流流通路径示意图

一条是故障电流流通路径①，故障电流通过极 1 高端故障点与整流站接地极连通，将对侧换流器短路，致使流经极 1 低端换流器、极 1 高端阀组低压侧 TA I_{DC1N} 及极 1 高端换流变压器角接阀侧 TA I_{VD} 及星接换流变压器阀侧 TA I_{VY} 的电流突然增大。

另一条是正常电流流通路径②，在两站阀组未闭锁前，极 1 高、低端阀组仍有少部分电流通过直流线路流经逆变侧形成电流通路。

同时，极 1 高端阀组未闭锁前，极母线电压 U_{DL} 与故障点等电位，故障点电压接近于 0kV，故极母线直流电压 U_{DL} 会突然下降。

2. 如图 8-34 所示是某换流站直流单极双换流器大地回线 400MW 运行时发生的整流侧直

流滤波器接地故障波形，其中，图 8-34 第 1 通道是直流极母线电压 U_{DL} （蓝色）、直流极中性母线电压 U_{DN}，第 2 通道是直流极母线电流 I_{DL} （红色），第 3 通道是直流滤波器高压侧电流 I_{ZT1} （红色）、支路 1 低压侧电流 I_{Z1T2} （蓝色）、支路 2 低压侧电流 I_{Z2T2} （绿色），第 4 通道是直流中性线电流 I_{DNE} （蓝色）。图 8-35 中 1 通道是直流滤波器三组高压电容器组不平衡电流，分别为支路 1 电容器不平衡电流 I_{UNB_Z1T11} （蓝色）、I_{UNB_Z1T12} （绿色）、支路 1 电容器不平衡电流 I_{UNB_Z2T1}（红色），第 2 通道是支路 1 电阻电流 I_{Z1R}、支路 1 电感电流 I_{Z1L1}、支路 2 电阻电流 I_{Z2R}、支路 2 电感电流 I_{Z2L1}；第 3 通道是直流滤波器差动电流 I_{DIF_ABS}、制动电流 I_{DFCUR_RES}。请根据图 8-35、图 8-36 故障波形，回答以下问题：

（1）发生接地故障的位置在哪？请在直流接线示意图 8-37 中标出并画出故障电流流通路径。

（2）分析可能有哪些保护动作并给出解释。

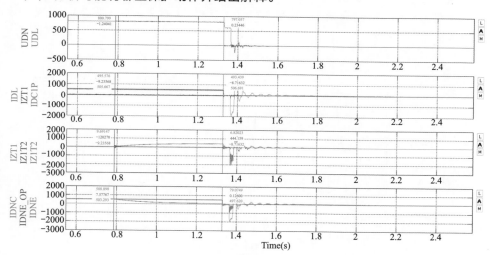

图 8-35 故障波形 1

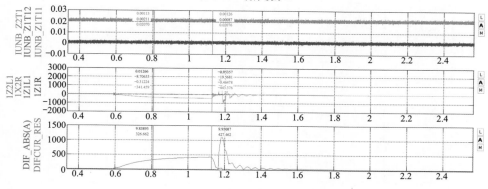

图 8-36 故障波形 2

【解析】

（1）从波形分析，故障点位于直流滤波器分支 2 电感支路上。故障电流通流路径如图 8-38 中路径①所示。

　　根据图 8-35 电流特征分析，故障时刻，极母线电流 I_{DL}、直流滤波器高压侧电流 I_{ZT1} 均无明显变化，直流滤波器分支 1 末端电流 I_{Z1T2} 也无明显变化，同时根据图 8-36 通道 1 显示直流滤波器分支 1 不平衡电流 I_{UNB_Z1T11}、I_{UNB_Z1T12} 无明显变化，图 8-36 通道 2 显示直流滤波器分支 1 电阻支路电流 I_{Z1R}、电感支路电流 I_{Z1L1} 均无明显电流变化，说明接地故障点不在直流滤波器分支 1 上。

　　进一步分析，图 8-35 通道 3 显示直流滤波器分支 2 末端电流 I_{Z2T2} 在故障发生后从 0A 逐渐上升至 444A 左右，说明接地故障点位于直流滤波器分支 2 上。查看图 8-35 通道 1，直流滤波器分支 2 不平衡电流 I_{UNB_Z2T11} 故障时刻无明显变化，说明故障点不在高压电容器塔，进一步缩小故障点范围至电阻、电感支路。查看图 8-36 通道 3，直流滤波器分支 2 电阻支路电流 I_{Z2R} 故障前后无明显变化，说明故障电流未流经电阻支路，而直流滤波器分支 2 电感支路电流 I_{Z2L1} 变化趋势与直流滤波器分支 2 末端电流 I_{Z2T2} 完全相同，说明故障电流同时流经直流滤波器分支 2 电感支路 TA I_{Z2L1} 和分支 2 末端 TA I_{Z2T2}，故确定故障点出现在电感支路 TA 上方。

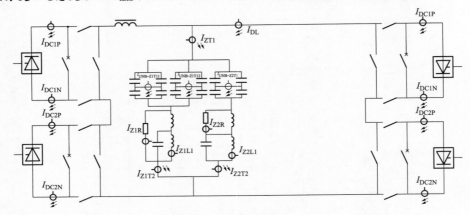

图 8-37　直流接线示意图（一）

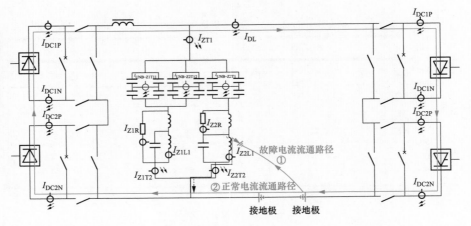

图 8-38　直流接线示意图（二）

　　进一步观察电流特征，发现图 8-35 通道 4 显示直流中性线电流 I_{DNE} 从 508A 逐渐下降至 79A，对比直流滤波器分支 2 末端 I_{Z2T2} 电流增加量，与中性线 I_{DNE} 电流减少量接近，说明在直流滤波器分支 2 上存在故障电流通路对流过中性线 I_{DNE} 电流进行分流，故故障后电流的流通路径如图所示。

（2）根据直流滤波器差动保护原理。直流滤波器差动电流

$$I_{DIF\_ABS} = |\,I_{ZT1} - |\,I_{Z1T2} + I_{Z2T2}\,|\,|$$

当 $I_{DIF\_ABS} > I_{\_alm}$，并持续 10ms，报直流滤波器差动保护差流异常报警。

当 $I_{DIF\_ABS} > I_{\_qd}$，无延时报直流滤波器差动保护启动告警。

当 $I_{DIF\_ABS} > I_{\_qd}$ 且 $I_{DIF\_ABS} > I_{DFCUR\_RES} = 0.5\,|\,I_{Z1T2} + I_{Z2T2}\,|$，并持续 500ms，直流滤波器比例差动保护动作，切除直流滤波器。

当 $I_{DIF\_ABS} > I_{\_sd}$，并持续 60ms，直流滤波器差动速断保护动作。

式中：$I_{\_alm}$ 为差流报警定值；$I_{\_qd}$ 为差动启动定值；$I_{\_sd}$ 为差动速断定值。

故障波形图 8-35 通道 4 中直流滤波器差动保护电流幅值 I_{DF_ABS} 在故障发生后一直大于直流滤波器差动保护制动电流 I_{DFCUR_RES}，故直流滤波器比率差动保护或直流滤波器速断保护可能动作。

此外，根据极差动保护的保护原理，极差动电流 $I_{PDP\_DIFF} = I_{DNE} - I_{DL} - I_{CN} - I_{AN}$。

$I_{PDP\_DIFF} > 0.2 I_{RES\_PDP}$，延时 30ms 跳闸，启动 Z 闭锁。

$I_{PDP\_DIFF} > 0.1 I_{RES\_PDP}$，延时 352ms 跳闸，启动 Z 闭锁。

故障波形图 8-34 通道 4 中直流中性线电流 I_{DNE} 从 508A 逐渐下降至 79A，而从故障电流流通路径看，涉及差动保护的极母线电流 I_{DL}、中性线电容电流 I_{CN}、中性线避雷器电流 I_{AN} 均与故障前一致，故极差动保护也可能动作。

3. 如图 8-39 所示是某逆变侧换流站发生的一次换相失败故障录波图。其中第一通道是网侧三相交流电压，ABC 三相色标分别为黑蓝绿；第二通道是阀 Y 侧三相电流，ABC 三相色标分别为黑蓝绿；第三通道是阀 D 侧三相电流，ABC 三相色标分别为红黑蓝。请定性分析该波形，回答下列问题：

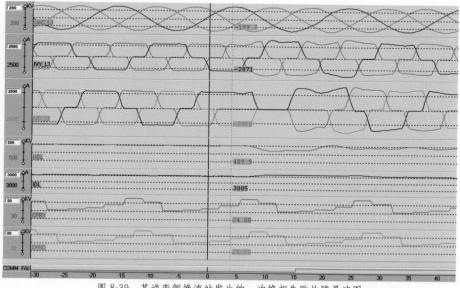

图 8-39　某逆变侧换流站发生的一次换相失败故障录波图

（1）发生换相失败前 Y 侧导通阀， D 侧导通阀分别是哪个？

（2）发生换相失败的原因是什么？

（3）直流电流 I_{DL} 为何上升？ 直流电压 U_{DL} 为何下降？ Y 侧阀电流为何上升？

（4）D 侧换流器是怎样恢复正常运行的？

（5）为尽快恢复正常运行， 整流侧和逆变侧控制系统会进行哪些调节？

【解析】（1）首先定位发生换相失败前的时刻，根据波形分析，图 8-39 中红色线前为换相失败前。发生换相失败前 Y 侧阀桥竖琴脉冲 CPRY 值为 24，对应二进制码为011000，从低位到高位依次为阀 V1～V6，故故障前阀 V4、V5 导通；同理，发生换相失败前 D 侧阀桥竖琴脉冲 CPRD 值为 24 前一状态，即阀 V3、V4 导通，如图 8-40 所示。

CPRY/D	二进制码	对应导通阀
3	000011	V1、V2
6	000110	V2、V3
12	001100	V3、V4
24	011000	V4、V5
48	110000	V5、V6
33	100001	V1、V6

图 8-40 换流阀竖琴脉冲数值与导通阀对应关系

结合波形分析，换相失败前，阀 Y 侧电流绿色波形正半轴阀导通，黑色波形负半轴阀导通，绿色波形对应 C 相，C 相正半轴阀为阀 V5，黑色波形对应 A 相，A 相负半轴阀为阀 V4，故故障前导通阀为阀 V4、V5；同理，换相失败前，阀 D 侧电流黑色波形正半轴阀导通，红色波形负半轴阀导通，黑色波形对应 B 相，B 相正半轴阀为阀 V3，红色波形对应 A 相，A 相负半轴阀为阀 V4，故故障前导通阀为阀 V3、V4。

结合波形分析，故障发生时刻，Y 侧阀桥 V4、V5 导通，D 侧阀桥由 V3、V4 导通向 V4、V5 导通过渡，即 D 侧阀桥阀 V3 向 V5 换相，从波形看，本该导通的阀 V5 没有导通，阀 V3 持续导通，出现换相失败，该状态持续到 V4 向 V6 换相，换相成功使得处于同一桥臂的 V3、V6 同时导通，形成 B 相旁通对，造成 D 侧阀桥阀侧电流 I_{VD} 降为 0，换流阀导通状态变化如图 8-41 所示。故造成换相失败的原因为 D 侧阀桥阀 V5 未正常导通，如图 8-41所示。

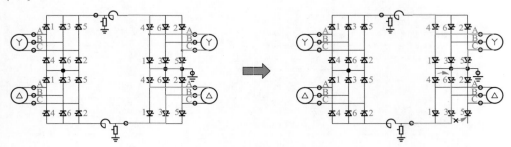

图 8-41 换相失败前后状态变化图

（2）如图 8-41 所示，由于 D 侧阀 V5 没有正常导通，造成 D 桥形成 B 相旁通对，D 桥直流短路，逆变器阻抗减小，整流侧和逆变侧的压差增大，因此直流电流 I_{DL} 上升，直流电压 U_{DL} 下降，Y 侧阀电流 I_{VY} 上升。

（3）从上图波形分析，到 D 桥 V1 触发时刻时，因交流电压 $U_a < U_b$，V1 承受反向电压，无法开通；到 V2 触发时刻，$U_b > U_c$，V2 触发导通，V6 中电流逐渐向 V2 中转移，旁通对消失，恢复正常触发顺序。

（4）为尽快恢复正常运行，根据直流输电系统控制策略，整流侧定电流调节器通过

增大触发角 α，从而减小两侧压差，降低直流电流 I_{DL}；逆变侧在换相失败保护作用下增加关断角 γ，延长换流阀恢复阻断能力的时间，从而帮助换流器恢复正常换相。

4. 图 8-42 为某站直流线路电压突变量保护动作时故障录波图，其中第一通道是整流侧直流电压 U_{DL}，第二通道是直流中性线电流 I_{DNC}，第三通道是高端阀组 ALPHA_V1 及低端阀组触发角 ALPHA_V2；第四通道是相关开关量，其中 U_{RED} 为降压状态信号，BLOCK_IND 为极闭锁状态信号，RETARD 为移相命令，RECT 为整流状态信号，AC-TIVE 为 PCPA 主机值班状态信号，RL_TRIP 为线路跳闸信号，ORD_DOWN 为去游离命令，RL_RESTART 为线路重启信号。故障前双极四阀组大地回线方式全压 3500MW 运行，极1、极2均为双极功率控制。请结合此图说明该站直流线路再启动逻辑（见表 8-6），分析此次保护是否正确动作。

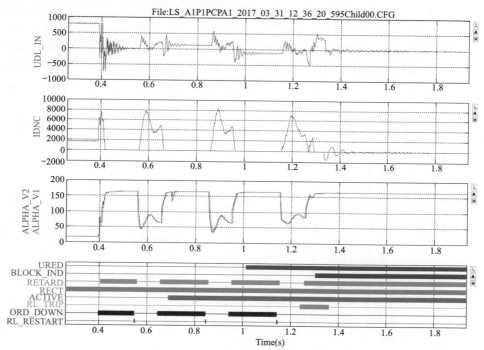

图 8-42　直流线路电压突变量保护动作时故障录波图

表 8-6　　　　　　　　　　　　直流线路再启动逻辑

运行状态	额定电压运行	降压运行
双极运行	（1）故障极功率＞2000MW，额定电压再启动2次，同时闭锁另一极线路故障再启动功能5s；期间若另一极线路发生故障，立即闭锁该极。 （2）1000MW＜故障极功率≤2000MW，额定电压再启动2次，70%降压再启动1次，同时闭锁另一极线路故障再启动功能5s；期间若另一极线路发生故障，立即闭锁该极。 （3）故障极功率≤1000MW，额定电压再启动2次，70%降压再启动1次	（1）故障极功率大于1000MW，当前电压下再启动2次，同时闭锁另一极线路故障再启动功能5s；期间若另一极线路发生故障，立即闭锁该极。 （2）故障极功率不大于1000MW，当前电压再启动2次

【解析】根据题中描述，故障前双极四阀组大地回线方式全压 3500MW 运行，极1、

极2均为双极功率控制，说明当前极1功率和极2功率均为1750MW，极1功率值1750MW介于1000MW与2000MW之间，根据直流线路再启动逻辑，出现线路保护动作，1000MW＜故障极功率≤2000MW，额定电压再启动2次，70%降压再启动1次。

结合波形分析，极1直流线路电压突变量保护动作后，直流电压U_{DL}、直流电流I_{DNC}迅速下降，RETARD移相命令出现，开始第1次去游离。

经过150ms去游离后额定电压重启，重启中直流电压U_{DL}、直流电流I_{DNC}均未建立起来，RETARD移相命令再次出现，进入第2次去游离。

经过200ms去游离时间后再次额定电压重启，直流电压U_{DL}、直流电流I_{DNC}仍未建立，RETARD移相命令再次出现，进入第3次去游离。

在第3次去游离200ms期间，U_{RED}降压状态信号由0变1，去游离时间结束后执行70%降压重启，直流电压U_{DL}、直流电流I_{DNC}依然无法建立，RL_TRIP线路跳闸信号出现，将极1闭锁，保护动作情况与直流线路再启动策略一致，判断保护正确动作。

5. 直流双极大地回线4000MW平衡运行。如图8-43所示，整流侧极Ⅰ极母线平抗靠换流阀侧发生100ms接地故障，分析保护动作情况及动作原理。故障位置示意图如图8-43所示。

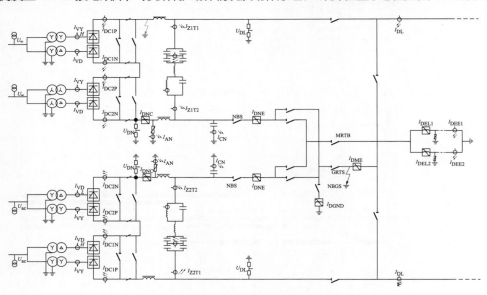

图 8-43　直流系统示意图

【解析】整流侧极Ⅰ极母线平抗靠换流阀侧发生100ms接地故障后，故障电流一部分从接地点经接地极流回，另一部分经直流线路到逆变站，然后流回。对故障极来说，直流电流I_{DCP}、I_{DCN}、I_{DNC}、I_{DNE}均增大，I_{DEL}反向增大，I_{DL}减小，其中故障电流包括中性母线冲击电容器放电电流。对非故障极来说，直流电流I_{DCP}、I_{DCN}、I_{DNC}均减小，I_{DNE}由于受冲击电容器放电电流的影响先增大后减小，如图8-44所示。

正常运行时，极母线差动检测逻辑为$I_{dif}=\mid I_{DC1P}-I_{DL}\pm I_{ZT1}\mid$；$I_{RES}=\max\,(I_{DC1P}$，$I_{DL}$，$I_{FT1})$；$I_{dif}>\max\,(I_{set}$，$k_{set}I_{RES})$，故障情况符合极母线差动保护检测逻辑，达到动作定值后保护动作。动作策略分为两段，快速段有直流电压闭锁判据。

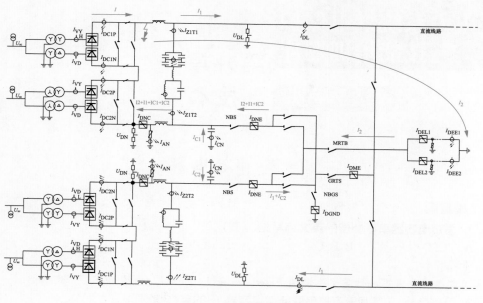

图 8-44　电流流向示意图

第一节　串补电容

一、单选题

1. 固定电容器串联补偿的英文缩写是　（B）。

A. TCSC　　　　　B. FSC　　　　　C. MOV　　　　　D. SVC

【解析】

固定串联电容器补偿英文全称为 Fixed Series Capacitor，简称为 FSC，故选 B。

2. 可控串补　（晶闸管可控串联补偿电容器）　的英文缩写是　（A）。

A. TCSC　　　　　B. FSC　　　　　C. MOV　　　　　D. SVC

【解析】

固定串联电容器补偿英文全称为 Thyristor Controlled Series Capacitor，简称为 TCSC，故选 A。

3. 金属氧化锌避雷器的英文缩写是　（C）。

A. TCSC　　　　　B. FSC　　　　　C. MOV　　　　　D. SVC

【解析】

金属氧化物限压器英文全称为 Metal Oxide Varistor，简称为 MOV，故选 C。

4. 高压系统中电容器串联补偿的主要作用是提高系统的　（D）。

A. 有功　　　　　B. 无功　　　　　C. 电压稳定　　　　　D. 输电容量

【解析】

高压系统中采用串联电容器，主要用于补偿输电线路的电气距离，提高系统的输送能力，故选 D。

5. 世界上最早的串联补偿始于　（B）。

A. 1928 年英国 33kV　B. 1928 年美国 33kV　C. 1928 年德国 33kV　D. 1928 年法国 33kV

【解析】

1928 年美国纽约电力照明公司在 33kV 输电线路上的鲍尔斯顿·斯帕变电站投运了容量为 1.2Mvar 的串补装置（GE 公司），故选 B。

6. 我国最早的串联补偿始于　（A）。

A. 20 世纪 50～60 年代　　　　　　　　B. 20 世纪 70～80 年代

C. 20 世纪 80～90 年代　　　　　　　　D. 2000 年三堡串补

【解析】

在国内，1954 年 10 月，牡丹江地区 22kV 鸡西到密山线路的永安变电所内投运了容量为 600kvar、容抗为 54.5Ω 的串补装置，故选 A。

7. 下面哪个设备一般不安装在串补平台上的 （C）。

A. 电容器组　　　　　B. 火花间隙　　　　　C. 旁路开关　　　　　D. MOV

【解析】

串补平台上安装电容器组、MOV、火花间隙，而旁路开关、隔离开关安装于地面，故选 C。

8. 常规线路断路器与串补旁路断路器主要区别为 （B）。

A. 二者没有任何区别

B. 线路断路器以跳闸为主，要求分闸时间越短越好，而串补旁路断路器以合闸为主，要求合闸时间越短越好

C. 线路断路器以跳闸为主，要求合闸时间越短越好，而串补旁路断路器以合闸为主，要求分闸时间越短越好

D. 不确定

【解析】

串补旁路断路器需要快速合闸，在系统或串补平台故障时快速退出串补装置，故选 B。

9. X_L 表示串补安装所在线路的感抗， X_C 表示安装串补的容抗， 则串补系统的补偿度为 （A）。

A. X_L/X_C　　　　　B. $X_L/(X_L - X_C)$　　C. X_C/X_L　　　　　D. $X_C/(X_L - X_C)$

【解析】

高压串补系统中，串补度为串联电容的容抗与安装线路的感抗之比，故选 A。

10. 串补系统中定义的区内故障为 （B）。

A. 串补所在线路上两侧线路 TA 之间线路上的故障

B. 串补所在线路上两侧线路断路器之间线路上的故障

C. 串补所在线路上两侧线路断路器之外线路上的故障

D. 串补附近线路上发生的所有故障

11. 串补系统中阻尼回路起 （C） 作用。

A. 限制电容器过电压

B. 限制线路短路电流

C. 使电容器组迅速放电并限制电容器放电电流，保证电容器组、旁路断路器、火花间隙安全运行

D. 没有任何作用

12. 串补系统中火花间隙主要起 （D） 作用。

A. 限制电容器过电压

B. 限制线路短路电流

C. 使电容器组迅速放电并限制电容器放电电流，保证电容器组、旁路开关安全运行

D. 使电容器组和 MOV 迅速旁路，保证电容器组和 MOV 安全运行

13. 在线路正常负荷水平下， 串补系统中电容器组多个元件发生损坏， 此时 （B） 保护最可能会动作。

A. 电容器过负荷　　　B. 电容器不平衡　　　C. 平台闪络　　　　　D. MOV 不平衡

【解析】

串联补偿系统中针对电容器组配备了电容器不平衡保护，当电容器单元中部分元件损坏后，串补保护会检测到电容器组的不平衡电流，从而使电容器不平衡保护动作，故选 B。

14. 以下哪些不属于 FACTS 灵活交流输电技术？　（A）

A. 超高压交流输电　　　B. TCSC　　　　C. SVC　　　　D. SSSC

【解析】

FACTS 输电技术采用电力电子器件，故选 A。

15. 晶闸管触发模式主要有 （A）。

A. 光触发、电触发　　　　　　　B. 光触发、感应触发
C. 电触发、感应触发　　　　　　D. 以上均不是

【解析】

目前晶闸管触发一般采用电触发或光触发，故选 A。

16. 在串补保护中，平台闪络电流指的是 （B）。

A. 平台和地之间的电流　　　　　B. 串补平台上的设备和平台之间的电流
C. 串补平台上的设备和地之间的电流　　D. 以上都不是

【解析】

串补平台在设计过程中，平台上所有的一次主设备通过单点与串补平台连接，当主设备出现绝缘问题，则会在主设备与平台之间流过平台闪络电流，故选 B。

17. 在串补保护中，重投是指 （C）。

A. 串补旁路断路器重新闭合　　　B. 串补主隔离开关重新打开
C. 串补旁路断路器重新打开　　　D. 不确定

【解析】

当串补所在线路发生单相瞬时故障时，串补保护动作合旁路断路器将串补旁路，固定延时后，判断线路故障消失后，串补保护装置发出串补重投命令，分开旁路断路器，故选 C。

18. 区外故障时，串补保护没有发间隙触发命令而火花间隙有一定电流流过并持续一段时间，此时 （A） 保护可能动作。

A. 间隙自触发　　B. 平台闪络　　C. 间隙拒触发　　D. 间隙延迟触发

【解析】

串补所在线路发生区外故障时，串补所在线路会产生一定的过电压，由于目前串补所用的火花间隙多为敞开式间隙，其触发电压易受环境的影响降低，此时间隙在未收到保护装置发出触发命令的情况下导通，称为间隙自触发，故选 A。

19. 目前高压串补系统的保护水平一般为 （B）。

A. 3～3.5 p. u.　　B. 2～2.5 p. u.　　C. 3～3.5 p. u.　　D. 1～1.5 p. u.

【解析】

高压线路中安装的串补，其保护水平一般选取在 2.3 左右，故选 B。

20. 串补电容器不平衡保护一般分为 （A）。

A. 告警、低定值、高定值　　　　B. 告警、快速旁路
C. 告警、低定值、高定值、超高定值　　D. 不一定

【解析】

串补电容器不平衡保护根据电容器单元损坏程度，分为告警、不平衡低定值保护（延时长）、不平衡高定值保护（速动），故选 A。

二、多选题

1. 输电网串补作用主要是 （ABCD）。

A. 提高输电能力
B. 改变功率分布
C. 提高系统暂态稳定性
D. 改变沿线电压分布

【解析】

串补装置主要用于提高系统稳定性和增加线路输送能力，改善系统电压质量和无功功率平衡条件，提升系统暂态稳定性，合理分配并联线路或环网中的潮流，故选 ABCD。

2. 串联补偿装置中的关键设备包括 （ABC）。

A. 电容器　　　B. MOV　　　　C. 火花间隙　　　D. 变压器

【解析】

串补装置的一次设备主要包括电容器组、MOV、火花间隙、旁路开关、阻尼回路、光纤信号柱等，故选 ABC。

3. 串联补偿装置中阻尼回路一般由 （ABD） 组成。

A. 非线性电阻　　B. 空心电抗器
C. 饱和电抗器　　D. 线性电阻

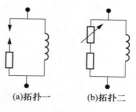

(a)拓扑一　　(b)拓扑二

图 9-1　阻尼回路示意图

【解析】

串补装置的阻尼回路分为两种拓扑，如图 9-1 所示。

图 9-1（a）为小间隙与线性电阻串联后与空心电抗器并联，图 9-1（b）为线性电阻与非线性电阻串联后与空心电抗器并联，故选 ABD。

4. MOV 需关注的参数有 （ABCD）。

A. 过电压保护水平　B. 伏安特性　　　C. MOV 热特性　　D. MOV 均流特性

【解析】

串补装置中的 MOV 为多柱并联，除了要求其过电压水平、伏安特性、热特性，还要求其保证均流特性，故选 ABCD。

5. 针对旁路断路器配置的保护是 （ABC）。

A. 合闸失灵保护　　B. 分闸失灵保护　　C. 三相不一致保护　D. 平台闪络保护

【解析】

串补装置中针对旁路断路器一般会配置三相不一致保护、开关失灵保护，失灵保护分为合闸失灵保护及分闸失灵保护，故选 ABC。

6. 电容器不平衡保护动作后串补旁路，之后应采取的措施是 （ABC）。

A. 将串补切换至接地状态

B. 测量异常相别的电容器电容值

C. 更换异常电容器单元

D. 可直接复归装置闭锁信号手动投入串补装置

【解析】

串补装置出现电容器不平衡保护动作后，串补保护装置发出旁路命令并永久闭锁，此时需申请将串补装置由旁路状态转至接地状态，待电容器单元充分放电后，检修人员登上平台先从外观观察电容器单元是否有明显的漏油等异常现象，然后通过电容表测量每台电容器单元的容值并于出厂值、交接试验记录对比，判断出异常单元，最后咨询厂家建议更换异常单元，故选 ABC。

7. 串补投运前需检查哪些项目？（ABCD）

A. 核实平台上是否遗留工具　　　　　B. 核实爬梯是否处于非工作状态
C. 检查串补保护装置是否正常运行　　D. 检查串补保护系统是否存在闭锁信号

【解析】

串补装置带电前需确认平台上无任何遗留的无关设备工具、并将串补平台的爬梯落下，检查串补二次控制保护系统是否正常运行，故选 ABCD。

8. 串补装置所在线路发生区内故障时，影响 MOV 吸收能量的主要因素有（ABC）。

A. 故障位置、故障类型、故障持续时间以及故障发生时刻
B. 区内故障与区外故障保护系统动作方式
C. 过电压保护的策略和保护控制系统的性能
D. 电容器组的性能

9. 串补装置按照结构不同可分为（ABD）。

A. FSC　　　　　B. TCSC　　　　　C. SSSC　　　　　D. TPSC

【解析】

按照已有的串补工程可分为 FSC（固定串补）、TCSC（可控串补）、TPSC（晶闸管保护串补），故选 ABD。

10. 可控串补装置的运行模式分为（ABCD）。

A. 晶闸管闭锁模式　　B. 容性微调　　C. 晶闸管旁路　　D. 感性微调

【解析】

对于可控串补，控制晶闸管触发导通角工作在不同模式下。触发角为 $180°$ 时，为闭锁模式，及晶闸管不导通，TCSC 相当于固定串补装置。容性微调模式。触发角 $\alpha \in (\alpha_{Cmin}, 180°)$，此时晶闸管部分导通，从而提升了电容器组电压的基波分量，使得 TCSC 的稳态视在电抗大于电容器组的容抗。一般实际工程中最大提升系数为 3.0，额定提升系数为 1.1 或 1.2。晶闸管旁路。触发角 $\alpha = 90°$，即晶闸管全导通。该方式被用来降低 TCSC 过电压、减少短路电流。感性微调。触发角 $\alpha \in (90°, \alpha_{crt})$，晶闸管部分导通，使得 TCSC 呈感性。该模式下，TCSC 谐波含量较大，对晶闸管要求较高，对系统安全和经济运行不利，故一般不使用该模式，故选 ABCD。

11. 在现场对电容器进行交接试验，可做如下哪些试验？（ABC）

A. 测量电容器端子对箱壳绝缘电阻　　B. 电容器端子对箱壳交流耐压试验
C. 测量容值　　　　　　　　　　　　D. 1mA 参考电压试验

【解析】

1mA 参考电压试验为避雷器的现场交接试验项目，其余选项为电容器单元常规交接试验项目，故选 ABC。

12. 当出现下列哪些情况时，串补需尽快退出运行？（ABC）

A. 观测到电容器单元有漏油现象　　　B. 一次设备连接头有异常高温的现象

C. 保护装置报电容器不平衡告警　　　　D. 串补保护装置正常运行

【解析】

当电容器单元存在漏油现象时，需尽快退出串补并更换对应电容器单元；观测到一次设备连接头存在异常高温时，需尽快退出串补对连接点进行处理；当保护装置报电容器不平衡告警时，需尽快退出串补，测量电容的容值，更换损坏的电容器单元，故选ABC。

13. 在现场对金属氧化物限压器进行交接试验，可做（ABCD）试验。

A. 探伤　　　　　　　　　　　　　　　B. 测量绝缘电阻

C. 测量直流参考电压　　　　　　　　　D. 测量 0.75 倍直流参考电压下泄漏电流

【解析】

当金属氧化物采用瓷套结构，则需要进行探伤试验；测量绝缘电阻、直流参考电压测量、测量 0.75 倍直流参考电压下泄漏电流为常规试验项目，故选 ABCD。

14. 在现场对电流互感器进行交接试验，可做（ABCD）试验。

A. 测量绕组绝缘电阻　　　　　　　　　B. 检查接线组别和极性

C. 测量励磁特性曲线　　　　　　　　　D. 测量变比

15. 在现场对旁路断路器进行交接试验，可做（ABCD）试验。

A. 测量分、合闸时间　　　　　　　　　B. 测回路电阻

C. 测断路器内 SF_6 的含水量　　　　　D. 气体密度继电器、压力表的检测

16. 在现场对隔离开关进行交接试验，可做（BC）试验。

A. 测量分、合闸时间　　　　　　　　　B. 测回路电阻

C. 交流耐压试验　　　　　　　　　　　D. 气体密度继电器、压力表的检测

【解析】

隔离开关在现场无需测量分、合闸时间；隔离开关一般没有 SF_6，无需配气体密度继电器，选 BC。

17. 串补中光纤信号柱的作用是什么？（BC）

A. 支撑串补平台　　　　　　　　　　　B. 提供传输串补各电流量的光纤通道

C. 保证串补平台与地面之间的绝缘　　　D. 测量一次设备各电气量

【解析】 光纤信号柱作为串补光信号的传输通道，同时要满足串补高电位平台与地面之间的绝缘要求，故选 BC。

18. 以下串补保护动作后，允许串补自动重投的有（CD）。

A. 单相间隙自触发、单相电容器不平衡保护

B. 单相平台闪络保护、单相线路联动串补保护

C. 单相线路联动串补保护、单相 MOV 高电流保护

D. 电容器组过负荷保护

【解析】

当电容器不平衡保护动作，说明电容器单元存在问题，保护发三相旁路命令并永久闭锁；当平台闪络保护动作，说明平台上的一次设备与钢结构平台之间的绝缘有异常，保护装置发三相旁路命令并永久闭锁；在串补中，下列情况允许串补自动重投：电容器过负荷旁路、MOV 高电流保护、MOV 能量低定值保护、间隙自触发、线路联跳串补保护，故选 CD。

19. 固定串补保护发串补自动重投命令的必要条件有 （AC）。

A. 没有旁路合闸命令　　　　　　　B. 环境温度在 65℃以下

C. 串补保护装置无闭锁条件　　　　D. 以上均不是

【解析】　对于串补保护装置，其自动重投的必要条件有：手动闭锁重投功能退出、无暂时闭锁信号、无永久闭锁信号、无线路电流高闭锁重投信号、无多相故障闭锁重投信号、无保护旁路命令，故选 AC。

20. 下列哪些保护动作后会发三相旁路命令？（ABCD）

A. 电容器过负荷保护　　　　　　　B. 电容器不平衡保护

C. MOV 不平衡保护　　　　　　　　D. 间隙拒触发保护

【解析】　对于串补保护装置，如下保护动作后串补会发三相旁路命令：电容器过负荷保护、电容器不平衡低定值保护、电容器不平衡高定值保护、MOV 能量高定值保护、MOV 高温保护、MOV 不平衡保护、间隙拒触发保护、旁路断路器失灵保护、旁路断路器三相不一致保护、平台闪络保护，故选 ABCD。

三、判断题

1. 在线路正常负荷水平下，串补系统中电容器组多个元件发生损坏，此时 MOV 不平衡保护最可能会动作。　　　　　　　　　　　　　　　　　　　　　　（×）

【解析】　当电容器组多个元件发生损坏，此时串补保护装置的电容器不平衡保护会动作。

2. 在配电网中，采用串联电容补偿可解决一系列的电能质量问题，如部分抵消线路压降以提高末端电压，提高负载功率因数。　　　　　　　　　　　　　　　（√）

【解析】　配电网串补装置通常被认为是解决长距离供电带来的低电压问题经济有效的措施，可提高功率因数。

3. FACTS 装置根据其与系统连接的方式可分为串联装置、并联装置及串并联装置，其中串补和 SVC 均为串联装置。　　　　　　　　　　　　　　　　　　　（×）

【解析】　SVC 为静止无功补偿器，其应用场合为并联在系统中。

4. 串补用电流互感器主要作用为测量串补一次大电流，提供给串补保护装置使用。　　　　　　　　　　　　　　　　　　　　　　　　　　　　　　　　　（√）

【解析】　串补保护中一般采集电流量作为保护的判据，在串补平台上使用穿心式电流互感器测量对应回路的电流。

5. 在线路正常负荷水平下，串补系统中电容器组多个元件发生损坏，此时电容器不平衡保护最可能会动作。　　　　　　　　　　　　　　　　　　　　　　（√）

【解析】　串补系统中，当电容器组中多个元件发生损坏后，会发生电容器不平衡告警，严重情况下电容器不平衡保护动作。

6. 对保护定值的校验，一般要求定值 0.95 倍时保护可靠不动作，1.05 倍保护定值时保护可靠动作，对串补保护定值校核也有同样要求。　　　　　　　　　（√）

【解析】　串补保护逻辑中多为过电流保护，在定值时，可参照常规线路保护的方法，要求定值 0.95 倍时保护可靠不动作，1.05 倍保护定值时保护可靠动作。

7. 区外故障时，串补保护没有发间隙触发命令而火花间隙有一定电流流过并持续一段时间，此时间隙拒触发保护可能动作。 （×）

【解析】 当串补所在线路发生区外故障时，在串补安装处会产生一定的过电压，按照设计要求此时串补不应动作，但由于串补系统中所用的火花间隙为敞开式间隙，其易受环境影响导致火花间隙的保护水平降低，可能会低于设计值，此时火花间隙便会发生自触发，流过电流。此时，间隙自触发保护动作，短时间将串补旁路，随后将串补自动重投。

8. 区外故障时，串补保护没有发间隙触发命令而火花间隙有一定电流流过并持续一段时间，此时间隙自触发保护可能动作。 （√）

9. 对于内熔丝的电容器组，电容器不平衡保护采用电容器不平衡电流瞬时值与电容器电流瞬时值的比值进行判别。 （×）

【解析】 对于内熔丝电容器组，其电容器不平衡保护采用电容器不平衡电流基波有效值与电容器电流的基波有效值的比值进行判别。

10. 可控串补中晶闸管只有当承受反向电压且触发极有电流时才导通。 （×）

【解析】 晶闸管导通条件为晶闸管阳极承受正向电压且在门极加正向触发电压，才能使晶闸管导通。

11. 感性调节方式为固定串补工作模式之一。 （×）

【解析】 感性调节方式为可控串补的工作模式之一。

12. 串补电容器不平衡保护一般分为告警、低定值、高定值、超高定值四段定值。 （×）

【解析】 串补电容器不平衡保护一般分为不平衡告警、不平衡低定值保护、不平衡高定值保护，无超高定值这一说法。

13. 火花间隙在放电后不需外界作用短时间内会自然熄弧。 （×）

【解析】 火花间隙放电后无法自然熄弧，需合上火花间隙两端的旁路断路器之后才能熄弧。

14. 单相电容器不平衡高定值保护动作后串补保护将三相旁路、永久闭锁、不允许自动重投。 （√）

【解析】 当发生电容器不平衡高定值保护动作后，表明电容器组的某个单元可能损坏，需要将串补退出后对其进行检修，故其动作行为是：三相旁路、永久闭锁，待更换完故障电容器单元后，确认无其他故障后，由运行人员将串补手动投入。

15. 单相电容器不平衡高定值保护动作后串补保护将单相旁路、自动重投。 （×）

【解析】 串补电容器不平衡保护动作后的正确动作行为是将串补三相旁路、永久闭锁。

16. 电容器过负荷保护检测电容器电流有效值进行判别。 （√）

【解析】 串补电容器过负荷保护检测电容器组的电流有效值，并与电容器组设计的额定电流做比值，根据比值的不同，保护装置在对应延时后将串补旁路。

17. MOV 不平衡保护动作后，串补一般会永久闭锁、不自动重投。 （√）

【解析】 当串补的 MOV 不平衡保护动作，说明 MOV 的单元可能存在异常，需将串补退出对 MOV 进行检查，故此时串补会永久闭锁。

18. 两相或三相电容器不平衡低定值保护动作后串补保护将三相旁路，允许自动

重投。 （×）

【解析】 当电容器不平衡保护动作后，需将串补三相旁路，永久闭锁，不允许自动重投。

19. 旁路开关分闸失灵保护动作时需要远跳线路。 （×）

【解析】 串补的旁路断路器分闸失灵后，串补保护装置会发串补旁路动作命令。当旁路断路器合闸失灵保护动作后，串补保护装置会发远跳线路的命令。

20. 线路及串补处于正常运行状态，电容器组高压端对平台闪络，此时平台闪络保护可能动作。 （√）

【解析】 在系统处于正常运行状态下，若平台上的设备与平台之间发生了闪络，此时串补保护装置的平台闪络保护动作，永久闭锁。

21. 线路加装串补设备对线路保护没有影响。 （×）

【解析】 在线路中加装串补后，原线路的保护装置需更换为针对带有串补线路的线路保护装置，并修改对应的线路保护装置的定值。

22. 串补系统的高压管母电压一直高于低压管母电压。 （×）

【解析】 串补系统中定义的高压管母即与平台电位存在串联电容器组电压降的管母，低压侧管母为与在稳态工况下与平台等电位的管母且串联电容器组安装在交流系统中，故运行过程中高压管母电压也会低于低压管母的电压。

23. 串补运行时可进入串补围栏区域内。 （×）

【解析】 当串补运行时，围栏区域内的电磁场强度较高，为保证安全，人员禁止进入围栏区域内。

24. 线路加装串补设备对线路保护中的阻抗Ⅰ段保护影响较大。 （√）

【解析】 线路加装串补后减小了输电线路的等效电气距离，故对线路保护中的阻抗保护有较大影响。

25. 当线路发生故障时，串补保护能判断是正向故障还是反向故障。 （×）

【解析】 串补保护装置的保护逻辑无方向性，仅能区分区内、区外故障。

26. 线路加装串补设备对线路保护有影响。 （√）

【解析】 加装串补后，对线路保护中的距离保护逻辑有影响。

27. 串补转到接地状态后，可立刻上平台进行检修维护操作。 （×）

【解析】 由于电容器单元为储能元件，当串补转到接地状态后，需待电容器组充分放电后才能上平台进行相关工作。

28. 串补用电容器一般是由很多电容器单元串并联组成的，对于内熔丝的电容器组，一般分为四组，按"H"形连接，主要是为了美观。 （×）

【解析】 按"H"形连接，主要是为了实现电容器组的不平衡保护。

29. 串补用MOV一般是由很多MOV单元并联组成的，一般分两组安装，这主要是为了降低电容器组过电压。 （×）

【解析】 MOV安装在电容器组两端，当系统发生过电压时可限制电容器两端的过电压，分为两组安装，是为了便于实现MOV的不平衡保护。

30. 某串补系统中用单台电容器单元电容值为$20\mu F$，则两台并联后电容值为$10\mu F$。 （×）

【解析】 两台$20\mu F$的电容器单元并联后，其总电容值为$40\mu F$。

31. 串补中 MOV 不需要配置备用容量。 (×)

【解析】 串补应用场合中，对 MOV 的均流特性要求高，故在设计阶段一般会考虑 10% 的备用容量作为 MOV 的热备用。

32. 阻尼回路中阻尼电抗器起到限制放电电流幅值的作用。 (√)

【解析】 阻尼电抗器限制电容器被旁路后的放电电流峰值。

33. 串补保护装置的直流电源电压波动允许范围是额定电压的 80%～110%。 (√)

【解析】 常规要求。

34. 串补处于旁路状态时，旁路断路器应处于合位。 (√)

【解析】 为了使串补旁路，需要合上旁路断路器，此时开关处于合位。

35. 串补用 MOV 一般是由很多 MOV 单元并联组成的，一般分两组安装，这主要是为检测由于某支 MOV 单元损坏时产生的不平衡电流。 (√)

【解析】 MOV 一般分两组安装是为了便于实现 MOV 不平衡保护。

36. 某串补系统中用单台电容器单元电容值为 $20\mu F$，则两台串联后电容值为 $40\mu F$。 (×)

【解析】 两台 $20\mu F$ 的电容器单元串联后，其电容值为 $10\mu F$。

37. 可控串补具有限制系统短路电流的功能。 (√)

【解析】 可控串补可快速切换到感性低电抗的晶闸管旁路模式，增加整个故障回路的感性电抗值，降低短路电流。

38. 旁路开关三相不一致保护实时监测旁路断路器的位置，当检测到三相位置不一致时，经延时判断后合旁路断路器。 (√)

【解析】 串补保护装置一般会配置该三相不一致保护功能，同时旁路断路器本体亦具备三相不一致功能。工程应用中，一般使用本体的三相不一致保护。

39. 通常要求三相不一致保护延时的设定可躲过单相保护的动作特性。 (√)

【解析】 串补保护中，当系统发生单相瞬时故障时，串补保护动作单相旁路，在一特定时间内旁路断路器的位置是不一致的，但此情况为正常工况，故设定的延时需躲过该时间，一般可设定为 2s。

40. 某 50Hz 串补系统中分为两段安装，每段串补电容值为 $200\mu F$，则两段串补总容抗为 31.83Ω。 (√)

【解析】 每段串补容值为 $200\mu F$，分段布置方式，故总电容为 $100\mu F$，折算至容抗为 $X_c=\dfrac{1}{\omega C}=\dfrac{1}{2\pi\times50\times100\times10^{-6}}=31.83$（$\Omega$）。

41. 串补阻尼回路设计时，应使电抗与电容并联电路的固有频率避开电网中比较容易出现的低次谐波和高压直流输电注入交流侧的特征谐波。 (√)

【解析】 当串补旁路时，阻尼电抗器与串联电容器并联谐振，其放电频率为 $\dfrac{1}{2\pi\sqrt{LC}}$，该值需避开电网中比较容易出现的低次谐波和高压直流输电注入交流侧的特征谐波，在设计时一般避开 $3\times n$ 次谐波，$n=1,3,5,\cdots$；以及 $6\times n\pm1$ 次谐波，$n=1,2,3,\cdots$。

42. 可控串补（TCSC）中晶闸管为半控型器件。 (√)

43. 合理使用串补装置能产生可观的经济效益，但也可能出现一些特殊问题，如次同

步谐振、电动机自激、潜供电流和线路断路器瞬态恢复电压的增加、对线路继电保护的影响等。（√）

44. 电容器组分为内熔丝、外熔丝、无熔丝三种形式。（√）

【解析】 电容器组按熔丝配置原则可分为内熔丝、外熔丝、无熔丝。

45. 串补系统中的保护水平一般是以整体电容器组额定电压（有效值）×$\sqrt{2}$为基准计算的。（√）

【解析】 串补的保护水平以电容器组两端额定电压的峰值为基准计算。

46. 当远离串补的线路上发生故障时，一般要求线路保护发远跳命令将串联电容在线路跳开前旁路，主要是为了减小 MOV 吸收能量。（×）

【解析】 配置线路联跳串补保护，要求线路保护发远跳命令将串联电容在线路跳开前旁路，主要是为了避免线路断路器断口间瞬态恢复电压的增加。

47. 串补正常运行时，由于在电容器组上有一定的电压差，因此绝缘平台上的一次设备有高压端和低压端之分，一般串补系统用 CT 均安装在低压侧。（√）

【解析】 串联电容器组两端存在压差，其测量系统的 CT 一般安装在与平台的等电位侧，一般称之为低压侧。

48. 在电力系统发生故障期间出现在过电压保护装置上的工频过电压最大峰值即为串补的保护水平。（√）

【解析】 串补保护水平为在电力系统发生故障期间，出现在过电压保护装置上的工频电压最大峰值。

49. MOV 高电流保护检测 MOV 电流均方根值进行判断的。（×）

【解析】 MOV 高电流保护以 MOV 电流瞬时值为判断依据。

50. 可控串补正常运行时两组反并联晶闸管是同时导通的。（×）

【解析】 正常运行时，反并联晶闸管无法同时导通。

51. 电容器单元一般分为单套管和双套管两种结构，在串补应用场合为限制电容器电源的爆破能量，一般使用单套管结构。（×）

【解析】 对于串联电容器组，需要多台电容器单元串并联组合。双套管电容器组可将同一框架上的电容器单元分成若干个单独并联的串。这样一来，当电容器单元极间或极对壳发生贯穿性短路故障时，对短路点的放电能量主要来自故障电容器单元自身的储能和与故障电容器单元直接并联的所有电容器储能，爆破能量不会太大，不易导致电容器单元外壳爆裂起火，对电容器组的安全运行较为有利。故目前串补工程中多使用双套管的电容器单元。

52. 次同步谐振是电网和汽轮发电机轴系之间相互作用产生的一种物理现象，它的发生将严重损坏汽轮发电机的轴系，其主要起因是线路串联电容和线路电感之间的电气振荡与轴系机械振荡的相互作用，故设计串补装置时，将避免产生次同步谐振作为选择串联补偿度的原则。（√）

【解析】 大型多级汽轮机发电机组轴系在低于额定频率范围内一般有 4～5 个机械自振频率，容易与电网的电气振荡频率耦合，形成次同步振荡。

53. 配置线路联跳串补保护可加快潜供电流衰减，提高线路断路器重合闸成功率。（√）

【解析】 线路加装串补装置后由线路两端的高压并联电抗器、串联在线路中的电容器组到线路短路点形成振荡回路，在原来的潜供电流上叠加了一个相当大的暂态分量，可能导致潜供电弧难以熄灭。如果串补装置所在线路比较长或系统小方式下运行，短路故障可能不会触发间隙，故可采用线路联跳串补的方式提高线路断路器重合闸的成功率。

54. 可控串补正常运行时两组反并联晶闸管交替导通。　　　　　　　　　　（√）

【解析】　反并联晶闸管交替承受正向电压，此时发触发信号，晶闸管交替导通。

55. 可控串补中晶闸管只有当承受正向电压且触发极有电流时才导通。　　（√）

【解析】　晶闸管导通的基本要求。

56. 可控串补中晶闸管只有当流过晶闸管的电流降到接近于零的某一数值以下才关断。　　　　　　　　　　　　　　　　　　　　　　　　　　　　　　　（√）

【解析】　晶闸管关断条件为晶闸管主端子间的正向电流小于维持电流。

57. MOV 的伏安特性是线性的。　　　　　　　　　　　　　　　　　　　（×）

【解析】　MOV 的伏安特性：当 MOV 两端电压在拐点电压之下，MOV 为高阻态，流过泄漏电流；当两端电压超过拐点电压，MOV 为低阻态，流过大电流，故其伏安特性为非线性。

58. 从最有效使用串补的角度看，单段电容器组的最佳安装位置是线路 1/3 处。　（×）

【解析】　对于在输电线路加装串补，其最优的安装地点为线路 1/2 处。但是考虑到经济性和运维的方便性，一般会选择在线路两端已有的变电站内加装串补。

59. 固定串补的保护中电容器过负荷保护重投模式一般为三相旁路，三相重投模式。　　　　　　　　　　　　　　　　　　　　　　　　　　　　　　　　（√）

【解析】　当串补发生电容器过负荷保护动作，串补会三相旁路，同时暂时闭锁一固定延时（一般设定 15min），暂时闭锁消失后若系统处于正常状态，则自动三相重投。

60. 固定串补由运行到旁路状态，即将旁路断路器分闸。　　　　　　　　（×）

【解析】　串补由运行态转到旁路态，需合上旁路断路器。

61. 输电线路中增加串补装置后，能显著提高输电线路的输电能力，而线路输送的无功功率则将减小。　　　　　　　　　　　　　　　　　　　　　　　　　（×）

【解析】　在线路中加装串补除了可提高输电线路的输电能力，同时因为电容器组所产生的无功功率与通过电容器组电流幅值的平方成正比，故串补装置对于改善系统运行电压和无功功率平衡条件有自适应能力。

62. 线路保护中的重合闸与串补保护中的重投含义相同，即指开关跳闸后再次合闸。　　　　　　　　　　　　　　　　　　　　　　　　　　　　　　　　（×）

【解析】　在线路保护中重投定义为：线路发生瞬时故障后线路断路器分开后，经整定延时，线路保护装置判别系统条件满足重投条件后，将会合上线路断路器；在串补保护中重投定义为：当串补系统或所在线路发生故障后，串补装置发合旁路断路器的命令，经整定延时，串补保护装置判别系统条件满足重投条件后，将会发旁路断路器的分闸命令。故串补保护重投指的是开关合闸后再次分闸。

63. 电压互感器二次侧如果短路将造成电压互感器电流急剧增大过负荷而损坏，并且绝缘击穿使高压串至二次侧，威胁人身安全和设备安全。　　　　　　（√）

【解析】　使用电压互感器时禁止将二次侧短接，使用电流互感器时静止将二次侧开路。

64. 固定串补一次设备主要包括电容器组、MOV、火花间隙、旁路断路器、阻尼回

路、TCR 支路。　　　　　　　　　　　　　　　　　　　　　　　　　　（×）

【解析】 固定串补的主要一次设备不含 TCR 支路。

65. 串补二次系统中，低压交直流回路能共用一条电缆。　　　　　　　（×）

【解析】 要求交直流需完全分开，使用不同的电缆。

66. 可控串补 TCSC 一次设备主要包括电容器组、MOV、TCR 支路、旁路断路器、阻尼回路、阀组水冷系统。　　　　　　　　　　　　　　　　　　　（√）

【解析】 相对于固定串补，可控串补增加了 TCR 支路、阀组水冷系统。

67. 选取配电网串补安装点需考虑尽量减少各负荷点的电压对额定电压的偏差，使全线电压分布尽量均匀。　　　　　　　　　　　　　　　　　　　　（√）

【解析】 配电网串补通常被认为是解决长距离供电带来的低电压问题经济有效的措施。

68. TPSC 运行方式为固定串补工作模式之一。　　　　　　　　　　　（×）

【解析】 TPSC 运行方式应为 TCSC 的工作模式之一。

69. 电容器不平衡高定值保护动作后需要远跳线路断路器。　　　　　　（×）

【解析】 电容器不平衡高定值保护动作后会三相旁路串补，并永久闭锁重投。

70. 线路断路器与串补旁路断路器之间没有任何区别。　　　　　　　　（×）

【解析】 串补旁路断路器要求合闸时间控制在 30ms 内。

四、填空题

1. 可控串补是通过晶闸管触发控制实现对可控串补整体等效基波容抗的快速调节，达到提高输电能力和电力系统稳定性等目的。

【解析】 可控串补中采用晶闸管控制电抗器支路，实现可控串补整体等效基波容抗的快速调节。

2. $k = \dfrac{X_C}{X} \times 100\%$ 表示 （串联补偿度）。

【解析】 串联电容器的容抗值除以所在线路的感抗值，即为高压串补的补偿度。

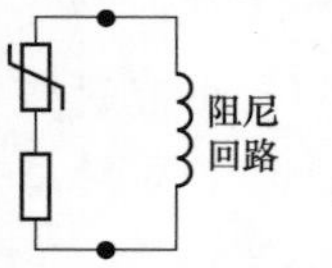

3. 阻尼回路包含的主设备为阻尼电阻和阻尼电抗。

【解析】 如图 9-2 所示，串补的阻尼回路主要是限制电容器组放电过程中形成的放电电流峰值，并加快放电电流的衰减。故阻尼电抗限制了放电电流的峰值，阻尼电阻加速了放电电流的衰减。

图 9-2　阻尼回路图

4. 串补系统中未安装在绝缘平台上的主设备包括旁路开关和隔离开关。

【解析】 串补设计中将旁路断路器、隔离开关布置靠近串补平台的地面上。

5. 断路器失灵保护主要包括 合闸失灵保护和分闸失灵保护。

【解析】 断路器失灵保护分为合闸失灵保护、分闸失灵保护。其中合闸失灵保护时，串补保护装置为了保护串补设备会发远跳线路的命令。

6. 电容器的熔丝形式一般分为内熔丝、外熔丝和无熔丝。

【解析】 串补中所用电容器按照熔丝类型可分为内熔丝、外熔丝、无熔丝。目前国内新上串补工程多为内熔丝的双套管电容器单元。

7. 串补平台底部主要的支撑设备为支柱绝缘子和斜拉绝缘子。

【解析】 串补平台由瓷支柱绝缘子支撑，由于瓷支柱绝缘子抗弯能力差，在串补平台设计时，平台与支柱绝缘子采取仿生球节点连接，故需增加复合斜拉绝缘子使平台稳定。上述支撑型式可保证串补平台耐受不同的抗震要求。

8. 火花间隙的触发形式包含强制触发和自触发。

【解析】　目前火花间隙分为受控的强制触发和不受控的自触发。

9. 阻尼回路的谐振频率要避开 $6n\pm1$ 次和 $3n$ 次。

【解析】　阻尼回路投入后将会形成放电电流，故在设计时需考虑将放电电流对系统电流的影响降低，一般会避开 $6n\pm1$ 次、$3n$ 次。

10. 串补的旁路断路器相对于普通的断路器，其主要特性在于故障时合闸、正常使用时分闸。

【解析】　串补的旁路断路器主要起保护串补一次设备的作用，在串补投入时需将旁路断路器打开，当串补发生故障时，需将串补快速旁路。

11. 火花间隙主电极包括起弧间隙和续流间隙。

【解析】　常用的火花间隙分为起弧间隙和续流间隙。其中起弧间隙距离根据串补的保护水平确认，当火花间隙接收到串补保护装置的触发命令后，首先在起弧间隙之间形成电弧，随后由于电动力的影响，起弧间隙之间的电弧会迅速转移至续流间隙之间。这样设计可有效保护起弧间隙的两个电极表面形状不变，不会被续流烧蚀，从而保持起弧间隙的自放电电压不变。其中起弧间隙也被称为闪络间隙。

12. 电容器保护主要包括电容器过负荷保护和电容器不平衡保护。

13. 为减少线路开关分闸时暂态恢复电压 TRV 的影响，需配置线路联跳串补保护。

【解析】　当线路发生故障时，串联电容器组两端的电压会在线路断路器分闸时叠加至线路断路器的断口之间，为了确保线路断路器的安全，要求线路断路器分闸之前将串补从线路中退出，降低线路断路器的暂态恢复电压。大多数故障工况下，串补保护装置中的电气量保护会动作将串补在线路断路器分闸前旁路，但是当故障发生在串补所在线路的远端，此时串补保护装置的电气量保护可能不会动作，故设计线路联跳串补保护，当线路故障时，需将线路跳闸命令同时发送到串补保护装置将串补旁路。

14. 测量系统的关键设备为 TA 和光纤信号柱。

【解析】　串补的测量系统主要是测量电流量，故包含测量电流的电流互感器（TA）和串补电流信号的光纤通道，其中关键设备为光纤信号柱。

15. 火花间隙作为 MOV 的主保护和电容器组的后备保护。

【解析】　串补的主要设备为串联在线路中的电容器组，由于是串联在线路中，当线路发生短路故障时，在电容器组两端会形成过电压，故设计了 MOV 作为电容器组的主保护限制电容器组两端的过电压，但是 MOV 有能量吸收的限制，其仅能在短时间内限制电容器组的电压，故需要在 MOV 两端并联快速旁路设备保护 MOV，而现在串补中常用火花间隙作为这一快速旁路设备，故火花间隙为 MOV 的主保护，也可认为是电容器组的后备保护。

16. 对于新安装的串补，在投运前一般需经过人工接地短路系统试验。

【解析】　对于新安装的串补，一般会推荐进行人工接地短路试验，验证 MOV、间隙的性能。

17. 串补一般可分为固定串补和可控串补。

18. 固定串补的英文简称为 FSC。

【解析】　固定串补英文为 Fixed Series Capacitor，简称 FSC。

19. 国内西北 750kV 电网东西跨度 3000km，存在大量的长距离线路，应用串补能<u>缩短电气距离和有效提高输电能力</u>。

【解析】 串补主要功能为缩短输电线路的电气距离，提升线路的输电能力。

20. 固定串补主要一次设备主要有<u>电容器</u>、<u>MOV</u>、<u>火花间隙</u>、<u>阻尼回路</u>、<u>旁路断路器</u>。

【解析】 固定串补主要含电容器组，MOV（用于限制电容器组在系统故障工况下的过电压）、火花间隙（作为快速旁路设备保护 MOV）、阻尼回路（当火花间隙导通后，阻尼回路限制电容器组的放电电流峰值并加速放电电流的衰减）、旁路断路器（串补保护装置发间隙触发命令的同时会发旁路开关的合闸命令，用于保护火花间隙）。

21. 串补中用于限制电容器过电压的设备是<u>金属氧化物限压器</u>。

【解析】 金属氧化物限压器用于限制电容器组两端的过电压，也称 MOV。

22. 固定串补中用于快速将电容器组旁路，避免 MOV 吸收太多能量的设备是<u>火花间隙</u>。

【解析】 串补中常用的快速旁路设备为火花间隙。

23. 串补中广泛应用的火花间隙一般不配置专门灭弧装置，串补中使火花间隙灭弧的设备是<u>旁路断路器</u>。

【解析】 火花间隙不具备自熄弧能力，为保证间隙的使用寿命，在间隙两端并联了旁路断路器，当旁路断路器合闸后，火花间隙中的放电电流会迅速转移至旁路断路器。

24. 串补中为使电容器放电电流尽快衰减到合理水平，一般都配置<u>阻尼回路</u>。

【解析】 串补中阻尼回路可限制电容器组被短路后的放电电流。

25. 某串补系统电容器容值为 $101\mu F$，额定电流为 3000A，额定频率为 50Hz，则其容抗为<u>31.52 Ω</u>。

【解析】 $X_C = \dfrac{1}{\omega C} = \dfrac{1}{2\pi f C} = \dfrac{1}{2\pi \times 50 Hz \times 101\mu F} = 31.52\Omega$

26. 某串补系统的保护水平为 2.3p.u.，其中的标幺值基准值是<u>电容器额定电压峰值</u>。

【解析】 电容器保护水平为峰值，故其标幺值基准值为电容器组额定电压的峰值。

27. 晶闸管正常工作时只能<u>单向</u>导通，因此电流方向<u>不能</u>改变。

【解析】 单个晶闸管导通时仅能单向导通。

28. 串补保护应按<u>双</u>套配置实现对串补可靠保护。

【解析】 按照可靠性要求，串补保护需配置双套保护。

29. 固定串补中 MOV 与电容器组一般<u>并联</u>接线。

【解析】 串补中 MOV 用于限制电容器组两端的过电压，故与电容器组并联连接。

30. 固定串补中旁路断路器与火花间隙一般<u>并联</u>接线。

【解析】 串补中旁路断路器用于保护保护火花间隙，故需并联在火花间隙两端。常见的串补单线图如图 9-3 所示。

31. 固定串补中所谓的电容器放电回路即当火花间隙导通后，电容器通过<u>阻尼回路</u>放电。

【解析】 电容器被旁路时需经过阻尼回路对放电电流进行限制。

32. 目前串补用 MOV 的外套主要有<u>瓷外套</u>、<u>复合外套</u>两种类型。

【解析】 串补常用的 MOV 外套按材质分为瓷外套、复合外套。

33. 可控串联补偿的英文缩写为<u>TCSC</u>。

【解析】 Thyristor Control Series Capacitor，缩写为 TCSC。

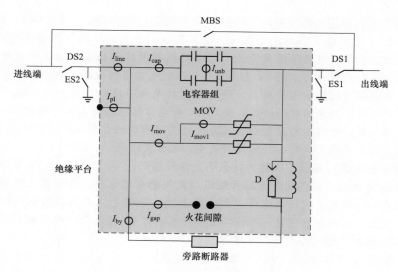

图 9-3 串补单线图

34. 正常运行时，串补电容器电压<u>超前</u>电容器电流 90°。

【解析】 电路基本理论，电容器电压超前于电流 90°。

35. 对于某额定电压为 500kV 线路上安装的串补设备，串补绝缘平台在正常运行时对地电压有效值为<u>288.7kV</u>。

【解析】 $500 \div \sqrt{3} = 288.7$ （kV）

五、简答题

1. 输电线路加装固定串补的作用主要有哪些？

【解析】 作用包括：①提高电力系统稳定水平；②增加输电线路的输电能力；③改善运行电压和无功平衡条件；④降低网损；⑤均衡潮流分布；⑥可减少输电线路架设和输电走廊的占用，节省投资，提高电网建设的经济性，保护环境；⑦在配电网中，采用串联补偿可解决一系列的电能质量问题。

2. 目前串补用电容器按其熔丝安装一般分为哪几类？

【解析】 一般分为内熔丝、外熔丝、无熔丝三种类型。

3. 请指出输电线路加装可控串补的优缺点主要有哪些？

【解析】 优点主要有：①可控制线路潮流；②优化系统运行方式，降低网损；③利用短时过载能力，提高系统稳定性和传输能力；④阻尼系统低频振荡；⑤能消除 SSR 的风险，使串补补偿度提高；⑥可降低短路电流和 MOV 的能量定值；⑦抑制线路不对称分量。缺点主要有：①技术复杂程度增加；②造价高；③可靠性稍低。

4. 请列出固定串补保护装置配置的主要保护。

【解析】 电容器过负荷保护、电容器不平衡保护、MOV 高电流保护、MOV 能量保护（MOV 能量梯度保护）、MOV 高温保护、MOV 不平衡保护、间隙自触发保护、间隙拒触发保护、间隙延迟触发保护、间隙持续导通保护、旁路断路器三相不一致保护、旁路断路器合闸失灵保护、旁路断路器分闸失灵保护、线路联跳串补保护，平台闪络保护。

5. 请列出现代固定串补主要一次设备，并指出其主要作用。

【解析】 固定串补主要一次设备有：电容器组，金属氧化物限压器 MOV、阻尼回路、火花间隙、旁路断路器和隔离开关。电容器组利用其容抗来补偿输电线路感抗，从而达到缩短电气距离的目的；MOV 主要作用为限制电容器组两端过电压；阻尼回路主要作用为使电容器储存的能量迅速释放，使电容器放电电流迅速衰减到合理水平；火花间隙主要作用是在串补相关保护动作后，使 MOV 和电容器组迅速旁路，防止 MOV 由于吸收能量过大而损坏；旁路断路器主要作用为使火花间隙熄弧，并使串补能手动投入退出，同时配合隔离开关实现对串补运行方式的改变，也方便检修。

6. 运行中的电流互感器二次侧为什么不允许开路？

【解析】 电流互感器二次侧开路将造成二次侧感应过电压，峰值达几千伏，威胁人身安全、仪表、保护装置运行，造成二次绝缘击穿，并使电流互感器磁路过饱和，铁芯发热，烧坏电流互感器。处理时，可将二次负荷减小为 0，停用相关保护和自动装置。

7. 请指出串联补偿与并联补偿主要区别。

【解析】 主要区别有：①并联补偿只需要电网提供一个节点，另一端为大地或悬空的中性点，而串联补偿需要提供两个接入点；②并联补偿通常只改变节点导纳矩阵的对角线元素，或可认为等效为注入电力系统的电流源，而串联补偿装置会改变导纳矩阵的非对角线元素，或可认为等效为注入的电压源；③并联补偿装置与所接入点的短路容量相比通常较小，主要通过注入或吸收电流来调节系统电压，进而改变电流的分布，串联补偿能直接改变线路的等效阻抗或通过插入电压源来改变传输线的电压自然分布特性，从而调节电流分布，对电压和潮流的控制能力强；④并联补偿只能控制接入点的电流，而电流进入电力系统后如何分布由系统本身确定，因此并联补偿产生补偿效果后通常可使节点附近的区域受益，而串联补偿可实现潮流和电压调节，因而适合对特定输电走廊的补偿；⑤并联补偿装置需要承受全部的节点电压，其输出电流或是由所承受的电压决定或是可控制的，串联补偿装置需要承受全部的线路电流，其输出电压或是由所承载的电流决定。

8. 请列出串补保护的主要保护功能。

【解析】

（1）电容器过负荷保护、电容器不平衡保护。

（2）MOV 高电流保护、MOV 能量保护、MOV 温度保护、MOV 不平衡保护。

（3）间隙自触发保护、间隙拒触发保护、间隙延迟触发保护、间隙持续导通保护。

（4）旁路开关合闸失灵保护、旁路断路器分闸失灵保护、旁路断路器三相不一致保护。

（5）SSR 保护。

（6）平台闪络保护。

（7）线路联动串补保护。

针对可控串补还有如下保护：①阀过载保护；②阀拒触发保护；③阀裕度不足保护；④阀不对称触发保护；⑤阀异常闭锁保护；⑥水冷却系统保护。

9. 请罗列固定串补保护装置采集的电流量信号。

【解析】 线路电流、MOV 电流、间隙电流、电容器电流、电容器不平衡电流、平台闪络电流、旁路断路器电流（可选）。

10. 请简述串补常用的快速旁路设备。

【解析】　强制触发型火花间隙、等离子触发型间隙、开普托。

11. 请列出串补装置的四种状态。

【解析】　运行态、旁路态、隔离态、接地态。

六、分析题

1. 串补系统中，保护装置内设定的 MOV 高电流定值为 10000A，当该线路 A 相发生了区内瞬时故障且 MOV 故障电流峰值达到 28000A，请分析保护装置的动作过程。

【解析】　A 相 MOV 高电流保护动作、合旁路断路器 A 相、暂时闭锁、重投允许。

2. 串联电容器组的额定值为 $X=20\Omega$，$I=1000A$。30min 过负荷电流为 1.35p. u.，串联电容器由保护水平等于 2.3p. u. 的 MOV 进行保护，请计算电容器的额定电压及保护水平。

【解析】

额定电压为 $U_n=20\times1000=20$（kV）

保护水平为 $U_{p\,L}=\sqrt{2}\times2.3\times U_n=65.05$（kV）

3. 对于 210km 长的 500kV 超高压输电线路，线路正序电阻为 0.024Ω/km，正序电抗为 0.31Ω/km，零序电阻为 0.14Ω/km，零序电抗为 0.9Ω/km，线路额定电流为 2400A，加装总电容为 101μF 的固定串补，保护水平选择为 2.3p. u.，请计算该串补安装总容量，并计算其补偿度为多少？

【解析】　$S_n=3\times2.42\times1/（100\times3.14\times101）=544.87$（Mvar）

$X\%=1000000/（100\times3.14\times101）/（0.31\times210）\times100\%=48.44\%$

（1）串补容量。计算串补的容抗 $X_C=\dfrac{1}{\omega C}=\dfrac{1}{2\pi fC}=\dfrac{1}{2\pi\times50Hz\times101\mu F}=31.52\Omega$

串补容量为 $S=3I^2X_C=3\times2400A\times2400A\times31.52\Omega=544.67Mvar$

（2）串联补偿度为 $k=\dfrac{X_C}{X_L}=\dfrac{31.52}{0.31\times210}=48.4\%$

第二节　调　相　机

一、单选题

1. 过励磁运行状态下同步调相机定子电流和电压相位关系是（A）。

A. 电流超前于电压　B. 电压超前于电流　C. 电流与电压同相位

【解析】　同步调相机过励磁运行时发出感性无功 Q_L，定子电流超前于电压 90°。

2. 欠励磁运行状态下同步调相机定子电流和电压相位关系是（B）。

A. 电流超前于电压　B. 电压超前于电流　C. 电流与电压同相位

【解析】　同步调相机欠励磁运行时发出容性无功 Q_C，定子电流滞后于电压 90°。

3. 正常励磁运行状态下同步调相机定子电流和电压相位关系是（C）。

A. 电流超前于电压　B. 电压超前于电流　C. 电流与电压同相位

【解析】　同步调相机正常励磁运行时，吸收少量有功功率维持额定转速，无功功率 Q 为 0，电流与电压同相位。

4. 同步调相机启动过程中最大转速为（C）r/min。

A. 3000　　　　　B. 3050　　　　　C. 3150　　　　　D. 3250

【解析】 同步调相机启动时由静止变频启动装置（SFC）拖动至3150r/min后惰速并网。

5. 调相机变压器组保护采用 （C） 配置。
A. 单套　　　　　　　B. 双重化　　　　　　　C. 三重化

6. 调相机变压器组保护采用 （C） 配置。
A. 单套　　　　　　　B. 双重化　　　　　　　C. 三重化

7. 正常运行时调相机转子接地保护投入 （B） 原理保护。
A. 乒乓式　　　　　　　　　　　　B. 注入式
C. 基波零序电压式　　　　　　　　D. 三次谐波零序电压式

【解析】 注入式转子接地保护可在未加励磁电压的情况下监视转子绝缘情况，更符合大型机组对转子绝缘性能监测的要求。

8. 下列不属于调相机定子接地保护原理的是 （A）。
A. 乒乓式　　　　B. 注入式　　　　C. 基波零序电压式　D. 三次谐波电压式

【解析】 调相机定子接地保护分为注入式定子接地保护和零序电压定子接地保护，分别配置两套调变组保护装置。

9. 下列不属于调相机变压器差动保护功能的是 （C）。
A. 调相机差动保护　　　　　　　　B. 主变压器差动保护
C. 励磁变压器差动保护　　　　　　D. 隔离变压器差动保护

【解析】 隔离变压器为静止变频启动装置（SFC）进线变压器，不属于调相机变压器组保护范围。

10. 调相机差动保护反应的是 （B） 故障。
A. 定子绕组单相接地　　　　　　　B. 定子绕组相间短路
C. 定子绕组匝间短路　　　　　　　D. 转子绕组匝间短路

【解析】 调相机差动保护以非穿越性电流作为动作量，以穿越性电流作为制动量，当发生内部相间短路故障时，非穿越性电流剧增，差动保护动作。

11. 调相机差动速断保护定值一般取 （A） 倍 I_e。
A. 3～5　　　　　B. 2～3　　　　　C. 2.5～5　　　　　D. 3～4

【解析】 大容量调相机差动速断保护定值按躲过机组非同期合闸产生的最大不平衡电流整定，一般取3～5倍 I_e。

12. 调相机差动保护引入机端TA和中性点TA来实现保护功能，要求两组TA按 （B） 接线方式。
A. 三角形　　　　　　　　　　　B. 星形
C. 机端星形，中性点三角形　　　D. 机端三角形，中性点星形

【解析】 调相机差动保护引入机端TA和中性点TA电流来实现保护功能，要求调相机机端和中性点TA均按星形接线，两组TA的极性端都靠近调相机中性点侧。

13. 调相机差动保护差动电流 $I_d=$ （A）。

A. $|\dot{I}_1-\dot{I}_2|$　　　B. $|\dot{I}_1+\dot{I}_2|$　　　C. $\frac{|\dot{I}_1+\dot{I}_2|}{2}$　　　D. $\frac{|\dot{I}_1-\dot{I}_2|}{2}$

【解析】 调相机差动保护两组TA的极性端都靠近调相机中性点侧，差动电流取两组电流差的绝对值。

14. 调相机纵向零序电压定子匝间保护应具有 （B） 次谐波电压滤除功能。

A. 二　　　　　　B. 三　　　　　　C. 四　　　　　　D. 五

【解析】 调相机正常运行时的机端不平衡纵向零序电压基波分量很小，但三次谐波分量可能很大，需要滤除纵向零压的三次谐波以提高保护可靠性和灵敏性。

15. 基波零序电压定子接地保护的保护范围是调相机 （C） 的定子绕组。

A. 距离机端80%

B. 距离中性点25%

C. 距离机端85%～90%

D. 100%

【解析】 基波零序电压值与接地点到中性点的匝数占该相绕组总匝数的百分比成正比，零序电压低定值段按躲过正常运行时的最大不平衡基波零序电压整定，当接地点在中性点N附近时保护有死区，保护范围为调相机距离机端85%～95%的定子绕组。

16. 三次谐波电压定子接地保护的保护范围是调相机 （B） 的定子绕组。

A. 距离机端80%

B. 距离中性点25%

C. 距离机端85%～90%

D. 100%

【解析】 调相机运行时定子中的感应电动势除基波外，还含有三、五、七次等高次谐波。正常运行时，调相机中性点的三次谐波电压总是大于机端的三次谐波电压。当定子绕组靠近中性点0%～50%范围内发生接地故障时，机端的三次谐波电压大于中性点的三次谐波电压。三次谐波电压定子接地保护对中性点附近的单相接地短路有很高的灵敏度，与基波零序电压定子接地保护配合，构成100%的定子绕组接地保护。

17. 注入式定子接地保护的保护范围是调相机 （D） 的定子绕组。

A. 距离机端80%

B. 距离中性点25%

C. 距离机端85%～90%

D. 100%

【解析】 注入式定子接地保护将低频电源注入到调相机的定子绕组，通过检测低频电压和低频电流，实时准确计算定子绕组的接地电阻，与工频零序电流判据配合，构成100%的定子绕组接地保护。

18. 正常运行的调相机失去励磁时不会发生的是 （A）。

A. 失步运行

B. 机端电压降低

C. 吸收感性无功

D. 主变压器高压侧电压降低

【解析】 由于调相机无原动机、无负载、不发有功且失磁时调相机具有附加电磁功率，附加电磁功率对应的电磁转矩足以克服制动转矩，因此失磁后不会发生失步运行。

19. 调相机定子绕组定时限过负荷保护动作于 （A）。

A. 告警　　　　B. 跳闸　　　　C. 启动通风　　　　D. 减负荷

【解析】 调相机定子绕组定时限过负荷保护动作电流按调相机长期允许的负荷电流下能可靠返回的条件整定，动作时间按躲过调相机强励时间整定，动作于告警。

20. 调相机负序过负荷反应的是 （C） 故障。

A. 定子绕组过热　　B. 转子表层过热　　C. 励磁绕组过热

【解析】 调相机定子绕组通过负序电流时，在定、转子气隙中形成负序旋转磁场，在转子回路及转子表面感应出100Hz交流分量电流，引起转子局部过热。

21. 调相机励磁绕组过负荷保护动作量取 （B）。

A. 励磁电流

B. 励磁变低压侧电流

C. 励磁变高压侧电流

D. 调相机中性点电流

【解析】 调相机励磁绕组过负荷电流取励磁变压器低压侧电流。

22. 调相机过电压保护 I 段定值固定取 （B） U_e。

A. 1.2　　　　　　B. 1.3　　　　　　C. 1.4　　　　　　D. 1.5

【解析】 调相机过电压保护 I 段动作于跳闸，动作定值固定取 $1.3U_e$，动作时间 0.6s。

23. 调相机过电压保护 II 段定值固定取 （C） U_e。

A. 1.05　　　　　B. 1.07　　　　　C. 1.09　　　　　D. 1.1

【解析】 调相机过电压保护 II 段动作于告警，动作定值固定取 $1.09U_e$，动作时间 18s。

24. 调相机低压解列保护在 （D） 自动投入运行。

A. 调相机启动前　　　　　　　　　　B. 调相机 3150r/min 时
C. 调相机同期并网前　　　　　　　　D. 调相机同期并网后

【解析】 为防止调相机异常失压之后重新上电，导致调相机异步启动，装置设置调相机低压解列保护，动作值取调相机机端 TV 的三相线电压最大值，经调相机机端 TV 断线闭锁，同时设置了三相电压最低门槛，低压解列必须在三相电压都大于 $0.1U_n$ 的时候才投入，由低电压元件和主变压器高压侧位置节点闭锁。

25. 调相机误上电保护在 （D） 自动投入运行。

A. 调相机 3150r/min 时　　　　　　　B. 调相机同期并网前
C. 调相机同期并网后　　　　　　　　D. 调相机解列后

26. 调相机误上电保护在 （C） 自动退出运行。

A. 调相机 3150r/min 时　　　　　　　B. 调相机同期并网前
C. 调相机同期并网后　　　　　　　　D. 调相机解列后

【解析】 调相机盘车或静止时，如发生出口断路器误合闸，系统三相工频电压突然加在机端使调相机异步启动，此时由系统向调相机定子绕组倒送的电流（正序电流）在气隙中产生的旋转磁场会在转子本体中感应工频或接近工频的电流，从而引起转子过热而损伤转子。误上电保护在调相机并网后自动退出运行，解列后自动投入运行。

27. 调相机转子由 0～3150r/min 过程中机端电压频率 （D）。

A. 不变　　　　B. 逐渐升高　　　　C. 逐渐降低　　　　D. 以上都不对

【解析】 调相机启动时由静止变频启动装置（SFC）配合启动励磁系统将转速提升至 3150r/min，启动过程中 SFC 输出频率逐渐升至 52.5Hz。

28. 调相机启机保护测量原理与 （C） 无关。

A. 电压　　　　B. 电流　　　　C. 频率　　　　D. 以上都不对

【解析】 调相机启动过程中，定子电压频率不是固定值，因此采用不受频率影响的算法，保证启机过程中对调相机、变压器以及励磁变压器的保护。

29. 调相机启机保护不包括 （D）。

A. 差动保护　　　B. 过电流保护　　　C. 零序过电压保护　D. 低电压保护

【解析】 调相机启机保护用于反应调相机低转速运行时的定子绕组接地及相间短路故障，包括启机差动保护、启机过电流保护和启机零序过电压保护。

30. 调相机变压器组并网断路器非全相保护启动失灵保护功能由 （B） 实现。

A. 断路器本体　　　　　　　　　　　B. 调变组保护装置
C. 断路器操作箱　　　　　　　　　　D. 以上都不对

31. 调相机变压器组并网断路器非全相保护启动失灵保护由 （D） 作为辅助判据。
    A. 调相机中性点电流　　　　　　　　B. 主变压器中性点零序电流
    C. 主变压器高压侧断路器电流　　　　D. 主变压器高压侧套管电流

32. 调相机变压器组并网断路器非全相保护启动失灵保护零序电流定值 $3I_0$ 固定取
（B） I_N。
    A. 0.05　　　　　　B. 0.10　　　　　　C. 0.15　　　　　　D. 0.20
    【解析】 调相机变压器组并网断路器非全相启动失灵功能由调相机变压器组保护装置实现，取主变压器高压侧套管电流作为辅助判据，零序电流 $3I_0$ 和负序电流 $3I_2$ 定值固定取 $0.1I_n$。

33. 调相机复压过电流保护动作电流定值固定取 （D） I_e。
    A. 1.1　　　　　　B. 1.2　　　　　　C. 1.3　　　　　　D. 1.4
    【解析】 调相机复压过电流保护动作电流取自机端 TA 和中性点 TA 的最大相电流，定值固定取 $1.4I_e$。

34. 调相机主变压器比率差动保护差动电流 $I_d=$ （B）。

    A. $|\dot{I}_1-\dot{I}_2|$　　B. $|\dot{I}_1+\dot{I}_2|$　　C. $\dfrac{|\dot{I}_1+\dot{I}_2|}{2}$　　D. $\dfrac{|\dot{I}_1-\dot{I}_2|}{2}$

    【解析】 调相机主变压器差动保护两组 TA 分别取调相机机端 TA 和主变压器高压侧断路器 TA，极性端都远离主变压器，差动保护电流取两组电流和的绝对值。

35. 调相机变压器组非电量保护配置原则为 （D）。
    A. 单套配置　　B. 双重化配置　　C. 三重化配置　　D. 三取二配置
    【解析】 调相机变压器组配置三套独立的非电量保护装置，同时对应两套"三取二"装置，非电量保护采用"三取二"动作逻辑。

36. 下列参数与调相机过励磁保护的动作判据无关的是 （B）。
    A. 电压值　　B. 电流值　　C. 频率　　D. 以上都有关
    【解析】 调相机过励磁运行时，铁芯发热，漏磁增加，电流波形畸变，严重损害主设备安全。过励磁保护取调相机机端电压计算，采用过励磁倍数 N 来衡量调相机过励磁状态。

$$N = \frac{U/U_N}{f/f_N}$$

37. 一个三相桥式全控整流电路有 （B） 个晶闸管元件。
    A. 3　　　　　　B. 6　　　　　　C. 9　　　　　　D. 12

38. 励磁系统的基本控制由励磁调节器控制整流桥的 （C） 来实现。
    A. 输入电流　　B. 输出电流　　C. 脉冲触发角　　D. 元件导通角
    【解析】 一个三相桥式全控整流电路由 6 个晶闸管（可控硅元件）组成，其中 3 个共阳极、3 个共阴极，共阳极组在电源正半周导通，共阴极组在电源负半周导通。励磁系统的基本控制由励磁调节器通过控制整流桥的脉冲触发角来实现。

39. 三相桥式全控整流电路触发角 （B） 时，输出电压平均值为正，工作在整流状态。
    A. $\alpha<60°$　　B. $\alpha<90°$　　C. $\alpha>90°$　　D. $\alpha>120°$

40. 三相桥式全控整流电路触发角 （C） 时，输出电压平均值为负，工作在逆变状态。

A. $\alpha<60°$ B. $\alpha<90°$ C. $\alpha>90°$ D. $\alpha>120°$

41. 三相桥式全控整流电路触发角 （A） 时， 输出电压瞬时值都大于零， 输出波形连续。

A. $\alpha<60°$ B. $\alpha<90°$ C. $\alpha>90°$ D. $\alpha>120°$

【解析】 励磁系统使用三相桥式全控整流电路，触发角 α 在 $0°\sim180°$ 之间。当 $\alpha=0°$ 时，各晶闸管触发脉冲在三相电流自然换相点对应时刻发出，每元件每周期导通 $120°$；当 $\alpha=60°$ 时，各相晶闸管的触发脉冲滞后于自然换相点 $60°$，在每元件的导通初始时刻和结束时刻，共阴极组输出的阴极电位与共阳极组的阳极电位，输出电压瞬时值为 $0V$；当 $\alpha=90°$ 时，输出电压正负部分相等，输出电压平均值为零。综上所述，当触发角 $\alpha<90°$ 时，输出电压平均值为正，三相全控整流桥工作在整流状态；当触发角 $90°<\alpha<180°$ 时，输出电压平均值为负，三相全控整流桥工作在逆变状态。

42. 不属于调相机励磁系统控制模式的是 （D）。

A. 电压闭环   B. 电流闭环   C. 恒无功   D. 定角度

43. 调相机启动励磁调节器使用的控制策略是 （B）。

A. 电压闭环   B. 电流闭环   C. 恒无功   D. 恒功率因数

【解析】 定角度调节方式为开环控制模式，只适用于它励励磁方式。调相机在运行阶段为自并励励磁方式，在启动阶段为它励励磁方式，但仅使用电流闭环控制方式。

44. 调相机启动励磁系统励磁电流参考值由 （C） 系统发出。

A. DCS   B. NCS   C. SFC   D. PMU

【解析】 调相机一键启动流程由 DCS 发启动指令，启动励磁系统投励并接收 SFC 发出的励磁电流参考值，配合 SFC 启动。

45. 电压闭环控制模式下， 当机端电压高于给定值时， 励磁调节器 （B） 晶闸管的触发角， 使机端电压回到设定值。

A. 增大   B. 减小   C. 先增大再减小   D. 先减小再增大

【解析】 励磁系统整流器正常运行时，增大晶闸管触发角，励磁电流减小，机端电压降低；减小晶闸管触发角，励磁电流升高，机端电压升高。

46. 下列不属于 SFC 系统保护功能的是 （C）。

A. 过电压保护   B. 过电流保护   C. 低频保护   D. 过频保护

【解析】 静止变频启动装置 （SFC） 输出频率 $0\sim52.5\text{Hz}$，在机桥侧配置有过频保护。

47. 调相机差动保护启动电流按 （B） 整定。

A. 躲过机组非同期合闸产生的最大不平衡电流
B. 躲过正常调相机额定负载时的最大不平衡电流
C. 躲过各支路由于电流互感器相对误差造成的不平衡电流
D. 区外短路故障最大穿越性短路电流作用下可靠不误动条件

【解析】 调相机差动启动电流按躲过调相机额定负载时的最大不平衡电流整定，固定取 $0.3I_e$。

48. 调相机差动保护差动速断电流按 （A） 整定。

A. 躲过机组非同期合闸产生的最大不平衡电流
B. 躲过正常调相机额定负载时的最大不平衡电流

C. 躲过各支路由于电流互感器相对误差造成的不平衡电流

D. 区外短路故障最大穿越性短路电流作用下可靠不误动条件

【解析】 非同期合闸对调相机和主变压器来说类似于一次区外短路故障过程，非同期合闸电流是一个穿越性电流，差动保护应可靠不动作；但是当非同期合闸过程中，两侧电压相位差较大时，其冲击电流可能比短路电流还大，同时产生较大的非周期分量，容易引起电流互感器深度饱和，造成差动速断动作。

49. 对匝间保护专用电压互感器描述不正确的是 （A）。

A. 一次侧中性点和调相机中性点相连

B. 开口三角二次断线不会造成纵向零序电压匝间保护误动

C. 电压互感器一次断线闭锁纵向零序电压匝间保护

D. 作为纵向零序电压匝间保护负序功率方向判据

【解析】 纵向零序电压匝间保护的零序电压取自匝间保护专用的电压互感器，经过指向系统的负序方向元件与门出口，负序功率方向判据取自机端普通 TV 和机端 TA。

50. 断路器端口闪络保护的动作条件是断路器三相断开状态且 （B） 大于定值。

A. 正序电流　　　B. 负序电流　　　C. 零序电流　　　D. 相电流

【解析】 断口闪络保护取主变压器高压侧开关 TA 电流，当断路器处于跳开位置，而主变压器高压侧负序电流大于定值时，判为发生断路器断口闪络。

二、多选题

1. 同步调相机的作用有 （ACD）。

A. 提供无功功率　　　　　　B. 提供有功功率

C. 改善功率因数　　　　　　D. 调节系统电压

【解析】 调相机是一种无功补偿装置，运行于电动机状态，向电力系统发出或吸收无功功率，改善电网功率因数，进而维持电网电压水平。

2. 新一代调相机与 SVC、 STATCOM 相比具备的优势包括 （ABD）。

A. 无功输出受系统电压影响小　　B. 过载能力强

C. 有功损耗小　　　　　　　　　D. 可向系统提供一定的转动惯量和短路容量

【解析】 调相机是特殊运行工况的同步电动机，无功输出受系统电压影响小，励磁电压响应时间 10～20ms，具备瞬时无功支撑和很强的短时过载能力，定子线圈短时过载能力在 3.5 倍，在严重故障情况下的动态无功补偿具有明显的优势，同时可向系统提供一定的转动惯量和短路容量。有功损耗约为 1.1%，略高于 SVC（0.8%）和 STATCOM（1%），旋转设备维护工作量大。

3. （ABD） 闭锁负序工频变化量方向匝间保护。

A. 调相机并网前　　　　　　B. 机端普通 TV 断线

C. 中性点 TA 断线　　　　　D. 机端 TA 断线

【解析】 负序工频变化量方向匝间保护采用负序电压工频变化量和负序电流工频变化量来构成，调相机并网前、机端普通 TV 断线、机端 TA 断线均可造成负序方向失效，因此在这三种情况下闭锁负序工频变化量方向匝间保护。

4. 纵向零序电压定子匝间保护反应的故障有 （BCD）。

A. 定子绕组单相接地   B. 定子绕组相间短路
C. 定子绕组匝间短路   D. 定子绕组开焊

【解析】 调相机内部故障（相间、匝间短路等）必然表现为机端三相对中性点的不平衡，即对中性点而言机端三相出现纵向零序电压，纵向零序电压定子匝间保护使用专用的电压互感器测量该零序电压，作为匝间保护的动作量。

5. 调相机定子接地保护原理的有 （BCD）。
A. 乒乓式   B. 注入式   C. 基波零序电压式   D. 三次谐波电压式

【解析】 调相机定子接地保护分为注入式定子接地保护和零序电压定子接地保护，分别配置于两套调变组保护装置。基波零序电压定子接地保护反应调相机零序电压的大小，可保护调相机距机端85%～95%的定子绕组接地；三次谐波电压定子接地保护通过比较机端 TV 开口三角电压和中性点侧零序电压三次谐波的大小构成保护判据，保护距调相机中性点25%左右的定子绕组接地；注入式定子接地保护由接地电阻保护和工频零序电流保护共同构成100%范围定子绕组接地保护，在未加励磁或静止状态下提供对定子的绝缘监测。

6. 调相机定子绕组反时限过负荷保护由 （ABD） 组成。
A. 下限启动   B. 反时限部分   C. 下限定时限   D. 上限定时限

【解析】 调相机定子绕组反时限过负荷保护由三部分组成，下限启动：当定子电流大于下限电流定值时，保护启动开始热积累；反时限部分：热积累值大于定值时，保护发出跳闸信号，如定子电流小于下限电流定值时，热积累值通过散热慢慢减小；上限定时限部分：设最小动作时间定值。

7. 调相机过负荷保护包括 （ACD）。
A. 定子过负荷保护   B. 转子过负荷保护
C. 负序过负荷保护   D. 励磁绕组过负荷保护

【解析】 调相机定子过负荷保护反应定子绕组平均发热状况，负序过负荷保护反应转子表层发热状况，励磁绕组过负荷保护反应励磁绕组的平均发热状况。

8. 调相机差动保护能够反应的故障有 （CD）。
A. 定子绕组匝间短路   B. 定子绕组单相接地
C. 定子绕组两相短路   D. 定子绕组三相短路

【解析】 定子绕组匝间短路时，不产生对地或相间短路电，只使本相电流变化，定子绕组两端的进出电流相同，差动保护不动作。目前调相机均采用经接地变压器接地方式，接地电阻较高，定子绕组单相接地故障时流经接地点的电流为电容性电流且故障电流较小，不足以使差动保护启动。

9. 启机保护作为调相机升速升励磁尚未并网前的 （ABCD） 保护。
A. 定子绕组接地故障   B. 定子绕组相间故障
C. 主变压器相间故障   D. 励磁变压器相间故障

【解析】 定子调相机在 SFC 启动过程之始已加励磁且持续时间较长，部分保护功能被闭锁，因此仍需配置具有一定灵敏度的保护功能，保证启机过程中对调相机、变压器以及励磁变压器的保护。启机保护采用与频率无关的处理方法，实现了低频情况下的定子短路故障保护和单相接地故障保护，包括调相机启机差动保护、主变压器启机速断电流保护和励磁变压器启机差动保护、启机过电流保护、启机零序过电压保护。

　　10. 调相机并网断路器断口闪络保护的动作条件是　（AB）。

A. 断路器三相断开位置　　　　　　B. 负序过电流元件动作
C. 零序过电流元件动作　　　　　　D. 机端电压大于 $0.5U_n$

　　【解析】　调相机在进行并列过程中，当断路器两侧电压相位差为 180° 时断口易发生闪络。断路器断口闪络只考虑一相或两相，不考虑三相闪络。断口闪络保护取主变压器高压侧开关 TA 电流，当断路器处于跳开位置，而主变压器高压侧负序电流大于定值时，判为发生断路器断口闪络。

三、判断题

　　1. 同步调相机的作用是向电力系统提供感性无功功率。　　　　　　　　（×）

　　【解析】　同步调相机迟相运行时发出感性无功功率 Q_L（吸收容性无功功率 Q_C），进相运行时发出容性无功功率 Q_C（吸收感性无功功率 Q_L）。

　　2. 正常运行时乒乓式和注入式两套调相机转子一点接地保护同时投入。　　（×）

　　【解析】　由于转子一点接地保护需要与励磁绕组构成模拟回路，两套保护均投入会相互影响，因此正常运行时一套投入，另一套作为冷备用。

　　3. 纵向零序电压定子匝间保护既可作为调相机定子绕组匝间短路的主保护，也可反应内部相间短路及定子绕组开焊故障。　　　　　　　　　　　　　　　　（√）

　　【解析】　当调相机定子绕组匝间短路、开焊或相间短路故障时，会出现纵向零序电压，该电压由机端匝间保护专用电压互感器测量。

　　4. 纵向零序电压定子匝间保护的零序电压和负序电压取自同一电压互感器二次绕组。　　　　　　　　　　　　　　　　　　　　　　　　　　　　　　　　（×）

　　【解析】　纵向零序电压定子匝间保护的零序电压取自装在调相机出口的专用电压互感器开口三角绕组，该电压互感器的一次中性点与调相机中性点直接相连且不接地，所以该电压互感器二次绕组不能用来测量相对地电压。负序电压取自机端普通 TV。

　　5. 基波零序电压定子接地保护对于中性点附近的单相接地短路有较高灵敏度。（×）

　　【解析】　基波零序电压保护范围为调相机机端侧 85%～95%，当中性点附近发生接地故障时，保护有死区。

　　6. 调相机启动过程中应投入三次谐波电压定子接地保护跳闸功能。　　　（×）

　　【解析】　调相机并网前后机端等值容抗会有较大变化，影响三次谐波电压比的计算，因此在调相机并网前应闭锁三次谐波电压定子接地保护跳闸。

　　7. 调相机定子绕组过负荷保护反应调相机定子绕组的总发热状况，由定时限和反时限两部分组成。　　　　　　　　　　　　　　　　　　　　　　　　　　　（×）

　　【解析】　调相机定子绕组过负荷保护反应调相机定子绕组的平均发热状况。

　　8. 当调相机为自并励励磁方式时，复压过电流保护电流元件可不具备记忆功能。（×）

　　【解析】　调相机采用自并励励磁方式时，励磁变压器接在调相机出口，当外部故障的主保护拒动时，由于调相机出口电压降低，造成转子电流减小，进而使定子电流减小，若电流元件不具备记忆功能，保护将返回，导致后备保护无法正确动作。

　　9. 调相机假同期试验时主变压器高压侧隔离开关应在合位。　　　　　　（×）

　　【解析】　调相机假同期试验前应确认隔离开关处于断开位置，临时断开隔离开关的操作电源，并悬挂"有人工作，禁止操作"标示牌。在 DCS 中强制隔离开关的闭合信号。

10. 三相桥式全控整流电路正常运行时任意时刻均有两个晶闸管导通。 （√）

【解析】 三相桥式全控整流电路包含 6 个晶闸管器件，触发脉冲相位依次相差 60°，任意时刻均有一对晶闸管导通，其中共阳极组和共阴极组各一个。

11. 调相机正常运行时的机端不平衡纵向零序电压基波分量很小，但二次谐波分量可能很大，故需要滤除纵向零压的二次谐波以提高保护可靠性和灵敏性。 （×）

【解析】 调相机正常运行时的机端不平衡纵向零序电压基波分量很小，但三次谐波分量可能很大，故需要滤除纵向零压的三次谐波以提高保护可靠性和灵敏性。

12. 调相机在进行并网的过程中，当断路器两侧电压方向为 90° 时，断口易发生闪络。 （×）

【解析】 调相机并网过程中，作用于断口上的电压随机端与系统电动势之间角度差 δ 的变化而不断变化，当 δ＝180° 时其值最大，为两者电动势之和。当两电动势相等时，则有两倍的运行电压作用于断口上，可能造成断口闪络。

13. 调相机励磁整流柜两台退出运行，励磁系统自动触发故障跳闸。 （×）

【解析】 调相机励磁系统共有三台整流柜，任一台退出运行不影响励磁系统功能，两台退出运行闭锁强励，三台退出运行励磁系统自动触发故障跳闸。

四、填空题

1. 同步调相机是运行于电动机状态，不带机械负载，向电力系统提供或吸收无功功率的同步电动机，用于改善电网功率因数，维持电网电压平衡。

【解析】 同步调相机是一种无功补偿装置，运行于电动机状态，通过调节励磁电压电流可改变调相机的运行工况，使其发出或吸收无功功率，为电网系统提供无功支撑或吸收过剩无功，改善电网功率因数，进而维持电网电压水平。

2. 定子绕组过负荷保护反应调相机定子绕组的平均发热状况，取调相机机端和中性点三相电流，由定时限和反时限两部分组成。

【解析】 调相机定子绕组过负荷保护的保护范围为调相机三相定子绕组，取绕组两端电流，由定时限和反时限两部分组成。定时限部分动作于信号，反时限部分动作于停机，不考虑在灵敏系数和时限方面与其他相间短路保护相配合（Q/GDW 11767—2017《调相机变压器组保护技术规范》7.2.11）。

3. 调相机过负荷保护包括定子过负荷保护、负序过负荷保护和励磁绕组过负荷保护。

【解析】 这三种过负荷保护均由定时限和反时限两部分组成，定时限部分动作于信号，反时限部分动作于停机，不考虑在灵敏系数和时限方面与其他相间短路保护相配合（Q/GDW 11767—2017《调相机变压器组保护技术规范》7.2.11、7.2.12、7.2.13）。

4. 调相机启机保护包括启机差动保护、启机过电流保护、启机零序电压保护。

【解析】 调相机 SFC 启动过程中频率不是固定值，基于傅里叶算法的差动保护等保护在这个过程中可能实效，因此设置启机保护，采用不受频率影响的算法，用于反应调相机低转速运行时的定子接地及相间短路故障。启机保护经低电压元件或低频率元件开放，调相机并网后启机保护自动退出（Q/GDW 11767—2017《调相机变压器组保护技术规范》7.2.14、7.2.15、7.2.16)。

5. 同步调相机励磁系统限制器包括<u>低励限制器</u>、 <u>过励限制器</u>、 <u>强励限制器</u>、 <u>定子电流限制器</u>、 <u>伏/赫兹限制器</u>。

【解析】 当调相机运行于不稳定区域（如深度进相）或发生近区短路故障、系统电压/频率波动等恶劣工况时，为保护主设备安全，针对不同工况设计了不同的限制器。低励限制器限制调相机正常运行时允许的最低进相无功功率，防止调相机进相过深造成失磁保护误动作；调相机在次暂态、暂态工况下为系统提供强力的动态无功支撑，过励限制器、强励限制器限制励磁电流过励/强励倍数，防止长时过电流导致过热损坏励磁绕组；定子电流限制器防止长时过电流导致过热损坏机组定子绕组；伏/赫兹限制器防止机组及主变压器过励磁和过热，维持 V/Hz 比值在安全范围内。

6. 运行中励磁调节器发生 TV 断线故障时， 将<u>自动退出运行</u>并发出报警， 同时切换至备用励磁调节器运行。

【解析】 正常运行的励磁调节器一般处于电压闭环控制方式，当发生 TV 断线故障时，励磁调节器失去机端电压采样，无法实现正常功能自动退出运行，励磁系统切换至备用励磁调节器运行。

7. 调相机正常停机采用<u>逆变方式</u>灭磁， 事故时采用<u>跳灭磁开关方式</u>灭磁。

【解析】 调相机正常停机时由 DCS 下逆变灭磁指令，励磁系统利用三相全控桥的逆变工作状态，控制角 α 由小于 90° 的整流运行状态，突然后退到 α 大于 90° 的某一适当角度，此时励磁电流改变极性，以反电动势形式加于励磁绕组，使转子电流迅速衰减到零的灭磁过程。事故停机时由保护装置直接跳开灭磁开关，迅速切断发电机励磁绕组与励磁电源的通路，励磁绕组中剩余能量经灭磁电阻柜快速消耗。

8. 静止变频启动装置 （SFC） 主要由<u>输入单元</u>、 <u>变频单元</u>、 <u>输出单元</u>、 <u>控制保护单元</u>和<u>辅助单元</u>组成。

【解析】 调相机变频启动装置交流输入经隔离变压器和输入断路器、变频单元采用 12-6 脉动整流—逆变系统，经输出切换柜分别于不同的调相机连接，控制保护单元采用双重化配置完成变频启动及变频系统保护功能。

9. <u>电压闭环控制方式</u>是励磁调节器运行的主要方式， 又称为<u>自动方式</u>。

【解析】 电压闭环控制方式又称自动方式，以机端电压作为调节变量。自动电压调节器的投入率应不低于 99%（DL/T 843—2010《大型汽轮发电机励磁系统技术条件》5.23）。

10. <u>电流闭环控制方式</u>是励磁系统运行的辅助方式， 又称为<u>手动方式</u>。

【解析】 电流闭环控制方式又称手动方式，以机组励磁电流作为调节变量，调相机启动励磁调节器采用电流闭环控制方式。

五、简答题

1. 简述调相机负序过负荷产生的原因及危害。

【解析】 当调相机在外部或内部发生不对称短路或当调相机三相电流不对称时，定子绕组就会流过负序电流。调相机定子绕组通过负序电流时，在定、转子气隙中形成负序旋转磁场，在转子回路及转子表面感应出 100Hz 交流分量电流，引起转子局部过热，同时引起机组振动。

2. 励磁系统限制器的作用是什么?

【解析】 当机组运行在一些不稳定的区域、机端母线发生短路等故障或由于系统的波动造成机组运行工况很恶劣时,用于保护机组和主变压器安全,包括低励限制器、过励限制器、强励限制器、定子电流限制器和伏/赫兹限制器。

3. 什么是强励限制?

【解析】 为了防止转子绕组过热损坏,当励磁电流越过定值时,该限制起作用,通过 AVR 综合放大回路输出减小励磁的调节信号。

4. 强励限制与过励限制的区别是什么?

【解析】 励磁绕组除长期通流的额定限制外,还具有一定的短时过载能力。当励磁绕组过载时,励磁电流越大,允许的过载时间越短。过励限制是控制调相机的无功输出上限,保护机组的长期运行工况,强励限制则是根据热效应反时限特性整定,保护短时过载的工况。

5. 简述静止变频启动装置(SFC)启动运行的两个阶段。

【解析】 强迫换相阶段和自然换相阶段。整流桥自换相工作方式需要一个合适的交流电压,在启动初期,调相机转速 0～300/min 阶段,逆变器交流侧电压过低,不能直接通过触发需要导通的晶闸管来完成换相,需要关断整流桥导通的晶闸管,重新触发下一步需要导通的晶闸管,称为强迫换相阶段。当调相机转速达到 300r/min 以上时,交流侧电压变大,无需再关断逆变桥前面的整流桥,称为自然换相阶段。

6. 简述调相机定子接地保护的构成及配置方案。

【解析】 基波零序电压型主要保护调相机从机端算起的 85%～95% 定子绕组单相接地,三次谐波电压型主要保护调相机中性点侧 25% 左右的定子绕组单相接地,它们一起构成调相机定子 100% 接地保护。注入式定子接地保护由接地电阻保护和工频零序电流保护共同构成 100% 范围定子绕组接地保护。调相机定子接地保护配置方案为:一套采用基波零序电压型+三次谐波电压型 100% 定子接地保护方案,另一套采用注入式 100% 定子接地保护方案。

第三节　统一潮流控制器 (UPFC)

一、单选题

1. 换流阀使用 IGBT 作为功率器件,请问 IGBT 是(A)器件。

A. 绝缘栅双极晶体管　　　　　　　　B. 绝缘栅型场效应管
C. 门极可关断晶闸管　　　　　　　　D. 电力双极型晶体管

【解析】 绝缘栅双极晶体管(IGBT)是绝缘栅型场效应管(MOSEFET)和电力双极型晶体管(BJT)的复合,同时具有驱动功率小、开关速度快、通态压降低、载流能力大等优点,是目前电力电子技术的主导器件。

2. 换流阀在运行时存在导通及 IGBT 开关损耗,在额定功率运行时,换流阀的损耗大约是(B)。

A. 0.1% 左右　　　　B. 1% 左右　　　　C. 5% 左右　　　　D. 10% 左右

【解析】 据运行经验,换流阀满功率运行时换流阀的损耗大约就是额定功率的 1%。

3. 子模块是换流阀的重要组成部分，（A）不是子模块的一部分。

A. 桥臂电抗器　　　B. 晶闸管
C. IGBT　　　　　　D. 直流薄膜电容器

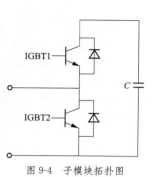

图 9-4　子模块拓扑图

【解析】 如图 9-4 所示，子模块主要由 IGBT、直流薄膜电容以及晶闸管组成。而桥臂电抗器与子模块串联组成换流阀桥臂，桥臂电抗器安装于换流阀上下桥臂之间或桥臂子模块与直流母线之间，不属于子模块一部分。

4. MMC 子模块正常运行时的工作状态不包括 （D）。

A. 上、下两个 IGBT 都处于关断状态
B. 上 IGBT 处于开通状态，下 IGBT 处于关断状态
C. 上 IGBT 处于关断状态，下 IGBT 处于开通状态
D. 上、下两个 IGBT 都处于开通状态

【解析】 子模块正常的工作状态包括闭锁状态、投入状态、切除状态。其中上下 IGBT 都处于关断状态对应子模块的闭锁状态；上 IGBT 处于开通状态，下 IGBT 处于关断状态对应子模块的投入状态；上 IGBT 处于关断状态，下 IGBT 处于开通状态对应子模块的切除状态。

5. 若阀侧电压线电压有效值 292kV，直流电压 500kV，该换流器的调制比为 （B）。

A. 0.584　　　B. 0.953　　　C. 0.334　　　D. 0.891

【解析】 电压调制比的计算公式为（相电压幅值 × 2）/直流电压，即 $\left[\left(\frac{292}{1.732}\right)\times 1.414\times 2\right]/500$。

6. 国内的 UPFC 工程采用了 （C） 方案。

A. 两电平换流器　　B. 三电平换流器　　C. MMC 型换流器　　D. LCC 换流器

7. 晶闸管旁路开关 （TBS） 的特点不包括 （D）。

A. 短时高耐受过电流　　　　B. 高速旁路
C. 串联电抗器抑制 $\mathrm{d}i/\mathrm{d}t$　　　D. 水冷却

【解析】 晶闸管旁路开关正常运行过程中不流入电流，故障时也仅短时流过故障电流，因此只需自然冷却，不需要风冷或水冷。

8. UPFC 保护采用的配置方案为 （B）。

A. 双重化　　　B. 三取二　　　C. 四取三　　　D. 一主一备

【解析】 UPFC 保护按三重化原则冗余配置，采用"三取二"跳闸逻辑，即按照保护的动作情况来进行"三取二"判别。

9. 并联接入单元指的是 UPFC 中实现换流器和系统交流母线并联连接的一组设备，其中不包括 （D） 设备。

A. 启动回路　　　　　　B. 并联变压器
C. 并联侧阀侧接地装置　　D. TBS 旁路断路器

【解析】 如图 9-5 所示，并联接入单元包括启动回路、并联变压器、断路器、并联变压器阀侧接地装置等，TBS 旁路断路器安装于串联接入单元。

10. 串联接入单元指的是 UPFC 中实现换流器与系统交流线路串联的一组设备，其中不

包括 （D）。

A. 阀侧机械式旁路断路器   B. 串联阀侧接地装置

C. 网侧机械式旁路断路器   D. 启动回路

【解析】 如图 9-6 所示，串联接入单元包括网侧旁路断路器、串联变压器、TBS 晶闸管旁路断路器、阀侧机械式旁路断路器、串联阀侧接地装置等，启动回路安装于并联接入单元。

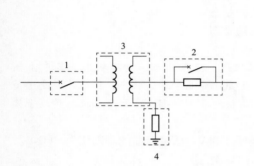

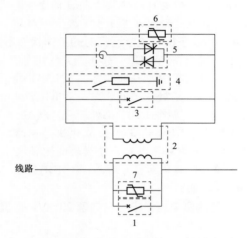

图 9-5 并联接入单元结构图   图 9-6 串联接入单元结构图

1—断路器；2—启动回路；3—并联变压器；4—接地装置

1—网侧旁路断路器；2—串联回路；3—阀侧旁路断路器；
4—接地装置；5—TBS；6—阀侧避雷器；7—网侧端间避雷器

11. 若 UPFC 装置中若串联变压器阀侧采用星形接线，平衡绕组的接线方式为 （A）。

A. 三角形   B. 星形   C. Ⅲ形   D. 以上均可

【解析】 平衡绕组采用三角形接线能提供 3N 次谐波通道，消除三次谐波磁通，从而消除电压中的三次谐波分量，以改善电势波形。

12. 以下描述不正确的是 （C）。

A. RFE 满足后可进行充电操作

B. RFO 满足后可进行解锁操作

C. 换流阀正常运行时，可拉开充电电阻并联旁路隔离开关

D. STATCOM 正常运行时，可由无功功率控制模式切换到交流电压控制模式

【解析】 换流阀正常运行时，若把充电电阻并联旁路隔离开关拉开，并联侧换流阀与交流电网失去连接，并联侧换流阀将无法维持直流电压引起 UPFC 跳闸。

13. TBS 支路在故障时工作，其中晶闸管支路和机械式开关的导通信号给出的顺序是（C）。

A. 晶闸管支路先于机械式开关   B. 机械式开关先于晶闸管支路

C. 同时   D. 两者导通先后顺序没有确定的关系

【解析】 UPFC 发生故障时，控制保护系统会同时发出触发晶闸管和机械旁路开关的指令。晶闸管支路导通旁路被保护设备流过故障电流，待机械旁路开关合闸后流入故

障电流，晶闸管支路停止触发电流过零关断。

14. 以下关于串联侧自动控制模式说法不正确的是 （B）。

A. 串联线路的电压为保证阀侧 TBS 取能的最小电压

B. 串联线路的电压为 0

C. 串联线路接近系统的自然潮流

D. 串联线路是定电压控制模式

【解析】 TBS 主要是由晶闸管正反向并联的电力电子开关，晶闸管需要施加适当的正向电压及触发导通信号。因此自动模式下，串联线路的电压不能为 0，而是应保证 TBS 取能的最小电压，只有这样控制保护系统在故障发出 TBS 导通命令时，TBS 能快速正确导通旁路。另外自动模式下串入线路的电压也较小，对线路的潮流影响也较小，线路潮流接近系统自然潮流。

15. UPFC 正常运行时，TBS 的工作状态是 （B）。

A. 持续导通状态 　　　　　　　　B. 关断状态

C. 时而导通时而关断状态 　　　　D. 一半导通一半关断状态

【解析】 正常运行时，TBS 中的晶闸管处于关断状态。只有当控制保护系统检测到故障时发出 TBS 导通命令时，TBS 才会短时导通旁路保护设备。

16. 在 UPFC 所在线路发生合瞬时性接地短路故障时，UPFC 控制保护系统会 （C）。

A. 仅触发导通 TBS

B. 仅合闸机械旁路开关

C. 触发导通 TBS、同时合闸机械旁路开关

D. 跳开线路开关

【解析】 UPFC 发生故障时，控制保护系统会同时发出触发晶闸管和机械旁路开关的指令。晶闸管支路导通旁路被保护设备流过故障电流，待机械旁路开关合闸后流入故障电流继续保护设备，晶闸管停止触发电流过零关断。

17. UPFC 串联侧的控制不包括 （C）。

A. 线路有功功率控制 　　　　　　B. 线路无功功率控制

C. 直流电压控制 　　　　　　　　D. 线路故障重启控制

【解析】 直流电压控制属于并联侧控制。

18. N 电平的 MMC 换流阀，每个桥臂的模块个数最少为 （A） 个。

A. $N-1$ 　　　B. N 　　　C. $2N-1$ 　　　D. $2N$

【解析】 $N-1$、N、$2N-1$、$2N$ 个子模块，最大输出电平分别为 $(N-1)+1$、$N+1$、$(2N-1)+1$、$2N+1$ 电平。

二、多选题

1. A 系统严重微故障，B 系统在 （A、B） 可切换为值班系统。

A. 无故障 　　　B. 轻微故障 　　　C. 严重故障 　　　D. 紧急故障

【解析】 A/B 系统切换只能由故障严重系统切换至故障次严重系统。

2. 以下哪些控制功能是针对并联侧换流器设置的？ （ACD）

A. 控制模式转换 　　B. 故障重启控制 　　C. U_{dc} 控制 　　D. U_{ac}/Q 控制

【解析】 并联侧换流器主要控制直流电压以及交流电压控制或无功控制。故障重启

控制主要是用于线路发生短时故障后串联侧换流器短时闭锁后重新解锁。

3. 换流阀子模块的正常工作状态包括 （ABC）。

A. 上、下两个 IGBT（T1、T2）都处于关断状态

B. IGBT T1 开通，下 IGBT T2 关断

C. 上 IGBT T1 关断，下 IGBT T2 开通

D. 上、下两个 IGBT（T1、T2）都处于导通状态

【解析】 （1）T1、T2 子模块均处于关断的情况下，此时若电流方向为正，则子模块电容将进行充电，当电流为负时子模块将被旁路。该运行状态发生在 UPFC 启动过程中对换流阀进行充电的过程中或子模块故障旁路的时候。

（2）B IGBT。T1 开通，下 IGBT T2 关断时，不管电流方向为正负，换流阀子模块的电容都处于投入状态，参与直流电压维持。

（3）C 上 IGBT T1 关断，下 IGBT T2 开通，此时不管电流方向为正负，换流阀子模块的电容都处于退出状态，不参与直流电压维持。

4. 下面属于 MMC 阶梯波电压调制的优点的是 （ABCD）。

A. 器件开关频率低 B. 谐波含量低 C. 控制实现简单 D. 开关损耗低

5. MMC 换流器较两电平、三电平换流器的优点是 （ABD）。

A. 器件开关频率低，开关损耗小 B. 谐波含量低

C. 投资少 D. 便于扩容及冗余配置

【解析】 在同样的直流电压情况下，MMC 换流器采用的开关器件约为两电平换流器的 2 倍，因此投资较大。MMC 换流器采用的是阶梯波逼近技术，理想情况下工频周期内开关器件只要开关两次，开关频率较低。另外 MMC 电平数大输出的阶梯波电压接近于正弦波，谐波含量也较低。

6. UPFC 根据系统需要，可实现的功能有 （ABCD）。

A. 电压调节 B. 串联补偿 C. 相位调节 D. 有功潮流控制

【解析】 通过改变串联换流侧换流器输出电压的相位及幅值，可实现电压调节、串联补偿、相位调节、有功潮流控制功，如图 9-7 所示。

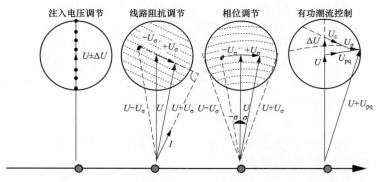

图 9-7 UPFC 调节能力图

7. 以下属于 UPFC 串联侧的控制策略有 （ABC）。

A. 线路有功功率控制 B. 线路无功功率控制

C. 平滑启动和停运控制　　　　　　　　D. 网侧交流电压控制

【解析】　串联侧通过调节注入电压的幅值和相位即可实现对线路有功和无功的控制。串联侧平滑启动指的是串联侧换流器解锁时，控制线路电流从旁路断路器逐渐转移到串联变压器高压一次绕组，当检测到旁路断路器零电流时，分开旁路断路器。串联侧平滑停运指的是改变线路潮流至初始状态，合上旁路断路器同时切换串联侧换流器控制方式，控制线路电流从串联变压器一次绕组至旁路断路器逐渐转移，闭锁串联侧换流器、并联换流器，跳开并联侧交流断路器。网侧交流电压控制属于并联侧控制策略。

8. 线路故障时，UPFC 的处理策略有（ABCD）。

A. 闭锁串联换流器，合 TBS 和旁路开关

B. 并联侧保持运行

C. 串联侧暂时退出

D. 经过重合闸整定时间后，检测电网恢复正常则重新投入运行

【解析】　线路发生瞬间故障时，并联侧继续保持运行，串联侧换流器短时闭锁，同时触发 TBS 导通命令、合网侧/阀侧旁路断路器的命令。在线路恢复正常后，串联侧换流器将重新解锁，网侧/阀侧开关也将再次分开。

9. UPFC 装置典型的应用场景包括（ABCD）。

A. 输电断面潮流不均　　　　　　　　B. 输电线路潮流不均

C. 电网电压不稳定　　　　　　　　　D. 功率振荡和次同步谐振抑制

【解析】　合理控制有功功率、无功功率的流动，提高线路的输送能力，实现优化断面潮流；并联侧通过快速无功吞吐，动态为送端接入点提供电压支撑。串联侧通过调节注入电压的幅值和相位，实现对受端接入点电压控制，提高系统电压稳定性；采用附加主动阻尼控制，对交流系统中的功率振荡和次同步谐振进行抑制。

10. UPFC 的并联侧保护按区域可划分为（ABCD）。

A. 并联变压器区　　　　　　　　　　B. 并联阀侧交流区

C. 换流器区　　　　　　　　　　　　D. 直流区

【解析】　如图 9-8 所示，UPFC 并联侧换流器保护区划分并联变压器区、并联阀侧交流区、换流器区、直流场区。

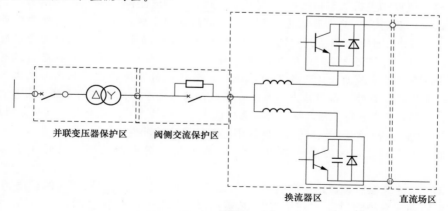

图 9-8　UPFC 并联侧保护区域

11. 下面属于 UPFC 直流场保护区的是 （ABC）。

A. 直流电压不平衡保护　　　　　　　B. 直流低电压保护

C. 直流过电压保护　　　　　　　　　D. 阀差动保护

【解析】 阀差动保护属于换流器保护，不属于直流场保护。

12. 桥臂电抗器的主要作用有 （AB）。

A. 抑制桥臂环流　　　　　　　　　　B. 抑制直流母线短路时交流冲击电流

C. 抑制过电压　　　　　　　　　　　D. 防止桥臂电流断续

【解析】 合理的桥臂电抗器参数能抑制 MMC 换流器运行过程中桥臂间产生二倍频环流，减少桥臂电流畸变。另外电抗器还能在直流故障时，抑制故障电流的上升速率，降低交流冲击电流。

13. IGBT 正常运行状态下的主要损耗包括 （ABC）。

A. 静态损耗　　　　B. 开关损耗　　　　C. 驱动损耗　　　　D. 无损耗

【解析】 IGBT 在导通时会有一定的通态压降，在流过通态电流时产生静态损耗有：①IGBT 导通、关断时会产生开关损耗；②IGBT 上的驱动电路会产生驱动损耗。

三、填空题

1. 如图 9-9 所示，若换流阀子模块直流电容电压为 U_c，则子模块开通上管 IGBT 时，输出电压为 U_c；子模块开通下管 IGBT 时，输出电压为 0V。

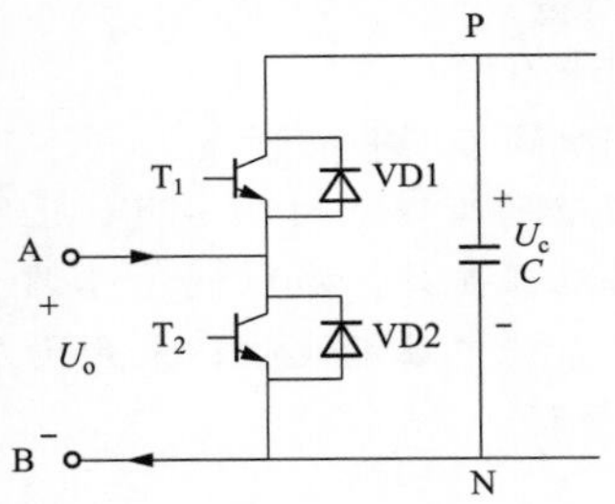

图 9-9　子模块拓扑图

【解析】 如图 9-9 所示，T_1 管导通时，A 点与 P 点等电位，B 点与 N 点等电位，即子模块输出电压为 U_c；T_2 导通时，A 点与 B 点电位相同，子模块输出电压为 0。

2. 控制保护设备的故障等级分类包括轻微故障、严重故障、紧急故障。

【解析】 轻微故障是指不会对正常功率输送产生危害的故障；严重故障指会影响控制保护系统的部分功能，但可继续维持直流系统的运行的故障；紧急故障将指无法继续控制直流系统正常运行的故障。

3. 控制装置的主机状态有运行、备用、服务、测试四种。

【解析】 运行为当前有效系统，备用为当前热备用系统，服务为当前处于服务状态的系统（当系统处于运行或备用状态时，系统也一定处于服务状态），测试为当前处于测试状态的系统。双重化的控制系统在任何时刻都只能有一个系统是运行状态。只有运行系统发出的命令是有效的，处于备用的系统时刻跟随运行系统的运行状态。发生系统切换时，只能切换至正处于备用状态的系统，不能切换至处于其他状态的系统。当系统需要检修时，一般从备用系统开始，将其切换至测试状态，检修完毕后重新投入到服务状态。

4. 国内投运统一潮流控制器 UPFC 采用的器件是全控器件。

【解析】 UPFC 采用的器件是 IGBT，既能控制导通也能关断，因此属于全控型器件。

5. UPFC 三套保护装置均正常时，"三取二"装置执行"三取二"保护逻辑；三套保护装置有一套故障时，"三取二"装置执行"二取一"保护逻辑。

【解析】 如图 9-10 所示，UPFC 保护系统由三台独立保护主机与两台冗余的"三取二"逻辑主机构成。通过"三取二"逻辑确保每套保护单一元件损坏时保护不误动，保证安全性；三套保护主机中有两套或以上相同类型保护动作被判定为正确的动作行为，才允许出口闭锁或跳闸，保证可靠性；此外当三套保护系统中有一套保护因故退出运行后，采取"二取一"保护逻辑。

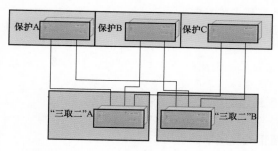

图 9-10　UPFC 保护配置

6. 为了实现串联变压器的快速旁路保护，在 UPFC 中使用了一种晶闸管阀组设备，这个设备的英文缩写是TBS。

【解析】 晶闸管阀组设备英文：Thyristor Bypass Swtich。

7. 基于 MMC 技术的统一潮流控制器采用的是电压源换流器。

【解析】 电压型换流器的直流电压极性始终保持不变的，只能改变直流电流的方式去改变功率的方向；电流型换流器的电流方向始终在一个方向上，只能通过改变直流电压的极性去改变功率的方向。而基于 MMC 技术的换流器的直流电压极性是固定的，因此基于 MMC 技术的统一潮流控制器采用的是电压型换流器。

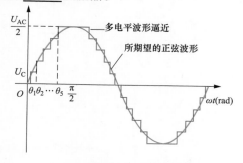

图 9-11　最近电平逼近调制

8. 基于 MMC 技术的统一潮流控制器的常用电压调制方式是：最近电平逼近。

【解析】 在统一潮流控制器中 MMC 电平数量很大，非常适合使用最近电平逼近调制方式，其基本原理通过最接近的电平逼近正弦调制波。最近电平逼近的具有动态性能好、控制简单的优点，如图 9-11 所示。

9. 当后台顺控界面RFE 状态满足时，可进行充电操作，当 RFO 状态满足时，可进行解锁操作。

【解析】 RFE（Ready For Energized）表示充电允许就绪，可进行充电。RFO（Ready For Operation）表示允许准备就绪，可进行解锁运行。

10. 换流站控制系统都采用双重化设计，确保输电系统不会因为任一系统的单重故障而发生停运。

【解析】 换流站控制系统采用双重化设计，可减少因设备原因造成换流站停运，提高供电可靠性。

11. 串联变压器两侧共 3 个旁路设备，其中 1 个在网侧、 2 个在阀侧。

【解析】 网侧机械旁路断路器、阀侧机械旁路断路器、阀侧 TBS。

四、判断题

1. UPFC 能满足潮流双向调节需求。 （√）

【解析】 UPFC 控制系统通过调节串入线路电压的大小和角度，等效于串入可调节的电抗或电容，从而能实现潮流双向调节。

2. 多回线路应用时仅需在一条线路上安装 UPFC， 即可大幅调节交流电网的潮流分布。 （×）

【解析】 多回线路仅在一条线路安装 UPFC 时，会在多回线路中形成环流，不能大幅度调节交流电压的潮流分布。

3. 串联变压器网侧绕组的首末端与线路串联连接。 （√）

【解析】 串联变压器结构图如图 9-12 所示。

4. UPFC 装置容量指的是串联侧容量。 （×）

【解析】 UPFC 中并联侧换流器和串联侧换流器是一个整体。UPFC 装置容量应是串联侧容量与并联侧容量之和。

5. 晶闸管旁路开关 （TBS） 是一种采用晶闸管正反向并联构成的电力电子开关。

（√）

【解析】 如图 9-13 所示，晶闸管正反向并联能保证任意时刻的故障电流均能通过晶闸管以达到保护换流阀设备的目的。

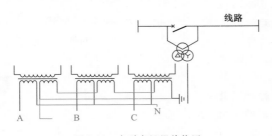

图 9-12 串联变压器结构图

图 9-13 TBS 晶闸管连接图

6. 串联变压器的网侧绕组应按全绝缘设计， 网侧绕组对地绝缘水平与所接线路电压等级一致。 （√）

【解析】 串联变压器网侧绕组的首末端与线路串联连接，因此绝缘水平应与线路的绝缘水平一致。

7. UPFC 发生故障时， TBS 和机械旁路开关将会同时导通旁路保护设备。 （×）

【解析】 TBS 动作时间快（小于 1ms），机械旁路断路器合闸时间慢（小于 60ms）。

8. 串联侧在自动控制模式下， 串联线路的潮流是系统的自然潮流。 （×）

【解析】 串联侧在自动模式下，为保证阀侧 TBS 能够正常取能，串入串联线路的电压并不能为 0。因此在自动控制模式下，串联线路的潮流并不是系统的自然潮流。

9. UPFC 正常运行时， TBS 中的晶闸管处于关断状态。 （√）

【解析】 正常运行时，TBS 中的晶闸管处于关断状态。只有当控制保护系统检测到故障时发出 TBS 导通命令时，TBS 才会短时导通旁路保护设备。

10. UPFC 可控制线路的功率从而优化电网潮流，但 UPFC 不能控制系统无功功率。（×）

【解析】 UPFC 可独立控制线路的有功功率和无功功率，也可控制交流母线的无功功率。

11. UPFC 等效串入线路可变的阻抗，但不会引起系统振荡。（√）

【解析】 UPFC 等效串入线路可变的阻抗，实际串入线路可控的电压，可协调控制线路的有功功率，可抑制系统的振荡。

12. 串联变压器的接线形式是星/角接线。（×）

【解析】 串联变压器的接线形式是 Ⅲ/Y/D，其一次侧绕组以 Ⅰ 字形接入线路。

13. 统一潮流控制器的站级控制主要功能包括外环控制、内环控制、调制策略与电容电压平衡策略等。（×）

【解析】 调制策略与电容电压平衡策略在阀控。

14. 在线路发生故障时，需要晶闸管旁路开关（TBS）持续导通来保护 UPFC 串联侧换流器不受过电流冲击。（×）

【解析】 TBS 在线路发生故障后会快速导通，但其导通较短（避免晶闸管过热），在机械旁路断路器合闸后 TBS 自动退出。

15. UPFC 接入后会影响线路保护的电流差动保护功能和定值。（×）

【解析】 UPFC 通过串联变压器的接入线路，串联变压器的一次侧绕组两端均接入线路，不会形成电流分支，因此 UPFC 接入后以线路的电流差动保护不会产生影响。

16. 保护信号送控制主机与"三取二"装置后，控制主机与"三取二"装置完成闭锁、跳闸。（×）

【解析】"三取二"装置没有闭锁换流器功能。

五、简答题

1. 如图 9-14 所示，换流阀子模块中晶闸管 SCR 的作用是什么？旁路开关 K 的作用是什么？

【解析】 晶闸管作用：在桥臂发生过电流时，晶闸管会被触发，由于晶闸管导通电阻远小于 IGBT 的反并联二极管，所以晶闸管将承担绝大部分的电流，实现对下管 IGBT 的反并联二极管的保护。

旁路断路器作用：将故障子模块从系统中旁路掉，保证单个子模块故障不影响系统正常运行。

2. 含有 UPFC 装置的线路保护整定原则是什么？

【解析】 UPFC 接入交流线路保护使得距离保护定值整定比较复杂，因此应选用纵联电流差动保护作为主保护；集成重合闸功能的线路保护重合闸时间整定需要与 UPFC 重投时间相配合；UPFC 接入交流线路保护整定需结合 UPFC 本体动作时间对相关保护功能灵敏系数和可靠系数进行适当调整。

3. 请根据如图 9-15 所示的 UPFC 等效模型简要画出 UPFC 调节线路功率时 $\vec{U}_s$、$\vec{U}_{se}$、$\vec{U}'_s$ 的矢量图。

【解析】 虚线框内为 UPFC 装置安装点的电压向量，由 $\vec{U}_{se}$ 和 $\vec{U}_B$ 两部分构成，其中 $\vec{U}_B$ 的大小为 $X_B \cdot I_1$，方向比 $\vec{I}_1$ 角度再超前 $90°$。

如图 9-16 所示虚线框内电压的向量可表示为 $\vec{U}_s - \vec{U}'_s$，$\vec{U}_{se} - \vec{U}_B$。因此可根据向量关系得出 $\vec{U}_s$、$\vec{U}_{se}$、$\vec{U}'_s$ 的矢量关系图。

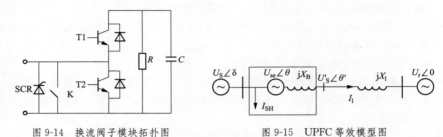

图 9-14 换流阀子模块拓扑图　　图 9-15 UPFC 等效模型图

4. 请画出 MMC 换流阀子模块的电路结构图，子模块元件至少包含 IGBT、直流电容。

【解析】 MMC 换流阀子模块采用的是半桥拓扑结构如图 9-17，主要含有 IGBT 模块（T1 和 T2）、直流储能电容（C）、并联电阻（R）、保护晶闸管（SCR）和旁路开关（K）。

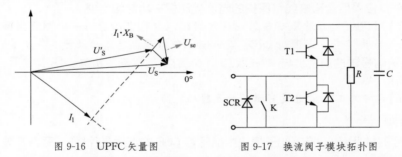

图 9-16 UPFC 矢量图　　图 9-17 换流阀子模块拓扑图

5. 请画出 MMC 换流阀子模块的工作原理图，子模块包含 IGBT、直流电容即可，定义上管 IGBT 为 T1，下管 IGBT 为 T2，工作状态分为：

1）IGBT1 关断、IGBT2 关断；电流正、反向图各一张。
2）IGBT1 开通、IGBT2 关断；电流正、反向图各一张。
3）IGBT1 关断、IGBT2 开通；电流正、反向图各一张。

【解析】 1）T1 关断、T2 关断时，MMC 的子模块工作状态为闭锁，此时电流正、反向如图 9-18 所示，红色箭头表明电流流过的方向。

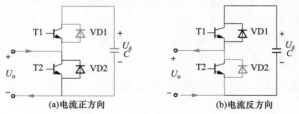

图 9-18 T1/T2 关断

2）T1 开通、T2 关断时，MMC 的子模块工作状态为投入，此时电流正、反向如

图 9-19 所示, 红色箭头表明电流流过的方向。

3) T1 开通、T2 关断时, MMC 的子模块工作状态为退出, 此时电流正、反向如图 9-20 所示, 红色箭头表明电流流过的方向。

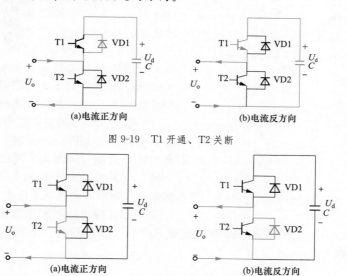

图 9-19 T1 开通、T2 关断

图 9-20 T1 开通、T2 关断

6. 根据图 9-21UPFC 原理图, 简述并联换流器、 串联换流器、 串联变压器的主要作用。

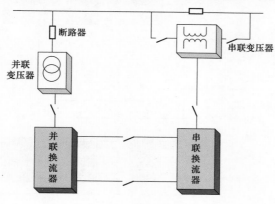

图 9-21 UPFC 原理图

【解析】(1) 并联换流器。向串联换流器提供/吸收有功功率,维持直流电压恒定;同时发出或吸收无功功率,调节交流母线电压。

(2) 串联换流器。向交流线路注入幅值和相位角均可控的电压矢量,实现潮流控制。

(3) 串联变压器。串联变压器高压侧串联在线路中,低压侧与串联换流器相连接,把串联换流器的输出电压按照串变变比传变后叠加到线路中。

7. 根据图 9-22 实际 UPFC 工程中的电气主接线图, 简述下图中 QF1、 QF2、 TBS 设备的作用。

【解析】（1）QF1 开关。系统发生故障时，通过 QF1 开关可把 UPFC 旁路不影响交流线路的正常运行。

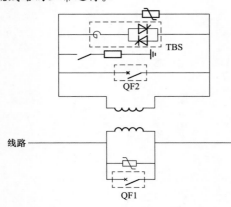

图 9-22　串联侧主接线图

（2）QF2 开关。系统发生故障时，通过 QF2 开关可把换流阀旁路，保护换流阀设备的安全。

（3）TBS。TBS 是 UPFC 中位于串联变压器和换流器之间的快速保护设备，系统发生故障时，通过 TBS 迅速将换流阀旁路（动作时间小于 2ms），保护换流阀。

8. 简述 UPFC 的主要工作原理。

【解析】UPFC 的主要工作原理是通过电力电子设备（换流器）及控制系统来改变串联变压器的输出电压相角及幅值，从而达到优化控制线路潮流及系统电压的目的。

9. 已知换流器直流母线电流 I_{dc} 以及阀侧电流 i_{vca}、i_{vcb}、i_{vcc}，根据图 9-23 求换流阀 A、B、C 相单元上下桥臂电流（桥臂电抗器参数均一致）。

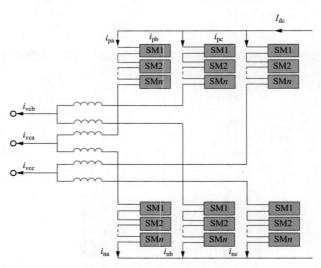

图 9-23　MMC 等效电路图

【解析】（1）由于三相上桥臂参数均一致，因此直流母线电流在 A、B、C 相上桥臂平均分配，因此 A/B/C 相上桥臂中的直流电流为 $I_{dc}/3$。

（2）由于上下桥臂参数也一致，因此 i_{vca}、i_{vcb}、i_{vcc} 三相交流电流在上下桥臂也是均分的，因此 A/B/C 相上桥臂中的交流电流分别为 $i_{vca}/2$、$i_{vcb}/2$、$i_{vcc}/2$。

根据基尔霍夫电流定律可得

$$i_{pa} = \frac{I_{dc}}{3} + \frac{i_{vca}}{2}$$

$$i_{\mathrm{pb}} = \frac{I_{\mathrm{dc}}}{3} + \frac{i_{\mathrm{vca}}}{2}$$

$$i_{\mathrm{pc}} = \frac{I_{\mathrm{dc}}}{3} + \frac{i_{\mathrm{vca}}}{2}$$

同理可求的下桥臂电流公式

$$i_{\mathrm{na}} = \frac{I_{\mathrm{dc}}}{3} - \frac{i_{\mathrm{vca}}}{2}$$

$$i_{\mathrm{nb}} = \frac{I_{\mathrm{dc}}}{3} - \frac{i_{\mathrm{vca}}}{2}$$

$$i_{\mathrm{nc}} = \frac{I_{\mathrm{dc}}}{3} - \frac{i_{\mathrm{vca}}}{2}$$

10. 什么是统一潮流控制器?

【解析】 统一潮流控制器（unified power flow controller，UPFC）是由两个（或多个）直流侧相连的电压源换流器分别以并联和串联的方式接入输电系统，能同时控制线路阻抗、电压幅值和相角的补偿装置。

11. UPFC 的主设备包括哪些?

【解析】 UPFC 主设备包括位于阀厅的换流器设备和换流阀冷却系统，位于交流场的桥臂电抗器、启动电阻、串联变压器、并联变压器、晶闸管旁路断路器等设备，以及直流场的电流、电压测量装置、直流支柱绝缘子、直流避雷器、直流隔离开关和接地开关等。

12. UPFC 的串联侧工作原理是什么?

【解析】 在线路中串入一个幅值和相位均可控的电压，通过改变线路电压的大小和相位，相当于在线路中等值地串联电容或电感，从而通过改变线路参数实现潮流的控制。

13. 试分析若线路安装 UPFC 后线路保护配置按图 9-24 进行配置，故障点 f1 发生故障对于交流保护 P1、 P2、 P3、 P4 的影响。

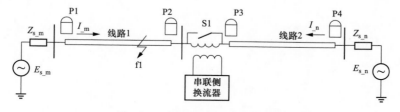

图 9-24 UPFC 线路交流保护配置图

【解析】 若 UPFC 在故障后没有被旁路，则相当于在线路上串入了电压源。以 f1 故障为例，对于保护 P1 和 P2，由于保护安装点到故障点之间的阻抗测量回路中没有串入电压源，其测量阻抗不受 UPFC 接入的影响；对于保护 P3 和 P4，由于其阻抗测量回路中串入了电压源，其测量阻抗不能正确反映故障位置，P3 测量阻抗可能反转（表现为正方向），这可能导致纵联距离保护的误动。若 UPFC 在故障后被旁路，此时相当于在线路中串入换流变压器一次绕组，对于保护动作性能影响较小。

14. 简述 UPFC 平滑启动以及平稳停运的过程。

【解析】 （1）平滑启动过程。并联侧换流器先按经过启动电路充电，再解锁建立直流电压；串联侧换流器主动充电，将子模块电压充至额定；解锁串联侧换流器，控制线路电流从旁路断路器逐渐转移至变压器一次侧绕组；检测到旁路断路器为"零电流"时，断开旁路断路器；再切换换流器的控制方式控制线路功率，完成 UPFC 的平滑启动。

（2）平稳停运过程。改变线路功率至"初始状态功率"；合旁路断路器，同时切换串联侧换流器控制方式，控制线路电流等于变压器绕组电流；控制线路电流逐渐转移至变压器旁路断路器；闭锁串联侧换流器；闭锁并联侧换流器、跳并联侧进线断路器。

一、单选题

1. 图 10-1 所示为三相电流录波形，可能是什么现象？ （A）

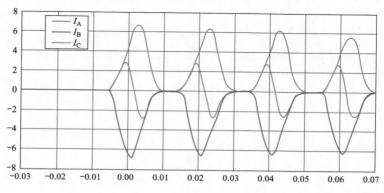

图 10-1　三相电流录波图

A. 变压器空载合闸　　　　　　　　B. 三相短路

C. 三相短路伴随 C 相 TA 饱和　　　D. 三相短路伴随 AB 相 TA 饱和

【解析】　由图 10-2 可知，A 相和 B 相电流波形各偏向时间轴一侧，存在间断角，以上四个周期内，AB 相电流幅值变化很小，由此说明衰减周期较长，说明在两相中出现了涌流，在变压器空载合闸或故障切除电压恢复时会出现励磁涌流。

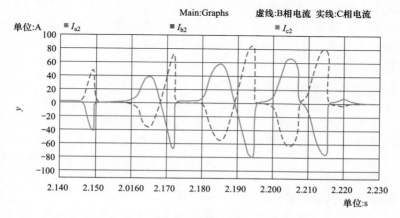

图 10-2　录波示意图

2. 图 10-2 所示为三相电流波形，可能是什么现象？（D）

A. BC 相间短路　　　　　　　　　　B. BC 相间短路接地

C. 变压器空载合闸　　　　　　　　　D. BC 相间短路，伴随 TA 严重剩磁

【解析】 由图 10-3 可知，B 相和 C 相电流大小基本相等、方向基本相反，符合 BC 相间短路特征；B、C 相电流波形均出现畸变，不再是线性传变且过零点提前，电流波形出现缺失，说明 TA 出现严重饱和。

3. 观察图 10-3 中 35kV 母线电压和零序 $3U_0$ 录波，请判断电网发生了（C）异常情况。

A. 功率振荡　　　　B. 三相短路　　　　C. 铁磁谐振　　　　D. 接地故障

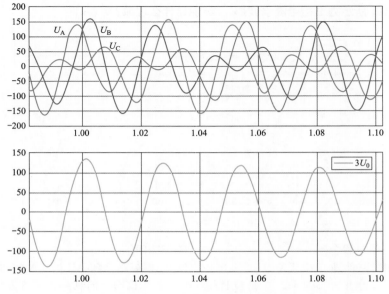

图 10-3　35kV 母线电压和录波示意图

【解析】 35kV 及以下电压等级电力系统，一般为中性点不接地系统，系统中铁磁型 TV 应用较多，铁磁型 TV 容易受系统运行方式或系统出现接地故障又消失情况的影响，容易引起铁磁谐振。铁磁谐振的波形特征为三相电压不平衡、产生数值较大的零序电压、相电压升高超过线电压。由此可知发生了铁磁谐振现象。

二、简答题

1. 故障录波文件主要包含哪几种？

【解析】 包含：①头文件；②配置文件；③数据文件；④信息文件。

根据 GB/T 14598.24—2017《量度继电器和保护装置　第 24 部分：电力系统暂态数据交换（COMTRADE）通用格式》规定，每个 COMTRADE 记录包括多达四个相关联的文件。这四个文件各自包含不同的信息，这四个文件是：①头文件；②配置文件；③数据文件；④信息文件。

2. 故障录波文件中头文件主要包含哪些内容？

【答案】 头文件主要包含基本信息、装置相关描述、装置启动信息、保护动作时间、首次故障信息、故障前开关量状态、状态量变化事件、告警信息 8 部分内容。

【解析】

Q/GDW 11010—2015：F.2 HDR 文件输出。

3. 故障录波文件中 CFG 文件主要包含哪些内容？

【答案】 故障录波文件中 CFG 文件主要包含基本信息、模拟量通道信息、开关量通道信息三部分内容。

【解析】

Q/GDW 11010—2015：F.3CFG 文件输出。

4. 故障录波文件分为哪两种？

【解析】 装置生成的录波文件分为触发记录文件和连续记录文件。

5. 故障录波文件名称中 "录波性质" 有哪些？

【答案】

(1) "f" 表示故障启动录波。

(2) "s" 表示非故障启动录波。

(3) "c" 表示连续录波。

(4) "h" 表示手动录波。

(5) "m" 表示检修录波。

【解析】

保护装置录波文件命名规则是装置名称 _ RCD _ 文件序号 _ 时标 _ 后缀. 类型；类型应有五个分别是 CFG、DAT、HDR、DES、MID，第一个是配置文件，第二个是数据文件，第三个是头文件，也称简报，第四个是自描述文件、第五个是中间文件，第四和第五两个文件是新 "六统一" 规范增加文件，实现故障回放功能，还有一个 INF 信息文件，是可选文件；后缀有五个分别是 f、s、c、m、h，第一个是故障录波，第二个是启动录波，第三个是连续录波，第四个是智能站检修状态下的录波，第五个是手动录波；时标分年月日时分秒毫秒共 17 位数字。

6. 单相接地故障波形特点是什么？

【解析】 如图 10-4 所示。

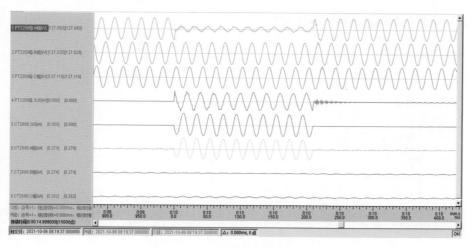

图 10-4 单相接地故障录波图

1）一相电流增大，一相电压降低；出现零序电流、零序电压。

2）同一相别同时电流增大、电压降低。

3）零序电流相位与故障相电流同相位。

4）金属性接地短路故障，零序电压与故障相电压反向；当存在过渡电阻时，零序电压与故障相电压不是反向关系。

5）正方向故障相电压超前故障相电流约80°，零序电流超前零序电压约110°。

6）反方向故障相电压超前故障相电流约100°，零序电流超前零序电压约70°。

7）如果是单电源，负荷侧中性点直接接地。那电源侧非故障相电流不为零，故障相与非故障相电流相位相反，两非故障相电流同相位，非故障相电流实际为穿越性零序性质电流。忽略负荷电流时，负荷侧没有正序电流、负序电流，只有零序电流，如图 10-5 所示。

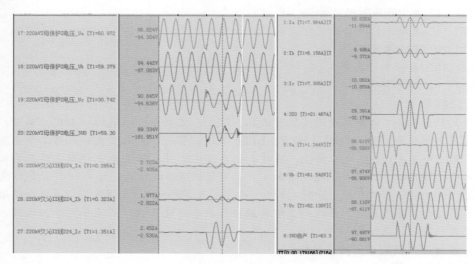

图 10-5　录波图

7. 两相相间故障波形特点是什么？

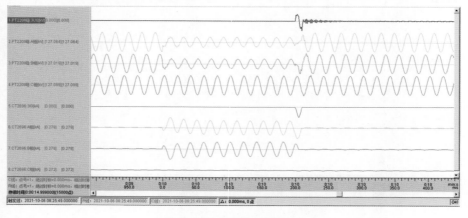

图 10-6　两相相间故障录波图

【解析】 两相相间故障录波图如图10-6所示。

1) 两相电流增大，两相电压降低；没有零序电流、零序电压。

2) 相同的两个相别同时电流增大、电压降低。

3) 两个故障相电流幅值基本相等，相位基本相反。

4) 正方向故障相间电压超前故障相间电流约80°。

5) 反方向故障相间电压超前故障相间电流约100°。

8. 两相接地故障波形特点是什么?

【解析】 两相接地故障录波图如图10-7所示。

1) 两相电流增大，两相电压降低；出现零序电流、零序电压。

2) 相同的两个相别同时电流增大、电压降低。

3) 正方向故障相间电压超前故障相间电流约80°，零序电流超前零序电压约110°。

4) 反方向故障相间电压超前故障相间电流约100°，零序电流超前零序电压约70°。

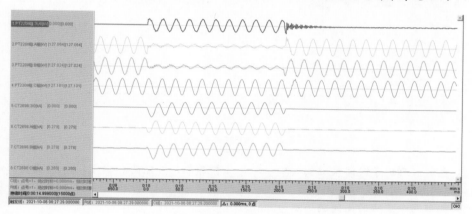

图 10-7 两相接地故障录波图

9. 三相短路故障波形特点是什么?

【解析】 三相短路故障录波图如图10-8所示。

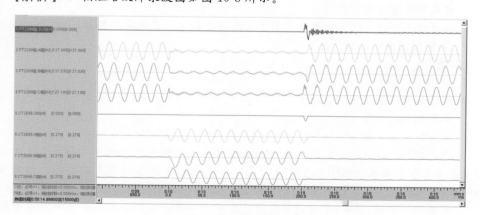

图 10-8 三相短路故障录波图

1）三相电流增大，三相电压降低；没有零序电流、零序电压。

2）正方向故障相电压超前故障相电流约 80°，故障相间电压超前故障相间电流约 80°。

3）反方向故障相电压超前故障相电流约 100°，故障相间电压超前故障相间电流约 100°。

10. 励磁涌流波形特点是什么？

【解析】 如图 10-9 所示。

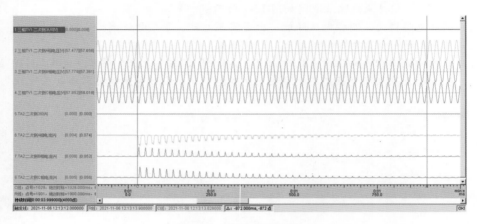

图 10-9　励磁涌流录波图

1）电流波形偏于时间轴一侧（不一定是三相都偏，可能两相偏了，一相没偏，偏于时间轴的两相，几乎是对顶波）。

2）相邻两个波峰时间间隔仍然为 20ms。

3）有明显的间断角。

4）谐波分量中二次谐波含量较高。

5）母线电压基本不变。

6）非周期分量衰减周期很长。

7）零序电流一般为零，但是也存在不对称涌流情况，产生零序电流。

11. TA 饱和波形特点是什么？

【解析】

（1）波形。

1）轻度饱和，如图 10-10 所示。

2）重度饱和，如图 10-11 所示。

（2）特点。

1）轻度饱和特征。整个二次电流波形基本保持了故障电流的正弦特征，过 0 点后波形传变基本正常；电流达到峰值点后会损失一部分波形，波形稍微有些缺失；谐波分量与基波相比不多。

2）重度饱和特征。二次波形严重畸变，有大量二次、三次、四次、五次谐波等谐波分量，谐波特点一般是三次谐波含量显著较高，如图 10-12 所示。

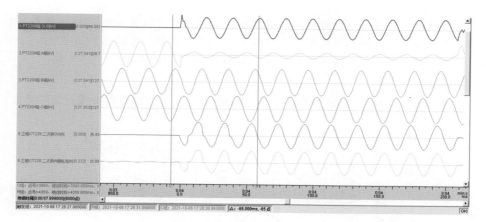

图 10-10　轻度饱和录波图

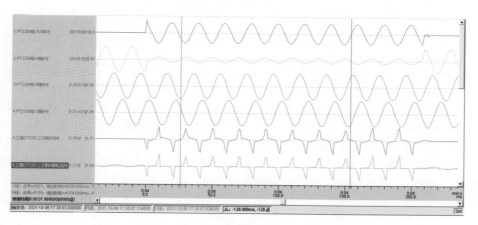

图 10-11　重度饱和录波图

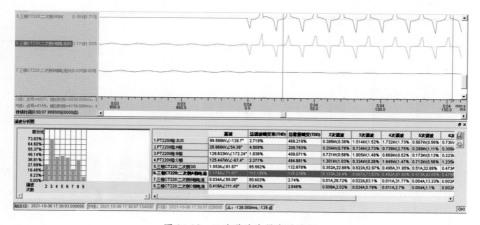

图 10-12　三次谐波含量高录波图

电流不能正常传变，不能保持正弦波形；一般过零点后仅有 3～5 个 ms 的时间能正常传变，然后 TA 迅速进入深度饱和，当到下一个过零点时，电流又能有 3～5 个 ms 正常传变，然后就因为 TA 铁芯剩磁的存在又迅速进入深度饱和状态，如此反复。

三、分析题

1. 依据图 10-13 所示 Yd11 变压器波形分析故障类型，说明故障类型的波形特点。

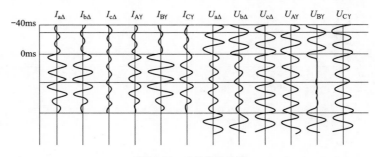

图 10-13　变压器录波图

【解析】 低压侧 A、B 两相电流增大，A、B 两相基本反向，C 相电流基本不变。低压侧 A、B 两相电压降低，A、B 两相方向相同，C 相电压基本不变。高压侧 B 相电流与其他两相电流方向相反，B 相电流大小为其他两相（A、C）电流的 2 倍左右且高压侧 B 相对于低压侧的 AB 相来说属于滞后相。高压侧 B 相电压严重降低至很小值，A、C 两相小幅降低，说明低压侧发生 AB 相间短路。

2. 故障录波图如图 10-14 所示，试分析故障特点及保护动作情况，其中电流互感器 TA 变比为 600/1，保护装置二次电压采用母线 TV。重合闸方式为 "单重" 方式，时间为 1s。

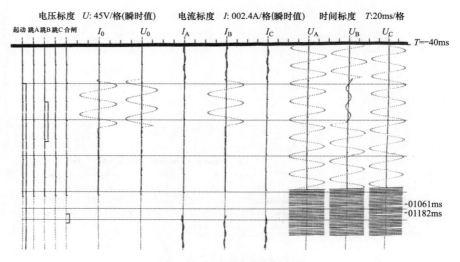

图 10-14　B 相接地故障录波图

【解析】 分析的前提条件是保护启动为 0 时刻，启动前一般有两个周期的正常录波，从 0～50ms 出现零序电流、零序电压，判断为接地故障；从 0～50ms 出现 B 相电流增大，B 相电压降低，另外两相电流、电压基本不变，判断为 B 相接地故障。20ms 左右保护动作，保护动作约 30ms 开关跳开后，电压恢复至正常电压，电流为零，故障切除；1061ms 重合闸动作；重合闸动作后，电压恢复至正常电压，电流为负荷电流，重合闸动作成功。从故障波形得出电流峰值约为 4.2A，折算二次电流有效值约为 3A，乘以电流互感器变比得出一次短路电流为 1800A。零序电流超前零序电压约为 100°，可判断为正方向故障。

3. 故障录波图如图 10-15 所示，试分析故障特点及保护动作情况，其中电流互感器 TA 变比为 600/1，保护装置二次电压采用母线 TV。重合闸方式为 "单重" 方式，时间为 1s。

【解析】 由图 10-15 可知未出现零序电流、零序电压，判断为非接地故障。从 0～50ms 出现 AC 相电流增大，AC 相基本反向，B 相电流不变；AC 相电压降低，B 相电压不变，判断为 AC 相间故障。30ms 左右保护动作，保护动作约 30ms 开关跳开后，电压恢复至正常电压，电流为零，故障切除；由于重合闸方式为 "单重" 方式，故重合闸不动作；从故障波形得出电流峰值约为 7A，折算二次电流有效值约为 5A，乘以电流互感器变比得出一次短路电流为 3000A。以上录波图每个录波通道都是单相录波，可根据故障开始后 10ms 或故障持续时间较长时可选择故障结束前的几个周期临近的波峰或波谷等波形典型值的相对位置，并且注意两个临近的波峰或波谷之间角度不能超过 180°，得出单相电流电压的相量图，然后求得 AC 相电压与 AC 相电流的角度，经相量转化后 AC 相电流滞后 AC 相电压约为 80°，可判断为正方向故障。

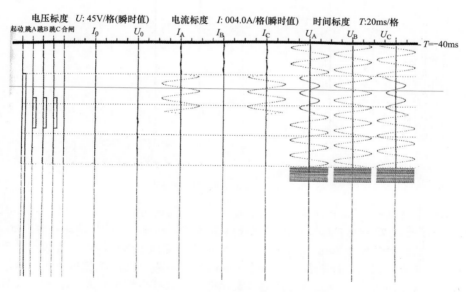

图 10-15 AC 相间故障录波图

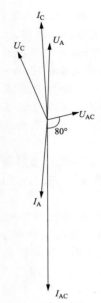

图 10-16　向量分析图

具体转换方法是：在图 10-15 中可通过加辅助线来帮助阅读，一般利用两波形的特殊点进行比较，如波形的峰值点、过零点，可观察两峰值点或两过零点之间的时间差，再转化为角度差值，这里需要注意的问题是过零点与峰值点的方向问题，波形的过零点有正向过零点和负向过零点，峰值点有波峰和波谷。因此在选择过零点或峰值点时，要注意两个波形两个对应点的一致性，要选择同方向最近的点进行比较。相位关系阅读的具体方法为：先确定被比较的两个波形中一个波形的过零点（或峰值点），然后通过该点作垂直于时间轴的辅助线去交需要比较的另一个波形，在辅助线与另一波形交点的前后找同方向的最近过零点（或峰值点），如果该点所在的时间刻度比辅助线所在的时间刻度小，则所得的 θ 角为后一波形超前一波形的相位角；如果该点所在的时间刻度比辅助线所在的时间刻度大，则所得的 θ 角为前一波形超前后一波形的相位角；如果该点正好在辅助线上，则两个波形同相位。得到相量图后，通过相量的方式分析波形就简单了。这种方法只能做定性分析，需要定量分析时，要借助故障录波分析软件，如图 10-16 所示。

4. 故障录波图如图 10-17 所示，试分析故障特点及保护动作情况，其中电流互感器 TA 变比为 300/1，保护装置二次电压采用母线 TV。重合闸方式为"单重"方式，时间为 1s。

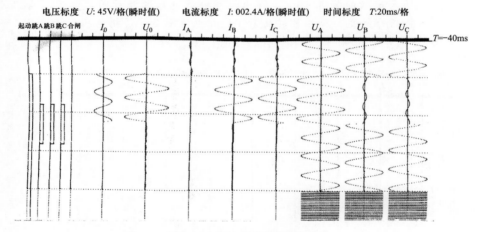

电压标度　U: 45V/格（瞬时值）　电流标度　I: 002.4A/格（瞬时值）　时间标度　T:20ms/格

图 10-17　BC 相接地故障录波图

【解析】从 0～50ms 出现零序电流、零序电压，判断为接地故障。从 0～50ms 出现 BC 相电流增大，BC 相电压降低，A 相电压略微抬高，判断为 BC 相接地故障。30ms 左右保护动作，保护动作约 20ms 开关跳开后，电压恢复至正常电压，电流为零；由于重合闸方式为"单重"方式，故重合闸不动作；从故障波形得出电流峰值约为 4.24A，折算二次电流有效值约为 3A，乘以电流互感器变比得出一次短路电流为 900A。利用故障以后 10～20ms 的故障量估算，零序电流超前零序电压约为 90°，可判断为正方向故障。

5. 故障录波图如图 10-18 所示，试分析故障特点及保护动作情况。

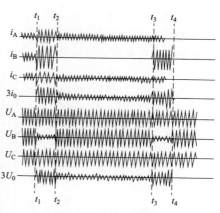

图 10-18　B 相接地故障录波图

【解析】

t_1 前：$3U_0=0$，$3I_0=0$，三相电压电流正常，属正常运行。

$t_1\sim t_2$：$3U_0$，$3I_0$ 出现，判断为接地故障；B 相电压降低、B 相电流增大、判断为 B 相接地；A、C 相电流的有所增大，是因为存在零序网络分支系数、零序阻抗与正序阻抗不相等，导致非故障相中存在有穿越性故障分量电流引起的。

$t_2\sim t_3$：B 相电流为 0、B 相跳闸，三相电压恢复；线路为非全相运行状态，有 $3U_0$，$3I_0$；A、C 相基本上保持负荷电流水平。

$t_3\sim t_4$：本侧 B 相重合于故障上，有 $3U_0$，$3I_0$ 出现，I_B 增大，U_B 降低；I_A、I_C 在 t_4 前消失，表示对侧重合于故障上加速三跳，导致 A、C 相负荷电流消失；AC 相负荷电流消失早于 B 相故障电流，说明对侧断路器跳闸时间比本侧要快。

6. 试根据下面的波形（见图 10-19）分析变压器区内、区外发生了何种故障，此时变压器差动保护的动作行为？ I_H 为 220kV 主变压器高压侧的 ABC 三相电流，I_M 为 110kV 中压侧的 ABC 三相电流，变压器绕组的接线方式为 YN/yn，220kV 直接接地，110kV 经中阻接地，TA 的接线方式为 Y/y。

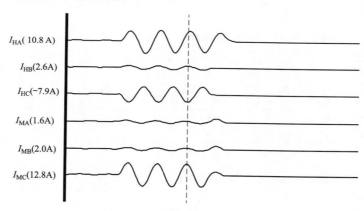

图 10-19　A 相区内故障录波图

【解析】

1）从图 10-19 看出高压侧 A 有很大的故障电流，而中压侧 A 相无很大的故障电流，判断出并非区外故障，而是 A 相区内故障，并且 110kV 侧无电源。

2）从图 10-19 分析，220kV 与 110kV 的 C 相电流同时增大并且相位为反向，可判断 110kV 侧区外 C 相故障。

3）综合分析结果，此台变压器中压侧发生了 A 相区内、C 相区内（外）故障，造成 AC 相间短路故障。

4）变压器差动保护为分相差动保护原理，A 相差动保护能正确动作。

7. 现场主变压器是 YNynd11 接线组别， 采集信息如图 10-20 所示； 试说明： ①故障的演变过程以及故障发生位置和性质；②对保护动作行为进行分析。

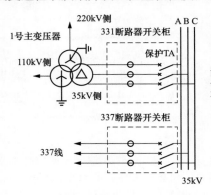

基本信息：
初始状态:337线处于停运状态，331断路器处于合闸状态，35kV母线带电。

故障发生：值班员操作337断路器合闸，一定时间后出现主变压器差动保护以及337线路保护均动作。

变压器组别:YNyd11
高压侧电压:220kV
中压侧电压:110kV
低压侧电压:35kV

模拟量名称：I1A/I1B/I1C 采样值数据

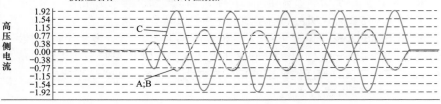

模拟量名称：14A/14B/14C 采样值数据

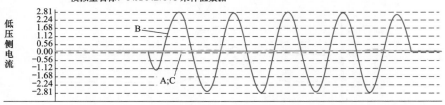

模拟量名称：ULA/ULB/ULC 采样值数据

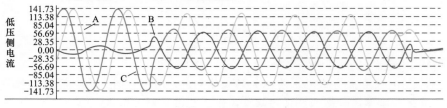

图 10-20　主变压器录波图

【解析】

1）从低压侧电压情况可看出，B 电压降低，其余两相升高为 1.732 倍，表明低压侧发生了 B 相接地行为。

2）后期低压侧 C 相也出现了降低，同时 A 电压幅值变为正常值的 1.5 倍，表明发生了不接地系统的两相接地故障；根据高压侧电流 C 相最大，AB 幅值、相位相同且为 C 相幅值一半，与 C 相位相反，这符合 Yd11 低压侧发生 BC 故障时高压侧的电流特征。

3）考虑到之前已经发生了 B 相接地且因主变压器低压侧有 B 相电流流过，因此 B 相接地应该发生在 337 线路上且是先发生的接地行为。

4）因低压侧只有 B 相电流通过，其余两相皆为 0，不符合不接地系统零序电流等于 0 的原则，因此判断有其他相别电流未流过低压侧 TA。结合上面的低压侧 BC 接地故障情况，推测是 C 相。

动作分析：初始 337 线路上发生了 B 相接地，一段时间以后主变压器低压侧差动保护区内也发生了 C 相接地，造成主变压器低压侧 35kV 系统发生 BC 相两点接地故障，但因主变压器低压侧无源，C 相接地点在主变压器差动保护区内，故主变压器低压侧 C 相无故障电流流过，因此造成主变压器差动动作。同理，因 B 相接地点在 337 线路保护区内，故障电流由主变压器低压侧流过 337 线路接地点，造成 337 过电流保护动作。

8. 如图 10-21 所示，故障前某 220kV 母线 M 共有甲乙两回线路及一台主变压器运行。故障后调取甲线 M 侧故障录波如图 10-21 所示。请根据录波图分析系统发生什么故障并分析说明故障点位置在哪里（已知甲乙线重合闸均停用，保护使用母线 TV 电压）？

【解析】

1）甲线正方向出口处发生经 A 相过渡电阻接地故障，同时在主变压器 220kV 高压侧出口处发生 B 相金属性接地故障。

2）从录波图 10-22 可看出 A 相电压不为零并与 A 相电流基本同相，可知故障点在甲线出口处且经过渡电阻接地。

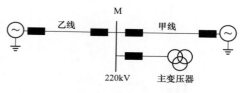

图 10-21　系统示意图

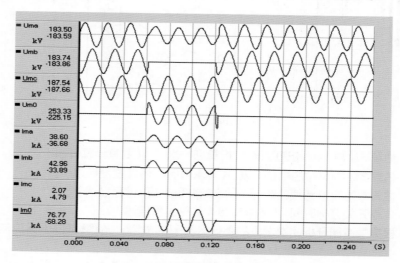

图 10-22　A 相过渡电阻接地故障录波图

3）B相母线电压为零，可知在出口处发生B相金属性接地故障，将B相电压正常电压等周期向故障时间段延伸，可看出B相电流超前B相故障前电压约85°，同时母线电压在故障期间为零，可知B相故障点在甲线M侧反方向出口处，又由于故障切除后母线电压恢复，因此母差保护未动作，乙线线路保护未动作，所以故障点只可能在主变压器220kV高压侧出口处，主变压器保护动作切除B相接地故障（线路保护如果未动作，A相母线电压不应该恢复正常）。

9. 阅读下面录波 （见图 10-23）， 回答以下问题：

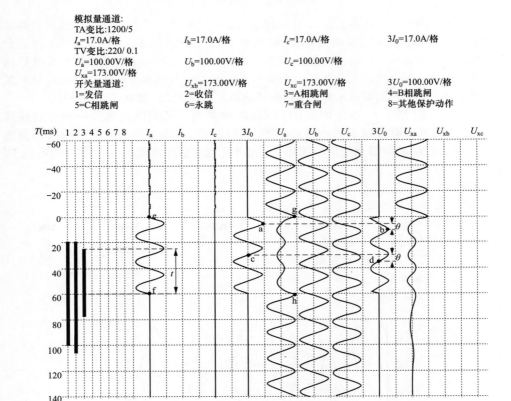

模拟量通道：
TA变比:1200/5
I_a=17.0A/格 I_b=17.0A/格 I_c=17.0A/格 $3I_0$=17.0A/格
TV变比:220/ 0.1
U_a=100.00V/格 U_b=100.00V/格 U_c=100.00V/格
U_{xa}=173.00V/格
开关量通道： U_{xb}=173.00V/格 U_{xc}=173.00V/格 $3U_0$=100.00V/格
1=发信   2=收信   3=A相跳闸   4=B相跳闸
5=C相跳闸   6=永跳   7=重合闸   8=其他保护动作

图 10-23 录波图

（1） 估算 $3I_0$ 与 $3U_0$ 的有效值， 折算到一次值 （要有计算过程）。

（2） 估算 $3I_0$ 与 $3U_0$ 的相位关系 （要求有阅读估算过程描述）。

（3） 估算故障电流持续的时间 （要求有阅读估算过程描述）。

（4） 估算开关分闸时间 （要求有阅读估算过程描述）。

（5） 根据录波图分析此次发生的是什么类型的故障， 故障点位于保护的正方向还是反方向？

（6） 试估算此时 A 相接地阻抗继电器的测量阻抗 （二次值） （取 $K = 0.67$）。

【解析】

(1) 零序电流 $3I_0$ 的幅值阅读，从图中可看出零序电流 $3I_0$ 的波形中峰值点 a 约占 0.9 格，其幅值估算为：二次有效值＝（0.9 格×17A/格）÷$\sqrt{2}$＝10.82（A）。

一次值有效值为 10.82×1200/5＝2596.5（A）。

零序电压 $3U_0$ 的幅值阅读，从图 10-23 中可看出零序电压 $3U_0$ 的波形中峰值点 b 约占 0.7 格，其幅值估算如下：二次有效值＝（0.7 格×100V/格）÷$\sqrt{2}$＝49.5（V）

一次值有效值＝49.5×220/0.1＝108.9（kV）

(2) 零序电流 $3I_0$ 与零序电压 $3U_0$ 相位关系阅读，在图 10-23 中可通过加辅助线来帮助阅读，一般利用两波形的特殊点进行比较，譬如波形的峰值点、过零点，图 10-23 中 a 点与 b 点的比较是利用的峰值点，c 点和 d 点的比较是利用的过零点。其中 θ 为零序电流 $3I_0$ 超前零序电压 $3U_0$ 的角度。这里可观察两峰值点或两过零点之间的时间差值，时间差值不能超过半个周波，时间和角度的转化关系为：一个周期时间对应为 20ms，角度对应 360°，谁的时间超前就说明角度超前。如图 10-23 中两峰值点或两过零点之间之间的角度为 1/4 个周期多一点，估计的角度在 100°～110°。从零序电流 $3I_0$ 超前零序电压 $3U_0$ 110°这一点看，这是一个典型的正方向接地故障。

(3) A 相故障电流持续的时间约为 60ms，时间的阅读可通过波形图中的时间轴刻度获得，也可通过波形本身的周期数来计算获得，譬如 A 相的故障电流波形从开始到结束一共持续了约 3 个周波，按每周波 20ms 计算，因此故障电流持续了约 60ms。

(4) 在 A 相故障发生后约 $1\frac{1}{4}$ 个周期时保护 A 相出口（图 10-23 中 3 通道的粗黑线），从这里可知主保护的动作时间约为 25ms，从主保护动作到故障电流消失约为 $1\frac{3}{4}$ 个周期，忽略出口继电器动作时间，从这里可知开关的开断时间约为 35ms（图中时间 t）。以上两个数据与保护及开关的动作特性基本符合。

(5) 该故障为 A 相正方向单相接地故障。

(6) A 相测量阻抗估算。A 相故障电流 I_a 的幅值阅读，从图 10-23 中可看出 e～f 段电流波形峰值处约为 0.9 格，所以其幅值估算如下：二次有效值＝（0.9 格×17A/格）÷$\sqrt{2}$＝10.82（A），由录波图可得 $3I_0$ 与 I_a 大小相等、相位相同。

A 相故障时 U_a 残压幅值阅读，从图 10-23 中可看出 g～h 段电压波形峰值处约为 0.3 格，所以其幅值计算如下：二次有效值＝（0.3 格×100V/格）÷$\sqrt{2}$＝21.2（V），利用以下计算公式计算测量阻抗数值为

$$|Z_{Aj}| = \frac{U_A}{I_A + K3I_0} = \frac{21.2}{10.82 + 0.67 \times 10.823} = 1.173(\Omega)$$

10. 某一 220kV 线路配置 RCS931 光纤差动保护，甲变电站侧和乙变电站侧差动保护同时跳闸，两变电站录波如图 10-24 所示，两侧 TA 变比不同。

问题 1： 从录波信息来看，一次系统出现了什么扰动？ 说明理由。

问题 2： 分析差动保护动作原因。

【解析】

(1) 两站有一侧空投变压器时产生穿越性励磁涌流。理由是两侧同相电流相位相反，说明是线路区外扰动；电流波形畸变并且偏向时间轴一侧，非周期分量衰减周期较长是涌流特征；扰动时两侧电压没有明显降低，而且正序特征。

（2）乙站差动保护跳闸前 B 相电流近两个周波没有明显较大变化保持励磁涌流本身特征；甲站差动保护跳闸前 B 相近两个周波电流明显变小，而且显示明显 TA 饱和特征。空投变压器时 B 相是最大涌流相，非周期分量很大，同时衰减又慢导致了空投开始阶段甲站 TA 还没有发展到饱和差动不会误动，当发展到深度饱和时，电流波形缺失，达到差动动作定值，并且励磁涌流电流数值较大，满足两侧保护的保护启动条件，导致差动保护误跳。AC 两相电流较小 TA 没有明显饱和，AC 相差流为不平衡电流数值较小，没有误动，所以线路单跳单重。

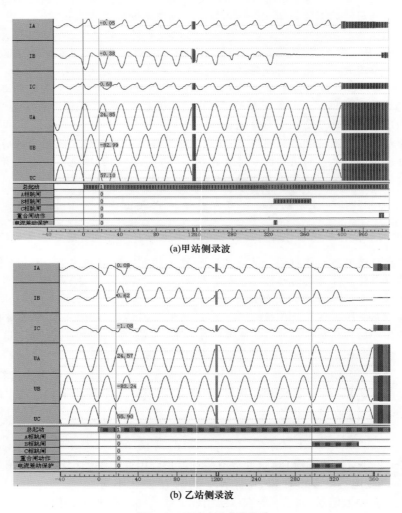

图 10-24　两变电站故障录波

11. 某 YNd11 变压器差动保护采用星形侧相位补偿方法，星形侧电流在软件中做一个两相电流差并除以 $\sqrt{3}$ 的运算，角侧电流不变。各侧电流极性均为指向变压器为正。在投运带负荷试验时，系统无故障，保护动作，经查保护装置平衡系数整定无误，保护装置的录波电流波形如图 10-25 所示，故障报告显示 BC 两相出现幅值相同的差动保护电流而 A 相差动保护电流幅值为 BC 相差动保护电流幅值的两倍。请分析发生了什么错误会出现这种后果并做相量分析？

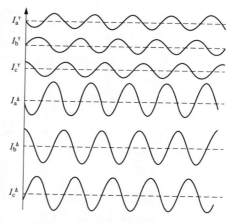

【解析】

由图 10-25 可知，正常负荷情况下，高压侧电流波形为负序电流性质，说明出现电流二次的接线错误，很明显是 AB 相接线错误；低压侧电流波形为正序，电流波形正确；由此可判断发生的错误是在星形侧的 TA 二次侧电流进装置时，将 AB 相电流交叉错接。

图 10-25　保护装置的录波电流波形

设星形侧 TA 二次电流分别为 I_a^Y、I_b^Y、I_c^Y；三角侧 TA 二次电流分别为 $I_a^\triangle$、$I_b^\triangle$、$I_c^\triangle$。

装置参与差动计算的角侧电流为 $I_A^\triangle = I_a^\triangle$、$I_B^\triangle = I_b^\triangle$、$I_C^\triangle = I_c^\triangle$，接线正确时装置参与差动计算的星形侧电流为

$I_A^Y = (I_a^Y - I_b^Y)/\sqrt{3}$ 与 $I_A^\triangle$ 大小相等方向相反。

$I_B^Y = (I_b^Y - I_c^Y)/\sqrt{3}$ 与 $I_B^\triangle$ 大小相等方向相反。

$I_C^Y = (I_c^Y - I_a^Y)/\sqrt{3}$ 与 $I_C^\triangle$ 大小相等方向相反。

当星形侧将 TA 二次的 A、B 相电流接反装置经过相位补偿后的电流为：

$I_A^Y = (I_b^Y - I_a^Y)/\sqrt{3}$ 与 $I_A^\triangle$ 大小相等方向相同。

$I_B^Y = (I_a^Y - I_c^Y)/\sqrt{3}$ 与 $I_B^\triangle$ 大小相等方向滞后 120°。

$I_C^Y = (I_c^Y - I_b^Y)/\sqrt{3}$ 与 $I_C^\triangle$ 大小相等方向超前 120°。

相量图如图 10-26 所示，A 相差动电流的幅值是 B、C 相差动电流幅值的两倍。

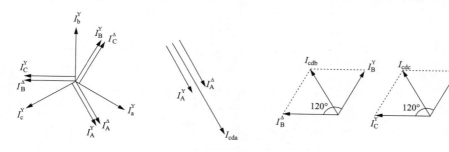

图 10-26　各相位差动电流相量图

12. 运行中变压器跳闸（正确动作），微机保护装置事件报告显示变压器 B、C 两相差动元件动作，变压器高压侧套管 TA 三相电流波形如图 10-27 所示。

变压器接线组别为 YNd1，差动保护的移相方式为高压侧移相。

（1）确定故障类型、故障相别及故障点所在位置（提示：有三种可能，第一可能位于变压器内部；第二可能位于高压侧套管内，TA 与变压器之间；第三可能位于套

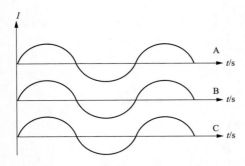

图 10-27 变压器高压侧套管 TA 三相电流录波图

管引出线上）。

（2）判断变压器低压侧工况是不是空载，说明原因。

（3）简要说明判断依据。

【解析】 （1）该故障为 B 相接地故障，故障点位于高压侧差动 TA 与高压侧 B 相绝缘套管之间。

（2）变压器低压侧无电源。变压器处于空载或带负荷运行状态，否则不可能出现套管 TA 三相电流波形相同。

（3）由于套管 TA 三相电流波形相同，说明流过变压器高压侧的电流为零序电流，故可判断变压器低压侧无电源。另外，如果故障点在变压器内部，则流过高压套管 TA 的电流不可能只有零序电流，说明故障点不在变压器内部。

13. 甲变电站一条 220kV 出线发生故障，造成甲乙线两侧 RCS-931B 的差动保护动作。根据波形分析错误在哪里？并指出两侧电流接线的不同。

一次系统图如图 10-28 所示，故障波形如图 10-29 所示。

【解析】 （1）结合两侧动作波形分析，乙厂侧 CT 两变电站波形极性接反造成两侧 RCS-931B 差动保护动作。

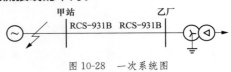

图 10-28 一次系统图

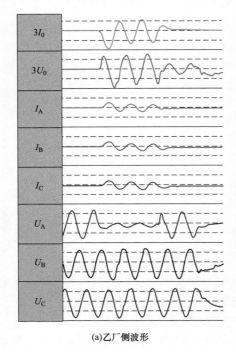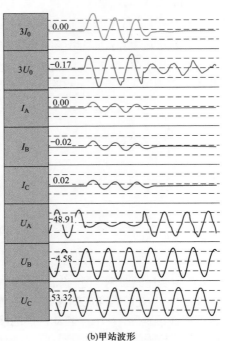

(a)乙厂侧波形　　　　　　　　(b)甲站波形

图 10-29 两变电站波形

（2）两侧电流接线的差异是：①甲站侧电流极性端在母线侧接线正确，乙厂侧电流极性端在线路侧接线错误；②甲站侧零序电流接法是 n208 入 n207 出；乙厂侧零序电流接法是 n207 入 n208 出。

14. 某线路故障时保护动作切除故障，线路保护装置的录波图形如图 10-30 所示。

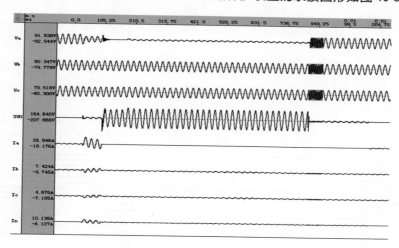

图 10-30　线路保护装置的录波图

请根据录波图回答：

（1）线路采用的重合闸方式、发生何种故障、电压取至母线电压互感器还是线路电压互感器？

（2）故障持续时间、重合闸时间。

（3）请在图中标明故障点在何时熄弧，线路在何时合环运行？

【解析】

（1）线路采用单相重合闸方式，发生 A 相瞬时性接地故障，电压取值线路电压互感器（电压取自线路 TV）。

（2）故障持续时间 105ms，重合闸时间 850ms。

（3）故障点在故障发生后约 190ms 熄弧，线路在故障发生后约 1200ms 后合环运行。

（4）很明显以上故障属于单相接地故障，保护装置动作后，故障相电流消失，故障相电压未恢复，系统处于近 1s 的非全相运行状态，说明只是故障相跳闸，非故障相正常运行。由此可推断重合闸方式为单相重合闸，线路保护装置三相电压取线路电压互感器。故障的持续时间其实就是故障电流的持续时间，重合闸时间为故障电流消失至故障电压恢复为止所持续的时间。对于线路来说故障电流的消失并不代表故障点已经熄弧，只是故障已经隔离，熄弧过程受对侧保护动作情况和健全相的影响比较复杂，对于以上波形零序电压在 190ms 时有闪变，可推断故障点已经熄弧，在约 1200ms 以后，故障相又出现负荷电流，说明线路已经合环运行。

15. 某 220kV 系统联络线甲线发生故障时，本侧的故障录波如图 10-31 所示，试根据录波图回答如下问题：

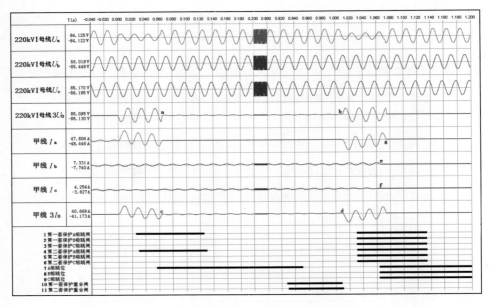

图 10-31　220kV 系统联络线甲线故障录波图

1）甲线发生什么故障，第一次故障持续时间多长？

2）断路器开断时间约为多少？

3）第一套保护跳令返回时间为多少？

4）重合整定延时约为多少？

5）在重合于故障，保护发三跳令后为什么 B、C 相电流（图 10-31 中 e、f 点）先于 A 相电流（图 10-31 中 g 点）消失？

【解析】

1）甲线发生 A 相单相接地故障（基本无过渡电阻），并重合于永久性故障。第一次故障电流持续时间约 65ms。

2）断路器开断时间约 40ms。

3）第一套保护跳令返回时间约 60ms。

4）重合闸整定延时约 800ms。

5）因对侧断路器先于本侧断路器跳闸。

图 10-32　220kV M 变电站系统接线示意图

【解析】故障持续时间是从故障电压或电流出现到电压恢复、故障电压消失为止持续的时间；断路器开断时间只能通过录波电气量和开关量去估算，一般认为是从保护跳闸命令发出到故障电流消失为止持续的时间，这期间忽略了出口继电器的动作时间；保护跳闸命令返回时间为从保护跳闸命令发出（断路器跳开）到保护跳闸命令返回的时间；重合闸时间为从第一次故障电流消失开始计时到重合闸命令发出为止持续的时间。

16. 220kV 变电站 M 站出线，同塔双回 110kV 线路带 110kV 负荷变电站 N 站负荷，运行期间发生连续两次相间短路故障，经巡线检查发现有锡箔纸带异物搭挂，事发当地大风天气。系统接线图及两变电站录波装置、保护装置故障录波如图 10-32 ～图 10-37 所示，保护装置主保护为光纤差动保护，重合时间 M 站侧时间 2s，N 站侧时间 1s。试分析该故障的性质，确定两次故障点大概的位置、第二次故障回路，并判断保护装置动作的正确性。

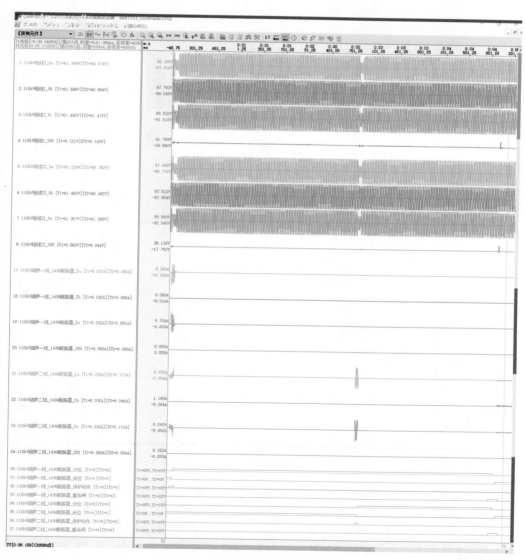

图 10-33　220kV M 变电站故障录波装置波形

【解析】

1）第一次故障为一线 AC 相间短路故障，第二次故障为一线 A 相、二线 C 相双回跨线 AC 相间短路故障。

2）故障点第一次为 K1，第二次为相同位置 K21、K22 两点，具体位置如图 10-38 所示。

3）第二次故障回路如图 10-39 所示。

4）一线、二线保护两侧保护动作正确、重合闸动作正确。

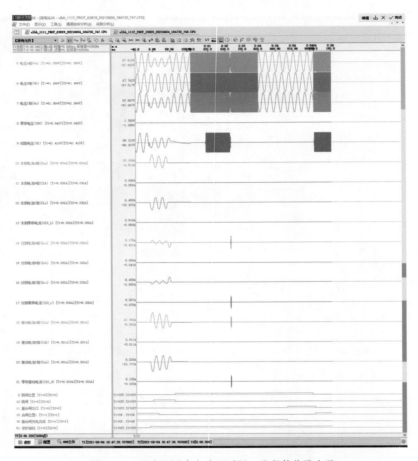

图 10-34　220kV M 变电站 110kV 一线保护装置波形

首先从 220kV M 变电站故障录波装置录波图（见图 10-34）进行分析，从录波图电流电压波形可知，短时间内共发生了两次故障，第一次、第二次故障 AC 相电压都降低，第一次故障一线、二线 AC 相电流都增大，第二次故障二线 AC 相电流增大，两次故障都无零序电压电流产生，根据相间短路特点，由此可判断两次故障都为 AC 相间短路故障；开关变位情况为：一线在第一次故障时跳闸，约 4.955s 后一段时间才合闸成功，中间又经历第二次故障冲击，重合闸比较长的原因是受第二次故障冲击的影响，重合闸时间计时的起点是故障电流消失后开始计时；二线在第一次故障时开关未跳闸，在第二次故障时跳闸，切除隔离成功约 2.124s 后合闸。由断路器的变位情况可推断第二次故障一线无故障电流的原因是本侧一线断路器处在分位状态。由此我们可对本次故障进行大致的判断。

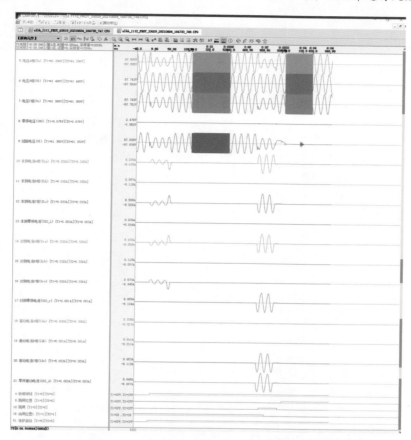

图 10-35　220kV M 变电站 110kV 二线保护装置波形

　　再结合一下两个站保护装置故障录波进行进一步详细分析故障的发展、定位及进行保护行为的分析。分析 220kV 侧图一线装置可知，结合系统接线图，第一次故障发生在 K1 点处，装置录波本侧 AC 相电流大小相同、相位相反，对侧 AC 相电流大小相同、相位相反，同名相电流本侧与对侧相位相同，大小情况由于本侧属于电源侧故障电流较大，对侧经过二线的电流反馈线路距离长电流较小，说明一线本次发生了区内 AC 相间短路故障。通过波形分析还可发现本侧电流比对侧电流消失得快，对侧故障电流在本侧电流消失后出现增大趋势，但故障增幅未超过本侧电流，可推断本侧断路器先跳闸，对侧断路器后跳闸，由于故障网络状态的变化，对侧出现故障增强的现象。保护装置 AC 相出现差流，差动保护动作出口跳闸，保护动作正确。在第二次故障期间，一线 A 相出现尖峰谐波电流分量可能的原因是本侧线路断路器处于分位状态，同塔双回线路受第二次故障冲击的影响导致。重合闸时间 4.955s，时间比较长的原因是受第二次故障尖峰谐波电流分量的影响，从谐波分量电流消失到重合闸出口时间刚好是 2.042s。

图 10-36　110kV N 变电站 110kV 一线保护装置波形

　　分析 220kV 侧二线装置可知，结合系统接线图，第一次故障发生在 K1 点处，装置录波本侧及对侧 AC 相电流大小相同，同名相电流本侧与对侧相位相反，保护有启动但未出现差流，说明第一次故障对于二线来说属于区外故障，电流属于穿越性故障电流，同一线第一次故障时的对侧电流相同。第二次故障系统发生跨线故障 K2，保护装置本侧 AC 相电流大小相同、相位相反，本侧表现为相间短路现象；对侧 A 相有故障电流 C 相无电流，本侧与对侧 A 相电流大小相同、相位相反；C 相出现差流，A 相差流为零，由此可推断 A 相出现的故障电流为穿越性质，A 相故障点位置位于二线区外，在一线上，故障电流经二线提供给一线 A 相故障点，前面提到过第二次故障时一线本侧断路器保护出口跳闸，由此推断 N 站侧断路器此时必在合位，合位的原因是 N 站侧第一次故障后一线重合闸已经动作成功；C 相电流出现差流，本侧有故障电流对侧无故障电流的原因是区内故障，本侧一线断路器在分位状态导致对侧无源无法提供故障电流。

　　分析 110kV 侧一线装置可知，结合系统接线图，第一次故障发生在 K1 点处，装置录波本侧 AC 相电流大小相同相位相反，对侧 AC 相电流大小相同、相位相反，同名相电流本侧与对侧相位相同，大小情况由于本侧经过二线的电流反馈线路距离长电流较小，对侧属于电源侧故障电流较大，说明一线本次发生了区内 AC 相间短路故障，保护动作出口跳闸，从波形图可看出故障切除后 1.010s 后本侧断路器重合成功。第二次故障系统发生跨线故障 K2，保护装置本侧 A 相出现故障电流，对侧因为断路器在分位无故障电流，并且 A 相出现差流，但看电压波形属于 AC 相间短路故障，说明一线第二次故障为 A 相区内故障，故障电流为从电源侧通过二线提供，同此时二线 A 相故障电流相同，与二线的 C 相故障电流结合综合为 AC 相间短路故障；第二次故障后续装置重合闸一直未充电，结合 M 站侧故障录波一线在断路器合闸后无负荷电流的情况综合判断，第二次故障后本侧未重合。

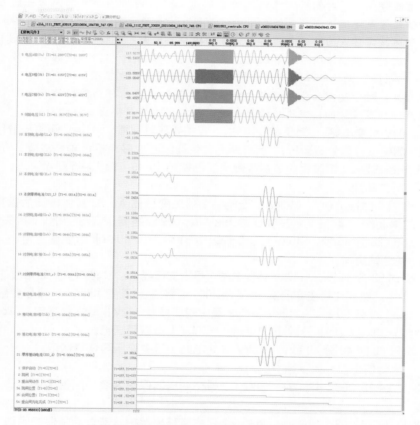

图 10-37　110kV N 变电站 110kV 二线保护装置波形

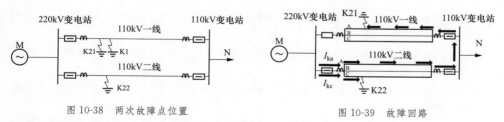

图 10-38　两次故障点位置　　　　　图 10-39　故障回路

分析 110kV 侧二线装置可知：结合系统接线图，第一次故障发生在 K1 点处，装置录波本侧及对侧 AC 相电流大小相同，同名相电流本侧与对侧相位相反，保护有启动但未出现差流，说明第一次故障对于二线来说属于区外故障，电流属于穿越性故障电流，同一线第一次故障本侧电流相同。第二次故障系统发生跨线故障 K2，保护装置本侧 A 相有故障电流 C 相无电流，本侧与对侧 A 相电流大小相同、相位相反；对侧 AC 相电流大小相同、相位相反，表现为相间短路现象；C 相出现差流，A 相差流为零，由此可推断 A 相出现的故障电流为穿越性质，A 相故障点位置属于二线区外，故障点在一线上，同本侧一线 A 相故障电流相同，与一线的 C 相结合综合为 AC 相间短路故障；C 相电流出现差流，本侧无故障电流、对侧有故障电流的原因是二线区内故障，本侧因为一线在对侧跳开状态导致无源无法通过一线反馈故障电流；第二次故障切除 1.015s 后本侧重合闸成功。

综上所述，同塔双回的两条线路因为异物搭挂大风天气连续发生了两次 AC 相间短路故障，第一次是一线 AC 相间短路故障，第二次是一线的 A 相、二线的 C 相发生跨线的 AC 相间短路故障，两次故障保护动作均正确，重合闸动作也正确。

由此可见，对于复杂的保护动作分析，得出保护动作的行为要综合两侧保护装置录波、故障录波装置录波的情况进行综合分析，根据短路特点得出正确的结论。

17. 110kV M 变电站，为负荷变电站，双主变压器配置，110kV 侧单母分段并列运行，10kV 侧单母分段分裂运行，运行期间发生连续两次多点接地短路故障。已知故障信息、系统接线图、相关保护装置故障录波图如图 10-40～图 10-46 所示。

（1）事故简介。

1）18 时 08 分 47 秒，110kV M 变电站 2 号主变压器 A、B 套保护低后备复压过电流 Ⅱ 段 1 时限动作，跳开 2 号主变压器 10kV 侧 1002 断路器，苍变 10kV Ⅱ 母失压。

2）21 时 28 分 46 秒，10kV Ⅰ、Ⅱ 分段 1051 合闸，10kV Ⅱ 母恢复送电，1 号主变压器带 10kV 全站负荷。

3）22 时 58 分 34 秒，110kV M 变电站 1 号主变压器 A、B 套保护低后备复压过电流 Ⅱ 段 1 时限动作，跳开 1 号主变压器 10kV 侧 1001 断路器，苍变 10kV Ⅰ、Ⅱ 母全部失压。

4）23 时 38 分 50 秒，110kV 苍变 2 号主变压器及 10kV Ⅱ 母恢复送电。25 日 00 时 29 分 21 秒，10kV Ⅰ、Ⅱ 分段 1051 合闸，10kV Ⅰ 母恢复送电。

5）次日 00 时 42 分 49 秒，110kV M 变电站 1 号主变压器恢复送电。

（2）后台信息。

2018-11-24 18：08：47.294　事故　2 号主变压器保护 A 套　后备保护启动　事件状态　动作

2018-11-24 18：08：47.295　事故　2 号主变压器保护 B 套　后备保护启动　事件状态　动作

2018-11-24 18：08：47.702　事故　10kV 苍南二线 1024　过电流 Ⅰ 段动作　事件状态　动作

2018-11-24 18：08：47.733　变位　10kV 苍南二线 1024　1024 断路器合位　由合闸变为分闸

2018-11-24 18：08：47.996　事故　2 号主变压器保护 A 套　低 1 复流 Ⅱ 段 1 时限　事件状态　动作

2018-11-24 18：08：48.000　事故　2 号主变压器保护 B 套　低 1 复流 Ⅱ 段 1 时限　事件状态　动作

　　2018-11-24 18：08：48.001　　事故　10kV 苍燕线 1025　　过电流 I 段动作　　事件状态
动作

　　2018-11-24 18：08：48.031　　变位　2 号主变压器低压侧及本体测控装置　1002 断路
器位置　由合闸变为分闸

　　2018-11-24 18：08：48.034　　变位　10kV 苍燕线 1025　　1025 断路器合位　由合闸变
为分闸

　　2018-11-24 18：08：48.793　　事故　10kV 苍南二线 1024　　重合闸动作　　事件状态
动作

　　2018-11-24 18：08：48.839　　告知　10kV 苍南二线 1024　　重合闸动作　　事件状态
复归

　　2018-11-24 18：08：49.071　　事故　10kV 苍燕线 1025　　重合闸动作　　事件状态
动作

　　2018-11-24 18：08：49.117　　告知　10kV 苍燕线 1025　　重合闸动作　　事件状态
复归

　　2018-11-24 18：08：49.140　　异常　10kV 苍燕线 1025　　10kV 苍南二线 _ 重合闸动作
信号状态　告警

　　2018-11-24 18：08：49.412　　异常　10kV 馈线十六 1026　　10kV 苍燕线 _ 重合闸动作
信号状态　告警

　　2018-11-24 18：08：49.792　　变位　10kV 苍燕线 1025　　1025 断路器分位　由合闸变
为分闸

　　2018-11-24 18：08：49.809　　变位　10kV 苍燕线 1025　　1025 断路器合位　由分闸变
为合闸

　　2018-11-24 18：16：59.426　　变位　10kV 苍南二线 1024　　1024 断路器合位　由合闸
变为分闸

　　2018-11-24 18：16：59.437　　变位　10kV 苍南二线 1024　　1024 断路器分位　由分闸
变为合闸

　　2018-11-24 18：17：34.193　　变位　10kV 苍燕线 1025　　1025 断路器分位　由分闸变
为合闸

　　2018-11-24 22：58：33.223　　事故　1 号主变压器保护 A 套　后备保护启动　事件状
态　动作

　　2018-11-24 22：58：33.225　　事故　1 号主变压器保护 B 套　后备保护启动　事件状
态　动作

　　2018-11-24 22：58：33.243　　事故　10kV 苍站三线 1011　　保护启动　事件状态
动作

　　2018-11-24 22：58：33.297　　事故　10kV 苍南三线 1032　　保护启动　事件状态
动作

　　2018-11-24 22：58：34.005　　事故　1 号主变压器保护 B 套　低 1 复流 II 段 1 时限
事件状态　动作

　　2018-11-24 22：58：34.006　　事故　1 号主变压器保护 A 套　低 1 复流 II 段 1 时限
事件状态　动作

2018-11-24 22：58：34.010　事故　1号主变压器保护B套　跳低压1分支断路器事件状态　动作

2018-11-24 22：58：34.011　事故　1号主变压器保护A套　跳低压1分支断路器事件状态　动作

2018-11-24 22：58：34.052　SOEDI1 开入2（断路器总分位）　SOE 状态　告警

2018-11-24 22：58：34.052　SOE1001 断路器总分位　SOE 状态　合闸

2018-11-24 22：58：34.052　SOE1001 断路器总合位　SOE 状态　分闸

2018-11-24 22：58：34.052　SOE1001 断路器位置　SOE 状态　分闸

（3）各间隔相关定值及故障电流信息（见表10-1）。

表 10-1　　　　　　　　　各间隔相关定值及故障电流信息

间隔名称	定值	故障电流
1号主变压器	低压侧复压过电流Ⅱ段1时限定值9200A/0.7s	9872A
10kV 苍站三线	过电流Ⅰ段定值6000A/0.4s，过电流Ⅲ段定值720A/1s	最大7807.2A持续91ms，4471A
10kV 苍南三线	过电流Ⅰ段定值6000A/0.4s，Ⅲ段定值720A/1s	5040A
2号主变压器	低压侧复压过电流Ⅱ段1时限定值9200A/0.7s	10528A
10kV 苍南二线	过电流Ⅰ段定值6000A/0.4s	11238A
10kV 苍燕线	过电流Ⅰ段定值6000A/0.4s	10264.8A

（4）试分析。

1）2号主变压器跳闸故障点在哪里？原因是什么？保护动作是否正确？

2）请画出2号主变压器跳闸相关时序图。

3）1号主变压器跳闸故障点在哪里？原因是什么？保护动作是否正确？

4）请画出1号主变压器跳闸相关时序图。

【解析】（1）2号主变压器跳闸故障点在哪里？原因是什么？保护动作是否正确？

1）18时08分47秒294毫秒，10kV苍燕线、10kV苍南二线分别发生C、A相单相接地故障。

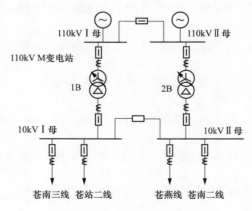

图 10-40　系统接线示意图

2) 10kV 苍南二线在 51ms 后，由 A 相接地发展为 AB 相相间故障。过电流Ⅰ段保护从 A 相故障发生时刻即达到保护定值，开始计时，共计 462ms 将故障切除，故障电流 11238A（过电流Ⅰ段定值 6000A/0.4s）。

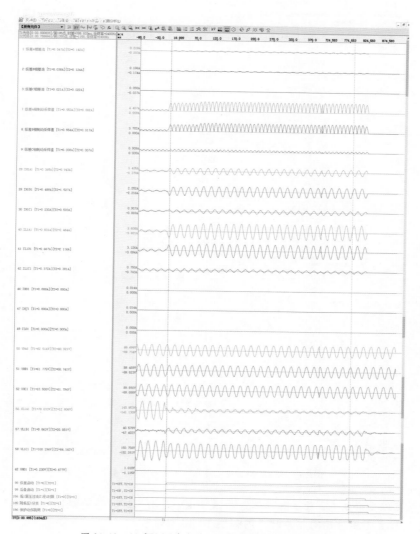

图 10-41　110kV M 变电站 1 号主变压器保护装置波形

3) 10kV 苍燕线在 235ms 后，由 C 相接地发展为 BC 相相间故障，又持续 493ms 后，由 BC 相相间故障发展为 ABC 三相故障。过电流Ⅰ段保护从 325ms 达到保护定值，开始计时，共计 440ms 将故障切除，故障电流 10264.8A（过电流Ⅰ段定值 6000A/0.4s）。

4) 整个过程相对于 2 号主变压器低压侧，则为先发生 AC 相相间故障，51ms 后，发展为 ABC 三相故障；持续 411ms 后，发展为 BC 相相间故障，又持续 266ms，发展为

ABC 三相故障。主变压器低压侧复压过电流Ⅱ段 1 时限保护从 AC 相间故障即达到保护定值，开始计时，共计 759ms 将故障切除，故障电流 10528A（低压侧复压过电流Ⅱ段 1 时限定值 9200A/0.7s）。

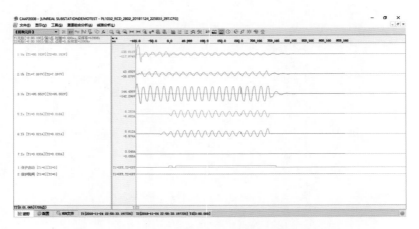

图 10-42　110kV M 变电站 10kV 苍南三线保护装置波形

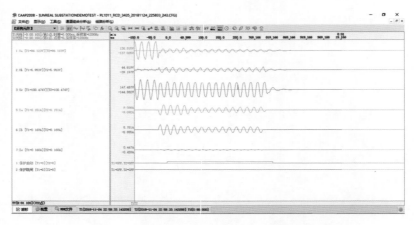

图 10-43　110kV M 变电站 10kV 苍站三线保护装置波形

5）根据以上分析，2 号主变压器后备及 10kV 苍南二线、苍燕线保护动作正确。

（2）2 号主变压器跳闸相关时序图如图 10-47 所示。

（3）1 号主变压器跳闸故障点在哪里？原因是什么？保护动作是否正确？

1）22 时 58 分 33 秒 213 毫秒，10kV 苍站三线发生 AB 相相间故障，故障持续 831ms。前 90ms 最大启动电流约为 7807.2A，故障电流达到过电流Ⅰ段定值，但由于持续时间未到，故保护不动作（过电流Ⅰ段定值 6000A/0.4s）；后 741ms 最大故障电流约为 4471A。故障电流达到过电流Ⅲ段定值，但由于持续时间未到，故保护不动作（过电流Ⅲ段定值 720A/1s）。

2）51ms 后，10kV 苍南三线发生 B 相单相接地故障，再持续 31ms 后，由 B 相接地发展为 AB 相相间故障，相间故障持续 749ms，最大故障电流约为 5040A。故障电流达到过电流Ⅲ段定值，但由于持续时间未到，故保护不动作（过电流Ⅰ段定值 6000A/0.4s，Ⅲ段定值 720A/1s）。

图 10-44 110kV M 变电站 2 号主变压器保护装置波形

3）整个过程相对于 1 号主变压器，则为发生 AB 相相间故障。主变压器低压侧复压过电流Ⅱ段 1 时限保护从 75ms 后达到保护定值，开始计时，共计 755ms 将故障切除，最大故障电流约为 9872A（低压侧复压过电流Ⅱ段 1 时限定值 9200A/0.7s）。

4）根据以上分析，1 号主变压器低后备保护动作正确。

（4）1 号主变压器跳闸相关时序图如图 10-48 所示。

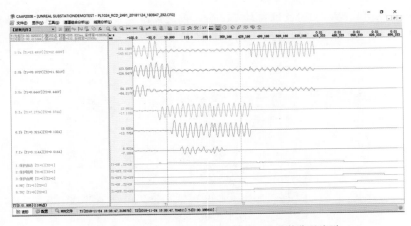

图 10-45　110kV M 变电站 10kV 苍南二线保护装置波形

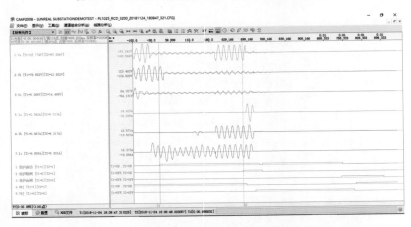

图 10-46　110kV M 变电站 10kV 苍燕线保护装置波形

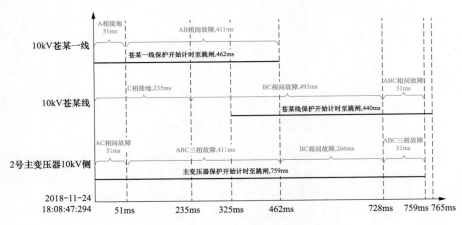

图 10-47　2 号主变压器跳闸相关时序图

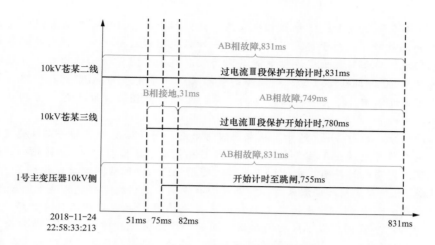

图 10-48　1 号主变压器跳闸相关时序图

【解析】

先从图 10-41、图 10-44 分析，进行故障分析的总体把握。高低压侧都出现故障电流，低压侧电压降低幅度较大，接近零值，保护装置未出现差流，说明故障点不在主变压器保护区内，因为低压侧无电源，故障电流对于两个主变压器来说属于穿越性故障电流。

如图 10-41 所示，1 号主变压器低后备保护区内首先发生了 B 相接地故障，非故障相电压上升到正常值的 $\sqrt{3}$ 倍，此时无故障电流，接着 A 相又出现另外一个接地点，造成 AB 相间短路，AB 相电压降低，AB 相电流增大为故障电流，AB 相间短路故障持续期间，AB 相电流有跳变，幅值增大，说明此时故障有发展。

如图 10-44 所示，2 号主变压器低后备保护区内首先发生了 C 相接地故障，非故障相电压上升到正常值的 $\sqrt{3}$ 倍，此时无故障电流，接着 A 相又出现另外一个接地点，造成 AC 相间短路，AC 相电压降低，AC 相电流增大为故障电流，最后 B 相又接地，故障发展成 ABC 三相短路，在故障的末一段时间，A 相电压恢复到 3/2 倍的额定电压，此时说明 2 号主变压器下一级保护有动作，导致 A 相的接地点被切除，但整个系统还是存在 BC 相间短路故障，在故障的最后 2 号主变压器低后备保护动作出口之前，故障有发展，又出现了三相短路故障。

通过两个主变压器保护装置故障录波的分析，就有了对这两次故障的整体把握。下面通过对 10kV 线路的分析，精确定位故障的发展变化。

第一次故障，如图 10-45 所示，从电压波形来看，一开始发生 C 相一点接地故障，此时 C 相不存在故障电流；A 相发生接地后，与 C 相构成 AC 相间短路，A 相出现故障电流，C 相无故障电流，说明此时苍南二线存在 A 相接地，C 相的接地点不在苍南二线上；接着 B 相也发生接地故障，同时 B 相出现故障电流，说明此时苍南二线也存在 B 相接地，此时故障演变为 ABC 三相短路故障；直到苍南二线保护动作出口，对于 10kV 系统来说，A 相电压虽然恢复，但幅值为正常值的 3/2，系统仍存在 BC 相间短路故障，说明只是切除了 A 相的接地点，但是其他地点故障还存在。如图 10-46 所示，从电压波形来看，一开始发生 C 相一点接地故障，此时 C 相不存在故障电流；A 相发生接地后，与 C 相构成 AC 相间短路，C 相出现故障电流，A 相无故障电流，说明此时苍燕线存在 C 相接地，A

相的接地点不在苍燕线上；接着 B 相也发生接地故障，对于 10kV 系统来说已经发展成 ABC 三相短路故障了，对于苍燕线来说 B 相一开始未出现故障电流，说明此时苍燕线不存在 B 相接地，后面 B 相出现故障电流是因为此时苍南二线保护动作出口，导致苍燕线故障发展变为 BC 相间短路故障；到故障的最后又进一步发展为 ABC 三相短路。故障的发展转化可通过保护动作时序图做详细的了解，结合时序图和保护定值，可判断三个保护的动作均正确。

第二次故障，如图 10-42 所示，从电压波形来看，一开始发生 B 相一点接地故障，此时 B 相不存在故障电流；A 相发生接地后，与 B 相构成 AB 相间短路，AB 相一开始未出现故障电流，说明此时苍南二线此时无故障，随后 AB 相出现故障电流，构成了 AB 相间短路；从 AB 相持续的故障电流来看，电流大小有波动，说明故障有发展演变。如图 10-42 所示，从电压波形来看，一开始发生 B 相一点接地故障，此时 B 相不存在故障电流；A 相发生接地后，与 B 相构成 AB 相间短路，同时 AB 相出现故障电流，数值较大，随后 AB 相故障电流数值减小，相比于苍南三线来说，苍站三线的 AB 相间短路是首先发生的，随后苍南三线发生 AB 相间短路时，是 AB 相间故障电流减小的原因，因为系统的短路水平是有限的。此时两条 10kV 线路都存在 AB 相间短路故障，各自短路电流较小，1 号主变压器低压侧的故障电流是两条线路故障电流的矢量和，数值较大，由于线路和主变压器定值配合的因素，主变压器低后备保护动作将故障切除，主变压器保护动作正确。故障的发展转化可通过保护动作时序图做详细的了解。